APPLICATIONS

D'ANALYSE ET DE GÉOMÉTRIE.

PARIS. — IMPRIMERIE DE MALLET-BACHELIER,
RUE DE SEINE-SAINT-GERMAIN. 10. PRÈS L'INSTITUT.

APPLICATIONS

D'ANALYSE ET DE GÉOMÉTRIE,

QUI ONT SERVI, EN 1822, DE PRINCIPAL FONDEMENT AU

TRAITÉ

DES

PROPRIÉTÉS PROJECTIVES DES FIGURES,

PAR J.-V. PONCELET;

COMPRENANT LA MATIÈRE DE

SEPT CAHIERS MANUSCRITS

RÉDIGÉS A SARATOFF DANS LES PRISONS DE RUSSIE (1813 A 1814),
ET ACCOMPAGNÉS DE DIVERS AUTRES ÉCRITS, ANCIENS OU NOUVEAUX,

Annotés par l'Auteur et suivis d'Additions par MM. MANNHEIM et MOUTARD,
anciens Élèves de l'École polytechnique.

— ◦ —

PARIS,

MALLET-BACHELIER, IMPRIMEUR-LIBRAIRE

DU BUREAU DES LONGITUDES, DE L'ÉCOLE IMPÉRIALE POLYTECHNIQUE,
Quai des Augustins, 55.

—

1862

PRÉFACE [*]

A l'exemple d'un célèbre romancier contemporain, dont la statue curule est placée à l'entrée de la salle des séances intimes de nos Académies pour glorifier sans doute un système de politique religieuse naguère et aujourd'hui encore à la mode, j'aurais pu intituler cet ouvrage, purement mathématique, *Mémoires d'outre-tombe* ; c'est, en effet, le fruit des méditations d'un jeune lieutenant du génie, laissé pour mort sur le funeste champ de bataille de Krasnoï, non loin de Smolensk, et longtemps rayé des cadres de l'armée française. Là, dans cette horrible retraite de Moscou, sept mille Français, épuisés par la faim, le froid et la fatigue, sous les ordres de l'infortuné maréchal Ney, vinrent, privés de toute artillerie, le 18 novembre 1812, anniversaire de la *Saint-Michaël* russe (**), livrer un furieux, sanglant et dernier combat, aux vingt-cinq mille soldats, frais et dispos, aux quarante bouches à feu du feld-maréchal prince Miliradowitch, qui, lui-même, devait être bientôt victime d'une conspiration militaire ourdie au sein de la capitale moderne des czars moscovites. Mais l'adoption d'un titre aussi fastueux, quoique justifiable

---

(*) *Voy.* la Table des Matières à la fin du volume, p. 561.

(**) Je cite cette fatale coïncidence de dates parce que, amené vers minuit au quartier général russe pour y être interrogé comme officier du génie, j'eus l'ineffable chagrin d'y entendre fêter le patron du général en chef par un commissaire des guerres de notre armée, en ignobles vers français où était célébrée la gloire de saint Michel *chassant les anges rebelles du paradis.*

en apparence, passerait à bon droit pour un plagiat ridi-
cule, une imitation outrecuidante d'une licence permise
peut-être, au chef avoué de l'école romantique de notre
France, à une époque de perturbation morale tout autant
que politique et littéraire. Un pareil titre, d'ailleurs, ne
pouvait convenir à ce livre modeste, ni aux habitudes
sérieuses et réservées de l'Auteur, bien moins encore au
caractère, aux aptitudes, aux goûts que suppose un amour
sincère des vérités de la Géométrie, dont la culture approfondie réclame un esprit dégagé de toute passion étrangère, pour ainsi dire, de tout intérêt terrestre.

Or telle était précisément la position morale et matérielle, en quelque sorte inévitable, de l'Auteur de cet ouvrage dans les lointaines prisons de la Russie. Plus tard,
lorsqu'il parut négliger l'étude de cette Géométrie pour
se livrer à l'enseignement des Sciences mécaniques et
industrielles, il n'avait, en réalité, d'autre but que de se
rendre utile à la classe ouvrière et à la jeunesse de nos
Écoles; il voulait leur inspirer l'amour des vérités éter-
nelles de la science, la haine de l'intrigue et des sophistiques subtilités d'un charlatanisme cupide, qui signale
une époque où, parmi tant de conquêtes de l'esprit moderne, on déplore avec chagrin des aberrations, des pas-
sions de lucre qui déshonorent notre caractère, nos
mœurs, et jusqu'à notre littérature nationale.

Enfin, si, sur les traces honorées des Vauban et des Be-
lidor, des Bezout, des Borda et des Coulomb, des Da-
niel Bernoulli, des Euler et de tant d'autres illustres
bienfaiteurs des hommes (*), il a tenté de se rendre utile
à la classe des artistes ou ingénieurs, en écrivant pour le

(*) Archimède, Galilée, Mariotte, Desargues, Pascal, De Lahire, Smeaton,
Deparcieux, Bossut, Dubuat, Carnot, Montgolfier, Prony, Eytelwein,
Dupin, Duleau, Navier, etc.

grand nombre et de manière à éviter les reproches trop souvent et justement adressés aux savants de profession ; s'il s'est à regret écarté de la route où l'entraînaient ses goûts et ses instincts primitifs, il ne l'a pas fait en vue de briller ou de capter les suffrages académiques, mais pour remplir les devoirs souvent pénibles de son état, selon sa capacité et les fonctions diverses qu'il a été appelé à exercer comme officier du génie.

Cette profession de foi sincère, cette austère déclaration de principes, si étrangère, semble-t-il, à un livre de Géométrie abstraite, peut en partie motiver l'intervalle d'un demi-siècle qui s'est écoulé entre sa composition en Russie et sa publication en France ; cette profession de foi doit aussi être considérée, par les géomètres, sinon comme une excuse, du moins comme une explication indispensable de la règle de conduite constamment observée par l'Auteur, soit depuis, soit pendant sa captivité à Saratoff en 1813 et 1814. Avec un peu moins d'indépendance dans le caractère, avec moins de patriotisme et d'abnégation personnelle, il aurait pu, comme quelques compagnons d'infortune mieux avisés peut-être, mettre à profit ses aptitudes et ses connaissances en mathématiques pour fuir la misère et acquérir un bien-être relatif ; mais il lui aurait fallu faire le sacrifice des sentiments les plus intimes de sa conscience, de sa liberté et de ses opinions politiques (*).

Quant aux ressources matérielles dont l'Auteur a pu

(*) Je crois devoir, à cette occasion, rappeler que le jeune prince de Wurtemberg, allié à la famille impériale de Russie, le brave de La Rochejaquelein, ce capitaine balafré de la garde napoléonienne, Audoury, mort depuis colonel d'artillerie, Cagniot, lieutenant de mineurs, et beaucoup d'autres officiers obscurs, que je ne saurais citer, comme moi prisonniers de guerre à Saratoff, n'ont point cédé à de telles suggestions de l'égoïsme politique ou personnel.

disposer pendant les deux années presque entières de
cette triste captivité, il suffira de dire qu'il avait été complétement dépouillé de ses effets les plus indispensables
sur le champ de bataille de Krasnoï, d'où il n'est sorti
vivant que par une faveur spéciale de Dieu, au milieu de
ses chefs, de ses camarades tués ou atteints de blessures,
toutes mortelles dans ce pernicieux climat (*). Sans vouloir apitoyer le lecteur sur les misères et les périls de cette
situation, on lui permettra d'ajouter que ce ne fut pas sans
des luttes et des souffrances faciles à deviner, que vêtu
des lambeaux d'un uniforme français, mangeant le pain
noir des paysans russes, il parcourut à pied les longues
étapes qui séparent Krasnoï de Saratoff; plaines silen-
cieuses et glacées où, dans ce fatal et exceptionnel hiver
de 1812, se faisaient souvent sentir des froids par lesquels le mercure du thermomètre se solidifiait !

On lui pardonnera encore d'ajouter que, parvenu en
mars 1813 sur les rives de cet immense Volga, non loin
des steppes désertes du gouvernement d'Orenbourg,
grâce à l'énergie physique et morale dont la nature
l'avait heureusement doué à vingt-quatre ans, énergie
qui avait manqué à beaucoup d'autres, il paya cependant son tribut à tant de rudes épreuves, à tant de souffrances, et tomba malade en atteignant le but, c'est-à-dire
en arrivant dans la ville alors peu hospitalière de Saratoff.
Là, comme on le concevra facilement encore, il ne trouva
ni secours matériels, ni ressources morales ou scientifi-

(*) De ce nombre étaient le colonel du génie Bouvier, auquel je ser-
vais d'aide de camp depuis Smolensk, le capitaine du génie Lapipe, etc.,
atteints par la mitraille en marchant à la baïonnette sur les batteries
russes, en tête de la colonne de droite, formée des compagnies de sapeurs
et de mineurs fraîchement arrivées d'Espagne, dont les malheureux soldats et sous-officiers disparurent presque entièrement dans ce cataclysme,
ou jonchèrent de leurs cadavres les routes intérieures de la Russie.

ques, et lorsque, sous la bienfaisante influence du splendide soleil d'avril, il recouvra quelques forces et voulut se distraire par le travail de l'esprit, il dut refaire péniblement, et pour ainsi dire un à un, les éléments indispensables aux études mathématiques, privé qu'il était de tout livre, de tout instrument de précision, difficiles à se procurer dans cette ville de Saratoff, d'ailleurs dépourvue alors de bibliothèques scientifiques. On ne doit donc pas s'attendre à rencontrer ici comme le reflet ou l'écho lointain des profonds travaux analytiques des Euler, des Bernoulli, des Huygens, des Newton, des d'Alembert, etc., ni même des travaux plus récents et non moins admirables des Lagrange, des Legendre, des Laplace, des Monge et de leurs disciples, travaux qui n'avaient laissé aucune trace dans sa mémoire au milieu des périls et des angoisses d'un aussi malheureux début dans la carrière des armes.

L'Auteur, sorti en novembre 1810 de l'École polytechnique, parti de l'École d'Application de Metz en mars 1812, pour coopérer aux travaux défensifs de Ramekens dans l'île de Walcheren, d'où il rejoignit à la hâte la grande armée à Vitepsk, ne songeait guère, dans une vie aussi agitée, à s'occuper des sciences abstraites. Réduit à ses souvenirs du lycée de Metz et de l'École polytechnique, où il avait cultivé avec prédilection les ouvrages de Monge, de Carnot et de Brianchon, on doit reconnaître qu'il n'a rien pu emprunter aux derniers écrits publiés avant sa rentrée en France, en septembre 1814. Ces circonstances et son extrême isolement dans la ville de Saratoff expliquent comment il fut conduit à reprendre, une à une, les matières de ses anciennes études mathématiques (arithmétique, algèbre, géométrie, trigonométrie, etc.), propres à servir d'appui solide aux recherches, aujourd'hui d'ailleurs si simples en apparence, qu'il se proposait d'entreprendre dans son triste exil.

Ces études préliminaires faisaient l'objet de notes rapides de plusieurs Cahiers qui n'entrent pas dans le présent volume, et dont il a disposé, pendant son séjour même en Russie, en faveur de compagnons d'infortune, d'anciens officiers désireux de s'instruire, et auxquels ils ont été utiles pour compléter une éducation compromise par des campagnes actives et incessantes, en Égypte, en Allemagne, en Italie, en Espagne (*).

Au surplus, il n'est peut-être pas sans intérêt pour le lecteur de faire observer, à cette occasion, que les parties élémentaires du calcul différentiel ou intégral et de l'algèbre sont celles de ses études qui avaient laissé dans l'esprit de l'auteur les traces les plus vives, et qui lui ont permis de retrouver les plus importants résultats, concernant la quadrature des aires, la cubature des volumes, etc. Ces résultats étaient presque entièrement effacés de sa mémoire, ainsi qu'il arrive au très-grand nombre des élèves, même fraîchement sortis de l'École polytechnique, qui se hâtent d'oublier, comme superflues, les théories étrangères au but matériel de leurs services actifs, peu encouragés qu'ils sont par les chefs placés au sommet de la hiérarchie dans chaque corps civil ou militaire.

Les premiers éléments, les résultats usuels des diverses branches de mathématiques, leurs plus faciles applications, en y comprenant même celles des calculs transcen-

-----

(*) L'un d'entre eux, M. Cagniot, lieutenant de mineurs plein de mérite et distingué par d'excellents services de guerre, a été tué malheureusement d'une balle au front, après son retour en France, lors d'une sortie de la garnison de Strasbourg, faite pendant le blocus, dans cette courte et à jamais déplorable campagne de 1815. On m'excusera de lui donner ici un mot de souvenir et de regret.

dants, voilà en effet ce qu'on n'oublie, pour ainsi dire, à aucune époque de la vie. Au contraire, les méthodes compliquées ou laborieuses par leurs développements, quels qu'en soient d'ailleurs l'intérêt et le mérite scientifique, les généralisations, les démonstrations abstraites et épineuses, les objections scolastiques et trop souvent pédantesques, qui, depuis les Reynaud et autres examinateurs, se sont introduites dans l'enseignement des mathématiques, mais que n'avaient point, à coup sûr, recommandées Lagrange, Laplace, ni Monge, dans leurs admirables leçons aux primitives Écoles normale et polytechnique, voilà ce qui s'efface tout d'abord de l'esprit, et c'est là, sans aucun doute, la cause première des réclamations incessantes formulées par les diverses branches des services publics en France, avant l'époque de 1850, où s'opéra la refonte des anciens programmes des diverses Écoles préparatoires (*).

En ce qui touche en particulier les sciences mécaniques, l'Auteur de ce livre doit avouer que, sauf les théories purement géométriques sur la composition des forces appliquées à un point et les théorèmes relatifs au moment de la résultante de ces forces, le prisonnier de Saratoff n'avait rien conservé de ses souvenirs d'écoles. Mais la composition des vitesses ou des quantités de mouvement déjà connue d'Aristote, à fortiori celle des accélérations ou des forces accélératrices dont l'expression est fondée sur la notion physique tout expérimentale de la masse et des lois de la communication du mouvement découvertes par Galilée, n'avaient laissé absolument aucune trace dans son esprit. Aussi

---

(*) Voy. le *Rapport sur l'Enseignement de l'École polytechnique*, en un volume in-4°, de 440 pages, publié par les ordres du Ministère de la Guerre (Paris, imprimerie nationale, 1850).

fit-il de vains efforts pour en écrire les équations différentielles suivant les axes coordonnés, et pour retrouver
les lois si simples du mouvement parabolique des points
matériels pesants ; lois devinées, démontrées expérimentalement par le même Galilée et son célèbre disciple
Torricelli, tous deux avec Képler, scrutant de près la nature que Descartes improvisait à la manière d'Aristote,
dont pourtant il combattait la doctrine philosophique.

Cela expliquera d'ailleurs comment plus tard, en 1825,
1827 et 1838, chargé de créer les Cours de mécanique
à l'École d'Application, à l'hôtel-de-ville de Metz sa ville
natale, et à la Faculté des Sciences de Paris, il se fit
novateur par conviction et réformateur par nécessité.

En publiant aujourd'hui le texte même du manuscrit de
Saratoff, je me suis fait un devoir scrupuleux de n'y apporter, à l'impression, aucun changement, aucun perfectionnement qui eût pu en altérer le sens, en modifier
les conséquences et les résultats algébriques, géométriques, etc. Les corrections, changements de notations, de
titres ou d'énoncés quelconques, réclamés par l'exécution
typographique de l'ouvrage, ont été exactement indiqués
au bas des pages, dans de nombreuses notes historiques,
critiques et philosophiques. J'ai saisi volontiers la seule
occasion favorable qui se soit offerte à moi, depuis trente
ans, de revendiquer des points de doctrine ou de théorie
exposés en 1822, dans le *Traité des Propriétés projectives
des figures*, et qu'on s'était trop habitué, à partir d'une
époque postérieure, à attribuer à d'autres, sans doute
par oubli, calcul ou préventions scientifiques.

J'ose espérer que ces différentes considérations appel-
leront l'indulgence du lecteur sur un ouvrage dont la

publication a été retardée de près d'un demi-siècle par
des causes morales et matérielles qu'il serait inutile d'indiquer à propos de ce volume, qui contient mes premières
tentatives dans une voie nouvelle, insolite même et semée
de plus d'un écueil.

Sans l'offre obligeante qui m'a été faite par des savants
aussi distingués que MM. Moutard et Mannheim, de re-
voir les calculs, les épreuves et les figures du manuscrit
de Saratoff; sans la certitude d'être mis par eux au courant des progrès qu'ont faits les études géométrico–analytiques depuis l'époque de mes dernières publications,
à dater desquelles je me suis très–peu préoccupé de ces
progrès, afin de me livrer entièrement à des devoirs plus
impérieux, à des labeurs moins agréables sans doute,
mais qui avaient un but d'utilité plus immédiat; sans ces
offres obligeantes, dis–je, et sans l'espoir de rencontrer
un concours non moins bienveillant et empressé dans
l'imprimerie mathématique de M. Mallet–Bachelier, si
bien dirigée par notre célèbre prote, M. Bailleul, ainsi
que dans l'aide de M. Claudel, artiste aussi ingénieux
qu'instruit, inventeur d'un nouveau système de gravure,
et auteur d'ouvrages fort appréciés sur l'art de l'ingé-
nieur; en un mot, sans la perspective de pareils stimu-
lants et d'une coopération soutenue autant qu'éclairée,
à laquelle est venue se joindre celle d'une amitié active et
bien chère, je n'eusse jamais osé, dans l'état de santé où
je me trouvais encore au commencement de 1861, affron-
ter les fatigues, les soucis et les périls d'une aussi tardive et laborieuse publication.

J.–V. PONCELET.

Paris. le 20 avril 1862.

APPLICATIONS
D'ANALYSE ET DE GÉOMÉTRIE.

PREMIER CAHIER.

LEMMES DE GÉOMÉTRIE SYNTHÉTIQUE :
SUR LES SYSTÈMES DE CERCLES SITUÉS DANS UN MÊME PLAN (*).

Commencé à Saratoff, sur le Volga, en avril 1813.

Les cercles, combinés entre eux ou avec des lignes droites, donnent lieu à de nombreuses propositions qui fournissent des moyens simples et élégants pour la solution d'une classe de problèmes intéressants par eux-mêmes, et surtout par l'application et l'extension qu'on en peut faire aux courbes du second degré. Ce sont quelques-unes de ces propositions que j'ai pour objet de démontrer ici, par des considérations purement élémentaires.

(*) Les lecteurs qui ont quelque connaissance du *Traité des Propriétés projectives des figures,* comprendront tout de suite, quoique cela ne soit pas dit explicitement dans le texte, qu'il s'agit ici de *propriétés,* de *propositions* susceptibles, en général, de s'étendre, par voie de perspective ou projection centrale, à des systèmes de sections coniques quelconques ayant une même *sécante* ou *corde commune,* réelle ou idéale ; ce dont, au surplus, les Ve et VIe Cahiers offrent quelques exemples spéciaux, très-remarquables.

Cette note, et généralement toutes celles qui accompagnent ce volume au bas des pages, datent de 1861. Les notes anciennes, en très-petit nombre, seront accompagnées d'un avertissement.

I.   I

PROPOSITION I.

La droite RR′ qui joint les extrémités R et R′ de deux rayons parallèles et dirigés dans le même sens, appartenant respectivement à deux cercles (C) et (C′), passe par un point O qui ne varie pas quand on fait tourner ces rayons autour des centres C et C′. Ce point invariable est situé sur le prolongement de la ligne des centres.

Fig. 1.

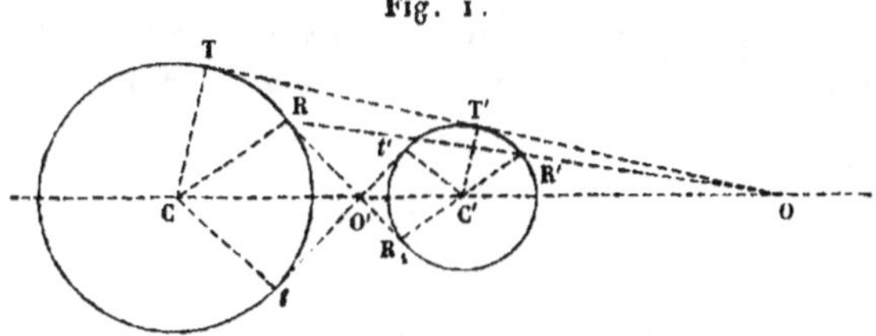

En effet, puisque les rayons CR, C′R′ sont parallèles, on a la proportion

$$CR \text{ ou } R : C'R' \text{ ou } R' :: OC : OC',$$

et, *dividendo,*

$$R - R' : R' :: CC' : OC';$$

par où l'on voit que la distance OC′ est constante.

Pareillement, si l'on joint les extrémités de deux rayons parallèles et dirigés en sens contraire CR et C′R, par une droite RR, cette droite passe toujours par un autre point O′ situé entre les deux centres sur la droite CC′; car les deux triangles semblables CRO′ et C′R,O′ donnent la proportion

$$R : R' :: CO' : C'O', \quad \text{d'où} \quad R + R' : R :: CC' : CO'.$$

Cette dernière proportion montre encore que la distance CO′ est constante, et qu'ainsi le point O′ est fixe.

Corollaire. — On conclut de là que, quand il est possible de mener une tangente extérieure TT′, commune à deux cercles (C) et (C′), cette tangente passe nécessairement par le point O. En effet, les rayons CT et CT′, étant alors perpendiculaires à une même droite TT′, sont parallèles entre eux. Pareillement, s'il est possible de mener une tangente intérieure tt' commune aux deux cercles, elle passera nécessairement par le point O', car les rayons Ct et $C't'$, correspondants aux deux points de contact t et t', sont parallèles entre eux comme perpendiculaires à une même droite tt', et dirigés en sens contraire. Par suite, les deux points O et O' sont les *points de concours* respectifs des tangentes extérieures ou intérieures communes aux cercles (C) et (C'), quand ces tangentes sont possibles.

Scolie. — On doit remarquer que les points O et O' existent quelle que soit la position relative des deux cercles (C), (C'), et que ces points seront toujours donnés par la construction indiquée ci-dessus (*).

LEMME GÉNÉRAL.

Deux triangles ABC et abc à côtés respectivement parallèles sont tels, que si l'on joint deux à deux les sommets homologues A et a, B et b, C et c par des lignes droites, ces droites se coupent toutes trois en un même point.

Fig. 2.   Fig. 3.

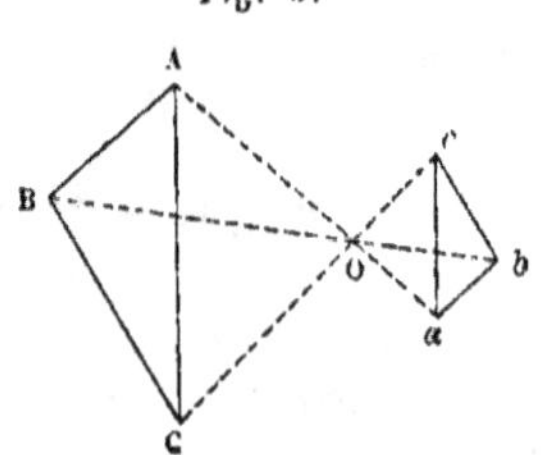

En effet, les deux triangles ABC et *abc*, ayant leurs côtés homologues parallèles, sont semblables, et l'on a la proportion

$$AB : ab :: BC : bc :: AC : ac.$$

Mais la droite BC étant parallèle à bc, on a aussi

$$BO : bO :: BC : bc :: AB : ab,$$

(*) A l'exemple d'Euler et de Monge, on aurait pu, dans ce Cahier, appeler les points fixes O et O' *centres de similitude* des deux cercles, dénomination indépendante des conditions de réalité des tangentes com-

I.

d'où, par la théorie des proportions,

$$BO \mp bO : BO :: AB \mp ab : AB \quad \text{ou} \quad Bb : BO :: AB \mp ab : AB.$$

De plus, si l'on appelle O' le point inconnu où la troisième droite Aa rencontre Bb, on aura également

$$BO' : bO' :: AB : ab,$$

et, par conséquent,

$$BO' \mp bO' : BO' :: AB \mp ab : AB$$

ou

$$Bb : BO' :: AB \mp ab : AB.$$

En comparant cette dernière proportion avec celle déjà obtenue, on en conclut que $BO' = BO$, et qu'ainsi les trois droites en question passent par le même point O. Il est inutile sans doute de faire observer que le signe supérieur est relatif à la *fig.* 2, et le signe inférieur à la *fig.* 3.

Proposition II.

Étant donnés sur un plan trois cercles (C), (C') *et* (C''); *soient menées à ces cercles, en les considérant deux à deux, les tangentes extérieures et intérieures qui leur sont communes, elles détermineront par leurs rencontres respectives, les six points* $O, O_1, O', O'_1, O'', O''_1$: *ou bien, ce qui est plus général, soient déterminés pour chaque couple de cercles en particulier, les deux points où se coupent les droites menées aux extrémités de deux rayons parallèles quelconques, dirigés dans le même sens ou en sens contraire; on obtiendra de la sorte six points, qui sont les mêmes que les précédents, lorsque les tangentes communes sont possibles.*

Cela posé, les trois points O, O', O'' *seront situés sur une*

---

munes à ces cercles; mais une telle généralisation, ici sans motifs obligés, inconnue aux anciens et à leurs sévères et logiques imitateurs Viète, Pascal, Fermat, etc., n'entrait nullement dans les idées et les intentions de l'auteur, attendu qu'elle cesse d'être exacte pour le cas des sections coniques et de toute figure qui peut être considérée comme la projection centrale ou perspective. plane: d'un système de cercles quelconque.

même ligne droite; pareille chose aura lieu pour le système des trois points O, O′, *et* O″, *pour celui des points* O′, O, *et* O″, *et enfin pour celui des points* O″, O, *et* O′.

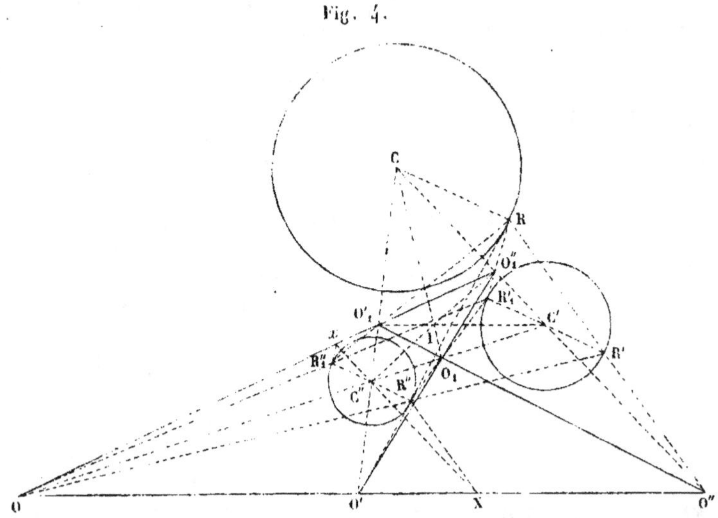

Fig. 4.

Considérons d'abord le système des points O, O′ et O″. Si l'on mène les trois rayons parallèles CR, C′R′ et C″R″, et qu'on joigne leurs extrémités deux à deux par des lignes droites, la droite R′R″ passera par le point O, la droite R″R par le point O′, et la droite RR′ par le point O″. Soit menée de plus, par le centre C″, la droite C″X parallèle à CC′, et par le point R″ la droite R″X parallèle à RR′; ces deux droites se rencontreront en un certain point X.

Cela posé, puisque les triangles CRO″ et C″R″X ont leurs côtés respectivement parallèles, les trois droites CC″, RR″ et O″X, qui joignent deux à deux les sommets homologues, concourent en un point O′. Pareillement, les deux triangles C′R′O″ et C″R″X ayant leurs côtés respectivement parallèles, les trois droites C′C″, R′R″ et O″X convergeront en un même point O. Donc O et O′ sont à la fois situés sur la droite O″X; donc les trois points O, O′ et O″ sont sur une même ligne droite; comme il s'agissait de le démontrer.

On peut prouver tout aussi facilement que les points O, O′,

et O''_ι sont en ligne droite. En effet, les rayons CR, $C' R'_\iota$ et $C'' R''_\iota$ ayant été menés parallèlement, et leurs extrémités respectives ayant été jointes par les droites $R'_\iota R''_\iota$, $R''_\iota R$ et RR'_ι, qui déterminent les points O, O'_ι et O''_ι, si l'on mène par R''_ι une parallèle à RR'_ι, elle coupera la droite $xC''X$, menée par le centre C'' parallèlement à CC', en un point x, et le triangle $C'' R''_\iota x$ aura ses côtés respectivement parallèles à ceux des triangles $C' R'_\iota O''_\iota$ et CRO''_ι.

De là on conclut : 1°, que les trois droites $R'_\iota R''_\iota$, $C'C''$ et $O''_\iota x$ passent par un même point O, et 2°, que les trois autres droites RR''_ι, CC'' et $O''_\iota x$, dont la dernière passe déjà par O, se coupent toutes trois en un même point O'_ι; donc la droite $O''_\iota x$ renfermant à la fois le point O et le point O'_ι, les trois points O, O'_ι et O''_ι sont situés sur une même ligne droite.

On prouverait, de la même manière, que les trois points O', O_ι et O''_ι sont situés en ligne droite, aussi bien que les trois points O'', O_ι et O'_ι.

Scolie. — La proposition précédente subsiste quelle que soit la position relative des cercles (C), (C') et (C'').

On peut remarquer, de plus, que les côtés opposés des deux triangles $CC'C''$ et $O_\iota O'_\iota O''_\iota$ se coupant respectivement en trois points O, O' et O'' situés en ligne droite, les trois droites CO_ι, $C'O'_\iota$ et $C''O''_\iota$ qui joignent leurs sommets opposés passent par un même point I.

Cette proposition pourrait être directement établie, mais, comme elle est étrangère au sujet qui nous occupe ici, je n'en donnerai pas la démonstration.

PROPOSITION III.

Étant donnés deux cercles (C) *et* (C') *et les deux points* O *et* O', *déterminés comme ci-dessus :*

1° *Si par le point* O (*fig.* 5) *on mène deux sécantes quelconques* OR *et* OR', *lesquelles rencontrent en huit points les deux circonférences, les quatre points intérieurs* R, R', r_ι, r'_ι *seront situés sur un même cercle, et il en sera ainsi des quatre points extérieurs* R_ι, R'_ι, r, r'.

2° *Si par le point* O' (*fig.* 6) *on mène également deux sé-*

cantes O′ R *et* O′ R′, *coupant en huit points les cercles donnés, les quatre points* R, R′, r_1, r'_1, *dont deux sont intérieurs et deux extérieurs, seront sur un même cercle. Il en est de même des quatre autres points* R_1, R'_1, *r, r′.*

Considérons d'abord le premier cas. Puisque le point O est celui où passent toutes les droites menées aux extrémités de deux rayons parallèles et dirigés dans le même sens, les rayons CR, CR′, CR_1, CR'_1 sont respectivement parallèles aux rayons C′ r, C′ r′, C′ r_1 et C′ r'_1, et par conséquent les arcs RR′, RR_1, interceptés par les premiers rayons sur la circonférence (C),

Fig. 5.

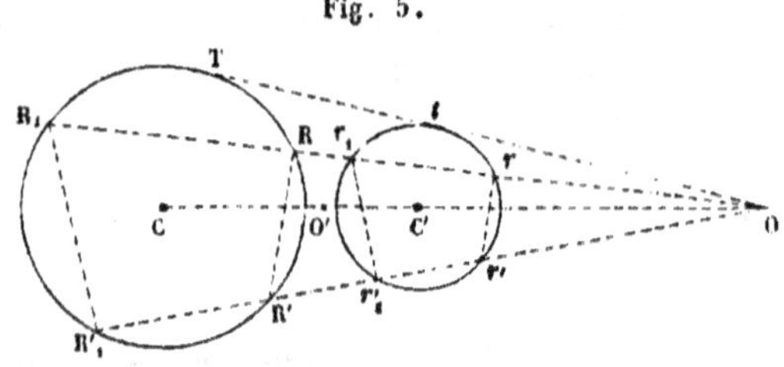

sont d'un même nombre de degrés que les arcs rr′, rr_1, interceptés sur la circonférence (C′) par les rayons parallèles aux premiers.

De là on peut conclure que les deux triangles O r_1 r'_1 et ORR′ sont semblables; car ils ont d'abord un angle commun en O; de plus, l'angle en R′, qui a pour mesure la moitié de l'arc $RR′R'_1$, est égal à l'angle en r_1, qui a pour mesure la moitié de l'arc $rr′r'_1$. Par suite, en comparant les côtés homologues, on aura la proportion

$$OR' : OR :: Or_1 : Or'_1;$$

d'où l'on tire

$$OR' \times Or'_1 = OR \times Or_1.$$

Donc si par les trois points r_1, r'_1, R′ on faisait passer une circonférence de cercle, elle passerait nécessairement aussi par le quatrième R.

Si, au lieu des deux triangles ORR′ et O r_1 r'_1, on avait considéré les deux triangles $OR_1 R'_1$ et O rr′, on eût démontré, de la même manière, que ces triangles sont semblables; d'où l'on aurait conclu que $OR_1 \times Or = OR'_1 \times Or'$, et par conséquent que les quatre points R_1, R'_1, r, r' sont comme les premiers, sur une même circonférence de cercle.

Considérons maintenant le second cas, où il s'agit du point

Fig. 6.

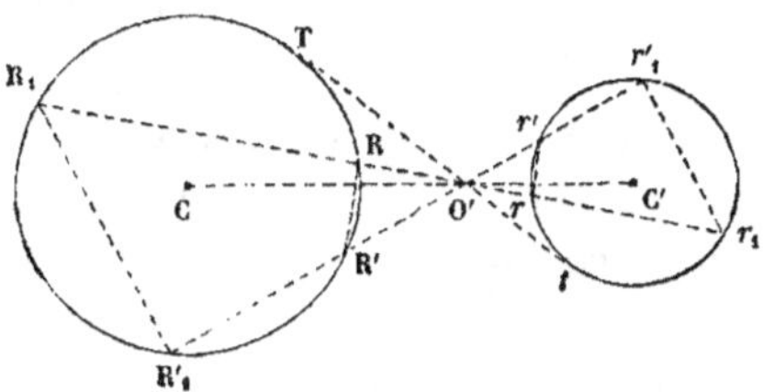

O'. On démontrerait, comme tout à l'heure, que les arcs RR', RR_1, etc., sont respectivement d'un même nombre de degrés que les arcs rr', rr_1, etc.; de là on conclurait encore que les triangles $O'RR'$ et $O'r_1r'_1$, opposés par le sommet O', sont semblables et qu'ainsi on a la proportion

$$O'R : O'R' :: O'r'_1 : O'r_1,$$

d'où l'on tire

$$O'R \times O'r_1 = O'R' \times O'r'_1.$$

On voit par là que les quatre points R, R', r_1, et r'_1 sont tous sur une même circonférence de cercle, et l'on démontrerait la même chose et de la même manière à l'égard des quatre autres points R_1, R'_1, r, r'.

Corollaire I. — On conclut de ce qui précède, que tout cercle qui touche les cercles (C) et (C') à la fois intérieurement, ou à la fois extérieurement, a ses deux points de contact situés sur une même droite passant par le point O (*fig.* 5); car si l'on imagine que les deux sécantes OR et OR' se confondent, il est clair que le cercle qui passait par les points R, R', r_1, r'_1 touche les cercles (C) et (C') aux doubles points RR' et et $r_1r'_1$.

Pareille chose a lieu encore par rapport au second cercle qui passe par les quatre points R_1, R'_1, r, r'.

Corollaire II. — De même (*fig.* 6), tout cercle qui touche les deux cercles (C) et (C'), l'un intérieurement et l'autre extérieurement, a ses deux points de contact situés sur une droite unique passant par le point O'.

Scolie I. — On peut remarquer (*fig.* 5) que les cordes $R_1R'_1$ et $r_1r'_1$, RR' et rr' sont respectivement parallèles, et que pareillement (*fig.* 6), les cordes RR' et rr', $R_1R'_1$ et rr'_1 sont aussi parallèles l'une à l'autre.

Scolie II. — On peut remarquer encore que les tangentes en R et r, R_1 et r_1 de la *fig.* 5, sont parallèles chacune à chacune, aussi bien que les tangentes menées respectivement aux points R et r, R_1 et r_1 de la *fig.* 6.

Scolie III. — Quand il sera possible de mener des tangentes communes OtT extérieures aux deux cercles (C) et (C') (*fig.* 5), on aura, pour une même sécante OR,

$$OR \times Or_1 = OT \times Ot, \quad OR_1 \times Or = OT \times Ot,$$

et, par suite,

$$OR \times Or_1 = OR_1 \times Or.$$

Pareillement (*fig.* 6), quand il sera possible de mener deux tangentes communes $tO'T$, intérieures aux deux cercles (C) et (C'), on aura

$$O'R \times O'r_1 = O'T \times O't, \quad O'R_1 \times O'r = O'T \times O't,$$

et, par suite,

$$O'R \times O'r_1 = O'R_1 \times O'r.$$

Proposition IV.

Soient (C) et (C') deux cercles auxquels il est possible de mener les tangentes communes extérieures OtT et $Ot'T'$, et

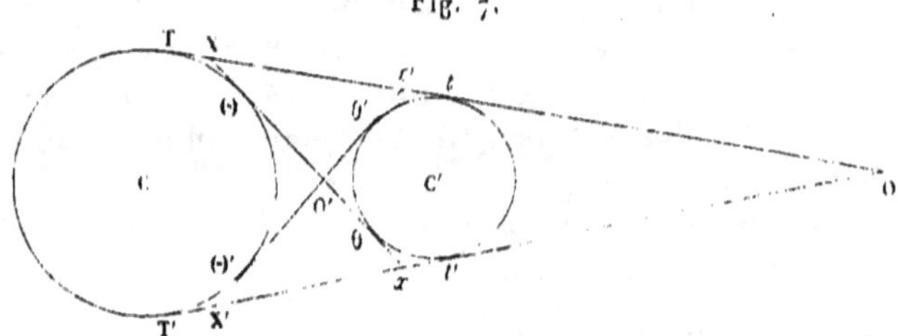

Fig. 7.

les deux tangentes communes intérieures $\Theta O'\theta$ et $\Theta'O'\theta'$:

les parties $\mathrm{X}x$ et $\mathrm{X}'x'$ interceptées sur les tangentes intérieures par les tangentes extérieures, seront égales aux parties $\mathrm{T}t$ et $\mathrm{T}'t'$, comprises entre les points de contact extérieurs. Pareillement, les parties $\mathrm{X}x'$ et $\mathrm{X}'x$, interceptées sur les tangentes extérieures par les deux tangentes intérieures, seront aussi égales entre elles et aux parties $\Theta\theta$, $\Theta'\theta'$ comprises entre les points de contact intérieurs.

En effet, on a évidemment

$$\mathrm{X}x = \mathrm{X}\Theta + \Theta x = \mathrm{X}\mathrm{T} + \mathrm{T}'x$$

et

$$\mathrm{X}x = \mathrm{X}\theta + \theta x = \mathrm{X}t + t'x;$$

donc si l'on ajoute ces deux valeurs de $\mathrm{X}x$, on aura

$$2\,\mathrm{X}x = \mathrm{X}\mathrm{T} + \mathrm{X}t + \mathrm{T}'x + t'x = 2\,\mathrm{T}t,$$

donc aussi

$$\mathrm{X}x = \mathrm{X}'x' = \mathrm{T}t = \mathrm{T}'t' :$$

premier point qu'il s'agissait de démontrer.

On a évidemment aussi

$$\mathrm{X}x' = \mathrm{T}t - \mathrm{T}\mathrm{X} - tx' \quad \text{et} \quad \mathrm{T}t = \mathrm{X}'x' = \Theta'\theta' + \mathrm{X}'\Theta' + x'\theta',$$

ou, puisque

$$\mathrm{X}'\Theta' = \mathrm{X}\Theta = \mathrm{T}\mathrm{X}, \quad \mathrm{T}t = \Theta'\theta' + \mathrm{T}\mathrm{X} + tx'.$$

Substituant dans la première équation pour $\mathrm{T}t$ sa valeur, on aura enfin

$$\mathrm{X}x' = \Theta'\theta';$$

et, par conséquent,

$$\mathrm{X}x' = \mathrm{X}'x = \Theta'\theta' = \Theta\theta.$$

Corollaire. — On peut conclure de là que toutes les parties $\mathrm{X}\mathrm{T}$, $\mathrm{X}\Theta$, $x't$, $x'\theta'$, etc., sont égales entre elles ; car, par exemple, on a

$$\mathrm{X}\theta = \mathrm{X}\Theta + \Theta\theta \quad \text{et} \quad \mathrm{X}t = \mathrm{X}x' + x't.$$

Donc, puisque $\Theta\theta = \mathrm{X}x'$ et $\mathrm{X}\theta = \mathrm{X}t$, on a aussi

$$\mathrm{X}\Theta = x't.$$

PROPOSITION V.

Soient deux cercles quelconques (C) et (C'); si par le point O déterminé comme ci-dessus, on tire une sécante OtT, qui coupe (fig. 8) ces cercles en quatre points, et qu'on mène aux deux points extérieurs deux tangentes Tα et tα, celles-ci se couperont en un point α, qui sera à égale distance des points T et t. Pareillement, si par les deux points intérieurs T' et t' on mène les tangentes T'α' et t'α' se coupant en α', les distances α'T' et α't' seront égales entre elles.

Si de même, par le second point O' (fig. 9), on mène une autre sécante, et qu'on exécute les opérations correspondantes, les deux couples de tangentes menées par les points intérieurs-extérieurs se couperont en des points α et α' situés à égale distance des points de contact correspondants.

Fig. 8.

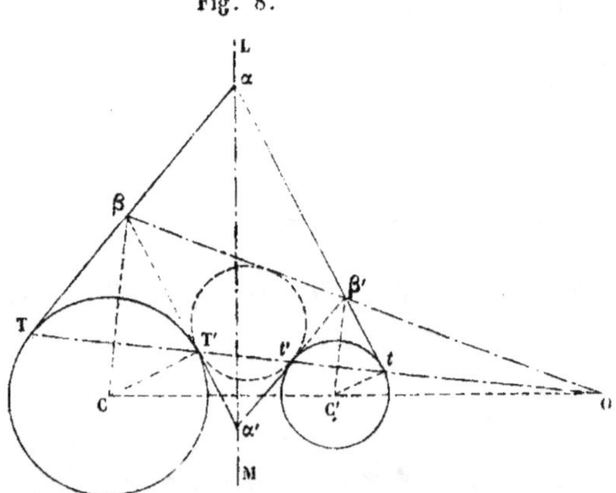

En effet, il résulte du Coroll. I de la Proposition III, que l'on peut mener par les points T et t un cercle qui touche à la fois les deux cercles (C) et (C'); donc les deux tangentes Tα et tα, qui appartiennent à ce cercle, sont égales entre elles. Pareille chose a lieu à l'égard des points intérieurs T' et t' ; car on peut mener par ces deux points un cercle qui touche à la fois les cercles (C) et (C').

Fig. 9.

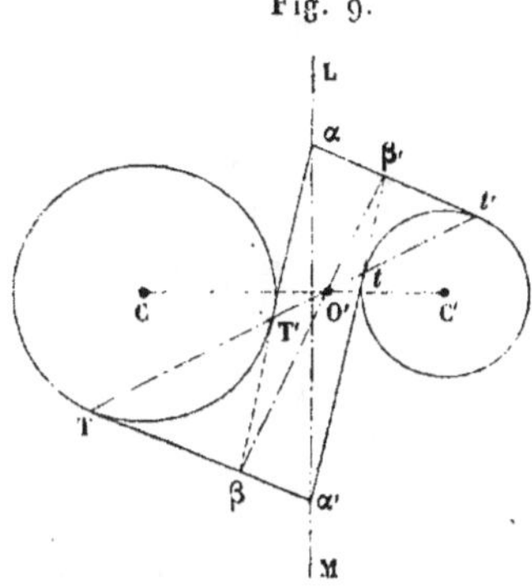

De même, si par le point O' on mène une sécante quelconque O'T, qui coupe les deux cercles (C) et (C') en quatre points T, T', t, t', il est clair (Coroll. II, Prop. III) que l'on peut mener par les deux points T et t un cercle tangent à la fois aux deux cercles (C) et (C'), et qu'ainsi les deux tangentes Tα et $t\alpha$, qui appartiennent en même temps à ce cercle et aux cercles (C) et (C'), seront égales. Pareille chose encore a lieu à l'égard des tangentes T'α' et $t'\alpha'$.

Scolie. — On peut remarquer (*fig.* 8) que si l'on prolonge les quatre tangentes Tα et T'α', $t\alpha$ et $t'\alpha'$, jusqu'à leurs rencontres respectives en β et β', la droite qui joint ces deux points passera par le point O. En effet, il est visible que si l'on joint ces points respectivement aux centres C et C', les droites Cβ et C'β' sont parallèles, et qu'ainsi les deux triangles CβT et C'$\beta't'$ ont leurs côtés homologues parallèles ; d'où l'on peut conclure (*Lemme général*) que les trois droites $\beta\beta'$, Tt' et CC' concourent en un même point O.

On démontrerait pareillement que la droite $\beta\beta'$ (*fig.* 9) passe par le point O'.

PROPOSITION VI.

Le lieu de tous les points α, tels que les quatre tangentes αT, αT', αt, $\alpha t'$, menées par l'un quelconque d'entre eux à deux *cercles* (C) *et* (C'), *sont égales entre elles, est une droite* LM *perpendiculaire à la ligne des centres* CC', *et qui est la corde commune à ces cercles quand ils se coupent* (*).

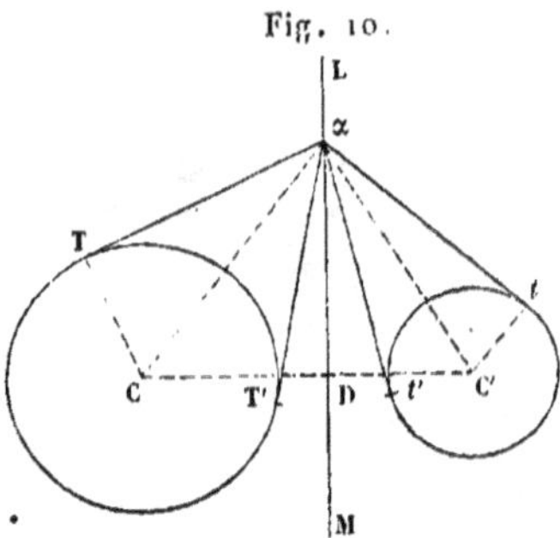

Fig. 10.

En effet, si l'on joint le point α, considéré dans une de ses positions, aux centres C et C', par les droites Cα, C'α, il est clair qu'on aura

$$\overline{C\alpha}^2 = \overline{CT}^2 + \overline{T\alpha}^2,\ \ \overline{C'\alpha}^2 = \overline{\alpha t}^2 + \overline{C't}^2\ \ \text{et}\ \ T\alpha = t\alpha,$$

ou, si l'on appelle le rayon CT, **R**, et le rayon C't, r,

$$\overline{C\alpha}^2 = R^2 + \overline{T\alpha}^2,\ \ \ \overline{C'\alpha}^2 = r^2 + \overline{T\alpha}^2.$$

Cela posé, si l'on abaisse du point α' sur CC', la perpendiculaire αD, on aura évidemment dans le triangle CαC',

$$\overline{C\alpha}^2 = \overline{CC'}^2 + \overline{C'\alpha}^2 - 2CC' \times C'D.$$

Substituant pour Cα et C'α leurs valeurs dans cette dernière expression, il viendra

$$R^2 = r^2 + \overline{CC'}^2 - 2CC' \times C'D.$$

(*) Cette proposition, en elle-même fort remarquable, a été rangée dans ces dernières années, gratuitement peut-être, au nombre des *porismes* d'Euclide, dont on trouvera dans le second volume de cet écrit, quelques données traduites de divers ouvrages anciens et commentées, par l'auteur, au milieu des loisirs que lui avait faits la paix de 1815. Ici encore, en vue de généraliser, on aurait pu nommer la droite LM, *axe de similitude des deux cercles, axe d'égales tangentes,* ou lui appliquer

Toutes les longueurs qui entrent dans cette équation étant constantes, à l'exception de C′D qui est inconnue, on voit que cette ligne doit être aussi constante; ainsi, quel que soit le point α que l'on considère, ce point sera toujours situé sur la perpendiculaire élevée au point D.

Il n'est pas difficile de voir que, quand les deux cercles se coupent, la perpendiculaire Dα est la corde commune à ces cercles. Car, si par un de leurs points de rencontre on mène une tangente au cercle C et une tangente au cercle C′, leur intersection se confondra avec le point commun de contact, et par conséquent les distances αT et αt seront égales en ce point, comme nulles toutes deux. Il en est de même pour le deuxième point d'intersection des cercles (C), (C′); donc ces points appartiennent au *lieu* des points α.

Fig. 11.

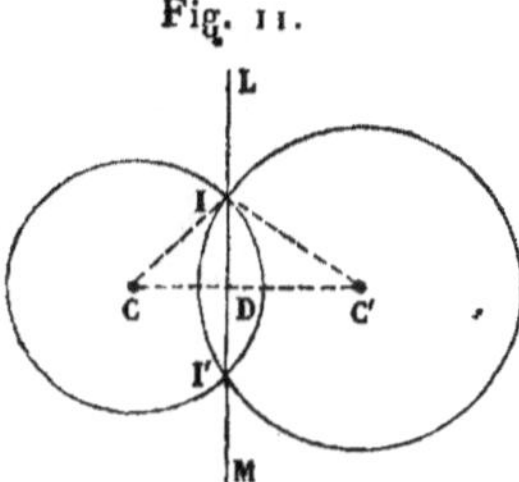

Au reste, on peut le démontrer directement.

En effet, si l'on joint le point I d'intersection des deux cercles aux centres C et C′ par les droites CI et C′I, et qu'on abaisse sur CC′ la perpendiculaire ID, qui sera la corde commune, on aura évidemment dans le triangle CIC′

$$\overline{CI}^2 = \overline{CC'}^2 + \overline{C'I}^2 - 2CC' \times C'D$$

ou

$$R^2 = r^2 + \overline{CC'}^2 - 2CC' \times C'D.$$

---

telle autre dénomination, française, grecque ou latine, ayant ou non fait fortune plus tard. Mais, par les motifs déjà indiqués dans une précédente note, l'auteur, voulant dès lors admettre explicitement la *loi*, le *principe de continuité*, sauf à l'approfondir, le justifier ultérieurement, a dû s'abstenir d'employer des épithètes susceptibles de devenir complétement fausses ou illusoires pour les systèmes de sections coniques.

Cette dernière équation donnant pour la distance C'D la même expression que celle obtenue précédemment pour un point quelconque α de tangentes égales, le lieu des points α passe par les points I et I', et se confond par suite, avec la corde commune aux deux cercles.

Corollaire. — Quand les cercles (C), (C') se coupent, la droite LM est très-facile à construire, puisqu'elle est leur corde commune ; mais quand ils ne se coupent pas, la même construction n'est plus possible ; cependant la droite LM existe toujours. Pour la construire, on se servira de la propriété générale dont elle jouit indépendamment de la position relative des deux cercles.

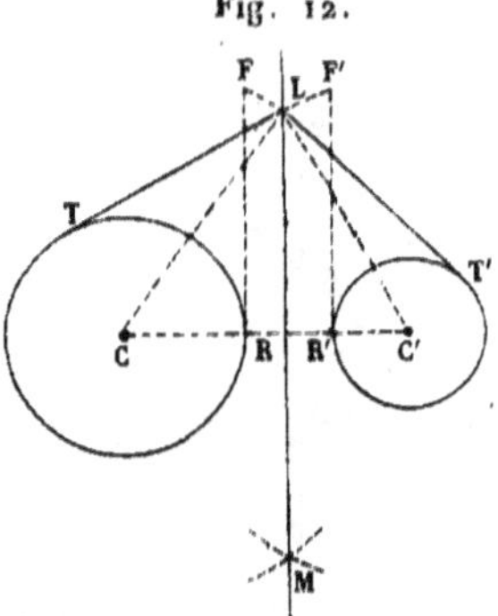

Fig. 12.

Pour cela, on élèvera aux deux points R et R', sur la ligne des centres CC', deux perpendiculaires RF et R'F', qui seront en même temps tangentes aux cercles respectifs (C) et (C') ; on prendra sur ces perpendiculaires des distances égales RF et R'F', et des points C et C' comme centres avec CF et C'F' pour rayons on décrira deux circonférences qui se couperont aux points L et M situés sur la droite cherchée ; car, par exemple, il est évident que les tangentes LT et LT' partant du point L, sont respectivement égales aux tangentes RF et R'F', et par conséquent égales entre elles.

Scolie I. — *On peut regarder la droite* LM *comme la corde commune aux deux cercles* C *et* C', *même quand ils ne se coupent pas, car cette droite jouit, à l'égard de ces cercles, des mêmes propriétés générales, soit que les deux cercles se coupent ou qu'ils ne se coupent pas.*

Scolie II. — D'après la Propos. V (*fig.* 8 et 9), les droites T*t* et T′*t*′ passent dans toutes leurs positions par un même point O; pareillement, les droites T*t*′ et T′*t* passent aussi dans toutes leurs positions par un même point O′. De tout cela on peut conclure la proposition suivante :

PROPOSITION VII.

Soient (C) *et* (C′) (*fig.* 8 et 9), *deux cercles de position arbitraire ;* O *et* O′ *les deux points déterminés comme ci-dessus ;* OT *une sécante quelconque menée par le point* O *et qui coupe les deux cercles* (C) *et* (C′) *aux quatre points* T, T′, *t, t′ : les tangentes menées aux cercles en ces points formeront par leurs intersections, le parallélogramme* αβα′β′. *Cela posé, si l'on fait tourner la sécante* OT *autour du point* O (*fig.* 8), *les deux points* α *et* α′ *parcourront dans leur mouvement, chacun en particulier, une même droite* αα′ *ou* LM *perpendiculaire à* CC′, *et qui pourra être considérée comme la corde commune à ces deux cercles, soit qu'ils se coupent ou ne se coupent pas.*

Pareillement, si par le point O′ (*fig.* 9) *on mène une sécante* O′T *qui coupe le système des deux cercles en quatre points* T, T′, *t et t′, et qu'on exécute à l'égard de ces points la même construction que précédemment, ce qui donnera un parallélogramme* αβα′β′, *les deux points* α *et* α′ *parcourront encore cette unique droite* LM *quand on fera tourner la sécante* O′T *autour du point* O′.

Scolie I. — Ces deux propriétés fournissent le moyen de construire, dans tous les cas possibles, la droite LM au moyen des points O et O′.

Scolie II. — On se rappellera aussi (Scolies de la Proposition V) que les droites désignées par ββ′, dans les *fig.* 8 et 9, passent, dans toutes leurs positions, l'une par le point O, l'autre par le point O′.

Proposition VIII.

Soient trois cercles quelconques (C), (C′) *et* (C″), *qui se coupent* (*fig.* 13), *ou ne se coupent pas* (*fig.* 14), *les trois cordes* LM, L′M′, L″M″, *communes à ces cercles considérés deux à deux, passent par un même point* K (*).

Fig. 13.

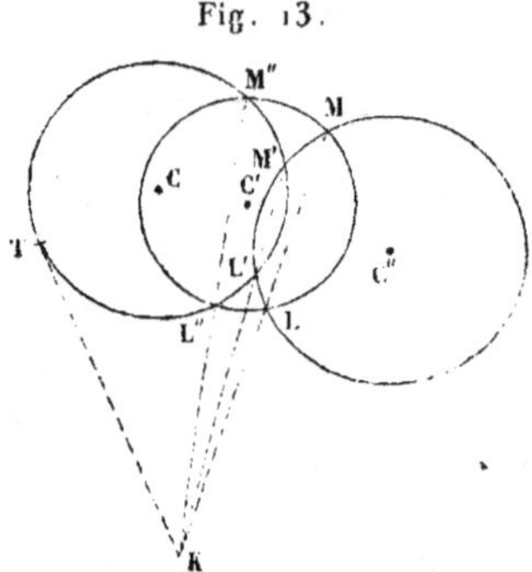

Considérons d'abord le cas où les trois cercles se coupent, et faisons pour un moment abstraction du cercle (C″), en conservant cependant la corde LM. Appelons K le point où cette corde rencontre la corde L″M″, on aura évidemment (*fig.* 13)

$$KM \times KL = KM'' \times KL''.$$

Si, par le même point K et par le point M′, on mène une sécante KM′ dans le cercle (C), elle coupera ce cercle en un autre point que j'appelle L′, et l'on aura évidemment, puisque les droites KM″ et KM′ sont sécantes d'un même cercle (C),

$$KM' \times KL' = KM'' \times KL'' ;$$

donc

$$KM' \times KL' = KM \times KL.$$

Cette dernière équation fait voir que les points M, L, M′ et L′

(*) Il est peu nécessaire, sans doute, de rappeler ici que ce remarquable théorème et celui de la Prop. XI ont été déduits, par Monge, de considérations fort élégantes de géométrie intuitive dans l'espace, dont la généralité et la rigueur furent contestées par des esprits difficiles dès l'époque de 1808.

sont situés sur une même circonférence de cercle. Donc, puisque le cercle (C″) passe par les trois points L, M et M′, il passera aussi par le quatrième point L′; d'où l'on peut conclure réciproquement que si ce cercle est tracé, les trois cordes LM, L′M′ et L″M″ passent par un même point.

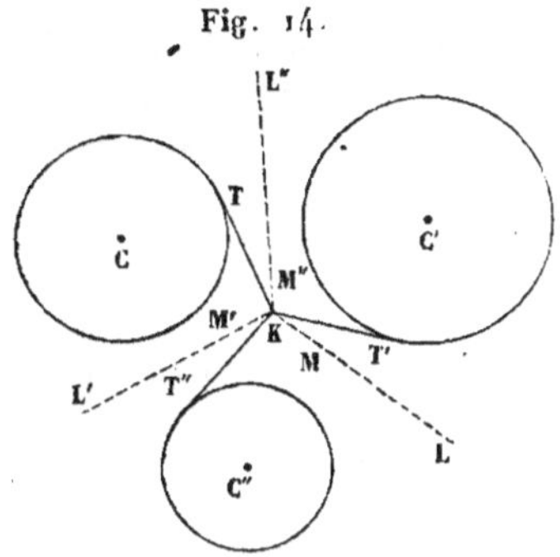

Fig. 14.

Supposons en second lieu (*fig.* 14) que les trois cercles ne se coupent pas, et soient L″M″ et L′M′ les cordes imaginaires communes aux deux cercles (C) et (C′), et aux deux cercles (C) et (C″); soit K le point où elles se rencontrent, il est clair que si par ce point on mène une tangente à chacun des trois cercles, les deux tangentes KT et KT′ seront égales, comme appartenant à la droite L″M″; pareillement les deux tangentes KT et KT″ sont égales, comme appartenant à la droite L′M′; donc la tangente KT′ est égale à la tangente KT″, et par suite le point K, commun aux deux droites L′M′ et L″M″, appartient aussi à la droite LM. Ces trois droites se coupent donc en un même point K.

Scolie I. — On voit par là que les droites LM, L′M′ et L″M″ se comportent de la même manière, soit que les cercles se coupent ou qu'ils ne se coupent pas. La même chose aura lieu toutes les fois qu'il ne s'agira que de propriétés qui, ainsi que la précédente, ne sont relatives qu'à la position des trois droites; la raison de ce fait consiste en ce que ces droites sont liées aux cercles (C), (C′) et (C″) par une condition indépendante de la valeur absolue de leurs rayons et de leurs positions relatives (Prop. VII).

Scolie II. — La proposition précédente subsiste quand deux ou trois des cercles (C), (C′), (C″) se touchent : les cordes communes deviennent alors les tangentes aux points communs.

PROPOSITION IX.

Le lieu de tous les points α pour lesquels la distance $\alpha C'$ à un point fixe C′ est égale à la tangente αT menée à un cercle C, est une droite LM, perpendiculaire à celle qui passe par le centre C et par le point C′.

Fig. 15.

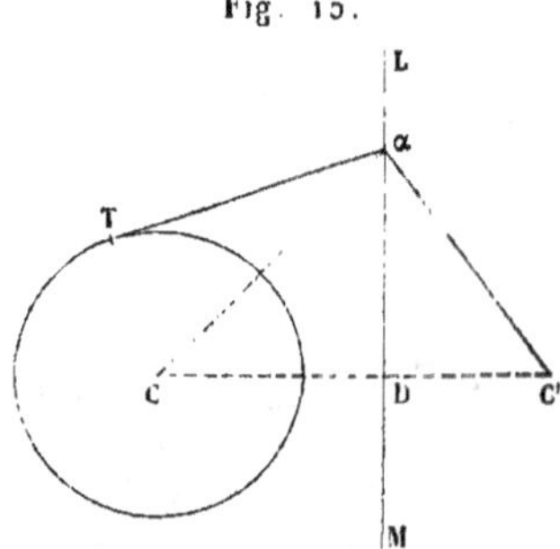

Cette proposition n'est qu'une conséquence de la Proposition VI ; car si l'on imagine (*fig.* 10), que le cercle (C′) dont il s'agissait alors, se réduise à un point, il est clair que la tangente αt à ce cercle deviendra simplement une droite $\alpha C'$, passant par son centre C′. Mais on peut la démontrer directement de la même manière que la Prop. VI.

En effet, le triangle $C\alpha C'$ donne

$$\overline{C\alpha}^2 = \overline{C'\alpha}^2 + \overline{CC'}^2 - 2\,CC' \times C'D ;$$

or, R étant le rayon de (C),

$$\overline{C\alpha}^2 = R^2 + \overline{T\alpha}^2 = R^2 + \overline{C'\alpha}^2 ;$$

donc on a simplement

$$R^2 = \overline{CC'}^2 - 2\,CC' \times C'D.$$

D'où l'on voit que C′D est constant, et que, par conséquent,

2.

tous les points α sont placés sur une même perpendiculaire à
la droite CC′, élevée par le point D (*).

PROPOSITION X.

Étant donnés un cercle (C) *et une droite* **LM** *quelconques*
(*fig.* 16), *soient menées au cercle par un point* α *de cette droite*
deux tangentes α**T** *et* α**T′**, *ce qui déterminera une corde de*
contact **TT′** *; si l'on fait parcourir la droite* **LM** *par le point* α,
la corde **TT′** *passera dans toutes ses positions par un même*
point **I**.

Fig. 16.

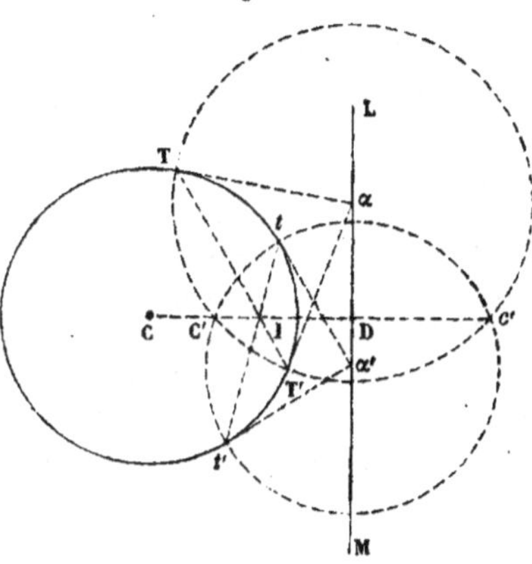

En effet, si du point α comme centre, avec la tangente α**T**
comme rayon, on décrit une circonférence de cercle, elle coupera la droite CD perpendiculaire à **LM**, en deux points C′ et *c′*
qui seront les mêmes, quel que soit le point α qu'on ait choisi.
Car, si l'on considère un autre point α′, et que de ce point on

---

(*) Cette proposition et quelques-unes de celles qui suivent ou qui précèdent, ont dû aussi être connues des anciens, d'Euclide notamment,
sous le nom de *Porismes*, dont le sens, aujourd'hui controversé encore,
est si singulièrement obscurci, tronqué peut-être et amoindri dans les
énoncés des 171 *Théorèmes* et des 38 *Lemmes* principaux du livre pré-
cieux de Pappus, tant et si souvent interprété ou commenté. Vraisembla-
blement aussi, c'est le cas de quelques autres propositions ou théorèmes
concernant le contact et l'intersection des cercles, connus d'*Apollonius*

mène deux nouvelles tangentes $\alpha' t$ et $\alpha' t'$ au cercle (C), il est clair que ces tangentes seront égales à la distance $\alpha' C'$, puisque la droite LM perpendiculaire à CC' contient déjà un point α pour lequel la distance $\alpha C'$ est égale à la tangente αT, et que par conséquent elle est, à l'égard du cercle (C) et du point C', la droite analogue à LM dont il est parlé dans la proposition précédente. Mais la distance $\alpha' C'$ étant égale aux tangentes $\alpha' t$ et $\alpha' t'$, si l'on décrit du point α' comme centre, avec $\alpha' t$ pour rayon, une circonférence de cercle, elle passera par les points t, t', C' et c'; par suite, si l'on mène les cordes communes aux trois cercles (C), (α) et (α'), à savoir TT', tt' et C'c', elles passeront toutes trois par un même point I (Prop. VIII).

Donc tous les points de la droite LM jouissent de la propriété que les cordes de contact TT', qui leur correspondent, passent par un même point I, situé sur la perpendiculaire CD, abaissée du centre C sur la droite LM.

Scolie. — La réciproque est également vraie et se démontrerait d'une manière analogue. Ainsi, que d'un point I quelconque, on mène des sécantes arbitraires TT', tt', dont chacune coupe le cercle (C) en deux points, et qu'en ces deux points on mène des tangentes à ce cercle, celles-ci se couperont en un point α qui sera toujours situé sur une même droite LM perpendiculaire à celle qui passe par le point I et par le centre C.

PROPOSITION XI.

Soient C et C' (fig. 17) deux points arbitraires, le lieu des centres x de tous les cercles pour lesquels les tangentes CT, menées par le point C, sont égales à une longueur constante T,

---

de Perge, et restaurés, étendus, comme on dit, par *divination*, dans l'*Apollonius Gallus* de Viète, etc. Or, ces rapprochements, ces divinations d'une critique philosophique et historique transcendante, épineuse, délicate et parfois même fort subtile, intéressent spécialement les érudits de profession, dont le siége est à l'Académie des Inscriptions et Belles-Lettres; mais très-peu, je crois, les lecteurs du présent ouvrage, qui a fort couru le risque de demeurer à jamais ignoré du public, du moins sous la forme rudimentaire qu'on lui a conservée ici.

et les tangentes C′T′ *menées par le point* C′ *sont égales à une
autre longueur constante* T′, *ce lieu est une droite* LM *per-*

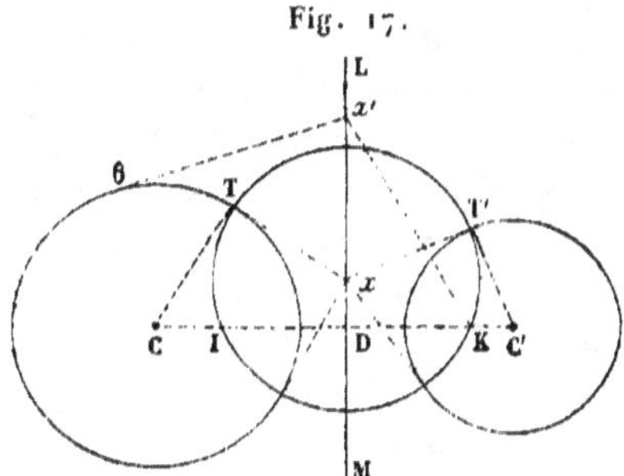

Fig. 17.

pendiculaire à CC′, *corde commune aux deux cercles décrits
des points* C *et* C′ *avec les distances* T *et* T′ *pour rayons.*

De plus, tous les cercles (x) *ont la droite* CC′ *pour corde commune, et par conséquent ils passent par deux mêmes points* I
et K, *quand ils rencontrent la droite* CC′.

En effet, considérons le cercle (x) dans une de ses positions ;
puisque CT est une tangente à ce cercle, il est clair que le rayon
xT est perpendiculaire sur CT, et par conséquent, si du point
C comme centre, avec la distance constante CT ou T comme
rayon, on décrit un cercle, cette droite xT lui sera tangente au
point T : on prouverait pareillement que le rayon xT′ du cercle
(x) est tangent au cercle décrit du point C′ comme centre avec
un rayon égal à T′ ; donc puisque les rayons xT et xT′ sont
égaux entre eux, le centre x est un des points de la corde LM
commune aux deux cercles (C) et (C′), et par conséquent cette
corde est le lieu de tous les centres x ; ainsi qu'il s'agissait de le
prouver (Prop. VI).

Je dis, de plus, que tous les cercles (x) passeront par les
deux points I et K, où l'un d'entre eux rencontre la droite CC′,
et que par conséquent cette droite sera la corde réelle ou imaginaire commune à tous.

En effet, si l'on considère le point K et qu'on joigne ce point
au centre x, il est clair que la distance Kx et la tangente xT
sont égales comme rayons du cercle (x) ; donc la droite LM
(Prop. IX) qui passe par le point x et qui est perpendiculaire à KC, est telle que si d'un autre point quelconque x′ on

mène au point K la droite x'K, et au cercle (C) la tangente $x'\theta$, ces deux lignes seront égales entre elles. D'où l'on voit que le cercle qui aurait pour centre x', et qui passerait par le point θ, passerait aussi par le point K, et par suite par le point I, qui est également éloigné de la perpendiculaire LM ; or ce cercle (x') est un des cercles (x) pour lesquels xT est égal à xT' ; donc tous ces cercles passeront par les deux points I et K.

On aurait pu démontrer cette dernière propriété d'une manière plus simple ; car si l'on considère le cercle (x) dans deux de ses positions x et x', il est clair que les deux points C et C' étant tels que les tangentes menées par chacun de ces points aux cercles (x) et (x'), sont respectivement égales, la droite CC' est la corde commune à ces cercles, et, par suite, commune à tous les cercles décrits de la même manière.

Proposition XII.

Le lieu des centres x, des cercles tels que les tangentes CT qui leur sont menées par un même point C, sont égales à une constante T, et que les cordes RR' menées par un autre point C' sont divisées en ce point en deux parties C'R et C'R' dont le

Fig. 18.

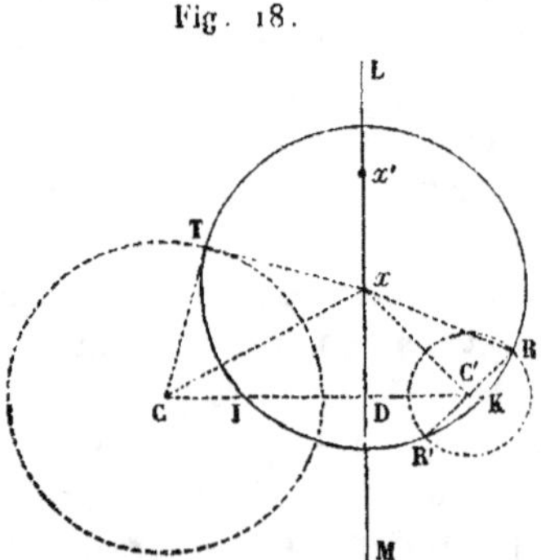

produit est égal à la constante T'², ce lieu, dis-je, est une perpendiculaire à CC' ; et tous les cercles (x) ont pour corde commune réelle la droite CC', en sorte que si l'un d'eux passe par les points I et K de CC', ils y passeront tous.

En effet, si du point C comme centre, avec un rayon égal à

la longueur constante T, on décrit une circonférence, il est clair que le rayon xT sera perpendiculaire à CT, et par conséquent tangent au cercle (C). Pareillement, si du point C' comme centre, avec un rayon égal à l'autre quantité constante T', on décrit une circonférence de cercle, elle passera par les extrémités R et R' de la corde RR' menée par le point C', perpendiculairement à la droite C'x; car le cercle (x) est tel, que C'R $\times$ C'R' $=$ T'^{2} ou que C'R est égal au rayon T' du cercle (C').

Cela posé, si l'on mène le rayon xR et la droite Cx, et que du point x, on abaisse la perpendiculaire xD sur CC', on aura dans le triangle CxC',

$$\overline{Cx}^2 = \overline{CC'}^2 + \overline{C'x}^2 - 2\,CC' \times C'D.$$

Or les triangles rectangles xCT et xC'R donnent

$$\overline{Cx}^2 = T^2 + \overline{Tx}^2, \quad \overline{C'x}^2 = \overline{Rx}^2 - \overline{C'R}^2 = \overline{Tx}^2 - T'^2;$$

donc, substituant, on aura

$$T^2 = \overline{CC'}^2 - T'^2 - 2\,CC' \times C'D.$$

On voit, par cette dernière équation, que la distance C'D est constante. Par conséquent, quel que soit le centre x, si l'on abaisse de ce point une perpendiculaire sur la droite CC', elle passera toujours par le point D; tous les points analogues seront donc situés sur une même droite élevée par le point D perpendiculairement à CC'.

Je dis, de plus, que la droite CC' est la corde commune à tous les cercles (x) : d'abord, cette droite étant perpendiculaire à la ligne LM des centres x, il suffit de démontrer qu'un de ses points jouit de la propriété qui appartient à tous les points de la corde commune. Or, si l'on considère le cercle (x) dans une autre position (x'), il est clair que la tangente CT au cercle (x'), menée par le point C, est égale à CT; donc (Prop. VI) le point C appartient à la corde commune aux deux cercles (x) et (x'), et, par la même raison, à la corde commune à tous les cercles déterminés de la même manière que le cercle (x). **Donc** enfin la droite CC′ est une corde commune à tous ces cercles, et, par suite, si l'un d'eux passe par les points I et K situés sur cette droite, ils y passeront tous.

Scolie. — Il est facile de voir que le cercle (x) rencontre nécessairement la droite CC′.

Proposition XIII.

Le lieu du centre x, d'un cercle tel, qu'en menant par le point C une sécante quelconque dans ce cercle, le produit des segments formés par le point C soit égal à une quantité constante T^2, et qu'en menant par un autre point C′ une sécante quelconque dans le cercle (x), le produit des deux segments formés en ce point soit égal à une seconde quantité constante T'^2, ce lieu est une droite perpendiculaire à la direction de CC′ ; en outre, la droite CC′ peut être considérée comme une corde commune à tous les cercles (x).

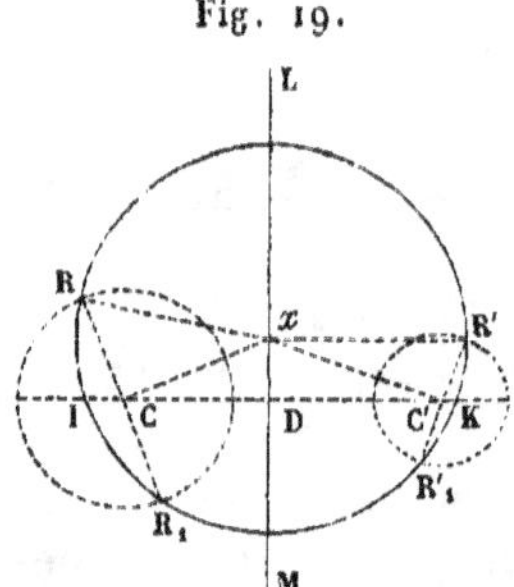

Fig. 19.

En effet, puisque le point C est tel, que le produit des deux segments formés en ce point, dans le cercle (x), est égal à T^2, il est clair que la perpendiculaire CR, élevée au point C sur la droite Cx, est égale à T. Pareillement, la perpendiculaire C′R′ élevée par le point C′ sur la droite C′x, est égale à T′ ; donc si l'on mène les rayons xR et xR′ aux points R et R′, on aura

$$\overline{Cx}^2 = \overline{Rx}^2 - \overline{CR}^2 = \overline{Rx}^2 - T^2,$$

$$\overline{C'x}^2 = \overline{R'x}^2 - \overline{C'R'}^2 = \overline{R'x}^2 - T'^2.$$

Si, de plus, on abaisse du centre x, la perpendiculaire xD, sur la droite CC′, le triangle Cx C′ donnera

$$\overline{Cx}^2 = \overline{C'x}^2 + \overline{CC'}^2 - 2\,CC' \times C'D.$$

Substituant les valeurs de Cx et C′x dans cette équation, il viendra, à cause de xR′ $= x$R,

$$- T^2 = - T'^2 + \overline{CC'}^2 - 2\,CC' \times C'D.$$

D'où l'on voit que la distance C′D est constante pour tous les cercles (x), et que, par conséquent, leurs centres sont situés sur une même droite perpendiculaire à CC′ : premier point qu'il s'agissait de démontrer.

Je dis, de plus, que si le cercle (x) passe par les deux points I et K de la droite CC′, tous les cercles analogues passeront également par ces points. En effet, il est clair que l'on a

$$\overline{RC}^2 = T^2 = IC \times CK = (ID - CD)(ID + CD) = \overline{ID}^2 - \overline{CD}^2,$$

d'où il résulte que la distance ID sera constante quel que soit le cercle (x), et que, par conséquent, tous les cercles décrits de la même manière passeront par le point I, et, par suite aussi, par le point K.

Donc la droite CC′ est la corde commune à tous les cercles (x) : elle conserve cette propriété, même quand ces cercles ne se coupent pas, quoique le raisonnement précédent ne subsiste plus alors ; mais il n'est pas difficile de voir que cette circonstance ne saurait jamais se présenter quand les points C et C′ seront situés dans l'intérieur du cercle (x). Quant au cas où les points C et C′ devront être situés en dehors de ce cercle, il est clair qu'il rentrera dans celui de la Proposition XI.

Scolie I. — Il est facile d'apercevoir que la propriété dont il s'agit ici renferme les deux propositions précédentes, et que, par conséquent, on eût pu les considérer comme ses corollaires ; mais nous avons préféré les démontrer à part, afin de les distinguer mieux les unes des autres.

Scolie II. — On doit remarquer aussi que la ligne des centres x D n'est la corde commune aux deux cercles (C) et (C′) que quand les deux points C et C′ sont situés en dehors du cercle (x). Pour déterminer cette droite dans le dernier cas par exemple, on imaginera que le point x soit situé sur la droite CC′, alors il est clair que les cordes RR, et R′R′, seront, pour cette position particulière, perpendiculaires à la droite CC′; ce qui donnera, par conséquent, quatre points R, R, , R′, R′, , par lesquels devra passer le cercle (x), puisque CR doit toujours être égal à T et C′R′ à T′. Donc si l'on fait passer une circonférence de cercle par ces quatre points, son centre x déterminera le point D, et ses intersections avec la droite CC′ donneront les points I et K.

Une construction tout aussi simple donnerait, comme nous le verrons plus tard, la position de la droite x D et des points I et K pour le cas de la Proposition XII.

PROPOSITION XIV.

Soient (C) *et* (C′), *deux cercles de position arbitraire* (*fig.* 20); ABT′ *ou* ABT *un cercle qui les touche de manière à les envelopper tous deux, ou à les laisser en dehors de sa circon-*

Fig. 20.

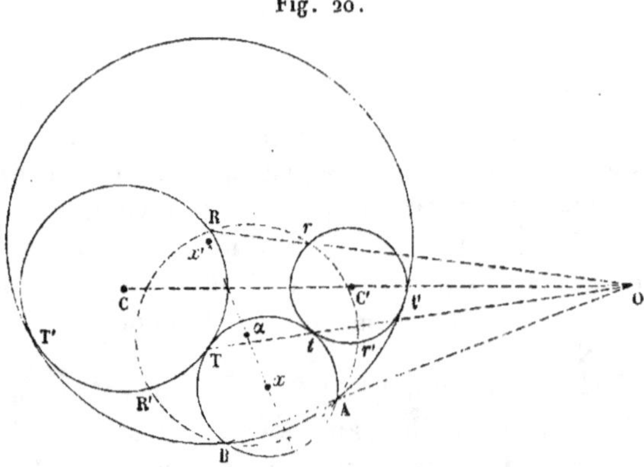

férence, auquel cas (Prop. I) *la droite* T t *joignant les points de contact passe par le point défini* O ; *si par* O *on mène dans ce cercle tangent, une sécante quelconque* OB, *qui le coupe en deux points A et B, et que par ces deux points on fasse passer une circonférence de cercle arbitraire R r AB, elle coupera les deux cercles (C) et (C′) en quatre points R, r, R′, r′ tels que la corde qui joint les points supérieurs R et r et celle qui joint les deux points inférieurs R′ et r′, passent l'une et l'autre par le point ci-dessus nommé O.*

De plus, si l'on considère (fig. 21) un autre cercle ATBt tangent à la fois aux deux cercles (C) et (C′), de manière qu'en enveloppant l'un de ces cercles, il laisse l'autre en dehors, au-

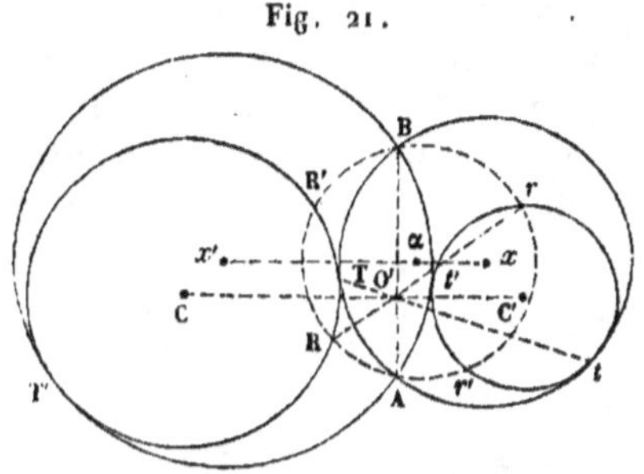

Fig. 21.

quel cas la droite T t qui joint les points de contact, passe par le point nommé O′, et qu'on exécute à l'égard de ce cercle et de O′ la même construction que précédemment, les deux cordes R r et R′ r′ passeront l'une et l'autre par ce point O′.

En effet, soit menée par le point O et par le point r (*fig. 20*) la sécante O r : si elle ne se confondait pas avec la corde R r, elle couperait (C) en un certain point R, différent de R, et l'on aurait alors, puisque les sécantes r R, et T t passent par le point O (Prop. III),

$$OR_, \times O\,r = OT \times O\,t.$$

Mais puisque OT et OB sont sécantes du même cercle BA t T, on a aussi

$$OT \times O\,t = OB \times OA ;$$

donc

$$OR_, \times O\,r = OB \times OA ;$$

d'où l'on voit que les quatre points B, A, r et R, sont nécessairement situés sur une même circonférence de cercle ; mais la circonférence BA r R passe déjà par les trois premiers points B, A, r, donc elle passe aussi par le quatrième R, d'où il résulte que la corde R*r* passe par le point O, ainsi qu'il fallait le prouver. Par la même raison, les deux autres points R' et *r'* sont aussi situés sur une droite passant par le point O.

En répétant le raisonnement qui précède sur la *fig.* 21, et changeant seulement la dénomination du point O en celle de O', on aura la démonstration du second cas indiqué dans l'énoncé.

Scolie I. — Il existe deux cercles qui, passant par les points A et B, sont tangents à la fois aux deux cercles (C) et (C') (*fig.* 20 et 21), car si l'on imagine que le cercle arbitraire ABR*r* vienne à changer de grandeur, il est clair que la distance RR' variera aussi, et qu'elle pourra devenir nulle en deux cas différents. En effet, si l'on suppose que ce cercle diminue de grandeur, les points R, R' se rapprochent de plus en plus et arrivent à se confondre en un seul T ; supposant au contraire, que le cercle vienne à augmenter, la distance RR' commencera par augmenter aussi, mais elle diminuera indéfiniment ensuite et deviendra nulle au point T'.

Scolie II. — Il est clair que les centres x, x' et α des cercles qui passent par les deux points A et B, sont tous situés sur une droite perpendiculaire à AB, en son milieu.

Nous allons faire maintenant l'application de ces propositions aux problèmes qui concernent le contact des cercles et des lignes droites.

Problème I.

Par deux points donnés A *et* B, *mener un cercle tangent à un cercle* (C) *également donné.*

Soit ABT (*fig.* 22) le cercle cherché, et soit, par les points A et B, mené un cercle quelconque qui coupe le cercle (C) en deux points *m* et *n*, il est évident, d'après la Proposition VIII, que la tangente au point de contact inconnu T et les deux cordes *mn* et AB passent toutes trois par un même point *p* ; donc, ayant déterminé les points *m* et *n* au moyen de la circonférence quelconque AB*mn*, on tracera la corde *mn*, et par le point *p*, où elle rencontre la droite AB, on mènera une tangente au cercle (C) : le point de contact T, sera le point où la circonfé-

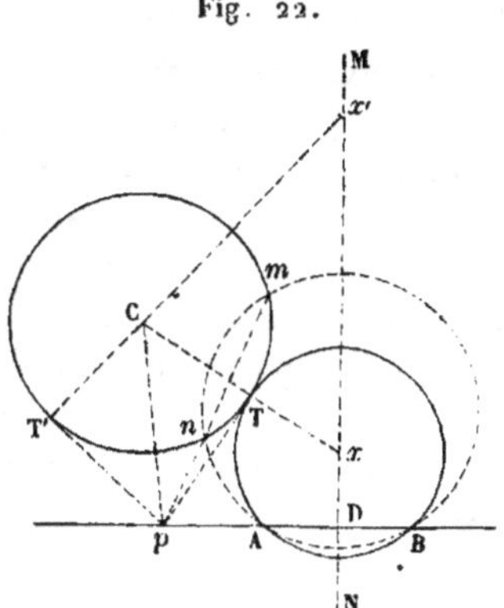

Fig. 22.

rence cherchée touche ce même cercle. Pour en trouver le centre x, on tracera le rayon CT et la perpendiculaire élevée sur le milieu de AB; le point d'intersection de ces deux droites sera le centre demandé.

Le problème est susceptible de deux solutions, car du point p on peut mener deux tangentes pT et pT' au cercle (C).

Scolie. — Si les deux points donnés A, B étaient confondus en un seul D, c'est-à-dire si le cercle tangent cherché devait toucher en ce point, une ligne droite donnée pD, la construction s'exécuterait de la même manière; seulement la circonférence arbitraire ABmn, au lieu de couper la droite AB aux points A et B, serait tangente à cette droite au point D.

PROBLÈME II.

Mener un cercle tangent à la fois à trois cercles donnés.

Ire Solution. — Il est facile de voir que ce problème est, en général, susceptible de huit solutions distinctes; ce nombre pourra se réduire pour des positions particulières des trois cercles donnés, et cela sera toujours très-aisé à reconnaître dès le premier abord : ainsi, par exemple, si deux de ces trois cercles se coupaient, il est clair qu'il n'y aurait plus que quatre solutions de possibles; nous supposerons en conséquence que les trois cercles soient isolés, et ce que nous dirons dans ce cas pourra s'appliquer facilement à toute autre disposition.

Soient donc (C), (C′) et (C″) les trois cercles auxquels on demande de mener un cercle tangent. Supposons d'abord que parmi les huit cercles qui peuvent en général être tangents à ces trois cercles, on choisisse celui qui doit les laisser tous en dehors de sa circonférence.

Soit (x) ce cercle et T, T′, T″ ses trois points de contact avec les cercles respectifs (C), (C′) et (C″), il est clair que les trois droites T′T″, T″T et TT′ passeront respectivement par les points connus O, O′ et O″ (Prop. III, Coroll. I et II), qui, dans le cas que nous considérons, sont les points de concours des tangentes communes extérieures aux trois cercles donnés.

Fig. 23.

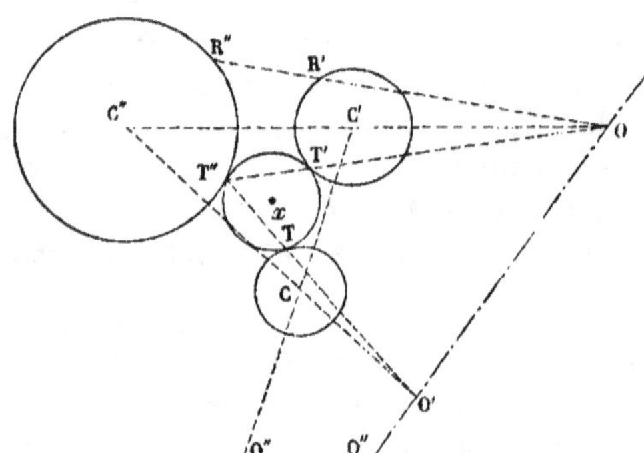

Donc, quoique les points T′ et T″ soient inconnus, comme la direction de la droite qui les joint passe par le point O, le produit des segments OT′ et OT″ est égal au produit connu des segments similaires OR′ et OR″, obtenus par une sécante quelconque issue du point O : représentant ce produit par T², on a

$$OT' \times OT'' = T^2.$$

Pareillement, le produit des deux segments O′T, O′T″ devant être égal à une quantité connue T′², on a donc aussi

$$O'T \times O'T'' = T'^2.$$

Cela posé, si par le point O on mène une tangente au cercle inconnu (x), il est clair qu'elle sera égale à T; et pareillement, si par le point O' on mène une tangente à ce même cercle, elle sera égale à T'. Le problème revient donc à celui-ci : *Tracer un cercle tangent au cercle donné* (C''), *de telle manière que les tangentes menées à ce cercle, par deux points* O *et* O', *soient respectivement égales à* T *et* T'.

En effet, soit un cercle quelconque touchant (C'') en T'' et qui remplisse les deux conditions précédentes; si l'on joint le point T'' au point O par une ligne droite, celle-ci coupera le cercle (C') en un point T' qui appartiendra au cercle (x); car le produit $OT' \times OT''$ étant égal au carré T^2 de la tangente menée par le point O au cercle (x), et le point T'' appartenant déjà à ce cercle, le point T' lui appartiendra aussi. De plus, ce cercle sera évidemment tangent en ce même point au cercle (C'), car il se confondra avec celui qui toucherait les deux cercles (C') et (C'') aux points T' et T'', comme ayant avec lui trois points en commun : savoir le point T' et le point T'' de contact qui équivaut à deux points.

On démontrerait, de la même manière, qu'un cercle remplissant les conditions précédentes serait aussi tangent à (C); donc il serait à la fois tangent aux trois cercles donnés, et par conséquent ce serait le cercle cherché lui-même.

La question se trouvant ainsi finalement ramenée à celle de tracer un cercle tangent au cercle (C''), pour lequel la tangente menée par le point O, soit égale à T, et celle menée par le point O', égale à T', il n'est plus difficile d'en trouver la solution. En effet, nous avons vu (Prop. XI) que le centre d'un tel cercle doit être situé sur la corde commune aux deux cercles décrits des points O et O' comme centres avec des rayons respectivement égaux à T et à T', et que ce cercle doit passer par deux points de la droite OO' faciles à déterminer. Donc si par ces deux points on mène une circonférence tangente au cercle (C''), ce sera la circonférence même demandée.

La construction s'exécutera ainsi qu'il suit : On commencera par déterminer T et T'; pour cela, on fera passer par les deux points A et B de (C) et (C') (*fig.* 24), appartenant à la ligne des centres $C C'$, une circonférence quelconque à laquelle

on mènera par le point O une tangente Ot, qui sera égale à T,
puisque $\overline{\mathrm{O}t}^{2} = \mathrm{OA} \times \mathrm{OB} = \mathrm{T}^{2}$. On opérera de même à l'égard

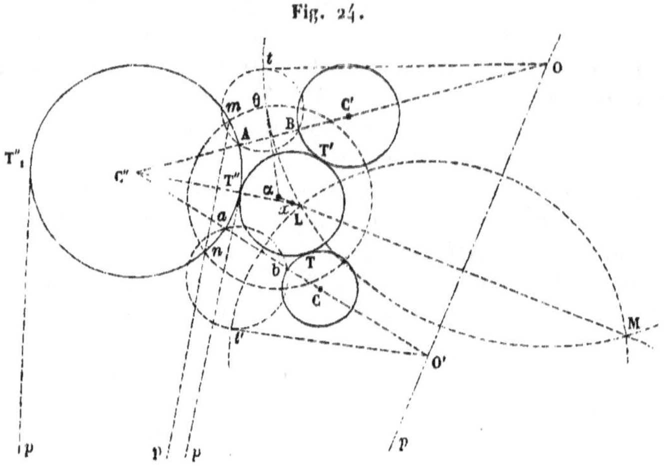

Fig. 24.

des cercles (C^{x}), (C') et de O', ce qui donnera la tangente O't'
égale à T'; des points O et O', avec les tangentes Ot, O't' pour
rayons, on décrira deux nouvelles circonférences dont on déterminera la corde commune LM comme il a été dit (Prop. VI);
d'un point quelconque α de cette corde, avec un rayon $\alpha\theta$ égal
à la tangente menée de ce point au cercle (O) de rayon T, on
décrira une circonférence qui coupera (C'') aux points m et n;
on tracera la corde indéfinie mn, laquelle coupera la corde OO'
commune à tous les cercles (α) au point p; enfin, par ce point
on mènera une tangente à (C''), et le point de contact T'' sera
un des points du cercle cherché (x) (Probl. 1) : son centre devant être sur la droite LM, il sera facile de le déterminer. On
voit, de plus, que le point p donnant deux tangentes pT''
et pT$_{,}$'', on obtiendra généralement deux positions distinctes
pour le centre x.

Par conséquent aussi, cette même construction donnera
deux cercles tangents aux proposés (C), (C') et (C''); or il n'est
pas difficile de voir que le dernier correspondant à pT$_{,}$'', sera
celui d'entre eux qui touchera ces trois cercles en les enveloppant dans sa circonférence.

1. 3

La solution plus particulièrement indiquée sur la *fig.* 24, pour le cas où le cercle cherché doit être enveloppé par les cercles (C), (C′) et (C″), cette solution qui comprend implicitement le cas où le cercle tangent doit envelopper ces trois cercles donnés, pourra, en substituant les Prop. XII et XIII à la Prop. XI, s'appliquer quelle que soit la disposition des cercles donnés (C), (C′) et (C″), et quelle que soit la position du cercle tangent qu'il s'agit de mener à ces trois cercles. Car, cette position étant désignée, on connaîtra les points fixes par où doivent passer les cordes qui joignent deux à deux les trois points inconnus où ce même cercle touche les cercles donnés, aussi bien que le produit des deux segments formés sur chacune de ces trois cordes.

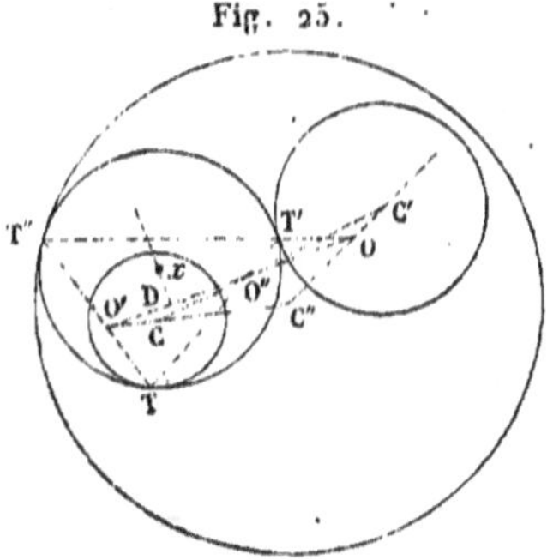

Fig. 25.

Supposons, par exemple, que les cercles donnés (C), (C′) et (C″) soient placés comme l'indique la *fig.* 25, et qu'il s'agisse de mener un cercle (x) tangent à ces trois cercles, de manière qu'il touche le cercle (C′) extérieurement en T′ et le cercle (C″) intérieurement en T″; il est clair que la corde T′T″ qui joint les deux points de contact inconnus T′ et T″, doit passer par le point O dont la position sur la droite CC′ est donnée, et que le produit $OT′ \times OT″$ est aussi égal à une quantité T^2 connue; donc si l'on mène par le point extérieur O une tangente à ce cercle (x), elle sera égale à T. Pareillement, la corde TT″ passera par un point donné O′ situé sur la droite CC″, et le produit des segments $O′T \times O′T″$ sera égal à une autre quantité connue $T′^2$; en sorte que le problème revient à celui-ci :

« Tracer un cercle (x), tangent à (C″), tel, que la tangente

» menée par le point O à ce cercle, soit égale à T, et qu'en
» menant par O' une corde dans ce cercle, elle soit coupée
» en ce point en deux segments dont le produit soit égal
» à T'^2. »

Or nous avons vu (Prop. XII) qu'un pareil cercle doit avoir
son centre x sur une droite xD, perpendiculaire à OO', et qu'il
doit rencontrer OO' en deux points qui appartiennent en
même temps à tous les cercles remplissant ces deux dernières
conditions. Donc, ayant déterminé l'un quelconque de ces
cercles, qui coupe le cercle (C'') aux points m et n, je suppose,
il ne s'agira plus (Probl. I) que de mener par le point p, où
la droite mn rencontrera OO', une tangente au cercle (C''), laquelle déterminera le point T'' demandé.

Cette solution ne diffère, comme on voit, de la précédente
qu'en ce que le cercle que nous avions appelé (x) doit être
déterminé d'une manière différente.

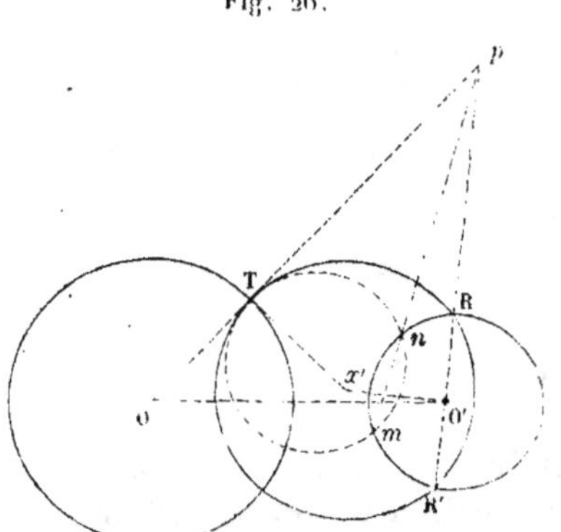

Fig. 26.

Pour construire un pareil cercle dans le cas actuel (*fig.* 26),
soient décrits de O et O' comme centres, avec des rayons égaux
à T et T', deux circonférences (O) et (O'). Soient x' le centre
de ce cercle et OT la tangente qu'on peut lui mener du point O ;
il est clair que, la direction de OT une fois choisie, la recherche du cercle (x') revient à trouver une circonférence qui
soit tangente en T à la droite donnée OT, et qui rencontre
la circonférence O' en deux points R et R' situés sur un même
diamètre RO'R'. Or cette question est très-facile à résoudre.

Car, supposons le cercle (x') trouvé, et soit Tmn une autre circonférence quelconque, qui touche OT en T, et qui coupe le cercle (O') en deux points m et n; il est évident, d'après la Prop. VIII, que la tangente OT et les deux cordes RR' et mn, dont la première est inconnue, iront toutes trois concourir en un même point p. Donc si par ce point, lequel se trouve déterminé par la rencontre de la corde mn et de la droite OT, on mène une droite pO' qui passe par le point O', elle coupera le cercle (O') en deux points R et R' qui seront situés sur le cercle (x'), et par conséquent il sera facile de décrire ce dernier cercle qui contient en même temps le point T'.

On peut voir à posteriori, que le cercle ainsi trouvé jouit en effet des deux propriétés ci-dessus; car d'abord, la tangente OT menée par le point O à ce cercle, est égale à T; de plus, il est évident que si par le point O' on mène une corde quelconque dans ce cercle, le produit des deux segments formés sur cette corde par le point O' sera égal à

$$O'R \times O'R' = T'^2.$$

Scolie I. — On voit, par ce qui précède, que chacune des droites OO'O″, OO'₁O″₁, O'O₁O″₁, O″O₁O″₁ (*fig.* 4, Prop. II) donne lieu à deux solutions particulières du problème qui consiste à mener un cercle tangent aux trois cercles (C) (C′) et (C″), et qu'ainsi ces quatre droites considérées séparément, donneront les huit solutions dont ce problème est susceptible en général.

Scolie II. — On peut remarquer aussi que le problème précédemment résolu revient à celui-ci (*fig.* 23, Probl. II): *Tracer un cercle* (x) *qui soit tel, que les tangentes menées à ce cercle par trois points donnés* O, O' *et* O″ *situés en ligne droite, soient respectivement égales à trois longueurs données* T, T' *et* T″. Car, si l'on joint notamment les points de contact T, T' par une droite, il est clair qu'elle devra passer par le point O″, et qu'on aura O″T × O″T' = T″²; d'où l'on conclut que, si du point O″, on mène une tangente au cercle (x), elle sera précisément égale à T″.

Scolie III. — Si les trois points donnés O, O' et O″, au lieu d'être en ligne droite, étaient (*fig.* 27) situés d'une manière quelconque, la solution du problème énoncé dans le Scol. II, deviendrait encore plus simple : il suffirait, en effet, de chercher le lieu des centres x, relatif aux points O et O', puis celui qui est relatif aux deux points O et O″, leur rencontre qui s'obtiendrait par l'intersection de deux lignes droites, donnerait la position unique du centre x cherché.

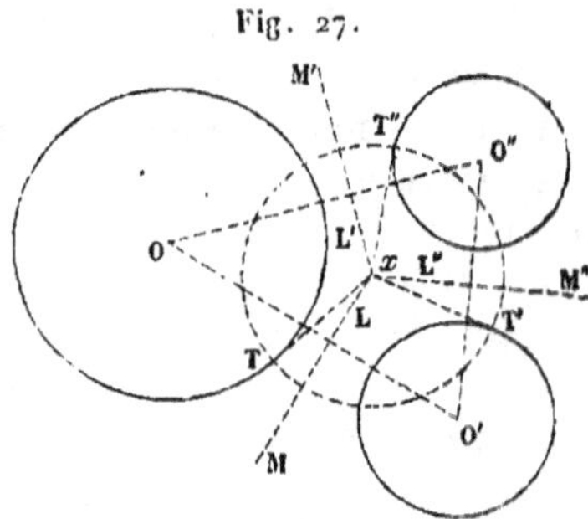

Fig. 27.

Pour achever la construction de ce dernier problème, on décrira, des points donnés O, O' et O″ comme centres, avec les distances T, T' et T″ respectives pour rayons, trois circonférences de cercles, et on déterminera les cordes communes à ces trois cercles considérés deux à deux ; celles-ci donneront par leur rencontre unique au point x, le centre du cercle demandé. Pour en avoir le rayon, on mènera du centre x, une tangente à l'un des trois cercles (O), (O') et (O″), et la longueur de cette tangente sera celle du rayon cherché. Cette construction donne la solution de cet autre problème : *Trouver un point x tel, que les tangentes menées de ce point à trois cercles* (O), (O') *et* (O″) *soient toutes égales entre elles.*

Scolie IV. — La solution précédente pourrait s'appliquer encore au problème suivant, en la modifiant d'une manière convenable :

Trouver un cercle tel, qu'en menant de trois points donnés O, O' *et* O″ *des sécantes dans ce cercle, les trois produits des deux segments formés respectivement par chacun des trois points* O, O' *et* O″, *soient respectivement égaux aux trois quantités données* T^2, T'^2 *et* T''^2.

MÊME PROBLÈME.

IIe Solution. — Le problème de mener un cercle tangent à trois cercles donnés (C), (C') et (C''), peut se résoudre d'une autre manière bien simple au moyen des considérations suivantes (*).

Quand la position des trois cercles (C), (C') et (C'') sera assignée, il sera très-facile de reconnaître le nombre de cercles qui peuvent résoudre la question et la nature, intérieure ou extérieure, de leurs contacts avec les cercles donnés. Cela posé, si l'on imagine que le rayon du cercle inconnu (x) soit diminué ou augmenté du rayon du plus petit des trois cercles (C), (C'), (C''), selon qu'il doit toucher ce petit cercle intérieurement ou extérieurement, et que l'on diminue ou augmente de la même quantité les rayons des trois cercles donnés, selon la nature du contact de ce cercle avec le cercle tangent (x), il est clair que le petit cercle que nous supposons être (C''), se réduira à un point, et que le cercle cherché deviendra un cercle passant par ce point, et tangent aux cercles (C) et (C') transformés comme nous venons de le dire. Ainsi le problème sera ramené à celui-ci : *Par un point donné mener un cercle tangent à deux cercles donnés.*

Avant de nous occuper de la solution de ce dernier problème, nous ferons remarquer que, quoiqu'il y ait en général huit cercles tangents à trois cercles donnés (C), (C') et (C''), le nombre des transformations précédentes se réduira cependant à quatre, et que chacune d'elles appartiendra à deux cercles tangents. Le nombre des solutions se réduira donc aussi à quatre distinctes, dont chacune donnera deux positions du cercle cherché. Supposons, pour plus de généralité, que les trois cercles (C), (C') et (C'') soient entièrement isolés, on verra facilement comment on devra modifier les constructions relatives à ce cas général, lorsque les cercles donnés se cou-

---

(*) Ce mode de solution est analogue à celui dont je m'étais servi dans une note insérée au tome II de la *Correspondance sur l'École polytechnique*, et qu'on trouvera à la suite de ce Ier volume, avec la solution correspondante du problème de la sphère tangente à quatre autres.

peront ou s'envelopperont et que, par suite, une ou plusieurs des solutions deviendront impossibles géométriquement.

Cela posé, il est clair que les réductions dont il a été question sont les quatre suivantes :

1° Lorsque le cercle tangent enveloppera à la fois les trois cercles (C), (C′) et (C″), ou qu'il sera enveloppé par tous les trois, il suffira de diminuer le rayon de chaque cercle du rayon du plus petit d'entre eux (C″).

2° Lorsque le cercle tangent enveloppera les deux cercles (C) et (C′) à la fois, en laissant C″ au dehors, ou que laissant en dehors (C) et (C′) il enveloppera (C″), il faudra augmenter les rayons de ces deux cercles du rayon du plus petit (C″).

3° Lorsque le cercle tangent touchant extérieurement (C) et (C″) enveloppera (C′), ou que touchant intérieurement les mêmes cercles (C) et (C″), il laissera (C′) en dehors, il faudra diminuer le rayon du cercle (C) et augmenter celui de (C′) du rayon du plus petit cercle (C″).

4° Enfin lorsque le cercle tangent touche extérieurement (C′) et (C″) en enveloppant (C), ou que, touchant intérieurement les mêmes cercles, il laissera C′ en dehors, il faudra augmenter le rayon du cercle (C) et diminuer celui du cercle (C′) du rayon du plus petit cercle (C″).

Au moyen de ces quatre transformations, le cercle (C″) se réduit à un point. On résoudra les quatre questions relatives aux deux premières transformations en menant dans l'un et l'autre cas, par ce point donné, un cercle tangent qui enveloppe à la fois les deux cercles transformés ou soit enveloppé par eux : dans ce cas, la droite qui joint les deux points de contact passera par le point que nous avons appelé O. Quant aux quatre solutions relatives aux deux dernières transformations, elles s'obtiendront en menant par un point donné, aux deux cercles transformés, un cercle tangent qui touche l'un d'eux intérieurement et l'autre extérieurement; dans ces deux cas, la droite qui joint les points de contact passera par le point que nous avons appelé O′.

Tous ces préliminaires posés, il ne s'agit plus que de résoudre le problème mentionné plus haut : par un point donné mener un cercle tangent à deux cercles donnés.

Il est facile de voir qu'on peut, en général, par un point **A**
(*fig.* 28), mener quatre cercles tangents à deux cercles (γ)
et (γ'); savoir : deux qui toucheront à la fois ces cercles intérieurement ou extérieurement, et deux touchant intérieure-

Fig. 28.

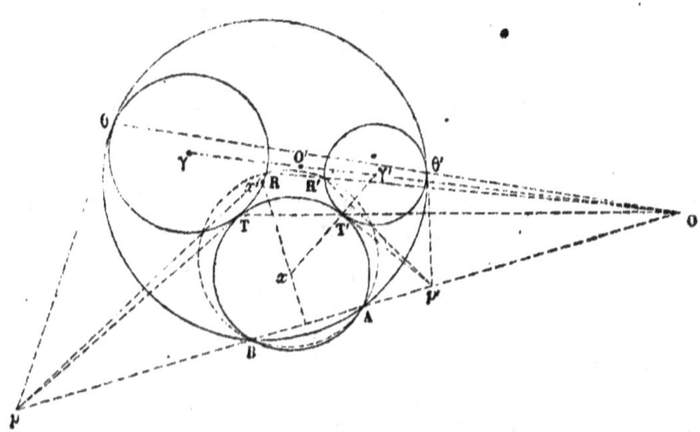

ment l'un de ces cercles et extérieurement l'autre. Dans les
deux premiers cas, la droite qui joint les deux points de
contact **T** et **T'**, passera par le point que nous avons appelé **O**
(Prop. III, Coroll. I). Proposons-nous donc d'abord de résoudre le problème pour cette dernière circonstance, et soit **ABT**
le cercle (x) cherché.

Par le point **O**, on mènera une sécante arbitraire **OR**, qui
coupera les cercles (γ) et (γ') intérieurement, aux points **R** et **R'**;
on fera passer par les trois points **R**, **R'** et **A** une circonférence
de cercle **RR'A**, qui coupera la droite menée par le point **A** et
le point **O** en un second point **B**, par où passera aussi le cercle
tangent cherché (Prop. XIV, *fig.* 1). La question se trouvera
ramenée à celle de mener par deux points **A** et **B** un cercle
tangent à un cercle donné (γ) ou (γ'). On achèvera la solution
ainsi qu'il a été dit ci-dessus (Prob. I), et l'on obtiendra
en même temps, les deux cercles (x) et (x'), tangents à la
fois intérieurement ou extérieurement aux deux cercles donnés (γ) et (γ').

Si l'on exécute la même construction à l'égard du second

point O′, on aura les deux autres cercles tangents à (γ) et (γ') dont il a été question plus haut.

Le problème actuel a donc quatre solutions : deux relatives au point O et deux relatives au point O′, lesquelles fourniront les huit solutions du problème général.

Scolie. — Un ou plusieurs des trois cercles (C), (C′) et (C″) peuvent se réduire à des points ou à des lignes droites, et ces différentes modifications donnent lieu à autant de problèmes, dont nous allons déduire la solution, de la solution générale qui précède.

Appelons P un point, C un cercle et L une ligne droite donnés, il est clair qu'en combinant ces données de toutes les manières possibles, on aura les dix combinaisons suivantes, qui correspondront à autant de problèmes particuliers : PPP, LLL, CCC, PPC, CCP, PPL, LLC, LLP, CCL, PCL.

La première correspond au problème de mener un cercle par trois points donnés, la seconde à celle d'inscrire un cercle dans un triangle donné, ou, plus généralement, de mener un cercle tangent à trois droites données. Ces deux problèmes sont résolus par les éléments ; la troisième combinaison CCC correspond à la question : mener un cercle tangent à trois cercles donnés, déjà résolue précédemment aussi bien que celles relatives aux deux combinaisons PPC et CCP, dont l'une répond au problème de mener, par deux points donnés, un cercle tangent à un cercle C également donné, et l'autre à celui de mener par un point quelconque un cercle tangent à deux cercles donnés.

Quant aux problèmes relatifs aux cinq dernières combinaisons, nous ne les avons pas encore résolus, et c'est de leurs solutions que nous allons nous occuper maintenant.

PROBLÈME III.

Par deux points A *et* B (*fig.* 29), *mener un cercle tangent à une droite donnée* MN.

Par les deux points donnés A et B, on fera passer une circonférence de cercle quelconque ABT ; par le point p, où la droite AB, prolongée, rencontre MN, on mènera une tangente $p\,$T à ce cercle, on rapportera ensuite, par un arc de cercle, la distance

p T sur la droite **MN**, de part et d'autre du point p, et les points
θ et θ' ainsi obtenus, seront les points de contact des deux
cercles cherchés; car il est visible que tous les cercles pas-

Fig. 29.

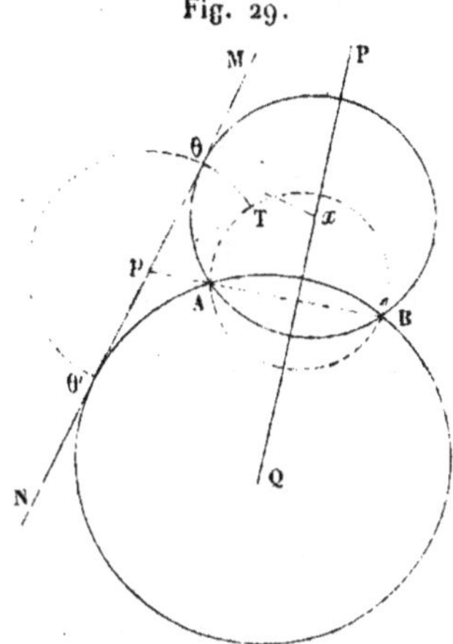

sant par les points **A** et **B** sont tels, que les tangentes qui leur
sont menées par le point p sont toutes égales entre elles,
comme partant d'un même point de leur corde commune **AB**
(Prop. VI).

Problème IV.

Mener un cercle tangent à deux droites **MN**, *mn et à un
cercle* (C) *donnés.*

On rapprochera ou l'on écartera les deux droites **MN** et
mn d'une longueur égale au rayon du cercle (C), selon la nature de leurs contacts avec le cercle cherché : dans l'un et
l'autre cas, le cercle (C) se réduira à un point, et la question
sera ainsi ramenée à la suivante, par laquelle on verra que la
solution de ce problème est quadruple.

Problème V.

Par un point donné **A** (*fig.* 30), *mener un cercle tangent à
deux droites* **MN** *et mn également données.*

On considérera les droites données **MN** et *mn* comme deux
cercles de rayons infinis. Cela posé, tout cercle tangent aux
droites **MN** et *mn* ayant ses points de contact **R** et **R'** situés à

égale distance de l'intersection **K** de ces droites, il est clair que
si l'on prend sur ces droites, à partir de **K**, deux distances égales

Fig. 30.

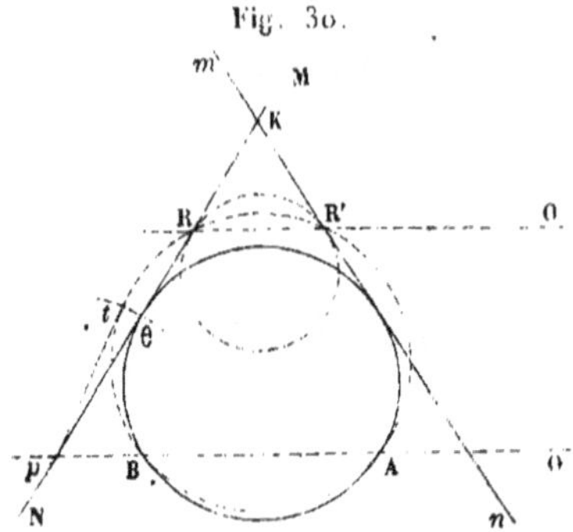

KR et **KR′**, la droite **RR′** pourra être considérée comme une
sécante passant (Prop. III) par le point O, situé dans ce cas à
l'infini; donc la droite qui joint le point donné **A** au point **O**
est une parallèle à **RR′**; donc si par les points **A**, **R** et **R′** on
mène une circonférence de cercle, celle-ci coupera la droite
AO parallèle à **RR′**, en un second point **B**, par où devra passer
aussi la circonférence cherchée (Prop. XIV): le problème se
trouve ainsi ramené à mener par deux points **A** et **B** une circonférence tangente à une droite MN (Prob. III).

PROBLÈME VI.

Par un point donné **A** *(fig.* 31*), mener un cercle tangent
à une droite* MN *et à un cercle* (C) *donnés.*

Fig. 31.

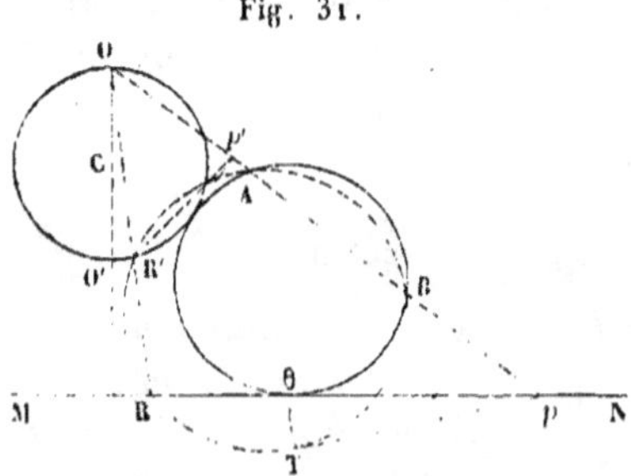

En regardant la droite MN comme un cercle de rayon infini,

on verra facilement que les points O et O′, relatifs à ce cercle et au cercle (C), ont ici la position indiquée sur la figure; on appliquera donc à cette question la deuxième solution du Prob. II; c'est-à-dire que, pour construire les deux cercles tangents relatifs au point O, par exemple, on mènera par ce point une sécante arbitraire OR et une droite OA passant par le point donné A; par ce point A et par les deux points R et R′, de la sécante OR, on fera passer une circonférence de cercle qui rencontrera la droite AO en un second point B, par lequel devront passer les deux cercles cherchés; en sorte qu'il ne s'agira plus que de mener par les deux points A et B, deux cercles tangents à la droite MN ou au cercle (C), ce qui s'exécutera comme il a été dit au Prob. I ou III.

Le point O′ donnant deux autres cercles tangents, le problème est susceptible de quatre solutions distinctes.

Problème VII.

Mener un cercle tangent à deux cercles (A), (C) *et à une ligne droite* MN *donnés sur un plan.*

En examinant cette question, on verra que le cercle cherché peut avoir, en général, quatre positions différentes. Pour trouver la construction relative à l'une de ces positions, on rapprochera ou écartera la droite MN du centre A du plus petit des deux cercles donnés, d'une longueur égale au rayon de ce cercle, et l'on diminuera ou augmentera en même temps le rayon de l'autre cercle (C) de la même quantité, selon la nature des contacts avec le cercle inconnu : dans tous les cas, le cercle (A) se réduira à un point et la question sera ramenée à la précédente.

Il n'est pas difficile de voir que, parmi les quatre solutions fournies par cette dernière question, il y en a deux qui donneront chacune deux solutions du problème actuel.

Scolie. — Quand le cercle tangent cherché se trouve être assujetti à une condition particulière différente de celles que nous nous sommes imposées dans les problèmes précédents, cette nouvelle condition équivalant à l'une des trois données P, L, C, on ne pourra plus assujettir le cercle tangent qu'à deux de ces trois conditions, et cela donnera lieu à différents problèmes particuliers, dont nous allons dire un mot, en choisissant ceux qui peuvent offrir le plus d'intérêt.

PROBLÈME VIII.

Trouver un cercle qui soit tangent à une courbe en un point donné, et qui touche en même temps une droite ou un cercle donné, ou encore passe par un point donné.

On mènera à la courbe proposée une tangente par le point donné sur son contour ; il est évident que le cercle cherché qui doit être tangent à la courbe en ce point, sera aussi tangent au même point à la droite tracée ; or cette dernière condition équivaut à celle que le cercle cherché passe par deux points réunis en un seul donné, et par conséquent les questions dont il s'agit ici se résoudront de la même manière que les Prob. I et III.

Quand la dernière donnée est un point, le problème se réduit par la même observation, à un problème élémentaire.

PROBLÈME IX.

Trouver un cercle tangent à un cercle (C), qui passe par un point donné A, et dont le centre soit situé sur une droite également donnée MN (*fig.* 22).

Puisque le centre x du cercle cherché doit se trouver sur la droite MN, ce cercle passant par le point A, doit aussi passer par le point B situé sur la perpendiculaire AD, abaissée du point A sur MN, à une distance BD = DA. Donc le problème se trouvera, par cette construction simple, ramené à conduire par deux points A et B un cercle tangent au cercle (C), et il se résoudra par conséquent comme le Prob. I.

PROBLÈME X.

A une droite donnée MN (*fig.* 29), *mener un cercle tangent qui passe par un point A et dont le centre soit, de plus, sur une autre droite donnée* PQ.

Le cercle cherché devra passer par le point B, situé sur la

perpendiculaire **AD** à **MN**, à une distance **BD** de cette droite
égale à **AD** ; et par conséquent le problème se trouvant ramené
au Prob. III, se résoudra de même.

Problème XI.

Mener un cercle tangent à deux cercles donnés (C) *et* (C′)
et dont le centre soit situé sur une droite donnée **MN** (*).

On augmentera ou diminuera le rayon du cercle (C) d'une
longueur égale au rayon du plus petit cercle (C′), selon la nature de son contact avec le cercle cherché et de manière que
le cercle (C′) se réduise à un point C′ : le problème se trouve
ainsi ramené au **Prob. IX**, et chacune des deux solutions
ainsi obtenues, fournira deux solutions de la question même
dont il s'agit.

Problème XII.

A une droite **PQ** *et à un cercle* (C), *mener un cercle tangent dont le centre soit situé sur une droite* **MN**.

On rapprochera ou écartera la droite PQ du centre C, d'une
longueur égale au rayon du cercle donné, selon la nature du
contact avec le cercle cherché, et de manière que le cercle (C) se réduise à un point. Le problème sera ramené par
cette construction au **Prob. X** et se résoudra de même.

Scolie. — Le cercle tangent cherché peut être aussi assujetti
à une condition de grandeur : on pourrait demander, par exemple, que son rayon fût d'une longueur donnée, ou d'un rapport donné avec une droite de grandeur indéterminée dans la
figure, etc. Il peut encore être assujetti à la condition que ses
tangentes menées par un ou deux points donnés, soient égales
à des lignes données ; ce dont on a vu un exemple (**Prob. II**,
première solution). Tous les problèmes de cette espèce pourront se résoudre au moyen des **Prop. XI, XII** et **XIII**, et en
se servant des solutions indiquées pour les précédents.

(*) Les figures de ce problème et du suivant aussi bien que celles du
Prob. IV, ont été supprimées, à cause de leur simplicité.

Voici encore un problème de ce genre, dont la solution est fort simple.

Problème XIII.

Étant donnés un cercle (C) *et deux tangentes* OT *et* OT′ *à ce cercle (fig. 32), mener entre ces tangentes une droite* X*x de grandeur donnée* AB *et qui touche le cercle* (C).

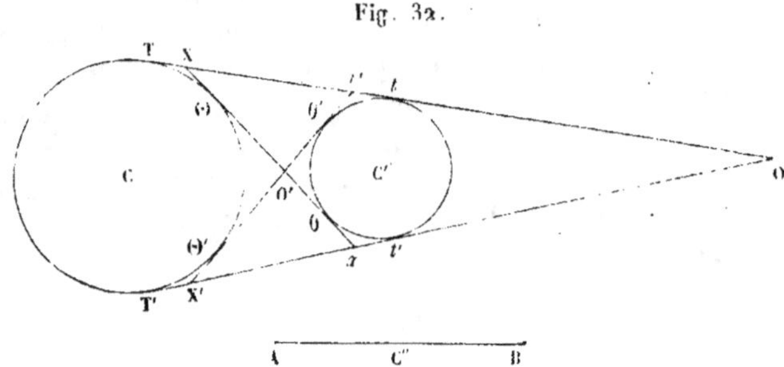

Fig. 32.

On portera AB de T en *t*, sur la tangente OT et de T′ en *t*′, sur la tangente OT′; on fera passer ensuite par les deux points *t* et *t*′ ainsi déterminés, une circonférence de cercle, tangente à TO et qui sera en même temps tangente à T′O. Cela fait, on mènera les deux tangentes communes X*x* et X′*x*′ aux cercles (C) et (C′), et ces tangentes seront les droites demandées; car (Prop. IV), dans une telle figure X*x* = X′*x*′ = T*t* = par conséquent AB.

Si, au lieu de porter AB de T vers O, on l'eût porté en sens contraire, et qu'on eût agi de même à l'égard de T′, on eût obtenu de ce côté un nouveau cercle qui aurait donné, comme (C′), deux solutions du problème. Ainsi ce problème est susceptible en général de quatre solutions. Ce nombre pourra se réduire dans certains cas, et même la solution pourra alors devenir impossible.

———

Nous allons maintenant faire l'application de ce qui précède au problème qui a pour objet de trouver l'intersection d'une droite donnée avec une section conique dont on connaîtrait les axes ainsi que les foyers.

Proposition XV.

Une section conique quelconque peut être considérée comme la courbe parcourue par le centre d'un cercle variable de grandeur, assujetti à être continuellement tangent à deux cercles donnés, ou à passer par un point et à toucher un cercle égal ment do ıı é.

Commençons par rechercher la nature de la courbe qui sera en général engendrée de cette manière.

Les deux cercles donnés peuvent avoir trois positions distinctes l'un à l'égard de l'autre : 1° ils peuvent être entièrement isolés; 2° ils peuvent être renfermés l'un dans l'autre; 3° ils peuvent se toucher ou se couper en deux points.

Considérons le premier cas (*fig.* 33), où les cercles (C)

Fig. 33.

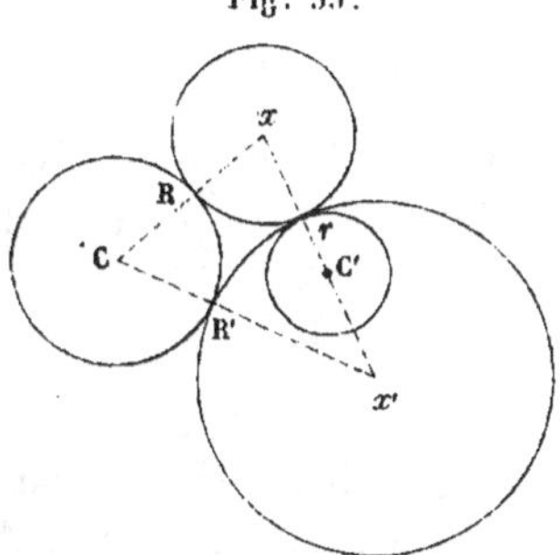

et (C′) sont isolés : le cercle générateur (x) peut avoir deux séries de positions (x) et (x') différentes, et par conséquent son centre décrit alors deux courbes distinctes.

Quand le cercle (x) touche extérieurement (C) et (C′), on a évidemment, quelle que soit la position du centre x,

$$Cx - C'x = CR - C'r,$$

et, par suite, le centre x parcourt une hyperbole dont C et C′ sont les foyers, et dont la différence des rayons vecteurs ou l'axe transverse est égal à $CR - C'r$.

Quand le cercle (x') touche les cercles donnés (C) et (C′), l'un intérieurement et l'autre extérieurement, on a

$$Cx' - C'x' = CR' + R'x' - x'r + rC' = CR + C'r.$$

Le centre x' décrit donc aussi une hyperbole qui a mêmes foyers que la première, mais dont l'axe transverse est égal à $CR + C'r$.

Fig. 34.

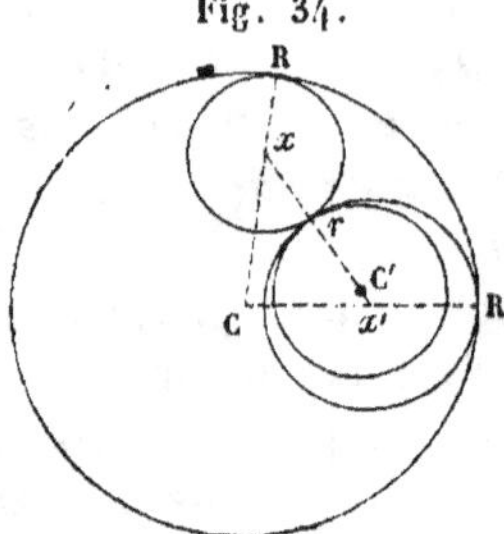

Considérons à présent le cas (*fig.* 34) où le cercle (C') est renfermé dans (C). Il est clair que le cercle tangent peut encore avoir deux séries de positions distinctes (x) et (x').

Quand il a la position (x), on a

$$Cx + C'x = CR - Rx + C'r + rx = CR + C'r;$$

ainsi la courbe que parcourt le point x est, dans ce cas, une ellipse dont C et C' sont les foyers, et qui a pour grand axe la somme $CR + C'r$ des rayons des deux cercles donnés.

Pour l'autre centre x', on a pareillement

$$Cx' + C'x' = CR' - R'x' + rx' - C'r = CR' - C'r;$$

ainsi la courbe que parcourt le centre x', est aussi une ellipse qui a mêmes foyers que la première, mais dont le grand axe est égal à la différence des rayons des cercles donnés.

Fig. 35.

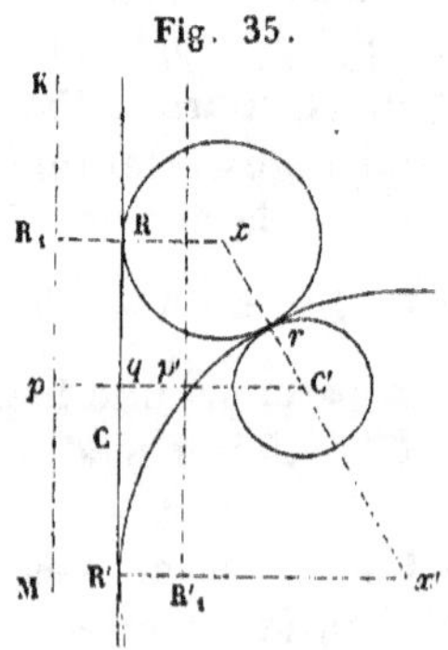

Si le cercle (C) avait un rayon infini et qu'il se réduisît par conséquent à une ligne droite CR (*fig.* 35), le cercle tangent pourrait encore avoir deux séries de positions (x) et (x'). Quand (x) touche extérieurement le cercle (C'), on a

$$C'x - Rx = C'r;$$

ce qui prouve que la courbe parcourue par le point x est une parabole. En effet, supposons qu'on écarte du centre C' en KM, la droite CR d'une quantité $pq = C'r$, il est évident qu'on aura pour tous les points x,

$$x R_1 = C'x;$$

ce qui montre en outre que le centre C' est le foyer de la parabole, et que KM en est la directrice.

Pour la même raison, le centre x' parcourt une parabole dont C' est le foyer et dont une autre parallèle à CR, $p'R_1$, est la directrice. Car on a évidemment

$$R'x' - C'x' = C'r$$

et par conséquent, en supposant $p'q = C'r$,

$$C' x' = R'_1 x'.$$

Considérons maintenant les cas où les cercles (C) et (C') se coupent ou se touchent. Lorsque les deux cercles se coupent (*fig.* 36), le cercle tangent peut avoir les deux positions (x) et

Fig. 36.

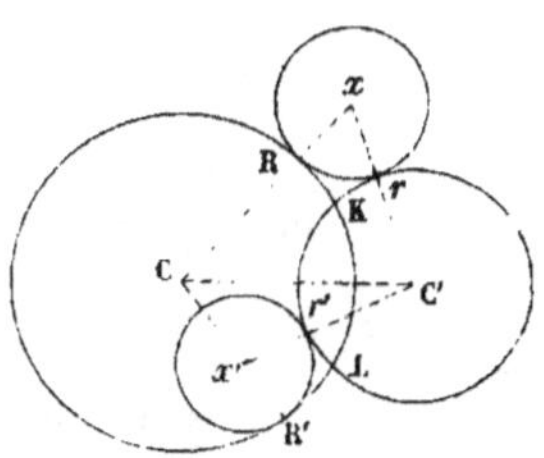

(x'). Le centre x parcourt une hyperbole dont C et C' sont les foyers et dont l'axe transverse est égal à CR — C'r. Le centre x' décrit une ellipse dont C et C' sont aussi les foyers et qui a pour grand axe CR + C'r : chacune de ces deux courbes passe évidemment par les deux points **K** et **L**, où se rencontrent les cercles (C) et (C′).

On voit que, dans tous les cas précédents, il y a deux courbes distinctes engendrées pour les deux mêmes cercles (C) et (C′), soit qu'ils se coupent ou qu'ils ne se coupent pas. Mais la même chose n'a plus lieu quand ils se touchent.

Si les deux cercles (C) et (C′) se touchent extérieurement

Fig. 37.

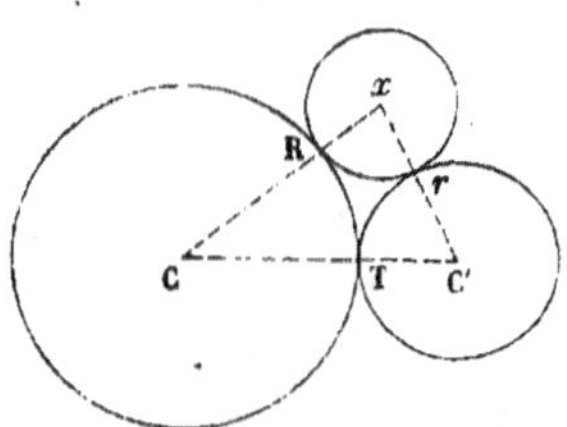

(*fig.* 37), il est évident que le cercle (x) n'a plus qu'une seule position elle-même extérieure à ces cercles, et comme on a

$$Cx - C'x = CR - C'r,$$

le centre décrit une hyperbole dont C et C′ sont les foyers, et qui a $CR - C'r$ pour axe transverse.

Quand les cercles (C) et (C′) se touchent intérieurement (*fig.* 38), le centre x décrit une ellipse qui a pour foyers les

Fig 38.

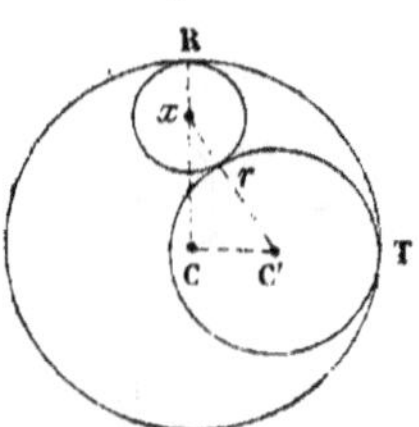

centres C et C′ et pour grand axe la somme $CR + C'r$ des rayons de ces cercles. Dans l'un et l'autre de ces deux derniers cas, la courbe parcourue touche à la fois les cercles (C) et (C′) au point de contact **T**.

Si le cercle (C) (*fig.* 39) était une ligne droite CT tangente au cercle (C′), la courbe unique, parcourue par le centre du cercle mobile (x), serait une parabole dont C' serait le foyer, MK la directrice, etc.

Enfin, si les cercles (C) et (C') se réduisaient à deux lignes

Fig. 39.

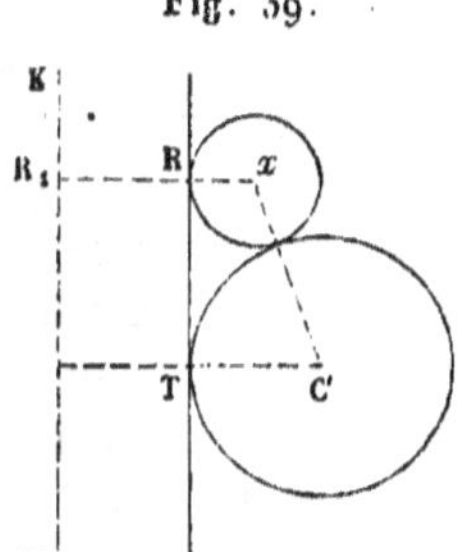

droites, il est clair que la courbe parcourue par le centre x serait elle-même un système de deux lignes droites.

On conclut de cet examen, qu'une section conique quelconque, courbe ou droite, peut être engendrée par le centre d'un cercle qui serait, dans toutes ses positions, constamment tangent à deux cercles donnés, en ayant soin d'observer que ces cercles peuvent avoir des rayons infinis et par conséquent devenir de simples droites.

Si l'on suppose, dans tous les cas précédents, que le cercle (C') se réduise à un point, le centre de (x) ne décrira qu'une seule courbe, qui sera une hyperbole quand il sera situé en dehors du cercle (C), une droite quand ce point sera situé sur la circonférence de ce même cercle, une ellipse quand il sera situé au dedans, enfin une parabole quand le cercle (C) deviendra une ligne droite (*).

Nous pouvons maintenant nous proposer de trouver l'intersection d'une courbe du second degré et d'une ligne droite.

(*) Cette discussion, pour être complète, aurait besoin de s'étendre au cas où, de deux cercles fixes donnés sur un même plan, l'un enveloppe le cercle mobile, et l'autre en est enveloppé extérieurement, etc. Mais cette discussion n'offre aucune difficulté, et n'a qu'un bien faible intérêt pour la solution du problème ci-après.

Problème XIV.

Déterminer les deux points d'intersection d'une ligne droite et d'une section conique.

Quelle que soit la courbe donnée, elle peut être considérée comme engendrée par le centre d'un cercle de rayon variable, assujetti à passer par un point donné et à rester tangent à un cercle donné. Les deux points d'intersection cherchés seront donc tels, que si de l'un d'entre eux comme centre, avec sa distance au point donné pour rayon, on décrit une circonférence de cercle, celle-ci sera tangente au cercle donné. Par suite, le problème proposé est ramené au Probl. IX résolu plus haut.

Si la courbe donnée est une parabole, la question revient à celle du Probl. X. Considérons ce dernier cas pour premier exemple.

Soit A (*fig.* 40) le foyer de la parabole; PQ sa directrice; MN la droite dont on veut déterminer les intersections x et x' avec la parabole : la question revient, comme nous l'avons dit, à mener par le foyer un cercle tangent à la directrice PQ, et dont le centre soit situé sur la droite MN. On abaissera donc

Fig. 40.

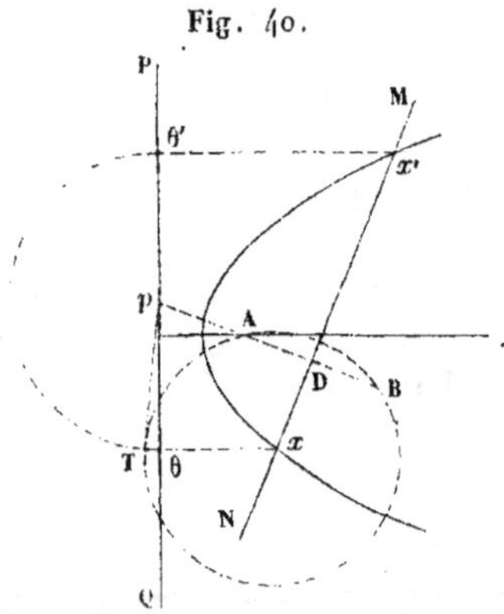

(Prob. X) du point A, une perpendiculaire AD sur MN; on portera AD sur cette droite, de D en B; par les deux points A et B on fera passer une circonférence de cercle quelconque ABT; par le point p où AB prolongée rencontre PQ, on mènera la tangente pT à ce cercle; on rapportera ensuite cette tangente sur la directrice PQ, de part et d'autre du point p, en θ et θ'; enfin aux points θ et θ' on élèvera sur cette directrice, des perpendiculaires qui couperont la droite MN aux points x et x' demandés.

Scolie. — Il résulte de là que la parabole jouit de cette propriété : Soit MN (*fig.* 4o) une droite quelconque rencontrant la courbe en x et x'; si l'on abaisse du foyer A, sur cette droite, une perpendiculaire AD qui coupe la directrice au point p, et que des points x et x', on mène à l'axe de la courbe les parallèles $x'\theta'$ et $x\theta$ qui rencontreront la directrice aux points θ' et θ, la distance $\theta\theta'$ sera divisée en deux parties égales par le point p, et la distance $p\theta$ sera égale à $\sqrt{p\mathrm{A}\,(p\mathrm{A}+2\,\mathrm{AD})}$.

Si la droite MN passait par le foyer A (*fig.* 4ı), la construction précédente aurait encore lieu ; seulement le cercle ABT serait

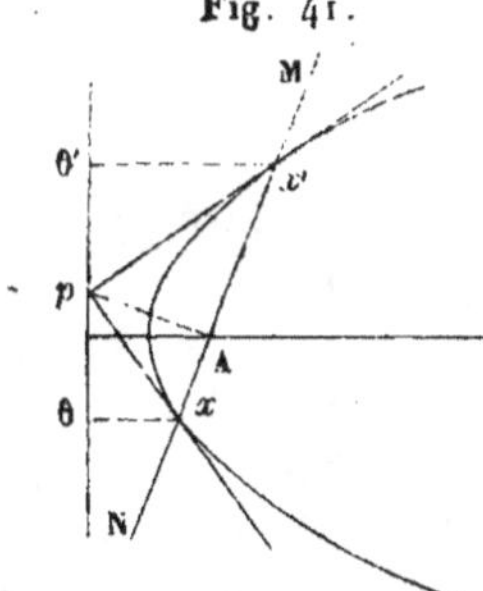

Fig. 4ı.

tangent à la droite $p\mathrm{A}$ élevée perpendiculairement sur MN au point A, et alors on aurait $p\theta = p\theta' = p\mathrm{A}$. Il est aisé de voir aussi que le point p serait celui où se coupent les tangentes à la parabole menées par les points x' et x; car les deux triangles $p\mathrm{A}x'$ et $p\theta'x'$ relatifs à l'intersection x', par exemple, étant alors rectangles et égaux, l'angle $px'\mathrm{A} = $ ang. $px'\theta'$: pareille chose a lieu pour le point x; donc les tangentes en x et x' passent par le même point p. On peut remarquer, en outre, que l'angle xpx' de ces deux tangentes est un angle droit (*).

(*) *Voy.*, à la suite de ce Iᵉʳ volume, sous le titre de *Souvenirs de l'École polytechnique*, quelques autres propositions relatives à la *parabole*, démontrées par voie de synthèse : notamment *la détermination des normales, des rayons de courbure et de la développée de cette courbe.*

Supposons, pour second exemple, qu'il s'agisse de trouver l'intersection d'une ellipse avec une droite MN (*fig.* 42).

Soient C et C′ les foyers de l'ellipse; du point C comme centre, avec le grand axe pour rayon, on décrira une circonférence (C), et l'ellipse pourra être considérée comme engendrée par le centre d'un cercle qui passerait par le point C′, et qui serait dans toutes ses positions, tangent au cercle (C). On abais-

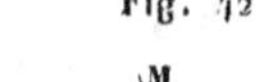

Fig. 42.

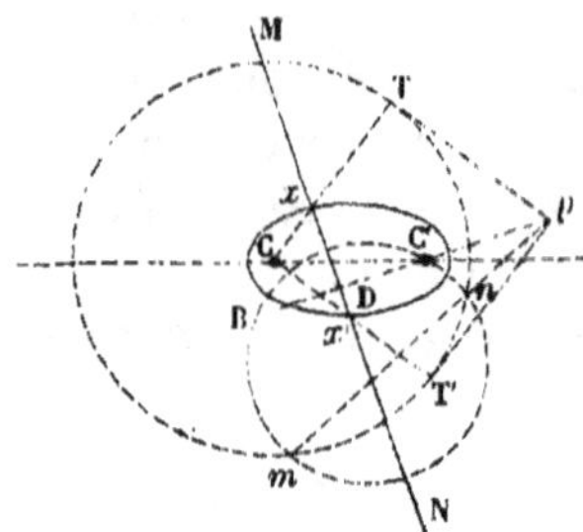

sera donc (Prob. IX) du foyer C′, une perpendiculaire C′D sur la droite donnée MN; puis on fera DB = C′D; par les points B et C′ on fera passer une circonférence quelconque BC′*nm* qui coupera le cercle (C) aux points *m* et *n*; on tracera la corde *mn*, laquelle coupera C′B au point *p*; de ce point, on mènera les tangentes *p*T et *p*T′ au cercle (C); on joindra les points T et T′ avec le foyer C par les droites CT et CT′, qui couperont MN aux points *x* et *x*′ demandés.

DEUXIÈME CAHIER.

LEMMES DE GÉOMÉTRIE ANALYTIQUE :

PROPOSITIONS FONDAMENTALES TIRÉES DU SYSTÈME DES COORDONNÉES DE DESCARTES.

I.

SUR L'IDENTITÉ DES COURBES DU SECOND DEGRÉ ET DES SECTIONS DU CONE DROIT A BASE CIRCULAIRE (*).

Les divers auteurs qui, jusqu'à présent (1813), nous ont donné des *Traités élémentaires* sur *l'application de l'algèbre à la géométrie*, ayant mis un ordre différent dans l'enchaînement des propositions, il est nécessaire, avant d'aborder la question dont il s'agit ici, d'indiquer la marche que je suppose adoptée à ce sujet. Cela permettra de donner à cet essai de démonstration le degré de clarté et de rigueur indispensable, tout en faisant éviter jusqu'à l'apparence de cercles vicieux.

Transformation et discussion préalables de l'équation générale des lignes du second degré.

Je suppose qu'on ait commencé par déterminer les équations du point et de la ligne droite, soit que l'on considère ce point ou cette droite d'une manière isolée, soit qu'on les suppose combinés entre eux par voie géométrique ou par voie analytique.

Le cercle étant, après la droite, la ligne la plus élémen-

(*) Cette Note était destinée à un ancien camarade de promotion d'École polytechnique, M. Dufrayer, officier d'artillerie, comme moi prisonnier de guerre dans le gouvernement de Saratoff, et qui se proposait d'en faire usage pour l'enseignement de la Géométrie analytique à de jeunes Russes : cette Note ne put parvenir à sa destination par la voie de la poste offi-

taire, je suppose qu'on passe tout de suite à l'examen de ses diverses propriétés, de celles des tangentes, des sécantes, etc. Cet examen pouvant exiger qu'on transforme les axes coordonnés, ce sera le lieu de faire connaître les différentes formules au moyen desquelles on peut y parvenir.

Formules de transformation des coordonnées sur le plan. — Comme nous aurons occasion d'employer ces formules, je vais les rappeler d'une manière succincte et sans en donner la démonstration, extrêmement facile à trouver par des considérations géométriques de projection.

1° Quand on voudra changer les axes de coordonnées de manière que l'origine soit transportée en un point connu, dont l'ordonnée serait $\pm n$ et l'abscisse $\pm m$, on emploiera les deux formules

$$x = x' \pm m, \quad y = y' \pm n,$$

x' et y' représentant les nouvelles coordonnées, x et y les anciennes.

2° Pour le cas où il s'agira de changer les axes coordonnés de manière que, l'origine restant la même, les nouveaux axes, censés rectangulaires comme les anciens, aient une direction différente, on emploiera les formules

$$x = x' \cos \alpha - y' \sin \alpha, \quad y = x' \sin \alpha + y' \cos \alpha,$$

dans lesquelles les coordonnées anciennes et nouvelles conservent les mêmes dénominations que ci-dessus, et où α représente l'angle formé par le nouvel axe des x avec l'ancien.

3° Si l'on veut à la fois changer l'origine et la direction des axes d'un système rectangulaire en un autre système de même nature, on prendra

$$x = x' \cos \alpha - y' \sin \alpha \pm m, \quad y = x' \sin \alpha + y' \cos \alpha \pm n.$$

---

cielle. On la conserve ici malgré son peu d'importance relative, non-seulement pour l'ordre logique des idées et l'enchaînement méthodique des démonstrations, mais aussi pour montrer, sans réticence, quelles étaient à cette époque, les idées et les vues de l'auteur en fait d'Éléments de géométrie analytique.

4° Pour passer d'un système de coordonnées rectangulaires à un système de coordonnées obliques, l'origine restant la même, on se servira des formules

$$x = x' \cos \alpha + y' \cos (\alpha + \varphi), \quad y = x' \sin \alpha + y' \sin (\alpha + \varphi),$$

où α représente toujours l'angle que le nouvel axe des x fait avec l'ancien, et φ l'angle que forment entre eux les nouveaux axes. On tire de ces deux formules, par l'élimination,

$$x' = \frac{x \sin (\alpha + \varphi) - y \cos (\alpha + \varphi)}{\sin \varphi}, \quad y' = \frac{y \cos \alpha - x \sin \alpha}{\sin \varphi}.$$

Ces nouvelles formules serviront réciproquement à repasser du système oblique à un système rectangulaire.

5° Enfin, si l'on veut passer d'un système de coordonnées obliques à un autre système de même nature sans changer l'origine, on aura les deux formules

$$x = \frac{x' \sin (\psi - \alpha) + y' \sin (\psi - \beta)}{\sin \psi}, \quad y = \frac{x' \sin \alpha + y' \sin \beta}{\sin \psi},$$

dans lesquelles α et β représentent respectivement les angles des deux nouveaux axes x' et y' avec l'ancien axe des x, et ψ l'angle que les anciens axes forment entre eux.

Si l'on se proposait en outre, dans les deux derniers cas, de changer l'origine des axes en la transportant en un nouveau point dont les coordonnées seraient $\pm m$ et $\pm n$, il faudrait, comme pour les formules précédentes, ajouter $\pm m$ à l'expression de x et $\pm n$ à celle de y.

Après avoir discuté les propriétés du cercle relatives à des axes rectangulaires ou obliques, je suppose que l'on passe à l'examen des coordonnées rectangulaires à trois dimensions, en déterminant les équations du point, de la ligne droite et du plan situés d'une manière quelconque dans l'espace, et résolvant toutes les questions qui y ont rapport comme celles de trouver la distance entre deux points, un point et une droite ou un plan, l'angle de deux droites, etc.

Transformations, simplifications diverses de l'équation gé-

nérale des lignes du second degré. — Ces préliminaires étant établis et bien connus, je passe à l'examen des lignes, droites ou courbes, représentées par l'équation

$$(1) \qquad ay^2 + bxy + cx^2 + dy + ex + f = 0,$$

la plus générale possible du second degré. Elle comprend évidemment toutes celles des courbes ouvertes ou fermées, réelles ou imaginaires, du même degré.

Pour parvenir, avec rapidité et clarté, à la connaissance, à la classification des différentes espèces de lignes qu'elle peut représenter, il est indispensable de la ramener à la forme la plus simple possible, sans altérer cependant, en aucune manière, la nature des courbes qu'elle représente. Or c'est ce qui aura lieu nécessairement si l'on ne fait que changer la position relative des axes coordonnés auxquels ces mêmes courbes se trouvent rapportées.

Disparition du terme en xy. — On change seulement la direction de ces axes supposés rectangulaires, sans en déplacer l'origine commune, au moyen des formules

$$x = x' \cos \alpha - y' \sin \alpha, \quad y = x' \sin \alpha + y' \cos \alpha.$$

On introduira ainsi dans l'équation (1), une arbitraire α qu'on pourra choisir à volonté, et dont on se servira pour faire disparaître l'un des termes de cette équation en annulant son coefficient. Effectuant cette substitution, on trouvera

$$(2) \quad \left\{ \begin{aligned} & y'^2 (a \cos^2 \alpha - b \sin \alpha \cos \alpha + c \sin^2 \alpha) \\ & + x'y' (2a \sin \alpha \cos \alpha - b \sin^2 \alpha + b \cos^2 \alpha - 2c \sin \alpha \cos \alpha) \\ & + x'^2 (a \sin^2 \alpha + b \sin \alpha \cos \alpha + c \cos^2 \alpha) \\ & + y' (d \cos \alpha - e \sin \alpha) + x' (d \sin \alpha + e \cos \alpha) + f = 0; \end{aligned} \right.$$

en prenant α de façon que le terme $x'y'$ disparaisse, on aura, pour déterminer cette inconnue, l'équation en elle-même fort simple,

$$2 \sin \alpha \cos \alpha (a - c) - b (\cos^2 \alpha - \sin^2 \alpha) = 0;$$

d'où l'on tire

$$\tan 2\alpha = \frac{b}{a - c}.$$

Cette valeur de $\tan 2\alpha$, étant essentiellement réelle, il sera toujours possible de changer la direction des axes de façon que l'équation de la courbe représentée par l'équation (1), ne renferme plus le terme en xy.

Maintenant, si l'on substitue la valeur ainsi obtenue pour α, dans les divers coefficients de l'équation transformée (2), et qu'on y remplace x' et y' par x et y, elle prendra la forme particulière

$$(3) \qquad ay^2 + bx^2 + cy + dx + e = 0;$$

les coefficients a, b, c,..., étant distincts de ceux de l'équation (1) d'où l'on est parti, et ayant pour valeurs respectives ceux de l'équation (2).

Disparition du terme tout connu et de l'un des termes x ou y. — On peut encore simplifier l'équation (3) de la courbe proposée, sans en altérer d'aucune façon la nature et les propriétés, en transportant l'origine des axes en un nouveau point arbitraire, sans changer leur direction; on a pour cela

$$x = x' + m, \quad y = y' + n,$$

expressions qui, substituées dans l'équation (3), donnent

$$(4) \qquad \left\{ \begin{aligned} &ay'^2 + bx'^2 + y'(c + 2na) + x'(d + 2mb) \\ &\quad + an^2 + bm^2 + cn + dm + e = 0. \end{aligned} \right.$$

Disposant de m et de n, de manière à faire disparaître le terme en y' et le terme tout connu, on posera les nouvelles équations de condition

$$(5) \qquad c + 2na = 0, \quad an^2 + bm^2 + cn + dm + e = 0.$$

Cette dernière transformation sera possible si les valeurs de m et de n sont toutes deux réelles. Or on tire des équations (5)

$$(6) \quad n = -\frac{c}{2a} \quad \text{et} \quad m = \frac{-ad \pm \sqrt{a(ad^2 + bc^2 - 4abe)}}{2ab};$$

la valeur de n étant essentiellement réelle, il sera effectivement toujours possible de faire disparaître le terme en y.

Quant à la valeur de m, elle ne sera réelle qu'autant que la quantité $a(ad^2 + bc^2 - 4abe)$ sera positive. Dans le cas contraire, m devenant imaginaire, la transformation précédente ne serait plus possible; c'est-à-dire que, dans ce cas, on ne pourrait pas faire disparaître à la fois le terme en y' et le terme tout connu; mais alors même on pourra faire disparaître simultanément le terme tout connu et le terme en x'.

En effet, il vient alors, pour déterminer m et n, les équations de condition

$$d + 2mb = 0, \quad an^2 + bm^2 + cn + dm + e = 0;$$

d'où l'on tire les valeurs particulières

$$(7) \qquad m = -\frac{d}{2b}, \quad n = \frac{-bc \pm \sqrt{b(ad^2 + bc^2 - 4abe)}}{2ab}.$$

Or je dis que les deux quantités $a(ad^2 + bc^2 - 4abe)$ et $b(ad^2 + bc^2 - 4abe)$ comprises sous les deux radicaux (6) et (7), sont nécessairement de signes contraires quand l'une d'elles est négative et que l'équation (3) ou (1) représente une courbe existante.

En effet, on peut mettre l'équation (3) sous cette forme

$$(8) \qquad b(2ay + c)^2 + a(2bx + d)^2 = d^2a + c^2b - 4abe;$$

par conséquent, si la quantité $a(d^2a + c^2b - 4abe)$ était négative, c'est-à-dire si a et $ad^2 + bc^2 - 4abe$ avaient des signes contraires, il faudrait que b eût un signe opposé à celui de a, sans quoi en passant tous les termes de l'équation (8) dans le premier membre, elle se trouverait composée de la somme des trois quantités de même signe $b(2ay + c)^2$, $a(2bx + d)^2$, $4abe - ad^2 - bc^2$, et ne pourrait être satisfaite par aucune des valeurs réelles attribuées à x et à y. Dans ce cas donc, la courbe que cette même équation représente serait essentiellement imaginaire.

D'autre part, puisque dans le cas de $a(ad^2 + bc^2 - 4abe)$ négatif, b est nécessairement de signe contraire à a, il s'ensuit que la quantité $b\,(ad^2 + bc^2 - 4abe)$ sera en même temps positive, et qu'ainsi l'un des radicaux ci-dessus étant imaginaire, l'autre sera par là même réel (*).

Forme générale la plus simple de l'équation des lignes du deuxième degré. — Il suit de là que l'équation (1) ou (3) de la courbe considérée, peut toujours être ramenée, sans en modifier la nature ni les propriétés mais en déplaçant seulement les axes coordonnés, à l'une ou à l'autre des deux formes

$$(9) \qquad \begin{cases} A y^2 + B x^2 + C x = 0, \\ A x^2 + B y^2 + C y = 0, \end{cases}$$

dont la seconde représente évidemment la même courbe que la première.

Car, en y changeant x en y et réciproquement, ce qui tend simplement à échanger les axes des x et des y entre eux, sans altérer non plus la nature de la courbe, il est clair que cette seconde équation deviendra identique à la première.

Donc l'équation (9) représente effectivement toutes les courbes possibles du second degré, et par conséquent sa discussion complète fera connaître les diverses propriétés et espèces particulières de courbes que peut représenter l'équation la plus générale du même degré.

Le terme $A y^2$ pouvant toujours être censé positif dans l'équation (9), en changeant convenablement tous les signes de cette équation, je dis de plus qu'il est permis d'y supposer le terme $C x$ négatif, sans altérer en rien la nature de la courbe dont il s'agit. Car, en changeant dans cette équation x en $-x$, ce qui revient simplement à transporter tout d'une pièce, la courbe du côté des x positifs, le terme $B x^2$ ne changeant pas de signe, et le terme $C x$ devenant seul négatif; l'équation prendra ainsi la forme toute spéciale,

$$A y^2 + B x^2 - C x = 0.$$

(*) On peut remarquer que les coordonnées m et n de la nouvelle origine, satisfaisant à l'équation (3) de la courbe, cette origine est l'un des points de cette courbe, et la discussion de l'équation (8) apprend que ce point est le sommet même de la courbe.   (*Note du manuscrit de* 1813.)

Classification des lignes du second degré. — De là on doit conclure que l'espèce et les propriétés de la courbe en question ne dépendront que de la relation existante entre les signes et les valeurs des coefficients A et B; ce qui peut offrir trois cas très-distincts, savoir : le cas où A et B ont tous deux même signe, celui où ces coefficients ont des signes contraires, et enfin celui où le coefficient B est nul.

Quant aux cas dans lesquels les coefficients A ou C seraient séparément nuls dans l'équation ci-dessus, ils n'offriraient que de simples particularités. Car, A étant nul, par exemple, et cette équation devenant en conséquence,

$$B x^2 - C x = 0,$$

on peut y satisfaire en posant soit $x = 0$, soit $B x - C = 0$: la première est évidemment l'équation de l'axe des y, la seconde celle d'une droite parallèle à ce même axe à une distance mesurée par la quantité $\dfrac{C}{B}$.

Si C est nul à son tour, l'équation devenant

$$A y^2 + B x^2 = 0,$$

A et B étant supposés de mêmes signes, ne pourra évidemment être satisfaite que par

$$x = 0 \quad \text{et} \quad y = 0,$$

équations d'un point isolé, placé à l'origine même des axes coordonnés.

Enfin si A et B ont, au contraire, des signes différents, l'équation

$$A y^2 + B x^2 = 0$$

pourra alors être satisfaite par l'une ou par l'autre des deux relations distinctes

$$y = \sqrt{-\frac{B}{A}}\, x \quad \text{et} \quad y = -\sqrt{-\frac{B}{A}}\, x,$$

qui représentent deux droites symétriques par rapport à l'axe des x et passant par l'origine des coordonnées, droites dont l'ensemble, le système peut en effet être considéré comme une ligne du deuxième degré.

On voit, d'après cela, que l'équation générale (1) peut représenter un point ou le système de deux droites, réelles ou imaginaires suivant les signes de A et B, mais qu'elle ne représenterait qu'une seule ligne droite si A et B étaient nuls en même temps. Ces dernières circonstances correspondent évidemment aux divers cas où l'équation (1) se réduit simplement au premier degré, ou devient naturellement décomposable en deux facteurs de ce degré, ou enfin est implicitement ou explicitement composée de la somme de deux carrés : ce que l'on peut toujours reconnaître à priori, en la résolvant par rapport à l'indéterminée x ou y.

La discussion à priori, de l'équation (1) des courbes du second degré, sous la forme générale ou particulière où elle se trouve, n'ayant pas trait à l'objet dont il s'agit ici, je ne m'en occuperai point. D'ailleurs, ce qui précède et ce qui suit remplit le même but d'une manière différente.

Énumération des espèces distinctes. — On vient de prouver qu'il existe, en général, trois espèces distinctes de courbes du deuxième degré, représentées respectivement par les équations suivantes :

$$(10) \quad \begin{cases} A y^2 + B x^2 - C x = 0, \quad A y^2 - B x^2 - C x = 0, \\ A y^2 - C x = 0, \end{cases}$$

où A et B sont censés des constantes absolues.

En discutant séparément chacune de ces équations, on voit que la première représente la courbe fermée appelée *ellipse,* la seconde la courbe à deux branches infinies appelée *hyperbole,* la troisième enfin la courbe à une seule branche infinie et ouverte nommée *parabole,* toutes trois également rapportées à un sommet.

Je suppose maintenant que, prenant chacune des équations (10) à part, on la combine, d'une manière convenable, avec celles de la ligne droite et du cercle ; on en tirera les divers théorèmes relatifs aux axes, aux foyers, aux tangentes, etc. Il est clair que la nature, les propriétés mêmes, des courbes du second degré seront ainsi parfaitement définies ; il ne s'agira plus, dès lors, que de prouver l'identité de ces courbes avec les sections coniques. Mais, avant d'aborder cette question, il ne sera peut être pas inutile de rappeler la manière dont M. Lefrançois trouve et définit, en particulier, les foyers des courbes du second degré (*).

Recherche analytique des foyers. — On sait que, dans le cercle, la distance du centre à un point quelconque de la circonférence, est fonction rationnelle de l'abscisse correspondante : dans l'ellipse, l'hyperbole ou la parabole, cela n'a évidemment pas lieu à l'égard du centre ou du sommet ; mais on peut se demander si la chose est possible à l'égard d'un autre point inconnu de leurs axes principaux.

Soient donc α et β les coordonnées de ce point, sa distance à un point quelconque x, y de la courbe aura en général pour expression

$$D = \sqrt{(x - \alpha)^2 + (y - \beta)^2} = \sqrt{x^2 - 2\alpha x + \alpha^2 + y^2 - 2\beta y + \beta^2}.$$

Posons, afin d'abréger et de simplifier les calculs, les équations

$$(11) \qquad y^2 \pm \frac{b^2}{a^2} x^2 - \frac{2\,b^2}{a} x = 0, \qquad \text{ou} \qquad y^2 + B x^2 - C x = 0,$$

pour représenter la courbe en question, rapportée à l'un de ses sommets et à l'axe correspondant ; cette courbe étant une ellipse, une hyperbole ou une parabole, selon que le coef-

---

(*) (*Essai de Géométrie analytique*, 2ᵉ édition, 1804). — Cette méthode, purement analytique, appartient, je crois, au grand Euler ; comme celle d'Apollonius, elle est indirecte, peu simple, et s'écarte entièrement de la marche de l'invention. La notion des foyers des sections coniques dérive plus naturellement, peut-être, de la considération géométrique de certaines propriétés, soit du cône droit à base circulaire, soit de la théorie des cercles tangents dont il est question à la fin du précédent Cahier. Mais je crois utile de faire remarquer dès à présent, ce qui sera encore mieux établi dans le tome II de cet ouvrage, que la détermination générale du foyer des coniques appartient véritablement au quatrième degré, et comporte deux systèmes de solutions distincts, relatifs à chacun des axes principaux de ces lignes courbes.

ficient B sera positif, négatif ou nul; on tirera de là et des équations ci-dessus la valeur

$$y = \pm \sqrt{Cx - Bx^2},$$

qui, substituée dans l'expression de D, donne

$$D = \sqrt{(1 - B)\, x^2 + (C - 2\alpha)\, x + \alpha^2 + \beta^2 \mp 2\beta \sqrt{Cx - Bx^2}}.$$

Or cette expression ne saurait évidemment devenir rationnelle tant que le terme $\mp 2\beta \sqrt{Cx - Bx^2}$ subsistera sous le radical; il faut donc qu'on ait généralement $\beta = 0$, et alors comme elle prend la forme

$$D = \sqrt{(1 - B)\, x^2 + (C - 2\alpha)\, x + \alpha^2},$$

pour qu'elle soit rationnelle, indépendamment de toute valeur particulière attribuée à x, il faut que l'expression sous le radical devienne un carré parfait, ce qui exige que

$$C - 2\alpha = \pm 2\alpha \sqrt{1 - B};$$

d'où l'on tire pour α les deux valeurs suivantes

$$\alpha = \frac{C}{2(1 + \sqrt{1 - B})} \quad \text{et} \quad \alpha = \frac{C}{2(1 - \sqrt{1 - B})},$$

réelles, pourvu que B soit < 1.

Donc il y a généralement deux points distincts qui jouissent de la propriété énoncée, et, puisque β est nul, l'un et l'autre de ces points se trouvent situés sur l'axe même des x, confondu en direction avec l'axe $2a$ de la courbe, qui est *grand axe* à cause de $B < 1$. Si B est nul, c'est-à-dire quand la courbe se réduit à une parabole, les valeurs de α devenant

$$\alpha = \frac{C}{4} \quad \text{et} \quad \alpha = \frac{C}{0},$$

l'un des foyers est situé à l'infini sur l'axe de la courbe, l'autre restant voisin du sommet et à distance finie.

Il n'est pas difficile de reconnaître que, dans les deux cas de l'ellipse et de l'hyperbole, les deux foyers sont situés à égale distance de part et d'autre du centre de la courbe; car si l'on substitue dans les expressions de α, les valeurs de B et de C en fonction des paramètres a et b, c'est-à-dire

$$B = \pm \frac{b^2}{a^2}, \quad C = \frac{2\,b^2}{a},$$

il viendra

$$z = \frac{b^2}{a + \sqrt{a^2 \mp b^2}} \quad \text{et} \quad z = \frac{b^2}{a - \sqrt{a^2 \mp b^2}},$$

ou, en réduisant au même dénominateur,

$$\alpha = a - \sqrt{a^2 - b^2} \quad \text{et} \quad \alpha = a + \sqrt{a^2 - b^2}, \quad \text{pour l'ellipse,}$$
$$\alpha = -a + \sqrt{a^2 + b^2}, \quad \alpha = -a - \sqrt{a^2 + b^2}, \quad \text{pour l'hyperbole.}$$

Dans ces expressions, a et $-a$ étant les abscisses mêmes des centres de l'ellipse et de l'hyperbole, on voit que, pour obtenir celles des deux foyers, il faut y ajouter ou en retrancher l'une ou l'autre des quantités radicales $\sqrt{a^2 - b^2}$, $\sqrt{a^2 + b^2}$, etc.

Les foyers une fois trouvés, on démontre facilement que la somme ou la différence des deux rayons vecteurs qui y aboutissent, est égale au grand axe de la courbe. Réciproquement la courbe qui jouit de la propriété que la somme ou la différence des deux distances de l'un quelconque de ses points à deux points connus soit une longueur constante, est une courbe du second degré.

En effet, soient f et f' les deux points en question; supposons que l'on place l'origine des coordonnées au point O, milieu de la distance ff', et qu'on prenne la droite indéfinie ff' pour l'axe des x; soit représentée par p la demi-distance Of', $-p$ sera l'abscisse de f. Enfin soit $2a$ la somme ou la différence des distances mf' et mf' des foyers f et f' à un point quelconque m de la courbe cherchée, on aura

$$\sqrt{y^2 + (x - p)^2} \pm \sqrt{y^2 + (x + p)^2} = 2a.$$

Laissant l'un des radicaux dans le premier membre, passant l'autre dans le second et élevant au carré, on aura

$$y^2 + (x + p)^2 = 4a^2 + y^2 + (x - p)^2 - 4a\sqrt{y^2 + (x - p)^2},$$

ou réduisant,

$$a\sqrt{y^2 + (x - p)^2} = a^2 - px.$$

Élevant de nouveau les deux membres de cette équation au carré et ordonnant, il viendra définitivement

$$a^2 y^2 + (a^2 - p^2) x^2 = a^2 (a^2 - p^2) :$$

équation d'une ellipse ou d'une hyperbole, selon que a sera plus grand ou plus petit que p.

Superposition d'une ligne donnée du second degré à un cône circulaire droit aussi donné.

Les propriétés fondamentales des lignes du second degré étant connues et démontrées, il s'agit de faire voir que ces lignes sont identiques ou superposables à celles que l'on peut obtenir en coupant un cône droit circulaire donné, par un plan convenablement dirigé; lignes que, pour ce motif, on nomme *sections coniques* ou simplement *coniques*.

La question ainsi posée revient évidemment à celle-ci : « Étant donnée une courbe du second degré représentée » généralement par l'équation (1), ou, si l'on veut, par l'une ou » l'autre des deux équations (9) qui appartiennent à la même » courbe, placer cette courbe sur un cône droit circulaire » d'ouverture donnée. »

Présenté de la sorte, le problème peut se résoudre par les considérations de la géométrie descriptive ou dans l'espace à trois dimensions; mais je ne le traiterai ici que sous le point de vue analytique, et, pour cela, je commence par rechercher l'équation générale des sections du cône.

Équation d'un cône circulaire droit dont l'axe est oblique sur le plan des xy. — Soient C_1 le cosinus de l'angle formé par l'une quelconque des génératrices du cône avec l'axe; α, β et γ les coordonnées de son sommet. Cela posé, l'axe et la génératrice dont il s'agit passant par le sommet invariable du cône, leurs équations pour des positions quelconques, seront évidemment de la forme générale

$$\left. \begin{array}{l} x - \alpha = p\,(z - \gamma) \\ y - \beta = q\,(z - \gamma) \end{array} \right\} \text{ pour la génératrice,}$$

$$\left. \begin{array}{l} x - \alpha = A_1\,(z - \gamma) \\ y - \beta = B_1\,(z - \gamma) \end{array} \right\} \text{ pour l'axe du cône,}$$

A_i et B_i étant des constantes, p et q des variables qui ont des significations bien déterminées.

L'expression du cosinus de l'angle que forment en général ces deux droites étant d'ailleurs, comme on sait,

$$\frac{1 + A_i p + B_i q}{\sqrt{1 + p^2 + q^2} \; \sqrt{1 + A_i^2 + B_i^2}},$$

il en résultera l'équation de condition

$$(12) \quad \begin{cases} C_i = \dfrac{1 + A_i p + B_i q}{\sqrt{1 + p^2 + q^2} \; \sqrt{1 + A_i^2 + B_i^2}}, \\[2ex] \text{c'est-à-dire} \\[1ex] C_i^2 (1 + p^2 + q^2)(1 + A_i^2 + B_i^2) - (1 + A_i p + B_i q)^2 = 0, \end{cases}$$

où la quantité C_i, censée donnée, fixe la grandeur de la demi-ouverture du cône ; les quantités A_i et B_i déterminent en même temps que α, β et γ la position de ce cône à l'égard des trois axes de coordonnées ; enfin les quantités p et q, constantes pour une même génératrice et variables d'une génératrice à l'autre, en fixent l'inclinaison par rapport aux axes : ces quantités étant liées entre elles par l'équation de condition ci-dessus, de telle manière que, quand l'une d'elles est donnée, l'autre s'ensuit immédiatement. Donc si l'on élimine p et q entre l'équation (12) et celles de la génératrice, on obtiendra une équation entre x, y et z, qui, étant indépendante de la position particulière attribuée à la génératrice et convenant par conséquent à toutes celles qui remplissent la même condition, sera l'équation même de la surface conique cherchée.

Or les équations ci-dessus de la génératrice, donnent respectivement

$$p = \frac{x - \alpha}{z - \gamma}, \qquad q = \frac{y - \beta}{z - \gamma},$$

Ces valeurs, substituées dans l'équation (12) en chassant le dénominateur $z - \gamma$, conduisent à la suivante

$$(12\,bis) \quad \begin{cases} C_i^2 \left[(x - \alpha)^2 + (y - \beta)^2 + (z - \gamma)^2 \right](1 + A_i^2 + B_i^2) \\[1ex] - \left[z - \gamma + A_i (x - \alpha) + B_i (y - \beta) \right]^2 = 0. \end{cases}$$

Telle est l'équation générale de la surface conique cherchée

Toute section du cône circulaire droit est du second degré. — Si l'on considère les quantités α, β, γ, A_1 et B_1, qui en fixent la position, comme indéterminées, cette surface aura la situation la plus générale possible par rapport aux axes rectangulaires des coordonnées. Donc, en y supposant $z = 0$, ce qui donnera l'intersection du cône avec le plan des xy, on obtiendra finalement pour l'équation générale des sections coniques,

$$(13) \quad \begin{cases} C_1^2 \left[(x - \alpha)^2 + (y - \beta)^2 + \gamma^2 \right] \left[1 + A_1^2 + B_1^2 \right] \\ - \left[-\gamma + A_1 (x - \alpha) + B_1 (y - \beta) \right]^2 = 0. \end{cases}$$

Cette équation étant du second degré en x et y, on voit qu'en effet les courbes qu'elle représente sont nécessairement comprises parmi celles de l'équation générale (1) d'abord examinées.

Les sections coniques ne peuvent donc être ainsi, que des *ellipses*, des *hyperboles*, des *paraboles*, ou les modifications de ces courbes ; c'est-à-dire des points ou des lignes droites. Mais il est nécessaire, en outre, de prouver réciproquement que toute courbe représentée par l'équation générale (1) est une section conique ; c'est-à-dire qu'une telle courbe peut toujours être considérée comme l'intersection d'un cône droit circulaire et d'un plan inconnu, mais pouvant être déterminé quand cette courbe et ce cône sont donnés à priori.

Proposition réciproque à démontrer quand la courbe est arbitraire. — Nous avons vu précédemment que, quelle que soit la courbe représentée par l'équation (1), cette équation pouvait toujours être ramenée, en plaçant les axes coordonnés d'une manière convenable, à l'une ou à l'autre des deux formes

$$A y^2 + B x^2 - C x = 0, \quad A x^2 + B y^2 - C y = 0,$$

ou, en substituant pour A, B et C leurs valeurs en fonction des longueurs a et b des demi-axes principaux de la courbe,

$$(14) \quad a^2 y^2 \pm b^2 x^2 - 2 a b^2 x = 0, \quad a^2 x^2 \pm b^2 y^2 - 2 a b^2 y = 0.$$

Supposons d'abord que l'équation générale (1) puisse être ramenée à la première de ces formes, il s'agira de démontrer que la position du cône ci-dessus peut toujours être choisie de telle sorte que son intersection avec le plan des xy coïncide avec la courbe correspondante, en déterminant, à cet effet, d'une manière convenable les quantités α, β, γ, A_1, B_1 qui fixent sa position. Pour cela, il faudra disposer de ces indéterminées de façon que l'équation (13) de cette intersection soit identique à celle (14) de la courbe donnée. Or, cette dernière équation ne renfermant point de terme relatif à la première puissance de y, il faudra d'abord faire disparaître le terme analogue de l'équation (13); ce qui exige que β et B_1 soient simultanément nuls.

Cette équation devient ainsi

$$C_1^2 \left[\gamma^2 + y^2 + (x - z)^2 \right] (1 + A_1^2) - \left[\gamma - A_1 (x - \alpha) \right]^2 = 0.$$

Conditions générales auxquelles le cône doit satisfaire. — Pour découvrir la position que le cône d'ouverture donnée doit prendre dans les hypothèses d'abord énoncées, il n'y a qu'à faire $\beta = 0$ et $B_1 = 0$ dans les équations de son axe, lesquelles deviendront ainsi

$$x - \alpha = A_1 (z - \gamma), \quad y = 0;$$

ce qui montre, tout d'abord, que cet axe se trouve situé dans le plan même des xz.

En développant ensuite l'équation de la section conique correspondante à la position particulière dont il s'agit, elle devient

$$C_1^2 \left(1 + A_1^2 \right) y^2 + \left[C_1^2 \left(1 + A_1^2 \right) - A_1^2 \right] x^2$$
$$- 2 \left[C_1^2 \left(1 + A_1^2 \right) z - A_1 \left(A_1 \alpha + \gamma \right) \right] x$$
$$+ C_1^2 \left(1 + A_1^2 \right) \left(\alpha^2 + \gamma^2 \right) - \left(A_1 z + \gamma \right)^2 = 0.$$

Pour la ramener à la forme de l'équation (14) de la courbe donnée, il restera à en faire disparaître le terme tout connu; ce qui entraîne la nouvelle équation de condition

$$C_1^2 \left(1 + A_1^2 \right) \left(z^2 + \gamma^2 \right) - \left(A_1 z + \gamma \right)^2 = 0$$

ou bien, en développant,

$$\left[C_1^2 \left(1 + A_1^2 \right) - A_1^2 \right] z^2 - 2 A_1 \gamma z + \gamma^2 \left[C_1^2 \left(1 + A_1^2 \right) - 1 \right] = 0.$$

de laquelle on tire immédiatement

$$\alpha = \frac{A_1\gamma \pm \gamma\sqrt{A^2 + \left[1 - C_1^2(1 + A_1^2)\right]\left[C_1^2(1 + A_1^2) - A_1^2\right]}}{C_1^2(1 + A_1^2) - A_1^2}$$

$$= \frac{A_1\gamma \pm C_1(1 + A_1^2)\gamma\sqrt{1 - C_1^2}}{C_1^2(1 + A_1^2) - A_1^2}.$$

La quantité C_1, qui est un cosinus, étant nécessairement moindre que l'unité, le radical $\sqrt{1 - C_1^2}$ sera, dans tous les cas, réel ; donc, en établissant la relation précédente entre α et γ, qui est aussi toujours réelle, la position du cône sera telle, que son intersection avec le plan des xy aura pour équation

$$C_1^2(1 + A_1^2)y^2 + \left[C_1^2(1 + A_1^2) - A_1^2\right]x^2$$
$$- 2\left\{\left[C_1^2(1 + A_1^2) - A_1^2\right]\alpha - A_1\gamma\right\}x = 0,$$

ou, en y substituant la valeur ci-dessus de α,

$$(15) \qquad \left\{ \begin{aligned} &C_1^2(1 + A_1^2)y^2 + \left[C_1^2(1 + A_1^2) - A_1^2\right]x^2 \\ &\mp 2C_1(1 + A_1^2)\gamma\sqrt{1 - C_1^2}\,x = 0. \end{aligned} \right.$$

Cette équation ayant précisément la forme de l'équation (14) de la courbe donnée, il reste simplement à démontrer qu'il est possible, en général, de déterminer les quantités γ et A_1 de manière que ces deux équations soient absolument identiques. Toutefois, on doit observer auparavant que la courbe d'intersection passant, dans la supposition précédente, par l'origine même des coordonnées, puisque son équation est satisfaite en y faisant simultanément $x = 0$ et $y = 0$, la position du cône devient telle alors, que l'une de ses génératrices, situées dans le plan des xz, passe nécessairement par cette origine des coordonnées ; le cône ayant ainsi l'une des situations indiquées dans la figure ci-après.

On peut encore observer que l'équation de condition

$$\alpha = \frac{A_1 \pm C_1(1 + A_1^2)\sqrt{1 - C_1^2}}{C_1^2(1 + A_1^2) - A_1^2}\,\gamma,$$

entre α et γ, est l'équation même de la génératrice dont il s'agit, relative à ces coordonnées, toutes deux considérées comme variables.

Positions diverses du cône qui satisfont à ces conditions.
— Revenons maintenant à notre objet principal.

Puisque les équations (14) et (15) doivent être identiques,
cela exige que les conditions

$$\frac{C_1^2(1+A_1^2)-A_1^2}{C_1^2(1+A_1^2)} = \pm\frac{b^2}{a^2}, \qquad \mp\frac{C_1(1+A_1^2)\,\gamma\,\sqrt{1-C_1^2}}{C_1^2(1+A_1^2)} = -\frac{b^2}{a},$$

soient satisfaites.

La première donne pour A_1 la valeur

$$A_1 = \pm C_1\sqrt{\frac{a^4 \mp b^2}{a^2(1-C_1^2)\pm b^2 C_1^2}} = \pm C_1\sqrt{\frac{1\mp\dfrac{b^2}{a^2}}{1-C_1^2\pm C_1^2\dfrac{b^2}{a^2}}},$$

expression où le signe supérieur de b^2 correspond au cas de
l'ellipse et le signe inférieur à celui de l'hyperbole.

La seconde donne

$$\gamma = \pm\frac{b^2}{a}\,\frac{C_1}{\sqrt{1-C_1^2}},$$

et le radical $\sqrt{1-C_1^2}$ étant toujours réel, comme on l'a remarqué
plus haut, γ l'est pareillement. De plus, le double signe dont il
est affecté montre que le sommet du cône cherché peut être
sur l'une ou l'autre des deux parallèles à l'axe des abscisses,
placées à égales distances au-dessus et au-dessous de cet axe
dans le plan des xz; et, comme la quantité A_1 qui détermine
l'inclinaison de l'axe central du cône, est de même affectée du
double signe $\pm$, tandis que β nul, en est indépendant, on en
conclut encore que, à une même valeur de γ, correspondent
deux valeurs de A_1, ou deux positions de l'axe.

Donc le cône peut prendre les quatre positions distinctes
indiquées dans la figure ci-après (*), où les deux cônes à sommets $-\gamma$ et $-\gamma'$, situés au-dessous du plan des xy, sont les
symétriques de ceux $+\gamma$ et $+\gamma'$ situés à la même distance

---

(*) Cette figure est une projection sur le plan des xz; le plan des xy
est censé rabattu sur ce plan.

au-dessus; les axes $A\gamma$ et $A'\gamma'$ des cônes supérieurs formant d'ailleurs avec l'axe des x positifs, deux angles $\gamma A x$ et $\gamma'A'x$ supplémentaires l'un de l'autre.

Fig. 43.

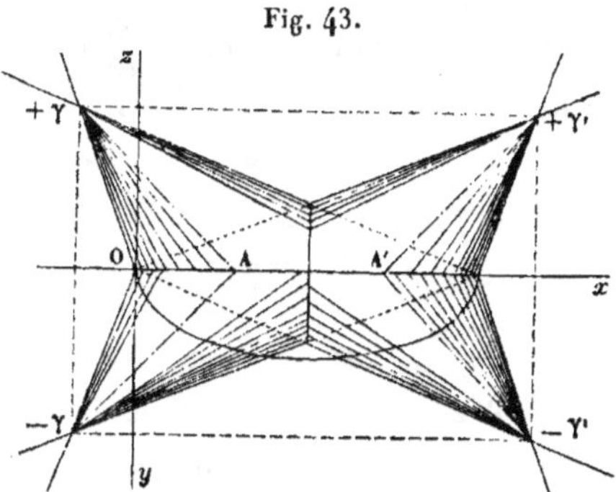

D'autre part, l'ordonnée γ restant toujours réelle, il ne s'agit plus que d'examiner si A_1 l'est constamment aussi.

Discussion spéciale relative à diverses hypothèses faites sur la forme de l'équation de la courbe.

Cas de l'ellipse. — Dans cette hypothèse, l'on a

$$A_1 = \pm C_1 \sqrt{\dfrac{1 - \dfrac{b^2}{a^2}}{1 - C_1^2 + C_1^2 \dfrac{b^2}{a^2}}},$$

a représentant, je suppose, le demi grand axe de la courbe et b son demi petit axe (*) : la fraction numérique $\dfrac{b}{a}$, étant moindre que l'unité, et par conséquent le radical étant essentiellement réel.

Donc, dans ce cas, on peut toujours placer la courbe représentée par l'équation (1) ou (14), sur le cône donné. Donc

---

(*) La raison, comme on l'a vu (14), en est que les deux axes d'une ellipse rencontrant à la fois la courbe en deux points, sa forme générale peut se représenter aussi bien par l'équation $b^2 y^2 + a^2 x^2 - 2 b a^2 x = 0$, que par l'équation $a^2 y^2 + b^2 x^2 - 2 a b^2 x = 0$. (*Note de* 1813.)

aussi, toutes les fois que cette équation appartiendra à une ellipse réelle, il sera permis de confondre le lieu qu'elle représente avec une véritable section conique.

Cas de la parabole. — Quand le terme $\dfrac{b^2}{a^2}\,x^2$ manque dans l'équation (14) entre les coordonnées x, y du lieu considéré, auquel cas cette équation représente une parabole, l'expression de A_1 devenant

$$A_1 = \pm\,\frac{C_1}{\sqrt{1-C_1^2}},$$

a toujours une valeur réelle, et par conséquent l'équation (1) représente encore l'une des sections du cône circulaire donné.

Cas de l'hyperbole. — Supposons, en troisième lieu, que la courbe représentée par l'équation (1) ou (14), soit une hyperbole, alors on a

$$A_1 = \pm\,C_1\sqrt{\frac{1+\dfrac{b^2}{a^2}}{1-C_1^2-C_1^2\dfrac{b^2}{a^2}}}\;;$$

le numérateur de l'expression sous le signe radical, est toujours positif, quelle que soit la valeur du rapport de b à a, mais le dénominateur ne peut l'être qu'autant que

$$1-C_1^2-C_1^2\frac{b^2}{a^2}>0, \quad \text{ou} \quad C_1^2<\frac{1}{1+\dfrac{b^2}{a^2}}.$$

Toutes les fois donc que cette dernière condition sera remplie, l'hyperbole représentée par l'équation (1) ou (14), pourra être placée sur le cône donné. Dans le cas contraire, cela ne sera plus possible; mais si l'on suppose que l'angle d'ouverture du cône et, par suite, son cosinus C_1 soient arbitraires, alors, en choisissant cette ouverture de manière que C_1^2 reste au-dessous de la fraction numérique

$$\frac{1}{1+\dfrac{b^2}{a^2}},$$

l'identité précédemment établie entre les équations (13) et (14) deviendra possible, et par conséquent la courbe représentée par l'équation générale (1) pourra encore être considérée comme une véritable section conique. Toutefois, dans ce même cas, le cône donné cessera d'être entièrement arbitraire.

Interprétation géométrique. — Il n'est pas difficile de se rendre raison de ce qui précède d'une manière purement géométrique. En effet, considérons une section hyperbolique dans un cône; si l'on mène par le sommet de ce cône un plan parallèle à celui de la section, il le coupera suivant deux arêtes respectivement parallèles aux asymptotes de l'hyperbole, et qui formeront entre elles, par conséquent, un angle égal à celui de ces asymptotes. Or l'angle que forment entre elles deux arêtes quelconques du cône, ne saurait être plus grand que l'angle au centre de ce cône; donc aussi l'angle des deux asymptotes d'une hyperbole appartenant à sa surface indéfinie et à nappes opposées par le sommet, ne saurait de même surpasser l'angle au centre de ce cône, et par conséquent le rapport $b:a$, qui représente la tangente trigonométrique de la moitié de cet angle, ne saurait non plus être supérieur à la tangente de l'angle de demi-ouverture du cône, ou, si l'on veut, à celle de l'angle dont nous avons appelé le cosinus C_1.

Mais cette dernière tangente est égale à

$$\sqrt{\frac{1}{C_1^2} - 1}.$$

Donc on a effectivement

$$\frac{b}{a} < \sqrt{\frac{1}{C_1^2} - 1}, \quad \text{ou} \quad C_1^2 < \frac{1}{1 + \dfrac{b^2}{a^2}},$$

comme ci-dessus.

Cas du point isolé, de la ligne droite, etc. — Il reste à considérer le cas dans lequel l'équation (1), ou la transformée (14) qui la remplace exactement, représente un point, une droite isolée ou le système de deux lignes droites parallèles ou non parallèles.

Or il est facile de voir, sans recourir à l'analyse des coordonnées, qu'un point, une ligne droite ou le système de deux droites données, pourvu qu'elles ne soient pas parallèles, peuvent résulter généralement de l'intersection d'un cône quelconque et d'un plan passant par son sommet; plan qui, pour le cas particulier du point isolé, n'aurait que ce sommet en commun avec la surface conique; qui, pour le cas de la droite isolée et unique, serait tangent à cette surface; qui, enfin, pour le système de deux droites concourantes, traverserait de part en part la surface, en la coupant suivant deux arêtes ou génératrices rectilignes.

Quant au système de deux droites parallèles, il pourrait encore être considéré, au point de vue de l'analyse géométrique de Descartes, perfectionnée principalement par Euler et par Monge, comme l'intersection d'un plan et d'un cône dont l'angle au centre serait nul, et qui, par conséquent, serait réellement devenu une surface cylindrique circulaire.

De tout cela il est permis de conclure, en général, que, quand l'équation (1) peut être ramenée à la forme de l'équation (14), et appartient à un lieu réel, cette équation doit être considérée comme représentant une section de cône droit dans toutes les conditions possibles.

Si l'équation (1) de la ligne du deuxième degré proposée ne pouvait être ramenée qu'à la seconde des formes (14), alors, pour la rapprocher de l'équation générale (13) des sections effectives du cône, on commencerait par supposer dans celle-ci $\alpha = 0$ et $B_1 = 0$; ce qui ferait à la fois disparaître de cette équation, le terme en x et celui en xy. L'axe du cône correspondant à ces hypothèses serait alors situé dans le plan des yz, et l'équation de la section conique se réduirait à

$$C_1^2 \left[x^2 + (y - \beta)^2 + \gamma^2 \right] (1 + B_1^2) - \left[\gamma - B_1 (y - \beta) \right]^2 = 0.$$

Disposant maintenant de β et γ de façon à faire disparaître le terme tout connu de cette dernière équation, on aura entre γ et β la relation suivante, toujours possible,

$$C_1^2 (\beta^2 + \gamma^2)(1 + B_1^2) - (\gamma + \beta B_1)^2 = 0.$$

L'équation de la conique deviendra ainsi

$$C_1^2 (1 + B_1^2) x^2 + \left[C_1^2 (1 + B_1^2) - B_1^2 \right] y^2$$
$$- 2 \left\{ \left[C_1^2 (1 + B_1^2) - B_1^2 \right] \beta - B_1 \gamma \right\} y = 0,$$

qui est effectivement, comme on voit, de la même forme que l'équation

$$a^2 x^2 \pm b^2 y^2 - 2 a b^2 y = 0,$$

et peut lui être identifiée. En suivant donc la marche indiquée précédemment, on en tirerait absolument les mêmes conséquences ; ce qui permet de conclure, sans restriction aucune, que l'identité des lignes algébriques réelles, du second degré, représentées par l'équation générale (1), avec les sections obtenues dans un cône droit à base circulaire, est parfaite, et que, par conséquent, toutes les lignes réelles et possibles du second degré, sont en effet des sections coniques.

Conclusion générale. — La marche qui vient d'être suivie est, ce me semble, très-claire et très-rigoureuse. Elle résout en même temps, d'une manière fort simple, le problème géométrique de placer une courbe du deuxième degré sur un cône droit et circulaire d'ouverture donnée ; car les expressions de A, α et γ que nous avons obtenues et qui déterminent la position de ce cône ou, si l'on veut, de la courbe, sont très-faciles à construire géométriquement.

Discussion analytique relative à quelques cas exceptionnels.

Afin de mettre plus de rigueur et de précision dans la démonstration précédente, on y a employé des considérations géométriques, bien simples il est vrai, pour prouver que quand l'équation (1) représente simplement un point, une droite, etc., elle doit encore être envisagée comme une véritable section conique ; mais on peut désirer savoir comment on parviendrait à tirer les mêmes conséquences de l'analyse seule des coordonnées.

Supposons donc, comme nous l'avons admis tout d'abord, d'après les Traités de géométrie analytique élémentaires, que l'équation (1) puisse être ramenée à la forme de la première des équations (9) ou, plus généralement, à celle-ci

$$M y^2 \pm N x^2 - P x = 0 ;$$

cette équation sera susceptible des cinq modifications essentielles suivantes :

$$M y^2 \pm N x^2 = 0, \quad M y^2 = 0, \quad N x^2 = 0,$$
$$P x = 0, \quad \pm N x^2 - P x = 0 ;$$

le cas de $M y^2 - P x = 0$ répondant à celui de la parabole, que nous avons déjà discuté, et les divers autres aux circonstances toutes particulières où l'équation (1) représente un point isolé, une ligne droite, etc.

1° *Cas du point isolé et des droites imaginaires.* — Dans le premier de ces cas relatif à l'équation

$$M y^2 + N x^2 = 0,$$

les quantités M et N étant censées à la fois positives, on aura nécessairement ou $x = 0$ et $y = 0$, ou $y = \pm \sqrt{-\dfrac{N}{M}}\, x$; l'équation (1) représentant alors l'origine des axes, ou deux droites imaginaires qui s'y croisent. Or, pour que l'équation (1) devienne identique avec $M y^2 + N x^2 = 0$, il faut qu'on ait

$$\mp 2 C_1 (1 + A_1^2) \sqrt{1 - C_1^2}\, \gamma = 0, \quad \text{d'où} \quad \gamma = 0 \; (*),$$

valeur qui, substituée dans l'équation de condition

$$C_1^2 (1 + A_1^2)(\alpha^2 + \gamma^2) - (\gamma + A_1 \alpha)^2 = 0,$$

donne également $\alpha = 0$. Donc le sommet du cône est lui-même situé à l'origine des coordonnées.

Il faut, de plus, que l'on ait

$$C_1^2 (1 + A_1^2) - A_1^2 > 0,$$

cas auquel l'équation (15) deviendra nécessairement décomposable, comme on l'a dit, c'est-à-dire en $x = 0$ et $y = 0$, etc.

(*) On peut aussi satisfaire à cette équation en faisant $1 - C_1^2 = 0$; dans ce cas particulier. le cône se réduit à son axe même, ce qui n'est point une nouvelle circonstance ; car la quantité C_1 restant arbitraire dans le cas général, peut être égale à l'unité. (*Note de* 1813.)

Or on tire de cette inégalité,

$$A_1^2 < \frac{C_1}{1 - C_1^2} \quad \text{ou} \quad \sqrt{\frac{1 - C_1^2}{C_1^2}} < \frac{1}{A_1},$$

dans laquelle évidemment le radical $\sqrt{\dfrac{1 - C_1^2}{C_1^2}}$ exprime la tangente trigonométrique de l'angle de demi-ouverture du cône, et $\dfrac{1}{A_1}$ la tangente pareille de l'angle que l'axe OA de ce cône fait avec l'axe des z; donc il faut que l'angle AOn soit plus

Fig. 44

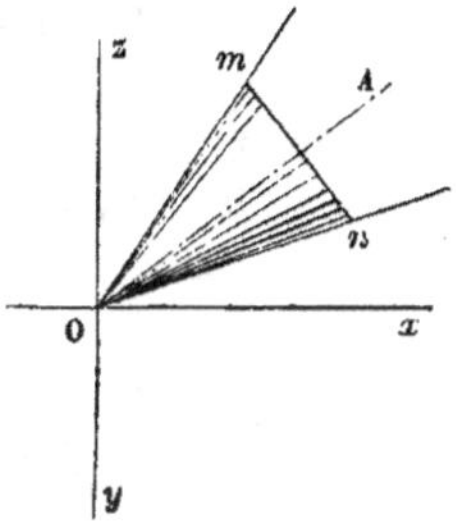

petit que l'angle AOx; il est visible, en effet, que si le contraire avait lieu, le plan des xy pénétrerait dans le cône ou le couperait suivant deux droites réelles.

Du reste, la grandeur de A_1 restant indéterminée, il y a une infinité de positions du cône pour lesquelles la même circonstance a lieu nécessairement.

2° *Cas d'un couple de lignes droites réelles qui se coupent.* — Quand l'équation (1) se réduit à la forme $My^2 - Nx^2 = 0$, on a toujours $\gamma = 0$, d'où $\alpha = 0$; ainsi, dans ce cas, le sommet du cône est encore situé à l'origine des coordonnées; mais il faut, de plus, que l'on ait

$$\frac{C_1^2(1 + A_1^2) - A_1^2}{C_1^2(1 + A_1^2)} = -\frac{N}{M};$$

d'où l'on tire

$$A_1 = \pm C_1 \sqrt{\frac{1 + \dfrac{N}{M}}{1 - C_1^2 - C_1^2 \dfrac{N}{M}}};$$

cette valeur ne saurait évidemment être réelle, à moins que l'on n'ait

$$1 - C_i^2 - C_i^2 \frac{N}{M} > 0 \quad \text{ou} \quad C_i^2 < \frac{M}{M+N};$$

c'est-à-dire à moins que l'angle d'ouverture du cône donné ne soit supérieur à celui que forment entre elles les droites représentées par l'équation,

$$M y^2 - N x^2 = 0 \quad \text{ou} \quad y = \pm \sqrt{\frac{N}{M}}\, x.$$

Cette restriction est analogue, comme on voit, à celle qui existe pour le cas de l'hyperbole, déjà considéré.

3° *Cas où les deux droites se superposent.* — Lorsque l'équation (1) peut prendre la forme, plus particulière encore $M y^2 = 0$, il faut, pour que l'équation (15) de la section du cône lui devienne identique, qu'on ait

$$C_i^2 (1 + A_i^2) - A_i^2 = 0 \quad \text{et} \quad 2 C_i (1 + A_i^2) \sqrt{1 - C_i^2}\, \gamma = 0.$$

Cette double condition ne peut être satisfaite qu'en posant simultanément

$$\gamma = 0 \quad \text{et} \quad A_i^2 = \frac{C_i^2}{1 - C_i^2}.$$

L'équation de condition

$$\left[C_i^2 (1 + A_i^2) - A_i^2 \right] \alpha^2 - 2 A_i \gamma \alpha + \gamma^2 \left[C_i^2 (1 + A_i^2) - 1 \right] = 0,$$

devant toujours avoir lieu entre α et γ, donne alors $\alpha = \frac{0}{0}$; ce qui montre que le sommet du cône peut être situé en l'un quelconque des points de l'axe des x.

Car, pour cet axe, on a effectivement

$$\gamma = 0 \quad \text{et} \quad \alpha = \frac{0}{0}.$$

La quantité $\dfrac{C_i^2}{1 - C_i^2}$ étant le carré de la cotangente de la demi-ouverture du cône, on voit que l'angle formé par l'axe de ce cône avec l'axe des x, est alors précisément égal à cette

demi-ouverture ; ce qui prouve d'ailleurs, comme le montre
la figure ci-dessous où, toujours pour la simplicité, on a sup-

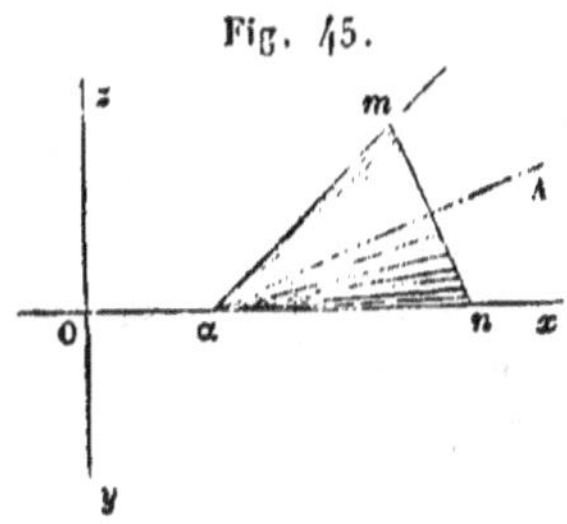

primé la nappe opposée du cône, qu'alors ce cône touche le
plan des xy le long de l'axe des abscisses Ox, dont l'équation
sur ce plan est véritablement $y = 0$.

Observons encore, en passant, que l'équation de l'intersection de ce plan et du cône, ayant la forme

$$C_i^2 (1 + A_i^2)^2 y^2 = 0,$$

représente en effet le système de deux droites confondues en
une seule ; circonstance qui a lieu ici, puisque l'on peut considérer la droite Ox ou αx comme une double arête de contact du cône avec le plan des xy.

4° *Cas où les nappes opposées du cône se superposent selon
un plan passant doublement par l'axe des y.* — L'équation (1)
prenant alors simplement la forme

$$\pm N x^2 = 0 \quad \text{ou} \quad x^2 = 0,$$

qui représente doublement l'axe des y, il faut qu'on ait

$$C_i^2 (1 + A_i^2) = 0, \quad 2 C_i (1 + A_i^2) \sqrt{1 - C_i^2}\, \gamma = 0,$$

et toujours

$$C_i^2 (1 + A_i^2)(\alpha^2 + \gamma^2) - (A_i \alpha + \gamma)^2 = 0.$$

Or on ne peut satisfaire à ces diverses équations par aucune
valeur particulière de A_i, il faut donc qu'on ait $C_i = 0$; cette
supposition, en effet, satisfait en même temps à la première
et à la seconde d'entre elles.

Quant à la troisième équation, elle devient par là même,

$$(A_1 \alpha + \gamma)^2 = 0, \quad \text{d'où} \quad \alpha = -\frac{1}{A_1}\gamma.$$

Le cosinus C_1 étant nul, on voit que, dans cette circonstance, l'angle de demi-ouverture du cône est droit, et par conséquent la surface conique réduite à un plan.

D'autre part, cette dernière équation représentant, dans le plan des xz, celle des deux génératrices du cône qui appartient à l'origine O des coordonnées (solution du cas général), cela fait voir que cette même génératrice et le plan tout entier d'épanouissement de la surface conique sont perpendiculaires à l'axe central du cône circulaire ainsi dégénéré, et viennent tous deux passer par l'axe des y; les quantités α et γ restant d'ailleurs entièrement arbitraires ainsi que A_1.

L'équation (15), en y faisant $\gamma = 0$ et $C_1 = 0$, devenant

$$\left[C_1^2\left(1 + A_1^2\right) - A_1^2\right] x^2 = 0, \quad \text{ou} \quad -A_1^2 x^2 = 0,$$

indique, d'un autre côté, qu'il y a deux génératrices du même cône, confondues avec l'axe des y; ce dont il n'est nullement difficile de se rendre compte à priori par la géométrie.

En effet, $n\gamma p$, $O\gamma m$ représentant (*fig.* 46), je suppose, les deux génératrices suivant lesquelles le plan des xz rencontre

Fig. 46.

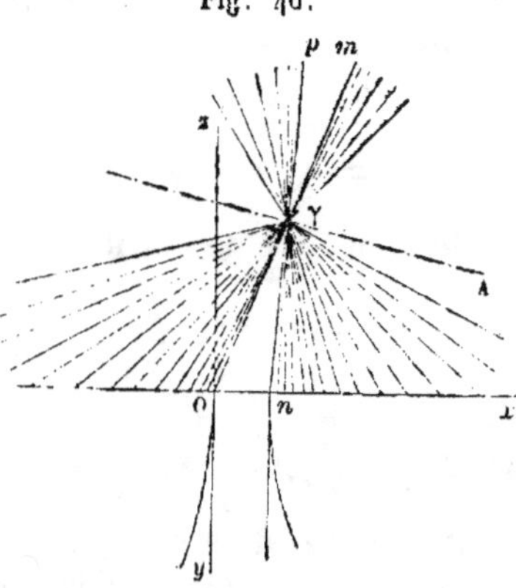

un cône indéfini à deux nappes dont le sommet γ, intersection mutuelle de ces génératrices, est sur l'axe $A\gamma$, si l'on imagine

6.

que l'angle au sommet de ce cône $n\gamma m = \mathrm{O}\gamma p$, s'ouvre progressivement sans que γ change de place, il est visible que $m\mathrm{O}$, pn se rapprocheront de plus en plus entre elles, et les nappes indéfinies du cône, d'un plan tel que $m\mathrm{O}y$ contenant l'axe des y.

Enfin, il est parfaitement clair aussi que, quand l'angle au sommet dont il s'agit atteindra 200° ou, sa demi-ouverture $n\gamma\Lambda = m\gamma\mathrm{A}$, 100°, c'est-à-dire un quadrans, les deux nappes du cône se confondront avec ce même plan $m\mathrm{O}y$, en s'y doublant en quelque sorte ou superposant, de même encore que les deux branches de l'hyperbole d'intersection de ce cône avec le plan des xy, se confondront, se superposeront d'autre part, avec l'axe $\mathrm{O}y$.

5° *Cas où le sommet du cône s'éloigne à l'infini au-dessus du plan des xy.* — Lorsque l'équation (1) prend la forme $-\mathrm{P}x = 0$, qui appartient à l'axe indéfini des y, pour que l'équation (15) lui devienne parfaitement identique, bien que du deuxième degré, il faut qu'on ait à la fois

$$\frac{\mathrm{C}_i^2(1+\mathrm{A}_i^2)}{\mathrm{C}_i(1+\mathrm{A}_i^2)\sqrt{1-\mathrm{C}_i^2}\,\gamma} = 0, \qquad \frac{\mathrm{C}_i^2(1+\mathrm{A}_i^2)-\mathrm{A}_i^2}{\mathrm{C}_i(1+\mathrm{A}_i^2)\sqrt{1-\mathrm{C}_i^2}\,\gamma} = 0,$$

et toujours

$$\mathrm{C}_i^2(1+\mathrm{A}_i^2)(\alpha^2+\gamma^2)-(\Lambda_i\,\alpha+\gamma)^2 = 0.$$

On ne peut satisfaire en même temps aux deux premières équations par aucune valeur de A_i et de C_i; mais il en sera autrement si l'on prend $\gamma = \frac{1}{0}$, ou l'ordonnée verticale du sommet du cône infinie, en laissant d'ailleurs aux quantités trigonométriques C_i et A_i des valeurs arbitraires.

La troisième de ces mêmes équations donne alors

$$x = \frac{\mathrm{A}_i \pm \mathrm{C}_i(1+\mathrm{A}_i^2)\sqrt{1-\mathrm{C}_i^2}}{\mathrm{C}_i^2(1+\mathrm{A}_i^2)-\Lambda_i^2}\,\gamma = \frac{1}{0},$$

si l'on suppose toutefois que les valeurs prises arbitrairement pour A_i et C_i ne rendent pas nul le coefficient de γ dans cette dernière équation, qui appartient généralement à une droite

passant par l'origine des axes coordonnés dans le plan des xz
et contenant à une distance infinie le sommet du cône cherché.

Comme ce cône conserve d'ailleurs une ouverture déterminée (arbitraire cependant), il s'ensuit que la section OK
(*fig.* 47) de ce cône par le plan des xy, est une conique de

Fig. 47.

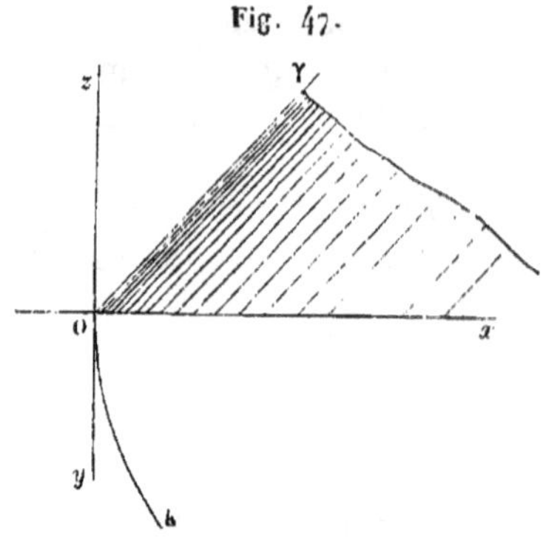

grandeur infinie, et que, par conséquent, on peut considérer
comme une ligne droite dans une portion quelconque mais
limitée de son cours : l'analyse montre, de plus, que cette
droite a pour équation $x = 0$, dans la région des coordonnées
finies où elle se confond précisément avec l'axe des y. Cela est
d'ailleurs visible géométriquement ; car la génératrice $O\gamma$ du
cône dont il s'agit, passant par l'origine O, et étant située
dans le plan des xz, il est clair que le plan mené par cette
droite et l'axe Oy, serait tangent à la surface conique.

Donc Oy est tangent, en ce point O, à la courbe de section
OK ; et, si l'on imagine que cette courbe vienne à s'ouvrir et
à grandir de plus en plus, par suite de l'éloignement du sommet
du cône au-dessus de son plan, elle s'approchera continuellement, aux environs de O, de sa tangente fixe Oy, et finira
à la limite, par s'y confondre entièrement ; le surplus de la
même courbe ou section conique étant passé à l'infini.

On voit donc géométriquement qu'il n'y a ici qu'une seule
branche rectiligne de la conique qui se confonde avec l'axe Oy,
l'autre passant à l'infini ; aussi l'analyse ne donne-t-elle que la
simple équation $x = 0$ et non pas $x^2 = 0$, comme cela avait
lieu dans le cas précédent.

6° enfin. *Cas où le cône devient impossible ou cesse d'exister géométriquement.* — Lorsque l'équation (1) peut se ramener à la forme particulière

$$\pm N x^2 - P x = 0,$$

représentant le système de deux droites parallèles à l'axe des y, il devient impossible que l'équation (15) de la section du cône par le plan des xy puisse se réduire à cette forme. Car il faudrait qu'on eût

$$C_i^2 (1 + A_i^2) = 0 ;$$

condition qui ne peut être satisfaite à moins que C_i ne soit nul. Mais alors le coefficient de la première puissance de x devenant nul aussi, ce terme disparaît de l'équation (15) en même temps que le terme en y^2.

Pour découvrir d'où provient cette impossibilité, il est nécessaire de remonter à l'équation même de la surface conique (12 *bis*), qui remplit les conditions du problème de section ou de projection, tel qu'il a primitivement été posé. Or la quantité C_i devant être nulle dans cette équation, elle prend la forme toute particulière

$$z - \gamma + A_i (x - \alpha) + B_i (y - \beta) = 0,$$

appartenant à un plan qui ne peut être coupé, par un autre, que suivant une simple et unique ligne droite.

Quelque hypothèse que l'on fasse sur les indéterminées α, β, γ, A_i, B_i et C_i qui fixent la position et la grandeur du cône dans l'espace, il ne sera jamais possible de ramener l'équation générale (13), de son intersection par le plan des xy, à la forme indiquée

$$\pm N x^2 - P x = 0.$$

Néanmoins il semble à priori, qu'en supposant les coordonnées α, β et γ infinies, le cône doive se changer en un cylindre droit à base circulaire, et par conséquent pouvoir, dans ce nouvel état, être coupé par une infinité de plans suivant deux droites parallèles.

Mais il n'en est réellement pas ainsi ; car, si l'on suppose que le sommet du cône passe à l'infini sur son axe central situé

dans le plan des xz, sans changer d'ouverture, et par conséquent le cosinus C_i qui s'y rapporte restant toujours le même,
il est clair que la courbe d'intersection de ce cône avec le plan
des xz, tangente toujours à l'axe des y, ayant comme dans le cas
précédent, une courbure infiniment petite, devrait être considérée comme une véritable ligne droite confondue avec ce
dernier axe. Si l'on suppose, en outre, que l'angle d'ouverture
du cône, au lieu d'être quelconque devienne nul, alors il est
évident que, soit que le sommet se trouve ou ne se trouve pas
à l'infini sur l'axe central, toutes les génératrices se confondant avec cet axe, la surface entière du cône se réduirait à ce
même axe.

L'analyse conduit à des conséquences semblables. En effet,
si dans l'équation ($12\ bis$) de la surface conique, l'on fait $C_i = 1$,
elle devient, après quelques transformations,

$$\left\{ \begin{aligned} & [x - \alpha - A_i(z - \gamma)]^2 + [y - \beta - B_i(z - \gamma)]^2 \\ & + [A_i(y - \beta) - B_i(x - \alpha)]^2 = 0. \end{aligned} \right.$$

Le premier membre de cette nouvelle équation étant la
somme de trois carrés, ne saurait s'annuler à moins que l'on
n'ait simultanément les trois relations

$$x - \alpha = A_i(z - \gamma),\ y - \beta = B_i(z - \gamma),\ A_i(y - \beta) = B_i(x - \alpha),$$

dont la dernière est une conséquence immédiate des deux
précédentes.

Or on s'aperçoit facilement que celles-ci représentent l'axe
même du cône, projeté sur le plan des xz et celui des yz.
Donc, la surface conique se confond, en effet, avec cet axe.

Concluons de là que l'équation ($12\ bis$) ne doit pas être considérée comme la plus générale possible d'un cône droit et circulaire, puisqu'elle ne saurait se réduire à celle d'un cylindre
pareil, à base finie. Mais il en serait tout autrement si l'on
considérait la surface de ce cône comme engendrée par le mouvement d'une droite indéfinie qui, passant dans toutes ses
positions par un point arbitrairement donné, toucherait continuellement une sphère également donnée. Alors, en effet,
l'équation du cône droit engendré de cette manière, aurait
toute la généralité possible, et celle de son intersection avec

le plan des xy, serait aussi la plus générale parmi celles des sections coniques, puisqu'elle pourrait même représenter le système de deux droites parallèles.

Au surplus, malgré la restriction que comporte en soi la démonstration précédente, relative au cas où l'équation (1) se réduit à la forme particulière

$$\pm N x^2 - P x = 0,$$

on n'en est pas moins en droit de conclure, d'après nos dernières remarques, que le lieu géométrique de cette même équation (1) peut généralement être considéré comme une section conique.

———— •

Note additionnelle pendant l'impression.

Autant qu'il m'en souvienne, après un aussi long laps de temps écoulé et d'événements survenus, la discussion était continuée sur un dernier feuillet, détaché du manuscrit de 1813, sans doute à cause de l'étendue que comportaient déjà les précédents, relatifs aux cas les plus élémentaires de la question. Il restait, en effet, à examiner l'hypothèse du cône oblique d'Apollonius, à base circulaire, hypothèse plus générale que celle examinée ci-dessus pour le cône droit des Éléments, quoique offrant des cas d'impossibilité analogues, mais intéressant plus particulièrement la théorie des projections coniques ou centrales et les conséquences géométriques qui en dérivent, but sinon exclusif, du moins principal de ces premières études.

D'ailleurs dans la précédente discussion, on n'a pas assez insisté sur une remarque capitale au point de vue de l'analyse et du principe de continuité : c'est que l'identité dont on s'occupe ne saurait avoir lieu rigoureusement, lorsque l'équation du deuxième degré en x et y, dans le système de représentation des courbes imaginé par Descartes, appartient à des points, des droites ou des lignes entièrement *imaginaires*, comme on en a un exemple bien simple dans l'équation

$$y^2 + x^2 + r^2 = 0,$$

relative à un cercle dont le rayon $r\sqrt{-1}$ ne saurait appartenir à un cône réel ou géométrique, tandis qu'il peut fort bien être considéré, dans le même système de coordonnées, du moins au point de vue algorithmique ou symbolique, comme l'intersection d'une sphère par un plan indéfini extérieur à sa surface.

Cette intersection, en effet, est susceptible de se réduire à un point tout comme pour le cône, mais avec cette différence caractéristique que, dans ce dernier, d'après ce qu'on a vu, le point de section, toujours réel mais de natures diverses selon les cas, peut être aussi remplacé par le système de deux droites imaginaires qui, en s'y croisant sous un angle susceptible de varier entre certaines limites dépendantes de l'ouverture même de l'angle au sommet du cône, représentent une hyperbole à diamètres infiniment petits, etc., tandis que, pour la sphère, le point isolé ou de section tangentielle conservant, analytiquement et exclusivement, tous les caractères d'un cercle réel ou imaginaire, il ne peut, en aucune manière, être considéré comme la limite hyperbolique, parabolique, ni même elliptique, des sections semblables faites dans sa surface parallèlement à un plan quelconque donné : chose rigoureusement permise à l'égard de tout plan infiniment voisin du sommet du cône à deux nappes dont il est ici question, d'après les maximes généralement reçues dans l'École de Monge, et parce que, dans l'hypothèse de la continuité, les formes particulières de l'étendue figurée retiennent constamment quelques-uns des caractères essentiels, même des propriétés, des formes générales dont elles dérivent ou sont censées dériver.

II.

SUR LA TRANSFORMATION DES COORDONNÉES RECTANGULAIRES DANS L'ESPACE A TROIS DIMENSIONS.

Nous aurons besoin de faire usage des formules générales de cette transformation pour l'établissement du principe de projection, qui sert à convertir géométriquement le système de deux coniques quelconques appartenant à un même plan, en un système de deux circonférences de cercle situées sur un autre plan ; ce qui exige que l'on recherche, à priori, la direction de ce dernier plan et le lieu des sommets susceptibles de satisfaire à la condition proposée.

Formules de transformation fondées sur la méthode géométrique de projection des polygones.

Soient Ax, Ay, Az les axes rectangulaires du système primitif ; Ax', Ay', Az' ceux du système auquel on veut passer ; désignons par $(x'x)$ l'angle que forment entre eux les axes x' et x, par $(x'y)$ celui des axes x' et y, et ainsi des autres.

Soit m un point quelconque de l'espace; abaissons, de ce
point, la perpendiculaire mn sur le plan A$x'y'$, et du pied n

Fig. 48.

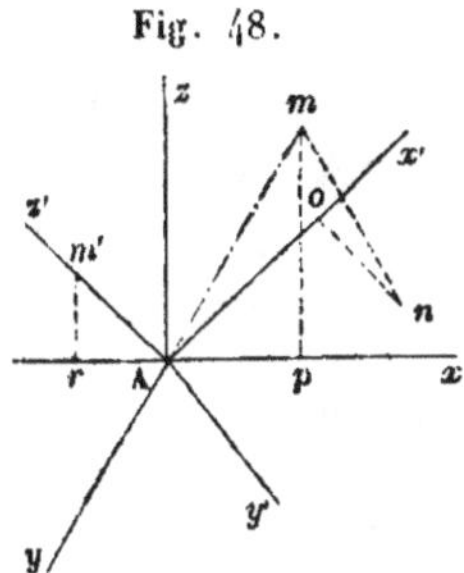

de cette perpendiculaire ou ordonnée, la nouvelle perpendiculaire no sur l'axe Ax'; ce qui donne par convention

$$mn = z', \quad no = y' \quad \text{et} \quad Ao = x'.$$

Soit, de plus, abaissée du même point m, la perpendiculaire mp
sur l'axe Ax, on aura évidemment A$p = x$.

Cela posé, rappelons-nous qu'un polygone plan ou gauche
étant situé dans l'espace, d'une manière quelconque, par rapport à une droite ou axe fixe Ax, la projection de l'un quelconque des côtés de ce polygone sur cet axe, est égale à la
somme des projections de ses différents autres côtés sur le
même axe, en ayant soin, cependant, de regarder comme positives les projections des côtés qui forment un *angle aigu*
avec le prolongement, Ax, vers la droite de l'axe fixe donné,
et comme négatives celles des côtés qui forment, avec ce même
prolongement, un *angle obtus ;* ces projections se retranchant
nécessairement de la somme de celles des côtés qui répondent
aux angles aigus.

Supposons donc que, dans l'espace, mn soit l'un quelconque
des côtés d'un certain polygone, on imaginera ce côté trans-
porté parallèlement à lui-même, à l'origine A des coordonnées.
Dans cette position et d'après nos précédentes hypothèses, il
se confondra avec l'axe Az' des z', et, par suite, l'angle qu'il
fait avec l'axe Ax, est égal à celui des axes Az' et Ax que nous
avons désigné par (xz'). Le point m étant ainsi confondu avec
m', il faudra imaginer de nouveau, une perpendiculaire $m'r$

abaissée de ce point sur l'axe Ax, et Ar sera la longueur absolue de la projection du côté mn ou $m'A$ sur la direction indéfinie de cet axe. De plus, d'après la remarque ci-dessus, Ap devra avoir le signe $+$ si l'angle $m'Ax$ ou (xz') est aigu, et le signe $-$ dans le cas contraire. Or on peut trouver une expression algébrique ou trigonométrique de Ar, qui comporte avec elle implicitement son signe conventionnel de position.

En effet, le triangle $m'Ar$ étant rectangle en r, on a

$$- Ar = Am' \times \cos(m'Ar) = - mn \times \cos(xz')$$

ou, ce qui revient au même,

$$Ar = mn \cos(xz').$$

Cette expression emportera évidemment son signe avec elle; car, quand l'angle (xz') sera aigu, $\cos(xz')$ et, par suite Ar, seront positifs : dans le cas contraire, $\cos(xz')$ étant négatif, Ar le sera pareillement; comme cela doit être d'après nos remarques ci-dessus.

Cela posé, considérons le polygone gauche $Amno A$; la projection du côté Am sur l'axe Ax, étant égale à Ap ou l'abscisse x, d'après ce qui précède, et cette projection devant être égale à la somme algébrique de celles des autres côtés $Ao = x'$, $on = y'$ et $mn = z'$, on aura généralement la relation

$$x = x' \cos(xx') + y' \cos(xy') + z' \cos(xz').$$

Si, au lieu de considérer plus particulièrement l'axe Ax, on eût projeté le même polygone sur l'axe Ay des y, on aurait pareillement obtenu la relation

$$y = x' \cos(yx') + y' \cos(yy') + z' \cos(yz').$$

Enfin, on obtiendrait semblablement pour la projection sur l'axe Az ou des z,

$$z = x' \cos(zx') + y' \cos(zy') + z' \cos(zz').$$

On a donc, en récapitulant, les trois formules de transformation des anciennes coordonnées rectangles x, y, z dans les nouvelles coordonnées de même espèce,

$$(1) \quad \begin{cases} x = x' \cos(xx') + y' \cos(xy') + z' \cos(xz'), \\ y = x' \cos(yx') + y' \cos(yy') + z' \cos(yz'), \\ z = x' \cos(zx') + y' \cos(zy') + z' \cos(zz'). \end{cases}$$

Pour se servir de ces formules de transformation des coordonnées x, y et z dans celles en x', y' et z', il est nécessaire, comme on voit, de connaître les angles (xx'), (xy'), etc., qui y entrent au nombre de neuf, et parmi lesquels il en est évidemment un certain nombre de superflus ou dépendant des autres; ce qui provient de ce que les trois axes Ax, Ay, Az et les trois axes Ax', Ay', Az' sont liés par la condition d'être respectivement perpendiculaires entre eux.

En effet, soient

$$x = az \quad \text{et} \quad y = bz$$

les équations d'une ligne droite quelconque passant par l'origine des axes A, et

$$x = a'z, \quad y = b'z,$$

celles d'une autre droite également quelconque, passant par le même point. Soit enfin V l'angle formé par ces deux droites; on aura généralement, comme on sait,

$$\cos V = \frac{1 + aa' + bb'}{\sqrt{1 + a^2 + b^2}\,\sqrt{1 + a'^2 + b'^2}}.$$

D'un autre côté, le cosinus de l'angle que la première de ces droites fait avec l'axe des x, a pour expression

$$\frac{a}{\sqrt{1 + a^2 + b^2}};$$

celui de l'angle qu'elle fait avec l'axe des y est

$$\frac{b}{\sqrt{1 + a^2 + b^2}};$$

enfin, celui de l'angle qu'elle fait avec l'axe des z,

$$\frac{1}{\sqrt{1 + a^2 + b^2}}.$$

En changeant a et b en a' et b', on obtiendra les cosinus des angles correspondants formés par la seconde droite avec les mêmes axes. Si donc on suppose que la première droite se confonde avec l'axe $\mathrm{A}x'$ des x', et la deuxième avec l'axe $\mathrm{A}y'$ des y', il viendra sans calculs,

$$\cos(x'y') = \frac{1 + aa' + bb'}{\sqrt{1 + a^2 + b^2}\,\sqrt{1 + a'^2 + b'^2}},$$

$$\cos(x'z) = \frac{1}{\sqrt{1 + a^2 + b^2}}, \quad \cos(y'z) = \frac{1}{\sqrt{1 + a'^2 + b'^2}},$$

$$\cos(x'y) = \frac{b}{\sqrt{1 + a^2 + b^2}}, \quad \cos(y'y) = \frac{b'}{\sqrt{1 + a'^2 + b'^2}},$$

$$\cos(x'x) = \frac{a}{\sqrt{1 + a^2 + b^2}}, \quad \cos(y'x) = \frac{a'}{\sqrt{1 + a'^2 + b'^2}}.$$

Maintenant, puisque l'angle $(x'y')$ est droit, on a

$$\cos(x'y') = \frac{1 + aa' + bb'}{\sqrt{1 + a^2 + b^2}\,\sqrt{1 + a'^2 + b'^2}} = 0.$$

En comparant cette équation de condition avec les expressions ci-dessus des divers cosinus, elle donne

$$\cos(x'x)\cos(y'x) + \cos(x'y)\cos(y'y) + \cos(x'z)\cos(y'z) = 0.$$

On obtiendra, plus directement, encore les relations

$$\cos^2(x'x) + \cos^2(x'y) + \cos^2(x'z) = 1,$$
$$\cos^2(y'x) + \cos^2(y'y) + \cos^2(y'z) = 1,$$

toujours relatives aux angles formés par les axes $\mathrm{A}x'$ et $\mathrm{A}y'$ avec les axes des x, y et z respectivement. Évidemment on arriverait à des relations toutes semblables si l'on considérait les couples d'axes x', z' et y', z' ; ce qui donne le double groupe d'équations de condition :

$$(2) \begin{cases} \cos(x'x)\cos(y'x) + \cos(x'y)\cos(y'y) + \cos(x'z)\cos(y'z) = 0, \\ \cos(x'x)\cos(z'x) + \cos(x'y)\cos(z'y) + \cos(x'z)\cos(z'z) = 0, \\ \cos(y'x)\cos(z'x) + \cos(y'y)\cos(z'y) + \cos(y'z)\cos(z'z) = 0, \\ \cos^2(x'x) + \cos^2(x'y) + \cos^2(x'z) = 1, \\ \cos^2(y'x) + \cos^2(y'y) + \cos^2(y'z) = 1, \\ \cos^2(z'x) + \cos^2(z'y) + \cos^2(z'z) = 1. \end{cases}$$

Ces équations indépendantes, étant au nombre de six et les angles $(x'x)$, $(y'x)$, $(z'x)$, etc., au nombre de neuf, on voit qu'il n'y a absolument que trois angles d'arbitraires : ces trois angles ne peuvent cependant pas être choisis tout à fait à volonté parmi les neuf dont il s'agit ; ce dont on peut s'assurer par les équations mêmes de condition ci-dessus.

Comme il serait difficile d'éliminer directement, de ces neuf équations dues à Carnot, les six angles dépendants des trois autres, on adopte, d'après Laplace, trois nouvelles données plus simples, ainsi que nous le verrons ci-après.

Formules de coordonnées inverses. — Si l'on avait à repasser du système d'axes rectangulaires $x'y'z'$ au système ancien des axes xyz, on pourrait y parvenir en tirant directement les valeurs de x', y' et z' des équations (1) posées en premier lieu.

A cet effet, pour obtenir la valeur de z', par exemple, en fonction de x, de y et de z, on multipliera la première de ces équations par $\cos(z'x)$, la deuxième par $\cos(z'y)$, la troisième par $\cos(z'z)$, et en les ajoutant ensuite, membre à membre, on obtiendra la nouvelle relation

$$x\cos(z'x) + y\cos(z'y) + z\cos(z'z)$$
$$= x'[\cos(x'x)\cos(z'x) + \cos(x'y)\cos(z'y) + \cos(x'z)\cos(z'z)]$$
$$+ y'[\cos(y'x)\cos(z'x) + \cos(y'y)\cos(z'y) + \cos(y'z)\cos(z'z)]$$
$$+ z'[\cos^2(z'x) + \cos^2(z'y) + \cos^2(z'z)],$$

qui, d'après les six équations de condition précédemment

démontrées, se réduit à la suivante

$$z' = x \cos(z'x) + y \cos(z'y) + z \cos(z'z).$$

On trouverait d'une manière semblable, les valeurs des coordonnées x' et y'.

Si l'on se proposait notamment d'obtenir l'équation du plan des $x'y'$, rapportée aux axes des x, des y et des z, cela serait très-facile, d'après ce qui précède.

En effet, z' est nul pour tous les points du plan $x'y'$; par conséquent si l'on fait $z' = o$ dans la formule écrite en dernier lieu, l'équation qui en résultera

$$x \cos(z'x) + y \cos(z'y) + z \cos(z'z) = o,$$

exprimant la condition même qui doit exister entre les coordonnées x, y et z des points de l'espace pour lesquels z' est nul, c'est-à-dire pour tous les points situés sur le plan des $x'y'$, cette équation sera nécessairement l'équation même du plan demandé.

Formules de transformation fondées sur les méthodes de la trigonométrie sphérique.

Nous avons déjà fait observer qu'on pouvait choisir d'autres données angulaires, sinon plus simples, du moins en plus petit nombre que celles ci-dessus, pour fixer la position des nouveaux axes x', y' et z' par rapport aux anciens. Ces données, choisies de préférence, ainsi qu'on l'a dit, par Laplace, sont généralement admises dans les applications comme très-commodes. Nous ferons cependant remarquer qu'il pourrait être plus simple encore de leur en préférer d'autres dans certains cas particuliers : de ce choix, en effet, pourra dépendre souvent plus d'élégance et de facilité dans les calculs algébriques à effectuer.

Soient x, y, z les anciennes coordonnées; x', y', z' les nouvelles. Supposons l'origine A (*fig.* 49), au centre d'une sphère de rayon 1; les trois plans des anciennes coordonnées couperont la surface de cette sphère suivant des grands cercles

qui, par leurs intersections mutuelles, formeront le triangle
sphérique tri-rectangle xyz, dont les sommets seront les ex-

Fig 49.

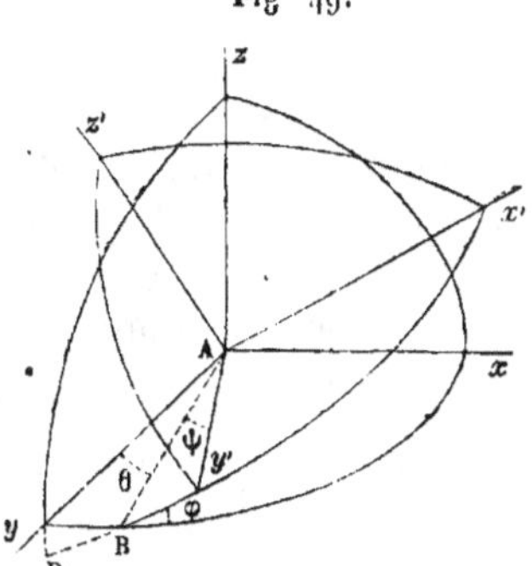

trémités des axes Ax, Ay, Az : on obtiendra un pareil triangle $x'y'z'$ pour les nouveaux axes Ax', Ay', Az'.

Cela posé, il est évident que la situation de ces derniers axes,
par rapport à ceux des x, y et z, sera parfaitement déterminée
si l'on connaît : 1° l'angle $BAy = \theta$ que forme sur le plan xy,
la trace AB du plan $x'y'$ avec l'axe Ay ; 2° l'angle φ que ces deux
plans forment entre eux ; 3° enfin l'angle $BAy' = \psi$ que
la même trace AB forme avec l'axe Ay'.

Les trois données angulaires θ, φ et ψ étant nécessaires et
suffisant pour déterminer la position relative des axes x', y'
et z', il s'agit de calculer, au moyen de ces seules données,
les valeurs des neuf cosinus qui entrent dans les équations (1)
trouvées ci-dessus, par la méthode directe et purement géométrique de projection des polygones. D'abord, pour déterminer
$\cos(xx')$, on a le triangle sphérique $Bx'x$, dans lequel on
connaît

$$\text{l'angle en } B = \varphi,$$
$$\text{le côté } Bx = yx - By = 100° - \theta,$$
$$\text{le côté } Bx' = By' + y'x' = 100° + \psi.$$

On trouvera ainsi, par la formule générale de trigonométrie,

$$\cos c = \cos a \cos b + \sin a \sin b \cos C,$$

la première relation

$$\cos(xx') = -\sin\theta \sin\psi + \cos\theta \cos\psi \cos\varphi.$$

Le triangle sphérique $B y' x$ donnera pareillement

$$\cos(x y') = \sin\theta\cos\psi + \cos\theta\sin\psi\cos\varphi \; (^*).$$

Pour calculer le cosinus de $(x z')$, on doit remarquer que cet angle, formé par les axes $A x$ et $A z'$, est supplément de l'angle en D, que forment entre eux les plans des $y z$ et des $x' y'$, perpendiculaires à ces axes. Or, dans le triangle $BD y$, rectangle en y, on connaît le côté $B y = \theta$ et l'angle $B = \varphi$; on aura donc, d'après la formule connue de trigonométrie sphérique, $\cos C = \sin B \cos c$,

$$\cos(D) = \cos[200° - (x z')] = -\cos(x z') = \sin\varphi\cos\theta,$$

et, par conséquent,

$$\cos(x z') = -\sin\varphi\cos\theta.$$

Calculant, de même, les autres coefficients des formules (1), on obtiendra successivement

$$\cos(x' y) = -\sin\psi\cos\theta - \sin\theta\cos\varphi\cos\psi,$$
$$\cos(y y') = \cos\theta\cos\psi - \sin\theta\sin\psi\cos\varphi, \quad \cos(y z') = \sin\theta\sin\varphi,$$
$$\cos(z x') = \sin\varphi\cos\psi, \quad \cos(z y') = \sin\varphi\sin\psi, \quad \cos(z z') = \cos\varphi.$$

Substituant enfin ces valeurs dans les formules (1), elles deviendront respectivement

$$(3) \quad \begin{cases} x = x'(\cos\theta\cos\varphi\cos\psi - \sin\theta\sin\psi) \\ \quad + y'(\cos\theta\cos\varphi\sin\psi + \sin\theta\cos\psi) - z'\cos\theta\sin\varphi, \\ y = -x'(\sin\theta\cos\varphi\cos\psi + \cos\theta\sin\psi) \\ \quad - y'(\sin\theta\cos\varphi\sin\psi - \cos\theta\cos\psi) + z'\sin\theta\sin\varphi, \\ z = x'\sin\varphi\cos\psi + y'\sin\varphi\sin\psi + z'\cos\varphi. \end{cases}$$

Les mêmes substitutions opérées dans l'équation

$$x\cos(z' x) + y\cos(z' y) + z\cos(z' z) = 0$$

(*) On comprend que n'ayant en ma possession aucun ouvrage de géométrie ou d'analyse, j'ai été obligé de rechercher à priori, les différentes formules de trigonométrie plane, ou sphérique, échappées à ma mémoire depuis ma sortie de l'École polytechnique en 1810. Cela explique com-

du plan des $x'y'$, donneraient, toutes simplifications faites,

$$z = \tang \varphi \cos\theta \, x - \tang \varphi \sin\theta \, y.$$

Cette équation particulière nous sera utile par la suite.

Établissement élémentaire des mêmes formules par la rotation successive des plans coordonnés.

On aurait pu parvenir d'une manière entièrement directe, aux trois formules représentées sous le n° 3 ci-dessus.

Supposons d'abord qu'on laisse l'axe des z fixe, et qu'on déplace seulement les axes $\mathrm{A}x$ et $\mathrm{A}y$, de façon que le nouvel axe AB, ou des y', fasse un angle θ avec $\mathrm{A}y$; alors on aura

$$y = y'\cos\theta - x'\sin\theta, \quad x = y'\sin\theta + x'\cos\theta, \quad z = z'.$$

Les axes des x, y, z étant ainsi changés momentanément en ceux des x', des y' et des z', supposons de nouveau, que, laissant l'axe auxiliaire AB fixe, on fasse tourner le plan des $x'y'$ autour de AB, de façon qu'il forme un angle φ avec le plan des xy; le nouvel axe des x'' formera l'angle φ avec le précédent des x', et l'on aura par les formules de transformation des coordonnées dans un plan, posées dans la première subdivision de ce Cahier,

$$x' = x''\cos\varphi - z''\sin\varphi, \quad z' = x''\sin\varphi + z''\cos\varphi, \quad y' = y''.$$

Enfin, supposant de nouveau, qu'on laisse fixe, à son tour, l'axe des z'', et qu'on fasse tourner les axes précédents des x'' et des y'', de façon que, devenus ceux des x''' et y''', l'angle de transition $(y''y''')$, désigné par $\mathrm{BA}y''$ sur la *fig.* 49, égale l'angle ψ, on aura

$$y'' = y'''\cos\psi - x'''\sin\psi, \quad x'' = y'''\sin\psi + x'''\cos\psi, \quad z'' = z'''.$$

Or, il est bien évident que, par ces rotations ou changements

---

ment j'avais été conduit, pendant mon séjour à Saratoff, à rédiger d'autres cahiers qui pussent servir de base solide à des études spéciales de géométrie analytique. Mais ces cahiers, de lemmes si généralement connus et par conséquent sans intérêt aucun, n'ont point été rapportés en France, parce que j'en avais disposé en faveur de compagnons d'infortune avant mon départ de Saratoff, en juin 1814.

successifs des plans coordonnés, les axes x''', y''', z''' auront précisément acquis la position que l'on avait finalement attribuée aux axes des x', y' et z', dans la *fig.* 49 et l'article ci-dessus; de sorte que, si l'on peut obtenir les valeurs de x, y, z au moyen de x''', y''' et z''', par les neuf équations précédentes, on devra, à cela près, retomber précisément sur les formules (3) obtenues par la voie trigonométrique.

C'est ce qui arrive en effet, quand on essaye de remplacer, dans les valeurs précédentes de x', y', z' celles de x'', y'', z'', puis qu'on substitue, à leur tour, les valeurs trouvées pour x', y' et z' dans les expressions de x, y, z.

Ces substitutions n'offrent de difficulté que la longueur.

III.

DONNÉES ET RECHERCHES ANALYTIQUES SUR LES SECTIONS CIRCULAIRES DU CONE OBLIQUE A BASE QUELCONQUE DU SECOND DEGRÉ.

Équation générale du cône de base et de sommet donnés. — Représentons, sur le plan des xy, cette base par l'équation

$$ay^2 + bxy + cx^2 + dy + ex + 1 = 0,$$

la plus générale des courbes du deuxième degré, et soient α, β, γ les coordonnées correspondantes du sommet du cône dont il s'agit de déterminer la direction des sections circulaires; l'équation de sa surface sera évidemment

$$
\begin{aligned}
&a[\beta(z-\gamma) - \gamma(y-\beta)]^2 \\
&+ b[\alpha(z-\gamma) - \gamma(x-\alpha)][\beta(z-\gamma) - \gamma(y-\beta)] \\
&+ c[\alpha(z-\gamma) - \gamma(x-\alpha)]^2 \\
&+ d[\beta(z-\gamma) - \gamma(y-\beta)](z-\gamma) \\
&+ e[\alpha(z-\gamma) - \gamma(x-\alpha)](z-\gamma) + (z-\gamma)^2 = 0,
\end{aligned}
$$

ou, en ordonnant,

$$
(4) \quad
\left\{
\begin{aligned}
&(a\beta^2 + b\alpha\beta + c\alpha^2 + d\beta + e\alpha + 1)z^2 + a\gamma^2 y^2 + c\gamma^2 x^2 \\
&- (2a\beta + b\alpha + d)\gamma yz - (2c\alpha + b\beta + e)\gamma xz \\
&+ b\gamma^2 xy + \ldots\ldots = 0.
\end{aligned}
\right.
$$

Équation, en x' et y', de la section du cône par un plan ar-

bitraire. — Imaginons, par l'origine des coordonnées, un plan de direction arbitraire, ce plan coupera, en général, la surface conique suivant une autre courbe du deuxième degré ; et si cette surface est susceptible de sections circulaires dans une direction inconnue quelconque, il est visible qu'on pourra déterminer les deux arbitraires qui fixent la position du premier plan, de manière à rencontrer aussi cette surface suivant un cercle, dans une direction parallèle à la précédente.

Cela posé, imaginons qu'on prenne le plan inconnu pour plan des $x'y'$, et qu'on rapporte la surface conique à de nouveaux axes rectangulaires, en laissant fixe l'origine des coordonnées, et se servant, à cet effet, des formules (3) du précédent article ; cela donnera pour la surface conique considérée, une nouvelle équation entre les coordonnées x', y', z' ; de sorte que, pour obtenir l'équation de son intersection avec le plan des $x'y'$, il suffira d'y faire $z' = 0$. Or on arrivera plus directement à cette même équation, si l'on substitue dans l'équation (4) ci-dessus, les valeurs (3) des coordonnées x, y et z, dans lesquelles on aura supposé, tout de suite, $z' = 0$.

De plus, rien n'empêche d'y supposer l'angle $\psi = 0$, ce qui réduit les formules (3) aux suivantes,

$$x = x' \cos\theta \cos\varphi + y' \sin\theta,$$
$$y = - x' \sin\theta \cos\varphi + y' \cos\theta,$$
$$z = x' \sin\varphi.$$

Au moyen de ces valeurs de x, y et z, l'équation (4), en l'ordonnant, deviendra

$$
\begin{aligned}
x'^2 \big[&\sin^2\varphi \,(a\beta^2 + b\alpha\beta + c\alpha^2 + d\beta + e\alpha + 1) + a\gamma^2 \sin^2\theta \cos^2\varphi \\
&+ c\gamma^2 \cos^2\theta \cos^2\varphi + \sin\theta \sin\varphi \cos\varphi \,(2a\beta + b\alpha + d)\gamma \\
&- \cos\theta \sin\varphi \cos\varphi \,(2c\alpha + b\beta + e)\gamma - b\gamma^2 \cos\theta \sin\theta \cos^2\varphi \big] \\
+ y'^2 \big[&a\gamma^2 \cos^2\theta + c\gamma^2 \sin^2\theta + b\gamma^2 \sin\theta \cos\theta \big] \\
+ x'y' \big[&2(c-a)\gamma^2 \sin\theta \cos\theta \cos\varphi - \cos\theta \sin\varphi \,(2a\beta + b\alpha + d)\gamma \\
&- \sin\theta \sin\varphi \,(2c\alpha + b\beta + e)\gamma + b\gamma^2 \cos\varphi \cos^2\theta \\
&- b\gamma^2 \cos\varphi \sin^2\theta \big] + \ldots = 0.
\end{aligned}
$$

C'est, dans les coordonnées x' et y', l'équation même de l'intersection du cône avec le plan arbitraire des $x'y'$, passant par l'origine des coordonnées.

Plan de section circulaire. — Pour déterminer les arbitraires φ et θ qui fixent la position de ce plan, de manière que l'équation précédente représente un cercle, il faut que, séparément, elles satisfassent : 1° à la condition

$$\sin^2\varphi\,(a\beta^2 + b\alpha\beta + c\alpha^2 + d\beta + e\alpha + 1) + a\gamma^2\sin^2\theta\cos^2\varphi$$
$$+ c\gamma^2\cos^2\theta\cos^2\varphi + \sin\theta\sin\varphi\cos\varphi\,(2a\beta + b\alpha + d)\,\gamma$$
$$- \cos\theta\sin\varphi\cos\varphi\,(2c\alpha + b\beta + e)\,\gamma - b\gamma^2\cos\theta\sin\theta\cos^2\varphi$$
$$= a\gamma^2\cos^2\theta + c\gamma^2\sin^2\theta + b\gamma^2\sin\theta\cos\theta,$$

qui exprime l'égalité des coefficients des termes en x'^2 et y'^2, et 2°, à l'équation de condition

$$2(c - a)\,\gamma\sin\theta\cos\theta\cos\varphi - \cos\theta\sin\varphi\,(2a\beta + b\alpha + d)$$
$$- \sin\theta\sin\varphi\,(2c\alpha + b\beta + e) + b\gamma\cos\varphi\,(\cos^2\theta - \sin^2\theta) = 0,$$

servant à faire disparaître le terme en $x'y'$.

Ces équations, en même nombre que les inconnues φ et θ, suffiront pour en déterminer les valeurs par l'élimination.

Cas où les axes des coordonnées x et y coïncident avec les axes principaux de la base du cône. — Supposons, afin de simplifier les calculs, que cette base située dans le plan des xy, soit rapportée à son centre et à ses axes principaux ; alors l'équation générale établie ci-dessus pour cette courbe, prendra la forme particulière

$$ay^2 + cx^2 + 1 = 0;$$

les coefficients b, d et e seront nuls dans les deux équations de condition précédentes, qui prendront, à leur tour, la forme plus simple

$$(5) \quad \left\{ \begin{aligned} &\sin^2\varphi\,(a\beta^2 + c\alpha^2 + 1) + a\gamma^2\sin^2\theta\cos^2\varphi \\ &+ c\gamma^2\cos^2\theta\cos^2\varphi + 2a\beta\gamma\sin\theta\sin\varphi\cos\varphi \\ &- 2c\alpha\gamma\cos\theta\sin\varphi\cos\varphi = a\gamma^2\cos^2\theta + c\gamma^2\sin^2\theta, \end{aligned} \right.$$

pour la première, et

$$(6) \quad \gamma(c - a)\sin\theta\cos\theta\cos\varphi - a\beta\sin\varphi\cos\theta - c\alpha\sin\theta\sin\varphi = 0,$$

pour la seconde.

Posons, pour abréger,

$$\tan \theta = \omega \quad \text{et} \quad \cot \varphi = \chi,$$

ce qui donne, comme on sait,

$$\sin \varphi = \frac{1}{\sqrt{1 + \chi^2}}, \quad \cos \varphi = \frac{\chi}{\sqrt{1 + \chi^2}},$$

$$\sin \theta = \frac{\omega}{\sqrt{1 + \omega^2}}, \quad \cos \theta = \frac{1}{\sqrt{1 + \omega^2}}.$$

Substituant d'abord les valeurs de $\sin \varphi$ et $\cos \varphi$ dans les équations (5) et (6), elles deviennent respectivement

$$a\beta^2 + c\alpha^2 + 1 - \gamma^2 (a\cos^2\theta + c\sin^2\theta) + \gamma^2 (c-a)(\cos^2\theta - \sin^2\theta)\chi^2$$
$$+ 2\gamma (a\beta\sin\theta - c\alpha\cos\theta)\chi = 0,$$

pour la première, et

$$\gamma(c-a)\sin\theta\cos\theta\,\chi - a\beta\cos\theta - c\alpha\sin\theta = 0,$$

pour la seconde.

Direction de la trace du plan de section circulaire sur celui de la base du cône. — On tire immédiatement de la dernière des équations de condition ci-dessus,

$$\chi = \frac{a\beta\cos\theta + c\alpha\sin\theta}{\gamma(c-a)\sin\theta\cos\theta}.$$

Substituant cette expression de χ dans la première des mêmes équations, et remplaçant dans le résultat, $\sin\theta$ et $\cos\theta$ par leurs valeurs en ω, elle deviendra

$$a\beta^2 + c\alpha^2 + 1 - c\gamma^2 - \gamma^2(a-c)\frac{1}{1+\omega^2}$$
$$+ (1-\omega^2)\frac{(a\beta + c\alpha\omega)^2}{(c-a)\omega^2} + \frac{2(a\beta\omega - c\alpha)(a\beta + c\alpha\omega)}{(c-a)\omega} = 0.$$

Chassant enfin les dénominateurs de cette dernière équation, ce qui donne

$$(a\beta^2 + c\alpha^2 - c\gamma^2 + 1)(c-a)(\omega^2 + \omega^4) + \gamma^2(c-a)^2\omega^2$$
$$+ (1-\omega^4)(a\beta + c\alpha\omega)^2 + 2(a\beta\omega - c\alpha)(a\beta + c\alpha\omega)(\omega + \omega^3) = 0,$$

et effectuant les calculs, il viendra, toutes réductions faites et en ordonnant par rapport à l'inconnue ω,

$$(7) \quad \left\{ \begin{aligned} &c^2\alpha^2\omega^6 - [c-a+ac(\beta^2-\alpha^2+\gamma^2)-c^2(\alpha^2+\gamma^2)]\omega^4 \\ &-[c-a+ac(\beta^2-\alpha^2-\gamma^2)+a^2(\beta^2+\gamma^2)]\omega^2-a^2\beta^2 = 0. \end{aligned} \right.$$

Discussion du résultat. — Cette équation étant du sixième degré en ω, il en résulte, en général, six positions du plan sécant pour lesquelles l'équation de la courbe d'intersection de ce plan et du cône donné, manquera du rectangle en $x'y'$, et où, de plus, les coefficients des termes en x'^2 et y'^2 seront égaux entre eux.

On voit, d'une autre part, que trois de ces positions sont symétriques par rapport aux trois autres, du moins en ce qui regarde la trace du plan sécant sur celui des xy. Or cela provient évidemment de ce que α, β et γ n'entrent qu'au carré dans l'équation ci-dessus en ω.

En effet, si, au lieu de considérer ces coordonnées du sommet du cône comme toutes positives, on supposait, par exemple, que β et γ fussent seules positives et α négative, il est clair que, dans ce cas, l'équation en ω conservant exactement la forme précédente, le sommet et par conséquent le cône tout entier, se trouveraient placés en dessous et symétriquement par rapport au plan des yz.

Pareille chose arriverait encore si l'on supposait soit β, soit γ seuls négatifs; mais ces deux hypothèses donneraient évidemment les mêmes positions de la trace du plan sécant sur celui des xy, que dans le cas précédent et celui où α, β et γ sont censés à la fois positifs. Il n'y a donc réellement que trois couples de positions ou de directions distinctes du plan sécant qui résolvent la question dans cette hypothèse générale de α, β et γ positifs.

Toutefois, on ne doit pas en conclure qu'il existe géométriquement parlant, six positions du plan $x'y'$ qui puissent couper le cône en question suivant des circonférences de cercle; car on sait bien qu'il n'y en a réellement que deux de cette espèce. A la vérité, les valeurs de ω données par l'équation ci-dessus, sont telles que l'équation de la courbe d'intersection du plan correspondant ne renferme pas le terme en $x'y'$, et que le coefficient du terme en y'^2 et celui en x'^2 y sont égaux entre eux ; mais on sait parfaitement aussi qu'une telle équation ne représente pas, pour cela, nécessairement une circonférence de cercle réelle et finie ; puisque notamment, elle pourrait prendre la forme

$$(my' + p)^2 + (mx' + n)^2 = 0,$$

cas auquel la section se réduirait à un point, comme on en verra ci-après un exemple.

L'axe du cône est supposé perpendiculaire au plan de sa base. — Supposons que α et β soient nuls, l'équation (7), ci-dessus, donnera pour ω les valeurs suivantes :

$$\omega^2 = \frac{1}{0}, \quad \omega^2 = 0, \quad \text{et} \quad \omega^2 = -\frac{1 - a\gamma^2}{1 - c\gamma^2};$$

or on peut s'assurer que les deux premières valeurs de ω correspondent seules à des sections circulaires.

Quant à la troisième qui, substituée dans les équations de condition (6) ci-dessus, donne $\cos\varphi = 0$ et par suite $\varphi = 100°$, elle correspond à la position du plan des $x'y'$, pour laquelle l'équation d'intersection de ce plan avec le cône proposé devient simplement

$$y'^2 + (x' - \gamma)^2 = 0,$$

c'est-à-dire qu'il coupe le cône suivant un point unique confondu avec son sommet même. Quoique cette troisième valeur de ω semble correspondre à une solution particulière du problème, elle ne peut cependant en être séparée analytiquement, de sorte que, à ce point de vue, la question est, tout au moins, du troisième degré.

On peut remarquer en passant, combien les résultats de l'analyse sont conséquents entre eux ; car si, dans le cas du cône oblique qui nous a d'abord occupés, il était possible de résoudre la question par une équation du deuxième degré, c'est-à-dire qu'on pût déterminer, à priori et géométriquement, la position du couple de sections circulaires ou *sous-contrairés* de ce cône, il s'ensuivrait inévitablement qu'on pourrait déterminer, de même, celle de ses trois axes diamétraux rectangulaires, dont la position de symétrie à l'égard de ce couple de sections est bien connue. Or on sait que la recherche de ces trois axes conduit, quoi qu'on fasse, à une équation finale du troisième degré ; ce qui s'accorde, au fond, avec les résultats trouvés précédemment (*).

IV.

RECHERCHE ANALYTIQUE DES RELATIONS DE POSITION ENTRE LE SOMMET D'UN CONE DU SECOND DEGRÉ, SA BASE OBLIQUE ET LA DIRECTION DE SES PLANS DE SECTIONS CIRCULAIRES.

Exposé préliminaire. — Dans le n° III, nous avons supposé que le cône fût connu par sa base et son sommet, et il s'agissait alors de déterminer la position du plan qui, passant par l'origine des coordonnées, couperait ce cône suivant une cir-

---

(*) Cet article et le précédent, qui touchent à la métaphysique de la géométrie et du calcul, se rattachent aux idées ou mieux, à l'esprit dans lequel ces premières recherches ont été entreprises ; ils auraient besoin d'éclaircissements, de commentaires, de rectifications même, telles que M. Moutard, dont l'utile coopération sera mieux caractérisée dans une note subséquente, m'en a proposé, et que je n'ai pas dû admettre d'après ma ferme résolution de n'apporter au texte primitif aucun changement essentiel, mais qui mériteraient de devenir l'objet de notes spéciales à la suite de cet ouvrage. D'ailleurs ces éclaircissements n'ayant qu'une relation indirecte avec les articles suivants, j'imiterai le laconisme du texte, en faisant seulement observer que, si l'on substitue les racines $\omega = 0$, $\omega = \infty$, dans l'expression générale de χ, les résultats prendront la forme indéterminée $\frac{0}{0}$; ce qui prouve que, dans les hypothèses restreintes où l'on se place et pour lesquelles la trace du plan des sections circulaires sur celui des xy se confond, en direction, avec celle des axes principaux de la courbe de base (ellipse réelle ou imaginaire, hyperbole, etc.), la seconde des équations ci-dessus du texte étant naturellement satisfaite, il devient nécessaire de recourir à la première des équations de condition qui, dans les mêmes hypothèses de α et β nuls, donne pour calculer l'angle d'inclinaison φ du plan de section circulaire sur celui de la base du cône, le résultat très-simple

$$\sin \varphi = \pm \gamma \sqrt{\frac{(a - c)(\cos^2 \theta - \sin^2 \theta)}{1 - \gamma^2 (a \sin^2 \theta + c \cos^2 \theta)}},$$

conférence de cercle ; nous nous proposons maintenant de trouver la position du sommet d'un cône de base donnée, qui serait coupé suivant un cercle par un plan dont la trace sur celui de cette base, serait elle-même assignée ; ou, plutôt encore, de « trouver la position du sommet d'un cône dont » la base est donnée, ainsi que la trace du plan qui, passant » par ce sommet, serait parallèle à l'un des systèmes de sec- » tions circulaires. »

Soient, ainsi que précédemment, α, β et γ les coordonnées inconnues du sommet du cône,

$$ay^2 + cx^2 + 1 = 0$$

l'équation de la base de ce cône, ainsi rapportée à son centre et à ses axes principaux ; soit enfin

$$x = \mathrm{T}y + \mathrm{K}$$

l'équation de la trace du plan qui, passant par le sommet α, β, γ, doit être parallèle à celui des systèmes de sections circulaires du cône que l'on considère en particulier.

---

qui devient, pour $\omega^2 = 0$ ou $\sin\theta = 0$, $\cos\theta = 1$,

$$\sin\varphi = \pm\gamma\sqrt{\frac{a-c}{1-c\gamma^2}},$$

et, pour $\omega = \infty$, ou $\sin\theta = 1$, $\cos\theta = 0$,

$$\sin\varphi = \pm\gamma\sqrt{\frac{c-a}{1-a\gamma^2}},$$

doubles valeurs dont l'une, au moins, appartient à des solutions ou intersections circulaires impossibles.

Mais je ne m'étendrai pas sur ce système d'interprétation étranger, jusqu'à un certain point, au but actuel de ces lemmes de géométrie analytique, et je me borne à remarquer que l'abaissement de la question au second degré dans les hypothèses précitées du cône droit, etc., tient uniquement, en effet, à ce que les plans coordonnés y sont, à priori, supposés parallèles aux plans principaux de la surface conique indéfinie proposée, plans dont la direction passant par le sommet de ce cône, dépend, comme on le sait encore, d'une équation du troisième degré, facile à obtenir en plaçant l'origine des coordonnées en ce même sommet.

Conditions pour que le plan, parallèle aux sections circulaires et contenant le sommet du cône, coupe le plan de sa base suivant une droite donnée de position. — D'après une remarque tirée des formules de transformation de coordonnées (3) de l'art. II, l'équation

$$z = \tang \varphi \cos \theta\, x - \tang \varphi \sin \theta\, y$$

est celle du plan sécant ou des $x'y'$ du n° III, et si nous y supposons aux quantités φ et θ les valeurs qui se déduisent des relations (5), (6) et (7) du même article, cette équation représente le plan de la section circulaire du cône contenant l'origine des axes coordonnés.

Le plan qui, passant par le sommet de ce cône, est parallèle aux divers plans de sections circulaires, a donc pour équation

$$z - \gamma = \tang \varphi \cos \theta\, (x - \alpha) - \tang \varphi \sin \theta\, (y - \beta)\,;$$

par conséquent, la trace de ce plan sur celui de la base du cône ou des xy, est

$$-\gamma = \tang \varphi \cos \theta\, (x - \alpha) - \tang \varphi \sin \theta\, (y - \beta),$$

ou bien, d'après nos conventions,

$$x = \omega y - \frac{\gamma}{\tang \varphi \cos \theta} + \alpha - \omega \beta.$$

Cette trace, devant se confondre avec la droite donnée $x = Ty + K$, on aura nécessairement les deux équations de condition

$$\omega = T, \quad \alpha - \omega \beta - \frac{\gamma}{\tang \varphi \cos \theta} = K.$$

Or, d'après l'équation (6),

$$\tang \varphi = \frac{\gamma (c - a) \sin \theta}{a \beta + c a \omega};$$

donc, substituant dans la dernière des précédentes, il viendra

$$\alpha - \omega \beta - \frac{a \beta + c a \omega}{(c - a) \sin \theta \cos \theta} = K.$$

Telle est la relation qui doit exister entre les coordonnées α et β du sommet du cône.

On voit, par là, que ce sommet est nécessairement situé *dans un plan vertical perpendiculaire à celui des xy ou de la base du cône*. De plus, la trace de ce plan vertical est perpendiculaire à la droite donnée $x = \mathrm{T}y + \mathrm{K}$ ou $x = \omega y + \mathrm{K}$.

En effet, remplaçons, dans l'équation ci-dessus, les indéterminées α et β par x et y, et chassons le dénominateur, elle deviendra

$$\mathrm{K} = \frac{x\left[(c-a)\sin\theta\cos\theta - c\omega\right] - y\left[(c-a)\sin\theta\cos\theta\,\omega + a\right]}{(c-a)\sin\theta\cos\theta}.$$

Or on a identiquement, à cause de $\tang\theta = \omega$, d'une part

$$(c-a)\sin\theta\cos\theta - c\omega = \omega\left[(c-a)\cos^2\theta - c\right]$$
$$= \omega\left[(c-a)\cos^2\theta - c(\cos^2\theta + \sin^2\theta)\right]$$
$$= -\omega(a + c\omega^2)\cos^2\theta,$$

et, d'une autre,

$$(c-a)\sin\theta\cos\theta\,\omega + a = (c-a)\sin^2\theta + a(\cos^2\theta + \sin^2\theta)$$
$$= (a + c\omega^2)\cos^2\theta.$$

En substituant donc, il viendra plus simplement

$$\mathrm{K} = \frac{-(a + c\omega^2)(y + \omega x)}{(c - a\omega)},$$

ou, ce qui revient au même,

$$(8) \qquad x = -\frac{1}{\omega}y - \frac{\mathrm{K}(c - a)}{a + c\omega^2};$$

équation qui prouve, ainsi que nous l'avions annoncé, que le sommet du cône est effectivement dans un plan perpendiculaire à la droite $x = \omega y + \mathrm{K}$ donnée sur le plan de sa base.

On ne doit pas oublier que la tangente trigonométrique ω est une quantité numérique connue, égale à T. Nous continuerons à nous servir de ω au lieu de T, mais il faudra toujours regarder cette quantité comme une constante dans les calculs ci-après.

Équations du lieu des sommets de cône qui satisfont aux conditions précédentes. — Si l'on suppose qu'on mette pour ω dans l'équation (7) trouvée dans l'art. **III** déjà rappelé ci-dessus sa valeur toute connue T, il en résultera une nouvelle équation à laquelle devront nécessairement satisfaire les coordonnées inconnues α, β et γ du sommet du cône, et qui sera par conséquent entre ces variables, l'équation même de la surface sur laquelle ce sommet doit être situé, d'après les conditions du problème.

Or, en ordonnant cette équation (7) par rapport aux indéterminées α, β et γ, elle devient

$$(a-c)(a+c\omega^2)\omega^2\gamma^2 + a(1+\omega^2)(a+c\omega^2)\beta^2$$
$$-c(1+\omega^2)(a+c\omega^2)\omega^2\alpha^2 + (c-a)(1+\omega^2)\omega^2 = 0,$$

ou, en remplaçant les indéterminées particulières α, β et γ du sommet du cône par les variables générales x, y, z,

$$(9) \quad \begin{cases} (a-c)(a+c\omega^2)\omega^2 z^2 + a(1+\omega^2)(a+c\omega^2)y^2 \\ -c(1+\omega^2)(a+c\omega^2)\omega^2 x^2 + (c-a)(1+\omega^2)\omega^2 = 0, \end{cases}$$

dans laquelle la lettre ω est désormais une constante.

Cette équation entre les coordonnées x, y, z montre que le *sommet du cône doit être sur une surface du second degré*, et, comme nous avons déjà prouvé qu'il doit être aussi dans un plan (8) perpendiculaire à la droite donnée $x = \omega y + \mathrm{K}$, il s'ensuit qu'il se trouve à l'intersection même de la surface (9), que partagent symétriquement les plans coordonnés, avec le plan vertical (8). Ainsi ce sommet est réellement sur une certaine courbe du second degré. Mais il y a plus encore : cette courbe du second degré est un cercle dont le centre est le point d'intersection même de la droite donnée $x = \omega y + \mathrm{K}$ et du plan (8).

En effet, si le plan vertical qui a (8) pour équation coupe la surface (9) suivant un cercle, tout plan parallèle à celui-là coupera la même surface suivant un autre cercle. Si donc on mène par l'origine des coordonnées un plan parallèle au plan (8), dont l'équation sera par conséquent $x = -\dfrac{1}{\omega}y$, il devra couper aussi la surface (9) suivant un cercle.

Cela posé, puisque la trace $x = -\dfrac{1}{\omega}y$ de ce plan fait avec

l'axe des y un angle dont la tangente est égale à $-\dfrac{1}{\omega}$ et dont le sinus est égal à $\cos\theta$ et le cosinus à $-\sin\theta$, il est évident que, si l'on veut rapporter la surface (9) à cette droite considérée comme nouvel axe des y, l'axe des z restant le même, il faudra mettre pour x et y, dans l'équation (9) de cette surface, les valeurs fournies par les formules de transformation

$$y = -y'\sin\theta - x'\cos\theta, \quad x = y'\cos\theta - x'\sin\theta.$$

On s'assurera de l'exactitude de ces expressions en posant $\alpha = 100^v + \theta$, changeant x en y, x' en y' et inversement, dans les formules générales

$$x = x'\cos\alpha - y'\sin\alpha, \quad y = x'\sin\alpha + y'\cos\alpha,$$

du n° I de ces Lemmes de géométrie analytique, où x' et y' ont d'ailleurs des significations autres que dans le n° III.

Il ne s'agit donc plus que de substituer à x et y les valeurs ci-dessus dans l'équation (9).

Pour simplifier les calculs, je fais

$$(a-c)(a+c\omega^2)\omega^2 = A, \quad a(1+\omega^2)(a+c\omega^2) = B,$$
$$-c(1+\omega^2)(a+c\omega^2)\omega^2 = C, \quad (c-a)(1+\omega^2)\omega^2 = D,$$

et alors cette équation prend la forme

$$A z^2 + B y^2 + C x^2 + D = 0.$$

Par la substitution indiquée, elle devient

$$A z^2 + (B\sin^2\theta + C\cos^2\theta)y'^2 + (B\cos^2\theta + C\sin^2\theta)x'^2$$
$$+ 2\sin\theta\cos\theta(B-C)x'y' + D = 0.$$

Faisant $x' = 0$, $y' = y$ dans cette équation qui représente la surface (9) rapportée à la droite $x = -\dfrac{1}{\omega}y$ comme axe des y, elle donnera pour son intersection avec le plan vertical des yz, correspondant à cette droite, l'équation

$$A z^2 + (B\sin^2\theta + C\cos^2\theta)y^2 + D = 0$$

ou, en remettant pour A, B, C et D leurs valeurs et divisant par $(a-c)\omega^2$,

$$(a+c\omega^2)z^2 + (a+c\omega^2)y^2 = 1+\omega^2.$$

Cette équation est celle d'un cercle. Donc, le plan verti-
cal $x = -\frac{1}{\omega}y$, et aussi, par suite, le plan (8) qui lui est parallèle coupent la surface (9) suivant des circonférences de
cercle, comme nous l'avions annoncé.

On voit, de plus, que les centres des sections circulaires
parallèles à celles dont il s'agit, étant tous situés sur le plan
des xy et sur un diamètre de la surface (9), le centre même
du cercle qui contient le sommet du cône, doit se trouver à
l'intersection de ce diamètre et de la trace représentée par
l'équation (8) ci-dessus, c'est-à-dire par

$$(8) \qquad x = -\frac{1}{\omega}y - \frac{K(c-a)}{a+c\omega^2}.$$

*Relations qui lient le lieu du sommet des cônes à leur base
commune,* — Soit NM la trace dont il vient d'être parlé et qui
doit renfermer le centre du cercle contenant les sommets de
cônes; (A) la section conique ayant pour centre l'origine A,
des axes coordonnés, et représentant la trace de la surface (9)
sur le plan des xy; i et o les points où ces deux traces se
coupent; il est visible que le centre c du cercle vertical suivant

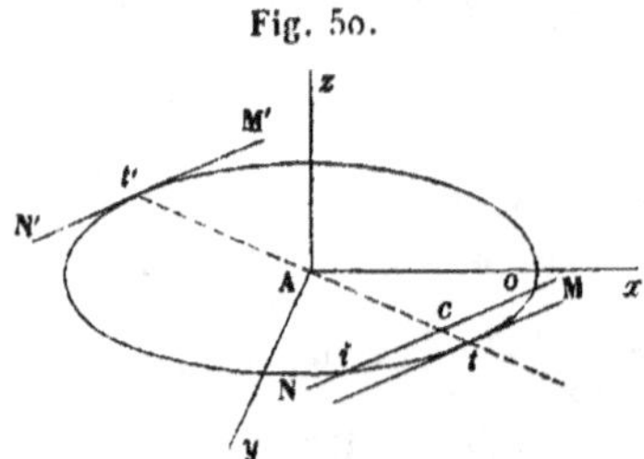

Fig. 50.

lequel le plan perpendiculaire à MN rencontre cette surface,
se trouve situé au milieu de la corde io, et qu'il en est de
même pour toute autre section verticale parallèle à celle-ci; la
suite de tous les centres c sera donc située sur un diamètre de
la conique (A), passant par l'origine A des axes et conjugué à
la direction de MN. C'est l'équation de ce diamètre qu'il s'agit
ici de trouver; or il est évident que la tangente à (A) menée

au point t où la direction $\mathbf{A}c$ de ce diamètre la coupe, doit être parallèle à la trace représentée par l'équation (8) rappelée ci-dessus ; la question revient donc au fond, à mener à la courbe (A) une tangente parallèle à MN.

Pour obtenir l'équation de la conique (A), il faut faire $z = 0$ dans l'équation (9) ; ce qui donne

$$(10) \qquad a(a + c\omega^2)y^2 - c(a + c\omega^2)\omega^2 x^2 + (c - a)\omega^2 = 0.$$

D'ailleurs on sait que la tangente trigonométrique de l'angle qu'une tangente à une courbe fait avec l'axe des y est égale à $\dfrac{dx}{dy}$; donc, dans le cas actuel, cette tangente aura pour valeur numérique $\dfrac{ay}{c\,\omega^2\,x}$. Mais, par hypothèse, elle doit être égale à la tangente $-\dfrac{1}{\omega}$ de l'angle que fait, avec ce même axe, la trace MN représentée par l'équation (8) ; donc, on doit avoir généralement

$$\frac{ay}{c\omega^2 x} = -\frac{1}{\omega} \quad \text{ou bien} \quad ay + c\omega x = 0.$$

Dans cette équation, les coordonnées x et y sont celles du point de tangence t, et par conséquent en la combinant avec l'équation (10) de la conique (A), on obtiendrait les valeurs mêmes des coordonnées de ce point t. Or cette équation $ay + c\omega x = 0$ est celle d'une droite qui passe par le centre $\mathbf{A}$ de la conique, quand on y suppose x et y variables ; donc c'est l'équation propre du diamètre conjugué à la direction de NM, et en la combinant avec l'équation (8) de cette trace, on obtiendra pour les coordonnées du centre cherché c,

$$x = \frac{a\mathbf{K}}{a + c\omega^2}, \quad y = -\frac{c\,\omega\,\mathbf{K}}{a + c\omega^2}.$$

Il est aisé maintenant de démontrer que ces valeurs satisfont aussi à l'équation $x = \omega y + \mathbf{K}$ de la droite donnée arbitrairement sur le plan des xy ; donc *le centre du cercle sur lequel est situé le sommet du cône, se trouve à l'intersection même de la droite donnée et du plan de ce cercle;* comme il s'agissait de le démontrer.

Fig. 51.

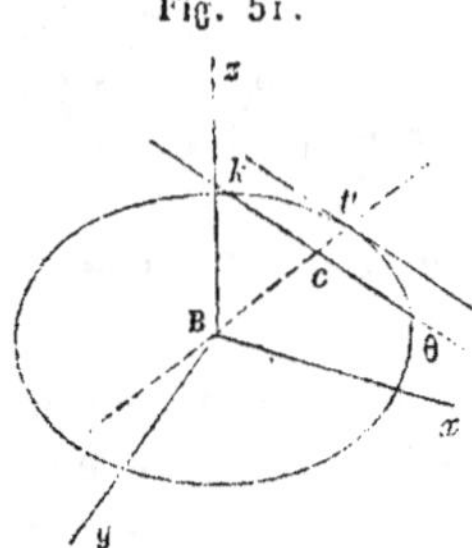

Remarquables propriétés du plan conduit, par le sommet du cône, parallèlement aux sections circulaires. — Soit maintenant (**B**) la base fixe du cône;

$$ay^2 + cx^2 + 1 = 0,$$

son équation; $k\theta$ (*fig.* 51) la droite donnée dont l'équation est $x = \omega y + \mathbf{K}$ et qui renferme le centre c, du cercle vertical sur lequel est situé le sommet γ de ce cône; soient k et θ les deux points où cette droite rencontre la courbe de base (**B**); je dis que le centre c divise la corde $k\theta$ précisément en deux parties égales.

En effet, imaginons que x' et y' représentent les coordonnées du point de contact t' d'une tangente à (**B**) parallèle à $k\theta$,

$$\frac{dx'}{dy'} = -\frac{ay'}{cx'}$$

sera la tangente trigonométrique de l'angle qu'elle fait avec l'axe des y, et, comme elle doit être parallèle à $k\theta$, il faudra qu'on ait

$$\frac{dx'}{dy'} = -\frac{ay'}{cx'} = \omega \quad \text{ou} \quad ay' + c\omega x' = 0;$$

d'où l'on conclut, comme précédemment, que la direction indéfinie $\mathbf{B}\,t'$ du diamètre qui passe par le milieu de la corde $k\theta$, a précisément pour équation

$$ay' + c\omega x' = 0,$$

en y regardant les indéterminées x' et y' du point de contact t' comme des coordonnées variables. Or ce diamètre Bt', qui coupe la corde $k\theta$ en deux parties égales, se confond évidemment avec celui qui a la direction de At dans la *fig.* 5o et contient aussi le centre c, puisque leurs équations sont les mêmes. Donc enfin *le centre c, du cercle qui contient les sommets de cônes, est situé au milieu de la corde θk, et par conséquent, si l'on divise cette corde en deux parties égales en c, et que, de ce point, on élève une perpendiculaire à la direction de cette corde, ce sera la trace du plan du cercle dont il s'agit.*

Voici encore une propriété qui servira à déterminer la grandeur du même cercle : *Le carré du diamètre du cercle qui contient les sommets de cônes, est égal au carré de la corde donnée $k\theta$, mais pris avec un signe contraire.*

Il est visible, en effet, que le diamètre du cercle dont il s'agit est égal (*fig.* 5o) à la corde oi formée par la conique (A) (équation 10) et par la trace MN du plan de ce cercle ; il faut donc calculer la longueur de la corde d'une section conique dont on connaît l'équation et celle de cette corde. Pour ne pas répéter deux fois le même calcul, nous l'exécuterons d'une manière générale.

Représentons, à cet effet, par

$$A y^2 + C x^2 + D = 0 \quad \text{et} \quad x = my + n$$

les équations de la courbe et de la corde en question. En les combinant entre elles, on obtiendra pour les coordonnées des points d'intersection,

$$y = - \frac{mn\,C \pm \sqrt{m^2 n^2 C^2 - (D + C n^2)(A + C m^2)}}{A + C m^2},$$

$$x = \frac{n A \pm \sqrt{n^2 A^2 - (D m^2 + A n^2)(A + C m^2)}}{A + C m^2}.$$

Donc le carré de la distance entre ces deux points sera, en appelant cette distance Δ,

$$\Delta^2 = - 4 \frac{\left[D(A + C m^2) + A C n^2 \right](1 + m^2)}{(A + C m^2)^2}.$$

Considérons d'abord la corde $k\theta$ ($fig.$ 51); son équation et celle de la conique (B) ci-dessus, étant respectivement

$$x = \omega y + \mathrm{K}, \quad ay^2 + cx^2 + 1 = 0,$$

on a, dans ce cas,

$$m = \omega, \quad n = \mathrm{K}, \quad \mathrm{A} = a, \quad \mathrm{C} = c, \quad \mathrm{D} = 1;$$

et, par conséquent,

$$\overline{k\theta}^2 = -4\frac{(a + c\omega^2 + ac\,\mathrm{K}^2)(1 + \omega^2)}{(a + c\omega^2)^2}.$$

Maintenant, si l'on considère la courbe (A) et la sécante MN ou la corde io ($fig.$ 50), représentées respectivement par les équations (10) et (8), c'est-à-dire

$$a(a + c\omega^2)y^2 - c(a + c\omega^2)\omega^2 x^2 + (c - a)\omega^2 = 0,$$
$$x = -\frac{1}{\omega}y - \frac{\mathrm{K}(c - a)}{a + c\omega^2},$$

on aura, en comparant,

$$\mathrm{A} = a(a + c\omega^2), \quad \mathrm{C} = -c(a + c\omega^2)\omega^2,$$
$$\mathrm{D} = (c - a)\omega^2, \quad m = -\frac{1}{\omega}, \quad n = -\mathrm{K}\frac{(c - a)}{a + c\omega^2};$$

et par conséquent, en substituant ces valeurs dans l'expression de Δ^2,

$$4\,\mathrm{R}^2 = \overline{oi}^2 = \frac{(a + c\omega^2 + ac\,\mathrm{K}^2)}{(a + c\omega^2)^2}(1 + \omega^2).$$

Donc enfin

$$\overline{oi}^2 = 4\,\mathrm{R}^2 = -\overline{k\theta}^2;$$

c'est-à-dire, comme on l'a avancé ci-dessus, que le *carré du diamètre du cercle qui contient le sommet du cône est égal à celui de la corde donnée $k\theta$, pris négativement.*

———•———

8.

TROISIÈME CAHIER.

PROPRIÉTÉS DESCRIPTIVES DES SIMPLES CONIQUES :

APPLICATION DES PREMIERS PRINCIPES DE PROJECTION CENTRALE ET D'ANALYSE A CES COURBES ET AUX FIGURES POLYGONALES.

Il est une manière de démontrer certaines propriétés des figures, à la fois géométrique et analytique, par laquelle on parvient à découvrir, avec simplicité, des vérités qu'il serait sinon impossible, du moins très-difficile de démontrer directement par le seul secours de la géométrie ou de l'analyse. Cette méthode, dont MM. Carnot et Brianchon se sont particulièrement servis et ont offert de beaux exemples, consiste à employer la géométrie pour ramener la question proposée à une autre beaucoup plus simple, et qui, bien qu'elle en soit un cas particulier, la comprend néanmoins en vertu de l'extension qu'elle peut recevoir au moyen d'une proposition ou d'une construction géométrique auxiliaire.

Comme ces lemmes ou moyens de réduction, seront souvent invoqués dans ce qui suit, je commencerai par en faire connaître les principaux, ceux qui étant les plus simples, sont le plus généralement connus et mis en usage.

I.

PRINCIPES FONDAMENTAUX ET ÉLÉMENTAIRES DE PROJECTION CONIQUE OU CENTRALE.

Premier principe. — « Toute courbe du deuxième degré
» peut être considérée comme provenant de l'intersection d'un
» cône oblique à base circulaire par un plan arbitraire ; cette
» courbe peut être dite, en général, la *projection* du cercle de
» base sur le plan sécant, et le cercle de base doit, à son tour,
» être considéré comme la projection conique ou centrale de
» la courbe précitée.

» Toute tangente à la même courbe, doit être considérée
» comme la projection d'une tangente au cercle de base ou
» d'une autre section plane quelconque du cône. En général,
» les projections des tangentes restent des tangentes; mais il
» n'en est pas ainsi des normales. »

Remarque. — Le système de deux droites arbitraires se coupant sur un plan, quoique pouvant être considéré comme une section conique particulière, ne sera point compris, en général, au nombre des projections du cercle. Néanmoins, comme le système de deux droites n'est qu'une simple modification de la courbe du deuxième degré, toute propriété suffisamment générale de celle-ci sera applicable à ce système, en vertu des principes mêmes de l'analyse algébrique. Ainsi, des propriétés générales de la courbe du deuxième degré, on pourra bien déduire celles de l'ensemble de deux lignes droites, mais l'inverse ne sera pas admis à priori.

Deuxième principe. — « Deux droites parallèles ou con-
» courantes ont pour projection sur un plan quelconque, deux
» autres droites concourantes, et réciproquement deux droites
» qui se coupent peuvent être projetées d'une infinité de ma-
» nières différentes, suivant deux droites parallèles. »
Cette proposition s'étend au système d'un nombre quelconque de droites parallèles ou concourantes, situées dans un même plan. Ainsi : « Toute propriété générale d'un tel système
» ayant trait à la direction indéfinie des lignes et non à leur
» mesure, reste applicable à leur projection conique ou cen-
» trale sur un plan arbitraire. »

Troisième principe. — « La projection de plusieurs systèmes
» distincts de droites parallèles est un égal nombre de systèmes
» de droites concourant, dans chacun, en un point distinct, et
» tous les points de concours sont sur une même droite. »
La réciproque est également vraie.

Remarque. — Ces théorèmes ou principes de projection centrale ne sont autres que ceux de la perspective linéaire : la démonstration en est facile et purement élémentaire.

*Lemmes relatifs au double système de sections circulaires
des cônes obliques.*

Un cône oblique dont la base est une courbe quelconque
du deuxième degré, peut, comme on sait (*), être coupé par un
plan suivant des cercles, et il y a généralement deux directions du
plan sécant, non parallèles, pour lesquelles cela a lieu : c'est ce
qu'on nomme quelquefois, *sections sous-contraires* du cône.
Cette proposition, comme on sait aussi, est générale pour les
surfaces du deuxième degré ; mais il importe ici d'en établir
la vérité géométriquement ou synthétiquement pour le cône
oblique à base circulaire, en particulier.

Proposition fondamentale. — Soit (c), *fig.* 52, la base circulaire, de centre c, d'un cône oblique ; s le sommet du cône ;
sp la perpendiculaire abaissée de ce sommet sur le plan de (c),
que nous considérerons comme plan horizontal ; soient me-

Fig. 52.

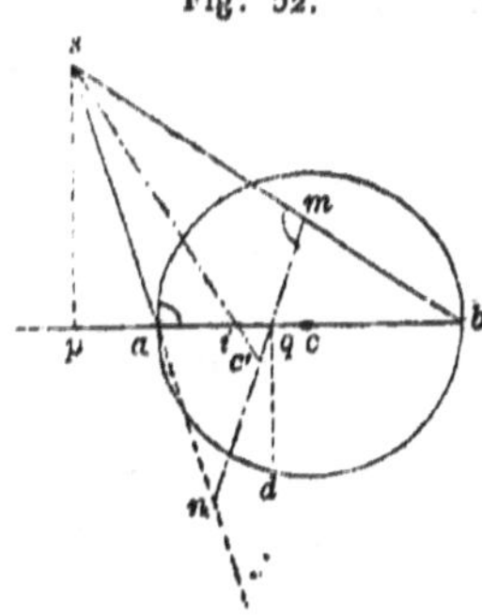

nées les deux arêtes sa, sb, dans le plan vertical perpendiculaire au précédent et contenant sc ; je dis que la *section
sous-contraire* conjuguée à celle de la base, est dans un plan
perpendiculaire à sab et dont la trace mn, sur ce dernier,

(*) On en trouve une démonstration analytique suffisamment com-
plète dans l'art. I du IIe Cahier, article dont il était en effet inutile d'in-
voquer la connaissance ici, comme on le verra par les démonstrations
suivantes du manuscrit.

fait avec l'arête sb, l'angle obtus smn, égal à l'angle sab à la base ab du cône.

En effet, si la section mn est un cercle, l'ordonnée horizontale qd de ce cercle, correspondante au point q d'intersection des diamètres mn et ab, sera moyenne proportionnelle entre les segments nq et mq; de sorte qu'on devra avoir

$$\overline{dq}^2 = mq \times nq.$$

Mais l'ordonnée dq est nécessairement commune aux deux cercles ou sections; donc on a aussi

$$\overline{dq}^2 = aq \times qb,$$

et par conséquent

$$mq \times nq = aq \times qb \quad \text{ou} \quad mq : qb :: aq : nq.$$

Donc enfin les deux triangles aqn et bmq, qui ont un angle égal compris entre côtés proportionnels, sont semblables, et par conséquent, l'angle qmb est égal à son homologue qan, comme pareillement, l'angle $mbq = anq$. Réciproquement, si cette relation a lieu entre les angles, n'importe où mn est placé dans sab, la section conique inclinée, correspondante, sera une circonférence de cercle.

Toutes les sections parallèles à mn étant donc des cercles, leurs centres c', seront rangés sur une même droite sc', passant par le sommet s; pareillement les centres des sections parallèles à la base ab du cône, seront situés sur une droite sc, passant aussi par le sommet s du cône. Mais ces deux droites ne sont pas généralement les mêmes, elles ne se confondent que quand le cône est droit ou de révolution.

La ligne sc' des centres c' coupe le diamètre ab au point i, il y a donc toujours une *section sous-contraire* à ab, dont le centre est situé sur ce diamètre même, au point de rencontre i dont il s'agit.

Positions relatives du sommet du cône et de ses sections sous-contraires. — Soit i (*fig.* 53) un point quelconque du diamètre ab de (c) déjà considéré; soit menée par ce point la droite nm, telle qu'elle soit divisée en parties égales au point i

par deux droites arbitraires *bs* et *as*, menées, dans le plan vertical de *ab*, d'un point *s* aux extrémités de ce diamètre ; par

Fig. 53.

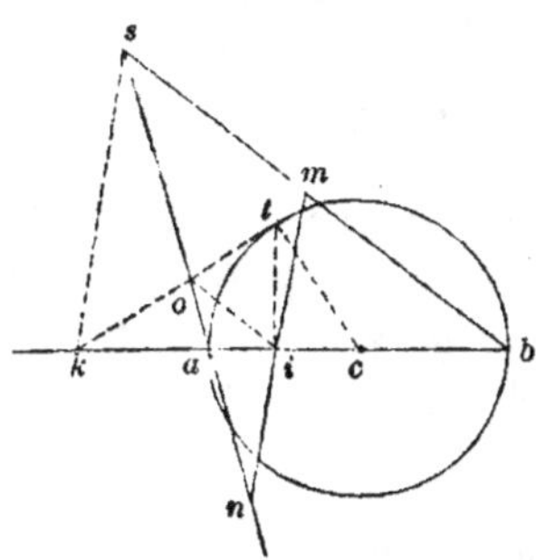

ce point pris pour sommet de cône, soit tirée la parallèle *sk* à *mn* rencontrant *ba* prolongé en *k* ; de plus, faisons

$$bs = m, \quad sa = n, \quad ac = r, \quad ic = y;$$

la droite *io* étant, d'autre part, menée dans le triangle *abs*, parallèlement à la base *bs*, et divisant *so* en parties égales, comme *i* divise *mn* par hypothèse, on aura les proportions

$$so : oa :: ib : ai \quad \text{ou} \quad so : oa :: r + y : r - y;$$

d'où, *componendo*,

$$so + oa \text{ ou } n : so - oa :: 2r : 2y :: r : y.$$

Mais *sk* étant parallèle à *mn*, les triangles *ask* et *ain* sont semblables, et l'on a

$$an \text{ ou } on - oa = so - oa : ai :: sa : ak,$$

soit

$$so - oa : r - y :: n : ak.$$

Multipliant cette proportion par ordre avec la précédente, *n* et *so — oa* s'en iront, et l'on en conclura

$$n : r - y :: r \times n : ak \times y;$$

ou, ce qui revient au même,

$$r^2 = y(ak + r) = ci \times ck.$$

De là il est facile de conclure que le point *k* est celui où la

tangente, menée par le point *t* du cercle (*c*), qui correspond
à l'ordonnée du point *i*, vient rencontrer le diamètre *ab* prolongé. Car, dans le triangle rectangle *ktc* où l'ordonnée *ti* est
perpendiculaire à l'hypoténuse, on a

$$\overline{ct}^2 = r^2 = ci \times ck.$$

Donc « si, par le point *i* pris arbitrairement sur le diamètre
» *ab*, on élève l'ordonnée *it*, et que, par son extrémité *t*, on
» mène *tk* tangente au cercle (*c*), celle-ci coupera le diamètre
» *ab* prolongé, en un point *k*, jouissant de la propriété que,
» pour toute position des droites *sa*, *sb* ou du point *s* choisi
» en particulier, *sk* sera parallèle à la droite *mn*, divisée en
» deux parties égales au point *i*. »

Problème annexe. — Si le point *k* ou *i* étant déterminé par
rapport à (*c*), *fig.* 54, il fallait trouver la position du sommet *s*
d'un cône oblique dont ce cercle serait l'une des sections
planes, et qui fût tel que le centre du cercle sous-contraire

Fig. 54.

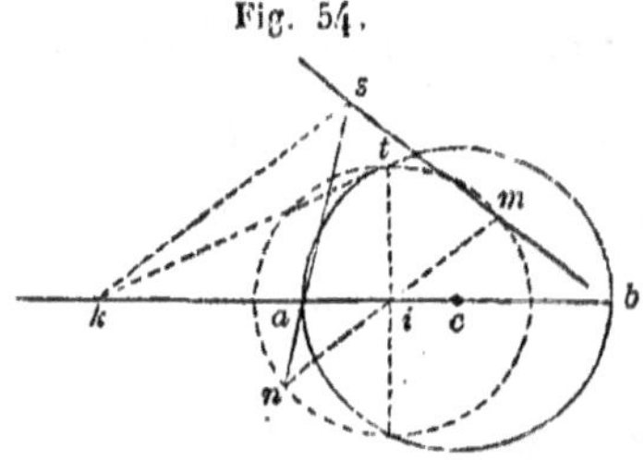

opposé à (*c*) fût en *i*, cela serait très-facile d'après ce qui précède. Car le rayon de ce dernier cercle étant égal à l'ordonnée
issue de son centre et qui lui est commune avec le cercle (*c*),
le rayon *im* = *in* de cette section devrait être égal à *it*.

Donc, décrivant, de *i* comme centre avec *it* pour rayon, une
circonférence de cercle dans le plan vertical de *ab*; menant
par l'extrémité *b* du diamètre *ab*, une sécante quelconque *bm*,
qui rencontre la circonférence en *m* ; traçant ensuite le diamètre *mn*; enfin menant par l'extrémité *n* de ce diamètre, et
l'extrémité correspondante *a* de *ab* la droite *na*, elle coupera
bm, prolongé, au sommet *s* demandé. En outre, d'après ce

que nous avons démontré, la droite *sk* parallèle à *mn* et la tangente *tk* viendront se couper sur le diamètre même *ab* de la base du cône.

Voici la conséquence de ce qui précède :

Quatrième principe.— « Si une courbe du deuxième degré,
» et un, deux ou plusieurs points, tous rangés en ligne droite,
» sont situés dans un même plan, on peut, d'une infinité de
» manières, projeter la figure sur un nouveau plan, tel que
» la projection de la courbe soit un cercle, et que, en même
» temps, les projections des points passent à l'infini ; de sorte
» que tout système de droites concourant en l'un quelconque
» des premiers points, aura pour projection un système de
» lignes droites parallèles. »

En effet, on peut supposer que la figure ait d'abord été projetée de manière que la courbe devienne un cercle (Iᵉʳ Principe), les points étant encore rangés sur une même droite. Soit donc (*c*) ce cercle, **PL** cette droite (*fig.* 55), il s'agit de trouver un cône oblique dont (*c*) soit la base, et tel que la section

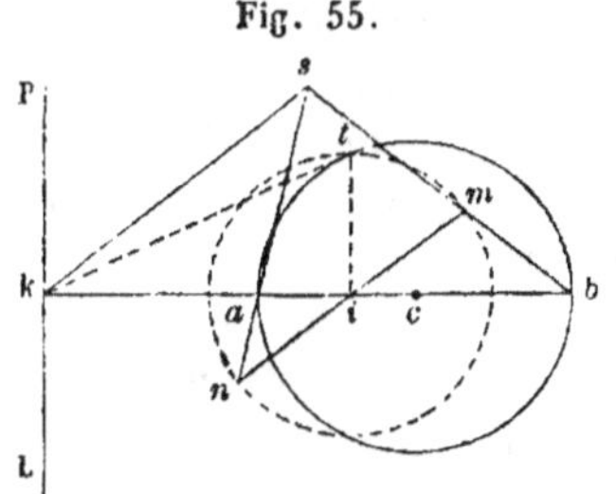

Fig. 55.

sous-contraire soit parallèle au plan qui passerait par le sommet *s* du cône et par la droite **PL** ; car le plan de la section sous-contraire, pris pour plan de projection, coupe alors le cône suivant un cercle, et le plan projetant de **PL** suivant une droite située à l'infini.

Cette question peut se résoudre simplement à l'aide de ce qui précède.

A cet effet, abaissons du centre *c* sur la ligne droite **PL**, la perpendiculaire *ck*, rencontrant cette droite en *k* et le cercle en *a* et *b* ; du point *k* menons au cercle la tangente *kt*, et du point de contact *t* abaissons sur *ck* l'ordonnée *ti* ; le pied *i* de cette ordonnée sera, pour chacun des cônes qui satisfont à la condition ci-dessus énoncée, le centre d'une section sous-contraire, ayant pour rayon il : le sommet s du cône et le plan de la section sous-contraire se trouveront, de cette façon, déterminés quand on se sera donné la droite bs.

Nous avons démontré, en effet, que la droite sk, qui est ici la trace du plan projetant de **PL**, est parallèle à la trace mn de la section sous-contraire, en sorte que ces deux plans sont parallèles.

La direction de la droite bm peut être prise à volonté parmi celles qui rencontrent le cercle (i) ; donc il y a une infinité de cônes qui jouissent de la même propriété ; par suite encore, on pourra assujettir un pareil cône à une nouvelle condition, pourvu qu'elle soit compatible avec les premières.

Remarques et réflexions fondamentales concernant les cas de possibilité ou d'impossibilité.

Lorsque la droite **PL** (*fig.* 55) rencontre le cercle (c), la construction précédente devient impossible ; car le point k se trouvant alors dans l'intérieur du cercle, il est impossible géométriquement aussi, de lui mener des tangentes par ce point. Néanmoins, dans le même cas, l'analyse fait voir que le centre i, du cercle conjugué à (c), n'a pas cessé d'exister, quoique ce cercle ou son rayon soit devenu imaginaire. La raison en est que le point i est lié à k par une relation algébrique qui subsiste quelle que soit la position de la droite **PL** à l'égard du cercle (c).

En effet, si par un point quelconque de cette droite **PL**, on mène deux tangentes au cercle (c), la corde de contact passera toujours par le point i. Or cette construction reste possible, même quand la droite **PL** rencontre ce cercle ; seulement les cordes de contact se rencontrent alors en dehors de sa circonférence.

Quoique la section sous-contraire cherchée ait un rayon imaginaire, il n'en est pas moins vrai, analytiquement parlant, que toute propriété dont elle jouit quand ce rayon est réel, mais relative seulement à la disposition des parties de la figure et non à leur grandeur absolue, ne cesse pas d'être vraie à l'égard du cercle (*c*) et de la droite **PL** : tant que le point *k* sera situé au dedans de (*c*), la solution sera imaginaire ; mais dès que ce point, ayant parcouru le diamètre *ab* en entier, sera sorti du cercle par le point *b*, le problème redeviendra possible ou la solution réelle comme auparavant.

Ainsi, un changement de position de la droite **PL**, rend la solution alternativement réelle ou imaginaire, et il n'en est pas moins vrai, comme je l'ai dit, que toute propriété *descriptive*, concernant la situation, la direction indéfinie des lignes et non leur grandeur, dont la figure jouit dans l'une de ses positions, subsiste quand on change la disposition relative de la droite et du cercle.

Cela résulte d'un principe tacitement admis par beaucoup de géomètres, mais non jusqu'ici démontré ou explicitement, exactement établi.

Au surplus, cette généralisation, cette extension n'est autre que celle que l'analyse indéterminée porte avec elle dans toutes les questions où il ne s'agit que de propriétés de position ou de situation.

En effet, quand on met un problème géométrique de cette nature en équation, on part d'une position toute particulière de la figure, et les résultats qu'on obtient sont vrais pour toutes les dispositions possibles qui remplissent les mêmes conditions ; car les résultats auxquels on est parvenu ne laissent absolument aucune trace de la disposition primitive ; les signes et les lettres s'étant disposés sous une forme générale et invariable.

C'est cette grande généralité de l'analyse, qu'on doit pouvoir procurer dans les mêmes circonstances aux démonstrations de la géométrie, qui a justifié cette expression de *puissance de l'analyse*. Il semble qu'on n'ait pas assez prouvé cette puissance ; on y croit, mais cela suffit-il ? Peut-être cette propriété, qui lui vient de la convention même établie sur les signes algébriques, est-elle très-difficile à démontrer en toute rigueur. Aussi les premiers géomètres qui s'en sont servis, et Newton lui-même, ont-ils eu toujours le soin de faire suivre chaque démonstration analytique d'une démonstration synthétique. Cette preuve, répétée souvent, donne toute la confiance imaginable ; mais est-elle d'une certitude absolue ?

Dans le cours d'un calcul, il arrive souvent que certaines expressions qui y entrent implicitement, sont nulles, infinies, imaginaires, ou prennent toute autre forme : on continue le calcul sans s'en douter, et l'on trouve une équation qui n'en laisse aucune trace ; la suite des opérations, qui n'est autre chose qu'un raisonnement tacite, est donc appuyée sur des considérations d'infinis, d'imaginaires, etc., et cependant les conséquences sont vraies.

Il n'en est pas de même de la géométrie, telle qu'on a coutume de la considérer ; comme tous les raisonnements, toutes les conséquences, ne peuvent être appréciés, saisis par l'esprit qu'autant qu'ils se peignent à l'imagination par des objets sensibles, dès que ces objets manquent, le raisonnement s'arrête.

Je vais, d'après Monge, fournir de ce que je viens de dire, un exemple remarquable.

Soient une surface du deuxième degré et une droite placée arbitrairement dans l'espace ; que par cette droite on imagine deux plans tangents à la surface, ces deux plans auront chacun un point de contact avec la surface. Maintenant, qu'on mène d'un point quelconque de la droite donnée, un cône ayant son sommet en ce point et tangent à la surface proposée, ce cône sera évidemment tangent aux deux plans ci-dessus déterminés ; donc les points de contact de ces plans avec la surface proposée seront situés sur la courbe de contact du cône et de la surface du deuxième degré, et, par suite, le plan de cette courbe passera par la corde qui joint les deux points de contact.

La même chose aura lieu pour tous les cônes tangents dont les sommets seront situés sur la droite donnée. Donc, si l'on imagine une section quelconque faite dans la surface par un plan qui contienne la droite proposée, cette section donnera une courbe du deuxième degré pour la surface et deux droites tangentes à cette section pour le cône, droites qui viendront se couper sur celle des sommets : la corde de contact étant l'intersection de ce même plan avec celui de contact du cône, devra passer dans toutes ses positions par un point unique, intersection de la droite commune à tous les plans de contact des cônes avec ce même plan fixe.

De là ce théorème aujourd'hui bien connu : *Si, des diffé-*

rents points d'une droite donnée ML, *on mène deux tangentes
à une courbe du deuxième degré, les cordes respectives tt,*

Fig. 56.

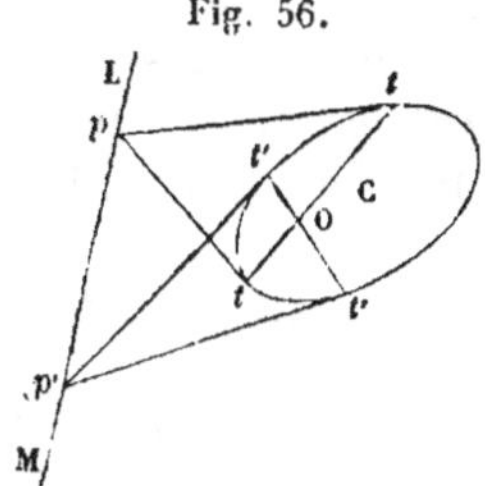

*t' t', etc., des couples de points de contact passeront toutes par
un même point* O.

Tant que la droite **ML** est située au dehors de la courbe,
cette proposition est une conséquence du raisonnement précédent, mais cela n'a plus lieu quand la droite traverse la
courbe de part en part : car alors il sera impossible de mener,
de la droite des sommets, deux plans tangents à l'ensemble du
cône et de la surface du second degré. Mais cette restriction
ne se présente nullement lorsqu'on traite la question par
l'analyse des coordonnées, dont les résultats sont indépendants de la réalité des intersections, des contacts ou autres
affections des lignes et des surfaces de la figure.

On vérifiera ce fait directement, en mettant en équations, soit
le théorème de Monge, qui vient d'être énoncé, soit divers autres théorèmes non moins élégants, relatifs aux intersections et
aux contacts des cercles et des sphères : le Iᵉʳ Cahier (*Lemmes*),
nous en offrirait d'ailleurs des exemples simples et remarquables, si c'était ici le lieu de s'y arrêter. Il nous suffira de
faire observer que les difficultés dont il s'agit tiennent à des
conditions d'*imaginarité* ou d'impossibilité relative. Lorque,
au contraire, l'impossibilité est caractérisée par des conditions
contradictoires ou incompatibles, elle est absolue, et il serait
illogique autant qu'absurde de vouloir en rien conclure de réel
et de vrai, géométriquement parlant.

Je me bornerai, pour le moment, aux principes de projection centrale qui précèdent ; par la suite, quand il sera nécessaire d'avoir recours à de nouveaux principes, j'en donnerai
la démonstration en particulier.

Je vais commencer par appliquer ces principes à des propositions déjà connues ; j'en présenterai ensuite de toutes nouvelles. Il ne sera pas question d'ailleurs des propriétés relatives à un système de lignes droites isolé, parce qu'elles ne sont, pour la plupart, que des cas particuliers ou simples corollaires de celles des courbes du deuxième degré.

II.

PROPRIÉTÉS DESCRIPTIVES, DÉJA CONNUES (1810), DES CONIQUES ET DES SYSTÈMES DE DROITES QUI S'Y RAPPORTENT.

I.— Triangles inscrits et circonscrits aux coniques.

Soit une courbe du second degré et un triangle circonscrit à cette courbe ; si l'on joint les trois points de contact par des lignes droites, on formera un triangle inscrit dans la courbe ; je dis que les côtés opposés de ces triangles iront se couper respectivement en trois points qui seront en ligne droite.

En effet, ABC (*fig.* 57) étant le triangle circonscrit et *abc* le triangle inscrit, K et L les points de concours des côtés oppo-

Fig. 57.

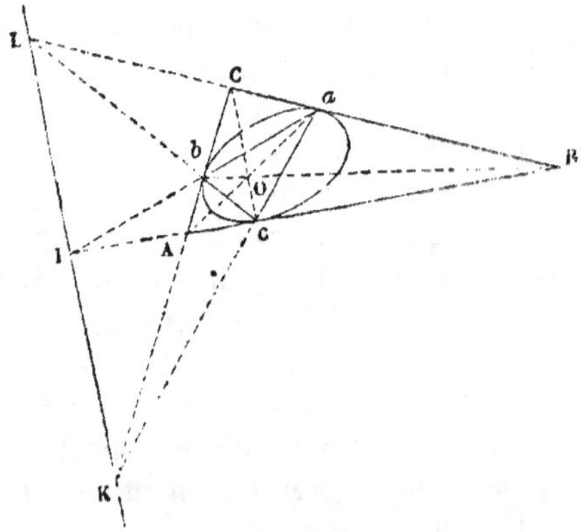

sés AC et *ac*, BC et *bc*, soit menée par ces deux points la droite KL. D'après le Princ. IV, on pourra regarder la courbe comme la projection d'un cercle et la droite KL comme celle d'une droite dont tous les points sont situés à l'infini ; donc les côtés opposés AC et *ac*, BC et *bc* deviendront respectivement parallèles entre eux dans cette projection ; ce qui donne lieu à la *fig*. 58 où le côté *ac* est parallèle à la tangente AC et le côté *bc* parallèle à celle BC.

Puisque *ac* est parallèle à la tangente AC, et que la courbe est un cercle, l'arc *bc* sera égal à *ab*. Pareillement, puisque *bc*

Fig. 58.

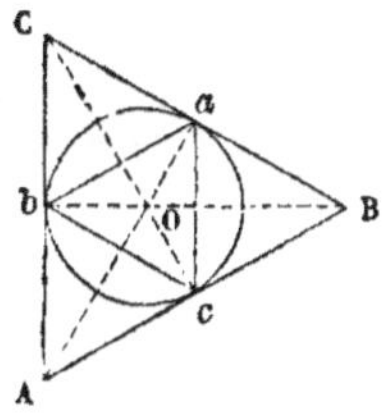

est parallèle à BC, l'arc *ab* est égal à *ac* ; donc *bc* = *ab* = *ac*, et par conséquent, le troisième côté *ab* est aussi parallèle à la tangente opposée AB ; donc, d'après le Princ. III, la projection de ces deux lignes droites et celle des deux autres couples *ac*, AC, *bc*, BC seront telles, que leurs points de concours respectifs seront situés sur une même ligne droite.

Ainsi, comme cela a d'abord été énoncé, les trois côtés AB, AC, BC (*fig*. 57), du triangle circonscrit ABC, et ceux qui leur sont respectivement opposés dans le triangle *abc*, se rencontrent en trois points K, I, L situés en ligne droite. On voit, de plus, que si l'on joint chaque sommet du triangle extérieur avec le point de contact qui lui est opposé, par une ligne droite, les trois droites ainsi obtenues, se couperont en un même point O ; car la *fig*. 58 montre que le triangle *abc* étant équilatéral, la droite B*b*, qui a deux de ses points B et *b* également distants des extrémités *a* et *c*, est perpendiculaire sur le milieu de la corde *ac*, et passe par conséquent par le centre du cercle O. Pareille chose ayant lieu pour les deux autres droites A*a* et C*c*, il en résulte que les projections de ces trois lignes droites (*fig*. 57), passent aussi par un même point qui est la projection du centre O.

II et III. — Quadrilatères inscrits et circonscrits.

Préliminaires. — Soit (*fig.* 59), une section conique; ABCD un quadrilatère quelconque inscrit dans cette courbe; soit KL

Fig. 59.

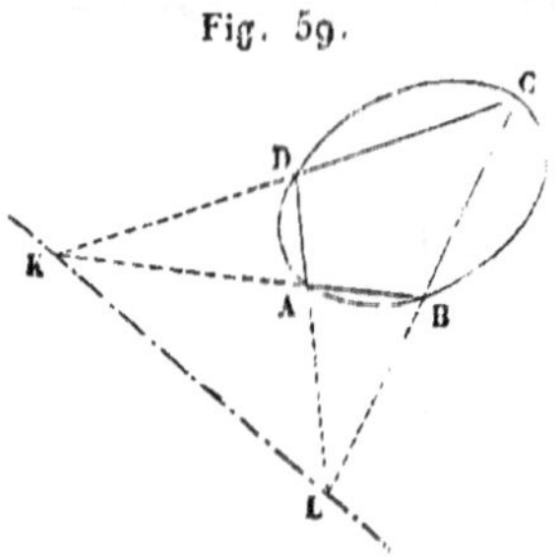

la droite qui joint les intersections des côtés respectivement opposés, on pourra regarder (Princ. IV) la courbe comme la projection d'un cercle, et la droite **KL** comme celle d'une droite dont tous les points sont à l'infini, en sorte que, dans cette nouvelle projection (*fig.* 60), les côtés opposés du quadrilatère seront parallèles, et par conséquent ce quadrilatère

Fig. 60.

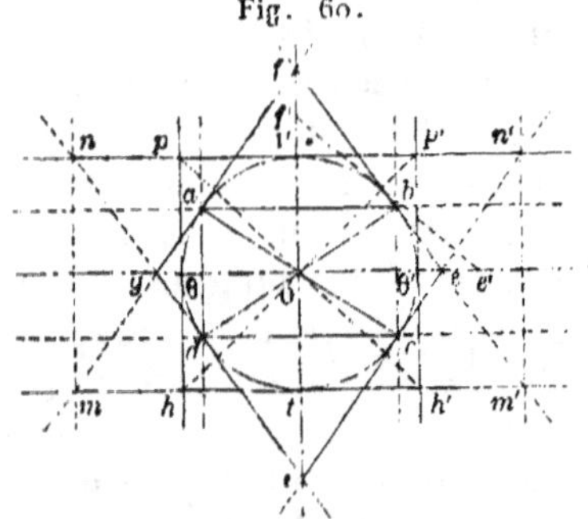

sera un rectangle *abcd*, inscrit au cercle de centre O, et si l'on mène aux extrémités d'une même diagonale *ac*, deux tangentes *fg* et *ie* à ce cercle, elles seront parallèles : il en est ainsi encore des tangentes *fe* et *gi*, menées aux extrémités *h* et *d*, de l'autre diagonale du rectangle inscrit *abcd*.

Ces quatre tangentes se couperont respectivement sur les

diamètres fi et eg, parallèles aux côtés respectifs ad et ab du rectangle ; elles passeront, comme on le voit, par le centre O aussi bien que les deux diagonales ac et bd, et, si l'on mène aux points t et t' où fi rencontre le cercle, deux nouvelles tangentes mm' et nn', elles seront parallèles entre elles et aux côtés ab et cd du quadrilatère : pareille chose a lieu à l'égard des tangentes menées aux points d'intersection θ et θ', de la droite eg avec le cercle. Si l'on joignait les sommets opposés p et h' du rectangle formé par les tangentes en t, t', θ et θ', par une ligne droite ph', il est clair qu'elle passerait par le centre O ; il en est de même de la diagonale $p'h$. On voit encore que les points m et n, m' et n', rencontres des tangentes en t et t' avec les tangentes aux extrémités des côtés opposés ad, bc du rectangle inscrit, sont situés sur deux lignes droites mn et $m'n$ parallèles entre elles et à ces côtés, etc.

Maintenant, si l'on remet la figure en projection sur l'ancien plan de la courbe donnée, toutes les droites mn, ph, ad, fi, bc, $p'h'$ et $m'n'$ parallèles entre elles, concourront en un même point ; il en sera ainsi des parallèles pp', ab, ge, cd, hh'. Pareillement, les deux tangentes fg et ei aux sommets opposés a, c concourront en un point, aussi bien que les deux tangentes fe et gi aux sommets b, d, etc., etc. Or les points de concours de ces différents systèmes de parallèles seront tous rangés sur une même ligne droite (Princ. III). De plus, si trois ou plusieurs points se trouvent situés en ligne droite dans la *fig.* 60, ils le seront également dans la projection, et si trois ou plusieurs lignes droites viennent passer par un même point de cette figure, elles passeront encore par un même point dans la projection.

De là résultent, entre autres, les propriétés exprimées par la figure ci-après, où l'on suppose que la courbe $abcd$ représente une ligne quelconque du deuxième degré.

Conséquences. — Elles sont la plupart déjà connues ; c'est pourquoi je n'y insisterai pas.

Supposons en particulier (*fig.* 61), qu'on fasse varier de position la tangente fe en $f'e'$, elle viendra couper les diagonales fi et ge du quadrilatère circonscrit $fgie$, censé fixe, en deux points f' et e' également variables ; or il est facile de démontrer que si, de ces deux points considérés sur la *fig.* 60, on menait deux tangentes au cercle correspondant à la conique. ces tangentes seraient parallèles, quelle que fût la position de la tangente variable $e'f'$.

Donc si, dans la *fig.* 61, on fait varier, en $e'f'$, la position de la tangente ef, et que des points f' et e' où elle coupe les droites fixes fi et ge, on mène de nouvelles tangentes à la courbe, celles-ci iront se couper en I' sur une autre droite fixe KIL.

De là il suit également que, si l'on fait varier c' en a', la corde

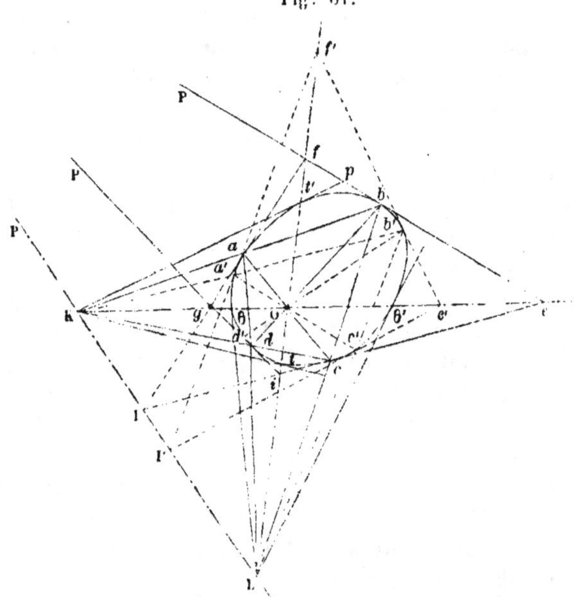

Fig. 61.

ac du quadrilatère *abcd*, autour du point O de croisement commun des diagonales de ce quadrilatère et du circonscrit *fgie*, puis que, par les extrémités a' et c' de cette corde, on mène des droites aux points fixes **K** et **L**, appartenant aux diagonales fi et ge, ces droites, en se coupant, décriront la conique *abcd*.

En effet, les cordes de contact bc, $b'c'$, etc., correspondantes aux points e, e', etc., de la droite egK, passeront toutes par un même point ou pôle **L**, d'après une Proposition déjà démontrée ci-dessus. Pareillement, les cordes de contact ab, $a'b'$, correspondantes aux points de la droite fixe fi L, passeront par l'autre point ou pôle K; et, puisque les points mobiles I' sont situés sur la droite KL, il est clair que les cordes ac, $a'c'$ passeront aussi toutes par le même point O.

Pour rendre la chose plus claire encore, nous l'exprimons sur une figure détachée (62).

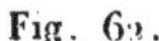

Fig. 62.

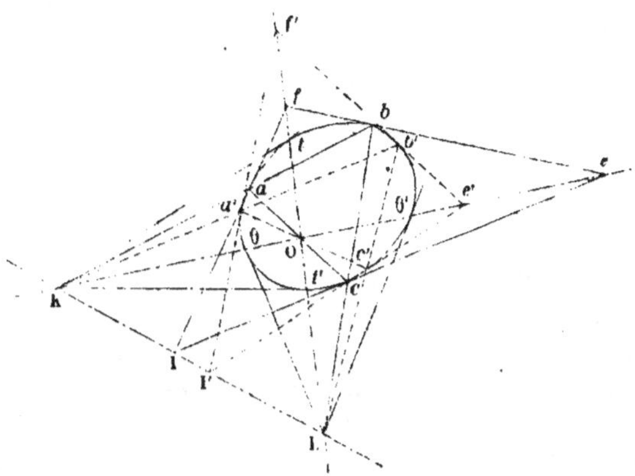

Tant que la disposition des côtés du quadrilatère inscrit $abcd$ restera telle qu'on l'a supposé dans les figures précédentes, la droite KL sera toujours située au dehors de la courbe, et par conséquent la projection dont il a été question restera, dans les mêmes cas, possible; mais cela pourrait cesser d'avoir lieu si l'on changeait la disposition des côtés successifs ab, bc, cd, da. Néanmoins les théorèmes précédents continueront à exister, d'après les considérations déjà exposées au nº II de ce IIIᵉ cahier. On conçoit en effet, que, si l'on soumettait la question à l'analyse, les conséquences, formules ou équations auxquelles on arriverait ne conviendraient pas plus au cas où la droite KL cesse de rencontrer la courbe qu'à celui où elle la coupe effectivement, puisque les résultats auxquels on parviendrait seraient algébriquement, indépendants de telles circonstances.

IV. — Système de sécantes issues d'un même point.

Soit *bb'tc'c* (*fig.* 63) une courbe quelconque du second degré; supposons que, d'un même point *a*, on mène les sécantes arbitraires *abc*, *ab'c'*, etc.; qu'ensuite on joigne, deux à deux, leurs intersections avec la courbe, par de nouvelles lignes

Fig. 63.

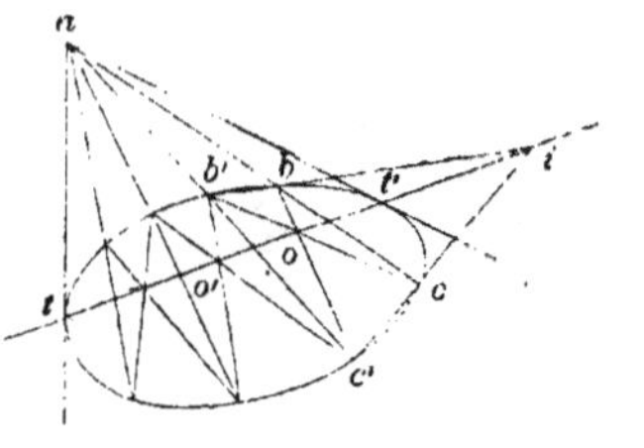

droites, les points de croisement *o*, *o'*, etc., *i*, *i'*, etc., de ces droites respectives seront tous situés sur une dernière droite qui passera par les points *t* et *t'* où les tangentes *at* et *at'* menées du point *a*, touchent la courbe proposée.

En effet, cette courbe peut être regardée comme la projection d'un cercle et le point *a* comme la projection d'un point situé à l'infini (Princ. IV), et, par conséquent, toutes les sécantes *abc*, *ab'c'*, etc., seront devenues des droites parallèles; ce qui donnera la figure suivante.

Les sécantes étant ainsi des cordes parallèles *bc*, *b'c'*, etc., toutes perpendiculaires sur un même diamètre *tt'*, qui les

Fig. 64.

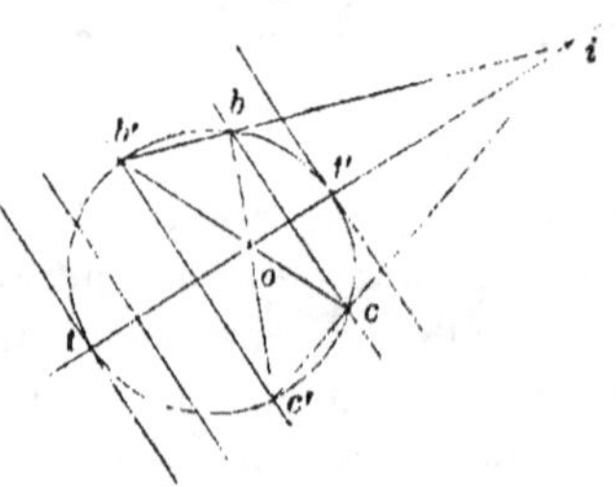

divise en deux parties egales, si l'on joint, de toutes manières, les extrémités *b*, *b'*, *c*, *c'* de deux cordes quelconques, par des lignes droites bc' et cb', bb' et cc', les deux points o et i, intersections respectives de ces droites, seront situés sur le diamètre tt', et l'on voit, de plus, que les deux tangentes aux extrémités t et t' de ce diamètre, seront en effet parallèles aux sécantes bc, $b'c'$ etc.; donc la propriété énoncée est vraie.

Corollaires et cas particuliers. — Cette proposition fournit un moyen bien simple de mener, par un point extérieur à une section conique, une tangente à cette courbe, quand on la suppose décrite. Au reste, elle pourrait être aussi considérée comme une conséquence immédiate de la précédente, relative aux quadrilatères inscrits et circonscrits.

Le système de deux lignes droites pouvant, d'autre part, être considéré comme un genre particulier de coniques, il est clair encore que cette même proposition lui est applicable directement.

Ainsi que, d'un point a pris dans le plan de deux lignes

Fig. 65.

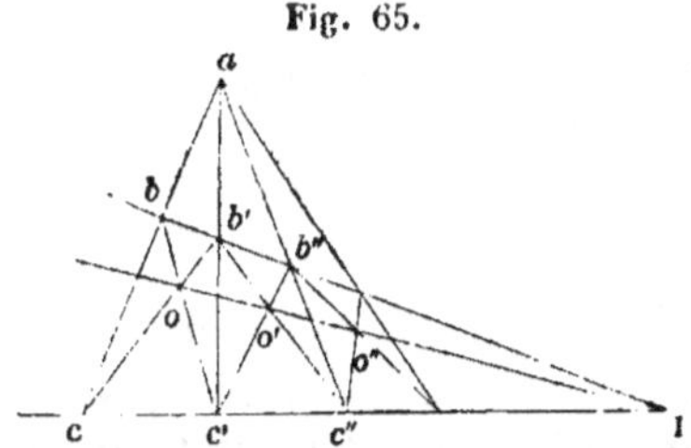

droites données bb', cc', on mène tant de sécantes ac, ac', etc., que l'on voudra, coupant ces droites aux points respectifs b et c, b' et c', b'' et c'', etc.; puis, qu'on joigne ceux-ci, deux à deux, par de nouvelles lignes droites, elles viendront se couper en des points o, o', o'', etc., tous rangés sur une dernière ligne droite passant par le point de concours I, des deux premières bb' et cc'.

Cette propriété, ainsi que les précédentes, a lieu quelle que soit la position du point a, par rapport à la conique proposée; elle fournit, comme on voit, un moyen très-simple pour résoudre ce problème :

« Par un point a, donné à volonté sur le plan de deux droites
» bb'', cc'', mener, sans se servir du compas, une autre droite
» qui passe par le point de concours des premières. »

V et VI. — Hexagones inscrits et circonscrits aux sections coniques.

Soit (*fig.* 66), une courbe du second degré et *abcdef* un hexagone quelconque qui lui est inscrit ; soient prolongés les côtés opposés *ab* et *de*, *bc* et *fe* jusqu'à leurs rencontres respectives en K et L ; soit, de plus, menée la droite KL ; on pourra

Fig. 66.

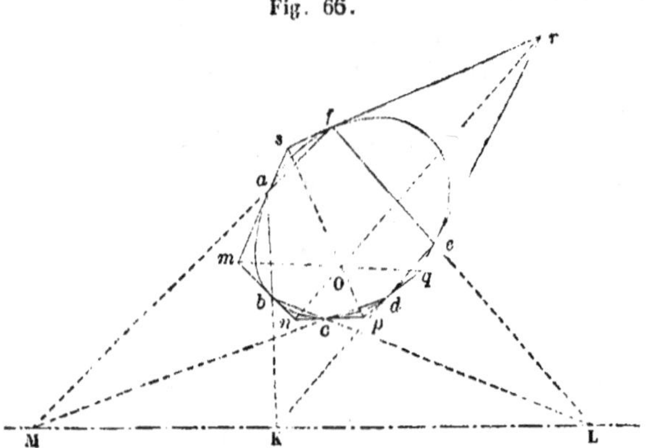

considérer la courbe comme la projection d'un cercle, et la droite comme celle d'une autre droite dont tous les points sont à l'infini (Princ. IV). Donc, dans cette projection, les côtés opposés *ab* et *de*, *bc* et *fe* seront respectivement parallèles ; ce qui donnera lieu à la figure suivante.

Fig. 67.

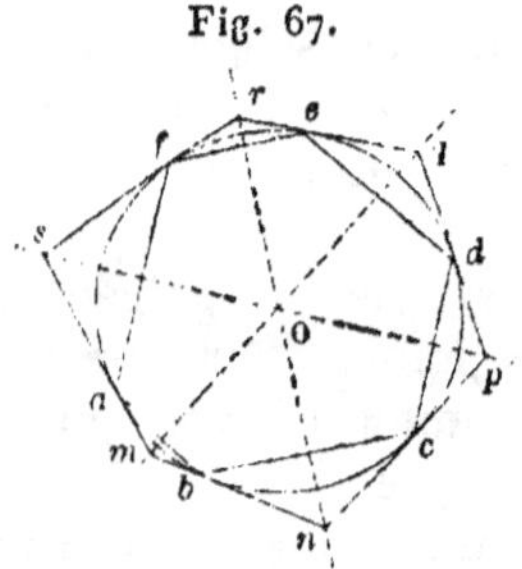

Puisque *ab* est parallèle à *de*, l'arc *bcd* = *afe* ; de même, puisque bc est parallèle à fe, l'arc $cde = $ arc baf; donc

$$afe + cde = bcd + baf,$$

ou, ce qui revient au même,

$$af + fe + ed + dc = bc + cd + ab + af,$$

et, par conséquent,

$$fe + ed = ab + bc;$$

donc aussi, puisque l'arc fed est égal à abc, le côté af est parallèle à cd. Donc enfin ces côtés doivent se couper sur la droite **KL** dans la *fig.* 66 (Princ. **III**), et il en résulte ce théorème général :

Si l'on prolonge les côtés opposés d'un hexagone inscrit dans une courbe du deuxième degré, leurs points d'intersection respectifs seront rangés sur une même ligne droite (*).

Supposez, ensuite, que l'on mène une tangente à la courbe en chacun des sommets a, b, c, d, e, f de l'hexagone inscrit, ces tangentes formeront par leurs rencontres consécutives un hexagone $mnpqrs$ circonscrit à la courbe. Si l'on mène semblablement des tangentes aux différents sommets du polygone inscrit dans le cercle (*fig.* 67), on formera un polygone circonscrit à ce cercle, qui sera la projection du premier. Or, en considérant deux cordes opposées ab et ed, il est clair qu'étant parallèles, le point q d'intersection des deux tangentes qe et qd, menées aux extrémités de la corde ed, et le point m où se coupent les deux tangentes ma et mb, menées aux extrémités de l'autre corde ab, seront situés sur une ligne droite passant par le centre O du cercle : les deux sommets r et n sont pareil-

---

(*) C'est là le célèbre théorème de l'*hexagramme mystique* attribué à Pascal, ce que j'ignorais ou avais complétement perdu de vue en 1813, théorème depuis démontré tant de fois et de tant de manières différentes ; mais, d'après l'avertissement qu'on trouvera reproduit dans une note finale de la page 143, je me contenterai de renvoyer, pour tout ce qui concerne la critique historique relative aux matières de cette sect. II, aux écrits initiateurs de Brianchon (1805 à 1810) et au *Traité des Propriétés projectives des figures* (1822).

lement situés sur un même diamètre, ainsi que les deux sommets opposés *p* et *s*. Donc enfin, si l'on remet cette dernière figure en projection sur le plan de la première, il en résultera ce nouveau théorème :

Dans tout hexagone circonscrit à une courbe du deuxième degré, les trois diagonales joignant les sommets opposés, se coupent en un même point.

C'est le beau théorème découvert par M. Brianchon.

Remarque particulière. — Si l'on eût prolongé les couples de côtés alternants de l'hexagone inscrit (*fig.* 67) jusqu'à leurs rencontres mutuelles, on eût formé deux triangles ABC, A′B′C′ (non tracés), se recoupant aux sommets de l'hexagone et dont les côtés respectivement opposés eussent été parallèles entre eux. Donc « les trois droites BB′, CC′, AA′, joignant leurs sommets homologues, se fussent croisées en un même point. » (Cah. I, *Lemme général*, p. 3.)

Pareille chose aurait donc lieu pour la *fig.* 66, si l'on y exécutait les constructions analogues (*).

(*) Le manuscrit est ici accompagné d'une figure que j'ai, mal à propos peut-être, supprimée à l'impression pour ne pas trop multiplier le nombre des planches; et, chose qui mérite d'être remarquée au point de vue philosophique de l'incertitude inhérente à l'éclosion des idées, cette figure et sa démonstration ont été indiquées comme douteuses. Or, bien qu'elles concernent des théorèmes au fond dignes d'intérêt, ces théorèmes ne sont pas même mentionnés dans le *Traité des Propriétés projectives*, ni, si je ne me trompe, dans aucun des nombreux ouvrages de géométrie pure qui se sont succédé depuis 1822, quoiqu'ils donnent lieu à ce simple et élégant énoncé :

« Quand les côtés de deux triangles quelconques s'entrecoupent sur le » périmètre d'une conique, les trois lignes droites qui joignent leurs sommets » respectivement opposés, convergent en un même point. »

Ce qui conduit, par la *théorie des polaires réciproques* (1817), à cette proposition inverse, d'une démonstration directe tout aussi facile :

« Quand deux triangles quelconques sont circonscrits à une conique » donnée, les points de concours des côtés respectivement opposés sont » sur une même ligne droite. »

Comme on le voit, ces énoncés sont une pure extension de théorèmes élémentaires bien connus, et reproduisent, sous une forme différente, les admirables Propositions de Pascal et de Brianchon.

VII. — Tracé des coniques par points, détermination des tangentes en ces points.

Soit ABCDEF (*fig.* 68), un hexagone inscrit à une courbe du deuxième degré; d'après ce qui précède, si l'on prolonge les côtés opposés jusqu'à leurs rencontres respectives en **K**, **I** et **L**, ces trois points seront en ligne droite. Supposons les cinq points E, F, A, B, C fixes, et le point D variable, le point I sera fixe ainsi que les deux droites **AB** et **AF**, mais les points **K** et **L** seront variables, et la droite qui passera par deux de ces points correspondants à la même position du point D, passera constamment par le point I. Donc, si l'on imagine que ce soit

Fig. 68.

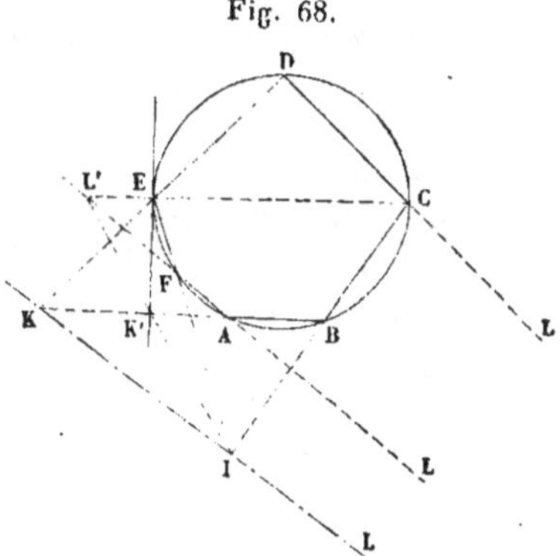

la droite **KL** qui varie autour du point I, les points D, D′, etc., correspondants aux diverses positions de cette droite, seront tous situés sur la courbe du deuxième degré qui passe par les points donnés E, F, A, B, C, au nombre de cinq.

Cette propriété offre, comme on le voit, le moyen de « décrire par points, la section conique qui passe par cinq points » donnés arbitrairement sur un plan. »

Imaginons, de plus, que le point générateur D, vienne se confondre avec le point E, la droite DE deviendra tangente à la courbe et la droite DC prendra la direction CE; prolongeant CE jusqu'à sa rencontre en L′ avec la droite AF qui renferme tous les points L; joignant le point L′ avec le point I par

la droite IL′, celle-ci viendra couper AB en K′, qui sera le point
où la tangente en E, rencontre AB ; donc, si l'on joint ce
point E et le point K′, on aura la tangente au point E.

Cette construction fournit, comme on le voit encore, un
moyen très-simple de « mener à une courbe du deuxième de-
» gré, une tangente en un point, déterminé quand on en con-
» naît quatre autres donnés ou choisis à volonté sur son péri-
» mètre. »

On remarquera que la dernière propriété relative au pentagone inscrit ABCEF et à la tangente en l'un de ses sommets E,
est une conséquence immédiate de ce qui a été dit sur l'hexagone inscrit aux coniques, et aurait pu se démontrer directement, de la même manière.

VIII. — *Tracé des coniques par tangentes, détermination des points de contact.*

Soit maintenant l'hexagone circonscrit *mnpqrs* (*fig.* 66) ; si
l'on imagine que le sommet *p* soit placé sur le périmètre même
de la courbe, les deux côtés *pn* et *pq* se confondront en un
seul, et l'hexagone deviendra (*fig.* 69), un pentagone circon-

Fig. 69.

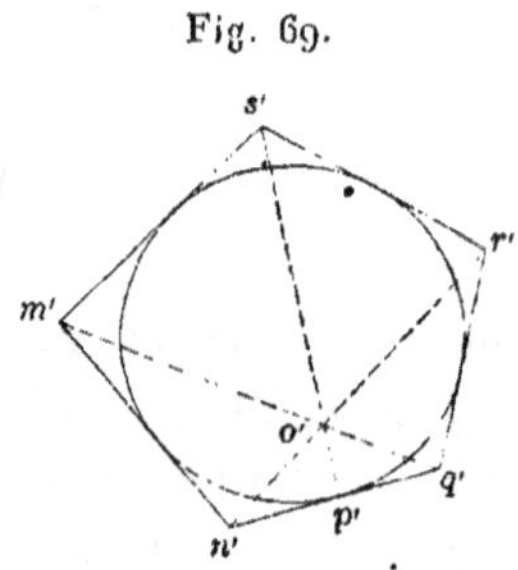

scrit *m′n′q′r′s′*, la diagonale *sp* devenue *s′p′*, passera par le
sommet *s′* et le point de contact *p′* du côté opposé *n′q′* : les
deux autres diagonales étant toujours *n′r′*, *m′q′* et ces trois
droites se coupant, comme dans les *fig.* 66 et 67, en un même
point *o′*.

Donc, en général, « dans un pentagone circonscrit à une
» courbe du second degré, la droite *s′p′*, qui joint un sommet

» quelconque avec le point de contact du côté opposé, et les
» deux diagonales $m'q'$, $n'r'$ relatives aux quatre autres som-
» mets, se coupent toutes en un même point o'. »

Si l'on se donnait, à volonté, un pentagone, et qu'il fallût
trouver la courbe du deuxième degré qui y est inscrite, on déterminerait facilement les cinq points de contact des côtés
avec la courbe au moyen de la propriété précédente; ensuite
ayant cinq points de la courbe, on pourrait la décrire par points
comme ci-dessus; *art. VII* (*).

Remarques diverses. — La propriété du pentagone circonscrit qui vient d'être déduite de celle de l'hexagone circonscrit, aurait pu être démontrée directement comme cette
dernière.

On pourrait répéter sur ces mêmes propriétés, les réflexions
déjà présentées plusieurs fois: savoir, que la droite KL peut
être située au dehors de la courbe ou la couper, sans que ces
propriétés cessent d'exister. Ainsi, quel que soit l'ordre des
côtés successifs des figures précédentes, les propositions démontrées ne cessent pas d'avoir lieu géométriquement.

IX. — *Le lieu du sommet libre d'un polygone plan, dont les
autres sommets décrivent une conique donnée et les divers
côtés tournent autour de pôles ou points fixes, rangés en
ligne droite, ce lieu est une autre conique.*

Soit **LMNOQL** (*fig.* 70) une courbe quelconque du second
degré; A, B, C, ... divers points ou pôles fixes rangés en ligne
droite. Supposons que, par l'un de ces points, A par exemple,
on mène arbitrairement une sécante AL, venant couper la conique en L et Q; qu'ensuite par l'un de ces points L, on mène
la droite BL coupant la courbe de nouveau au point M; que
l'on joigne pareillement ce point au pôle suivant C, et ainsi de
suite jusqu'au dernier pôle E, je suppose, qu'il faudra joindre

---

(*) Le remarquable et fécond théorème de Brianchon, sur l'hexagone
circonscrit aux coniques, donne aussi le tracé direct de ces courbes par les
tangentes, dont il n'est pas fait mention ici, non plus que de beaucoup
d'autres conséquences indiquées par l'auteur.

avec l'intersection O, donnée par la dernière sécante NO. La droite EO ira couper la première sécante AL, suffisamment

Fig. 70.

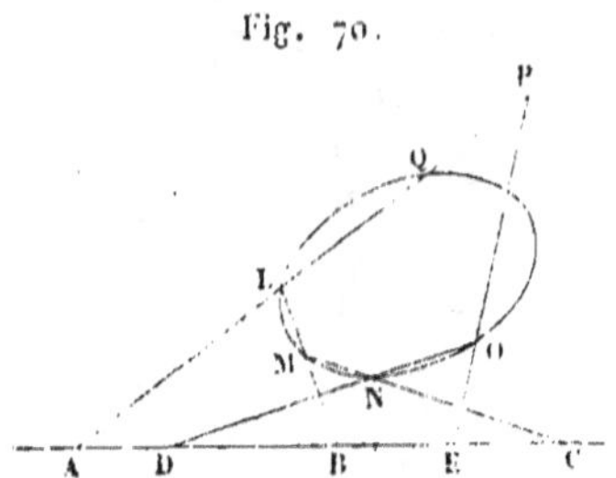

prolongée, en un point **P**, qui variera en même temps que cette sécante ; or je dis que la courbe ainsi engendrée sera aussi du second degré ou une conique.

En effet, on peut regarder la conique donnée comme la projection d'un cercle, et la ligne des pôles AD comme celle d'une droite à l'infini (Princ. IV); donc les divers systèmes de droites qui primitivement concouraient aux pôles respectifs

Fig. 71.

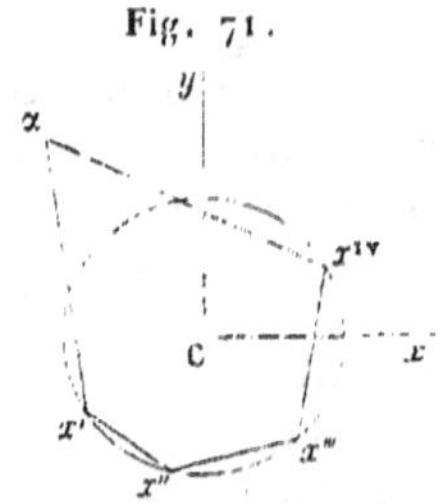

de cette droite, seront autant de systèmes de parallèles dans la nouvelle figure. Cela posé, nommons α et β les coordonnées du point générateur ; x' et y', x'' et y'', ..., les coordonnées inconnues des divers autres sommets du polygone mobile **LMNOP**, sommets que nous conviendrons de désigner par les lettres respectives x', x'', ..., et qui sont censés correspondre à une position particulière du sommet P ou α. Soient, de plus, a, b, c,..., m, n les tangentes trigonométriques des angles constants de chaque système de parallèles ou côtés respectifs du polygone, avec l'axe des x; r le rayon du cercle; l'origine des axes étant placée à son centre C, on aura les équations de condition

$$
\begin{array}{lll}
(a) & (b) & (c) \\[4pt]
x'^2 + y'^2 = r^2 & \beta - y' = a(\alpha - x') & \\
x''^2 + y''^2 = r^2 & y' - y'' = b(x' - x'') & b(y' + y'') + x' + x'' = 0 \\
x'''^2 + y'''^2 = r^2 & y'' - y''' = c(x'' - x''') & c(y'' + y''') + x'' + x''' = 0 \\
x^{\mathrm{IV}2} + y^{\mathrm{IV}2} = r^2 & y''' - y^{\mathrm{IV}} = d(x''' - x^{\mathrm{IV}}) & d(y''' + y^{\mathrm{IV}}) + x''' + x^{\mathrm{IV}} = 0 \\
\multicolumn{3}{c}{\dotfill} \\
x^{(N)2} + y^{(N)2} = r^2 & y^{(N-1)} - y^{(N)} = m(x^{(N-1)} - x^{(N)}) & m(y^{(N-1)} + y^{(N)}) + x^{(N-1)} + x^{(N)} = 0 \\
& \beta - y^{(N)} = n(\alpha - x^{(N)}) &
\end{array}
$$

Dans ce tableau, la première équation de la colonne (c), par exemple, est obtenue en retranchant l'une de l'autre les équations 1 et 2 de la colonne (a), et substituant dans le résultat la valeur de $y' - y''$ tirée de l'équation correspondante $y' - y'' = b(x' - x'')$ de la colonne (b), et ainsi du reste.

Il faudra eliminer x' et y', x'' et y'', … entre toutes ces équations, et l'équation en α et β, ainsi obtenue, sera celle de la courbe lieu des sommets α.

Le nombre des abscisses x', x'', … étant n, les équations (a) seront également au nombre de n, et celles de la colonne (b) au nombre de $n + 1$. Or le nombre total des variables inconnues étant $2n + 2$, il y aura une équation en α et β seuls, résultante de l'élimination.

D'un autre côté, les équations (c) étant évidemment au nombre de $n - 1$ seulement, elles pourront remplacer le système des équations (a), à l'exception de la première $x'^2 + y'^2 = r^2$; et, puisque les coefficients de α, β, x', y', x'', y'', … dans les équations (b) et (c) sont tous constants, il est clair qu'on en pourra tirer les valeurs de x' et y' du premier degré en α et β. Donc si l'on substitue ces valeurs dans l'équation (1), on obtiendra pour résultat final, une équation en α et β du deuxième degré qui sera celle du lieu cherché.

Observations finales.

Par la suite, nous aurons à revenir sur quelques-unes de ces questions, et en particulier, pour la dernière, nous ferons connaître les positions relatives du cercle et de la conique.

Toutes les propositions précédentes, d'ailleurs, sont connues, et appartiennent en grande partie à M. Brianchon, ancien élève de l'École Polytechnique (*).

III.

SUR LE LIEU DU SOMMET LIBRE D'UN TRIANGLE CIRCONSCRIT A UNE CONIQUE DONT LES AUTRES SOMMETS GLISSENT SUR DES DROITES DONNÉES DANS SON PLAN.

Solution purement géométrique.

Soit (C) une courbe quelconque du second degré (*fig. 72*),
AM et AN deux droites prises pour directrices dans son plan;

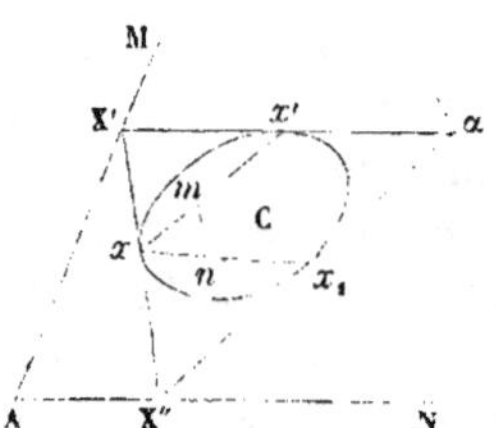

Fig. 72.

soit menée une tangente arbitraire $X'X''$ à cette courbe; par
les points X' et X'', où elle rencontre AM et AN, soient, de
plus, menées les deux autres tangentes $X'\alpha$, $X''\alpha$, qui viennent
se couper en un point quelconque α, troisième sommet du
triangle variable $\alpha X'X''$; quelle sera la courbe engendrée par
ce sommet, en supposant que l'on fasse varier la tangente $X'X''$
de toutes les manières possibles?

(*) *Voy.* les premiers volumes (1805 à 1810) de la *Correspondance* et
du *Journal de l'École Polytechnique.* Écrivant pour moi-même en 1813,
loin de mon pays et d'après de vagues souvenirs, je ne pouvais faire la
part exacte de chaque inventeur; mais je m'en suis, je pense, suffisamment
et consciencieusement dédommagé en 1822, par la publication du *Traité des
Propriétés projectives des figures.* C'est pourquoi, je le répète, je me
dispense ici d'entrer dans aucun détail de critique historique, afin de
ne pas inutilement multiplier les notes de ce livre.

Puisque le point X' est assujetti à parcourir la droite AM, la corde de contact xx' des tangentes qui lui correspondent sur la courbe, passera dans toutes ses positions par un même point ou pôle fixe m. Pareillement, la corde xx_1 relative à X'' passera toujours par un pôle fixe n, *conjugué* à AN. Cela posé, d'après le Princ. IV, on peut regarder la courbe (C) comme la projection d'un cercle et les points m, n comme celles de deux points situés à l'infini ; donc, dans cette projection, toutes les cordes xx' seront parallèles entre elles, ainsi que les cordes xx_1, et la question se trouvera ramenée à celle-ci :

Soit (*fig.* 73) un cercle donné (C) ; par un point quelconque x de ce cercle soient menées deux cordes xx' et xx_1, la première parallèlement à une droite donnée, et la seconde parallèlement à une autre droite également donnée ; par les extrémités x' et x_1 soient menées deux tangentes au cercle, qui viendront se couper en un point α ; quelle sera la courbe engendrée par ce point, en supposant qu'on fasse varier le sommet x de l'angle $x' x x_1$, en lui faisant parcourir la circonférence de (C) ?

Puisque les deux cordes xx' et xx_1 restent constamment parallèles aux droites données, il est clair que l'angle en x, sera constant ; donc la corde $x' x_1$ sera aussi constante pour toutes

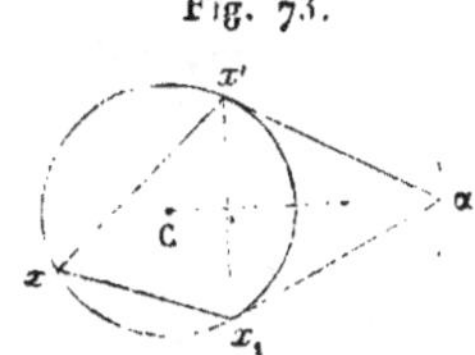

Fig. 73.

les positions du point α, et par conséquent ce point, se trouvant toujours à une même distance du centre C, parcourra une circonférence de cercle concentrique à la première.

On conclut de là que la courbe engendrée par le point α dans la *fig.* 72, est généralement une conique, quelle que soit la position des pôles m, n et des directrices AM et AN : cette courbe n'étant ni concentrique ni semblable à la proposée (C), puisque la projection se fait par des cônes obliques.

Remarques. — On voit combien cette question a été résolue

facilement au moyen des considérations géométriques précédentes, qui apprennent, de plus, que la corde $x'\,x_1$, troisième côté du triangle inscrit $x\,x'\,x_1$ et conjuguée au sommet α, roule en enveloppant une troisième section conique.

Si l'on voulait traiter la même question dans toute sa généralité par l'analyse des coordonnées, on serait jeté dans des calculs ou éliminations d'une longueur rebutante. Je vais cependant le faire, non pour donner à la première démonstration une plus grande certitude, dont elle n'a pas besoin d'après ce qui a été établi au commencement de ce III° Cahier, mais bien pour mettre en mesure de préciser exactement la forme et la position du lieu cherché. J'en donnerai même plus d'une solution, pour montrer comment les moyens souvent employés pour résoudre analytiquement les problèmes de cette espèce peuvent introduire des solutions étrangères à la question; ce qui nous servira par la suite.

Première solution analytique.

Rien n'empêche de supposer, pour la simplification des formules, que la courbe donnée (C) soit un cercle; car il y a une infinité de manières de déterminer un point projecteur et un plan de projection, tels que cette condition ait lieu (Princ. I).

Soient (*fig.* 74) AM, AN et (C) les deux droites données ainsi que le cercle, la question revient évidemment à celle-ci :

Fig. 74.

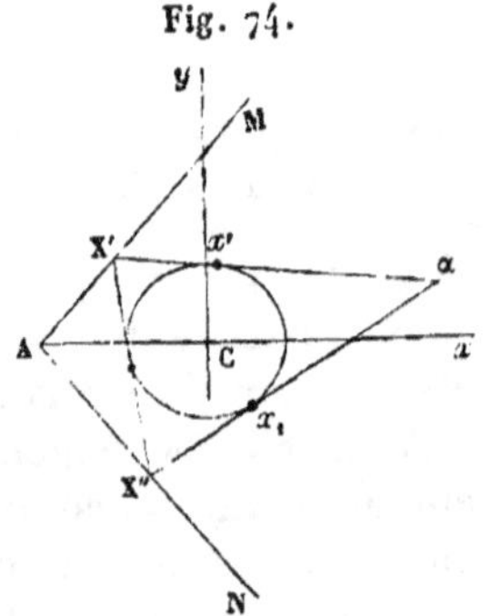

Quelle est la courbe telle que, si d'un point quelconque α, de cette courbe, on mène au cercle (C) deux tangentes $\alpha\,X'$

et $\alpha \mathbf{X}''$, dont l'une vient couper la directrice $\mathbf{AM}$ au point $\mathbf{X}'$, et l'autre la directrice $\mathbf{AN}$ au point $\mathbf{X}''$, la droite $\mathbf{X}'\mathbf{X}''$ soit constamment tangente à ce cercle?

Je place l'origine des coordonnées x et y, α et β en C, et je donne à l'axe des x la direction AC. Cela posé, soit r le rayon du cercle et a la distance AC; supposons, de plus, que les abscisses de chaque point soient représentées par les lettres de la figure, on aura pour les équations du cercle,

$$x'^2 + y'^2 = r^2, \quad x^2 + y^2 = r^2, \quad x_1^2 + y_1^2 = r^2,$$

celle de la directrice AM sera représentée par

$$(1) \qquad\qquad y = \mathbf{A}\,x - \mathbf{A}\,a,$$

et celle de la seconde directrice AN par

$$(2) \qquad\qquad y = \mathbf{B}\,x - \mathbf{B}\,a.$$

L'équation d'une tangente menée par le point x', sera, d'autre part,

$$y y' + x x' = r^2;$$

cette tangente passant par le point α, on a également

$$\beta y' + \alpha x' = r^2.$$

Pour obtenir les valeurs de x' et de y' correspondantes au point α, il faudra combiner cette dernière équation avec celle du cercle ou $x'^2 + y'^2 = r^2$; d'où l'on tirera les doubles valeurs

$$x' = \frac{r^2 \alpha \pm \beta r \sqrt{\alpha^2 + \beta^2 - r^2}}{\alpha^2 + \beta^2}, \quad y' = \frac{r^2 \beta \mp \alpha r \sqrt{\alpha^2 + \beta^2 - r^2}}{\alpha^2 + \beta^2}.$$

Prenant les signes supérieurs pour x' et y' et les signes inférieurs pour x_1 et y_1; observant que l'équation d'une tangente au cercle en x', menée par α, est, en général,

$$x - \alpha = -\frac{y'}{x'}(y - \beta);$$

[Note CLI.] — *Applications d'Analyse et de Géométrie* (1) (suite de la page 14).

Les valeurs des abscisses N et N' devant être substituées dans l'équation (1), on calculera d'abord séparément l'expression des termes qui y entrent, ainsi:

$$[\text{illegible — system of equations for } N'N',\ BN'\cdots AN,\ N'-X,\ AN\cdots BN]$$

Ces valeurs ont été obtenues au moyen des suivantes.

$$[\text{illegible equations}]$$

Des équations (4) on déduira ensuite:

$$[\text{illegible equation}]$$

Ces quantités étant substituées dans l'équation de condition (5) (l'accord entre x et y), une dernière équation qui sera en dernière et celle de la courbe cherchée.

On obtiendra ainsi, en divisant par r' et rassemblant séparément les termes multipliés par $\sqrt{x^2+y^2}=r'$ et ceux qui n'entre que $x^4+y^2=r'$.

$$[\text{illegible equation}]$$

Cette équation étant divisible par $x^2-\sqrt{\cdots}$, en supprimant pour le moment ce facteur, qu'on rétablira ensuite. Rassemblant dans les termes où entre un radical, développant séparément par rapport à x et y et réduisant, il viendra

$$[\text{illegible equation}]$$

développant, de plus, la partie qui reste affectée du radical, en deux facteurs dont l'un est $\cdots x^2 AB = x^2 AB\cdots$ rapprochant dans la partie libre les termes multipliés par xx et ceux qui le sont par x^2, cette équation deviendra

$$[\text{illegible equation}]$$

Divisant enfin par 1 considérant le facteur de $ABx^2+y^2=(A\cdots B\ x)\cdots xABx+\ 'A=Bix^2+ABx'$, et rétablissant le radical $x+\sqrt{x^2}=r'$ supprimé dans le cours de l'opération, l'équation se trouvera décomposée ainsi qu'il suit:

$$[\text{illegible equation}]$$

on en retirera séparément chaque série d'x et y.

$$[\text{illegible equations}]$$

substituant les valeurs de x' et y' trouvées, on obtient, pour l'équation de la tangente $\alpha X'$,

$$x - \alpha = - \frac{r\beta - \alpha \sqrt{\alpha^2 + \beta^2 - r^2}}{r\alpha + \beta \sqrt{\alpha^2 + \beta^2 - r^2}} (y - \beta),$$

et, pour celle de $\alpha X''$,

$$x - \alpha = - \frac{r\beta + \alpha \sqrt{\alpha^2 + \beta^2 - r^2}}{r\alpha - \beta \sqrt{\alpha^2 + \beta^2 - r^2}} (y - \beta).$$

Faisant, en vue d'abréger,

$$\frac{r\beta - \alpha \sqrt{\alpha^2 + \beta^2 - r^2}}{r\alpha + \beta \sqrt{\alpha^2 + \beta^2 - r^2}} = K \quad \text{et} \quad \frac{r\beta + \alpha \sqrt{\alpha^2 + \beta^2 - r^2}}{r\alpha - \beta \sqrt{\alpha^2 + \beta^2 - r^2}} = L,$$

les équations des tangentes $\alpha X'$ et $\alpha X''$ deviendront

$$x - \alpha = - K (y - \beta), \quad x - \alpha = - L (y - \beta),$$

qu'il faudra combiner respectivement avec les équations (1) et (2) afin d'obtenir les coordonnées X', Y' et X'', Y'' des points d'intersection X', X''; ce qui donnera

$$X' = \frac{\alpha + A a K + \beta K}{1 + A K}, \quad X'' = \frac{\alpha + B a L + \beta L}{1 + B L};$$

les valeurs de Y' et Y'' ne sont pas nécessaires, comme on va le voir, pour les résultats du calcul.

Pour que $X' X''$ soit tangent au cercle (C), il faut satisfaire à l'équation de condition

$$(X' Y'' - Y' X'')^2 = r^2 [(X' - X'')^2 + (Y' - Y'')^2].$$

Or on a, d'après les conventions et notations ci-dessus,

$$Y' = AX' - A a, \quad Y'' = BX'' - A a;$$

donc l'équation de condition devient

$$(3) \quad \left\{ \begin{array}{l} [(B - A) X' X'' - a (BX' - AX'')]^2 \\ = r^2 \{(X' - X'')^2 + [AX' - BX'' - a (A - B)]^2\}. \end{array} \right.$$

(*Voyez la suite au tableau ci-après.*)

La seconde de ces équations peut, à son tour, être décomposée en deux facteurs $\beta - A\alpha - Aa$ et $\beta - B\alpha - Ba$, qui, égalés séparément à zéro, donneront à sa place, les deux équations suivantes :

$$\beta - A\alpha - Aa = 0, \quad \beta - B\alpha - Ba = 0.$$

On reconnaît d'abord, que ces dernières équations sont celles des deux droites ou *directrices* AM et AN. Quant à l'équation $\alpha^2 + \beta^2 - r^2 = 0$, elle est celle du cercle (C), lui-même; or ces trois équations ne sauraient être que des solutions particulières de la question proposée; l'équation

$$r\,(A - B)\,(a\alpha - r^2) + (AB\,a^2 - AB\,r^2 - r^2)\,\sqrt{\alpha^2 + \beta^2 - r^2} = 0$$

est donc la seule qui convienne à cette question, du moins telle qu'on se l'est primitivement proposée, et, comme on le voit, elle représente une courbe du second degré en α et β; car, en y faisant disparaître le radical, elle devient simplement

$$(AB\,a^2 - AB\,r^2 - r^2)^2\,(\alpha^2 + \beta^2 - r^2) - r^2\,(A - B)^2\,(a\alpha - r^2)^2 = 0.$$

Cette équation ne renfermant pas de terme en β, il est clair que la courbe est symétrique par rapport à l'axe AC des x ou α, et par conséquent, son centre est situé sur cet axe.

De plus, si l'on y fait $a\alpha - r^2 = 0$, l'ordonnée β devra satisfaire à l'équation $\alpha^2 + \beta^2 - r^2 = 0$, qui est celle du cercle (C) lui-même; la courbe aura donc deux points en commun avec ce cercle, situés symétriquement au-dessus et au-dessous de l'axe des x : l'équation $a\alpha - r^2 = 0$ fait voir d'ailleurs que ces points s'obtiendront en menant, du point A, deux tangentes à ce même cercle. Ainsi, quand le point A est au dedans de (C), la courbe ne le rencontre nulle part. Dans tous les cas, le point α étant toujours au dehors du cercle, la courbe ne saurait entrer dans son intérieur, et partant, lorsqu'elle a deux points en commun avec lui, elle le touche forcément en ces points: ce qui est évident à l'inspection même de la *fig.* 75, et en suivant attentivement la construction, le mode de génération de cette courbe.

Remarques relatives aux solutions étrangères.

Il nous reste à expliquer pourquoi les équations du cercle (C) et des deux directrices **AM** et **AN**, se sont introduites dans l'équation qui fournit la solution analytique du problème.

Or, si l'on se reporte à l'énoncé : « trouver le lieu d'un » point α, tel que les tangentes menées de ce point au cer-

Fig. 75.

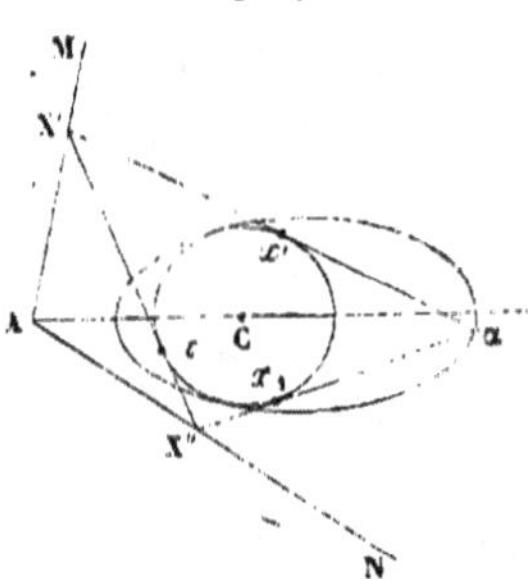

» cle (C), rencontrent respectivement **AM** et **AN** en des points » situés sur une tangente à ce cercle, » on verra facilement que les points du cercle et des droites remplissent parfaitement les conditions imposées aux points α. Considérant, par exemple, la droite **AM**, il est clair que si d'un point X' de cette droite, on mène les deux tangentes $X'\,x'$, et $X'\,x$, la première rencontrant **AM** au point X' lui-même, et la seconde **AN** en X'', les deux points X' et X'' sont bien situés sur une même tangente au cercle. De même, si d'un point quelconque x de la circonférence du cercle, on essaye de lui mener deux tangentes, il est évident que celles-ci se superposant, le triangle générateur $\alpha X' X''$ se réduit à la tangente unique $X'X''$ et le point α vient en x.

Il n'est plus étonnant, d'après cela, que les équations du cercle et des droites **AM** et **AN** se soient trouvées combinées avec l'équation même de la courbe cherchée ; c'est une suite nécessaire de la généralité de l'analyse algébrique.

Nous pouvons conclure de là, que, avant de mettre un problème en équation, il faut examiner avec soin si la méthode employée n'introduira pas quelque solution étrangère à l'objet qu'on se propose; on saura ainsi, à l'avance, si l'équation finale à laquelle on veut parvenir, doit renfermer un ou plusieurs facteurs inutiles, et, souvent même, on pourra reconnaître la nature de ces facteurs. Cet examen permettra fréquemment, de choisir une marche qui ne donne pour équation finale que l'équation même de la courbe cherchée; mais il n'en est pas toujours ainsi; car certains problèmes comportent, de leur nature, plusieurs solutions liées les unes aux autres d'une manière inséparable.

La méthode qui fournirait la solution exempte de toute solution particulière, ne sera d'ailleurs pas toujours la plus commode ni la plus rapide. Si l'on se proposait, par exemple, de rechercher uniquement le degré de la courbe satisfaisant à certaines conditions données, et qu'on eût reconnu que la question, présentée d'une certaine manière, dût introduire un ou plusieurs facteurs d'un degré connu, il suffirait de déterminer le degré de l'équation finale, ce qui est toujours possible et souvent très-facile, et l'on en conclurait, par soustraction, le degré propre de la courbe cherchée. Il faut avoir soin néanmoins, d'éviter l'introduction de ces facteurs auxiliaires, vraiment étrangers, adoptés parfois en vue de faciliter les opérations, et qui sont, en certains cas, d'autant plus fâcheux qu'ils peuvent faire disparaître de véritables solutions.

Construction géométrique et discussion des éléments de la conique lieu du sommet libre, etc. (*).

Iᵉʳ Cas. — On peut déterminer par une construction géométrique simple les sommets situés sur l'axe de symétrie AC, de

---

(*) Les constructions ci-après ont pour but évident une première tentative de solution directe et purement géométrique, des problèmes énoncés plus loin et dont le cas tout à fait élémentaire relatif à « l'inscription » au cercle d'un triangle dont les côtés passent par des points donnés en » ligne droite, » avait déjà occupé les géomètres de l'École d'Alexandrie et ceux du siècle dernier.

A ce sujet, on se rappellera que les méthodes de résolution des problèmes de géométrie se réduisent aux suivants : 1° la résolution algébrique et arithmétique des équations par un calcul direct ou de tâtonnement;

la courbe lieu des points α. Concevons, en effet (*fig.* 76), que l'on trace le triangle $x_1 x' x$, qui a pour sommets les points de contact des côtés du triangle circonscrit au cercle (C); on a

Fig. 76.

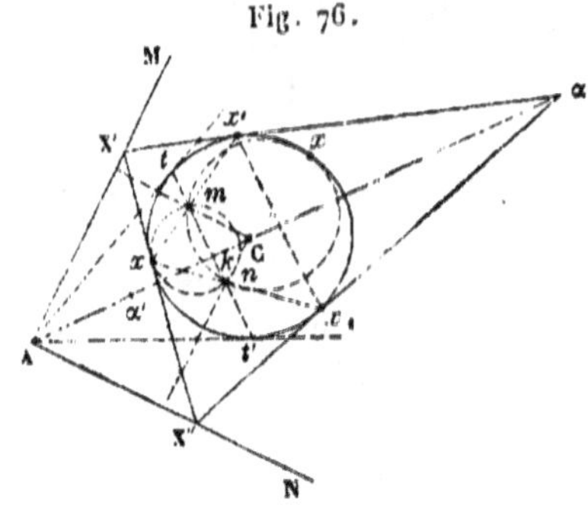

fait remarquer, à l'occasion de la solution géométrique, que les cordes xx', xx_1 passent dans toutes leurs positions, par deux pôles fixes m et n, toujours faciles à construire. D'autre part, lorsque le point α est situé sur AC, il est visible que la

---

2° le tracé graphique par points ou d'un mouvement continu, à l'aide d'instruments de précision, tels que règles, compas, etc. La résolution au moyen de calculs arithmétiques et de tracés géométriques, répétés ou par points, est généralement longue et pénible; on l'abrége, il est vrai, par les tables logarithmiques, les instruments à calcul, la règle de fausse position ou le tracé graphique des courbes d'erreurs. Mais ces méthodes ne sont pas considérées comme bien satisfaisantes : il en est tout autrement des solutions directes, rapides ou réduites au plus petit nombre possible d'éléments, par une combinaison simple, en cela même savante, des données et des inconnues, soit qu'on y emploie principalement les ressources de l'analyse algébrique, soit que, faisant un usage en quelque sorte exclusif du raisonnement géométrique, on se livre à la contemplation intime, intuitive pour ainsi dire, des conditions et des données de chaque problème; ce genre de solutions, dont les écrits mathématiques ont, depuis une certaine époque, offert de si remarquables exemples, mérite seul, en effet, les épithètes d'*élégant*, rapide, ingénieux.

Quant aux méthodes d'invention et de démonstration, c'est autre chose encore, et l'on ne doit pas oublier que démontrer à postériori, ce n'est pas réellement *découvrir*, à moins que le mode même de démonstration, doué ou non des qualités précédentes, ne constitue en soi une innovation, et un principe fécond de découvertes.

corde de contact correspondante $x'x_i$ est perpendiculaire à AC.

La question revient donc à celle-ci : « Par deux points don-
» nés m et n pris dans le plan d'un cercle, mener deux cordes
» mx, nx qui se coupent en un point x de sa circonférence,
» de telle manière que la droite qui joint leurs deux autres
» extrémités x', x_i soit parallèle à mn. » Or il est facile de voir
que le point inconnu x, s'obtiendra en menant, par m et n, un
cercle tangent au cercle donné (C) ; problème traité dans le
Iᵉʳ Cahier, et susceptible de deux solutions. Les deux points x
une fois construits, on en déduit simplement, comme l'indique
la figure pour l'un d'eux, les sommets α et α'.

La construction ci-dessus peut s'exécuter toutes les fois que
les points m et n sont tous deux intérieurs ou tous deux extérieurs au cercle. Lorsqu'il en est ainsi, on peut donc déterminer directement le centre et l'un des axes principaux de la
courbe ; la position des points α et α' par rapport au cercle en
fera d'ailleurs connaître l'espèce. Si l'un de ces points est à
l'infini, le lieu est une *parabole ;* c'est une *ellipse* lorsque les
deux points sont situés de part et d'autre du cercle, et une
hyperbole lorsqu'ils sont situés du même côté. Dans tous les
cas, on achèvera facilement de déterminer la position et la
grandeur de la courbe.

Si c'est une hyperbole, on en construira les asymptotes par
la méthode indiquée plus bas, et de là on déduira la grandeur
de l'axe imaginaire. Lorsque c'est une ellipse, on en détermine un point quelconque par la construction générale, et
l'on obtient ensuite l'axe inconnu, en remarquant, que le rapport de cet axe à $\alpha\alpha'$, est égal au rapport de l'ordonnée du point
construit, à l'ordonnée correspondante du cercle (décrit sur $\alpha\alpha'$
comme diamètre.

Enfin, lorsque la courbe est une parabole, on en détermine
encore un point quelconque, et l'on déduit le paramètre de la
relation connue $y^2 = 2px$. On pourrait aussi construire la
tangente en ce point, en s'appuyant sur ce que, dans cette
courbe, la sous-tangente est double de l'abscisse, et déduire
ensuite de là le foyer.

Les constructions relatives à l'ellipse et à la parabole, se
simplifient lorsque le point A est hors du cercle ; car alors on

connaît immédiatement au moins un point de la courbe; à savoir le point de contact t ou t', de l'une quelconque des tangentes menées de ce point au cercle (C).

IIe C$_{AS}$, *où l'un des pôles est au dedans et l'autre au dehors du cercle directeur.* — Lorsque le point n (*fig.* 77) étant extérieur au cercle (C) et le point m intérieur, c'est-à-dire quand la directrice AN, conjuguée à n, rencontre ce cercle, et que celle AM, qui a m pour pôle, lui reste extérieure, la construction relative aux points α et α' devient illusoire : l'axe prin-

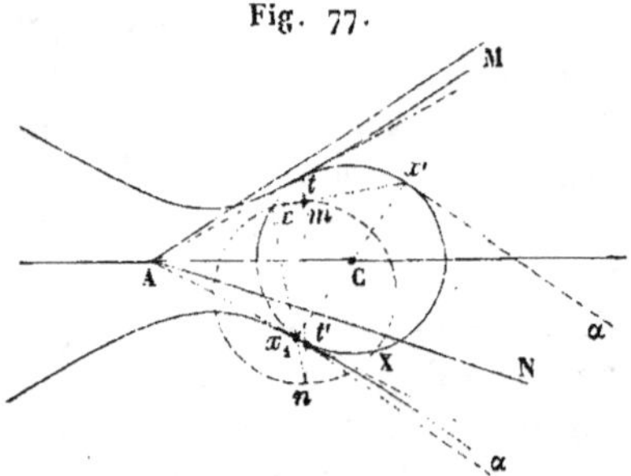

Fig. 77.

cipal de la courbe dirigé suivant AC, sera donc imaginaire, et par conséquent cette courbe sera une hyperbole. Dans le même cas, le point A étant extérieur au cercle (C), par hypothèse, le lieu, du deuxième degré, a nécessairement la position indiquée dans la *fig.* 77 ci-dessus, et il s'agit d'en trouver le centre et les asymptotes.

Rappelons-nous pour cela que l'asymptote étant une tangente à l'un des points situés à l'infini, il devient nécessaire de rechercher, au préalable, la position occupée par de tels points sur les branches illimitées de la courbe. Or, pour obtenir un point quelconque α de cette courbe, il faut d'un point arbitraire x, du cercle (C), mener aux points m et n, les droites mx et nx qui coupent de nouveau ce cercle en x' et en x_1; tracer ensuite en ces points respectifs les tangentes qui iront se couper au point α demandé. Si donc ce dernier point doit être situé à l'infini, il faudra que les tangentes $x'\alpha$, $x_1\alpha$, en x' et x_1 soient parallèles l'une à l'autre, et par conséquent que la droite $x'x_1$ soit un diamètre du cercle, d'où il suit que l'angle $x'xx_1$ doit être droit.

Donc si, sur la distance *mn* comme diamètre, on décrit une nouvelle circonférence de cercle, les points x et X où elle coupe la première, seront tels que les α qui leur correspondent seront situés à l'infini ; donc les asymptotes de la courbe seront respectivement parallèles aux tangentes obtenues de la manière indiquée en particulier pour le point x.

La direction des asymptotes étant ainsi trouvée, il ne s'agira plus que d'en fixer la position : pour cela, on regardera les points situés à l'infini comme deux points distincts, à chacun desquels il faudra mener une tangente à la courbe ; on choisira à cet effet, trois autres points quelconques de cette courbe, et on exécutera la construction indiquée (*fig.* 68). Or, les points t et t' étant ici connus à priori, il suffira d'en déterminer un troisième α, par la construction ordinaire.

Les points de contact t', t étant ici encore réels, et représentés (*fig.* 78) par b, f respectivement, soit a un troisième point déterminé, comme on vient de le dire ; on mènera par b et f des parallèles bc, fe aux asymptotes, elles viendront se couper évidemment en un point i de l'axe de symétrie AC de la courbe ; on tracera af et ab ; par le point i on mènera ik' paral-

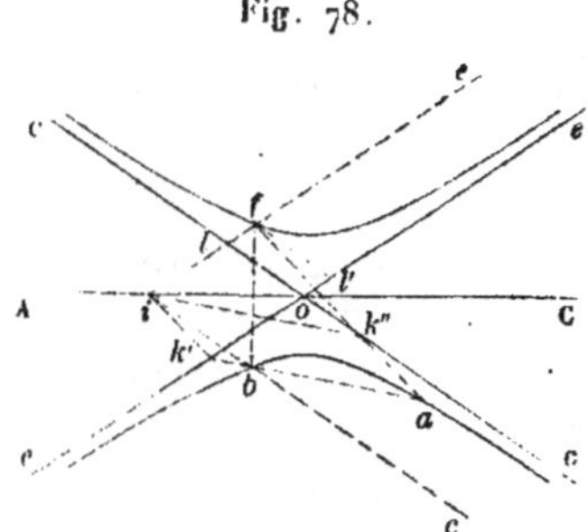

Fig. 78.

lèle à af, qui coupera ab prolongé en k' ; ce sera un point de l'une *oe*, des asymptotes cherchées, et le point o où elle coupera l'axe AC sera le centre de la courbe. On obtiendrait l'autre asymptote en menant par le même point i une parallèle ik'' à ab, qui couperait af au point k'' appartenant à la deuxième *oc* des asymptotes.

Cette construction se déduit de celle de la *fig.* 68, *art. VII*, en supposant dans cette figure que C et E sont les points à l'infini, desquels il faille mener des tangentes à la courbe. Toute droite qui passe par l'un de ces points, a, en effet, une direction parallèle à celle de l'asymptote; par conséquent la droite FE devient ici une droite menée, par f, parallèlement à cette asymptote. Il en est de même de la droite BC, qui devient ici ibc; la droite EC étant tout entière à l'infini, son intersection L′ avec AF, est par là même, située à l'infini sur cette droite; donc L′I est représentée, dans la nouvelle figure, par la droite ik'' menée de i parallèlement à ab, laquelle par conséquent donne avec ab, représentant ici AB, le point k' représentant l'intersection K′ de la tangente en E, devenue l'asymptote $ok'e$.

Ayant obtenu ainsi les asymptotes de la courbe, on déterminera facilement son grand axe réel, en se rappelant que si, d'un point quelconque f de cette courbe, on mène deux ordonnées fl et fl' parallèles à ces asymptotes, leur produit ou rectangle $fl.fl' = ol.ol'$ est constant. Quand le point f est précisément le sommet de la courbe, $ol = ol'$; par conséquent, si l'on cherche une moyenne proportionnelle entre ol et ol', et qu'on la porte, à partir du centre o, sur l'une et l'autre asymptotes; qu'ensuite, des points obtenus, on mène des parallèles à ces asymptotes, le point où elles se rencontreront sera le sommet même de l'hyperbole, etc.

Recherche des intersections de la conique avec les directrices. — Il est des cas où la courbe rencontre les directrices du triangle mobile ou générateur; on peut se demander alors de construire les intersections correspondantes. Supposons que la position de AM et AN soit telle que l'indique la *fig.* 79, ci-après, et qu'il s'agisse de trouver les points où AM rencontre la courbe cherchée. On déterminera le point, toujours réel, ou pôle m conjugué à la droite AN; par les points p et q où AN rencontre le cercle directeur (C), on mènera les tangentes pX et qY, qui donneront par leurs intersections avec AM, les points X et Y demandés.

En effet, on peut considérer le point p comme étant donné arbitrairement sur le cercle (C). Pour trouver le point descripteur correspondant z, il faudrait joindre ce point p avec le pôle m par la droite pm, qui couperait le cercle en un deuxième point p'; le joindre pareillement au pôle n de AN, par une droite np coupant le cercle (C) une deuxième fois en p; par

Fig. 79.

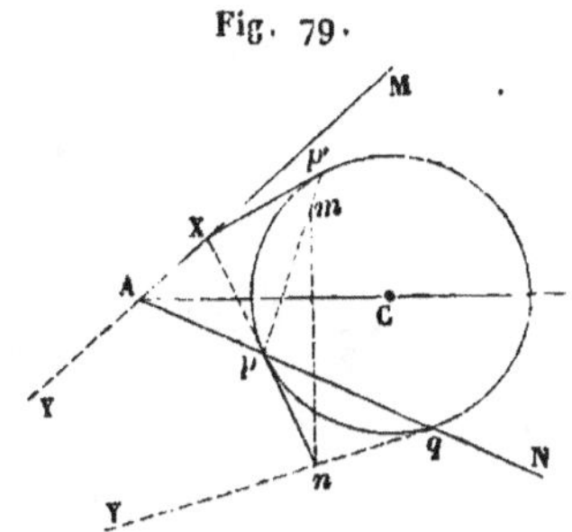

les points p et p', enfin, mener deux tangentes à ce cercle, qui se couperaient au point α demandé. Or il est évident que la corde pp' passant par le pôle m, le point descripteur ou α est sur la directrice AM.

On peut tirer de là comme conséquence, que, si les directrices AM et AN rencontrent à la fois le cercle (C′), auquel cas m et n sont tous deux au dehors de sa circonférence, ces mêmes droites rencontreront aussi la conique; que s'il n'y en a qu'une seule qui coupe le cercle, elle ne coupera pas non plus cette courbe, l'autre la coupant; qu'enfin, si ni l'une ni l'autre des directrices ne coupe le cercle, aucune ne rencontrera cette même courbe.

Inscription et circonscription d'un triangle à un autre ou à une conique donnée. — Les axes principaux de la courbe étant ainsi trouvés, on pourra se proposer de rechercher, par une construction géométrique directe, ses intersections avec une droite de position connue, ce qui fournira la solution du problème suivant :

« Étant donnés (*fig.* 80) un cercle (C) et un triangle AMN, » circonscrire à ce cercle un autre triangle amn dont les sommets m, n et a soient respectivement sur les côtés AN, AM » et MN du triangle donné AMN. »

Il est facile de voir que ce problème revient inversement, à celui qui suit :

« Étant donnés arbitrairement trois points i, o et h ainsi

» qu'un cercle (C), dans un même plan, faire passer par ces
» points trois droites qui se coupent respectivement sur la

Fig. 80.

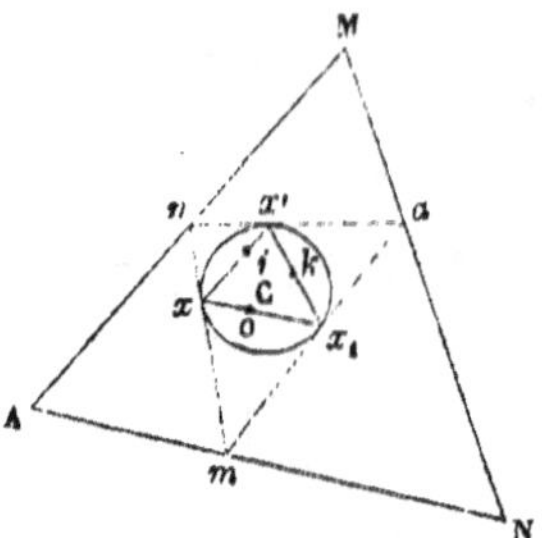

» circonférence de (C), et qui forment par conséquent un
» triangle $x\,x'\,x_{\text{\tiny l}}$ inscrit à ce cercle. »

Si la courbe, directrice ou enveloppe des sommets et des
côtés de ces triangles respectifs, était une conique ou courbe
quelconque du deuxième degré, la solution serait du même
ordre, mais beaucoup moins facile à exécuter géométriquement, c'est-à-dire par la règle et le compas.

Deuxième solution analytique du problème énoncé en tête de cette sect. III (p. 157).

La question revient évidemment encore à celle-ci : Soient
fig. 81, un cercle (C) et deux points ou pôles fixes a et a' situés

Fig. 81.

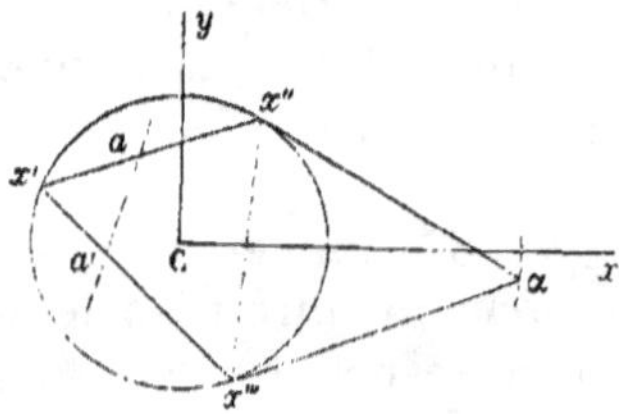

arbitrairement dans son plan; que, d'un point quelconque x' de
ce cercle, on mène aux pôles a et a' les droites $x'a$ et $x'a'$ coupant le cercle en deux autres points x'' et x'''; qu'en ces points

on mène les deux tangentes $x''\alpha$ et $x'''\alpha$ qui se coupent en α, quelle sera la courbe engendrée par ce point α?

Supposant encore que chaque point ait pour coordonnées les lettres correspondantes à celles de la figure (*), on aura évidemment les équations de condition suivantes,

$$(1) \qquad x' + y'^2 = r^2, \quad x''^2 + y''^2 = r^2, \quad x'''^2 + y'''^2 = r^2;$$

$$(2) \quad y'' - y' = \frac{b - y'}{a - x'}(x'' - x'), \quad y''' - y' = \frac{b' - y'}{a' - x'}(x''' - x');$$

$$(3) \qquad \beta y'' + \alpha x'' = r^2, \quad \beta y''' + \alpha x''' = r^2.$$

Ces équations étant au nombre de sept et renfermant huit inconnues, donneront par l'élimination une équation de condition entre α et β seuls, qui sera l'équation même de la courbe cherchée.

Si l'on fait, pour un moment,

$$\frac{b - y'}{a - x'} = m \quad \text{et} \quad \frac{b' - y'}{a' - x'} = m',$$

les équations (2) deviendront

$$(4) \qquad y'' - y' = m(x'' - x'), \quad y''' - y' = m'(x''' - x').$$

Retranchant la première des équations (1) de la deuxième, on aura

$$(x'' - x')(x'' + x') + (y'' - y')(y'' + y') = 0.$$

Substituant la valeur de $y'' - y'$ tirée de la première des équations (4), et supprimant le facteur $x'' - x'$ qui répond à une solution étrangère, puisqu'il ne saurait être nul sans qu'il en soit ainsi de $y'' - y'$ ou de $a - x'$ (2), on aura donc

$$x'' + x' + m(y'' + y') = 0.$$

Cette équation donnera conjointement avec la première des

(*) Désormais nous désignerons constamment, par la lettre qui correspond à l'abscisse courante de chaque point, la position géométrique même de ce point sur la figure.

deux équations comprises sous le n° 4,

$$y'' = \frac{y' - 2\,mx' - m^2 y'}{1 + m^2} = \frac{n}{D},$$

$$x'' = \frac{m^2 x' - 2\,my' - x'}{1 + m^2} = \frac{N}{D},$$

où les lettres n, N, D sont introduites pour l'abréviation.

En changeant m en m' dans ces deux expressions, adoptant des abréviations analogues, elles donneront

$$y''' = \frac{y' - 2\,m'x' - m'^2 y'}{1 + m'^2} = \frac{n'}{D'},$$

$$x''' = \frac{m'^2 x' - 2\,m'y' - x'}{1 + m'^2} = \frac{N'}{D'}.$$

Si l'on substituait ces valeurs dans les équations (3), on obtiendrait deux équations en α, β, x' et y', d'où l'on tirerait les valeurs de x' et y' en α et β, qui, mises dans $x'^2 + y'^2 = r^2$, donneraient l'équation de la courbe cherchée. Mais cette manière directe de faire l'élimination ne serait pas la plus simple en ce qu'il s'introduirait des facteurs étrangers à la question; ce qu'il s'agit ici d'éviter.

Substituant donc les valeurs de x'', y'', etc., dans les équations (3), elles deviendront

$$\beta n + \alpha N = r^2 D, \quad \beta n' + \alpha N' = r^2 D'.$$

Puis, éliminant successivement α et β, on obtiendra les deux équations suivantes

$$(5) \qquad \beta\,(n\,N' - n'\,N) = r^2\,(DN' - D'N),$$

$$(6) \qquad \alpha\,(n'\,N - n\,N') = r^2\,(D\,n' - D'\,n),$$

qui tiendront lieu des premières.

Calculant séparément les valeurs des coefficients qui entrent dans ces équations, on parviendra à des expressions dans lesquelles entrera le facteur $m - m'$: laissant ce facteur libre, mettant dans l'autre partie pour m et m' leurs valeurs, et remplaçant $x'^2 + y'^2$ par sa valeur r^2, on aura

$$(7)\quad\begin{cases} n\mathrm{N}' - n'\mathrm{N} = 2r^2(m-m')(1+mm') = 2r^2(m-m')\,\dfrac{[r^2+an'+bb'-(a+a')x'-(b+b')y']}{(a-x')(a'-x')} \\[2ex] \mathrm{D}\mathrm{N}' - \mathrm{D}'\mathrm{N} = 2(m-m')[y'-mm'y'-(m+m')x'] = 2(m-m')\,\dfrac{[(aa'-bb'-r^2)y'-(ab'+ba')x'+r^2(b+b')]}{(a-x')(a'-x')} \\[2ex] \mathrm{D}n'-\mathrm{D}'n = 2(m-m')[x'-mm'x'+(m+m')y'] = 2(m-m')\,\dfrac{[(aa'-bb'+r^2)x'+(ab'+ba')y'-r^2(a+a')]}{(a-x')(a'-x')} \end{cases}$$

Substituant ces expressions dans les équations (5) et (6), supprimant le facteur $m-m'$ résultant du mode d'élimination, il viendra

$$\beta[r^2+aa'+bb'-(a+a')x'-(b+b')y'] = (aa'-bb'-r^2)y'-(ab'+ba')x'+r^2(b+b'),$$
$$\alpha[r^2+aa'+bb'-(a+a')x'-(b+b')y'] = -(aa'-bb'+r^2)x'-(ab'+ba')y'+r^2(a+a').$$

Ces deux équations, où x' et y' n'entrent qu'au premier degré, ne sont autres que les équations (3) dans lesquelles on aurait substitué les valeurs de x'', y'', etc., en x' et y', mais transformées; elle les remplacent donc parfaitement. En les ordonnant par rapport à x' et y', elles deviendront

$$y'[(b+b')\beta+aa'-bb'-r^2]+x'[(a+a')\beta-ab'-ba']+r^2(b+b')-\beta(r^2+aa'+bb') = 0,$$
$$y'[(b+b')\alpha-ab'-ba']+x'[(a+a')\alpha-aa'+bb'-r^2]+r^2(a+a')-\alpha(r^2+aa'+bb') = 0.$$

On tire de là, pour x' et y', les valeurs suivantes

$$y'=\frac{\alpha[(ab'+ba')(r^2+aa'+bb')-r^2(b+b')(a+a')]+\beta[r^2(a+a')^2-(r^2+aa'+bb')(r^2+aa'-bb')]+r^2(b+b')(r^2+aa'-bb')-r^2(a+a')(ab'+ba')}{\alpha[(ab'+ba')(b+b')+(aa'-bb'-r^2)(a+a')]+\beta[(ab'+ba')(a+a')-(b+b')(r^2+aa'-bb')]-(aa'-bb'-r^2)(r^2+aa'-bb')-(ab'+ba')^2}$$

$$x'=\frac{\alpha[r^2(b+b')^2+(r^2+aa'+bb')(aa'-bb'-r^2)]+\beta[(r^2+aa'+bb')(ab'+ba')-r^2(a+a')(b+b')]-r^2(b+b')(ab'+ba')-r^2(a+a')(aa'-bb'-r^2)}{\alpha[(ab'+ba')(b+b')+(aa'-bb'-r^2)(a+a')]+\beta[(ab'+ba')(a+a')-(b+b')(r^2+aa'-bb')]-(aa'-bb'-r^2)(r^2+aa'-bb')-(ab'-ba')^2}$$

Ces valeurs de x' et y' étant substituées dans l'équation $x'^2 + y'^2 = r^2$, donneront une équation du second degré en α et β; donc la courbe cherchée est une section conique.

Remarque. — Puisque la courbe parcourue par le point α est du second degré, il s'ensuit que l'enveloppe de l'espace parcouru par la corde $x''x'''$, est réciproquement de ce degré, ainsi qu'on le verra plus tard; mais on peut démontrer cette dernière proposition d'une manière entièrement directe.

L'équation de la corde $x''x'''$ étant

$$y - y'' = \frac{y'' - y'''}{x'' - x'''}(x - x''),$$

si l'on y substitue les valeurs de x'', y'', etc., trouvées ci-dessus,

$$y'' = \frac{n}{D}, \quad x'' = \frac{N}{D}, \quad y''' = \frac{n'}{D'}, \quad x''' = \frac{N'}{D'},$$

elle deviendra, en chassant les dénominateurs,

$$(y\,D - n)(ND' - N'D) = (n\,D' - n'D)(x\,D - N),$$

ou

$$y D (ND' - N'D) - x D (n D' - n'D) = n' ND - n N'D,$$

laquelle, divisée par D, se réduit à la suivante

$$y(ND' - N'D) - x(n D' - n'D) = n'N - nN'.$$

Substituant dans cette équation, les valeurs des coefficients trouvées précédemment (7), divisant ensuite par le facteur commun $\dfrac{2(m - m')}{(a - x')(a' - x')}$, on obtient finalement

$$(8) \quad \left\{ \begin{aligned} & y[(aa' - bb' - r^2)y' - (ab' + ba')x' + r^2(b + b')] \\ & - x[(aa' - bb' + r^2)x' + (ab' + ba')y' - r^2(a + a')] \\ & = r^2[r^2 + aa' + bb' - (a + a')x' - (b + b')y']. \end{aligned} \right.$$

Cette équation étant du premier degré en x' et y', en la différentiant par rapport à x', il en résultera une nouvelle équation qui, ne renfermant que $\dfrac{dy'}{dx'}$, x et y, exprimera une relation entre les coordonnées x et y du point d'intersection de deux cordes infiniment voisines.

Or l'équation du cercle $x'^2 + y'^2 = r^2$ donne, par la différentiation immédiate,

$$x' + y' \frac{dy'}{dx'} = 0, \quad \text{ou} \quad \frac{dy'}{dx'} = -\frac{x'}{y'};$$

c'est la relation qui doit exister toujours entre $\frac{dy'}{dx'}$, x' et y', puisque le point x' doit demeurer sur le cercle; par conséquent, si l'on substitue cette valeur de $\frac{dy'}{dx'}$ dans l'équation précédente, on aura une équation du premier degré en x' et y', comme l'équation (8), et donnant, conjointement avec elle, les coordonnées x et y du point d'intersection de la corde $x'' x'''$ avec celle qui lui est infiniment voisine; par conséquent aussi, ce sera le point même de contact de la corde $x'' x'''$ avec l'enveloppe cherchée.

Donc enfin, en éliminant x' et y' entre les deux équations ainsi obtenues et l'équation $x'^2 + y'^2 = r^2$, le résultat en x et y sera l'équation même de la courbe cherchée.

Voici la suite de ce calcul.

Ordonnant l'équation (8) par rapport à x' et y', on aura

$$y'\left[(aa' - bb' - r^2)y - (ab' + ba')x + r^2(b + b')\right]$$
$$-x'\left[(aa' - bb' + r^2)x + (ab' + ba')y - r^2(a + a')\right]$$
$$+ r^2\left[(b + b')y + (a + a')x - aa' - bb' - r^2\right] = 0.$$

Différentiant par rapport à x' et mettant pour $\frac{dy'}{dx'}$ sa valeur $-\frac{x'}{y'}$, il viendra, toutes réductions faites,

$$x'\left[(aa' - bb' - r^2)y - (ab' + ba')x + r^2(b + b')\right]$$
$$+ y'\left[(aa' - bb' + r^2)x + (ab' + ba')y - r^2(a + a')\right] = 0.$$

C'est entre ces deux équations et l'équation $x'^2 + y'^2 = r^2$ qu'il faut éliminer x' et y'. Pour cela, multipliant la première par

x' et la seconde par y', retranchant la première de la deuxième et observant que l'on a $x'^2 + y'^2 = r^2$, il viendra

$$r^2[(aa' - bb' + r^2)x + (ab' + ba')y - r^2(a + a')]$$
$$= x'r^2[(b + b')y + (a + a')x - aa' - bb' - r^2].$$

Faisant maintenant l'inverse, c'est-à-dire multipliant la première équation par y' et la deuxième par x', les ajoutant ensuite, on aura l'équation

$$r^2[(aa' - bb' - r^2)y - (ab' + ba')x + r^2(b + b')]$$
$$= -y'r^2[(b + b')y + (a + a')x - aa' - bb' - r^2].$$

Ces deux dernières équations remplacent parfaitement les deux premières. Si on les élève l'une et l'autre au carré et qu'on les ajoute, qu'on mette ensuite r^2 à la place de $x'^2 + y'^2$, qu'enfin on divise le résultat par r^4, il viendra

$$[(aa' - bb' + r^2)x + (ab' + ba')y - r^2(a + a')]^2$$
$$+ [(aa' - bb' - r^2)y - (ab' + ba')x + r^2(b + b')]^2$$
$$= r^2[(b + b')y + (a + a')x - aa' - bb' - r^2]^2.$$

Telle est finalement l'équation de l'enveloppe cherchée; donc puisqu'elle est du deuxième degré, cette enveloppe est en effet une section conique.

Le facteur $m - m'$ supprimé dans le cours de l'opération, n'a qu'une application indirecte au problème qu'on s'était proposé, et il doit être regardé, en quelque sorte, comme une quantité finie et constante.

En effet, si l'on voulait satisfaire à l'équation

$$y - y'' = \frac{y'' - y'''}{x'' - x'''}(x - x'')$$

de la corde $x''x'''$, en faisant $m = m'$, et substituant pour m et m' leurs valeurs algébriques, on aurait l'équation

$$y' - b = \frac{b - b'}{a - a'}(x' - a),$$

qui n'est autre que celle de la corde même $x''x'''$, pour une position particulière, puisqu'elle appartient à la droite qui passe par les pôles fixes a et a', droite avec laquelle se confond la corde $x''x'''$ quand le point x' est sur cette droite (*fig.* 81). En supprimant le facteur $m - m'$, on n'a donc pas diminué la généralité de l'équation

$$y - y'' = \frac{y'' - y'''}{x'' - x'''}(x - x'').$$

Néanmoins, comme à la corde aa' correspond une valeur particulière de α et β, on peut appeler l'équation $m - m' = 0$ *solution singulière.*

Ces sortes de solutions, en apparence étrangères à la question telle qu'on l'a énoncée ou qu'on l'a entendue, proviennent essentiellement de la manière dont on a fait l'élimination (*).

On voit que, dans les deux solutions précédentes, l'équation finale ne renferme qu'un seul facteur étranger, parce qu'en effet la question présentée de ces deux manières, n'est susceptible que d'une seule solution générale; comme on peut s'en assurer directement d'après l'examen de la *fig.* 81.

(*) M. Moutard, dont j'ai été à même d'apprécier le talent d'analyste, a bien voulu vérifier toutes les opérations algébriques de ces Cahiers, qu'il a trouvées exactes dans leurs résultats divers, mais auxquelles il aurait voulu apporter certaines abréviations ou simplifications que je n'ai pas dû admettre d'après mon intention formelle de ne rien changer aux démonstrations et aux idées du texte manuscrit. Ces abréviations, fondées en partie sur les méthodes *mnémoniques* ou *symboliques* d'élimination et de notation aujourd'hui admises parmi les adeptes, sont les mêmes qui, depuis 1826, ont permis à l'analyse algébrique de suivre les récents progrès de la géométrie intuitive; or ces abréviations, ces artifices de calcul ne pouvaient trouver accès dans un livre daté de 1813, et destiné au plus grand nombre de lecteurs. M. Moutard l'a compris, et a bien voulu réserver pour les Notes qui terminent ce volume, les recherches analytiques qu'il a entreprises sur quelques-unes des matières qui y sont renfermées.

Quant aux réflexions qui accompagnent cette seconde solution analytique, je me borne à consigner ici brièvement une remarque essentielle de ce savant professeur : c'est que l'abaissement du degré de l'équation finale ou la suppression des facteurs étrangers dont cette solution offre un remarquable

Troisième solution analytique du même problème.

Cette solution résulte d'une manière toute différente de poser la question.

« Soit (C) (*fig.* 82) un cercle, a, a' deux points ou pôles
» fixes arbitraires situés dans son plan ; quelle est la courbe
» telle, que, si de l'un quelconque α de ses points, on mène
» deux tangentes $\alpha x''$ et $\alpha x'''$ au cercle (C), le touchant l'une au
» point x'' et l'autre au point x''', les droites $x'' a$ et $x''' a'$, me-
» nées respectivement par chacun des points de contact et les
» pôles a et a', viennent se couper en un dernier point x'
» situé sur le cercle dont il s'agit? »

On s'aperçoit aisément de l'analogie qui existe entre cette
manière de présenter la question et celle déjà employée dans
la première solution analytique ; aussi l'équation finale à laquelle on parviendrait dans ce cas, offrirait-elle les mêmes
circonstances, comme nous allons le démontrer, sauf ce qui
concerne les radicaux et les facteurs étrangers introduits dans
cette équation.

---

exemple, est amené par la suppression même, toute volontaire d'ailleurs,
du facteur variable $m - m'$ ou $x'' - x'$, considéré comme fini, constant et
étranger à la question, dès le début du calcul. Or il est bien clair que, en
suivant les méthodes générales de l'élimination, cette simplification n'aurait
pas eu lieu, et que le degré de l'équation finale se fût élevé au nombre 8,
produit des degrés des 7 équations fondamentales du problème, qui comporte, comme le fait observer, avec raison, M. Moutard, trois espèces distinctes de solutions ou facteurs singuliers, à savoir : *les dérivés des pôles a
et a', le cercle directeur lui-même, et les tangentes aux points où il coupe
la droite aa'* ; facteurs parmi lesquels se retrouvent ceux de la première
des solutions analytiques du problème, et dont l'introduction, l'interprétation géométrique reposent sur des considérations analogues.

On trouvera dans le tome VIII (1er janv. 1818) des *Annales de Mathématiques*, à l'occasion de la *théorie des polaires réciproques*, des remarques plus générales encore, sur l'introduction de ces facteurs soi-disant
étrangers, dans la solution analytique des problèmes de géométrie. Ces
remarques, qui seront reproduites avec extension dans le tome II de ces
Applications, n'ont pas jusqu'à présent, je pense, fixé convenablement
l'attention des modernes analystes.

Il est d'abord aisé de voir que tous les points du cercle (C) remplissent la condition qui vient d'être énoncée.

En effet, si d'un point quelconque α' de ce cercle, on lui mène deux tangentes, elles se confondront en une seule et leurs points de contact seront réunis au point commun α'. Si

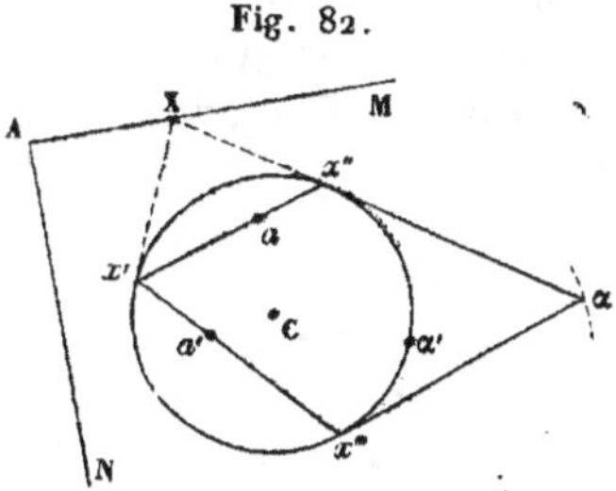

Fig. 82.

ensuite, de ce point, on mène une droite au point a et une autre au point a', il est clair que ces deux droites se couperont aussi en α' sur le cercle; donc l'équation finale renfermera l'équation du cercle (C), comme facteur.

Pareillement si l'on considère la droite ou directrice **AM**, dérivée du pôle a, comme on l'a dit plus haut, c'est-à-dire telle, que, menant par l'un quelconque de ses points deux tangentes au cercle (C), leur corde de contact passe constamment par ce pôle, je dis que cette dérivée satisfera à la même condition que la courbe cherchée; car x' et x'', par exemple, étant les points de contact relatifs à l'un des points X de AM, il faudra, selon l'énoncé et comme l'indique en particulier la figure, joindre x'' au point a, et x''' au point a', par de nouvelles droites qui se couperont visiblement en x' sur le cercle directeur (C).

Donc l'équation finale de la courbe des points α devra contenir un facteur du premier degré, qui, égalé à zéro, sera l'équation même de la droite AM, dont il s'agit. Par la même raison, l'équation finale devra renfermer pour facteur, la dérivée ou ligne droite AN qui répond au pôle fixe a'. Le quatrième facteur de l'équation finale devant appartenir au lieu cherché, on voit que cette manière de présenter la question ne diffère pas essentiellement de la première des solutions analytiques ci-dessus, et que l'équation à laquelle on parviendrait serait exactement la même, si l'on supposait les axes des coordonnées placés aussi de la même manière dans les deux cas.

Quatrième solution analytique.

Cette dernière manière de présenter la question offrant des conséquences particulièrement remarquables, nous allons la développer dans toute son étendue. Soit α (*fig.* 83) l'un

Fig. 83.

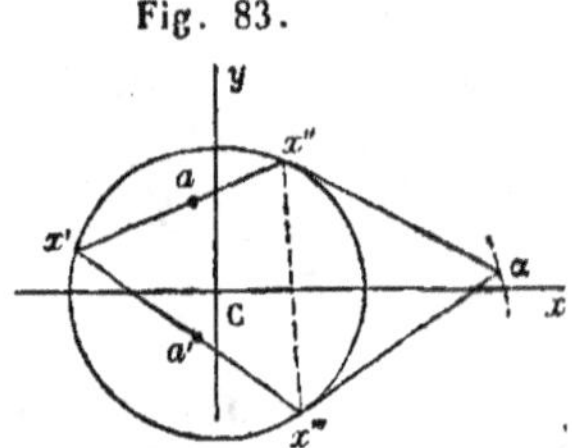

des points de la courbe cherchée. Si l'on mène par ce point deux tangentes $\alpha x''$ et $\alpha x'''$ au cercle (C), on aura pour déterminer les points x'' et x''' (*voy.* la première des solutions analytiques du problème), les deux équations

$$x''^2 + y''^2 = r^2, \quad \beta y'' + \alpha x'' = r^2;$$

d'où l'on tirera les formules suivantes pour déterminer les valeurs de x'' et y'', x''' et y''',

$$x'' = \frac{r^2 \alpha + r\beta \sqrt{\alpha^2 + \beta^2 - r^2}}{\alpha^2 + \beta^2}, \quad y'' = \frac{r^2 \beta - r\alpha \sqrt{\alpha^2 + \beta^2 - r^2}}{\alpha^2 + \beta^2};$$

$$x''' = \frac{r^2 \alpha - r\beta \sqrt{\alpha^2 + \beta^2 - r^2}}{\alpha^2 + \beta^2}, \quad y''' = \frac{r^2 \beta + r\alpha \sqrt{\alpha^2 + \beta^2 - r^2}}{\alpha^2 + \beta^2}.$$

Maintenant, si l'on mène par le point x'' et par le pôle a une droite $x'' a$, elle viendra couper en général le cercle (C), en un deuxième point x', et l'on aura les équations suivantes pour déterminer les coordonnées x' et y' :

$$(1) \qquad x'^2 + y'^2 = r^2, \quad x''^2 + y''^2 = r^2,$$

$$(2) \qquad y' - y'' = \frac{b - y''}{a - x''} (x' - x''),$$

d'où l'on tire la nouvelle relation

$$(3) \qquad x' + x'' + \frac{b - y''}{a - x''} (y' + y'') = 0.$$

L'équation (3) s'obtient en retranchant la deuxième des équations (1) de la première et substituant ensuite, dans le résultat, la valeur de $y' - y''$ tirée de l'équation (2). Des équations (2) et (3) on déduira ensuite, par l'élimination et en ayant soin de remplacer $x''^2 + y''^2$ par r^2,

$$y' = \frac{2 br^2 - 2 abx'' + y'' (a^2 - b^2 - r^2)}{a^2 + b^2 + r^2 - 2 ax'' - 2 by''},$$

$$x' = \frac{2 ar^2 - 2 aby'' + x'' (b^2 - a^2 - r^2)}{a^2 + b^2 + r^2 - 2 ax'' - 2 by''}.$$

On voit que ces valeurs ne sont que du premier degré en x'' et y'', comme on devait s'y attendre.

Supposons pareillement que, de l'autre point de contact x''', on mène une deuxième corde qui passe par le point a', elle viendra couper, en général, le cercle (C) en un deuxième point x_1 qui différera du point x', si α est quelconque. On obtiendra évidemment les coordonnées x_1 et y_1 de ce point, en changeant dans les valeurs de x' et y', x'' en x''', y'' en y''', a en a' et b en b', ce qui donnera

$$y_1 = \frac{2 b' r^2 - 2 a' b' x''' + y''' (a'^2 - b'^2 - r^2)}{a'^2 + b'^2 + r^2 - 2 a' x''' - 2 b' y'''},$$

$$x_1 = \frac{2 a' r^2 - 2 a' b' y''' + x''' (b'^2 - a'^2 - r^2)}{a'^2 + b'^2 + r^2 - 2 a' x''' - 2 b' y'''}.$$

Cela posé, puisque le point α doit être tel, que les deux points x' et x_1 se confondent, il faudra qu'on ait à la fois $x' = x_1$ et $y' = y_1$. Substituant dans l'une et l'autre de ces deux équations, les valeurs de x', y', x_1 et y_1, elles ne renfermeront plus que α et β, et par conséquent elles devront être simultanément satisfaites par l'équation de la courbe cherchée.

Il semblerait, d'après cela, que ces équations dussent être identiques; mais, comme on va le voir, il en est tout autrement; il faut donc que l'une et l'autre soient compliquées de facteurs étrangers à la question ; le facteur correspondant à la courbe cherchée devra seul être commun à ces équations, et il n'y a que lui qui puisse véritablement remplir les conditions du problème exigeant qu'on ait à la fois $x' = x_\iota$, $y' = y_\iota$; les facteurs étrangers ne remplissent, au contraire, que l'une ou l'autre des deux conditions séparées $x' = x_\iota$, $y' = y_\iota$, et cette observation suffit pour en faire connaître l'origine.

En effet, considérant un facteur qui satisferait à la seule condition $x' = x_\iota$, ce facteur répondrait évidemment à la question suivante :

« Trouver une ligne courbe qui soit telle que si, d'un point
» quelconque α de cette courbe, on mène deux tangentes $\alpha x''$
» et $\alpha x'''$ au cercle (C) ; qu'on joigne ensuite les deux points de

Fig. 84.

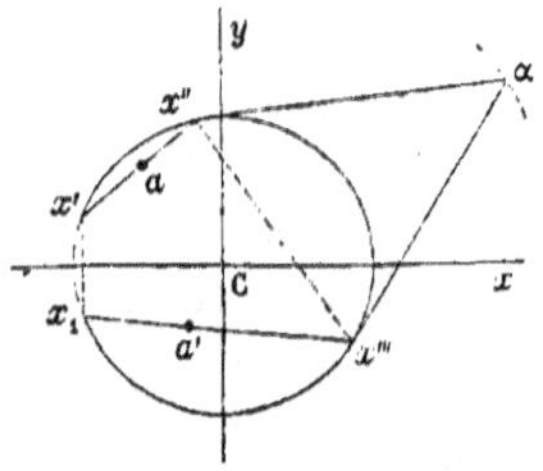

» contact x'' et x''' respectivement avec les deux points a et a',
» par les droites $x'' a$ et $x''' a'$, ces droites viennent couper le
» cercle (C) en deux autres points x' et x_ι situés sur une même
» perpendiculaire à l'axe des x. »

Cette condition pourra évidemment être remplie de deux manières différentes :

1° Quand les points x' et x_ι se confondront, auquel cas on aura en même temps $y' = y_\iota$;

2° Quand ces deux points, sans se confondre, seront simplement situés sur une même parallèle à l'axe des y.

Il est clair que la première condition fournirait une courbe entièrement distincte de la deuxième.

Donc l'équation $x' = x_\iota$, qui renferme à la fois ces deux conditions, devra donner en même temps, l'équation de la courbe correspondante à la première d'entre elles, et celle de la courbe qui répond à la seconde. Elle sera donc décomposable en deux facteurs distincts, dont l'un ne satisfera qu'à la seule condition $x' = x_i$, et dont l'autre, satisfaisant simultanément aux deux équations $x' = x_i$ et $y' = y_i$, fournira l'équation unique de la courbe cherchée.

L'équation $y' = y_i$, considérée à part, fournirait des conséquences semblables. Elle sera donc, comme l'équation $x' = x_i$, décomposable en deux facteurs dont l'un, égalé à zéro, ne remplira que la seule condition $y' = y_i$ et dont l'autre, satisfaisant à la fois aux équations $x' = x_i$ et $y' = y_i$, donnera l'équation même de la courbe cherchée; ce dernier facteur sera donc en même temps facteur de l'équation $x' = x_i$ et de l'équation $y' = y_i$.

Achevons maintenant le calcul (*Voy. le tableau ci-contre*).

Cette équation étant du second degré, le lieu des points α de rencontre des tangentes au cercle, sera véritablement une courbe de ce degré ou l'une des sections du cône, comme on l'a annoncé. On voit, en outre, que les deux autres courbes mentionnées plus haut sont également du second degré. De là on tire cette conséquence : « Soit (C) un cercle (*fig.* 85) et a, a', a'' trois pôles fixes situés dans son plan; que, d'un point quelconque x' de ce cercle, on mène aux pôles a et a',

Fig. 85.

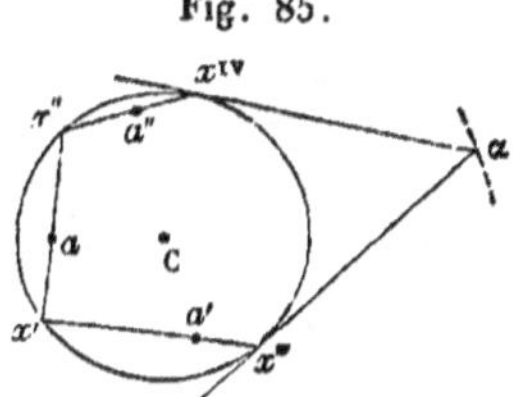

deux droites $x'a$ et $x'a'$ qui, prolongées, viendront couper le cercle (C) en deux nouveaux points x'' et x'''; qu'ensuite de x'' on mène au point a'' la nouvelle droite $x''a''$ coupant le cercle en un second point x^{IV}; qu'enfin on mène aux points x''' et x^{IV} deux tangentes $\alpha x'''$ et αx^{IV} au cercle (C), ces tangentes viendront se couper en un dernier point α, situé sur une courbe du second degré; de sorte que si l'on fait parcourir la circonférence de (C) à x', le point α décrira cette courbe. »

En effet, le cercle (C) peut être considéré comme la projection d'un autre cercle, et le pôle fixe a comme la projection d'un point situé à l'infini. Or, dans cette nouvelle projection,

PROGRAMME. *Applications d'Analyse et de Géométrie*, t. I. Tableau des calculs de la page 170.

Si l'on substitue dans les deux équations $x' = x$, et $y' = y$, pour x', x, etc., leurs valeurs trouvées ci-dessus, on aura, pour l'équation $x' = x$, $x = 0$ en particulier et ordonnant par rapport à x', etc.

$$(1) \qquad [\text{illegible}]$$

Les valeurs trouvées ci-dessus pour x' et x, x'' et y'' donnent d'ailleurs, en adoptant le signe abréviatif $\sqrt{''}$ pour représenter le radical $\sqrt{x^2 + \dots}$ dans les calculs,

$$[\text{illegible}]$$

Substituant ces valeurs dans l'équation précédente, chassant le dénominateur $x^2 + y^2$ et ordonnant, il viendra

$$(2) \qquad [\text{illegible}]$$

On peut déduire directement l'équation $y' = y$, de l'équation (1) en y changeant a en b, x'' en y'', x''' en y''' et réciproquement; ce qui donne pour l'équation $y' = y$, ...

$$(3) \qquad [\text{illegible}]$$

Substituant dans cette équation les valeurs trouvées ci-dessus pour x', x, etc., chassant le dénominateur $x^2 + y^2$ et ordonnant, il sera, pour la deuxième condition $y' = y$,

$$(4) \qquad [\text{illegible}]$$

L'équation (2) ci-dessus, devient identique avec celle-ci en y changeant, dans la partie affectée du radical, y en $-x$, a en $-b$, a' en $-b'$ et réciproquement; changeant, au contraire, dans la partie réelle, x en y, a en b, a' en b' et réciproquement. Cette observation nous dispensant de traiter à la fois les équations (2) et (4), il suffit de s'occuper de l'équation (1); un simple changement de lettres dans le résultat donnera celui qui est relatif à l'équation (4); $x' = x$, $x = 0$. Le but que je me propose est de décomposer l'équation (4) ou $y' = y$, $x = 0$ en les deux facteurs dont il a été fait mention ci-dessus.

Pour y parvenir, je commence par remarquer que la partie affectée du radical $y^2 + \dots$ dans cette équation, peut être mise successivement sous les formes suivantes,

$$[\text{illegible}]$$

ou bien,

$$[\text{illegible}]$$

En ordonnant d'abord la deuxième partie de l'équation (1); on pourra la mettre ensuite successivement sous les formes ci-après, qui indiquent la marche même du calcul.

$$[\text{illegible}]$$

ou, ce qui revient au même,

$$[\text{illegible}]$$

ici, en rassemblant la partie [illegible] et réunissant les termes qui restent.

$$[\text{illegible}]$$

$$[\text{illegible}]$$

en bien entendu,

$$[\text{illegible}]$$

on tire, en réunissant de nouveau les termes qui multiplient la quantité [illegible],

$$[\text{illegible}]$$

dans l'équation (4) où $y' = [\ldots]$ on descendra, en rassemblant les deux parties dont elle est composée, divisant ensuite par [illegible].

(3) $\qquad [\text{illegible}]$

Si, dans cette équation, on fait

$$[\text{illegible}] = \mathrm{A}, \quad [\text{illegible}] = \mathrm{B}, \quad [\text{illegible}] = \mathrm{X}, \quad [\text{illegible}] = \mathrm{Y},$$

elle prendra la forme trinôme

$$(\mathrm{AX} + \mathrm{AY}\sqrt{[\ldots]} - \mathrm{B}[\ldots])(x^2 + y^2 - r^2) + \mathrm{AX} = 0.$$

qui permettra d'en examiner la composition avec beaucoup de facilité.

En effet, si l'on y rassemble séparément les termes qui multiplient A et ceux qui multiplient B, elle deviendra

$$\mathrm{A}\left(\mathrm{X} + \mathrm{Y}\sqrt{x^2 + y^2 - r^2}\right) + \mathrm{B}[\text{illegible}] = 0.$$

substituant dans cette équation pour A, B, X et Y leurs valeurs ci-dessus, l'équation $y' = [\ldots]$ en deviendra finalement

$$[\text{illegible}]$$

D'après la remarque faite plus haut, on aura l'équation $x = [\ldots]$ en changeant dans l'équation (5), pour la partie affectée de radical, a en $-\beta$, a en $-b$, a' en $-b'$ et réciproquement, et pour la partie réelle, a en β, a en b, a' en b' et réciproquement. L'équation $x' = [\ldots] = 0$ transformée sera ainsi

$$[\text{illegible}]$$

Traitant cette équation comme l'équation 5, on en tirera finalement pour l'équation $y' = [\ldots] = 0$.

$$[\text{illegible}]$$

ce qui donne pour l'équation de la courbe cherchée.

$$[\text{illegible}]$$

le système des droites $x'x''$ qui passaient par le pôle a deviendra celui de cordes parallèles entre elles. Si donc on place l'origine des axes au centre C, et l'axe des y parallèlement aux cordes dont il s'agit, il est clair que la courbe engendrée par les nouveaux points α, satisfaisant à la condition unique $x' = x_1$, sera une section conique, d'après ce qui a été prouvé ci-dessus, et par conséquent la projection de cette courbe, c'est-à-dire celle que décrit le point α (*fig.* 85), sera aussi une section conique.

De là il résulte donc que la propriété du cercle démontrée dans les solutions précédentes, et qui n'avait lieu que pour deux pôles a et a' seulement, est vraie aussi pour le cas de trois pôles a, a' et a''. Je dis plus encore : cette propriété a lieu pour une conique quelconque et quel que soit le nombre des pôles arbitraires a, a', a'', etc.; comme le prouvent les démonstrations suivantes.

IV.

RECHERCHES ANALYTIQUES SUR LES POLYGONES MOBILES INSCRITS AUX CONIQUES ET DONT LES COTÉS PASSENT RESPECTIVEMENT PAR DES POINTS FIXES OU POLES DONNÉS.

Soit (*fig.* 86) un polygone quelconque $x_1\, x_2\, x_3\, x_4\, x'_4\, x'_3\, x'_2\, x'_1$ inscrit à une ligne du second degré (C). Soient pris sur la direction de chacun de ses côtés, des points fixes arbitraires a_1, a_2, a_3,…a'_3, a'_2, a'_1, excepté sur le dernier côté $x_1 x'_1$, qui demeurera absolument libre. Soient, de plus, menées aux extrémités de ce dernier côté, les tangentes $x_1\alpha$ et $x'_1\alpha$ qui viendront se couper en un point mobile que j'appelle α. Imaginons que l'on déforme le polygone en assujettissant tous ses sommets à parcourir la conique (C), et ses côtés, à l'exception du dernier $x_1 x'_1$, à pivoter autour des points respectifs a_1, a_2, a_3, etc., comme pôles ; je dis que l'enveloppe de l'espace parcouru par le côté libre $x_1 x'_1$, sera une autre section conique ainsi que la courbe décrite dans ce mouvement par le point α.

Dans le même cas, si l'on circonscrit à (C), un polygone dont les côtés touchent cette courbe aux sommets respectifs du polygone inscrit, chacun de ses sommets parcourra la droite dérivée du pôle correspondant, à l'exception du dernier sommet ou sommet libre α, qui décrira généralement une ligne du second degré ou dernière section conique.

La courbe (C) pouvant être censée la projection d'un cercle quelconque, il suffira de démontrer la proposition pour ce dernier cas. Je suppose que les coordonnées variables des sommets du polygone inscrit et celles des pôles situés sur la direction de chacun des côtés, soient représentées par les couples de coordonnées qui correspondent aux lettres simples de la figure ; j'appelle, de plus, r le rayon du cercle donné, et je place l'origine des coordonnées à son centre C.

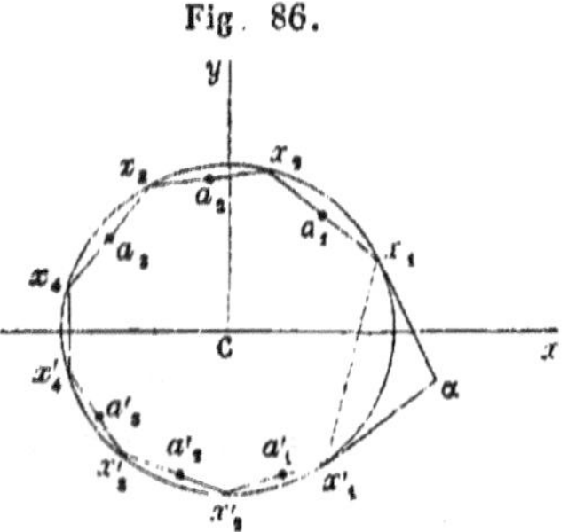

Fig. 86.

Cela étant convenu une fois pour toutes, je suppose que le point α soit pris d'abord arbitrairement, en sorte que si l'on mène les deux tangentes αx_1 et $\alpha x'_1$ au cercle, et qu'on joigne de proche en proche le premier point de contact x_1 avec le pôle a_1, ce qui déterminera x_2, puis le second point x_2 avec le pôle suivant a_2, et ainsi de suite jusqu'à ce qu'on parvienne à un certain sommet x_n correspondant au pôle a_{n-1} ; qu'on en agisse de même, à partir du second point de contact x'_1, en allant de proche en proche, du sommet x'_1 au sommet x'_2 par le pôle a'_1, de x'_2 au sommet x'_3 par le pôle a'_2, et ainsi de suite jusqu'à ce qu'on parvienne au pôle le plus voisin de celui a_{n-1}, auquel on s'est arrêté précédemment : en supposant que le dernier des pôles a'_1, a'_2, etc., soit a'_{m-1}, le dernier des sommets x'_1, x'_2, etc., sera pareillement x_m. Supposant le point α pris arbitrairement, les points x_n et x'_m seront quelconques ; mais si α satisfait à la condition précédente, il faudra que ces deux derniers points se confondent en un seul et même sommet appartenant au cercle (C).

Cette condition serait évidemment remplie si l'on exprimait que les deux dernières cordes obtenues, $x_{n-1} a_{n-1}$, $x_{m-1} a_{m-1}$ se coupent sur la circonférence de (C). Mais elle peut l'être également en exprimant que les coordonnées x_n, y_n sont respectivement égales aux coordonnées x'_m et y'_m, ce qui donnera les équations de condition $x_n - x'_m = 0$, $y_n - y'_m = 0$, qui devront avoir lieu à la fois. Or il est clair que le point α étant déterminé, les points x_n et x_m le sont également d'après la construction précédente; donc les coordonnées de ces points qui entrent dans les équations, peuvent être obtenues au moyen de α, β et des constantes qui déterminent la position des pôles a_1, $a_2, \ldots, a'_1, a'_2, \ldots$, et du rayon r du cercle (C). On aura donc des équations de condition de la forme $\varphi(\alpha, \beta) = 0$, $\psi(\alpha, \beta) = 0$, qui devront avoir lieu en même temps, entre les coordonnées variables α et β.

Évidemment ces deux équations ne sont point indépendantes l'une de l'autre, sans quoi il n'y aurait qu'un certain nombre de valeurs de α et de β qui y satisferaient à la fois, et, par conséquent, la condition dont il s'agit ne pourrait être remplie que par un égal nombre de positions déterminées du point α; ce qui est absurde, puisqu'il est clair, d'après la figure, qu'il y en a une infinité formant par leur succession continue, une courbe unique et distincte. Donc enfin, puisque les équations $\varphi(\alpha, \beta) = 0$, $\psi(\alpha, \beta) = 0$ ne sont point indépendantes entre elles, et qu'elles doivent être satisfaites à la fois par l'équation d'une certaine ligne courbe, il faut qu'elles aient un facteur commun de la forme $f(\alpha, \beta)$.

Ce facteur égalé à zéro, remplissant la double condition $x_n - x'_m = 0$, $y_n - y'_m = 0$, sera évidemment l'équation même de la courbe cherchée. Quant aux deux facteurs non communs à ces équations, égalés de même à zéro, ils représentent séparément deux autres courbes, mais étrangères à la question. Pour savoir à quoi elles répondent, et comment il se fait qu'elles se soient introduites dans la solution du problème, il n'y a qu'à examiner séparément les équations de condition $x_n - x'_m = 0$, $y_n - y'_m = 0$, et chercher d'où ces solutions ou facteurs étrangers proviennent.

Si l'on ne considère que la seule équation $x_n - x'_m = 0$, on verra qu'elle répond à la question suivante : Soient a_1, a_2, a_3, a'_3, a'_2, a'_1 (*) six pôles ou points fixes situés sur le plan d'un cercle (C); Cx et Cy deux axes rectangulaires de position donnée : on mène une corde arbitraire $x_4 x'_4$ parallèlement à l'axe des y; on joint son extrémité x_4 avec le pôle a_3, ce qui détermine le point x_3; on joint ce point x_3 au pôle suivant a_2, et l'on continue ainsi jusqu'au point x_1; on répète la même construction à l'égard de l'autre extrémité x'_4 de la première corde et des pôles a'_3, a'_2, a'_1, ce qui détermine un second point x'_1; par les deux points x'_1 et x_1 ainsi obtenus, on mène au cercle (C) deux tangentes qui viennent se couper en α : quelle est la courbe parcourue par le point α quand on fera varier la corde $x_4 x'_4$ parallèlement à l'axe des y?

On voit que la question, présentée de la sorte, donnera lieu à une courbe différente de celle qui satisfait à la fois aux deux équations $x_n - x'_m = 0$, $y_n - y'_m = 0$. Et, comme l'une et l'autre courbes doivent satisfaire à la même condition $x_n - x'_m = 0$ ou $\varphi(\alpha, \beta) = 0$, il faut que cette dernière équation soit décomposable en deux facteurs dont l'un, égalé à zéro, donnera une équation $f(\alpha, \beta) = 0$, représentant la première des courbes en question, et dont l'autre, égalé de même à zéro, donnera une seconde équation $F(\alpha, \beta) = 0$, différente de celle-là et représentant l'autre de ces courbes. Il y a plus, on peut imaginer que la *fig.* 86 soit la projection d'une figure analogue, mais dans laquelle la directrice (C) des sommets serait toujours un cercle, et le système de cordes parallèles $x_4 x'_4$ un système de cordes passant par un septième pôle donné a_4, en sorte que la seconde des deux courbes dont il s'agit, peut être considérée comme la projection d'une ligne engendrée de la même manière que la première, mais pour laquelle il y aurait un pôle de plus à l'infini.

Ces préliminaires étant posés, nous allons chercher la forme des équations $x_n - x'_m = 0$, $y_n - y'_m = 0$ en α et β. Pour cela, nous observerons d'abord que, si d'un point α on mène deux

---

(*) On prend le cas particulier de la *fig.* 86. afin de rendre la démonstration plus claire.

tangentes αx_ι et $\alpha x'_\iota$ au cercle (C), les coordonnées des points de contact x_ι et x'_ι auront les valeurs suivantes :

$$x_\iota = \frac{r^2\alpha + r\beta\sqrt{\alpha^2+\beta^2-r^2}}{\alpha^2+\beta^2}, \quad y_\iota = \frac{r^2\beta - r\alpha\sqrt{\alpha^2+\beta^2-r^2}}{\alpha^2+\beta^2},$$

$$x'_\iota = \frac{r^2\alpha - r\beta\sqrt{\alpha^2+\beta^2-r^2}}{\alpha^2+\beta^2}, \quad y'_\iota = \frac{r^2\beta + r\alpha\sqrt{\alpha^2+\beta^2-r^2}}{\alpha^2+\beta^2}.$$

Il s'agit maintenant de trouver la valeur des coordonnées x_n et y_n, x'_m et y'_m en fonction de x_ι et y_ι, x'_ι et y'_ι ; car alors, en y substituant les valeurs précédentes de x_ι, y_ι, etc., on aura celles de x_n, y_n, etc., en fonction de α et de β, desquelles on pourra conclure ensuite, les deux équations de condition mentionnées ci-dessus.

Si l'on mène par le point x_ι et par le pôle voisin a_ι une ligne droite, elle viendra rencontrer le cercle en un second point x_2, dont on pourra facilement déterminer les coordonnées au moyen de celles du premier. Pour généraliser cette dernière recherche et la rendre plus simple en même temps, appelons s et t les coordonnées du premier point donné x_ι, et a, b celles du pôle qui lui correspond, les équations du cercle (C) et de la droite sa seront évidemment

$$(1) \qquad\qquad x^2 + y^2 = r^2,$$

$$(2) \qquad\qquad y - t = \frac{b-t}{a-s}(x-s);$$

on a, de plus, l'équation de condition suivante :

$$(3) \qquad\qquad s^2 + t^2 = r^2,$$

qui exprime que le point s est situé sur le cercle (C).

En combinant l'équation (1) avec l'équation (2), on aurait évidemment les coordonnées x et y du point d'intersection de la droite et du cercle; on se servirait ensuite de l'équation (3) pour simplifier le résultat; mais on peut y parvenir d'une manière beaucoup plus simple. En effet, si l'on retranche l'équation (3) de l'équation (1), et qu'on y substitue la valeur de y

tirée de l'équation (2), on aura

$$(x-s)\left[x+s+(y+t)\frac{b-t}{a-s}\right]=0;$$

ce qui donne séparément

$$(4)\qquad x-s=0,\quad x+s+(y+t)\frac{b-t}{a-s}=0.$$

Substituant la valeur $x=s$, fournie par la première de ces équations, dans l'équation (2) ci-dessus, on en déduira $y=t$; donc la droite (2) coupe d'abord le cercle (C) au point s; ce qui revient à l'hypothèse même d'où l'on est parti.

Pour déterminer la valeur des coordonnées x et y du second point d'intersection, il faudra combiner la seconde des équations (4) avec l'équation (1), et, pour cela, on la mettra sous cette nouvelle forme

$$x-s+(y-t)\frac{b-t}{a-s}=-2s-2t\frac{b-t}{a-s}.$$

En y substituant la valeur de $y-t$ tirée de l'équation (2), on en conclura

$$x-s=-2\,\frac{s+t\dfrac{b-t}{a-s}}{1+\left(\dfrac{b-t}{a-s}\right)^2},$$

ce qui donne, par suite,

$$y-t=\frac{b-t}{a-s}(x-s)=-2\,\frac{b-t}{a-s}\times\frac{s+t\dfrac{b-t}{a-s}}{1+\left(\dfrac{b-t}{a-s}\right)^2}.$$

On tirera de là, en réduisant au même dénominateur et observant que $s^2+t^2=r^2$,

$$x=\frac{2ar^2-2abt+s(b^2-a^2-r^2)}{a^2+b^2+r^2-2as-2bt},$$

$$y=\frac{2br^2-2abs+t(a^2-b^2-r^2)}{a^2+b^2+r^2-2as-2bt}.$$

On voit que les coordonnées s et t n'entrent qu'au premier degré dans ces dernières expressions.

Si l'on substitue dans ces expressions, x_1 et y_1 pour s et t, a_1 et b_1 pour a et b, on aura les valeurs de x_2 et y_2; si l'on y met pareillement x_2 et y_2 pour s et t, a_2 et b_2 pour a et b, on aura celles de x_3 et y_3, etc. En agissant de même pour les points x'_1, x'_2, etc., il viendra la suite d'équations

$$x_2 = \frac{2a_1 r^2 - 2a_1 b_1 y_1 + (b_1^2 - a_1^2 - r^2) x_1}{a_1^2 + b_1^2 + r^2 - 2a_1 x_1 - 2b_1 y_1},\qquad y_2 = \frac{2b_1 r^2 - 2a_1 b_1 x_1 + (a_1^2 - b_1^2 - r^2) y_1}{a_1^2 + b_1^2 + r^2 - 2a_1 x_1 - 2b_1 y_1},$$

$$x_3 = \frac{2a_2 r^2 - 2a_2 b_2 y_2 + (b_2^2 - a_2^2 - r^2) x_2}{a_2^2 + b_2^2 + r^2 - 2a_2 x_2 - 2b_2 y_2},\qquad y_3 = \frac{2b_2 r^2 - 2a_2 b_2 x_2 + (a_2^2 - b_2^2 - r^2) y_2}{a_2^2 + b_2^2 + r^2 - 2a_2 x_2 - 2b_2 y_2},$$

$$\dotfill \qquad \dotfill$$

$$x_n = \frac{2a_{n-1} r^2 - 2a_{n-1} b_{n-1} y_{n-1} + \left(b_{n-1}^2 - a_{n-1}^2 - r^2\right) x_{n-1}}{a_{n-1}^2 + b_{n-1}^2 + r^2 - 2a_{n-1} x_{n-1} - 2b_{n-1} y_{n-1}},\qquad y_n = \frac{2b_{n-1} r^2 - 2a_{n-1} b_{n-1} x_{n-1} + \left(a_{n-1}^2 - b_{n-1}^2 - r^2\right) y_{n-1}}{a_{n-1}^2 + b_{n-1}^2 + r^2 - 2a_{n-1} x_{n-1} - 2b_{n-1} y_{n-1}},$$

ainsi que le groupe de celles qu'on obtient en accentuant simplement, dans les précédentes, toutes les lettres x, y, a et b qui y entrent avec des indices inférieurs.

Si l'on considère la série des valeurs des coordonnées x_2, x_3, etc., y_2, y_3, etc., on voit que, par de simples substitutions successives, on peut parvenir à la valeur de x_n et y_n en x_1 et y_1. Il faudra, pour cela, commencer par substituer les valeurs de x_2 et y_2 en x_1 et y_1 dans l'expression de x_3, et il est clair que les dénominateurs de x_2 et y_2 étant les mêmes, les quantités x_1 et y_1 n'y entreront encore qu'au premier degré; si l'on fait la même substitution dans l'expression de y_3, on aura pareillement une nouvelle expression où x_1 et y_1 n'entreront qu'au premier degré, et dont le dénominateur sera le même que celui de x_3; substituant de nouveau, les valeurs trouvées pour x_3 et y_3 dans x_4 et y_4, on obtiendra par la même raison, pour les valeurs de ces coordonnées, deux expressions où x_1 et y_1 n'entreront qu'au premier degré et qui auront le même dénominateur. En continuant ainsi de proche en proche, on voit qu'on parviendra enfin aux valeurs de x_n et y_n qui auront le même dénominateur, et où x_1 et y_1 n'entreront qu'au premier degré ; donc ces valeurs seront de la forme suivante :

$$x_n = \frac{A + B x_1 + C y_1}{D + E x_1 + F y_1}, \quad y_n = \frac{A' + B' x_1 + C' y_1}{D + E x_1 + F y_1}.$$

En opérant de la même manière, à l'égard de la suite des valeurs des coordonnées x'_2 et y'_2, x'_3 et y'_3, etc., on aura pour x'_m et y'_m des expressions qui seront de cette forme

$$x'_m = \frac{A_1 + B_1 x'_1 + C_1 y'_1}{D_1 + E_1 x'_1 + F_1 y'_1}, \quad y'_m = \frac{A'_1 + B'_1 x'_1 + C'_1 y'_1}{D_1 + E_1 x'_1 + F_1 y'_1}.$$

Substituant ces expressions dans les deux équations de condition $x_n - x'_m = 0$, $y_n - y'_m = 0$, il viendra, en chassant les dénominateurs,

$$(A + B x_1 + C y_1)(D_1 + E_1 x'_1 + F_1 y'_1) - (A_1 + B_1 x'_1 + C_1 y'_1)(D + E x_1 + F y_1) = 0,$$
$$(A' + B' x_1 + C' y_1)(D_1 + E_1 x'_1 + F_1 y'_1) - (A'_1 + B'_1 x'_1 + C'_1 y'_1)(D + E x_1 + F y_1) = 0.$$

Développant la première et réunissant les termes affectés de la même inconnue x_1, x'_1, etc., on aura

$$(BE_1 - B_1 E) x'_1 x_1 + (BF_1 - C_1 E) x_1 y'_1 + (CE_1 - B_1 F) x'_1 y_1$$
$$+ (CF_1 - C_1 F) y'_1 y_1 + (BD_1 - A_1 E) x_1 + (AE_1 - B_1 D) x'_1$$
$$+ (CD_1 - A_1 F) y_1 + (AF_1 - C_1 D) y'_1 + AD_1 - A_1 D = 0.$$

Les valeurs ci-dessus de x_1 et y_1, x'_1 et y'_1 donnant

$$x'_1 x_1 = \frac{r^4 - r^2 \beta^2}{\alpha^2 + \beta^2}, \quad x_1 y'_1 = \frac{r^2 \alpha\beta + r^3 \sqrt{\alpha^2 + \beta^2 - r^2}}{\alpha^2 + \beta^2},$$
$$x'_1 y_1 = \frac{r^2 \alpha\beta - r^3 \sqrt{\alpha^2 + \beta^2 - r^2}}{\alpha^2 + \beta^2}, \quad y'_1 y_1 = \frac{r^4 - r^2 \alpha^2}{\alpha^2 + \beta^2},$$

si l'on fait la substitution de ces valeurs dans l'équation précédente, on obtiendra évidemment, sans qu'il soit nécessaire d'achever le calcul, une équation de la forme

$$(5) \quad [M\beta + N\alpha + P] \sqrt{\alpha^2 + \beta^2 - r^2} + R\beta^2 + S\alpha^2 + T\beta + U\alpha + V = 0;$$

les coefficients M, N, etc., étant constants comme fonctions des quantités constantes r, a_1, b_1, etc., a'_1, b'_1, etc.

Par la même raison, l'équation $y_n - y'_m = 0$ sera de la forme

$$(6) \quad (M'\beta + N'\alpha + P') \sqrt{\alpha^2 + \beta^2 - r^2} + R'\beta^2 + S'\alpha^2 + T'\beta + U'\alpha + V' = 0,$$

dans laquelle les coefficients sont également des quantités constantes, fonctions de r, a_1, b_1, etc., a'_1, b'_1, etc.

Maintenant que nous connaissons quels sont et la forme et le degré des équations $x_n - x'_m = 0$, $y_n - y'_m = 0$, il nous sera facile de reconnaître aussi quels sont le degré et la forme de l'équation de la courbe cherchée.

En effet, d'après ce que nous avons démontré, l'équation $x_n - x'_m = 0$ peut toujours se décomposer en deux facteurs $F(\alpha, \beta)$ et $f(\alpha, \beta)$. Pareillement, l'équation $y_n - y'_m = 0$ peut se décomposer aussi en deux facteurs, dont l'un serait le facteur $f(\alpha, \beta)$, commun avec la première, et l'autre un facteur quelconque $\Phi(\alpha, \beta)$, de même degré que le facteur $F(\alpha, \beta)$, en sorte que les équations (5) et (6) sont de la forme

$$F(\alpha, \beta) \times f(\alpha, \beta) = 0, \quad \Phi(\alpha, \beta) \times f(\alpha, \beta) = 0;$$

d'où l'on tirera séparément

$$F(\alpha, \beta) = 0, \quad \Phi(\alpha, \beta) = 0, \quad f(\alpha, \beta) = 0.$$

Cette dernière sera l'équation de la courbe cherchée. Quant aux deux autres, elles pourront être regardées comme celles de deux courbes engendrées de la même manière que la première, mais avec un pôle de plus; ou, au moins, elles peuvent être regardées comme les équations des projections de pareilles courbes; ce qui ne change pas le degré de ces équations.

Considérons d'abord la première équation $F(\alpha, \beta) \times f(\alpha, \beta) = 0$ qui représente l'équation (5), il est clair qu'il ne peut y avoir que deux cas : ou les facteurs $f(\alpha, \beta)$, $F(\alpha, \beta)$ sont à la fois de la forme $X + Y\sqrt{\alpha^2 + \beta^2 - r^2}$; X et Y étant des fonctions du premier degré en α et β, c'est-à-dire que les courbes qu'ils représentent sont du second degré; ou bien, l'un des facteurs étant du premier degré en α et β, l'autre est nécessairement de la forme $X + Y \sqrt{\alpha^2 + \beta^2 - r^2}$. Or, je dis que ce dernier cas est impossible, au moins en général, c'est-à-dire pour tous les cas où les coordonnées des pôles donnés auront des valeurs quelconques.

En effet, si cela était généralement possible, on aurait deux équations de la forme

$$(7) \qquad\qquad A\alpha + B\beta + C = 0,$$

$$(8) \qquad\qquad X + Y \sqrt{\alpha^2 + \beta^2 - r^2} = 0.$$

Les quantités X et Y ne peuvent être évidemment que du premier degré en α et β, et, même, le coefficient Y ne saurait renfermer ni α ni β, puisque, dans l'équation (5), qui est le produit des deux précédentes, le coefficient du radical, évidemment aussi égal à $Y (A\alpha + B\beta + C)$, ne renferme α et β qu'au premier degré.

Cela posé, soit p le nombre des pôles correspondants à la courbe cherchée dont l'équation est $f(\alpha, \beta) = 0$, $p + 1$ sera le nombre des pôles correspondants à celle dont l'équation est $F(\alpha, \beta) = 0$. Si, donc, les équations de ces deux courbes $f(\alpha, \beta) = 0$, $F(\alpha, \beta) = 0$, étaient de la forme des équations (7) et (8), il arriverait que la ligne décrite dans le cas d'un nombre p de pôles, étant une droite, la courbe, dans celui de $p + 1$ pôles, serait une section conique.

Maintenant, si l'on supposait qu'on eût cherché la courbe décrite par le point α, pour $p + 1$ pôles, on aurait obtenu des équations de la forme de celles (5) et (6); donc, puisque la courbe, dans ce même cas de $p + 1$, doit, selon ce qui précède, rester du second degré, il faudrait, par une raison semblable, que, pour le cas de $p + 2$, elle devînt une simple ligne droite; et ainsi de suite alternativement.

Or cela est faux, car nous avons démontré précédemment (*)

(*) *Troisième solution analytique du problème énoncé en tête de la section précédente*, nᵒ III, p. 167 à 171. Cette solution, dont l'auteur a développé exprès tous les calculs pour servir de point de départ à celle-ci, doit en être considérée comme l'éclaircissement et le commentaire indispensables.

que, lorsqu'il n'y a que trois pôles seulement, comme quand il y en a quatre, la ligne courbe décrite par le sommet α, est toujours du second degré.

Donc il est impossible que les facteurs $f(\alpha, \beta)$ et $F(\alpha, \beta)$ soient simultanément de la forme correspondante aux équations (7) et (8); donc enfin, ils sont l'un et l'autre de la forme $X + Y\sqrt{\alpha^2 + \beta^2 - r^2}$, et, par conséquent, le lieu cherché ayant, en général, pour équation

$$X + Y \sqrt{\alpha^2 + \beta^2 - r^2} = 0,$$

est une section conique.

Toutefois, ce lieu peut se réduire à une simple ligne droite, mais seulement pour une disposition toute particulière des pôles fixes, autour desquels pivotent les divers côtés, ainsi que nous le verrons dans le Cahier suivant.

QUATRIÈME CAHIER.

SUITE DES RECHERCHES SUR LES PROPRIÉTÉS DESCRIPTIVES DES SIMPLES CONIQUES.

I.

PREMIÈRES CONSÉQUENCES GÉOMÉTRIQUES RELATIVES A L'INSCRIPTION ET A LA CIRCONSCRIPTION DES POLYGONES A CES COURBES.

Lemmes préliminaires concernant les polygones mobiles suivant des lois données.

On a vu (n° IV, Cah. III) que, « le lieu du sommet α, de l'an-
» gle circonscrit au *dernier côté* ou *côté libre* $x_1 x'_1$, (*fig.* 86),
» d'un polygone variable inscrit à une courbe du deuxième
» degré, est lui-même une courbe de ce degré, quand les
» divers autres côtés, rendus mobiles, sont assujettis à passer
» respectivement par autant de *pôles* ou points *fixes*, arbitrai-
» rement choisis sur le plan de la conique donnée. »

Je dis, de plus, que « le côté libre ou indépendant $x_1 x'_1$ du
» même polygone, *corde* de contact conjuguée au sommet α
» de l'angle circonscrit $x_1 \alpha x'_1$, roulera, en l'enveloppant tan-
» gentiellement dans toutes ses positions, sur une troisième
» courbe de la même espèce. »

En effet, il sera démontré dans le Cahier suivant, que si,
d'un point quelconque d'une courbe (C) du deuxième degré,
on mène deux tangentes à une autre courbe (C′) de ce degré,
puis, que l'on joigne les deux points de contact par une ligne
droite, cette droite reste dans toutes ses positions, tangente à
une troisième courbe du deuxième degré.

Imaginons donc (*fig.* 87) que l'on mène, par les différents
sommets du polygone inscrit ci-dessus, $x_1 x_2 \ldots x'_2 x'_1 x_1$ des
tangentes à la conique (C), ces tangentes se couperont consécutivement aux points m, n, o, $p, \ldots \alpha$, et constitueront ainsi un
polygone circonscrit, dont ces points respectifs seront les som-

mets, mais qui pourra avoir, comme le polygone inscrit, une figure très-irrégulière. Cela posé, si l'on déforme ce dernier

Fig. 87.

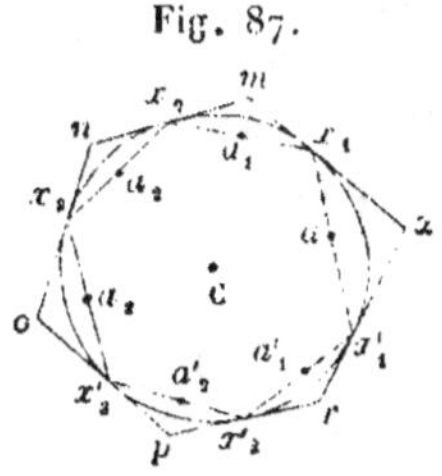

polygone de manière que chacun des côtés tourne autour de son pôle respectif, il est clair que le sommet correspondant de l'autre polygone, considéré en particulier, parcourra une ligne droite (IIIᵉ Cahier, p. 125 et 133), tandis que le dernier sommet α, décrira la courbe ci-dessus indiquée.

Donc réciproquement : « si les sommets *m*, *n*, etc., d'un po-
» lygone circonscrit à une courbe du deuxième degré sont, à
» l'exception du dernier sommet α, assujettis à parcourir cha-
» cun une droite donnée, et qu'on déforme ce polygone, le
» dernier sommet décrira une courbe du même degré. »

Cette dernière proposition donne la solution graphique du problème suivant :

A une conique donnée, circonscrire un polygone dont les sommets s'appuient sur autant de droites données.

Soient MNPQRS (*fig.* 88) un polygone quelconque, convexe ou non; (C) une section conique tracée d'une manière arbi-

Fig. 88.

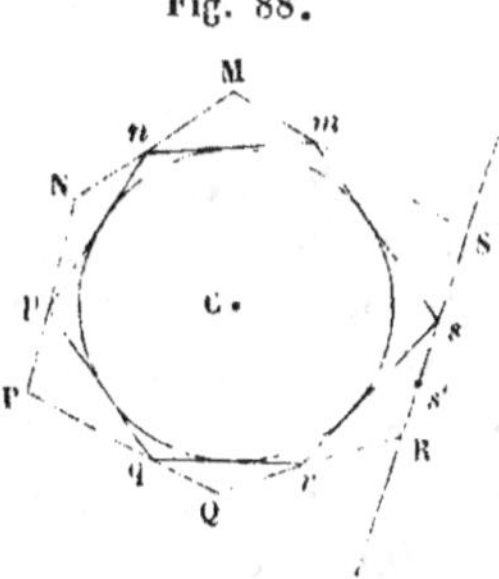

traire dans son plan, circonscrire à cette ligne courbe un polygone d'un même nombre de côtés que le polygone donné, et dont les sommets *m, n, p, q, r, s* soient situés respectivement sur les côtés du premier.

D'après le lemme général précédemment cité, si l'on imagine que l'on déforme le polygone *mnp*, etc., de manière que chacun de ses sommets parcoure un côté correspondant du polygone donné, à l'exception du dernier sommet *s*, qui restera libre, ce sommet parcourra lui-même une courbe du deuxième degré. Si donc l'on cherche l'intersection de cette courbe avec le dernier côté RS du polygone MNP..., on obtiendra, en général, deux points *s* et *s'*, auxquels correspondront deux polygones circonscrits tels que *mnpqrs*, qui seront les polygones demandés.

Problème inverse relatif à l'inscription d'un polygone dont les côtés passent par des points donnés.

Si, au lieu du polygone MNP, etc, on avait donné les pôles correspondants.à chacun des côtés de ce polygone, le problème précédent serait évidemment revenu à celui-ci :

« Étant donnés (*fig.* 87), une conique et un nombre déter-
» miné de points a_1, a_2,...a'_1, a'_2 et *a* situés arbitrairement dans
» son plan, inscrire à la courbe, un polygone dont les côtés
» passent respectivement par les points donnés. »

Or, les points dont il s'agit étant donnés à priori sur ce plan, on peut en déduire la position de chacune des lignes droites sur lesquelles les sommets du polygone circonscrit à la section conique (*fig.* 88), doivent être situés; en sorte que la solution précédente donne aussi celle du problème qui a été énoncé en dernier lieu.

Remarque historique. — Ce dernier problème avait déjà été résolu, je crois, pour deux cas particuliers, savoir : pour celui où le polygone inscrit ne doit être qu'un triangle, lorsque par conséquent il n'y a que trois points donnés à priori sur le plan de la conique, et ensuite pour le cas où, le nombre des points donnés étant arbitraire ainsi que le nombre des côtés correspondants du polygone à inscrire dans cette conique, tous les points dont il s'agit sont situés sur une même ligne droite.

Nous en avons vu (IIIe Cah.), la solution qui appartient à
M. Brianchon. L'autre est d'un jeune Italien mort à l'âge de
seize ou dix-sept ans (*).

Autre solution graphique des mêmes problèmes.

L'enveloppe de l'espace parcouru par le dernier côté $x_1 x'_1$
(*fig.* 87) du polygone mobile inscrit à la section conique
donnée, étant une courbe du deuxième degré dans les hypothèses ci-dessus indiquées, on voit que cette propriété fournira une seconde manière de résoudre les problèmes dont il
vient d'être question.

En effet, si l'on suppose que les points $a_1, a_2, \ldots a'_1, a'_2$ et a
soient donnés, et qu'il faille inscrire à la courbe un polygone dont les côtés passent respectivement par ces points, on
imaginera que le dernier côté $x_1 x'_1$, correspondant au point a,
devienne libre, et que les autres soient seuls assujettis à remplir la condition précédente; alors en déformant le polygone
d'une manière continue ou progressive, ce dernier côté, d'après
ce qui précède, enveloppera dans toutes ses positions une
même section conique. Donc, si l'on mène par le point a, à
cette section conique, deux tangentes, et que l'on trace également les deux polygones correspondants, ces polygones donneront la solution demandée.

Pour construire les deux tangentes en question, il sera convenable de tracer le contour de la courbe enveloppée par la
droite $x_1 x'_1$: à cet effet, on déterminera cinq positions de
cette droite, et, au moyen de la propriété *VIII* (IIIe Cah.,
p. 139), on pourra trouver le point de contact de chacune
d'elles avec la courbe cherchée. Ayant cinq points de cette
courbe, on en trouvera par une autre construction fort simple,
autant que l'on voudra (*Prop. VII*).

Par la suite, nous donnerons les moyens d'obtenir directement le centre et les axes d'une courbe du deuxième degré

(*) Il y a là, dans les souvenirs et les idées, une lacune, une confusion
que je n'essayerai pas de rectifier ici, et pour ce point encore, je renver-
rai aux écrits déjà cités et bien connus, de mon vieil et excellent ami,
M. Brianchon, ou, à leur défaut, au *Traité des Propriétés projectives des
figures,* sect. IV, chap. III.

dont on connaît cinq points : ainsi les solutions précédentes seront complètes; nous devons en outre ajouter que ces solutions seront générales, et les mêmes quelle que soit la courbe donnée (C), c'est-à-dire qu'elle soit une circonférence de cercle ou une section conique quelconque.

Examen d'un cas tout particulier.

Voici un corollaire des propositions ci-dessus qui mérite d'être remarqué en passant.

Soient (C) *fig.* 89, une conique ou courbe quelconque du second degré; AN et AM deux droites arbitraires, tracées dans

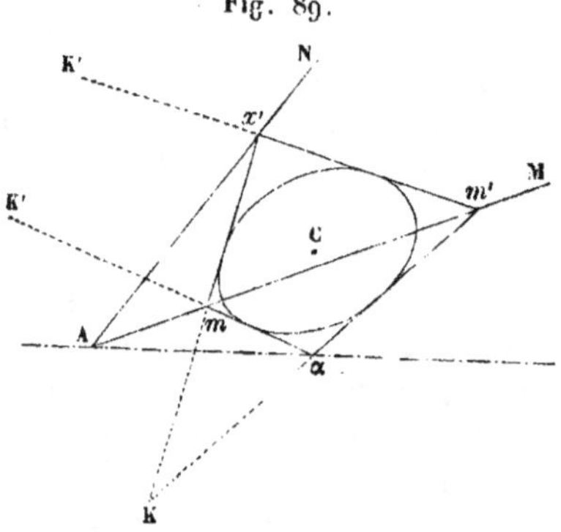

Fig. 89.

son plan ; d'un point x' quelconque, situé sur la droite AN, on mène deux tangentes $x'm$ et $x'm'$ à la conique (C); par les deux points m et m' où ces tangentes coupent l'autre droite AM, on mène deux nouvelles tangentes $m\alpha$ et $m'\alpha$ qui se coupent en α. Si l'on imagine maintenant que l'on fasse varier le point x' sur la droite AN, le point α décrira, dans son mouvement, une ligne droite Aα, qui passera par le point A d'intersection des deux premières droites AM et AN.

En effet, la figure peut être projetée sur un autre plan, de façon que la courbe (C) y devienne un cercle, et que tous les points de la droite AM passent à l'infini. Dans cette nouvelle projection (*fig.* 90), les tangentes $\alpha m'$ et $x'm'$, ou αK et x'K' sont devenues parallèles, de même que les deux tangentes $m\alpha$ et mx' ou αK' et x'K.

Or il est parfaitement évident que, si l'on joint le point x'

au point α, cette droite sera la diagonale d'un parallélogramme α**K**x′**K**′ circonscrit à la circonférence de cercle (C) de la pro-

Fig. 90.

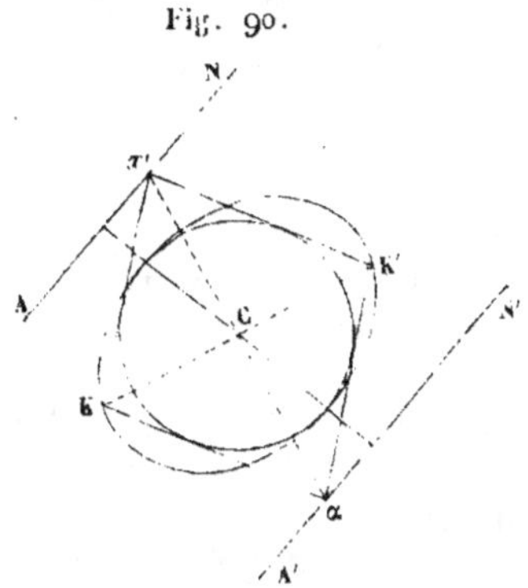

jection; donc elle passera par le centre **C**, et, par suite, la distance **C**α sera égale à la distance **C**x′; donc encore, si le point x′ se meut sur une droite **AN**, le point α se mouvra sur une droite **A′N′** parallèle et symétrique à la première.

Maintenant, si l'on remet la figure en projection sur le premier plan (*fig.* 89), on verra que le point α, projection du point de concours des tangentes mobiles ou variables m′α**K**, α m**K**′, parcourra une droite convergeant, avec **AM** et **AN**, au point **A** qui représente le point, à l'infini, commun aux parallèles **AN** et **A′N′** de la projection (*fig.* 90).

D'une autre part, les deux points **K** et **K**′ étant, dans cette *fig.* 90, situés sur un même diamètre **KK**′, à égale distance du centre **C**, il n'est pas difficile de voir que ces points décriront, dans le mouvement dont il s'agit, une même ellipse dont le centre se confond avec celui du cercle de projection. Donc les points correspondants **K** et **K**′ de la *fig.* 89, parcourront également une seule et même ligne du deuxième degré; ce que l'on savait déjà par ce qui précède (*).

Si le point x′ de la *fig.* 90, au lieu de parcourir une droite **AN**, décrivait une courbe quelconque du deuxième degré, il

(*) Voy. les solutions analytiques du problème dont on s'est occupé dans le n° III du IIIe Cahier. p. 149 et suiv.

est clair que son symétrique α, parcourrait aussi une ligne de ce degré, et qui ne différerait de la première que par sa position. Donc, dans le même cas, le point α de la figure primitive, tracera encore une courbe du second degré.

II.

RECHERCHES ANALYTIQUES PARTICULIÈRES RELATIVES AU PROBLÈME DU N° IV (IIIe CAH.), POUR LE CAS OU LES POLES DES DIFFÉRENTS COTÉS DU POLYGONE SONT EN LIGNE DROITE.

Dans le cas tout particulier où les pôles a_1, a_2, etc., de la *fig.* 86 ou 91, seraient situés sur une même ligne droite, la figure pouvant être projetée, sur un nouveau plan, de manière que la directrice du second degré des sommets du polygone soit un cercle, et que tous les points de la droite où se trouvent situés les pôles, soient placés à l'infini sur le nouveau plan, il est par là évident, d'après le Principe IV de projection souvent invoqué, que les droites qui concouraient en chacun de ces pôles dans la figure d'abord considérée, sont devenues des droites parallèles dans la nouvelle. Donc, si l'on conçoit par l'origine C, des axes coordonnés, une droite qui passe par la projection à l'infini du pôle a_1 par exemple, cette droite aura une inclinaison invariable ou déterminée.

Soit m_1 la tangente trigonométrique de l'angle qui mesure cette inclinaison sur l'axe des x, l'équation de la parallèle C a_1

Fig. 91.

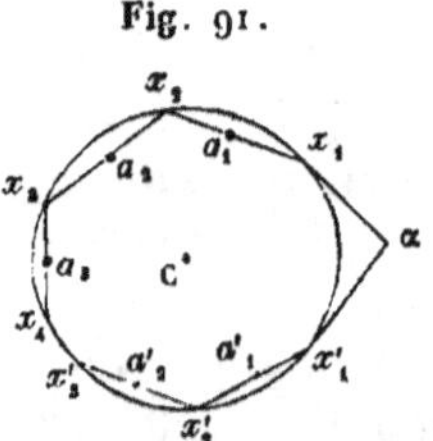

à $x_1 x_2$ étant $y = m_1 x$, les coordonnées a_1 et b_1 de la projection du pôle a_1, tout en devenant infinies, devront satisfaire à cette équation, de sorte qu'ici $\dfrac{a_1}{b_1} = \dfrac{1}{m_1}$.

Pareillement, quoique les coordonnées de la projection

de a'_1 soient devenues infinies, si on les représente par a'_1 et b'_1, leur quotient sera égal à une quantité déterminée m'_1 qui ne sera, en général, ni nulle ni infinie : or il est clair que les équations par lesquelles nous avons obtenu les coordonnées des intersections successives x_2, x_3, etc., subsistent toujours, et qu'il suffira d'y faire les coordonnées a_1, a_2, etc., des pôles égales à $\frac{1}{0}$, en observant cependant qu'on doit avoir $\frac{b_1}{a_1} = m_1$, $\frac{b'_1}{a'_1} = m'_1$, et ainsi des autres.

Si nous considérons, par exemple, la valeur de x_2 trouvée dans l'endroit précédemment cité,

$$x_2 = \frac{2a_1 r^2 - 2a_1 b_1 y_1 + x_1 (b_1^2 - a_1^2 - r^2)}{a_1^2 + b_1^2 + r^2 - 2a_1 x_1 - 2b_1 y_1},$$

on la divisera d'abord, haut et bas, par a_1^2, ce qui en changera la forme sans en changer la valeur ; en y faisant ensuite les suppositions précédentes et supprimant les quantités multipliées par $\frac{1}{a_1}$ comme nulles, il viendra, pour la nouvelle valeur de x_2,

$$x_2 = \frac{-2m_1 y_1 - (1 - m_1^2) x_1}{1 + m_1^2}.$$

Si l'on fait la même chose pour y_2, on obtient

$$y_2 = \frac{-2m_1 x_1 - (m_1^2 - 1) y_1}{1 + m_1^2}.$$

Remplaçant ensuite dans ces expressions, m_1 par m_2, x_1 et y_1 par x_2 et y_2, on aura les valeurs de x_3 et y_3, et ainsi de suite.

De là il résulte que tous les dénominateurs seront des constantes, et que les numérateurs ne renfermeront point de termes indépendants de x_1 ou y_1. Si donc on faisait les substitutions successives indiquées dans le cas général, évidemment on obtiendrait pour x_n et y_n des valeurs de cette forme

$$x_n = \frac{B x_1 + C y_1}{D}, \qquad y_n = \frac{B' x_1 + C' y_1}{D}.$$

Par la même raison, on aurait pour x'_m et y'_m des valeurs telles que

$$x'_m = \frac{B_1 x'_1 + C_1 y'_1}{D_1}, \quad y'_m = \frac{B'_1 x'_1 + C'_1 y'_1}{D_1}.$$

On voit, d'après cela, que les équations de condition $x_n - x'_m = 0$, $y_n - y'_m = 0$ n'auront plus la forme (5) et (6) qu'elles avaient dans le cas général.

En effet, si l'on substitue, par exemple, pour x_n et x_m leurs valeurs dans l'équation $x_n - x'_m = 0$, elle deviendra

$$BD_1 x_1 + CD_1 y_1 - B_1 D x'_1 - C_1 D y'_1 = 0.$$

Mettant dans cette équation pour x_1, y_1, x'_1, y'_1, leurs valeurs respectives (p. 175), on obtiendra évidemment une dernière équation de la forme

$$(a) \qquad (M\beta + N\alpha)\sqrt{\alpha^2 + \beta^2 - r^2} + T\beta + U\alpha = 0,$$

laquelle, d'après ce qu'on a démontré (IIIᵉ Cah., nᵒ IV, p. 174), doit être le produit de deux facteurs $f(\alpha, \beta)$ et $F(\alpha, \beta)$, dont l'un égalé à zéro donne l'équation de la courbe cherchée, et dont l'autre donne celle d'une ligne qui peut être considérée comme la projection d'un lieu géométrique analogue, mais pour lequel il y a un pôle de plus, ou plutôt, pour lequel un côté de plus du polygone doit avoir une direction connue.

Or il est facile de s'assurer que l'équation (a) ne peut être ici que le produit de deux facteurs de la forme

$$M\alpha + N\beta, \quad T + S\sqrt{\alpha^2 + \beta^2 - r^2}$$

dans lesquels M, N, T, S sont des constantes distinctes de celles déjà employées ci-dessus.

Si on les égale séparément à zéro pour savoir à quelles lignes ils correspondent, ce qui donne

$$(b) \qquad\qquad M\alpha + N\beta = 0,$$

pour le premier d'entre eux, et, pour le second,

$$(c) \qquad\qquad T + S\sqrt{\alpha^2 + \beta^2 - r^2} = 0,$$

on verra que l'une des deux lignes représentées par ces équations, est une droite et l'autre une circonférence de cercle.

Discussion des résultats. — Influence du nombre des pôles ou des axes fixes parallèles aux côtés du polygone.

Supposons que p représente, pour un certain cas, le nombre des pôles ou des axes qui répondent à l'équation (c), la droite dont l'équation est (b) ou $M\alpha + N\beta = 0$, répondra généralement au cas où il y a $p + 1$ de ces mêmes axes, ou directions fixes, et réciproquement (p. 173 et 174).

Admettons que, les équations précédentes se rapportant au cas où p est le nombre des axes dont la direction est donnée, la courbe cherchée soit réellement un cercle (c), la droite (b) sera une solution étrangère. Si l'on suppose que les mêmes équations appartiennent au cas où $p + 1$ est le nombre de ces axes; alors, des deux lignes fournies par l'équation (a) ou $x_n - x'_m = 0$, l'une sera une ligne droite correspondant à $p + 1$ directions fixes, et l'autre sera un cercle correspondant à $p + 2$ de ces directions (*).

En continuant ce raisonnement, on voit que si l'on augmente successivement d'une unité le nombre des côtés du polygone à directions fixes, on obtiendra, pour les cas correspondants, alternativement une droite et un cercle, et que, par conséquent, si la solution relative à p est un cercle, celles relatives à $p + 2$, $p + 4$, $p + 6$, etc., $p - 2$, $p - 4$, etc., donneront aussi des cercles; tandis que, dans les hypothèses relatives aux nombres $p + 1$, $p + 3$, etc., $p - 1$, $p - 3$, etc., les cercles seront remplacés par des lignes droites. Les équations (b) et (c) font voir que tous ces cercles auront même centre que le cercle donné (C), et que toutes les droites seront des diamètres de ce cercle.

Il reste maintenant à savoir si c'est la suite des nombres de données pairs ou impairs, qui produisent le cercle. On pour-

---

(*) La rédaction de ce passage était obscure, incorrecte même à force de laconisme et par l'emploi du mot *droite* appliqué à des choses distinctes; on a dû, pour la clarté, y apporter lors de l'impression, quelques changements qui n'en altèrent aucunement le sens.

rait peut-être le découvrir en comparant directement entre elles les équations $x_n - x'_m = 0$, $y_n - y'_m = 0$; mais il sera plus simple d'examiner géométriquement ce qui arrive dans des cas particuliers.

Si l'on suppose, par exemple $p = 1$, (*fig.* 92), c'est-à-dire qu'il n'y ait qu'un seul côté mobile $x' x_1$, donné par sa direc-

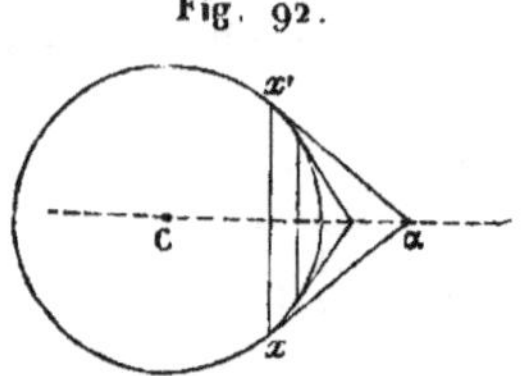

Fig. 92.

tion, il est facile de voir que la courbe décrite par le sommet α de l'angle circonscrit au côté-corde $x' x_1$, est une ligne droite indéfinie; l'inspection seule de la figure suffit pour cela. Donc tous les nombres impairs p, de pôles ou de directions fixes, donneront des lignes droites diamétrales, et tous les nombres pairs, des circonférences de cercle concentriques au cercle directeur (C).

Si l'on considère maintenant une courbe quelconque du deuxième degré et un système de pôles situés sur une ligne droite dans son plan, dont la figure peut être supposée avoir pour projection la *fig.* 86 ou 91, il est clair que, dans ce cas, les cercles et les droites, lieux des intersections α des couples de tangentes ou sommets d'angles circonscrits, deviendront respectivement de nouvelles courbes du second degré ou de nouvelles droites passant toutes par un même point. Ce point, très-distinct d'ailleurs du centre de la conique donnée, pourra être facilement déterminé quand la droite des pôles le sera pareillement, comme on le verra ci-après.

Cas où le nombre p, des pôles, étant impair, le lieu du point α est une simple ligne droite.

Soient $a_1 a''_1$ (*fig.* 93), la droite des pôles donnés et (C) une courbe quelconque du deuxième degré. Supposons d'abord qu'il n'y ait qu'un pôle a_1 : alors si l'on mène par ce pôle, une droite quelconque $a_1 x' x''$ qui coupe la conique (C), en deux

points x', x'', et qu'à chacun de ces points on mène une tangente à la courbe, ces deux tangentes se couperont en un
point m; imaginant de plus, que la droite $a_1 x'$ varie de posi-

Fig. 93.

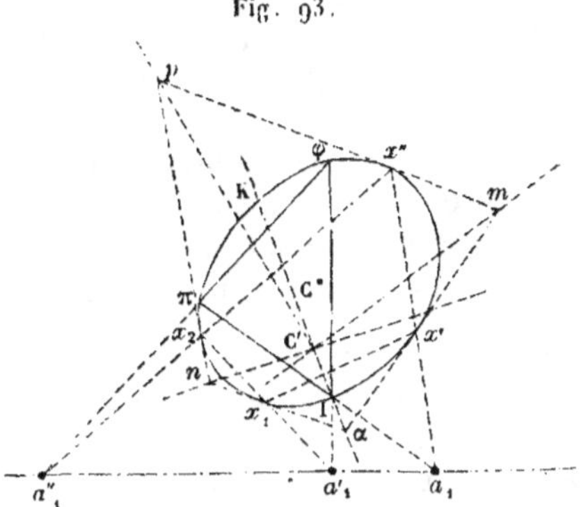

tion autour de a_1, le point m, dérivé de $a_1 x' x''$, parcourra
une droite $m C'$, qui est elle-même la *dérivée* du pôle a_1; propriété bien connue et déjà démontrée (IIIe Cah.). Si d'ailleurs,
au lieu du pôle a_1, on eût choisi le pôle a'_1, le sommet d'angle circonscrit correspondant n, eût parcouru une autre droite
$n C'$, qui coupe la première en un point C' : le pôle a''_1 fournirait pareillement une dérivée $p C'$ passant par le même point
fixe C', etc.

En effet, si l'on suppose la figure projetée sur un nouveau
plan, de façon que la conique donnée devienne un cercle et
que tous les points de la droite $a_1 a'_1$ soient situés à l'infini,
il est clair, d'après ce qui a été dit ci-dessus, que les droites
$m C'$, $n C'$ et $p C'$ seront toutes trois des diamètres de ce cercle ;
par conséquent, elles se coupent aussi en un même point
correspondant au centre du cercle de projection. Donc enfin
(Princ. IV) les droites $m C'$, $n C'$, $p C'$ et leurs analogues pour
un nombre impair de pôles se coupent, comme on l'a avancé,
en un point unique C', pôle dérivé de la droite $a_1 a'_1 a''_1 \ldots$,
représentant le centre du cercle projection de la conique donnée (C), qui contient les sommets mobiles du polygone.

Considérons, en particulier, un quadrilatère $x' x'' x_2 x_1$ inscrit à la courbe (C), et dont trois des côtés $x' x''$, $x'' x_2$, $x_2 x_1$
passent respectivement par les pôles a_1, a'_1 et a''_1, le quatrième

côté $x'x_1$ restant libre; supposons toujours qu'aux extrémités x' et x_1 de ce dernier côté, on mène deux tangentes $x'\alpha$ et $x_1\alpha$ à la conique (C), elles se couperont en un point α, qui parcourra une ligne droite $\alpha C'$ quand on déformera le quadrilatère en l'assujettissant, dans toutes ses positions, à la condition dont il s'agit, et cette droite passera par le point C', déterminé précédemment.

La même chose arriverait évidemment, quels que fussent le nombre, la position des pôles fixes, situés sur la droite $a a'_1$, pourvu néanmoins que ce nombre soit impair. On voit, par là, combien il devient facile de résoudre ce problème :

Étant donnés un nombre impair de points situés en ligne droite et une courbe quelconque du deuxième degré (C), *inscrire à cette courbe, un polygone dont les côtés passent respectivement par les points donnés.*

S'il s'agit, par exemple, du cas de trois pôles a_1, a'_1, a''_1, on déterminera la droite $\alpha C'$ par le moyen indiqué ci-dessus; après quoi, on cherchera les deux points K et I où cette droite vient couper la conique (C); ces deux points seront les sommets des deux triangles inscrits demandés, dont les côtés passent par les trois points a_1, a'_1, a''_1.

Considérant en particulier le point I, on mènera par ce point, qui représente à la fois, un point x' et un point x_1 confondus, deux droites Ia_1 et Ia'_1 aux pôles a_1 et a'_1 correspondants, ces droites prolongées viendront couper la conique (C) en deux autres points φ et π qui seront les sommets mêmes du triangle cherché; de sorte qu'en traçant le troisième côté $\varphi\pi$, il passera par le point a''_1, et le triangle $I\varphi\pi$ sera le triangle demandé.

Théorème relatif aux couples de polygones d'ordre impair, inscrits à une conique, et dont les côtés respectifs concourent en des points rangés sur une droite.

Les deux triangles relatifs à l'exemple ci-dessus, donnés par la droite KI (*fig.* 93), sont les seuls que l'on puisse inscrire à la conique (C), quoique cette droite KI ne soit pas unique.

En effet, soient Bb (*fig.* 94) la droite IK déterminée comme on l'a dit précédemment, ABC et *abc* les deux triangles inscrits correspondants, je dis que si l'on joint deux à deux les sommets de ces triangles, par les trois droites B*b*, A*a*, C*c*, ces droites viendront se couper en un même point C'; car c'est une propriété connue que, quand les côtés correspondants de

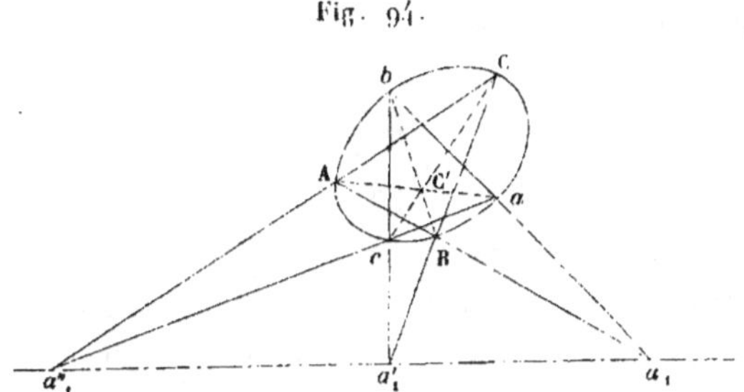

Fig. 94.

deux triangles quelconques se coupent respectivement en trois points situés sur une même ligne droite, les trois droites qui joignent deux à deux les sommets opposés dans ces triangles, se coupent en un même point. Or c'est là ce qui a lieu dans le cas de la figure ci-dessus.

Il n'est pas difficile de voir maintenant que les trois droites B*b*, C*c* et A*a* sont précisément les trois droites qu'on obtiendrait, par la construction précédente, si l'on intervertissait l'ordre des côtés du quadrilatère inscrit; ce qui fait voir, en même temps, que le point où elles se coupent est le même que le point C' de la *fig.* 93.

La même observation a lieu quel que soit le nombre impair des pôles a_1, a'_1, etc., ou des côtés du polygone qu'il s'agit d'inscrire à la courbe donnée (C). Ainsi, quel que soit le nombre de ces pôles et côtés, s'il est impair, on n'obtiendra que deux polygones, tels qu'en en joignant deux à deux les sommets opposés par des droites, elles se coupent en un même point, lequel, ici encore, n'est autre que le point C' conjugué à $a_1 a'_1$.

Cas d'impossibilité. — La solution du problème ci-dessus ne devient évidemment impossible ou imaginaire, que quand la droite IK (*fig.* 93) cesse de couper la conique (C); mais alors le point C' est nécessairement situé au dehors de cette courbe, et par conséquent, dans le même cas, la droite $a_1 a''_1$, sur laquelle sont situés les points ou pôles donnés, rencon-

13.

trera nécessairement aussi quelque part, la directrice (C) des sommets du polygone variable.

Donc la solution sera toujours réelle quand la ligne des pôles sera au dehors de la courbe donnée; dans le cas contraire, elle pourra devenir impossible pour une disposition particulière de ces pôles.

Cas où, le nombre des pôles étant pair, le lieu du sommet libre est une conique.

L'examen du cas où le nombre de pôles donnés est pair va nous fournir des conséquences assez singulières.

Soient (C), *fig.* 95, une courbe quelconque du deuxième degré; a_1, a', etc., un nombre pair de points donnés, situés sur la même droite aa_1; proposons-nous d'inscrire à cette courbe un polygone dont les côtés respectifs passent par les points donnés.

On peut, en vertu du Principe IV, considérer la figure comme la projection d'une autre (*fig.* 96), dans laquelle la courbe (C) serait remplacée par le cercle (C'), et la droite aa_1 par une droite située à l'infini; donc, d'après ce qui a été démontré au commencement de ce n° II, si l'on imagine un polygone

Fig. 95.

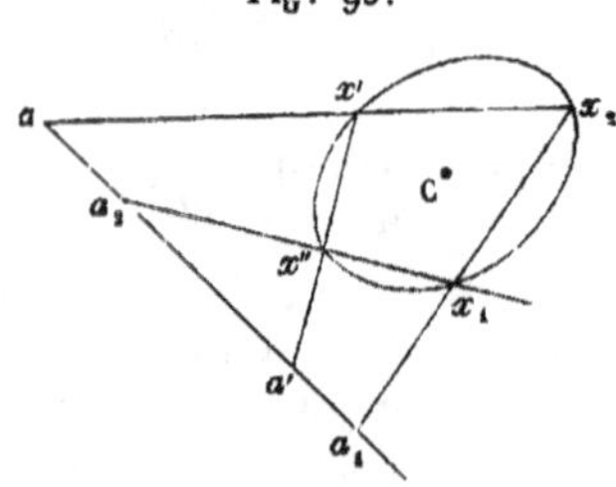

quelconque inscrit au cercle (C') et dont les côtés soient respectivement parallèles à autant de droites fixes qu'il y a de pôles donnés, à l'exception d'un dernier côté $x_1 x'$ resté libre; qu'on mène par les extrémités de ce dernier côté, deux tangentes à la conique devenue cercle, ces tangentes se couperont en un point α, et si l'on suppose que l'on déforme le polygone en l'assujettissant toujours à la même condition, ce point α décrira un cercle concentrique à (C'). Donc le cercle décrit ne pouvant jamais rencontrer (C'), il est impossible

Fig. 96.

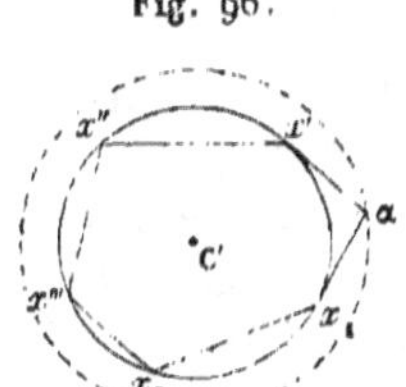

aussi que le point α soit jamais sur ce dernier cercle, à moins toutefois que les deux cercles ne se confondent.

Donc enfin il sera impossible que les deux points x', x_1 se confondent nulle part, et partant, qu'il y ait un seul polygone d'un nombre pair de côtés de directions données inscrit au cercle (C'), à moins que tous les polygones construits de la même manière, ne soient spontanément inscriptibles à la circonférence du cercle (C').

Impossibilité absolue ou possibilité indéfinie de l'inscription des polygones d'ordre pair. — De là résulte, en général, qu'il ne sera pas possible d'inscrire à la conique (*fig.* 95), projection du cercle, un polygone d'un nombre pair de côtés passant respectivement par autant de points donnés sur une droite, et que, s'il était possible d'en inscrire rigoureusement *un seul*, on pourrait, par là même, en inscrire *une infinité*. Ainsi, dans le cas particulier de cette dernière figure, où il s'agit d'un quadrilatère à quatre pôles, s'il y en a un seul $x'x''x_1x_2$ d'inscrit à la conique, il y en aura nécessairement une infinité.

La solution se borne donc à ceci : « Par le pôle a, mener » arbitrairement une droite ax', qui coupe la conique en x' » et x_2; joindre le point x' avec le pôle a', ce qui déterminera » le point x'', joindre x'' avec le pôle a_2, ce qui donnera le » point x_1, enfin joindre le point x_1 avec le quatrième pôle a_1, » ce qui donnera un dernier point x_2; » si ce point se confond avec celui obtenu d'abord au moyen de ax_1, ce qui a lieu dans le cas de la *fig.* 95, tous les quadrilatères obtenus de la même manière, seront inscrits à la courbe; dans le cas contraire, il n'y en aura absolument aucun.

Remarquons-le cependant, l'observation précédente suppose que la projection de la *fig.* 95 dans la *fig.* 96, soit possible géométriquement; ce qui exige que la droite des pôles ne rencontre pas la courbe (Princ. **IV**). En d'autres termes; de ce que la courbe décrite par le point α (*fig.* 93), sommet des angles circonscrits au côté libre $x'x_1$, ne peut, ici où il s'agit d'un nombre pair de pôles, rencontrer la conique donnée (C) sans se confondre avec elle quand la droite aa_1 ne rencontre pas cette conique, ce n'est pas un motif suffisant d'en conclure que cela aurait encore lieu dans le cas contraire où cette droite la rencontrerait géométriquement.

En effet, la condition pour que deux coniques se coupent en un ou plusieurs points, est évidemment purement relative et dépendante de la grandeur des constantes qui entrent dans leurs équations. Par conséquent, il peut arriver qu'une certaine disposition de la ligne décrite par le sommet α, ou, ce qui revient au même, une certaine disposition des pôles a, a_1, etc., rende réelles certaines valeurs des coordonnées des points d'intersection, de sorte que, dans un tel cas, les courbes pourraient se couper effectivement

Quoique, d'après cela, il ne soit plus exact de dire, en toute rigueur, que, quand la droite des pôles rencontre la conique donnée (C), la courbe (α) ne puisse avoir aucun point commun avec elle sans s'y confondre entièrement, on ne doit pas néanmoins en conclure que la propriété dont jouit le quadrilatère inscrit à cette conique quand la droite des pôles est en dehors de son périmètre, ne soit pas vraie dans le cas contraire. En effet, ce quadrilatère n'est assujetti qu'à une condition de position, à savoir : que ses sommets soient situés sur la courbe (C), et que ses côtés passent par les quatre points donnés; d'autre part, comme il est prouvé pour le premier cas, que, quand les quatre sommets peuvent être à la fois sur (C), ils doivent pouvoir y être d'une infinité de manières différentes et telles, par conséquent que, si trois d'entre eux parcourent cette courbe, le quatrième la parcourra en même temps, il faut, de toute nécessité, que cette même propriété ait lieu aussi dans le cas contraire où la ligne droite des pôles pénétrerait à l'intérieur de la courbe (C).

Réflexions générales sur les cas d'impossibilité
des problèmes de géométrie ci-dessus.

Toutes les conséquences précédentes dérivent naturellement des principes établis au commencement du IIIe Cahier. Nous allons cependant en donner encore ici une démonstration particulière.

Supposons que le quadrilatère $\alpha x'' x''' x_2$ (*fig.* 97) soit assujetti aux conditions suivantes : que ses côtés passent par les pôles respectifs a, a_1, a', a_2, et que ses trois sommets x'', x''' et x_2 restent sur la courbe (C); son dernier sommet α, demeuré

Fig. 97.

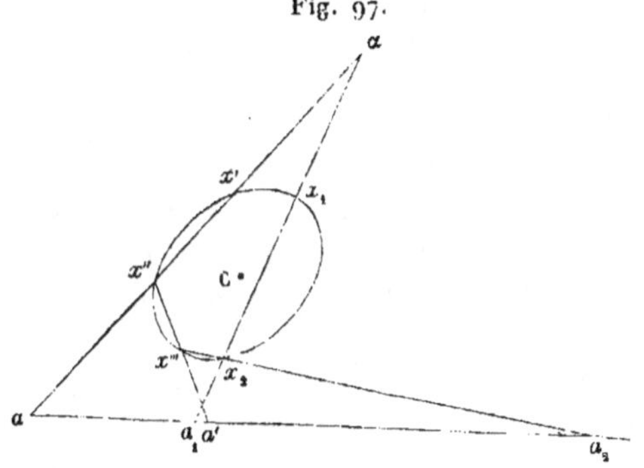

libre, parcourra nécessairement une autre ligne courbe, quand on viendra à déformer ce même quadrilatère de toutes les manières continues possibles. En soumettant cette question à l'analyse algébrique, il est clair que l'on trouvera une équation du deuxième degré (IIIe Cah., *Prop. IX*), qui sera la même, soit que la droite aa_2 rencontre ou ne rencontre pas la conique (C). Donc, s'il arrive que le lieu du sommet α doive se confondre avec cette courbe pour le cas où aa_2 ne la rencontre pas, la même chose arrivera encore dans le cas où cette droite vient à la rencontrer : la raison en est bien simple, puisque, en passant d'un cas à l'autre, l'équation finale en α et β ne changeant pas de forme, il n'y a que la valeur implicite des coefficients qui puisse changer; leur expression analytique restant explicitement la même.

Donc aussi, toute propriété qui ne dépend que de la forme

générale de cette équation sera une propriété de nature invariable, tandis que toute propriété dépendante de la grandeur implicite des coefficients, peut cesser d'exister nécessairement quand cette grandeur vient à changer. Ainsi, par exemple, si les courbes (α) et (C) devaient en général être tangentes entre elles, cette propriété pourrait bien cesser d'exister sans que la forme de l'équation de la première d'entre elles changeât, à proprement parler. Dans ce cas donc, la condition de contact a bien lieu, analytiquement parlant, mais les coordonnées des points de contact eux-mêmes sont *imaginaires*, et, par conséquent, le contact n'existe plus physiquement ou graphiquement.

Nous pourrions de là tirer une conséquence assez difficile à concevoir géométriquement, et qui n'en est pas moins une vérité mathématique indiscutable, quoique d'apparence paradoxale : « Deux coniques qui ne se coupent pas peuvent » néanmoins être liées entre elles, géométriquement ou par » certaines relations graphiques, de la même manière que si » elles se coupaient ou se touchaient effectivement, et elles » peuvent, dans l'un et l'autre cas, posséder les mêmes pro- » priétés relatives. »

Pour en donner un exemple bien élémentaire (Ier Cahier), nous savons que deux cercles peuvent se couper en général suivant deux points, et par conséquent qu'ils ont, généralement aussi, une corde commune ; mais, sur le plan de ces cercles, il existe une droite liée à leur système ou ensemble d'une manière indépendante et telle, que si les cercles ne se coupent plus, la droite cesse bien, géométriquement parlant, d'être une corde commune, sans que cela soit vrai considéré d'une manière analytique. Il résulte, en effet, des lemmes du Ier Cahier, que la direction indéfinie de cette droite existe encore dans le dernier cas ; qu'on peut même la construire de plusieurs manières différentes et qu'elle remplace, en fait, une véritable corde commune, puisqu'elle en conserve toutes les propriétés descriptives inhérentes à la disposition mutuelle des parties de la figure et non à leur grandeur absolue.

En particulier, soient sur un même plan trois cercles qui se coupent ou ne se coupent pas ; si l'on trace les trois cordes communes, deux à deux, à ces cercles, ou les droites qui les remplacent, elles passeront par un même point dans tous les cas possibles (*voy.* les propriétés des cordes communes aux cercles, 1er Cahier, Prop. VIII et suiv.).

Examen analytique circonstancié du cas où les pôles des côtés se réduisent à deux.

Ce cas tout particulier, a évidemment un rapport immédiat avec la question générale qui nous occupe.

Supposons, en effet, qu'au lieu de quatre pôles on n'en considère que deux, cette hypothèse devra nous offrir des conséquences à peu près semblables. Ici il ne peut être question d'inscrire à une conique (C), un polygone, à deux sommets, dont les côtés passent par les pôles donnés, car la chose évidemment n'a plus de sens. Mais, comme la courbe décrite

Fig. 98.

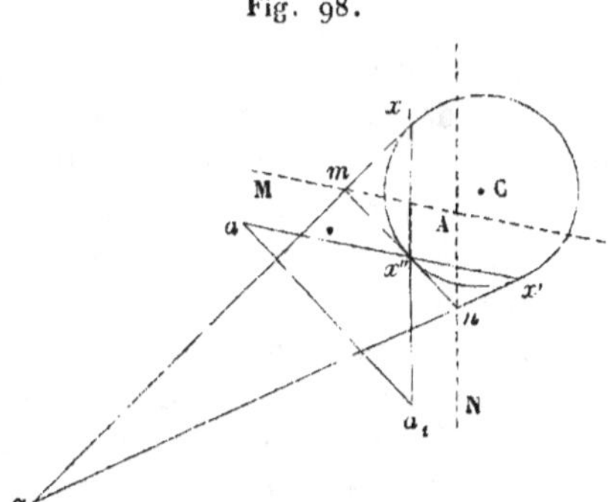

par le point de concours α des tangentes $\alpha x'$ et αx_1 (*fig.* 98), ne cesse pas d'exister, il est possible de tirer de sa discussion algébrique, quelques conséquences générales intéressantes.

Cette courbe est évidemment celle que nous avons considérée au n° III du IIIe Cah. : les droites AM et AN sont ici celles décrites par les sommets m et n dans leurs différentes positions. Or l'équation de la courbe des points α, relative à ce cas, en supposant que l'axe des x passe par le centre C du cercle et par le point A, revient à la suivante (p. 148) :

$$[AB(a^2 - r^2) - r^2]^2(\alpha^2 + \beta^2 - r^2) - r^2(A - B)^2(a\alpha - r^2)^2 = 0.$$

Quand on suppose, dans cette équation,

$$\alpha = \frac{r^2}{a}. \quad \text{ou} \quad a\alpha - r^2 = 0,$$

elle se réduit à celle-ci,

$$\alpha^2 + \beta^2 - r^2 = 0 \, ;$$

c'est-à-dire que le point qui correspond à l'abscisse $\frac{r^2}{a}$, est commun au cercle et à la courbe des α; il y a plus encore, ce point qui est double, puisque l'on a $\beta = \pm \sqrt{r^2 - \alpha^2}$, est celui même où ces deux courbes se touchent (*), puisque jamais le sommet α ne saurait entrer dans le cercle (C).

Il n'est pas difficile de voir, comme on l'a remarqué à l'endroit cité, que les points de contact s'obtiennent, dans chaque cas, en menant par A, deux tangentes au cercle (C). De plus, le point A est lié à la droite des pôles $a a_1$, de telle sorte que quand ce point est au dedans du cercle, sa dérivée passe au dehors, et réciproquement. Donc quand la droite $a a_1$ sera extérieure au cercle (C), on ne pourra pas lui mener de tangente par le point A, et par conséquent la courbe (α) n'aura aucun point en commun avec le cercle (C). Au contraire, si cette dérivée coupe le cercle, les tangentes étant possibles, la courbe (α) touchera le cercle (C) en deux points distincts : néanmoins, dans l'un et l'autre de ces cas, l'équation ci-dessus de la ligne des sommets α, n'a pas changé de forme; seulement dans un cas, a est $< r$ et, dans l'autre, on a $a > r$, ce qui rend l'ordonnée

$$\pm \sqrt{r^2 - \alpha^2} \quad \text{ou} \quad \pm \frac{r^2}{a} \sqrt{a^2 - r^2},$$

du point de contact et, par suite, le contact des deux courbes

---

(*) Il est évident que, quel que soit le nombre des directrices données AN et AM, la conique parcourue par α a deux points de contact avec le cercle (C); il n'est pas même nécessaire que ces droites se coupent en un même point A. *(Note du texte manuscrit.)*

imaginaire ou impossible pour l'un des cas, mais réel et possible pour l'autre.

Il faut bien distinguer encore cette impossibilité, qui n'est que relative, de celles qui sont absolues : celle-là n'a lieu que pour des cas particuliers, celles-ci subsistent toujours ; et, quoique dans le premier cas, une relation descriptive puisse cesser d'être géométriquement, pour une série de positions des parties de la figure, elle doit cependant être rangée au nombre des propriétés générales de cette figure.

Ainsi il est permis de dire que la propriété qu'ont le cercle (C) et la courbe (α) d'être tangents en deux points déterminés, est une propriété spécifique dont ces courbes doivent être censées jouir, même dans le cas où le contact devient imaginaire ; les conséquences géométriques tirées de cette propriété étant vraies aussi, généralement parlant, mais pouvant cesser d'offrir un sens géométrique pour une série de positions particulières des données de la figure.

Ceci est conforme encore à la remarque déjà faite au commencement du IIIe Cahier, où nous nous proposions de transformer les figures en d'autres plus simples, mais jouissant des mêmes propriétés générales.

Relation de contact des coniques dans le cas général.

Revenons au cas où il s'agit d'un nombre quelconque pair, de pôles situés en ligne droite ; $x'x''x'''x_2x_1$ (*fig.* 99) repré-

Fig. 99.

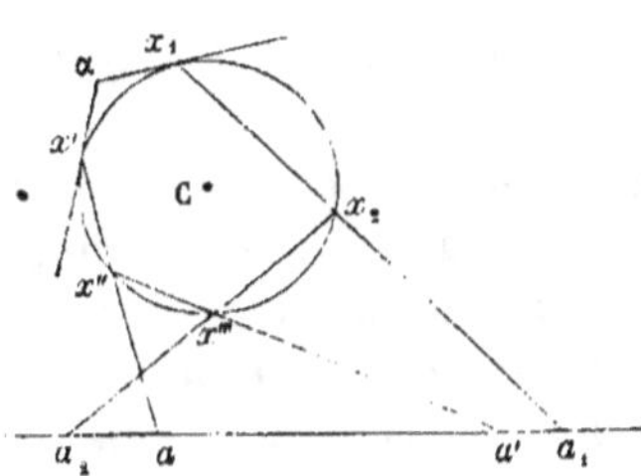

sentant, comme ci-dessus, la portion de polygone inscrit et ouvert dont les côtés successifs passent respectivement par les pôles a_2, a, a', a_1 de la droite aa_1.

Nous avons vu que le sommet α, de l'angle circonscrit formé par les tangentes aux extrémités libres du polygone, décrit une courbe du deuxième degré, qui n'a aucun point en commun avec la conique donnée (C), quand la droite aa_1 des pôles se trouve située entièrement au dehors de cette courbe ; l'exemple précédent, relatif au cas de deux pôles, nous démontre clairement qu'on ne doit pas en conclure, en général, que, pour toute autre position de la droite aa_1, la même chose aura lieu nécessairement. Car, quoique, géométriquement parlant, la chose soit vraie dans ce cas particulier, les deux courbes (C) et (α) pourraient cependant être liées l'une à l'autre, de telle sorte qu'elles eussent un ou plusieurs couples de points en commun, imaginaires seulement pour certains cas spéciaux, tandis que ces mêmes points seraient possibles en général ; or c'est précisément ce qui arrive ici, comme nous allons le faire voir d'une manière bien simple.

Supposons, en effet, que la droite aa'' rencontre la conique (C) aux points T et T' (*fig.* 100), je dis que la courbe parcourue par le point α touchera cette conique précisément aux points T et T' ; car il est aisé de voir que si, au lieu de

Fig. 100.

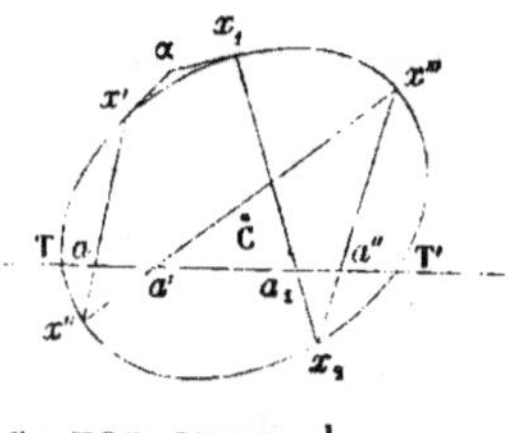

mener par le pôle a, par exemple, une droite partant d'un point arbitraire x', de la conique donnée, on la fait partir du point d'intersection même T', comme extrémité de polygone, le sommet x'' viendra en T, le suivant x''', situé à l'autre extrémité de $x''a'$, en T', le quatrième x_2 reviendra en T, enfin le dernier sommet x_1 viendra se confondre en T' avec x', et par conséquent le point α avec cette même intersection de (C) et de aa_2. On prouverait, de même encore, que, pour une seconde position analogue, mais opposée du polygone, le sommet d'angle circonscrit α viendrait se confondre avec l'intersection T ; donc, puisque ce sommet, toujours constructible

par hypothèse, reste en dehors de la conique donnée (C), il
faut nécessairement que la courbe qu'il décrit soit tangente à
la fois aux points T et T′ de cette conique.

Singulière indétermination. — Il est bien évident par le
raisonnement ci-dessus, que ceci est indépendant du nombre
des pôles a, a',..., donnés, pourvu qu'il soit pair. La courbe (α)
ayant donc, en général, deux points de contact avec la conique (C), il s'ensuit qu'elle est, à l'égard de cette conique,
comme si elle avait quatre points en commun avec elle. Donc
aussi deux sections coniques qui ont cinq points communs
étant identiques (IIe Cah., p. 138), les courbes (α) et (C) ne
sauraient avoir en commun un point différent de T et T′, sans
se confondre, en sorte que, *s'il est possible d'inscrire à la conique* (C), *un quadrilatère, ou plus généralement, un polygone quelconque d'un nombre pair de sommets, dont les côtés
passent respectivement par les pôles donnés a, a', etc., il y en
aura par là même, une infinité d'analogues.* Ainsi notàmment,
tout quadrilatère dont les côtés prolongés passent par les intersections d'une droite et d'un quadrilatère déjà inscrit à une
conique donnée, s'il a trois de ses sommets sur cette courbe,
y aura nécessairement aussi le quatrième.

Maintenant, que aa'' vienne à ne plus rencontrer la conique (C), la courbe des α ne la touchera plus, ni même n'aura
aucun point en commun avec elle. Néanmoins l'équation de
cette courbe reste toujours la même, et par conséquent, si
dans le cas dont il s'agit, elle ne touche pas la courbe donnée,
ce n'est pas d'une *impossibilité absolue* que cela provient, auquel cas la propriété n'existerait ni dans une hypothèse ni dans
l'autre, mais seulement d'une *impossibilité relative* ou d'*imaginarité.* La courbe (α) des sommets d'angles circonscrits, doit
donc être considérée dans tous les cas, c'est-à-dire soit que aa''
rencontre ou ne rencontre pas la conique (C), comme si elle
avait deux points de contact avec elle, ou, si l'on veut, comme
si ces deux courbes avaient quatre points quelconques en commun; il n'est donc pas étonnant qu'on ait trouvé, dans ce dernier cas comme dans le premier, que si l'on assujettissait ces
courbes à en avoir un nouveau en commun, elles se confondraient rigoureusement dans toutes leurs parties.

Nouvelles réflexions sur la vérité des principes établis au commencement du précédent Cahier.

La proposition ci-dessus, considérée d'abord comme une conséquence de nos principes généraux, se trouve ainsi établie presque géométriquement par les discussions précédentes; ce qui confirme ces principes et montre en même temps comment ils doivent être appliqués dans chaque cas. On peut aussi tirer de là cette conséquence, sur laquelle je n'ai pas jusqu'ici assez insisté peut-être :

« Bien que la projection centrale d'un certain système géo-
» métrique puisse devenir transitoirement irréalisable, incon-
» structible, les propriétés générales de position dont elle jouit
» quand elle est graphiquement possible, sont, par là même,
» des propriétés générales du premier système, lesquelles
» pourront bien devenir, à leur tour, d'une impossibilité rela-
» tive pour des dispositions particulières des données de la
» figure, mais jamais d'une absurdité, d'une incompatibilité
» absolues. »

En conséquence, si, par le moyen de cette projection, on a pu découvrir une relation, une propriété nouvelle, assujettie ou non assujettie à des restrictions analogues, c'est-à-dire à des impossibilités purement relatives, on ne devra pas considérer cette propriété comme fausse ou d'une impossibilité absolue, à moins d'une preuve certaine que l'on pourra toujours se procurer par l'examen direct et attentif de quelque circonstance particulière ressortant de la figure.

Malgré cette limitation, je le répète, les principes exposés au commencement du Cah. III, n'en sont pas moins d'une vérité mathématique; car il n'est question dans cet exposé de principes, que de propriétés générales relatives à la disposition ou situation réciproque des parties, comme celles d'un point décrivant une ligne droite ou courbe, d'une ligne du deuxième degré donnée et toute tracée, des propriétés descriptives du système de plusieurs lignes droites ou courbes qui passeraient par un même point, etc.

Dans les théorèmes ou problèmes ci-dessus, où il s'agit de relations de contact et d'intersection de courbes qui tiennent à des conditions de grandeurs, non explicites ou exprimées il est vrai, mais purement implicites, les choses se passent d'une manière un peu différente ; car les équations correspondantes restant toujours de même forme, on peut bien alors tomber sur des propriétés, des relations graphiques qui cessent d'être possibles ou deviennent imaginaires dans de certains cas, tandis que, considérées d'une manière générale et analytique, elles ne cessent jamais d'exister.

Les seuls cas donc, auxquels les principes de projection dont il a été parlé ne soient pas applicables, sont ceux où il est question de propriétés relatives à des conditions de grandeurs explicites ou déterminées. Par exemple, si l'on proposait les questions suivantes, il ne serait pas possible de leur appliquer directement ces principes : « Quelle est la courbe que par-
» courrait le sommet d'un angle de grandeur invariable et
» dont les côtés seraient constamment tangents à une courbe
» du deuxième degré? Quelle est la courbe dont tous les points
» sont à égale distance de deux courbes données du deuxième
» degré? Etc. »

Il en est de même de toutes les propriétés des courbes du deuxième degré relatives à la grandeur des paramètres ; quant à leurs propriétés concernant la direction indéfinie de certaines lignes, ou la disposition générale des parties de la figure, nos principes pourront s'y appliquer sans hésitation et sans recourir aux démonstrations algébriques.

Je me suis étendu très au long, dans ce qui précède, sur les propriétés dont jouissent les polygones inscrits aux courbes du deuxième degré, et dont les côtés, en nombre pair, passent par des points quelconques donnés en ligne droite ; mais le sujet, ce me semble, en valait bien la peine.

On a dû s'apercevoir d'ailleurs que les conséquences tirées des Propositions du nº II (IIIᵉ Cah.), notamment aux p. 130, 131 et 132, ne sont que des cas particuliers de celles dont il s'agit ici. D'un autre côté, toutes les propriétés démontrées en dernier lieu ont été déduites, comme on l'a vu, pour ainsi dire de la seule analyse ; mais il n'est pas difficile de les établir directement par les principes de la simple géométrie, et nous allons le faire sans nous attacher à en développer toutes les conséquences.

III.

EXPOSÉ PUREMENT GÉOMÉTRIQUE DES PROPOSITIONS RELATIVES AUX POLYGONES, D'ORDRE PAIR OU IMPAIR, INSCRITS ET CIRCONSCRITS A UNE MÊME CONIQUE.

Démonstration fondée sur les propriétés angulaires du cercle ; le nombre des côtés ou des pôles étant quelconque.

Soient une courbe quelconque du second degré et un nombre quelconque de pôles situés en ligne droite sur son plan ; supposons que l'on inscrive à cette courbe, un polygone dont les côtés passent respectivement par les pôles donnés, excepté le dernier côté demeuré libre ; soient menées aux extrémités de ce dernier côté, deux tangentes à la courbe, elles viendront se couper en un point que j'appelle α ; imaginons maintenant que l'on vienne à déformer ce polygone d'une manière continue, en l'assujettissant aux mêmes conditions, quelle sera la courbe parcourue par le sommet α ?

Projetons la figure sur un nouveau plan de manière que la conique y devienne un cercle, et que la droite des pôles y soit située à l'infini ; dans cette nouvelle figure, les côtés du polygone inscrit auront respectivement des directions parallèles à des droites données, à l'exception du dernier côté qui restera libre. Soient (*fig.* 101) cette projection et $x' x'' x''' x_2 x_1$ un polygone quelconque inscrit dans le cercle (C') projection de

Fig. 101.

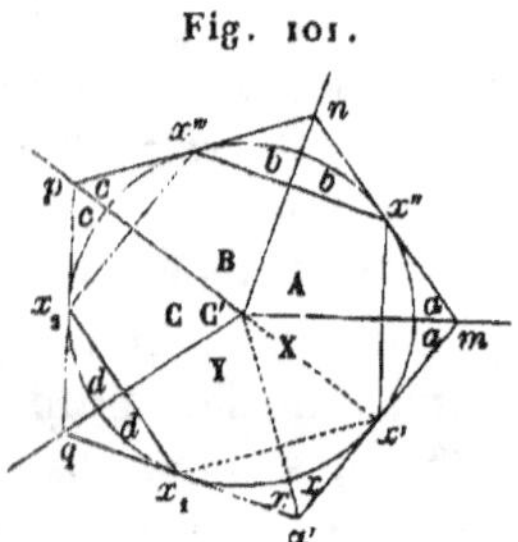

la conique et dont les côtés ont respectivement des directions parallèles à des droites données, à l'exception du côté $x' x_1$ de-

meuré libre; imaginons que l'on circonscrive au cercle (C')
un polygone $mnp\ldots\alpha'$, d'un égal nombre de côtés, et tel que
chacun d'eux touche le cercle respectivement à l'un des sommets du polygone inscrit; il est évident que, quand on déformera ce dernier polygone en l'assujettissant toujours à la
condition ci-dessus, les sommets m, n, p, ..., du polygone
circonscrit, parcourront séparément, les diamètres $C'm$, $C'n$,
$C'p$,..., à l'exception du dernier sommet α', qui décrira une
ligne dont il s'agit de rechercher la nature.

Pour y parvenir, joignons le sommet α' avec le centre C', par
une droite $C'\alpha'$; appelons x, a, b, c, etc., les angles successifs
que les côtés $\alpha'm$, mn,..., forment avec les diamètres $C'\alpha'$,
$C'm$, $C'n$,... Appelons, de plus, X, A, B, C,..., Y les angles
au centre, interceptés entre les diamètres consécutifs : les
angles X et Y seuls sont inconnus, tous les autres sont donnés
ou déterminés de grandeur.

Cas des polygones d'ordre impair. — Je vais d'abord supposer que le nombre des côtés du polygone soit impair, comme
c'est le cas particulier de la figure, et je représenterai ce nombre par l'expression $2m+1$.

Cela posé, la somme des angles intérieurs d'un polygone
étant égale à autant de fois deux droits qu'il a de côtés moins
deux, celle des angles α', m, etc., du polygone circonscrit au
cercle (C'), sera $200^\circ(2m-1)$; on aura donc

$$2x + 2a + 2b + 2c + 2d + \ldots = 200^\circ(2m-1),$$

ou, en divisant par 2,

$$x + a + b + c + d + \ldots = 100^\circ(2m-1);$$

le nombre des angles x, a, b, c, d, ..., étant évidemment égal
à $2m+1$.

On aura, de plus, les relations suivantes :

$$a + b = 200^\circ - A, \quad c + d = 200^\circ - C, \quad \text{etc.}$$

Substituant ces valeurs dans l'équation ci-dessus, et observant
que le nombre en est égal encore à la moitié de celui des an-

I.   14

gles a, b, c, d,…, c'est-à-dire égal à $\dfrac{2m+1-1}{2}=m$, on aura

$$x+200°m-A-C-\ldots=100°(2m-1),$$

ou bien

$$x=A+C+\ldots-100°.$$

Cette équation prouve évidemment que l'angle $2x$ ou en α' est constant. Donc « la ligne décrite par le sommet mobile α', » du polygone circonscrit mnp,…, est un second cercle quand » le nombre des côtés de ce polygone est impair. »

Polygones d'ordre pair. — Supposons ce nombre pair, et représenté par $2m$, la somme des angles du polygone circonscrit sera alors égale à $200°(2m-2)$; donc on aura l'équation de condition suivante :

$$2x+2a+2b+2c+2d+\ldots=200°(2m-2),$$

ou, en divisant encore par 2,

$$x+a+b+c+d+\ldots=200°(m-1).$$

Le nombre des angles x, a, b, etc., sera dans ce cas, égal à $2m$. On a, de plus, les relations particulières :

$$x+a=200°-X,\quad b+c=200°-B,\quad d+e=200°-D,\quad\text{etc.}$$

Substituant ces valeurs dans l'équation précédente, et observant que leur nombre est m, il viendra

$$200°\times m-X-B-D-\ldots=200°(m-1),$$

c'est-à-dire,

$$X=200°-B-D-\ldots;$$

d'où l'on voit que, quand le nombre des côtés du polygone circonscrit est pair, l'angle X est constant, et que par conséquent, le point α' décrit une ligne droite $C'\alpha'$, qui passe par le centre même du cercle (C').

Remarque. — Les propositions précédentes sont, comme on s'en aperçoit aisément, les mêmes qui ont été démontrées ci-dessus (n° II), par l'analyse algébrique, et il ne serait pas difficile d'en tirer, à postériori, de pareilles conséquences (*); mais il vaudra mieux appliquer le même genre de considérations géométriques à la démonstration directe de quelques propositions simples d'une autre espèce.

Examen de quelques cas particuliers afférents aux premiers théorèmes du IIIe Cah. (n° II).

Pentagones circonscrits aux sections coniques. — Soit le pentagone *mnpq*α' circonscrit au cercle (C'), dans les conditions de la *fig.* 101, on trouvera, d'après ce qui précède, que l'angle x, pour ce cas particulier, est égal à

$$A + C - 100'',$$

(*) Ces diverses propositions sur les polygones d'ordre pair et impair, inscrits ou circonscrits aux sections coniques, se retrouvent démontrées, ainsi que beaucoup d'autres, par la voie géométrique, dans le Chap. II, Sect. IV, de mon *Traité des Propriétés projectives des figures* (1822). Elles ont, depuis quelques années seulement, attiré l'attention de plusieurs éminents géomètres étrangers : MM. Mœbius et Göpel (*Journal de Crelle*, 1848), sir William Hamilton (*Lectures on quaternions*, 1853), Rev. George Salmon (*Treatise on conic sections*, 1855, p. 282).

M. Mœbius, par des considérations relatives à la projection des coniques suivant des cercles, considérations empruntées à M. Gergonne (t. IV des *Annales de Mathématiques*) et fort analogues à celles ci-dessus de 1813, M. Mœbius, s'est exclusivement occupé des polygones d'*ordre pair,* comme offrant une généralisation du célèbre théorème de Pascal sur l'*hexagone inscrit* aux coniques. Peut-être, ce savant professeur aurait-il pu aller plus loin encore, en s'appuyant franchement sur les principes de l'ouvrage cité de 1822, qu'il semble méconnaître ou ignorer ; ce qu'on ne saurait reprocher aux autres géomètres d'abord dénommés.

M. Göpel notamment, mort trop jeune pour la science qu'il cultivait avec succès, M. Göpel, dans son *Mémoire sur la projectivité des sections coniques,* daté de 1844, s'est occupé, à la fois, des polygones d'ordre pair et de ceux d'ordre impair, dont, avec raison, il étend et rattache ingénieusement les curieuses propriétés à la doctrine du double contact, *réel* ou *imaginaire,* des coniques ; doctrine qui, si je ne me trompe, a été, pour la première fois, publiée par moi en 1822.

Sir Hamilton, correspondant de notre Académie des Sciences, dans deux *Appendices* à ses *Lectures on quaternions* (pages 700 à 730), *Appendices* extraits des Mémoires de l'Académie de Dublin, et portant la date

Si donc, on abaisse, du centre C' sur le côté $\alpha' m$, une perpendiculaire $C' x'$ qui passera nécessairement par le point de contact x', il est clair que l'angle $x' C' \alpha'$ qu'elle fait avec la droite variable $C' \alpha'$ sera constant et égal à $200° — A — C$, quelle que soit la position du sommet α' sur la circonférence qu'il parcourt. Supposons, en particulier, que les diamètres $C' m$ et $C' q$ soient le prolongement l'un de l'autre, on aura alors

$$A + B + C = 200'',$$

ou, ce qui revient au même,

$$200'' — A — C = B.$$

---

du 13 mai 1850, applique, avec beaucoup de succès encore, la méthode des *quaternions*, communiquée à cette Académie dès 1843, à la démonstration de théorèmes sur les *polygones gauches inscrits à la sphère,* et, par une extension justifiée dans le Supplément du *Traité des Propriétés projectives,* à la surface de l'ellipsoïde, etc.; les côtés du polygone, en nombre pair ou impair, étant assujettis à passer par certains points ou pôles fixes donnés sur un plan. Ces théorèmes ont une analogie évidente avec ceux des n°s 547 à 561 de ce *Traité*, dont ils sont la simple extension au cas de l'espace, comme le remarque lui-même M. Hamilton, qui ne connaissait d'ailleurs mes propres recherches que par les citations de l'excellent *Traité des sections coniques* du Rev. Dr Salmon, postérieur au mien de plus de trente années.

A l'égard de ce dernier et savant ouvrage, la publication de 1855 jouit, en France comme en Angleterre, d'une juste célébrité, et n'a pas peu contribué à relever les méthodes de démonstration et de recherches géométriques du *Traité des Propriétés projectives,* de l'espèce de discrédit où elles étaient tombées depuis 1826, par suite de fâcheuses discussions de priorité et de préventions aussi peu justifiées que mal déguisées. Néanmoins, on doit regretter que, dans le n° 338 de son remarquable Traité élémentaire, M. Salmon n'ait point accordé plus d'attention à l'importante et délicate théorie de l'inscription des polygones aux coniques, théorie que, à l'exemple de M. Townsend, il rattache à la considération, plutôt synthétique qu'analytique, bien que symbolique et abréviative, des *faisceaux projectifs* de droites convergentes, dont M. Göpel s'était également servi dans son Mémoire allemand, de 1848. Peut-être même, serait-on en droit de lui reprocher, comme à tant d'autres, de n'avoir pas toujours tenu un compte suffisamment exact de la différence, à mon sens capitale, entre découvrir et démontrer. — **Sir Hamilton** me paraît avoir mieux saisi l'esprit et la portée de la question dont il s'agit.

Donc, dans ce cas, l'angle constant $x'C'z'$ ou $200^o - A - C$ est égal à l'angle B; d'où l'on voit que si le sommet z' se trouve situé sur le prolongement du diamètre $C'n$, il faudra nécessairement que la droite $C'x'$ soit le prolongement de l'autre diamètre $C'p$. Ainsi, *fig.* 102, « (C') étant un cercle et $mnpqz'$ un

Fig. 102.

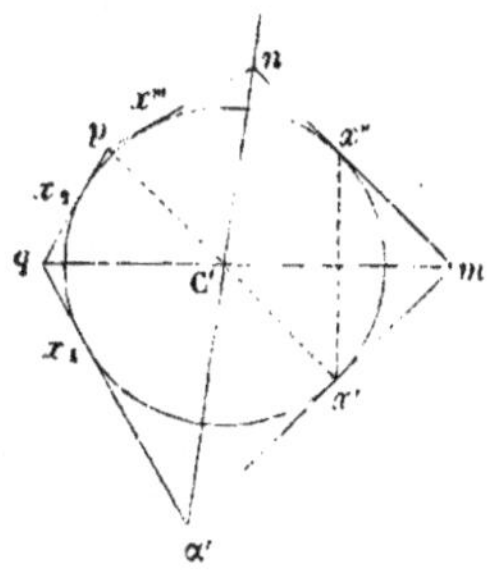

» pentagone circonscrit à ce cercle, tel que deux de ses diago-
» nales mq et nz', partant des extrémités m et z' d'un même
» côté mz', viennent se couper au centre C' de ce cercle, la
» droite px', qui joint le point de contact x' de ce côté avec
» le sommet opposé, passe aussi par le centre C'. »

De là on déduit ce théorème plus général :

« Soient (*fig.* 103), une ligne quelconque du second degré
» et MNPQz un pentagone, aussi quelconque, circonscrit à

Fig. 103.

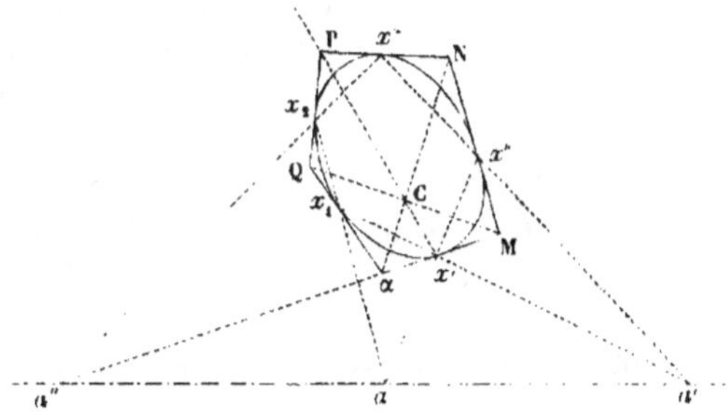

» cette courbe, les deux diagonales MQ, Nz, et la ligne droite
» Px' qui joint le point de contact x' avec le sommet P, pas-
» sent toutes trois par un même point C.

En effet, cette dernière figure peut être considérée comme ayant pour projection la première (Princ. IV). Mais il y a plus :

« Si l'on imagine que les droites $N\alpha$ et MQ soient fixes, et » que l'on fasse varier le pentagone de manière que ses quatre » sommets N, M, σ et Q les parcourent respectivement, le cin- » quième sommet P décrira une ligne du deuxième degré, et » la droite Px' qui joint ce sommet au point x' de contact du » côté opposé, passera dans toutes ses positions, par le point » fixe C. »

Ces propriétés des pentagones circonscrits rappellent celles exposées sous le nᵒ *VIII*, au IIIᵉ Cahier.

Pentagones inscrits ; conséquences. — Considérons mainte- nant le pentagone $x'\,x''\,x'''\,x_2\,x_1$ inscrit à la même conique, et dont les sommets soient les points de contact des côtés du polygone circonscrit ; il est clair que, si l'on fait varier ce poly- gone dans les conditions ci-dessus, les deux points a, a', obte- nus comme l'indique la figure, resteront fixes pendant ce mou- vement. Je dis, de plus, qu'ils appartiennent à une ligne droite $a\,a'$, qui sera parcourue généralement par le point de con- cours a'', du cinquième côté x_2x''' et de son opposé $M\alpha$, dans le polygone circonscrit.

Supposons, en effet, pour un instant, que les trois droites $N\alpha$, MQ et Px' restent fixes : il est évident que si l'on fait varier le point P sur la droite indéfinie Px', toutes les cordes x_2x''' passeront par un même point a'', en sorte que si l'on suppose alternativement le point P dans la position où il se trouve sur la figure, puis dans la position de x', la corde $x'''x_2$ et la tan- gente $x'\alpha$ viendront se couper en a'' ; il en est ainsi également des cordes $x''x'''$ et $x'x_1$ conjuguées aux points N et α mobiles sur la droite $N\alpha$, elles viendront se couper en un point fixe a ; enfin pareille chose a lieu pour les deux cordes $x'x''$ et x_1x_2 qui viennent se couper en a.

D'après cela, les points a'', a', a peuvent s'obtenir en me- nant, aux extrémités respectives des cordes interceptées par $N\alpha$, MQ et Px', des tangentes à la conique donnée (C). Or, puisqu'il est démontré que ces cordes-diagonales se coupent au point unique C, il s'ensuit nécessairement que les points de concours a, a' et a'' sont situés sur une même ligne droite *aa''*. Donc, si l'on déforme le pentagone **MNPQ** α comme cela vient d'être dit, les points *a* et *a'* ne varieront pas, mais le point *a''* changeant de place, parcourra, dans toutes ses positions, cette droite *aa''*, conjuguée au point fixe C.

Cette dernière propriété est évidemment encore l'extension de celle exposée à l'*art. VIII* du IIIe Cahier. Ainsi les considérations de cet article comme celles de l'*art. II*, ne sont que des conséquences très-particulières des recherches analytiques dont on s'est occupé à la fin du IIIe Cahier ou au commencement de celui-ci. Allons plus loin et faisons voir que la même chose a lieu pour les Propos. *V* et *VI* des endroits cités, qui en sont des conséquences plus immédiates encore.

Hexagones circonscrits aux coniques. — Soit d'abord *mnpqr* α' (*fig.* 104) un hexagone quelconque circonscrit à la circonférence du cercle (C'); nous avons vu que, si l'on assujettissait tous ses sommets, à l'exception du dernier α', à par-

Fig. 104.

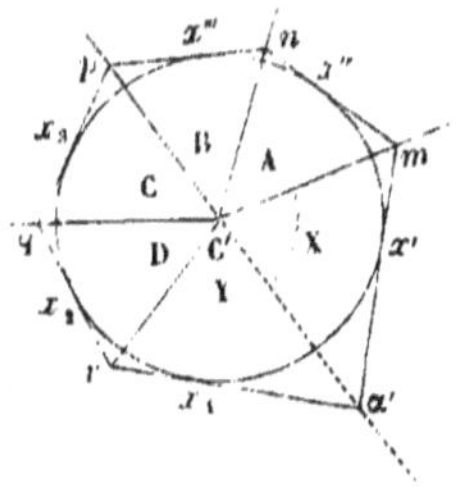

courir des droites diamétrales de directions arbitraires, ce sommet α' parcourrait aussi une dernière diamétrale C'α', et que l'angle *m*C'α' que cette diamétrale fait avec la première C'*m*, serait égal à 200° — B — D, c'est-à-dire qu'on aurait

$$X = 200° - B - D.$$

Supposons, en particulier, que les diamétrales fixes *m*C' et C'*q*, *n*C' et C'*r* soient des prolongements respectifs les unes des autres, on aura évidemment

$$A + B + C = 200°, \quad B + C + D = 200°,$$

ou, ce qui revient au même,

$$A = D, \quad 200° - B - D = C;$$

donc aussi l'on a $X = C$; ce qui fait voir que $C'm$ étant le prolongement de $C'q$, $C'\alpha'$ est nécessairement le prolongement de pC', et que par conséquent, dans ce cas, le sommet α' parcourra la direction de cette dernière diamétrale.

Soient maintenant (*fig.* 105), une courbe quelconque du deuxième degré et un hexagone, aussi quelconque, $mnpqr\alpha$ circonscrit à cette courbe; on pourra supposer que la figure soit la projection de la précédente. Donc si le point C représente l'intersection des deux diagonales mq et nr, partant des sommets opposés m et q, n et r et de l'hexagone, que l'on déforme ce polygone en assujettissant ses sommets à parcourir

Fig. 105.

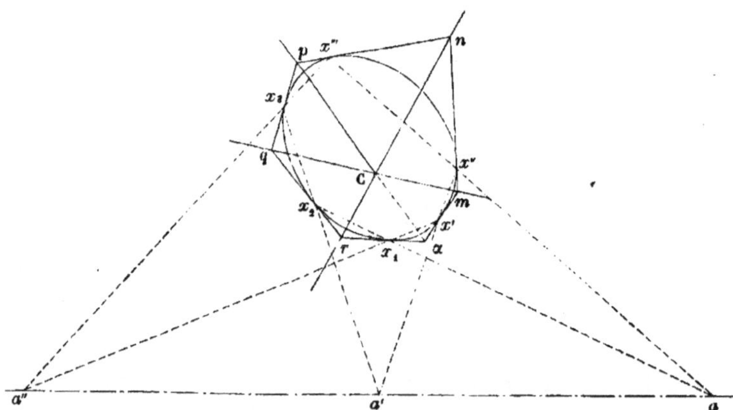

les directions mq, nr et pC, excepté le dernier sommet α qui restera libre, ce sommet parcourra dans le mouvement général, une dernière ligne droite $C\alpha$ qui sera le prolongement même de pC. Donc, en particulier,

Dans un hexagone quelconque $mnpqr\alpha$ circonscrit à une courbe du second degré, les trois diagonales qui joignent les sommets opposés, se coupent en un même point C (théorème de Brianchon).

Hexagones inscrits; conséquences. — Soit l'hexagone

$x'x''x'''x_3x_2x_1$ ayant pour sommets respectifs les points de contact des côtés de l'hexagone circonscrit $mnpqr\alpha$, ses côtés opposés se coupent nécessairement en trois points situés en ligne droite. En effet, les prolongements des deux côtés opposés $x''x'''$ et x_2x_1, viendront se croiser en un point a, qu'on pourra obtenir aussi en menant, aux intersections de la diagonale nr avec la conique, deux tangentes à cette courbe. Pareillement, le point a' où se rencontrent les deux côtés opposés $x''x'$ et x_3x_2 sera le même que l'on obtiendrait en menant deux tangentes aux points où la diagonale mq rencontre la conique. Enfin, il en est ainsi encore du point a'' où se coupent les côtés opposés $x'x_1$ et $x'''x_3$ de l'hexagone inscrit.

Donc, puisque les trois diagonales mq, nr et $p\alpha$ de l'hexagone circonscrit se croisent en un même point C, les cordes de contact ou côtés opposés, suffisamment prolongés, de l'hexagone inscrit, concourent deux à deux et respectivement, aux trois points a, a' et a'', situés sur une même ligne droite (théorème de Pascal).

De là cette conséquence : Soit $x'x''...x_2x_1$ (*fig,* 106), un hexagone quelconque inscrit à une courbe du deuxième degré (C); d'après ce qui vient d'être démontré, les trois points a, a', a_1 où se coupent deux à deux ses côtés opposés, sont rangés sur une même ligne droite aa_1; donc, si l'on imagine

Fig. 106.

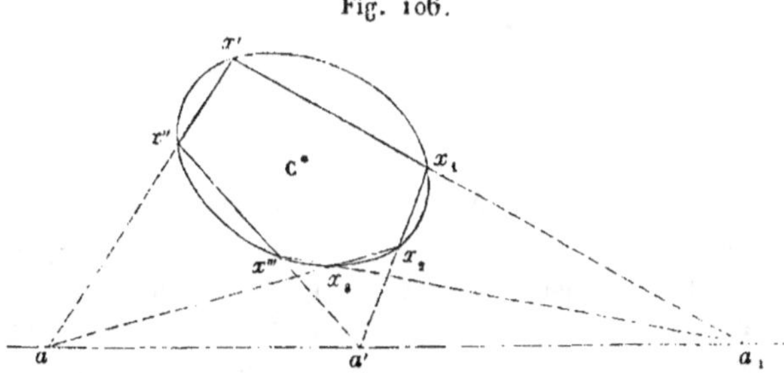

que l'on déforme arbitrairement cet hexagone en assujettissant toujours ses côtés opposés à passer par les trois points a, a' et a_1, et admettant, de plus, que cinq de ses sommets x'', x''', x_3, x_2, x_1, choisis à volonté, restent constamment sur la courbe (C), le sixième, x', parcourra dans ses différentes positions, cette courbe elle-même. C'est une conséquence évidente aussi du théorème général établi pour un polygone d'un nombre quelconque pair de côtés passant respectivement par autant de points situés en ligne droite.

Ces dernières propositions n'ont point encore été énoncées, je crois, mais les deux précédentes ne sont autres que celles *IV* et *V* du IIIe Cahier; d'où l'on voit généralement, que toutes les propriétés démontrées au commencement de ce même Cahier ne sont, au fond, que des corollaires ou cas particuliers de la proposition générale établie à l'art. II de celui-ci.

IV.

RECHERCHES ANALYTIQUES SUR LE LIEU DU SOMMET LIBRE D'UN POLYGONE PLAN, DONT LES AUTRES SOMMETS DÉCRIVENT UNE CONIQUE DONNÉE ET LES DIVERS COTÉS PIVOTENT SUR AUTANT DE POLES OU POINTS FIXES QUELCONQUES (*).

Soit $\alpha x' x'' \ldots$ (*fig.* 107), un polygone dont tous les sommets, à l'exception du dernier α, sont situés sur une ligne quelcon-

Fig. 107.

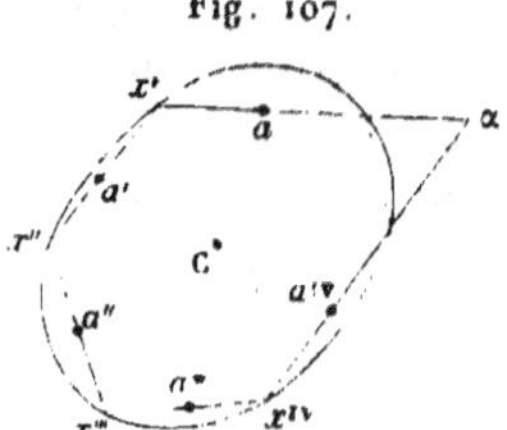

que (C) du second degré, et dont les côtés passent respectivement par des points donnés a, a', etc.; quelle sera la courbe

---

(*) Il ne faut pas confondre ces recherches analytiques avec celles qui nous ont précédemment occupés, et dans lesquelles il s'agissait, en réalité, de polygones circonscrits dont les divers sommets, moins un, étaient astreints à parcourir des directrices droites ou *polaires* fixes; le lieu du sommet libre, conjugué au dernier côté du polygone inscrit, etc., ne s'élevant pas au delà du second degré. Ici, au contraire, le lieu du sommet libre appartient à un degré supérieur, sauf dans le cas particulier où les pôles donnés sont en ligne droite et les directrices polaires convergent en un même point, comme le suppose le théor. IX, sect. II du Cah. III (p. 110), dont la démonstration analytique, fort simple, a été primitive-

décrite par le sommet libre α, quand, en déformant le polygone, on assujettira ses autres sommets et ses divers côtés à remplir les conditions précédentes ?

Supposons que l'on projette la figure sur un nouveau plan, de manière que la conique directrice des sommets se réduise à un cercle (C), *fig.* 108, et que les côtés extrêmes $\alpha x'$, αx^{iv} ou αx^{x} soient, dans toutes leurs positions, respectivement parallèles à deux droites ou axes fixes, ce qui revient à choisir le plan de projection de manière que les pôles a et a'. (*fig.* 107), soient situés à une distance infinie (Princ. IV).

Fig. 108.

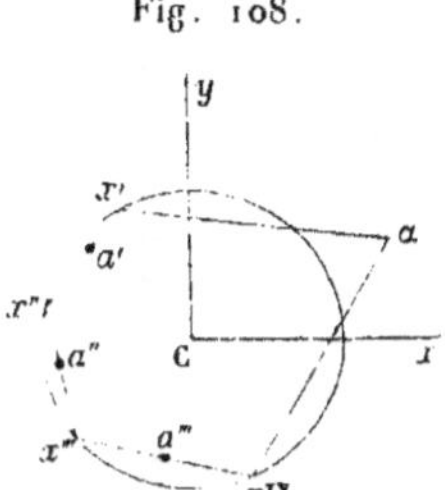

Alors, en nommant m et $-m$ les tangentes trigonométriques des angles, *censés égaux et de sens contraires*, que les directions de ces droites forment, de part et d'autre, avec celle de l'axe Cx des abscisses, dont la direction se trouve ainsi déterminée, fixée à priori; si, de plus, on donne aux différents points les dénominations correspondantes à celles qu'indique la figure, et que l'on place l'origine des coordonnées au centre C du cercle, les équations de ce cercle et des côtés ex-

---

ment indiquée par M. Brianchon, qui a ouvert ainsi un nouveau champ d'études analytico-géométriques.

L'analogie existante entre le cas actuel et celui dont il s'agit, conduit à conserver, sans changement, les notations et conventions du manuscrit relatives aux indices des lettres qu'on a précédemment modifiées en vue de faciliter l'impression typographique des plus longues formules. Seulement, on s'est dispensé ici, pour plus de facilité encore, de supprimer les parenthèses ( ) aux indices supérieurs des petites majuscules simples, en les laissant aux indices majuscules composés.

Ainsi nous avons écrit : a^{s} au lieu de a^{s} ; a^{s2} au lieu de $(a^{\text{s}})^2$; $a^{\text{s}\cdot\text{s2}}$ au lieu de $(a^{\text{ix}\cdot\text{11}})^2$, etc.

trêmes $\alpha x'$ et $2 x^x$ seront, d'après nos notations et conventions (p. 141 et note de la p. 219),

$$(1)\quad x'^2+y'^2=r^2,\quad x^{x2}+y^{x2}=r^2,\qquad (2)\quad \beta-y'=m(\alpha-x'),\qquad (3)\quad \beta-y^x=-m(\alpha-x^x).$$

Cela posé, si l'on prend un point quelconque x', sur le cercle (C), et qu'on joigne ce point avec le pôle a' par une droite indéfinie, elle viendra couper de nouveau ce cercle au point x'', dont les coordonnées seront, d'après l'analyse générale des p. 175 et 176,

$$x''=\frac{2a'r^2-2a'b'y'+x'(b'^2-a'^2-r^2)}{a'^2+b'^2+r^2-2a'x'-2b'y'},\qquad y''=\frac{2b'r^2-2a'b'x'+y'(a'^2-b'^2-r^2)}{a'^2+b'^2+r^2-2a'x'-2b'y'}.$$

En joignant le point x'' avec le pôle suivant a'', par la droite $x''x'''$, cette droite viendra couper le cercle en un troisième point x''', dont on obtiendra les valeurs des coordonnées en changeant dans celles de x'' et y'', a' et b' en a'' et b'', x' et y' en x'' et y''. On obtiendra celles qui correspondent au quatrième point x^{iv}, y^{iv} en changeant, de même, dans les valeurs de x'' et y'', a' et b' en a''' et b''', x' et y' en x''' et y''', et continuant ainsi, il viendra successivement les valeurs suivantes relatives aux sommets x''', x^{iv}, x^{v},…, x^x du polygone dont il s'agit, considéré dans l'une quelconque de ses positions,

$$x''=\frac{2a'r^2-2a'b'y'+x'(b'^2-a'^2-r^2)}{a'^2+b'^2+r^2-2a'x'-2b'y'},$$

$$x'''=\frac{2a''r^2-2a''b''y''+x''(b''^2-a''^2-r^2)}{a''^2+b''^2+r^2-2a''x''-2b''y''},$$

$$x^{iv}=\frac{2a'''r^2-2a'''b'''y'''+x'''(b'''^2-a'''^2-r^2)}{a'''^2+b'''^2+r^2-2a'''x'''-2b'''y'''},$$

$$\cdots\cdots\cdots\cdots$$

$$x^x=\frac{2a^{x-1}r^2-2a^{x-1}b^{x-1}y^{x-1}+x^{x-1}(b^{(x-1)2}-a^{(x-1)2}-r^2)}{a^{(x-1)2}+b^{(x-1)2}+r^2-2a^{x-1}x^{x-1}-2b^{x-1}y^{x-1}},$$

$$y''=\frac{2b'r^2-2a'b'x'+y'(a'^2-b'^2-r^2)}{a'^2+b'^2+r^2-2a'x'-2b'y'},$$

$$y'''=\frac{2b''r^2-2a''b''x''+y''(a''^2-b''^2-r^2)}{a''^2+b''^2+r^2-2a''x''-2b''y''},$$

$$y^{iv}=\frac{2b'''r^2-2a'''b'''x'''+y'''(a'''^2-b'''^2-r^2)}{a'''^2+b'''^2+r^2-2a'''x'''-2b'''y'''},$$

$$\cdots\cdots\cdots\cdots$$

$$y^x=\frac{2b^{x-1}r^2-2a^{x-1}b^{x-1}x^{x-1}+y^{x-1}(a^{(x-1)2}-b^{(x-1)2}-r^2)}{a^{(x-1)2}+b^{(x-1)2}+r^2-2a^{x-1}x^{x-1}-2b^{x-1}y^{x-1}}.$$

En substituant les valeurs de x'' et y'' dans x''' et y''', celles-ci ensuite dans x^{IV} et y^{IV}, et continuant de même les substitutions successives, on obtiendra finalement celles de x^N et y^N en x' et y', qui seront de la forme,

$$x^N = \frac{A + Bx' + Cy'}{D + Ex' + Fy'}, \qquad y^N = \frac{A' + B'x' + C'y'}{D + Ex' + Fy'},$$

et qu'il faudra substituer dans l'équation (3) de la droite αx^N; ce qui donnera pour cette équation, en réduisant au même dénominateur,

$$A' + B'x' + C'y' - \beta(D + Ex' + Fy')$$
$$= -m(A + Bx' + Cy') + m(D + Ex' + Fy')\alpha.$$

Quand les valeurs de x' et y' seront déterminées, les coordonnées du point d'intersection α des deux droites $\alpha x'$ et αx^N, le seront pareillement. Donc, si l'on élimine x' et y' entre l'équation précédente et les deux suivantes,

$$x''^2 + y'^2 = r^2, \qquad \beta - y' = m(\alpha - x'),$$

on obtiendra une équation entre α et β, qui aura lieu quel que soit le point x', et sera par conséquent l'équation même de la courbe cherchée.

Ordonnant d'abord par rapport à x' et y', les équations des deux droites en question, il vient

$$(C' - \beta F - \alpha mF + Cm)y' + (B' - \beta E - \alpha mE + mB)x'$$
$$= mD\alpha + D\beta - mA - A',$$
$$y' - mx' = \beta - m\alpha.$$

Tirant de là les valeurs de x' et y', ce qui donne

$$x' = \frac{F\beta^2 - m^2 F\alpha^2 + (D - C' - Cm)\beta + (mD + mC' + m^2C)\alpha - mA - A'}{-(E + mF)\beta - (mE + m^2F)\alpha + B' + mB + Cm^2 + mC'},$$

$$y' = \frac{-E\beta^2 + m^2E\alpha^2 + (mD + B' + mB)\beta + (m^2D - mB' - m^2B)\alpha - m^2A - mA'}{-(E + mF)\beta - (mE + m^2F)\alpha + B' + mB + Cm^2 + mC'}.$$

Substituant enfin ces valeurs dans l'équation $x'^2 + y'^2 = r^2$, il viendra, pour l'équation de la courbe cherchée, entre les coordonnées variables α et β,

$$(a \text{ ou } 4) \begin{cases} [F(\beta^2 - m^2\alpha^2) + D(\beta + m\alpha) - (C' + Cm)(\beta - m\alpha) - mA - A']^2 \\ + [-E(\beta^2 - m^2\alpha^2) + Dm(\beta + m\alpha) + (B' + mB)(\beta - m\alpha) - m(mA + A')]^2 \\ = r^2[-(E + mF)(\beta + m\alpha) + B' + m(B + Cm + C')]^2. \end{cases}$$

Cette équation est, comme on le voit, du quatrième degré ; d'où l'on est autorisé à conclure que la courbe lieu des sommets libres α du polygone, est en général, elle-même, du quatrième degré.

En combinant cette équation avec celle $\alpha^2 + \beta^2 = r^2$, du cercle directeur rapporté aux coordonnées α et β, prises pour variables indépendantes, on obtiendrait les intersections de la courbe inconnue avec ce cercle ; ce qui permettrait de résoudre ce problème : « Inscrire à un cercle donné, un poly- » gone dont les côtés passent respectivement par des points » également donnés. »

Ce problème a déjà été résolu précédemment (Cah. III), et nous avons vu qu'il revenait finalement, pour le cas le plus général, à trouver les intersections d'une droite et d'une section conique. Donc les deux points où la courbe ci-dessus rencontre le cercle doivent pouvoir se déterminer dans tous les cas géométriquement, et les coordonnées de ces points, par conséquent, dépendre simplement de la résolution d'équations du deuxième degré.

Je n'essayerai pas de démontrer la chose en général, au point de vue purement analytique ; ce serait d'une longueur si ce n'est d'une difficulté extrême. Je me bornerai à l'étude circonstanciée de quelques cas spéciaux où l'équation générale (a) du lieu, subit un abaissement naturel.

Application des précédents résultats, au cas singulier où les pôles des côtés sont confondus avec le centre même du cercle directeur, en projection.

On voit, à la simple inspection de l'équation précédente (a), que la courbe qu'elle représente se réduira généralement à une section conique lorsqu'il arrivera, par les conditions du problème, que l'on ait en même temps, $E = o$, $F = o$.

Dans cette supposition, d'ailleurs, les valeurs de x^x et y^x doivent nécessairement se réduire à la forme

$$x^x = \frac{A + Bx' + Cy'}{D}, \quad y^x = \frac{A' + B'x' + C'y'}{D},$$

et il ne pourra généralement en être ainsi, à moins que toutes les valeurs des ordonnées des sommets de polygone x'', x'''… précédant x', ne soient aussi de cette forme. Or on peut satisfaire immédiatement à cette condition en supposant que tous les pôles a, a', etc., (*fig.* 103) se confondent en un seul, avec l'origine C des coordonnées ; ce qui donne

$$a = 0, \quad b = 0, \quad a' = 0, \quad b' = 0, \quad \text{etc.}$$

Les valeurs des coordonnées x'', y'', etc., deviennent, par cette supposition,

$$x'' = -x', \quad y'' = -y',$$
$$x''' = -x'', \quad y''' = -y'',$$
$$\cdots\cdots\cdots \quad \cdots\cdots\cdots$$
$$x^x = \pm x', \quad y^x = \pm y',$$

les signes supérieurs de x^x et y^x ayant lieu quand x sera impair et les signes inférieurs quand x sera pair.

Pour savoir ce que devient alors l'équation de la courbe, il faut observer que l'on a ici

$$A = 0, \ B = \pm 1, \ C = 0, \ A' = 0, \ B' = 0, \ C' = \pm 1, \ D = 1, \ E = 0, \ F = 0;$$

ce qui donne l'équation

$$[(\beta + m\alpha) \mp (\beta - m\alpha)]^2 + m^2[(\beta + m\alpha) \pm (\beta - m\alpha)]^2 = 4\,m^2 r^2,$$

ou bien, en prenant les signes supérieurs de $\pm$ et de $\mp$,

$$\alpha^2 + \beta^2 = r^2,$$

et, en adoptant les signes inférieurs,

$$\beta^2 + m^4 \alpha^2 = m^2 r^2.$$

La première de ces équations est celle du cercle directeur même; la seconde est celle d'une ellipse.

On ne saurait être surpris de retomber sur l'équation du cercle (C); car, pour un nombre pair de pôles ou côtés, les sommets extrêmes x' et $x^{\scriptscriptstyle N}$ se confondent sur sa circonférence, et les droites $\alpha x'$, $\alpha x^{\scriptscriptstyle N}$, partant d'un même point x', se coupent en ce point, ce qui fait que le sommet libre α, confondu avec x', ne quitte pas le cercle (C).

La deuxième équation correspond, à l'inverse, au cas où les pôles étant en nombre pair, les deux points x' et $x^{\scriptscriptstyle N}$ seraient situés aux extrémités d'un même diamètre; elle représente évidemment une ellipse concentrique à (C), et dont les axes ont la direction de ceux des coordonnées : l'un de ces axes étant égal à $2\,mr$ et l'autre à $\dfrac{2\,r}{m}$ (*).

Développement de l'analyse relative au cas général, dans l'hypothèse où les pôles des divers côtés sont situés à l'infini, sur le plan du cercle directeur.

Transformation, réduction des formules fondamentales. — Les valeurs des coordonnées x'' et y'', x''' et y''', etc., prendront encore la forme particulière $\dfrac{A + B x' + C y'}{D}$, lorsque tous les

---

(*) En se reportant à la *fig.* 107 du cas général, dont celle (*fig.* 108) du cercle est la projection, on verra que le centre de celui-ci y serait représenté par le point *conjugué* à la droite indéfinie qui contient les pivots a et $a^{\scriptscriptstyle IV}$ ou $a^{\scriptscriptstyle N}$ des deux derniers côtés $\alpha x'$, $\alpha x^{\scriptscriptstyle N}$ du polygone variable considéré, mais réduit dans l'hypothèse actuelle, à un simple triangle formé de ces côtés et des cordes pivotantes de la conique donnée, assujetties à passer par le point fixe ci-dessus; seule condition indispensable pour que le lieu des sommets α se réduise à une courbe du même degré. Mais il ne s'agit ici que de trouver, par l'analyse, les bases fondamentales de théorèmes ou lemmes de géométrie qui doivent devenir l'objet de recherches ultérieures plus étendues ou approfondies. Du reste, les déductions de l'analyse des coordonnées, comme celles, ci-après, qui concernent les polygones variables dont les côtés pivotent autour de points fixes rangés en ligne droite, ont des relations intimes avec la théorie géométrique des intersections de surfaces cylindriques et coniques, en général.

pôles étant situés à l'infini, on aura

$$a' = \frac{1}{0}, \quad b' = \frac{1}{0}, \quad a'' = \frac{1}{0}, \quad b'' = \frac{1}{0}, \quad \text{etc.}$$

Alors les côtés du polygone conservant des directions déterminées, les tangentes tabulaires des angles que ces directions forment avec l'axe des x auront elles-mêmes, en général, des valeurs déterminées bien que les fractions $\dfrac{b'}{a'}$, $\dfrac{b''}{a''}$, etc., se présentent sous la forme $\dfrac{0}{0}$.

Posons donc $\dfrac{b'}{a'} = m'$, $\dfrac{b''}{a''} = m''$, et ainsi de suite ; introduisons ces hypothèses dans les valeurs de x'', y'', etc., trouvées ci-dessus, après les avoir préparées de la manière convenable ; posant enfin et successivement $a' = \infty$, $a'' = \infty$, etc., ces diverses valeurs deviendront

$$x'' = \frac{-2m'y' - x'(1 - m'^2)}{1 + m'^2}, \qquad y'' = \frac{-2m'x' - y'(m'^2 - 1)}{1 + m'^2},$$

$$x''' = \frac{-2m''y'' - x''(1 - m''^2)}{1 + m''^2}, \qquad y''' = \frac{-2m''x'' - y''(m''^2 - 1)}{1 + m''^2},$$

$$x^{IV} = \frac{-2m'''y''' - x'''(1 - m'''^2)}{1 + m'''^2}, \qquad y^{IV} = \frac{-2m'''x''' - y'''(m'''^2 - 1)}{1 + m'''^2},$$

$$\cdots\cdots\cdots\cdots\cdots\cdots\cdots\cdots\cdots\cdots\cdots\cdots$$

$$x^{N} = \frac{-2m^{N-1}y^{N-1} - x^{N-1}(1 - m^{(N-1)2})}{1 + m^{(N-1)2}}, \quad y^{N} = \frac{-2m^{N-1}x^{N-1} - y^{N-1}(m^{(N-1)2} - 1)}{1 + m^{(N-1)2}}.$$

On tirera évidemment de là, pour x^{N} et y^{N}, d'autres valeurs de cette forme linéaire,

$$x^{N} = \frac{Bx' + Cy'}{D}, \quad y^{N} = \frac{B'x' + C'y'}{D};$$

d'où il résulte que l'hypothèse faite sur les quantités a' et b', a'' et b'', etc., rend à la fois nulles, dans le cas particulier qui nous occupe, les constantes E, F, A et A' qui entrent dans l'équation générale (a) de la courbe cherchée.

Pour savoir ce que deviennent les valeurs des autres coefficients B, C, B′, C′ et D de cette même équation, il est indispensable de développer un peu les substitutions successives de x'' et y'', x''' et y''', etc.

A cet effet, nous poserons, pour plus de simplicité, dans les expressions déjà trouvées,

$$\frac{-2\,m'}{1+m'^2}=b', \qquad\qquad \frac{m'^2-1}{1+m'^2}=a',$$

$$\frac{-2\,m''}{1+m''^2}=b'', \qquad\qquad \frac{m''^2-1}{1+m''^2}=a'',$$

$$\frac{-2\,m'''}{1+m'''^2}=b''', \qquad\qquad \frac{m'''^2-1}{1+m'''^2}=a''',$$

$$\dots\dots\dots\dots\dots\qquad\qquad\dots\dots\dots\dots\dots$$

$$\frac{-2\,m^{N-1}}{1+m^{(N-1)2}}=b^{N-1}, \qquad \frac{m^{(N-1)2}-1}{1+m^{(N-1)2}}=a^{N-1},$$

les lettres a' et b', a'' et b'', etc., ayant ici d'ailleurs des acceptions très-distinctes de celles qu'on leur avait attribuées dans le n° IV ci-dessus; cela fera prendre aux valeurs de x'' et y'', etc., la nouvelle forme

$$x''=a'x'+b'y', \qquad\qquad y''=b'x'-a'y',$$
$$x'''=a''x''+b''y'', \qquad\qquad y'''=b''x''-a''y'',$$
$$x^{IV}=a'''x'''+b'''y''', \qquad\qquad y^{IV}=b'''x'''-a'''y''',$$
$$\dots\dots\dots\dots\dots\qquad\qquad\dots\dots\dots\dots\dots$$
$$x^N=a^{N-1}x^{N-1}+b^{N-1}y^{N-1}, \quad y^N=b^{N-1}x^{N-1}-a^{N-1}y^{N-1}.$$

Les quatre premières de ces équations donnant

$$(1)\qquad \begin{cases} x'''= \quad\;\; (a'a''+b'b'')x'+(b'a''-a'b'')y', \\ y'''=-(b'a''-a'b'')x'+(a'a''+b'b'')y', \end{cases}$$

on aperçoit déjà que ces valeurs linéaires de x''' et y''' conservent en x' et y' la même forme que celles de x'' et y''; sauf que l'expression de y''' a pris un signe explicite ou extérieur contraire par rapport à y''.

Si l'on fait de nouveau, en effet,

$$a'a''+b'b''=A', \quad b'a''-a'b''=B',$$

les constantes A' et B' ayant, ici encore, des valeurs distinctes de celles du n° IV, ces deux expressions deviendront

$$(2) \quad x''' = A'x' + B'y', \quad y''' = -B'x' + A'y' = -(Bx' - A'y),$$

lesquelles combinées avec les valeurs ci-dessus de x^{IV} et y^{IV} en x''' et y''', donneront l'expression de ces mêmes coordonnées, x^{IV} et y^{IV} en x' et y'.

Pour les obtenir, il suffira évidemment de changer, dans les deux équations (1), a' en B', b' en A', x' en y' et y' en x', puis a'' en a''', b'' en b''', ce qui donnera

$$(3) \quad \begin{cases} x^{\text{IV}} = (A'a''' - B'b''')x' + (A'b''' + B'a''')y', \\ y^{\text{IV}} = (A'b''' + B'a''')x' - (A'a''' - B'b''')y'. \end{cases}$$

D'où l'on voit que ces expressions de x^{IV} et y^{IV} reprennent, aux notations près, absolument la forme première de x'' et y'' en x' et y', c'est-à-dire sans aucun changement de signe extérieur ou apparent.

Car, si nous posons, derechef,

$$A'a''' - B'b''' = A'', \quad A'b''' + B'a''' = B'',$$

elles deviennent, en effet,

$$x^{\text{IV}} = A''x' + B''y', \quad y^{\text{IV}} = B''x' - A''y'.$$

En combinant, à leur tour, ces dernières équations avec celles qui donnent x^{V} et y^{V}, il est clair qu'on retombera encore sur des expressions de la forme (1) ou (2), et, pour y parvenir, il suffira de changer dans ces expressions, a' et b' en A'' et B'', a'' et b'' en a^{IV} et b^{IV}, ce qui donnera

$$x^{\text{V}} = (A''a^{\text{IV}} + B''b^{\text{IV}})x' + (B''a^{\text{IV}} - A''b^{\text{IV}})y',$$
$$y^{\text{V}} = -(B''a^{\text{IV}} - A''b^{\text{IV}})x' + (A''a^{\text{IV}} + B''b^{\text{IV}})y';$$

puis, si l'on y fait de nouveau,

$$A''a^{\text{IV}} + B''b^{\text{IV}} = A''', \quad B''a^{\text{IV}} - A''b^{\text{IV}} = B''',$$

elles deviendront

$$x^{\text{V}} = A'''x' + B'''y', \quad y^{\text{V}} = -B'''x' + A'''y'.$$

15.

Il est inutile de pousser plus loin les substitutions successives; car on voit par les premières, qu'on obtiendra alternativement, pour la valeur des coordonnées x'' et y'', x''' et y''', etc., x^N et y^N en x' et y', des expressions de l'une ou de l'autre des formes (1) et (3), selon que ces coordonnées seront d'un accent ou indice supérieur, impair ou pair.

Dans les mêmes cas, les coefficients de ces coordonnées seront représentés, en général, par les expressions

$$A^{N-3}a^{N-1}+B^{N-3}b^{N-1}=A^{N-2}, \quad B^{N-3}a^{N-1}-A^{N-3}b^{N-1}=B^{N-2},$$

ou bien par celles-ci

$$A^{N-3}a^{N-1}-B^{N-3}b^{N-1}=A^{N-2}, \quad B^{N-3}a^{N-1}+A^{N-3}b^{N-1}=B^{N-2},$$

selon encore, que x^N et y^N seront accentués impair ou pair, c'est-à-dire selon que le nombre des accents (') sera lui-même impair ou pair.

Donc les valeurs générales des coordonnées x^N et y^N prendront, quand N sera impair, la forme spéciale

$$(4) \quad x^N=A^{N-2}x'+B^{N-2}y', \quad y^N=-B^{N-2}x'+A^{N-2}y',$$

et alors on aura

$$A^{N-2}=A^{N-3}a^{N-1}+B^{N-3}b^{N-1}, \quad B^{N-2}=B^{N-3}a^{N-1}-A^{N-3}b^{N-1};$$

tandis que si N est pair, elles acquerront cette autre forme

$$(5) \quad x^N=A^{N-2}x'+B^{N-2}y', \quad y^N=B^{N-2}x'-A^{N-2}y',$$

répondant aux valeurs

$$A^{N-2}=A^{N-3}a^{N-1}-B^{N-3}b^{N-1}, \quad B^{N-2}=B^{N-3}a^{N-1}+A^{N-3}a^{N-1}.$$

Examen analytique du cas où le polygone, à directions de côtés invariables, est d'ordre impair.

Équations spéciales. — N étant pair alors, les valeurs de x^N et y^N, qui, dans le cas général, étaient exprimées par les formules

$$x^N=\frac{A+Bx'+Cy'}{D+Ex'+Fy'}, \quad y^N=\frac{A'+B'x'+C'y'}{D+Ex'+Fy'},$$

prennent la forme particulière (5); ce qui donne évidemment pour l'hypothèse actuelle,

$$A = 0, \qquad A' = 0, \qquad E = 0, \qquad F = 0,$$
$$\frac{B}{D} = A^{N-2}, \qquad \frac{C}{D} = B^{N-2}, \qquad \frac{B'}{D} = B^{N-2}, \qquad \frac{C'}{D} = -A^{N-2}.$$

Si donc on fait, dans l'équation générale (a) du lieu cherché, les quatre quantités A, A', E et F égales à zéro, elle deviendra, toutes réductions faites,

$$[(D - C' - mC)^2 + (Dm + Bm + B')^2]\beta^2$$
$$+ m^2[(D + C' + mC)^2 + (Dm - B' - mB)^2]\alpha^2$$
$$+ 2m[D^2 - B'^2 - C'^2 + m^2(D^2 - B^2 - C^2) - 2m(BB' + CC')]\alpha\beta$$
$$= r^2[B' + mB + m(C' + mC)]^2,$$

représentant, comme dans la question particulière examinée ci-dessus, une courbe unique du deuxième degré, concentrique au cercle directeur.

Le terme en $\alpha\beta$ doit disparaître de cette équation; car si l'on divise son coefficient par D^2, il deviendra, en y mettant ensuite pour $\dfrac{B}{D}$, $\dfrac{C}{D}$, etc., leurs valeurs indiquées ci-dessus,

$$2m(m^2 + 1)(1 - B^{(N-2)2} - A^{(N-2)2});$$

expression dans laquelle il faut substituer les valeurs numériques de $B^{(N-1)2}$ et $A^{(N-1)2}$, en fonction de a, b, a', b', etc.

Or les valeurs de ces quantités, fournies par les deux équations (5), donnent en premier lieu,

$$A^{(N-2)2} + B^{(N-2)2} = (a^{(N-1)2} + b^{(N-1)2})(A^{(N-3)2} + B^{(N-3)2})$$
$$= (a^{(N-1)2} + b^{(N-1)2})(a^{(N-2)2} + b^{(N-2)2})(A^{(N-4)2} + B^{(N-4)2}).$$

En continuant ainsi, on voit qu'il viendra enfin

$$A^{(N-2)2} + B^{(N-2)2} = (a^{(N-1)2} + b^{(N-1)2})(a^{(N-2)2} + b^{(N-2)2}) \times$$
$$\times (a^{(N-3)2} + b^{(N-3)2}) \times \dots \times (a'^2 + b'^2).$$

Substituant dans l'un des facteurs $a'^2 + b'^2$, pour a' et b' les valeurs d'abord obtenues,

$$b' = -\frac{2\,m'}{1 + m'^2}, \quad a' = \frac{m'^2 - 1}{m'^2 + 1},$$

cela donnera évidemment

$$a'^2 + b'^2 = 1.$$

On aurait de même

$$a''^2 + b''^2 = 1, \quad \text{etc.},$$

et, en général,

$$a^{(N-1)2} + b^{(N-1)2} = 1.$$

De là,

$$A^{(N-2)2} + B^{(N-2)2} = 1,$$

et, par conséquent,

$$1 - B^{(N-2)2} - A^{(N-2)2} = 0.$$

Le terme en $\alpha\beta$ disparaît donc, en effet, de l'équation de la courbe, qui devient ainsi,

$$[(D - C' - mC)^2 + (Dm + Bm + B')^2]\beta^2$$
$$+ m^2[(D + C' + mC)^2 + (Dm - B' - mB)^2]\alpha^2$$
$$= r^2[B' + mB + m(C' + mC)]^2.$$

Cette équation est encore susceptible de simplification : en la divisant par D^2, et mettant pour les quantités $\dfrac{B}{D}$, $\dfrac{B'}{D}$, etc., leurs valeurs, on obtient, toutes réductions faites,

$$(6) \quad 2(1 + A^{N-2})\beta^2 + 2m^2(1 - A^{N-2})\alpha^2 = r^2 B^{(N-2)2}(1 + m^2).$$

Discussion. — Les constantes A^{N-2} et B^{N-2} de cette dernière équation, ne sauraient évidemment être supérieures à l'unité; car il existe entre elles la relation $A^{(N-2)2} + B^{(N-2)2} = 1$ (*), dont

---

(*) Le lecteur s'apercevra immédiatement que les diverses formules ou équations de ce paragraphe appartiennent aux fonctions angulaires ou trigonométriques, et qu'il était possible d'arriver aux mêmes résultats par des considérations plus directes et plus élémentaires. On pourrait même être tenté de croire qu'après avoir suivi cette voie, j'en aurais

tous les termes sont essentiellement positifs, et par conséquent la courbe qu'elle représente est une ellipse rapportée
à son centre et à ses axes.

Elle se réduira à celle d'un cercle quand les coefficients des
variables α et β seront égaux, ce qui entraîne l'équation de
condition

$$1 + A^{N-2} = m^2(1 - A^{N-2}), \quad \text{ou} \quad A^{N-2} = \frac{m^2-1}{1+m^2},$$

et, comme on a toujours

$$A^{(N-2)^2} + B^{(N-2)^2} = 1,$$

il viendra, d'un autre côté,

$$B^{N-2} = \pm \frac{2\,m}{1+m^2}.$$

Substituant ces valeurs dans l'équation (6) dont il s'agit, elle
se réduira à la suivante

$$\alpha^2 + \beta^2 = r^2,$$

qui montre que la courbe parcourue par le sommet libre α, du
polygone mobile, se confond, dans ce cas, avec le cercle directeur même.

Il n'est pas difficile, au surplus, de reconnaître, sur la figure,
quel est le cas où la circonstance précédente a lieu.

Considérons, par exemple, l'heptagone $\alpha x' x'' \ldots x^{vi} \alpha$ de la figure ci-après, pour lequel, d'après nos précédentes définitions,

---

ensuite changé, par préférence pour la méthode de démonstration purement algébrique et en vue de déguiser, comme cela se fait assez souvent,
la marche laborieuse des découvertes et des tâtonnements. Mais, d'après
divers motifs qui se révéleront dans les volumes suivants, je n'hésite
point à dire que cette supposition serait d'autant plus inexacte que je
n'ai jamais été le partisan exclusif de l'Analyse algébrique, et que je n'ai
jamais non plus pensé qu'il fût indispensable de tout rapporter à cette
science, même en fait de choses purement mathématiques, ni que, en
dehors de sa manière d'opérer, il n'y eût aucun moyen rigoureux de
raisonner et de démontrer.

N est égal à VI; il est visible que le sommet α ne peut décrire le cercle (C) dans toutes ses positions, à moins qu'il ne se confonde avec l'un des sommets adjacents x', x^{VI}, ou encore,

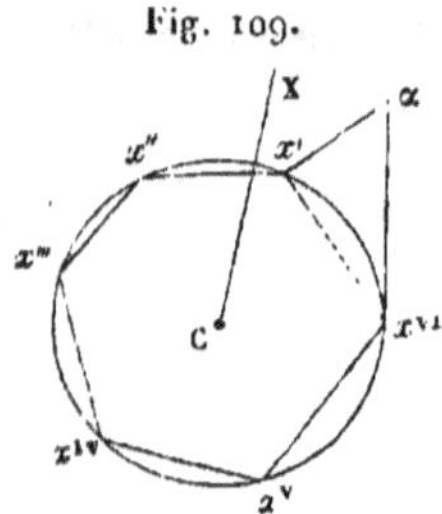

Fig. 109.

à moins que le polygone $\alpha x' x'' \ldots x^{\mathrm{VI}} \alpha$ ne reste inscrit au cercle (C), de quelque manière qu'on le déforme, en assujettissant ses côtés à conserver les mêmes directions respectives et ses sommets, moins un, à décrire la circonférence.

La première circonstance ne peut avoir lieu que dans le cas où l'un des côtés $\alpha x'$, αx^{VI} se confond avec la corde $x' x^{\mathrm{VI}}$, ce qui exige que l'hexagone $x' x'' \ldots x^{\mathrm{VI}} x'$ reste inscrit au cercle de quelque manière qu'on le fasse varier. Or nous avons prouvé précédemment (III, p. 208), que, quand un polygone fermé, d'un nombre pair de côtés, est inscrit à un cercle donné, il lui demeure, en effet, inscrit quelle que soit la manière dont on le déforme en assujettissant toujours ses côtés à conserver des directions constantes, et ses côtés, moins un, à rester sur la circonférence, mais que, si le nombre des sommets est impair, la même chose cesse d'avoir lieu.

Donc, puisque le polygone $x' x'' \ldots x^{\mathrm{VI}} x'$ est, par nos hypothèses, d'un nombre pair de côtés, la première de ces deux conditions sera remplie, et, par conséquent, le sommet libre α de l'heptagone se confondra, dans toutes ses positions, avec le sommet adjacent x' ou avec le sommet x^{VI}, s'il s'y confond pour une seule d'entre elles.

La deuxième des circonstances ci-dessus n'est pas possible, car le polygone $\alpha x' x'' \ldots x^{\mathrm{VI}}$, étant d'un nombre impair de côtés, il pourra bien être inscriptible au cercle dans certaines positions, mais il ne saurait l'être pour toutes celles qu'il peut prendre sous les mêmes conditions.

Concluons de là, en particulier, que l'équation

$$A^{N-2} = \frac{m^2 - 1}{1 + m^2}$$

exprime la relation qui doit exister entre les tangentes tabulaires — m, m', m'',..., m des angles que chacun des côtés d'un polygone à nombre pair de sommets, fait avec une droite CX (*fig.* 109), prise sur son plan comme axe des abscisses parallèles à la bissectrice de l'angle α, pour que ce polygone soit susceptible d'être constamment inscriptible au cercle.

Intersection de l'ellipse lieu du sommet libre du polygone, avec le cercle directeur; paradoxe. — Si l'on fait successivement dans l'équation (6) de ce lieu, $\beta = 0$ et $\alpha = 0$, elle donne pour les valeurs des demi-axes principaux de l'ellipse,

$$\frac{r\,B^{N-2}\sqrt{(1+m^2)}}{m\sqrt{2}\sqrt{1-A^{N-2}}}, \qquad \frac{r\,B^{N-2}\sqrt{(1+m^2)}}{\sqrt{2}\sqrt{1+A^{N-2}}};$$

dont aucun ne saurait devenir infini.

Pour que cela arrivât à l'égard du premier axe, notamment, il faudrait que l'on eût

$$\text{ou} \quad 1 - A^{N-2} = 0, \quad \text{ou} \quad B^{N-2} = \frac{1}{0};$$

mais, comme $A^{(N-2)2} + B^{(N-2)2} = 1$, on devrait, dans l'hypothèse de $A^{N-2} = 1$, avoir en même temps, $B^{(N-2)2} = 0$; ce qui rendrait l'autre axe nul, et réduirait, pour ce cas, l'équation de la courbe à $\beta^2 = 0$, représentant une double droite ou ellipse aplatie sur l'axe même des abscisses x ou α.

Si B^{N-2} était infini, alors l'équation $A^{(N-2)2} + B^{(N-2)2} = 1$ devenant

$$1 + \frac{A^{(N-2)2}}{B^{(N-2)2}} = 0, \quad \text{c'est-à-dire} \quad 1 + \left(\frac{A^{N-2}}{B^{N-2}}\right)^2 = 0,$$

serait absurde ou impossible, n'importe la valeur du rapport de $(A^{N-2})^2$ à $(B^{N-2})^2$, puisque ce rapport est toujours positif.

Ainsi, les axes principaux du lieu des sommets libres de polygones ne pouvant devenir infinis, c'est essentiellement

une courbe fermée ou *ellipse* concentrique au cercle directeur, mais susceptible de s'aplatir, de dégénérer en une simple
droite, limitée de longueur, et dont les directions diamétrales
se confondent avec celles des bissectrices des angles aux sommets libres du polygone mobile.

D'ailleurs, l'ellipse décrite par ce sommet rencontre le cercle
directeur en quatre points généralement distincts, et que l'on
peut toujours déterminer par une construction géométrique
fort simple, puisque, en représentant les carrés α^2 et β^2 des

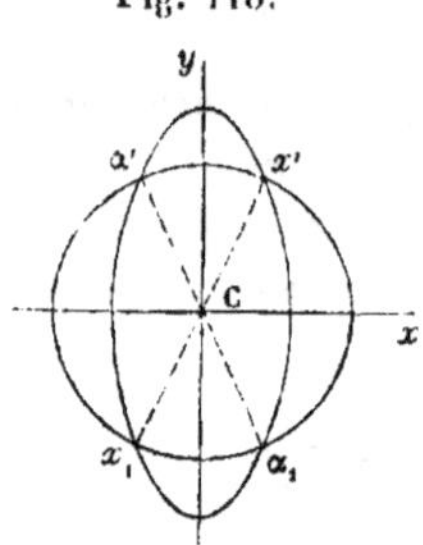

Fig. 110.

coordonnées de ces points par α' et β', on aura entre ces
quantités deux équations du premier degré seulement.

Il semblerait, d'après cela, qu'il pût y avoir quatre manières
essentiellement différentes, d'inscrire un polygone d'ordre impair, dans un cercle donné, en l'assujettissant à la condition :
« d'avoir ses côtés respectivement parallèles à des directions
» fixes. » Or cela n'a réellement pas lieu, comme nous l'avons
fait voir dans l'un des articles du présent Cahier. Pour montrer
à quoi tient cette contradiction apparente, et, en même temps,
faire connaître quelles sont, des quatre intersections ci-dessus,
les deux seules qui résolvent le problème de l'inscription effective du polygone au cercle, je vais reprendre la question
d'un peu plus haut.

Éclaircissement du paradoxe. — Nous avons trouvé que les
valeurs générales de x^n et y^n pour le cas de n pair, étaient

$$(b) \qquad x^n = A^{n-2}x' + B^{n-2}y', \qquad y^n = B^{n-2}x' - A^{n-2}y'.$$

Nous avons, de plus, prouvé qu'il existait entre A^{n-2} et B^{n-2}

la relation particulière

$$A^{(N-2)2} + B^{(N-2)2} = 1.$$

D'après cela, je dis qu'il existe nécessairement deux positions symétriques du polygone variable (*fig.* 109), pour lesquelles les points x^N et x' se confondent sur la circonférence du cercle directeur. En effet, si l'on substitue dans les expressions ci-dessus (b), x' à x^N et y' à y^N, on aura les nouvelles équations de condition

$$(c) \cdot \quad x'(1 - A^{N-2}) - B^{N-2}y' = 0, \quad y'(1 + A^{N-2}) - B^{N-2}x' = 0.$$

Mais, comme de plus, on a entre x' et y' la relation $x'^2 + y'^2 = r^2$, il est clair que ces dernières équations ne pourront coexister qu'autant que l'une d'elles sera la conséquence de l'autre. Or c'est ce qui a lieu par le fait; car si l'on observe que la relation $A^{(N-2)2} + B^{(N-2)2} = 1$ donne

$$1 - A^{N-2} = \frac{B^{(N-2)2}}{1 + A^{N-2}},$$

et qu'on substitue cette valeur dans la première des deux équations (c), elle deviendra, toutes réductions faites et en changeant les signes,

$$y'(1 + A^{N-2}) - B^{N-2}x' = 0,$$

qui revient précisément à la seconde d'entre elles.

En combinant donc l'une ou l'autre des équations (c), avec celle $x'^2 + y'^2 = r^2$ du cercle directeur, il viendra, pour les coordonnées du point où le sommet x^N (*fig.* 109), du polygone se confond avec le sommet x',

$$x' = x^N = \pm r\frac{\sqrt{1 + A^{N-2}}}{\sqrt{2}}, \quad y' = y^N = \pm r\frac{\sqrt{1 - A^{N-2}}}{\sqrt{2}}.$$

Maintenant, il n'est pas difficile de voir que le point, ou plutôt, les deux points dont nous venons de démontrer l'existence, points situés sur un même diamètre, appartiennent simultanément à la courbe des α et au cercle (C). En effet, un point quelconque α, de cette courbe, se détermine en menant par x' et x^{N} deux droites qui aient respectivement m et $-m$, pour tangentes trigonométriques de leurs inclinaisons symétriques sur l'axe des abscisses CX, et, par conséquent, elles se couperont au point même de (C), déterminé ci-dessus, où x^{N}, α, x' sont confondus et $\text{N}+1$ *est réduit à* $\text{N}-1$.

Au reste, on peut s'assurer directement que les points obtenus comme on vient de le dire, sont effectivement deux de ceux où le lieu des sommets α rencontre ce cercle, en recherchant, au moyen des équations en α et β, de ces deux lignes, les valeurs des coordonnées des quatre intersections; car on retrouvera parmi elles les expressions précédentes de x' et de y'.

Remarques diverses. — Ces valeurs sont explicitement indépendantes de m, ce qui semble absurde à priori, car la position des points en question dépend nécessairement de la direction des deux côtés $\alpha x'$ et αx^{N}. Mais il faut se rappeler que la position de l'axe CX des abscisses, est liée à celle de ces côtés, puisque ceux-ci font, de part et d'autre, le même angle avec sa direction indéfinie.

Si l'on donnait, en effet, une autre direction à ces côtés, il faudrait en même temps, changer la direction de l'axe CX des abscisses x ou α, sans quoi les équations précédentes cesseraient de répondre à la question; et si seulement, on changeait la direction des deux droites $\alpha x'$ et αx^{N}, de manière que leurs nouveaux angles avec CX fussent différents des premiers, quoique symétriquement situés et égaux entre eux, il arriverait encore que la courbe décrite par leur commune intersection α, rencontrerait le cercle (C) en de tout autres points que la précédente.

Avant de passer à l'examen du cas où le nombre des côtés du polygone est pair, je vais indiquer un moyen bien simple de parvenir à l'équation de condition

$$A^{(\text{N}-2)2} + B^{(\text{N}-2)2} = 1.$$

Nous avons vu que les valeurs de x^{N} et y^{N} étaient données par les équations suivantes :

$$x^{\text{N}} = A^{\text{N}-2} x' + B^{\text{N}-2} y', \qquad y^{\text{N}} = B^{\text{N}-2} x' - A^{\text{N}-2} y'.$$

Or ces deux équations doivent évidemment coexister avec celles du cercle directeur,

$$x'^2 + y'^2 = r^2, \quad x''^2 + y''^2 = r^2.$$

Substituant donc, dans cette dernière, les valeurs de x'' et de y'', on aura la nouvelle relation

$$\left(A^{(N-2)2} + B^{(N-2)2} \right) \left(x'^2 + y'^2 \right) = r^2 :$$

si l'on y met pour $x'^2 + y'^2$ sa valeur r^2, et qu'on divise ensuite les deux membres de l'équation par r^2, il viendra

$$A^{(N-2)2} + B^{(N-2)2} = 1 ;$$

relation qui existe ainsi entre les quantités $A^{(N-2)2}$ et $B^{(N-2)2}$, pour toutes les valeurs particulières qui seraient assignées aux quantités trigonométriques m, m', m'', etc.

Examen analytique relatif au lieu du sommet libre, pour les polygones d'ordre pair.

Équations propres à ce cas. — Le nombre $N + 1$ des côtés du polygone inscrit, étant pair, on a alors (4, p. 228), pour déterminer x'' et y'', les équations

$$x'' = A^{N-2} x' + B^{N-2} y', \quad y'' = -B^{N-2} x' + A^{N-2} y',$$

avec les relations particulières,

$$A^{N-2} = A^{N-3} a^{N-1} + B^{N-3} b^{N-1}, \quad B^{N-2} = B^{N-3} a^{N-1} - A^{N-3} b^{N-1}.$$

De plus, les valeurs générales

$$x'' = \frac{A + B x' + C' y}{D + E x' + F y'}, \quad y'' = \frac{A' + B' x' + C' y'}{D + E x' + F y'},$$

se réduisant à la forme particulière des précédentes, on aura évidemment ici les relations

$$A = 0, \qquad A' = 0, \qquad E = 0, \qquad F = 0,$$

$$\frac{B}{D} = A^{N-2}, \qquad \frac{C}{D} = B^{N-2}, \qquad \frac{B'}{D} = -B^{N-2} \qquad \frac{C'}{D} = A^{N-2}.$$

En ayant égard aux quatre premières d'entre elles et observant que, pour ce cas encore,

$$BB' + CC' = 0, \qquad A^{(N-2)^2} + B^{(N-2)^2} = 1,$$

l'équation générale (a, p. 222) du lieu du sommet libre, quand les côtés, en nombre pair, conservent des directions parallèles à des droites respectivement données sur le plan du cercle directeur, cette équation générale, dis-je, s'abaissant encore au deuxième degré, se réduira à la suivante,

$$[(D - C' - mC)^2 + (Dm + Bm + B')^2]\beta^2$$
$$+ m^2[(D + C' + mC)^2 + (Dm - B' - mB)^2]\alpha^2$$
$$= r^2[B' + mB + m(C' + mC)]^2.$$

Divisant les termes de cette équation par D^2, et substituant pour $\dfrac{B}{D}$, $\dfrac{B'}{D}$, etc., leurs valeurs ci-dessus, il viendra, toutes réductions faites,

$$2[1 + m^2 - A^{N-2}(1 - m^2) - 2mB^{N-2}]\beta^2$$
$$+ 2m^2[1 + m^2 + A^{N-2}(1 - m^2) + 2mB^{N-2}]\alpha^2$$
$$= r^2[2mA^{N-2} - (1 - m^2)B^{N-2}]^2.$$

Condition pour laquelle le lieu se confond avec la circonférence directrice. — Les coefficients de la dernière équation sont nécessairement positifs; car leurs correspondants, dans la précédente, sont formés de sommes de divers carrés; donc la courbe cherchée reste ici encore une *ellipse* rapportée à son centre et à ses axes. Elle deviendra un cercle quand les coefficients de α^2 et β^2 y seront égaux entre eux; ce qui entraîne l'équation de condition

$$1 + m^2 - A^{N-2}(1 - m^2) - 2mB^{N-2}$$
$$= m^2[1 + m^2 + A^{N-2}(1 - m^2) + 2mB^{N-2}];$$

d'où l'on tire

$$1 - m^2 - (1 - m^2)A^{N-2} - 2mB^{N-2} = 0,$$

les coefficients de α^2 et de β^2 devenant alors égaux à $4m^2$.

Quant au coefficient de r^2, je dis qu'il se réduit de même, à la quantité $4\,m^2$. En effet, en le développant, il devient

$$4\,m^2\,\mathrm{A}^{(\scriptscriptstyle N-2)^2} + \mathrm{B}^{(\scriptscriptstyle N-2)^2}(1-m^2)^2 - 4\,m\,\mathrm{A}^{\scriptscriptstyle N-2}\,\mathrm{B}^{\scriptscriptstyle N-2}(1-m^2)$$
$$= 4\,m^2\mathrm{A}^{(\scriptscriptstyle N-2)^2} + (1-m^2)^2 - \mathrm{A}^{(\scriptscriptstyle N-2)^2}(1-m^2)^2 - 4\,m\,\mathrm{A}^{\scriptscriptstyle N-2}\,\mathrm{B}^{\scriptscriptstyle N-2}(1-m^2),$$

toujours à cause de

$$\mathrm{A}^{(\scriptscriptstyle N-2)^2} + \mathrm{B}^{(\scriptscriptstyle N-2)^2} = 1.$$

Substituant dans cette dernière expression, pour $\mathrm{B}^{\scriptscriptstyle N-2}$ sa valeur tirée de l'équation de condition ci-dessus, qui donne

$$2\,m\,\mathrm{B}^{\scriptscriptstyle N-2} = (1-m^2)(1-\mathrm{A}^{\scriptscriptstyle N-2}),$$

le coefficient dont il s'agit devient, toutes réductions faites,

$$4\,m^2\,\mathrm{A}^{(\scriptscriptstyle N-2)^2} + (1-m^2)^2 + \mathrm{A}^{(\scriptscriptstyle N-2)^2}(1-m^2)^2 - 2\,\mathrm{A}^{\scriptscriptstyle N-2}(1-m^2)^2$$
$$= 4\,m^2\,\mathrm{A}^{(\scriptscriptstyle N-2)^2} + (1-m^2)^2(1-\mathrm{A}^{\scriptscriptstyle N-2})^2;$$

Or la quantité $(1-m^2)^2(1-\mathrm{A}^{\scriptscriptstyle N-2})^2$, d'après la même équation de condition, est égale à

$$4\,m^2\,\mathrm{B}^{(\scriptscriptstyle N-2)^2};$$

donc l'expression du coefficient de r^2 devient

$$4\,m^2\,\mathrm{A}^{(\scriptscriptstyle N-2)^2} + 4\,m^2\,\mathrm{B}^{(\scriptscriptstyle N-2)^2} = 4\,m^2.$$

Substituant enfin ces valeurs des différents coefficients dans l'équation de la courbe, et divisant par le facteur $4\,m^2$ commun à tous ses termes, elle se réduira à la forme très-simple

$$\alpha^2 + \beta^2 = r^2.$$

Ainsi, dans l'hypothèse présente des polygones de rang pair, le lieu du sommet libre se confond avec le cercle directeur même des autres sommets. On peut d'ailleurs reconnaître à priori, la circonstance où le fait se réalise.

Considérations géométriques. — Supposons $N = 5$ (*fig.* 111); pour que le point α parcoure le cercle (C), il faut bien : ou que le polygone $\alpha x' x'' x''' x^{IV} x^{V} \alpha$, réduit à six côtés, soit inscriptible au cercle (C), quelle que soit la manière dont on essaye de l'y inscrire en assujettissant chacun de ces côtés à conserver une direction parallèle à elle-même; ou que le sommet libre α reste

Fig. 111.

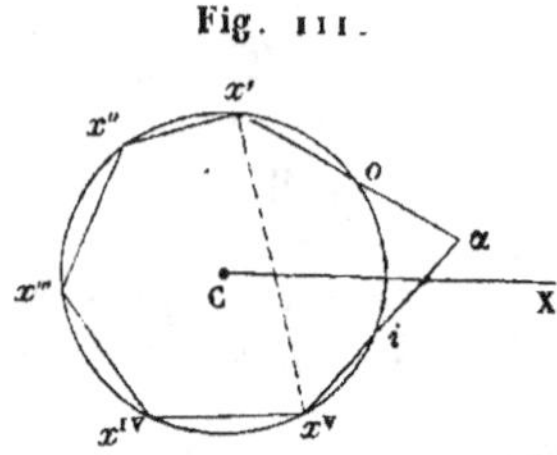

confondu avec l'un ou l'autre de ses voisins, x' et x^{V}, pour toutes les positions du pentagone $x' x''\ldots x^{V} x'$ assujetti à cette condition. Or nous savons déjà que, si un polygone quelconque, de rang pair, se trouve inscrit dans un cercle, il arrivera, n'importe la manière dont on le déforme en assujettissant ses sommets, à l'exception d'un seul, à demeurer sur ce cercle et ses côtés à conserver des directions invariables, il arrivera que ce polygone restera spontanément inscrit à ce même cercle; ce qui revient à dire que son dernier sommet, supposé libre, parcourra la circonférence propre de ce cercle.

Donc enfin, puisque l'hexagone $\alpha x' x''\ldots \alpha$ est, en effet, d'un nombre de côtés pair, « pour que son sommet α décrive » la circonférence (C), il sera nécessaire et suffisant que ce » polygone y soit inscrit dans une seule de ses positions. »

La seconde des conditions qui nous ont préoccupés dans le cas des polygones d'ordre impair, à savoir : que le sommet α se confonde avec l'un de ses voisins x', x^{V} pour toutes les positions du polygone, est ici radicalement impossible; car la proposition précédente, vraie pour une figure d'un nombre pair de côtés, inscrite au cercle, ne l'est nullement pour un pentagone tel que $x' x'' x''' x^{IV} x^{V} x'$, d'un nombre impair de côtés. Dans ce cas donc, il pourra bien exister des positions particulières pour lesquelles α se confonde avec x' ou x^{V}; mais cela ne saurait avoir lieu en général.

Le sommet α parcourrait aussi le cercle (C), tout entier, s'il arrivait que, dans une certaine position de l'hexagone $\alpha x'\ldots x^{V}\alpha$, le sommet x' se confondît avec l'avant-dernier x^{v}; car alors, le polygone formé avec les côtés $x'x'',\ldots, x^{iv}x^{v}$, étant d'ordre pair, il arriverait que, dans toutes les déformations qu'il pourrait subir en conservant à chacun de ses côtés une direction constante, il resterait invariablement inscrit au cercle (C), et que, par conséquent, dans toutes ses positions, le sommet x' se confondant avec les sommets x^{v} et α, ce dernier sommet parcourrait spontanément la circonférence de (C).

Conditions sous lesquelles les polygones d'ordre pair, deviennent inscriptibles au cercle.

Relations algébriques. — On vient de voir que la courbe des α peut se réduire au cercle (C) en deux cas différents; aussi l'équation trigonométrique

$$2\,m\,\mathrm{B}^{x-2} = (1 - m^2)\,(1 - \mathrm{A}^{x-2}),$$

d'abord obtenue, est-elle décomposable en deux autres.

En effet, si on élève ses deux membres au carré, et qu'on mette pour $\mathrm{B}^{(x-2)2}$ sa valeur $1 - \mathrm{A}^{(x-2)2}$, il vient

$$(1 - \mathrm{A}^{x-2})^2(1 - m^2)^2 = 4\,m^2(1 - \mathrm{A}^{(x-2)2}),$$

équation à laquelle on satisfait, soit en posant

$$1 - \mathrm{A}^{x-2} = 0,$$

soit en posant

$$(1 - \mathrm{A}^{x-2})\,(1 - m^2)^2 = 4\,m^2(1 + \mathrm{A}^{x-2}),$$

c'est-à-dire

$$(1 - m^2)^2 - 4\,m^2 = \mathrm{A}^{x-2}(1 + m^2)^2.$$

Pour reconnaître à quel cas répond chacune de ces équations, il n'y a qu'à chercher, comme on l'a fait à l'occasion des polygones d'ordre impair, la condition sous laquelle le sommet x' (*fig.* 111) coïncide avec x^{x} ou x^{v}, et, pour cela, mettre dans les expressions des coordonnées x^{x}, y^{x} obtenues tout d'abord, x', y' au lieu de x^{x}, y^{x}; ce qui donne

$$x'(1 - \mathrm{A}^{x-2}) - \mathrm{B}^{x-2}y' = 0, \quad y'(1 - \mathrm{A}^{x-2}) + \mathrm{B}^{x-2}x' = 0.$$

1.   16

S'il existe sur le cercle (C), des points pour lesquels x^{N} se confonde avec x' indépendamment de toute condition particulière, il faut évidemment encore que l'une de ces équations soit la conséquence de l'autre; car on a, de plus,

$$x'^2 + y'^2 = r^2,$$

équation qui doit avoir lieu en même temps que les premières. Or cela n'arrive ici pour aucune des valeurs de x' et y': si l'on élimine, en effet, y' entre les deux équations précédentes, on obtient

$$x'\left[(1 - \mathrm{A}^{\text{N}-2})^2 + \mathrm{B}^{(\text{N}-2)2}\right] = 0,$$

équation à laquelle il est impossible de satisfaire pour toute valeur de x', à moins de prendre à la fois

$$1 - \mathrm{A}^{\text{N}-2} = 0 \quad \text{et} \quad \mathrm{B}^{\text{N}-2} = 0.$$

Mais la seconde de ces conditions n'est qu'une conséquence de l'autre, à cause de

$$\mathrm{A}^{(\text{N}-2)2} + \mathrm{B}^{(\text{N}-2)2} = 1.$$

Donc les sommets x' et x^{N} ne peuvent se confondre entre eux, à moins que l'on n'ait généralement

$$1 - \mathrm{A}^{\text{N}-2} = 0,$$

auquel cas les valeurs de x' et y', restant indéterminées, les points du cercle (C) satisfont tous séparément à la condition dont il s'agit; car, selon la remarque ci-dessus, le sommet α, confondu dans le même cas, avec x' ou x^{N}, décrit nécessairement le cercle (C) en entier. On peut donc aussi regarder l'équation $1 - \mathrm{A}^{\text{N}-2} = 0$ comme l'expression même de la relation qui doit exister entre les tangentes trigonométriques m', m'', etc., ou les fractions numériques a, a', b, b',..., pour que le polygone formé avec les seuls côtés $x'x''$, $x''x'''$,..., $x^{\text{N}-1}x'$, en nombre pair $\text{N} - 1$, soit inscriptible à (C).

L'autre équation de condition

$$\mathrm{A}^{\text{N}-2}(1 + m^2)^2 = (1 - m^2)^2 - 4m^2,$$

exprime pareillement la relation qui doit exister entre ces quantités trigonométriques pour que le polygone $\alpha x'...x^{\text{N}}\alpha$, supposé d'un nombre pair $\text{N}+1$ de côtés, soit également inscriptible à la circonférence (C) (*).

Constructions, solutions qui en dérivent. — Le cercle directeur et la courbe des α, dans le cas général, se coupent (*fig.* 110) en quatre points faciles à obtenir au moyen d'une construction géométrique, puisque les valeurs des coordonnées de ces points sont de la forme très-simple

$$\alpha = \pm \sqrt{\text{M}}, \quad \beta = \pm \sqrt{r^2 - \text{M}}.$$

Ceci d'ailleurs n'est pas contradictoire avec ce qui a été dit ci-devant, où nous avons vu que le polygone $\alpha x'...x^{\text{N}}\alpha$ de $\text{N}+1$ côtés, ne saurait être inscrit dans (C), à moins que le sommet α ne parcoure ce cercle lui-même; car les quatre points d'intersection dont il s'agit, sont ceux pour lesquels α se confond avec l'un ou l'autre des points x', x^{N}, et pour lesquels par conséquent, le même polygone se réduit à un nombre impair de côtés.

Les valeurs des coordonnées α et β des points d'intersection, fournissent ainsi le moyen d'inscrire au cercle, un polygone d'un nombre impair de côtés à directions connues : deux de ces valeurs donnant la double position du sommet x' du polygone (*fig.* 111), par rapport à la direction du diamètre CX, parallèle à la bissectrice de l'angle des côtés $x'\alpha$, $x^{\text{v}}\alpha$; les deux autres donnant les positions du sommet x^{v} ou x^{N} par rapport à ce même diamètre pris pour axe des abscisses.

Enfin, on remarquera que ces polygones accouplés diffèrent uniquement entre eux, en ce que leur dernier côté a la direction $x'\alpha$ pour l'un et $x^{\text{v}}\alpha$ pour l'autre. On ne doit donc pas être surpris de trouver (*fig.* 110), dans ces mêmes circon-

---

(*) Évidemment, ces équations de condition convenablement développées, répondent à autant de formules, de théorèmes de trigonométrie plane, relatifs aux polygones inscrits ou circonscrits au cercle, et qui sont, comme on l'a déjà fait remarquer, la traduction algébrique des propositions ou relations angulaires exposées au n° III de ce IVe Cahier.

16.

stances, quatre points d'intersection du cercle (C), avec la courbe décrite par le sommet libre α, des polygones variables inscrits à ce cercle, et dont les côtés ont des directions arbitrairement données.

Accord des solutions et résultats précédents avec ceux des sect. II et III de ce Cahier.

Comme on le voit, tout ce qui précède s'accorde parfaitement avec ce que nous avons démontré dans les sect. II et III ; mais on a vu, de plus, que, en général, il n'y a jamais que deux manières d'inscrire, à une courbe du second degré, un polygone dont les côtés, quel qu'en soit le nombre, passent par autant de points donnés à volonté sur son plan. Il serait difficile de le démontrer directement dans cette hypothèse générale, en suivant la marche précédente, à cause de la complication des coefficients qui entrent dans l'équation fondamentale (a), p. 222 de la présente section ; il n'en est pas moins certain que la courbe représentée par cette équation, bien que du quatrième degré, ne rencontre le cercle qu'en quatre points réels, dont deux seulement donnent la solution du problème de l'inscription du polygone à ce cercle.

Nous reviendrons, peut-être, sur cette question par la suite. Pour le moment, je me contenterai de faire voir, sur un exemple particulier, comment, dans le cas qui vient d'être discuté tout au long, le lieu du sommet libre α du polygone, se trouve lié à celui du point où se coupent les deux tangentes menées au cercle (C), par ses intersections o et i (*fig.* 112) avec les directions indéfinies des côtés extrêmes $\alpha x'$ et $\alpha x'^{\mathrm{IV}}$ ou αx^{V}.

Cas des polygones de rang impair. — Examinons d'abord le cas (*fig.* 112) où le sommet x^{V}, étant de rang pair, le polygone $\alpha x' x'' \ldots x^{\mathrm{V}} \alpha$ est lui-même, d'un nombre impair de côtés, par exemple cinq, ce qui suppose $\mathrm{N} = 4$; imaginons, de plus, le polygone de rang $\mathrm{N} + 1$ ou hexagone $\alpha' mnpqr\alpha'$, circonscrit au cercle (C) et dont les côtés le touchent respectivement aux divers points o, x', x'', $\ldots$, i. Cela posé, si l'on déforme le polygone $\alpha x' \ldots x^{\mathrm{V}} \alpha$ comme il a été dit précédemment, le point α et le point α' parcourront séparément, des courbes liées entre elles, de telle sorte que la connaissance de l'une devra entraîner celle de l'autre. Or nous avons démontré (n° III de ce Cah.) que, quand le polygone $\alpha' mn \ldots r\alpha'$, pos-

Fig. 112.

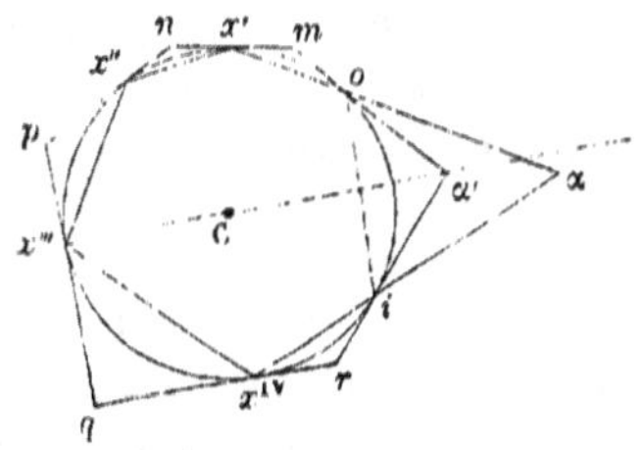

sède un nombre pair de côtés, le point α' parcourt un diamètre $C\alpha'$ du cercle; donc, si l'on trace la corde oi, cette corde devra conserver dans toutes ses positions une direction constante, perpendiculaire à celle de ce diamètre $C\alpha'$. Donc aussi la courbe décrite par α, peut être considérée simplement comme engendrée par le sommet libre d'un triangle αoi, dont les autres sommets o et i sont assujettis à parcourir le cercle (C), tandis que ses trois côtés restent, dans toutes leurs positions, parallèles à eux-mêmes.

La question est ainsi ramenée à quelque chose de bien simple; nous ne nous en occuperons pas davantage, parce qu'elle n'est qu'un cas particulier de celles qui ont été discutées précédemment très au long. Je ferai pourtant observer que les points où la diamétrale $C\alpha'$ rencontre le cercle directeur, sont nécessairement deux des points de la courbe des sommets α, compris parmi les quatre points réels où cette courbe rencontre le cercle (C).

Si l'on se proposait d'inscrire le polygone $\alpha x' \ldots x^{\text{x}} \alpha$ à ce cercle, il est évident que les intersections particulières relatives au cas précédent, ne résoudraient nullement la question. Pour obtenir le couple des intersections qui donnent, seules, la solution géométrique du problème, on circonscrirait au triangle $o\alpha i$, pour une position quelconque, un cercle dont on joindrait le centre avec le sommet α par une ligne droite; menant ensuite, par le centre C, du cercle directeur, un diamètre parallèle à la droite ainsi obtenue, il viendrait couper la circonférence de ce dernier, aux deux autres points où le lieu des points α la rencontre ; ce qui déterminerait la position des sommets de l'un et de l'autre des triangles $o\alpha i$ qu'il faut inscrire au cercle (C), et d'où l'on déduirait enfin la position même de ces triangles et des polygones inscrits correspondants.

On voit, sans peine, que cette manière d'envisager la question offre les mêmes conséquences que celles précédemment déduites de l'équation de la courbe des sommets α, pour le cas où l'indice N était censé pair.

Cas des polygones de rang pair. — Dans le cas de N impair, égal à 3 par exemple (*fig.* 113), et où le polygone à inscrire au cercle (C) a un nombre pair de côtés $N+1=4$, le polygone circonscrit correspondant $\alpha' mnpq\alpha'$ en a un nombre $N+2$ ou 5,

Fig. 113.

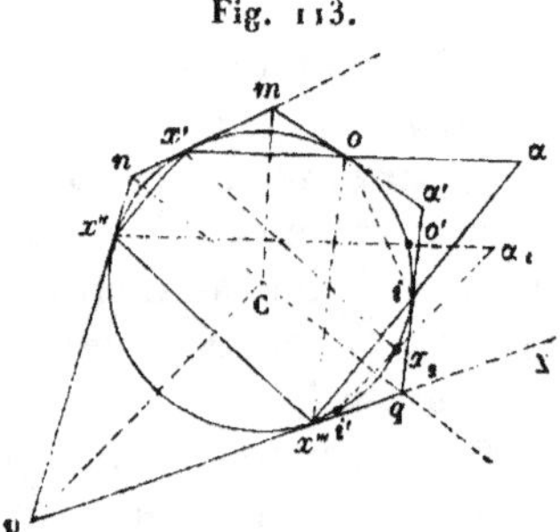

impair. Or nous avons démontré ci-dessus (p. 209) que, dans ce cas, le sommet α' décrit une circonférence concentrique à celle de (C) ; donc la corde qui joint les points i et o conserve la même grandeur dans toutes ses positions, et, par conséquent, elle est tangente aussi, dans toutes ses positions, à un autre cercle concentrique à (C).

Cela suffit évidemment pour faire voir que le sommet α ne saurait être sur la circonférence (C), que quand il se confond avec l'un ou l'autre des points i et o ; ce qui présente, comme il est aisé de s'en apercevoir, quatre cas différents : on obtiendra les deux positions où α et o coïncident, en menant au cercle enveloppe de la corde oi, deux tangentes parallèles à αi, et choisissant parmi les quatre points ainsi obtenus sur (C), ceux qui, étant situés sur un même diamètre, correspondent au point o.

Les deux positions où α coïncide avec le deuxième point i s'obtiendront d'une manière semblable ; sur quoi on doit observer que, si l'on proposait la question d'inscrire au cercle (C) un polygone $\alpha x' \ldots x^x \alpha$, les quatre points ainsi déterminés ne la résoudraient pas, et, comme ils sont les seuls où la courbe des sommets α rencontre le cercle, on doit en conclure qu'il n'y aurait alors aucune solution effective. Pour qu'il y ait solution géométrique, il faut que la corde oi devienne nulle ; or il est évident qu'alors le cercle enveloppe de cette corde, se confondra avec le cercle directeur (C) et la courbe des sommets libres α. Donc, dans ce même cas, la question aura une infinité de solutions géométriques.

Rapprochements. — Tout ceci encore, est parfaitement conforme aux conséquences que nous avons tirées de l'équation en α et β de la courbe ; car, dès que le sommet α se confond avec le point o, il faut qu'il se confonde en même temps avec le sommet x''', et que, par conséquent, le quadrilatère $\alpha x' x'' x''' \alpha$, se réduise à un simple triangle $x' x'' x'''$, puisque $x' \alpha$ s'est lui-même confondu avec $x' x'''$ (*).

On peut en donner une raison très-simple : en effet, puisque le sommet α doit se rapprocher du point o jusqu'à s'y confondre, il faut nécessairement que le triangle $o\alpha x'''$ se réduise à un point dans cette même circonstance ; or il n'est pas difficile de voir que le côté ox''', faisant partie du quadrilatère inscrit $ox'x''x'''o$, doit conserver une direction constante, et, par conséquent, que le triangle $o\alpha x'''$ restant toujours semblable à lui-même, si l'un de ses côtés $o\alpha$ devient nul, il faut que les deux autres $x'''\alpha$ et ox''' s'évanouissent en même temps. Donc quand le point α sera sur le cercle (C), le côté $x'\alpha$ se sera effectivement confondu avec la droite $x'x'''$, et le quadrilatère se trouvera réduit à un simple triangle.

(*) On supprime ici, à cause de l'obscurité de sa rédaction, un alinéa entier du texte, dans lequel, pour faire comprendre la possibilité du rapprochement mutuel des points o, α, x''', le quadrilatère convexe $\alpha x' x'' x''' \alpha$ est déformé suivant le quadrilatère gauche $x' x'' z_1 x_2 x'$, à côtés parallèles et où la chose devient plus évidente aux yeux, par le triangle $o' z_1 x_2$.

Note additionnelle pendant l'impression.

On peut être surpris de l'étendue accordée à l'étude d'une théorie en apparence aussi simple que celle des polygones inscrits ou circonscrits aux coniques, dans les conditions ici prescrites. Mais, outre l'intérêt historique et analytique qui s'y rattache, il faut encore remarquer que je ne connaissais, en 1813, aucun fait géométrique d'indétermination aussi singulier que celui de l'inscription indéfinie, des polygones d'ordre pair; si ce n'est le fait même des polygones réguliers indéfiniment 'inscriptibles au cercle. A l'égard de ces derniers, on sait que, sans rien changer aux formules et démonstrations, on peut directement passer d'un nombre n de côtés à un nombre $n+1$ ou $n-1$: au contraire, ici, la parité ou l'imparité du nombre n exerce une influence capitale et rompt toute continuité, comme cela se voit dans la science abstraite des nombres, à l'égard de certains théorèmes, par là même très-difficiles à découvrir ou à démontrer au moyen des méthodes qui reposent sur l'hypothèse de la continuité absolue.

En effet, l'enveloppe du côté libre de tout pôle, dans les polygones variables inscrits à une simple conique, de même que le lieu du sommet libre de toute directrice polaire, dans les polygones mobiles circonscrits à une telle courbe, ce lieu, cette enveloppe sont très-différents pour les polygones d'ordre pair ou impair; l'enveloppe se réduisant à un point et le lieu à une droite fixe, pour l'ordre impair, contrairement à ce qui arrive pour l'ordre pair. Au reste, d'après les discussions des p. 192 et 201 du texte, ces singulières anomalies s'étendent aux figures inscrites à un ou deux pôles et côtés seulement (*unilatère, bilatère*), ainsi qu'aux figures circonscrites à un ou deux angles et directrices (*uniangle, biangle*), dont les curieuses et fécondes propriétés constituent, d'une part, la théorie du *pôle et de la polaire simples,* toujours possibles, d'une autre, celle du *double contact, tantôt réel, tantôt imaginaire, des sections coniques;* théories qui se trouvent, pour la première fois (1820, 1822), rattachées, par la doctrine des projections centrales et de l'infini, d'une manière on ne peut plus intime, aux propriétés, si élémentaires et si généralement connues, du centre du cercle et des circonférences concentriques (*Traité des Propriétés projectives des figures,* Sect. I et III, chap. III).

CINQUIÈME CAHIER.

PROPRIÉTÉS DESCRIPTIVES DES DOUBLES CONIQUES :

PRINCIPE GÉNÉRAL DE PROJECTION CENTRALE SUR LEQUEL CES PROPRIÉTÉS REPOSENT.

I.

SUR LES CORDES SIMPLES, MOBILES, A LA FOIS INSCRITES ET CIRCONSCRITES AUX SECTIONS CONIQUES.

La recherche qui termine le IVe Cahier se réduit au fond à la solution analytique de ce problème :

Prob. I. — « Étant donnés sur un plan, deux cercles concen-
» triques ayant pour centre commun C (*fig.* 114), soit mené, en
» un point quelconque x' du cercle intérieur, une tangente à ce
» cercle, rencontrant le cercle extérieur aux points x'' et x'''; par
» chacun de ces points soient menées sous des directions fixes,
» des droites variables de position, c'est-à-dire parallèlement à
» des droites données : elles produiront par leurs intersections
» mutuelles une série de points α; quelle sera la courbe parcou-
» rue par ces points quand on fera varier la tangente $x''x'''$? »

Fig. 114.

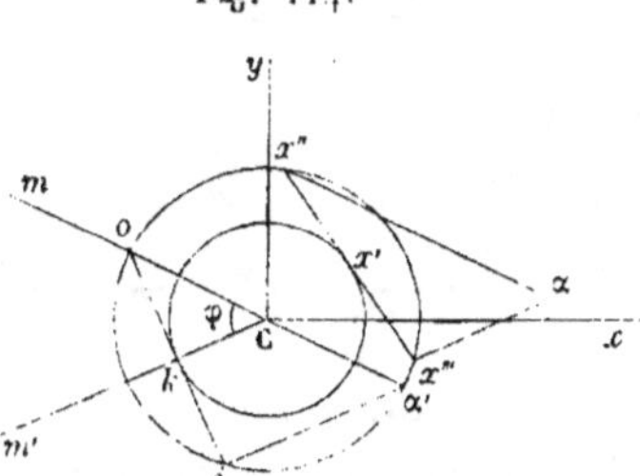

J'appelle r le rayon du plus petit des deux cercles et R
celui du grand; je donne, de plus, aux différentes coordon-

nées les dénominations indiquées par la figure ; les équations indéfinies de ces cercles, rapportées au centre C et aux axes rectangulaires Cx, Cy, ces équations seront

$$(1) \qquad x^2 + y^2 = r^2, \qquad\qquad (2) \quad x^2 + y^2 = R^2;$$

celle de la tangente au point x' et y' du petit cercle étant

$$(3) \qquad\qquad\qquad yy' + xx' = r^2.$$

Nommant d'ailleurs m et $-m$ les tangentes trigonométriques des angles que les droites $x''\alpha$ et $x'''\alpha$ forment constamment avec l'axe des abscisses dont la direction Cx, est supposée diviser l'angle des droites $\alpha x''$ et $\alpha x'''$ en deux parties égales, on aura pour les équations de ces deux droites,

$$(4) \quad \beta - y'' = m(\alpha - x''), \qquad (5) \quad \beta - y''' = -m(\alpha - x''').$$

En éliminant x' et y', x'' et y'' entre ces deux équations et les précédentes ou celles qui les remplacent en fonction de ces coordonnées, on aura, entre α et β, une équation qui sera celle de la courbe parcourue par le sommet α.

Pour obtenir les valeurs de x'', y'', x''' et y''', on peut d'abord combiner l'équation (3) de la tangente $x'' x'''$ avec celle (2) du cercle de rayon R, et l'on aura

$$x = \frac{rx' \pm y'\sqrt{R^2 - r^2}}{r}, \quad y = \frac{ry' \mp x'\sqrt{R^2 - r^2}}{r}.$$

Prenant les signes supérieurs du radical pour les valeurs de x'', y'' et les signes inférieurs pour x''' et y''', il viendra

$$x'' = \frac{rx' + y'\sqrt{R^2 - r^2}}{r}, \quad y'' = \frac{ry' - x'\sqrt{R^2 - r^2}}{r},$$

$$x''' = \frac{rx' - y'\sqrt{R^2 - r^2}}{r}, \quad y''' = \frac{ry' + x'\sqrt{R^2 - r^2}}{r}.$$

On voit que ces expressions sont toutes du premier degré en x' et y', et qu'elles ont, quant à la forme, une grande analogie avec celles des coordonnées appartenant aux différents sommets d'un polygone inscrit à un cercle dont les côtés auraient des directions constantes.

Substituant ces valeurs dans les équations (4) et (5), elles deviendront, en les ordonnant par rapport à x' et y',

$$(m\sqrt{R^2-r^2}-r)\,y'+(mr+\sqrt{R^2-r^2})\,x'=r(m\alpha-\beta),$$

$$(m\sqrt{R^2-r^2}-r)\,y'-(mr+\sqrt{R^2-r^2})\,x'=-r(m\alpha+\beta).$$

Éliminant x' et y' entre ces équations et l'équation $x'^2+y'^2=r^2$, il viendra enfin

$$(mr+\sqrt{R^2-r^2})^2\,\beta^2+m^2(m\sqrt{R^2-r^2}-r)^2\,\alpha^2$$
$$=(mr+\sqrt{R^2-r^2})^2(m\sqrt{R^2-r^2}-r)^2.$$

Telle est l'équation de la courbe cherchée ; elle offre absolument les mêmes circonstances que l'équation correspondante obtenue dans la sect. IV du Cahier précédent. Elle représentera, comme on voit, un cercle quand on aura

$$mr+\sqrt{R^2-r^2}=\pm m(m\sqrt{R^2-r^2}-r);$$

équation de condition décomposable dans les suivantes

$$2\,mr=(m^2-1)\sqrt{R^2-r^2},\quad (m^2+1)\sqrt{R^2-r^2}=0.$$

On tire de la seconde,

$$R=r.$$

Ainsi, le sommet ou point d'intersection α parcourra un cercle quand les deux proposés se confondront, l'on voit que cette condition revient à celle qui exige que les sommets x' et x^s du polygone dont on s'est occupé (p. 232, *fig.* 109) du précédent Cahier, se confondent en un seul ; l'équation de la courbe des α devenant ainsi

$$\alpha^2+\beta^2=R^2;$$

c'est-à-dire celle du cercle même de rayon R.

L'autre équation de condition donne

$$r=\frac{R}{\sqrt{1+\dfrac{4\,m^2}{(1-m^2)^2}}}=\frac{(1-m^2)}{1+m^2}\,R:$$

la quantité $\dfrac{-2\,m}{1 - m^2}$ représentant évidemment la tangente tri-gonométrique de l'angle $x''\,\alpha\,\alpha'''$ que les droites $\alpha\,x''$ et $\alpha\,x'''$ for-ment entre elles. Donc, si l'on appelle α cet angle, on aura

$$r = \frac{R}{\sqrt{1 + \tang^2\alpha}} = R\cos\alpha.$$

Pour interpréter cette dernière équation, il suffit de mener par le centre C, du cercle de rayon donné R, deux droites Cm, Cm' parallèles à $\alpha x''$ et $\alpha x'''$, et d'abaisser du point o où l'une de ces droites rencontre ce cercle, une perpendiculaire ok sur l'autre ; la distance Ck sera la valeur du rayon r. Car, dans le triangle rectangle okC, on a

$$kC = oC.\cos mCm' \quad \text{ou} \quad r = R\cos\alpha.$$

En prolongeant les droites ok et oC jusqu'à leurs rencontres en i et α' avec le cercle de rayon R, et menant par ces deux points α' et i la droite $\alpha'i$, on voit que cette droite sera paral-lèle à Cm', et qu'ainsi l'angle $o\alpha'i$ est égal à l'angle mCm'. De plus, il est visible que la droite oi est tangente au cercle r, ainsi l'équation de condition $r = R\cos\alpha$, exprime que le triangle $x''\alpha x'''$ doit être inscrit au cercle (R) dans l'une de ses posi-tions. Or cette condition revient précisément à celle qui exige que le polygone $\alpha x'\ldots x^n\alpha$ de la *fig.* 109 (p. 232), soit inscrip-tible dans le cercle (R) pour l'une au moins de ses positions: nous avons vu, en effet, qu'alors le point α décrivait ce cercle tout entier (*).

(*) On m'excusera de revenir sur l'objet des observations de la Note finale du précédent Cahier, concernant l'inscription au cercle des poly-gones dans des cas relativement élémentaires, en faveur de la bizarre circonstance qui, d'après la théorie de l'élimination, fait dépendre ce pro-blème de la résolution d'une équation du huitième degré, même dans le cas simple où les côtés du polygone ont des directions fixes, assignées à priori : la courbe du sommet libre ou variable de ce polygone possède alors, à l'infini, des points *doubles* également assignables à priori, et conserve avec le cercle directeur des autres sommets, des relations très-intimes qu'il eût été intéressant de discuter, si cela n'eût pas trop écarté l'auteur du but philosophique principal de ses recherches.

Je retrouve parmi mes papiers, une Note écrite sans doute peu de temps

L'équation précédente de la courbe offre évidemment la même circonstance ; car, en y faisant la supposition

$$2\,mr = (m^2 - 1)\sqrt{R^2 - r^2},$$

elle devient simplement

$$\alpha^2 + \beta^2 = r^2.$$

Probl. II. — « Quelle est la courbe telle que, si l'on mène
» de l'un quelconque de ses points α, deux tangentes αt et $\alpha t'$

Fig. 115.

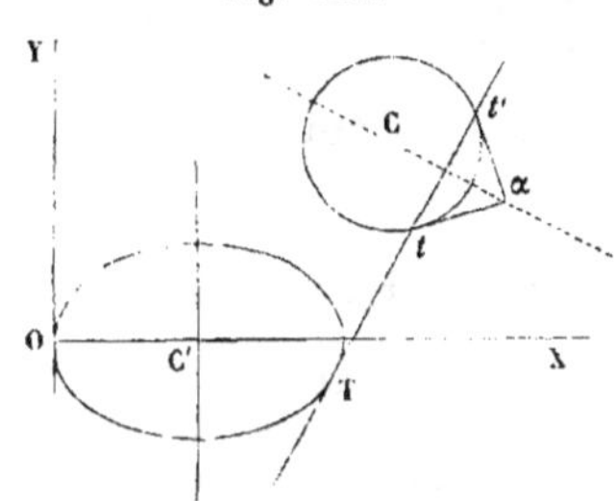

» à une première ligne du second degré (C), la corde tt' des
» points de contact, soit tangente à une deuxième ligne (C')

---

après mon retour de Russie, et relative au cas où les côtés $\alpha x''$, $\alpha x'''$
du triangle variable $x'' \alpha x'''$ (*fig.* 114), au lieu de demeurer parallèles à
des directions fixes, passent respectivement par des pôles donnés sur le
plan des deux cercles concentriques.

Dans ce cas plus général, l'équation en α et β, à laquelle on parvient,
s'élève au quatrième degré ; mais elle se réduit à celle du texte, c'est-
à-dire au second degré seulement, quand les pôles s'éloignent à l'infini
sur le plan des cercles ; et, comme la figure relative à ce cas est la projection centrale ou perspective d'un système de deux coniques à double
contact imaginaire, dont la corde ou sécante commune idéale, passée
à l'infini, contient les deux pôles en question, il en résulte une série
de théorèmes concernant le *double contact* des sections coniques, quelle
que soit d'ailleurs la nature de leur corde de contact commune. Ces
théorèmes sont relatifs à l'inscription et à la circonscription des polygones mobiles ou variables ayant α et $x'' x'''$ pour dernier sommet et dernier côté libres ; mais je crois inutile de les rappeler ici, parce qu'ils se
trouvent compris implicitement parmi ceux du IVe Cahier, et suffisamment
indiqués dans le *Traité des Propriétés projectives des figures.*

» de cet ordre et de forme, de situation également arbi-
» traires? »

On peut projeter le système des deux lignes (C) et (C′), de manière que l'une quelconque d'entre elles,(C) par exemple, devienne un cercle. Cela posé, admettons que l'origine des coordonnées soit placée au sommet O de la courbe (C′), l'équation de celle-ci sera de la forme générale

$$(1) \qquad A y'^2 + B x'^2 + 2 C x' = 0,$$

qui peut représenter toutes les lignes du deuxième degré, en choisissant convenablement le rapport des coefficients constants B et A (Cah. II).

L'équation du cercle (C) peut, elle-même, être écrite de la manière suivante,

$$(2) \qquad (x'' - a)^2 + (y'' - b)^2 = r^2;$$

et celle de la tangente au point T, de la courbe (C′),

$$(3) \qquad A yy' + B xx' + C x + C x' = 0.$$

où x' et y' sont les coordonnées de T.

Enfin, l'équation de la tangente indéfinie $t\alpha$ au point t du cercle (C), dont les coordonnées sont x'' et y'', étant

$$y(y'' - b) + x(x'' - a) = r^2 - a^2 - b^2 + ax'' + by'',$$

si l'on y substitue, pour x et y, les coordonnées variables α et β du sommet α de l'angle circonscrit à (C), on aura la nouvelle équation

$$(4) \quad \beta(y'' - b) + \alpha(x'' - a) = r^2 - a^2 - b^2 + ax'' + by'',$$

qui exprime que ce point appartient à la tangente $t\alpha$. Donc, si on la combine avec l'équation tirée de (2) qui exprime que le point répondant à x'' et y'', appartient au cercle (C), on obtiendra les doubles valeurs des coordonnées relatives aux points de contact conjugués t et t'.

Cela étant admis, il est clair que, si l'on regarde x'' et y'' comme variables, α et β comme constants, l'équation (4), linéaire en x'', y'', représentera une ligne droite qui passe par le couple des points t et t'; elle sera donc l'équation de la corde indéfinie tt' elle-même. Cette corde doit, d'après les données du problème, être tangente à la courbe (C') au point T dont les coordonnées sont x' et y'; donc aussi son équation doit pouvoir être rendue identique à l'équation (3) de la tangente à cette courbe, au même point.

Remplaçant d'abord les indéterminées x'' et y'' par les variables générales x et y, et ordonnant l'une et l'autre des équations (3) et (4) par rapport à ces variables, elles deviendront

$$A y' y + (B x' + C) x + C x' = 0,$$

$$(\beta - b) y + (\alpha - a) x = r^2 - a^2 - b^2 + \beta b + \alpha a = - k^2,$$

en introduisant la lettre k afin d'abréger.

Pour que ces dernières équations deviennent identiques, ou que les deux droites qu'elles représentent se confondent, il faut qu'on ait, d'une part,

$$(5) \qquad \frac{\alpha - a}{\beta - b} = \frac{B x' + C}{A y'}$$

et, d'autre part,

$$(6) \qquad \frac{k^2}{\beta - b} = \frac{C x'}{A y'}.$$

Ces nouvelles équations expriment la relation qui doit exister entre les coordonnées α, β et x', y', afin que la condition précédente ait lieu dans toutes les positions de la tangente ou corde infinie $T tt'$. Ainsi, étant donnés x' et y', on pourra déterminer, au moyen de ces équations, les valeurs de α et de β qui leur correspondent ou au point T. Donc, si l'on élimine x' et y' entre ces mêmes équations et l'équation (1) à laquelle les coordonnées x' et y' doivent toujours satisfaire, on aura le lieu, la série illimitée des points α, déterminés comme il a été expliqué ci-dessus, c'est-à-dire, l'équation indéfinie même de la courbe cherchée.

Mais les équations (5) et (6) donnent

$$x' = \frac{k^2 C}{C(\alpha - a) - B k^2}, \quad y' = \frac{C^2(\beta - b)}{A[C(\alpha - a) - B k^2]};$$

donc, substituant ces valeurs dans (1), on aura pour l'équation de la courbe cherchée dans les coordonnées variables α et β,

$$AC^4(\beta - b)^2 + BC^2 k^4 + 2C^2 k^2[C(\alpha - a) - Bk^2] = 0,$$

ou, en substituant la valeur de $k^2 = a^2 + b^2 - r^2 - b\beta - a\alpha$,

$$AC^2(\beta - b)^2 + B[a^2 + b^2 - r^2 - b\beta - a\alpha]^2$$
$$+ 2[a^2 + b^2 - r^2 - b\beta - a\alpha][C(\alpha - a) - B(a^2 + b^2 - r^2 - b\beta - a\alpha)] = 0,$$

ou bien, plus simplement encore,

$$AC^2(\beta - b)^2 + [a^2 + b^2 - r^2 - b\beta - a\alpha]$$
$$\times [2C(\alpha - a) - B(a^2 + b^2 - r^2 - b\beta - a\alpha)] = 0.$$

Cette équation étant du deuxième degré, le lieu cherché, la ligne décrite par le point α, est une section conique ou courbe du même degré.

Quand le coefficient C de x' dans (1), est nul, (C′) se réduit à un point ou à un couple de droites, et l'équation du lieu devient, pour ce cas,

$$b\beta + a\alpha = a^2 + b^2 - r^2,$$

qui est celle d'une simple droite conjuguée au sommet O de (C′), pris pour origine des axes coordonnés; propriété bien connue. On voit que cette droite est perpendiculaire à celle dont l'équation $y = \dfrac{b}{a} x$, appartient à la distance qui joint le centre C au pôle ou point donné O.

Remarque. — Il suit évidemment de ce que α parcourt une courbe du deuxième degré, que réciproquement, si ce point devenu mobile, était, à priori, assujetti à décrire cette courbe censée donnée, et que, par chacune de ses positions, on menât un couple de tangentes αt et $\alpha t'$ à une autre ligne quelconque du deuxième degré, la corde de contact tt' conjuguée de α, roulerait, dans toutes ses positions, sur une dernière ou troisième section conique (*).

(*) Cette remarque contient le premier germe de mes idées sur la théorie géométrique des polaires réciproques, auxquelles j'ai donné un certain développement dans un article imprimé en janvier 1818 et dont on trouvera la reproduction textuelle au t. II de ces *Applications*.

Nous avons fait usage déjà de cette propriété dans le cours de ces recherches. Elle peut, à la rigueur, être déduite à postériori comme conséquence de la précédente; mais nous allons ici nous proposer de la démontrer directement.

Prob. III. — « Quelle est l'enveloppe de l'espace parcouru » par la corde de contact tt', obtenue en menant, d'un point » (α) mobile sur une courbe du second degré (C'), un couple » de tangentes à une autre courbe (C) de ce degré? »

Nous supposerons, comme dans la question précédente, que l'on ait projeté la figure de manière que la courbe (C) devienne un cercle quelconque; nous supposerons également que l'origine des coordonnées soit au sommet O de la courbe

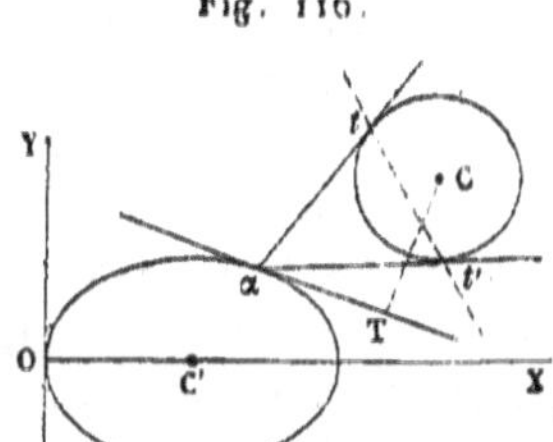

Fig. 116.

(C'), et nous désignerons les coordonnées courantes du sommet α, par α et β, comme ci-dessus.

Cela posé, les équations de la courbe (C') et du cercle (C) seront de cette forme

$$(1) \qquad A\beta^2 + B\alpha^2 + 2C\alpha = 0,$$

$$(2) \qquad (y - b)^2 + (x - a)^2 = r^2.$$

L'équation d'une tangente au cercle (C), menée par un point t à coordonnées x', y', étant, en général,

$$y(y' - b) + x(x' - a) = r^2 - a^2 - b^2 + ax' + by',$$

si l'on y substitue α et β à la place de x et y, elle exprimera la condition même qui doit exister entre les coordonnées α et β, x' et y' pour que cette tangente passe par le point α.

Si d'ailleurs, on regardait, dans cette équation devenue

$$\beta(y' - b) + \alpha(x' - a) = r^2 - a^2 - b^2 + ax' + by',$$

1.   17

les coordonnées x', y' comme variables, elle serait la propre équation de la corde tt', qui passe par les points de contact correspondants à α. Donc si l'on y remplace à leur tour, les coordonnées x' et y' par x et y, l'équation

$$(3) \qquad \beta(y-b) + \alpha(x-a) = r^2 - a^2 - b^2 + ax + by = k^2,$$

qui en résultera sera l'équation de la direction indéfinie et toujours réelle, de la corde de contact tt', conjuguée ou correspondante au point α.

De là il résulte que α étant donné, la droite indéfinie tt' le sera pareillement. Donc, si l'on déplace ce point en lui faisant parcourir la courbe du deuxième degré (C'), ce qui établit la relation (1) entre α et β, la corde conjuguée tt' changera de position d'après une loi correspondante.

Supposons maintenant que le point α se déplace d'une quantité infiniment petite sur la courbe (C'), la nouvelle corde sera infiniment voisine de la première, et leur intersection mutuelle sera le point même où cette corde touche l'enveloppe cherchée. D'après cela donc, il sera facile de trouver les coordonnées x et y de ce point; car si l'on suppose que l'abscisse α devienne $\alpha + d\alpha$, l'ordonnée β devenant, en vertu de la continuité, $\beta + d\beta$, l'équation de la corde indéfinie correspondante, infiniment voisine de tt', sera

$$(\beta + d\beta)(y-b) + (\alpha + d\alpha)(x-a) = k^2.$$

En combinant cette équation avec l'équation (3) de la corde tt', on aura la relation

$$\frac{d\beta}{d\alpha}(y-b) + x - a = 0,$$

qui devra avoir lieu entre les coordonnées inconnues x et y du point d'intersection de ces cordes infiniment voisines. Mais, si l'on différentie l'équation (1), elle donne, pour la valeur de $\frac{d\beta}{d\alpha}$,

$$\frac{d\beta}{d\alpha} = -\frac{C + B\alpha}{A\beta}.$$

Substituant donc cette valeur dans l'équation de condition

précédente, elle deviendra,

$$(4) \qquad A\beta(x-a)-(C+B\alpha)(y-b)=0.$$

Cette équation exprimant, comme on l'a dit, la relation qui existe entre les coordonnées x et y du point d'intersection de la corde variable tt' et de celle qui lui est infiniment voisine, elle donnera, conjointement avec l'équation (3) de tt', la valeur inconnue de ces coordonnées, qui sont aussi celles du point correspondant de la courbe enveloppe cherchée, pour chacune des valeurs particulières de α et de β. Donc enfin, si l'on élimine α et β entre ces deux équations et l'équation (1) qui subsiste toujours entre ces coordonnées variables, l'équation entre x et y ainsi obtenue, sera l'équation même de la courbe enveloppe des cordes tt'.

Pour y parvenir, je mets les équations (3) et (4) sous cette forme

$$\beta(y-b)+\alpha(x-a)=h^2,$$
$$A\beta(x-a)-B\alpha(y-b)=C(y-b);$$

d'où l'on tire immédiatement

$$\beta=\frac{(y-b)[h^2B+C(x-a)]}{A(x-a)^2+B(y-b)^2}, \quad \alpha=\frac{h^2A(x-a)-C(y-b)^2}{A(x-a)^2+B(y-b)^2}.$$

Substituant dans l'équation (1), ce qui donne

$$A(y-b)^2[h^2B+C(x-a)]^2+B[h^2A(x-a)-C(y-b)^2]^2$$
$$+2C[h^2A(x-a)-C(y-b)^2][A(x-a)^2+B(y-b)^2]=0;$$

développant et rassemblant les facteurs de $A(x-a)^2+B(y-b)^2$,

$$\{ABh^4+C^2(y-b)^2+2C[h^2A(x-a)-C(y-b)^2]\}\times$$
$$\times[A(x-a)^2+B(y-b)^2]=0;$$

divisant cette équation par le facteur insignifiant

$$A(x-a)^2+B(y-b)^2$$

introduit par l'élimination, il vient

$$ABh^4+C^2(y-b)^2+2C[h^2A(x-a)-C(y-b)^2]=0;$$

substituant enfin pour h^2 sa valeur $r^2 - a^2 - b^2 + ax + by$, on aura

$$(5) \quad \left\{ \begin{array}{l} AB(r^2 - a^2 - b^2 + ax + by)^2 - C^2(y - b)^2 \\ + 2AC(x - a)(r^2 - a^2 - b^2 + ax + by) = 0. \end{array} \right.$$

Telle est l'équation de l'enveloppe cherchée qui est, comme on le voit, une section conique.

Du reste, on a pu remarquer, chemin faisant, que l'équation (4) est celle de la perpendiculaire CT, abaissée du centre du cercle (C) sur la tangente indéfinie menée à la directrice (C′) au point α : il n'est pas difficile de se rendre raison de cela à priori et géométriquement; de sorte que cette observation fournit le moyen simple et élémentaire de se passer du secours de l'analyse transcendante dans la question qui vient de nous occuper.

Remarques diverses — L'équation trouvée en dernier lieu, ne représente la courbe enveloppe qu'autant que les opérations par lesquelles on a dû passer pour y parvenir ne seraient pas illusoires; car, dans le cas contraire, les raisonnements eux-mêmes devenant faux, la conséquence pourrait l'être également.

Ainsi, par exemple, si l'équation (1) avait la forme

$$B\alpha^2 + 2C\alpha = 0,$$

on ne pourrait plus en tirer la valeur de $\dfrac{d\beta}{d\alpha}$, et par conséquent la suite des opérations serait impossible.

A la vérité, il serait toujours permis de considérer l'expression $\dfrac{B\alpha + C}{A\beta}$ comme représentant cette quantité $\dfrac{d\beta}{d\alpha}$, quand on y suppose A nul, ce qui la rendrait infinie, sauf pour les valeurs infinies mêmes de α; mais alors toutes les opérations changeant de forme, et les raisonnements d'abord admis devenant illusoires, l'équation (5) offrirait elle-même des incompatibilités. On trouve en effet, dans ce cas, qu'elle se réduit à l'équation $y - b = 0$ représentant une droite parallèle à l'axe des x menée par le centre de (C). En général, il est aisé de voir que pareille chose s'offrirait toutes les fois que l'équation (1), d'où l'on part, deviendrait décomposable en facteurs réels linéaires ou du premier degré. Cela arriverait notamment pour les cas où elle prendrait l'une quelconque des formes

$$A\beta^2 - B\alpha^2 = 0, \quad \beta^2 = 0, \quad \alpha^2 = 0, \quad B\alpha^2 + 2C\alpha = 0.$$

Toutes les fois, au contraire, où l'équation (1) ne sera pas décomposable en facteurs linéaires réels, et où par conséquent elle ne représenterait qu'une seule et même section conique, l'équation (5) sera la véritable équation finale, bien qu'il arrive, cependant, que la suite des calculs change de forme dans certains cas.

Par exemple, si l'équation (1) avait la forme $A\beta^2 + B\alpha^2 = 0$, ou si la constante C était nulle, l'équation de la courbe enveloppe se réduirait à celle d'une droite

$$r^2 - a^2 - b^2 + ax + by = 0;$$

ce qui doit être si l'on suppose A et B de mêmes signes, car alors l'équation (1) peut être remplacée, comme on sait, par les deux suivantes

$$\alpha = 0 \quad \text{et} \quad \beta = 0;$$

qui représentent un point placé à l'origine même O, des coordonnées.

Si l'on supposait A et B simultanément nuls, on arriverait à d'autres contradictions ou difficultés que je ne me proposerai pas ici d'approfondir.

Nous devons conclure de tout ceci, que, quand les données analytiques d'une question changent de forme, il est possible que l'équation finale qui résout cette question d'une manière générale, devienne illusoire et même absurde pour les nouvelles données, et il n'est pas permis alors, sauf un examen particulier et attentif, de rien prononcer, à priori, d'une manière affirmative. Cependant, comme dans ces mêmes circonstances, l'équation finale doit représenter elle-même, une solution singulière de la question telle qu'elle a été posée généralement, elle ne pourra jamais s'élever à un degré supérieur à celui du problème qui s'y rapporte.

Ainsi, par exemple, ayant trouvé que la courbe cherchée était du deuxième degré, elle ne saurait s'élever au troisième par aucun changement qui ne ferait que particulariser l'équation (1); et, si l'on ne se propose, comme dans la question présente, que de trouver le genre de cette courbe, on pourra affirmer que toutes les équations auxquelles on arriverait pour des cas particuliers, seront comprises dans la classe de celles que représente l'équation finale.

La proposition que nous venons de démontrer pour le système de deux courbes quelconques du deuxième degré correspond à une proposition analogue, relative aux surfaces du même ordre, d'où elle peut être déduite aisément comme cas particulier. Elle a été établie, s'il m'en souvient, au moyen de l'analyse transcendante, par M. Brianchon (*). En suivant la marche adoptée dans la première des deux démonstrations précédentes, on pourrait démontrer la propriété générale par les procédés de l'analyse algébrique ordinaire.

II.

PROPRIÉTÉS DES CORDES ET DES TANGENTES COMMUNES AU SYSTÈME DE DEUX CONIQUES QUELCONQUES SUR UN PLAN.

Nous avons vu au commencement de ces Notes (**), que deux courbes quelconques du second degré, sur un plan, pouvaient être considérées, en général, comme les projections de deux circonférences de cercle; donc toute propriété dont jouit le système de deux cercles est applicable à deux courbes du deuxième degré, pourvu toutefois que cette propriété ne soit relative qu'à la situation, à la direction indéfinie de ces parties et non à leurs grandeurs absolues.

(*) Je n'insisterai point ici sur ces souvenirs historiques, si ce n'est pour faire observer que, dans son Mémoire souvent cité de 1810 (Xᵉ Cah. du *Journal de l'Ecole polytechnique*, p. 14), M. Brianchon démontre, par des considérations purement géométriques et sans s'occuper de sa réciproque, la proposition relative à la *fig.* 115, en substituant sans justification suffisante peut-être, le système de deux cercles à celui de deux sections coniques quelconques.

(**) Ce passage se rapporte à un essai de démonstration exclusivement analytique du Vᵉ Principe de transformation des figures par la projection centrale, principe dont il est fait un constant usage dans ce Cahier et le

Résumé de quelques lemmes spéciaux relatifs
au système de deux cercles.

Soient en général, (C) et (C′) deux cercles quelconques de centres C et C′, il résulte, de ce qui a été démontré entre autres dans le 1ᵉʳ Cahier, sur les propriétés des systèmes de cercles et de lignes droites dans un plan :

1° Que, si l'on mène par les centres C et C′ deux rayons parallèles et de même sens, la droite qui joint les extrémités de ces rayons, vient couper celle des centres CC′, prolongée, en un point O, qui reste le même quels que soient les rayons qu'on ait ainsi menés ; d'où l'on conclut que les tangentes communes extérieures aux deux cercles doivent aussi passer par le point invariable O ; mais que si, à l'inverse, des deux rayons parallèles quelconques, l'un est au-dessus et l'autre au-dessous de la ligne des centres CC′, et qu'on joigne, comme précédemment, leurs extrémités par une droite, celle-ci viendra couper la ligne CC′ en un autre point O′ situé entre les deux cercles, qui restera aussi le même quels que soient les rayons ainsi tracés, et se confondra par conséquent avec celui où se rencontrent les tangentes intérieures communes aux circonférences de ces cercles.

2° Que si, après avoir mené par le point O (*fig.* 117), une *transversale* arbitraire OT, qui coupe les deux cercles en quatre points T, *t*, T′ et *t*′, on mène respectivement par ces points des tangentes à ces cercles, celles en T et *t*′, de même situation par rapport au point O, seront parallèles entre elles, aussi bien que celles des points homologues *t* et T′ ; que si,

---

suivant relatifs aux propriétés des systèmes de sections coniques ; mais, autant qu'il est possible d'en juger par la page restée seule au manuscrit du IIIᵉ Cahier et relative à cette tentative de démonstration, il ne s'agissait là que de considérations générales de géométrie analytique, d'aperçus controversables, sur la recherche du lieu des sommets de cônes auxiliaires de projection et la direction indéterminée de leurs plans de sections circulaires communes ; problème vainement tenté avant la publication, en 1822, du *Traité des Propriétés projectives,* et dont la solution complète a été, à cause de son étendue, répartie entre le IIᵉ et la fin du présent Cahier, selon la nature distincte des sujets qui y entrent.

d'ailleurs, on prolonge les tangentes relatives aux intersections extérieures T et T′, jusqu'à leur rencontre mutuelle en α, ce point décrira une droite **LM** perpendiculaire à la ligne des centres CC′, quand on fera varier la sécante OT autour du point

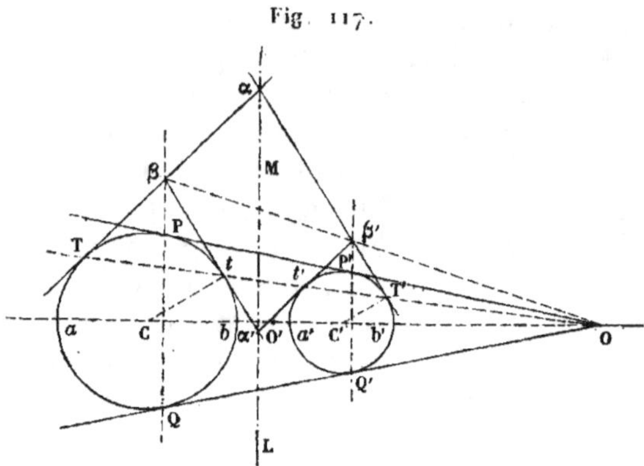

Fig. 117.

fixe O, et pareillement, que le point correspondant α′, où se coupent les tangentes menées aux intersections intérieures t et $t′$, décrira, dans le même mouvement, la droite **LM**, lieu du point mobile α, de rencontre des deux premières tangentes.

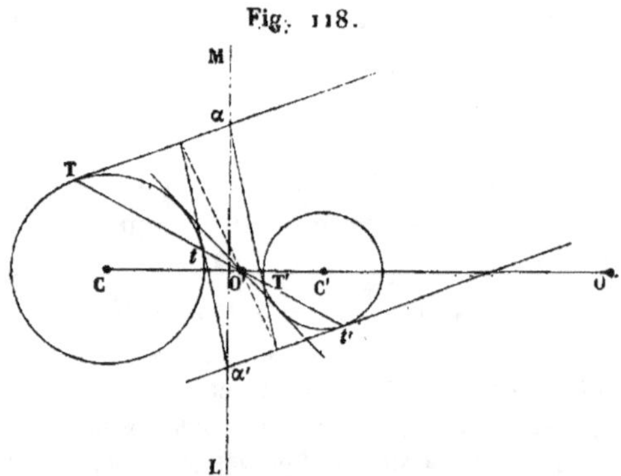

Fig. 118.

Que si d'ailleurs (*fig.* 118), par le point O′ où se coupent les tangentes intérieures communes, on mène aux deux cercles, une transversale quelconque O′T, qui les coupe respectivement en quatre points T et t, T′ et $t′$, et qu'on trace, en ces points, quatre tangentes; les tangentes aux intersections extérieures *homologues* T et *t'* concourront à l'infini ou seront parallèles entre elles, aussi bien que celles qui correspondent aux intersections intérieures *t* et T'; que si, de plus, on fait varier la transversale T*t'* autour du point fixe O', l'intersection α des tangentes Tα et T'α, menées aux points T et T', parcourra une droite ML, la même que la précédente, relative au cas où l'on faisait pivoter la transversale autour de O; le point α' où se coupent les tangentes aux deux autres points *t* et *t'*, parcourant comme α, la droite variable LM, pendant la rotation de la transversale TT' autour du point O' de concours des tangentes intérieures communes, dont il s'agit.

Fig. 119.

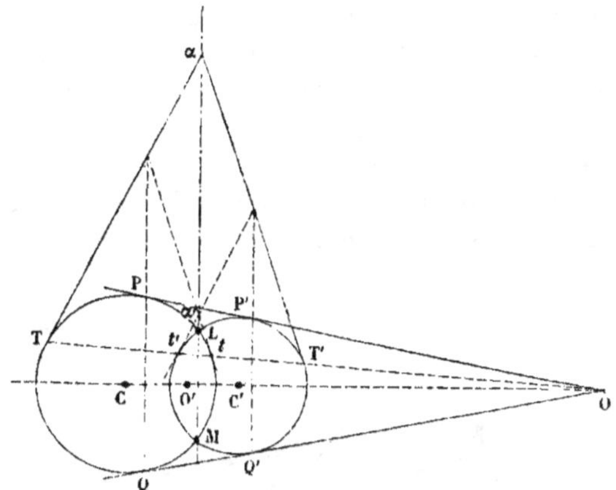

3° Que si les deux cercles (C) et (C') se coupent réellement (*fig.* 119), la corde commune ML, qui joint leurs intersections M et L, se confondra précisément avec la droite lieu de tous les points α et α', et jouissant des propriétés précédentes; sur quoi il faut observer que, bien qu'alors il n'existe plus de tangentes intérieures communes aux deux cercles, le point O' ne cesse pas, pour cela, de conserver une existence réelle : ce point et le point O restant constructibles (1°) même quand l'un des deux cercles (C) ou (C') se trouve entièrement renfermé dans l'autre.

4° Qu'enfin, si l'on trace (*fig.* 117), par le point O, une transversale quelconque OT, et qu'aux deux points T et *t* où elle

rencontre le cercle (C), on mène les tangentes à ce cercle, le
point β où elles se rencontrent parcourra une droite PQ parallèle à M et L, conjuguée au pôle ou pivot O commun aux tangentes OP, OQ, quand on fera varier la transversale OT, autour
de ce pivot; que pareillement, le point β′ où se coupent les
deux tangentes menées au cercle (C′) par les intersections *t′*
et T′ relatives à ce cercle, parcourant, dans le même mouvement, une autre droite P′Q′, également parallèle à la corde ou
sécante indéfinie LM commune aux deux cercles : la droite ββ′
qui joint les sommets d'angles circonscrits β et β′, seconde diagonale du parallélogramme αβ, α′β′, émané du pôle ou pivot O,
allant, comme la transversale OT, passer dans toutes ses positions par ce même point O, où concourent aussi les tangentes extérieures communes aux deux cercles (C) et (C′),
quand elles existent; tout cela pouvant se redire encore du
point fixe O′, appartenant aux tangentes intérieures communes
correspondantes de ces cercles, etc. (*).

Au surplus, ces diverses propositions ne sont que des cas
particuliers de la suivante, que pour cela, nous renfermerons
dans un seul et même énoncé.

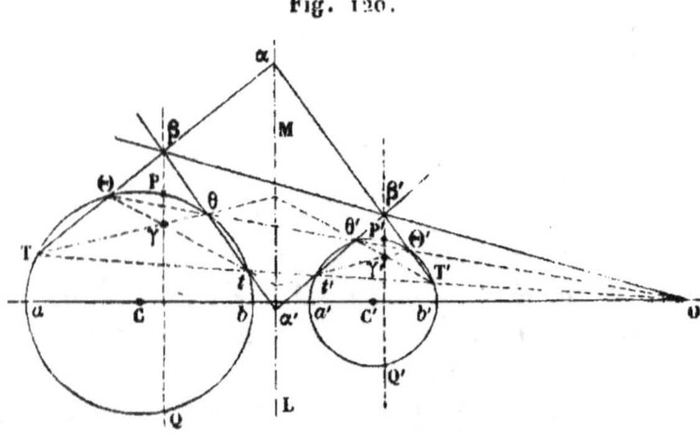

Fig. 120.

Lemme général. — Soient menées (*fig.* 120), par le point

(*) On supprime à l'impression, l'art. 5ᵘ qui formait double emploi avec
l'énoncé de la proposition suivante, et se référait au cas très-particulier où
la transversale OΘ (*fig.* 120) coïncide avec la droite des centres OC′C.

extérieur O, par exemple, deux sécantes quelconques OT et O⊙,
elles couperont le cercle (C) en quatre points T, *t*, ⊙, θ qui,
réunis deux à deux, par des lignes droites, formeront le
quadrilatère complet T⊙θ*t* avec ses côtés et ses diagonales;
ces dernières se coupant au point intérieur γ, les côtés opposés
⊙T et θ*t* au point extérieur β, et les deux points ainsi obtenus
étant situés sur une perpendiculaire PQ à la droite des centres
CC′, la même qui a été mentionnée dans l'article (4°); de sorte
que, si l'on fait varier arbitrairement les OT, O⊙ transversales,
les points β et γ resteront constamment sur cette droite, corde
de contact, toujours réelle, des tangentes menées du pôle O,
au cercle (C).

L'autre quadrilatère T′⊙′θ′*t*′ formé par les points homologues d'intersection des transversales OT, O⊙ avec le cercle (C′),
offre les mêmes circonstances : les points β′, γ′, homologues à
β et γ, resteront sur l'autre corde P′Q′ conjuguée au pôle O
par rapport à (C′), et perpendiculaire à CC′. De plus, les droites
T⊙ et *t*′θ′, *t*θ et T′⊙′, Tθ et *t*′θ′, *t*⊙ et T′θ′, seront deux à deux
parallèles ou concourront en des points à l'infini.

Enfin, si l'on prolonge les cordes T⊙, T′⊙′, *t*θ et *t*′θ′, elles
formeront, comme on l'a vu (2°), par leurs rencontres un parallélogramme αβα′β′, dont la diagonale αα′, perpendiculaire à
la ligne des centres CC′, se confondra avec la droite ML, que
nous avons ci-dessus nommée *corde* ou *sécante commune*,
quelle que soit la manière dont on fasse varier le système des
deux transversales OT, O⊙ autour du point fixe O ; les droites γγ′ et ββ′ passant, dans toutes leurs positions, par ce pôle
concours des tangentes extérieures communes.

Remarques essentielles.—Ces diverses propriétés subsistent
d'une manière analogue, pour le point de concours intérieur O′
des tangentes communes aux deux cercles, soit qu'ils se coupent ou ne se coupent pas, et, d'après la remarque déjà faite
plus haut, nous sommes autorisés à en conclure les propriétés
suivantes du système général de deux courbes quelconques
du deuxième degré sur un plan.

A ce sujet, il convient de se rappeler (Cah. III, sect. 1) que
ce système pouvant, généralement aussi, être regardé comme
la projection centrale ou conique du précédent, relatif à deux

circonférences de cercles, toutes les droites qui avaient des
directions parallèles dans ce dernier système, ont même point
de concours dans le premier, et que tous les points de concours pareils sont distribués sur une seule et même ligne
droite ; qu'enfin les points qui, dans la figure générale des coniques, correspondent aux centres C et C′ de chacun des deux
cercles, sont de véritables pôles conjugués à la droite unique
dont il s'agit, représentant tous les points à l'infini du plan de
ces mêmes cercles.

*Extension des lemmes précédents au système de
deux coniques quelconques dans un plan.*

Propriétés relatives à une simple transversale pivotante. —
Soient (A) et (A′), *fig.* 121, les courbes du second degré dont

Fig. 121.

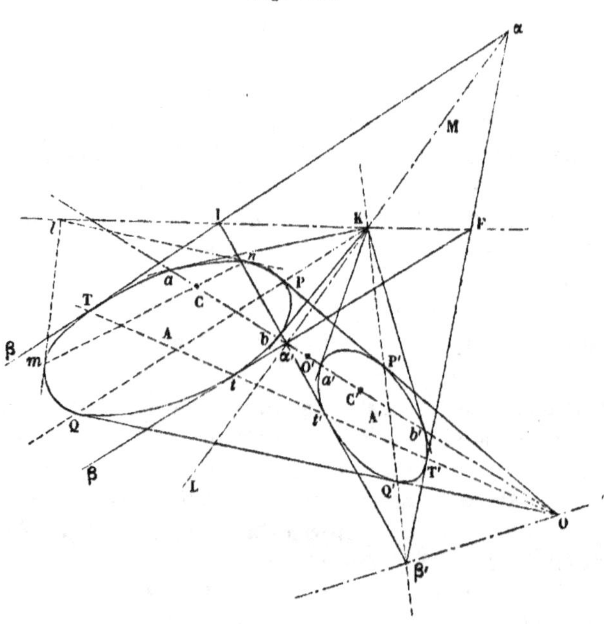

il s'agit ; O le point de rencontre des tangentes extérieures
communes à ces courbes, O′ le point où se coupent pareille-

ment leurs tangentes intérieures communes. Soit menée par ces deux points, la droite indéfinie OO′, qui viendra couper respectivement chaque courbe en deux points a et b, $a′$ et $b′$; cette droite représentera la projection de la ligne des centres CC′ des figures précédentes; d'où l'on voit déjà que, si l'on mène en ces points respectifs, des tangentes aux deux courbes (A) et (A′), elles viendront toutes quatre se croiser en un même point K, qui serait situé à l'infini dans la *fig.* 117, relative au système primitif des deux cercles. On voit, de plus, que si l'on mène par les points respectifs de contact P et Q, P′ et Q′ des tangentes communes ci-dessus, les droites PQ et P′Q′, elles iront encore passer par ce même point K.

Maintenant, soit menée par O une transversale quelconque OT, qui coupe la courbe (A) aux deux points T et t, et la courbe (A′) aux deux points T′ et $t′$; en chacun de ces points menons une tangente à la courbe correspondante, ces quatre tangentes formeront, en les prolongeant jusqu'à leurs rencontres mutuelles et traçant les diagonales, un quadrilatère complet IαF$\alpha′$, dont les deux côtés opposés I$\alpha′$ et Fα se couperont en un point $\beta′$, et les deux autres Iα et $\alpha′$F en un second point β. Cela posé, si l'on fait varier la transversale OT en la faisant tourner autour du point O, les points et les lignes droites ci-dessus désignés variant aussi, il arrivera ce qui suit :

1° « Le sommet β parcourra dans son mouvement, la corde ou sécante de contact PQ, le sommet correspondant $\beta′$ du quadrilatère traçant dans son propre mouvement, l'autre droite, P′Q′ sécante indéfinie de contact conjuguée à O. »

2° « Les deux points β et $\beta′$ dont il s'agit resteront, dans chacune de leurs positions correspondantes, situés sur une droite passant par ce même point de concours fixe O. »

3° « Les deux sommets α et $\alpha′$ parcourront dans le même mouvement, une droite unique ML, qui sera la *corde* ou *sécante indéfinie* commune aux deux coniques si elles se rencontrent en deux points seulement. »

4° « Les deux sommets opposés I et F parcourront, chacun en particulier, une même droite contenant le point K déjà déterminé ci-dessus; cette droite IF représentant celle des points de concours, à l'infini, des deux couples de tangentes parallèles du système primitif des deux cercles. »

5° « Si l'on mène, d'un point quelconque *l* de cette droite IF, deux tangentes *lm* et *ln* à la courbe (A), et que l'on trace la corde *mn* qui contient leurs points de contact *m* et *n*, cette corde viendra couper la droite OO′, mentionnée en premier lieu, en un point C, qu'on peut considérer comme la projection du centre C de l'un des deux cercles du système primitif, et, si l'on fait parcourir la droite indéfinie IF au point *l*, sa corde de contact conjuguée *mn*, passera dans toutes ses positions par ce même point ou *pôle central* C. Pareille chose ayant lieu à l'égard de la courbe (A′), la corde de contact correspondante (non tracée) passera par un second pôle invariable C′, qui peut être regardé comme la projection conique du centre C′, de l'autre cercle dans la figure primitive.

Propriétés relatives au système de deux transversales. — Supposons maintenant (*fig.* 122) que, par le point de concours extérieur O, on mène la nouvelle transversale OΘ coupant la courbe (A) aux points Θ, θ, et la courbe (A′) aux autres points Θ′ et θ′; imaginons, enfin, qu'on joigne par quatre lignes droites, les points T et Θ, *t* et θ, T′ et Θ′, *t*′ et θ′, ces droites formeront, par leurs rencontres mutuelles, un quadrilatère complet I α F α′, dans lequel les côtés opposés T Θ et *t* θ viendront se couper en un premier point β, et les deux autres T′ Θ′ et *t*′ θ′ en un second point β′. Imaginons, de plus, que l'on mène les quatre diagonales T θ, Θ *t*, T′ θ′, Θ′ *t*′ des deux quadrilatères T *t* θ Θ, T′ *t*′ θ′ Θ′, et qu'on les prolonge indéfiniment, elles formeront par leurs rencontres mutuelles, un second quadrilatère *a* γ *a*′ γ′, analogue au premier I α F α′; les deux côtés γ *a* et γ′ *a*′ qui sont opposés, donneront par leur rencontre mutuelle un premier point *i*, et les deux autres côtés γ *a*′ et γ′ *a* donneront également, par leur rencontre vers la droite de la figure, un deuxième point *f*.

Cela posé, si l'on fait varier les transversales rectilignes OT, OΘ d'une manière quelconque autour du point O, les intersections et les lignes droites que nous venons de désigner varieront aussi, et il arrivera :

1° « Que le point β et son correspondant γ parcourront dans

leurs mouvements simultanés, la même droite PQ, tandis que
les deux points β′ et γ′ décriront semblablement et séparément, l'autre droite P′Q′, homologue à la première. »

2ᵒ « Que les deux points β et β′ resteront, dans chacune de
leurs positions successives, sur une même ligne droite passant

Fig. 122.

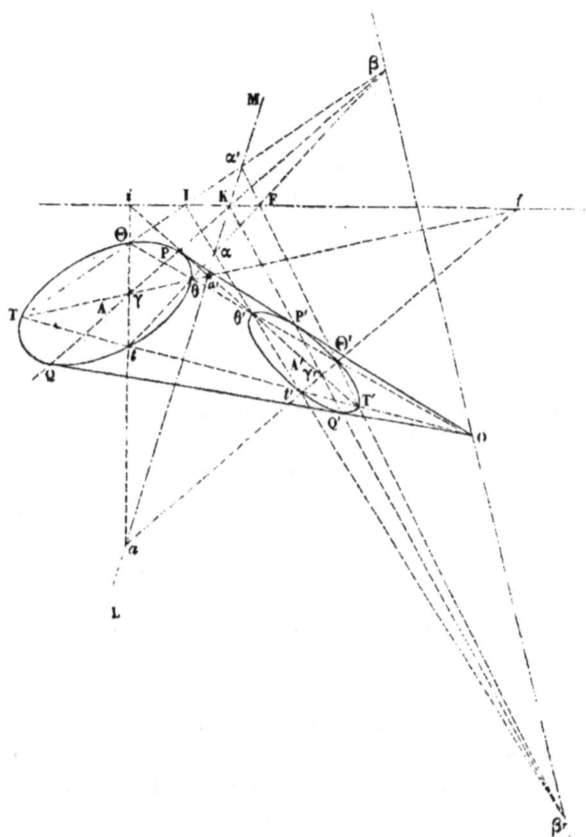

par le point O; les deux points correspondants γ et γ′ étant
également situés sur une ligne droite différente de la première, mais qui passera comme elle, dans toutes ses positions,
par le point de concours O des tangentes extérieures communes aux coniques (A) et (A′). »

3° « Que les quatre points α, α′, a et a′, concours de côtés et de diagonales homologues, parcourront, dans le même mouvement, une droite unique ML, la même qui a été définie et désignée pour la précédente figure. »

4° « Que les quatre points I, F, i et f parcourront, chacun en particulier, la droite unique et fixe IF passant par le point K; point et droite qui ont été géométriquement définis encore pour la précédente figure. »

Remarques et conclusions. — Toutes ces propriétés sont exclusivement relatives au point O où se coupent les tangentes extérieures communes aux coniques (A) et (A′); mais comme elles ont lieu d'une manière analogue pour le point O′ où se coupent les tangentes intérieures communes à ces courbes, il devient parfaitement inutile d'en donner ici le détail qui exigerait une troisième figure. On doit, en outre, observer que les quatre théorèmes d'abord énoncés, pourraient, à priori, être considérés comme autant de conséquences des quatre derniers.

De tout ce qui précède, il résulte aussi que les points O, O′ et les droites fixes FI et ML, dont la dernière est, comme on l'a vu, la *sécante indéfinie* commune aux coniques (A) et (A′), quand elles se coupent réellement en deux points, sont liés entre eux, de manière que, quand l'un quelconque de ces éléments est déterminé, tous les autres le sont également et peuvent être déduits du point ou de la droite d'où l'on est parti, par une construction graphique très-simple et purement linéaire, ainsi qu'on le verra tout à l'heure.

Lorsque aucune de ces droites ni aucun de ces points ne sont connus, il devient absolument impossible, du moins en général, de les déterminer par aucune construction géométrique directe et simple. Le problème dépend alors d'une équation du quatrième degré; et, bien que les coniques puissent, en certaines circonstances, ne se couper réellement qu'en deux points, l'équation finale à laquelle on arriverait par l'élimination dans ce cas, serait toujours de la même forme et irrésoluble; seulement deux de ses racines seraient imaginaires et les deux autres réelles, quoique inséparables. Quand il en est ainsi et que les deux coniques sont entièrement décrites, leur corde commune **LM** est, par là même, donnée de situation ; par conséquent, si l'on se proposait de trouver les tangentes extérieures communes à ces courbes, ou leurs points de concours O, O', l'un extérieur, l'autre intérieur, la chose pourrait se faire d'une manière toute géométrique comme on le verra ci-après.

Problème. — *Déterminer les points de concours réels conjugués des tangentes communes à deux coniques tracées sur un plan et qui s'y coupent en deux points.*

Soient (A) et (A') deux lignes du second degré décrites sur un plan, et dont on suppose les deux points d'intersection **M** et **L** déterminés à priori. Pour trouver le point O où se coupent les tangentes extérieures communes à ces courbes,

Fig. 123.

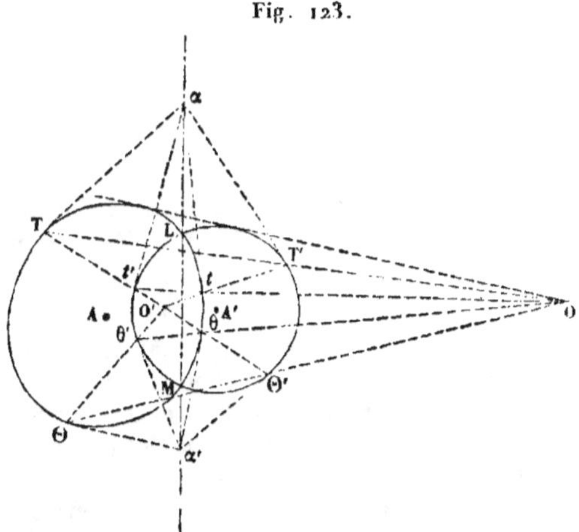

les seules existantes alors, il faudra tracer d'abord la corde ou sécante indéfinie **ML** ; puis de deux points quelconques α et α' de cette droite, mener les tangentes extérieures αT et αT', α'Θ et α'Θ', qui détermineront les quatre points de contact T et T', Θ et Θ'. Ces points étant trouvés, on mènera par les deux premiers T et T' homologues ou qui se correspondent, une droite indéfinie TT', et par les deux autres points Θ et Θ' homologues entre eux, on tracera pareillement une seconde droite ΘΘ' qui, prolongée ainsi que la première, viendra la couper en l'un O des points demandés.

I.   18

Pour déterminer l'autre point de concours O′ conjugué à O et intérieur aux coniques, on mènera par α, le second couple de tangentes α*t* et α*t*′ à ces coniques ; on joindra les points de contact T et *t*′ de même situation, par une ligne droite T*t*′ prolongée convenablement ; de l'autre point α′, on mènera pareillement vers l'intérieur, le couple de tangentes α′θ, α′θ′, et ayant joint de même, les points de contact θ et θ′ par la droite indéfinie θθ′, elle coupera la première T*t*′, au deuxième point demandé O′, concours intérieur des tangentes communes, imaginaires dans nos hypothèses, etc., (*).

III.

RECHERCHES GÉOMÉTRIQUES RELATIVES AUX QUADRILATÈRES A LA FOIS INSCRITS OU A LA FOIS CIRCONSCRITS AU SYSTÈME DE DEUX SECTIONS CONIQUES QUELCONQUES.

Propriétés individuelles et réciproques des points de concours des cordes et des tangentes communes conjuguées ou respectivement opposées.

Soient (A) et (A′), *fig.* 124, deux coniques quelconques se coupant en quatre points réels L, M, L′, M′, et supposons en

---

(*) Les considérations qui précèdent et les suivantes sur les doubles coniques dans un plan, ne doivent pas être confondues avec celles des géomètres philosophes Desargues et Pascal, dont, un des premiers en 1822, j'ai tâché de faire revivre les ingénieuses théories fort appréciées de Descartes et de Leibnitz, et plus ou moins bien saisies par leurs successeurs De Lahire et Le Poivre. Car ces fondateurs de ce qu'on nomme la *Géométrie moderne*, opéraient, raisonnaient sur les sections planes du cône simple d'Apollonius, ramenées dans le plan de sa base circulaire, et nullement sur des couples de lignes du second degré quelconques et indépendantes entre elles, comme c'est ici le cas.

Ainsi notamment, dans les *Planiconiques* de De Lahire et le *Traité* postérieur de Le Poivre, fort vanté dans son temps (1704), où déjà l'on avait oublié le précédent imprimé en 1673, on procède par voie de rabattement de la section du cône sur sa base circulaire ; ce qui permet de comparer directement l'une des deux courbes à l'autre, par un procédé graphique nommé depuis *transformation* et où l'on a prétendu voir le germe de nos méthodes d'*homologie*, de *perspective* dans le plan ou l'espace, c'est-à-dire *plane* ou *en relief*. Or il faut remarquer que les procédés de transformation, variables à l'infini en géométrie comme en analyse, selon l'inspiration et le goût de chacun, constituent au fond, une sorte de tâton-

particulier, qu'on leur ait mené les deux tangentes communes extérieures $\mathrm{P}p$, $\mathrm{P}'p'$ se coupant en O, il est clair que la corde

Fig. 124.

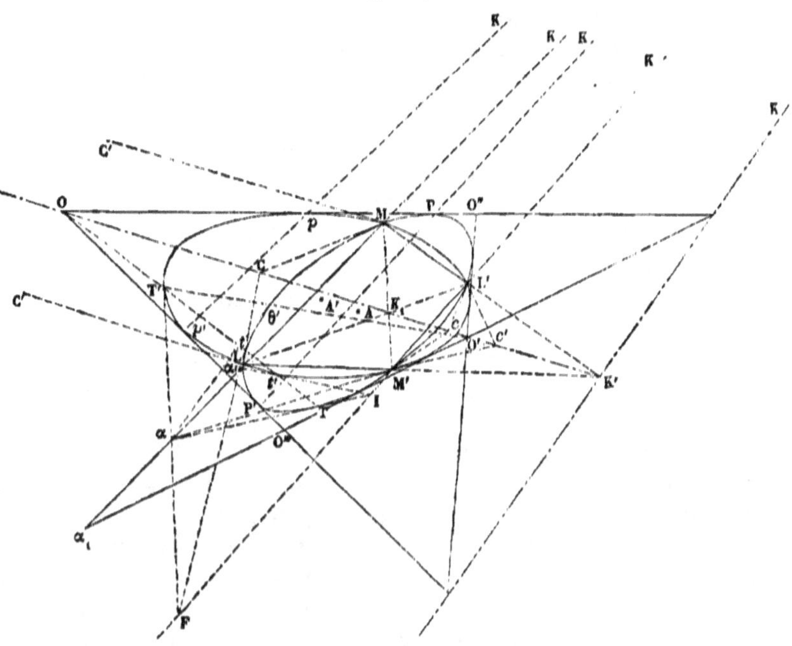

nement, d'essai plus ou moins heureux et fécond, pour découvrir des résultats nouveaux, dont il faut établir la rigueur, la généralité par des justifications préalables ou à postériori, exemptes, s'il se peut, de toute pétition de principe, afin de ne pas trop s'écarter de la logique sévère des anciens, d'Euclide, d'Apollonius, d'Archimède particulièrement; logique admirée, regrettée même, des Fermat, des Huygens et des Newton, qui néanmoins, eux aussi, usaient des notions intuitives et métaphysiques de l'infini, de la continuité pour découvrir, sinon pour démontrer, des vérités nouvelles; ce qu'ont fait, avec plus de franchise, Desargues, Pascal, Roberval et Leibnitz, cet immortel créateur de l'algorithme différentiel.

Afin d'offrir entre mille, un exemple de ce que j'avance ici, je remarque qu'on peut bien, par voie de déformation perspective, déduire des propriétés de cercles concentriques sur un plan, celles d'une certaine classe de coniques intérieures les unes aux autres, mais qu'il reste à prouver qu'elles ont un *double contact imaginaire,* et que, en général, des coniques à *double contact* sont la représentation d'un système de *cercles concentriques.* Or, voilà précisément pourquoi nos principes de projection centrale étaient non-seulement utiles, mais nécessaires.

18.

commune **LM**, qui correspond au point de concours **O**, jouira, à l'égard de ce point, de toutes les propriétés que nous avons démontrées précédemment.

Par exemple, si par ce point extérieur aux coniques, on mène une transversale rectiligne quelconque OT, donnant dans ces deux courbes les quatre intersections : T, *t* sur (A), T′, *t*′ sur (A′), puis qu'on mène par les points T et T′ extérieurs et opposés entre eux, des tangentes à ces courbes respectives, elles viendront (page 268) se couper en un point *α* situé sur la sécante commune LM ; de même encore, si l'on eût mené des tangentes aux deux points d'intersection opposés intérieurs, *t* et *t*′, elles seraient venues se couper en un autre point *α*′, situé également sur la corde commune **LM**.

Détermination de la droite magistrale **IF**, *correspondante à celle des fig.* 121 *et* 122. — Il résulte de nos principes généraux et des *Lem.* II (2° et 4°), qu'en menant des tangentes aux courbes (A) et (A′) dans les points respectifs T et *t*′, qui se correspondent au delà de LM par rapport à O, elles se couperont en un point I de la droite magistrale FIK des *fig.* 121 et 122 ; que pareillement, le point F de croisement des tangentes aux points T′ et *t* qui se correspondent sur OT, en deçà de LM par rapport au même point O, appartient encore à la droite magistrale dont il s'agit ; qu'enfin si l'on faisait varier la transversale OT autour du point O comme pôle, l'un et l'autre des points I et F décriraient séparément, l'unique et même droite IF, représentant véritablement tous les points à l'infini du plan dans le cas de deux cercles.

Cette droite magistrale n'est autre que la corde commune **L′M′** *opposée ou conjuguée à* **LM**. — Je dis qu'il y aura une direction de OT pour laquelle le point I sera confondu avec l'une M′, des intersections des coniques considérées. Imaginons, en effet, que l'on mène par le point O, une transversale qui passe précisément par M′, il est clair qu'alors les points ci-dessus T et *t*′, se réuniraient en un seul avec M′ ; donc les tangentes correspondantes à ces deux points, s'entrecouperaient en ce même point M′, lequel appartient ainsi à la droite IF, comme on l'a avancé.

On prouverait pareillement que l'intersection L′ des coniques appartient à IF ; donc la sécante indéfinie **M'L'** commune à ces courbes, n'est autre que la droite IKF (*fig.* 121), qui nous a précédemment occupés, et le point où elle rencontre la première corde commune **ML**, est précisément celui que nous avons dès lors désigné par la lettre **K**. Par suite encore, on aperçoit que les deux cordes de contact **PP'** et *pp'* conjuguées au pôle commun O, ou relatives aux tangentes communes issues de O, passent également par ce même point caractéristique **K**.

Recherche des centres polaires C, C' *conjugués à* O *et à la corde commune* LM. — Pour obtenir les points ou pôles C, C' qui jouent ici, par rapport à O et **LMK**, le rôle des centres des cercles considérés dans la *fig.* 121 ci-dessus, il faut en général, d'un point quelconque de la sécante commune **ML**, mener des tangentes aux courbes (A), (A') et tracer les cordes conjuguées correspondant au couple de points de contact relatif à chacune d'elles ; car ces cordes passeront, l'une par le centre polaire C, l'autre par le centre C', quel que soit d'ailleurs le point qu'on ait choisi sur **ML**, de sorte que deux nouvelles cordes, tracées de même, les couperont respectivement dans les points C et C' dont il s'agit.

Si, en particulier, on choisit comme point de départ des tangentes, l'intersection **L** commune aux deux coniques tracées, il est clair que le couple de celles qui appartiennent à la conique (A') ou ($Lp'pM$), se confondront en direction avec leur corde de contact, confondue de même avec la tangente LC' à cette courbe au point **L**, tandis que celles qui répondent à la conique (A) ou (PMLP'), confondues avec la tangente LC en ce même point **L**, passeront par l'autre centre C.

Répétant cette construction pour **M**, les deux nouvelles tangentes MC' et MC, contenant respectivement encore les points C' et C, donneront ainsi, par leurs intersections avec les précédentes, ces deux mêmes points, pôles conjugués et respectifs, comme on voit, de la corde **LM** commune à (A) et (A') ; ce qui, à certains égards, doit paraître évident à priori (*).

(*) Cette dernière phrase et quelques autres purement explicatives ont été, pour plus de clarté et de précision, ajoutées au texte qui ici, comme presque partout ; je le répète, manquait de titres ou subdivisions, fort inu-

Détermination du point de concours O′, des tangentes communes, opposé ou conjugué au précédent O. — D'après les lemmes ci-dessus (II), les points O, C, C′ qui viennent d'être considérés, sont rangés sur une même ligne droite qui contient aussi le point de concours O′ des tangentes communes O′O″, O′O‴, opposé à O et tout aussi facile à construire directement; car, si l'on mène par le point α déjà mentionné, à l'arc PML de (A), une tangente αθ′ vers la gauche de LM, et qu'on joigne le point de contact θ′ avec le point T′ par une ligne droite prolongée, elle viendra passer, pour toutes les positions de α, par le point O′ demandé.

Pareillement, si par le même point α de LM, on eût mené, du côté de O′, une seconde tangente αθ (non tracée) à la courbe (A′) ou l'arc LM′L′, et qu'on eût joint son point de contact θ avec le point correspondant T par une ligne droite Tθ, elle serait venue passer également dans toutes ses positions, par le point O′, ainsi parfaitement et doublement déterminé comme point inconnu à priori.

Or, lorsque cette dernière tangente αθ, viendra se confondre avec la tangente αT, ce qui arrivera quand α sera en α, sur la tangente O′O‴ commune aux deux courbes et opposée à celle OO″ ou Pp, et qu'elles se confondront par conséquent toutes deux, en une seule avec cette même tangente, elles ne ces-

---

tiles à l'auteur plein de son sujet, mais indispensables aux lecteurs même déjà initiés de l'époque actuelle. Il en est ainsi encore des expressions, *centre polaire*, *droite magistrale*, employées transitoirement dans le texte imprimé, comme procédé mnémonique propre à rappeler la dépendance intime et toute linéaire, entre leurs propriétés et celles des centres et du lieu des tangentes infinies, parallèles, des cercles dont les coniques proposées sont la projection centrale. Mais je me suis complétement abstenu d'aller au delà dans la correction de cette partie du texte manuscrit, où je n'avais point encore résolu le problème épineux de la projection des courbes du deuxième degré, suivant des circonférences de cercles; du moins dans toute la rigueur géométrique que réclame la preuve de l'identité de propriétés de la droite magistrale dont il s'agit, avec la corde ou sécante, commune aux deux courbes, qui lui est conjuguée et la rencontre au pôle K de la ligne des centres C et C′; pôle jusqu'ici sans nom spécial, quoique jouant un rôle tout aussi remarquable que le point même de concours des tangentes communes aux coniques.

seront pas de passer par le point de concours O′, nécessairement situé aussi et par les mêmes motifs, sur la tangente
commune O′O″ opposée à OO‴ ou P′*p*′. Donc le point O′, ainsi
construit directement au moyen de O et de la corde commune
LM, est, en effet, le point de concours conjugué à ce dernier
point, intersection des tangentes communes, respectivement
opposées, elles-mêmes, à celles qui émanent de O.

Remarques diverses. — On devait s'attendre à cette conséquence, car nous avons vu précédemment (p. 268) que les tangentes menées par un tel point (alors situé entre les deux
courbes), à l'une quelconque d'entre elles, si elles sont possibles, étaient en même temps tangentes à l'autre; ce qui
prouve d'ailleurs que le point O′ n'est pas nécessairement et
toujours la rencontre de deux tangentes intérieures communes
réelles (p. 273, *fig.* 123).

Si, au lieu de procéder du point O comme nous venons de
le faire, on partait directement de son opposé O′, et qu'on fît,
à l'égard de ce second point, les mêmes raisonnements que
pour le premier, on verrait que la corde **L′M′** étant considérée comme correspondant à O′, l'autre corde **LM** deviendrait,
à l'égard de ce point, la droite magistrale que nous avions
appelée **IF** dans les lemmes préliminaires, et que, par conséquent, en menant pour chacune des deux courbes, des couples
de tangentes aux extrémités **L′** et **M′**, elles viendront se couper respectivement aux deux nouveaux centres polaires *c*, *c*′,
également situés sur la droite OO′ et parfaitement analogues
aux deux points **C** et **C′** d'abord considérés.

*Des axes à points de concours multiples et de leurs pôles
de convergence respectifs, conjugués.*

1° *Système des deux axes sécants.* — Considérons à part le
quadrilatère **LML′M′** (*fig.* 124) inscrit à la fois aux coniques (A)
et (A′), je dis que le point **K′** où se coupent ses côtés opposés
LM′, **ML′** et le point **K**ᵢ où se coupent ses deux diagonales
LL′, **MM′**, sont tous deux encore situés sur la droite OO′.

En effet, en tant que ce quadrilatère est inscrit à la conique
PP′M′L′ ou (A), il résulte des théorèmes du IIIᵉ Cahier (p. 129),
que, si l'on mène à cette courbe, les deux tangentes **LC** et **MC**

aux extrémités L et M des diagonales, leur point de rencontre ou centre polaire C, sera situé sur la droite K′K, des points de concours K, et K′ déjà définis; ce qui est vrai aussi du point d'intersection c des tangentes menées aux deux autres extrémités L′ et M′. Mais, en tant que ce quadrilatère est inscrit à la conique (A′) ou pp'M′L′, les centres polaires analogues et opposés C′ et c', relatifs à ces mêmes extrémités de diagonales, sont aussi sur la droite K,K′; ce qui résulte également de ce que les quatre points c, c', C, C′ d'après les théorèmes déjà cités, appartiennent à une seule et même ligne droite. Donc les six points K′, c', c, K,, C, C′ sont tous rangés sur cette droite doublement conjuguée au point de convergence K, des cordes communes ML et L′M′; propriété assez remarquable, ce me semble.

Supposons, à présent, qu'au lieu de considérer les points O et O′ de concours des tangentes communes, et les cordes M′L′ et ML correspondantes, il s'agisse des points de concours O″, O‴ également opposés entre eux et des cordes ML′ et LM′, il est évident que ces points et ces cordes jouiront des mêmes propriétés relatives que les premiers. Ainsi les points O″, O‴, K,, K et les quatre centres polaires, intersections des couples de tangentes menées aux extrémités respectives des cordes ML′, LM′ à chacune des deux coniques, sont, tous encore, situés sur une même ligne droite conjuguée au point de convergence K′ de ces cordes communes, opposées entre elles dans le quadrilatère inscrit d'abord considéré.

2° *Axe de concours extérieur aux deux coniques.* — Supposons actuellement (*fig.* 125) qu'on prolonge les deux tangentes opposées ΠΠ, p'P′, communes aux deux coniques (A) et (A′), jusqu'à leur rencontre en O^v, il est clair que ce point O^v devra jouir des mêmes propriétés que le point O de la précédente figure; de sorte que, si de ce point O^v, on dirigeait une sécante quelconque vers les deux courbes, et qu'aux points d'intersection correspondants on menât à celles-ci leurs tangentes respectives, le point où se couperaient les tangentes ci-dessus nommées *extérieures,* et celui où se couperaient les tangentes *intérieures,* seraient sur une dernière ou troisième droite fixe, qu'ils parcourraient dans toutes leurs posi-

tions quand on viendrait à faire varier la transversale commune
autour du point invariable O^v.

D'après cela et en reprenant les mêmes raisonnements, il
n'est pas difficile de voir que la corde MM′ diagonale du
quadrilatère inscrit, est précisément la droite fixe dont il

Fig. 125.

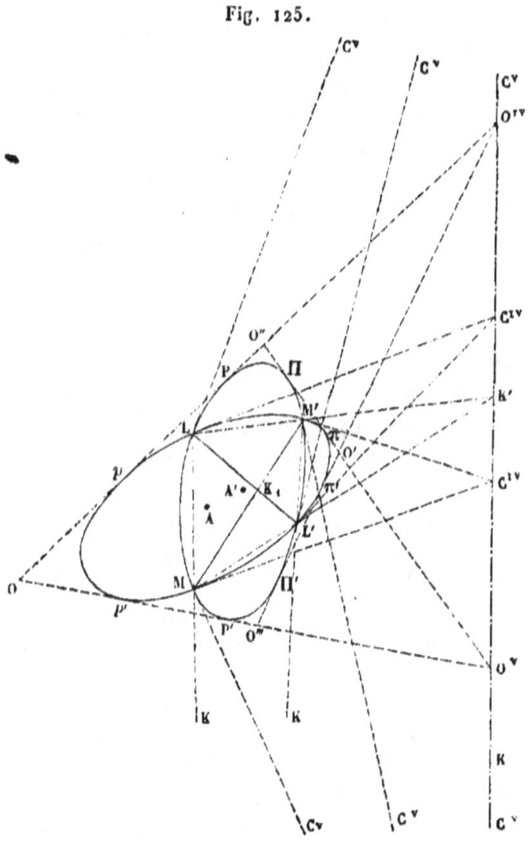

s'agit; car, lorsque la sécante passera par le point M, par
exemple, les intersections les plus voisines s'y confondront,
et, par conséquent aussi, leurs couples de tangentes se couperont en ce point.

Pareille chose a lieu évidemment à l'égard du point M′, et
de plus, l'autre corde ou diagonale conjuguée LL′ représente

ici encore la droite magistrale précédemment nommée IF (*fig.* 121, 122 et 124), également parcourue par l'un et l'autre des deux points où s'entrecoupent les tangentes menées de chaque côté, aux deux coniques ; car il est aisé de voir encore que, si la sécante passe par le point L′, par exemple, les intersections voisines se confondant alors avec ce point, leurs tangentes respectives s'y couperont de même, etc.

Concluons de là, plus explicitement, que, si d'un point extérieur quelconque de la corde ou diagonale MM′, on mène, aux courbes (A) et (A′), deux tangentes vers le dehors et deux vers le dedans, les droites qui en joignent les couples de points de contact viendront passer par le point O^v défini ci-dessus ; que, de même, si par ce point arbitraire on trace deux tangentes, l'une intérieure, l'autre extérieure, c'est-à-dire situées d'un même côté des deux coniques (A) et (A′), et qu'on joigne les deux points de contact par une ligne droite, elle passera dans toutes ses positions par le point O^{iv}, conjugué au point O^v ; qu'enfin, chose facile à prouver directement, ce point est précisément celui où se coupent les deux autres tangentes communes, opposées entre elles, pP, π'Π′.

D'autre part, il résulte encore de ce qui précède, que si, par les extrémités M et M′, on mène les deux tangentes MC^{iv}, M′C^{iv} à la conique pp'MM′ ou (A), elles convergeront en un point C^{iv} situé sur la droite $O^{iv}O^v$, centre ou pôle conjugué à la direction de MM′, c'est-à-dire servant de pivot aux cordes de contact des couples de tangentes menées des divers points de cette direction ou corde commune prolongée, à la conique (A) dont il s'agit.

Pareillement, le pôle des cordes de contact relatives à MM′ et à l'autre conique PP′M′ ou (A′), s'obtiendra en menant par les extrémités M et M′ les tangentes MC^v, M′C^v, et ce pôle sera situé comme C^{iv} sur la droite $O^{iv}O^v$, d'après les raisons généralement exposées à l'égard des centres polaires C et C′ (*fig.* 121 et 124) : ces mêmes pôles C^v et C^{iv}, correspondent d'ailleurs tous deux au point O^v.

Si l'on exécute des constructions analogues pour le point de concours O^{iv} des tangentes communes et la diagonale ou corde LL′ qui lui correspond, on obtiendra de nouveaux points C^{iv} et C^v, pôles de cette corde dans les courbes (A),

(A′), et ces deux points seront, comme les premiers, situés sur la droite de concours O^{iv}O^{v}. De là et des théorèmes établis dans la Sect. II du IIIe Cahier, il résulte que si, considérant toujours le quadrilatère simple ML′M′L inscrit à la fois à ces deux courbes, les points K′ et K où convergent ses côtés respectivement opposés, doivent appartenir également à la droite de concours O^{iv}O^{v}.

Nous pouvons maintenant résumer toutes les propositions ou propriétés qui précèdent de la manière suivante (*).

Résumé des précédents théorèmes et propositions qui concernent le système de deux sections coniques quelconques s'entrecoupant sur un plan.

Soient (A) et (A′) (*fig.* 126), deux courbes quelconques du second degré ayant les quatre points M, M′, L, L′ en commun ; soient joints ces quatre points de toutes les manières possibles par des lignes droites, ce qui formera un quadrilatère complet avec ses deux diagonales ; soient de plus, menées à ces deux lignes courbes, les quatre tangentes extérieures communes OO″, O″O′, O′O‴, O‴O, qu'on prolongera jusqu'à leurs rencontres respectives, ce qui formera un quadrilatère OO″O′O‴ circonscrit aux mêmes courbes ; supposons d'ailleurs que l'on complète ce quadrilatère en traçant ses deux diagonales simples OO′, O″O‴ prolongées indéfiniment. Cela posé, il arrivera :

1° Que les quatre diagonales OO′, O″O‴, MM′, LL′ viendront se couper en un même point K, ;

(*) Ce résumé était précédé dans le manuscrit, d'une Note marginale relative au problème de l'inscription à un quadrilatère plan quelconque d'un couple de coniques passant par un point également quelconque de ce plan : cette solution d'un problème aujourd'hui connu, a été supprimée dans l'impression, parce qu'elle rompait inutilement le fil des idées. Il en est de même d'une remarque isolée et sans démonstration, quoique fort importante, consistant en ce que « les quatre points de concours des côtés » opposés des quadrilatères simultanément inscrits ou circonscrits à deux » coniques situées sur un plan, forment sur leur droite ou direction com- » mune, quatre points de division harmonique. »

2° Que les points O^v, O^{iv}, K' et K de concours des côtés respectivement opposés dans chaque quadrilatère, seront tous les quatre situés sur une même droite $O^v K$;

3° Que la diagonale OO' du quadrilatère circonscrit renfermera à la fois le point de croisement K_{ι} des diagonales et le

Fig. 126.

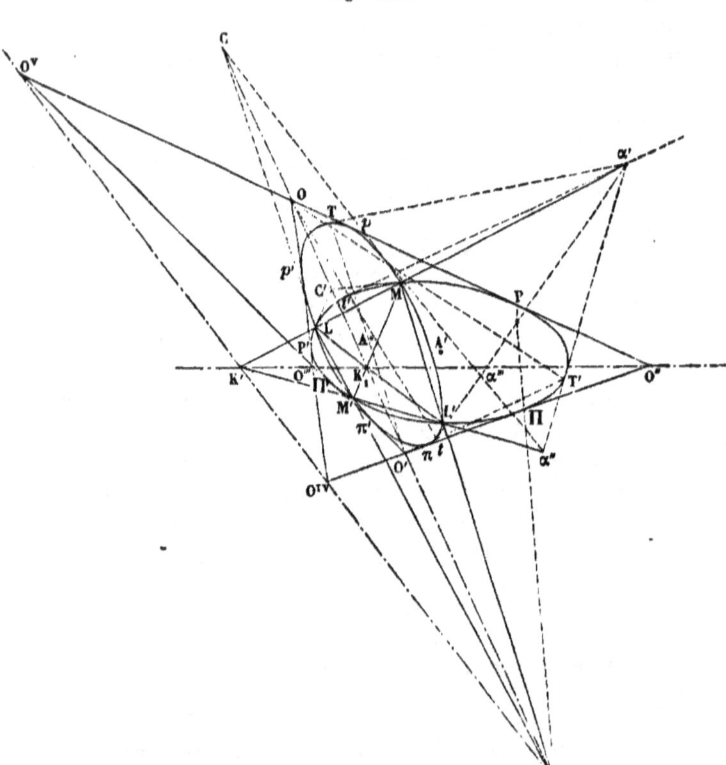

point K de concours des côtés opposés ML' et $M'L$ du quadrilatère inscrit $ML'M'L$;

4° Que pareillement, la seconde diagonale $O''O'''$ renfermant déjà comme la première, le point K_{ι} passera encore par le point K' de concours des deux autres côtés opposés ML et $M'L'$ du quadrilatère inscrit ;

5° Que, si l'on considère un côté quelconque ML du quadrilatère inscrit et que, d'un point arbitraire α' de ce côté, on mène aux coniques quatre tangentes $\alpha'T$, $\alpha't'$, $\alpha't$, $\alpha'T'$, dont deux relatives à la courbe (A) et les deux autres à la courbe (A'), ce qui donnera quatre points de contact T, t', t, T', les droites T'T et tt' joignant respectivement, sur des coniques distinctes les points de contact T, T' extérieurs et les points de contact t, t', opposés ou intérieurs, passeront dans toutes leurs positions, par le même point O sommet du quadrilatère circonscrit, quand on fera varier α' sur la direction de ML ; tandis que les deux autres droites Tt', $T't$ joignant les points de contact extérieurs-intérieurs T et t', et les deux points T', t situés de même, passeront, au contraire, dans toutes leurs positions, par le point invariable O' conjugué à O ;

6° Que si, après avoir exécuté les constructions précédentes relatives toujours à la corde LM, on joignait inversement, les points de contact T et t appartenant à la conique (A), par une ligne droite Tt, elle passerait dans toutes ses positions par le point de concours C des tangentes en L et M, centre polaire de LM situé sur la droite OO', tandis que l'autre droite $T't'$ joignant les points de contact T' et t' situés sur l'autre courbe (A), passera dans toutes ses positions par le concours des tangentes en L et M à cette courbe ou centre polaire conjugué C' placé, comme le premier, sur la droite OO' des points de tangentes communes dont il s'agit ;

7° Qu'enfin, quelle que soit, des six droites composant le quadrilatère inscrit à deux diagonales, celle que l'on considère, elle jouira d'une manière analogue, de toutes les propriétés énoncées pour la droite ou corde commune ML que nous venons d'examiner en particulier.

Remarques concernant l'existence et la détermination des cordes et des tangentes communes au système de deux coniques situées sur un plan.

On voit par ce qui précède, que, quand deux courbes du deuxième degré décrites sur un plan se rencontreront, il sera possible d'en déterminer géométriquement et linéairement les tangentes communes, lesquelles ne pourront jamais excéder

le nombre de quatre : ce nombre étant précisément égal à
celui des points d'intersection réels des deux courbes, excepté
si elles sont entièrement extérieures l'une à l'autre.

Quand les mêmes courbes se toucheront en un ou deux
points réels, les cordes relatives à ces points deviendront des
tangentes communes qui ne cesseront pas, pour cela, de jouir
des propriétés ci-dessus, ainsi que leur point de concours,
leur corde de contact, etc.

Si les deux points M et L existaient seuls, la droite M′L′,
conjuguée à la corde commune LM, existerait encore ainsi que
nous l'avons vu (p. 273); mais sans rencontrer ni l'une ni l'autre
conique, elle jouirait cependant des mêmes propriétés que ci-
dessus à l'égard des points O et O′, sauf qu'on ne pourrait plus,
dans ce cas, mener des tangentes aux courbes par le point O′
nécessairement intérieur, et qui n'en conserverait pas moins
toutes ses autres propriétés.

Dans ce même cas, les quatre autres points O″, O‴, Oⁱᵛ, Oᵛ
cessent naturellement d'exister.

Enfin, quand les deux coniques proposées n'ont aucun point
d'intersection commune et sont néanmoins extérieures l'une

Fig. 127.

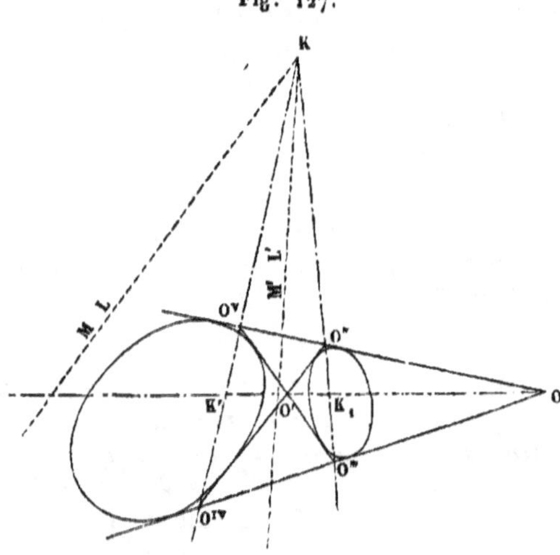

à l'autre, les six points de concours O, O′, O″, O‴, Oⁱᵛ, Oᵛ
existent à la fois; mais il n'y a plus alors que les deux seules

sécantes communes ML et M′L′ conjuguées entre elles, qui subsistent quant à la direction indéfinie, sans d'ailleurs rencontrer les courbes, sécantes ou cordes fictives auxquelles correspondent les points de concours O, O′, également conjugués entre eux, des tangentes communes extérieures et intérieures.

On voit de plus, par la *fig.* 127, que les points K, K′ et K, existent tous les trois encore, et que les quatre droites ML, M′L′, O′ᵛO′ᵛ et O″O‴ concourent toujours en un même point K. Enfin on saisit la raison pour laquelle les deux autres cordes conjuguées communes LM′ et L′M, des figures précédentes, deviennent alors entièrement impossibles, imaginaires. Car si elles existaient en même temps que les premières ML et M′L′, elles les couperaient en quatre points déterminés et réels, qui devraient être situés sur l'une et l'autre courbe; ce qui est absurde ou tout au moins contradictoire (*).

IV.

RECHERCHES GÉOMÉTRIQUES ET ANALYTIQUES SUR LA PROJECTION CENTRALE D'UN SYSTÈME DE COURBES DU DEUXIÈME DEGRÉ, SUIVANT UN SYSTÈME DE CERCLES.

J'ai déjà mentionné, au commencement de ce Cahier, un premier essai de démonstration analytique de la possibilité de projeter, en général, le système de deux sections coniques données sur un plan, suivant un système pareil de deux circonférences de cercle, en promettant de donner par la suite une démonstration complète de cette proposition; c'est ici le

---

(*) Le manuscrit ne dit rien des propriétés linéaires des quatre points réels O″, O‴, O′ᵛ, O′ᵛ de concours des tangentes communes, propriétés qui, bien que relatives à des lignes et points de construction devenus en partie imaginaires, impossibles géométriquement, n'en subsistent pas moins au point de vue algébrique ou analytique. Encore moins mentionne-t-il le cas tout à fait spécial, le plus occulte de tous en quelque sorte, où les deux coniques sont entièrement intérieures l'une à l'autre et conservent néanmoins, comme le montre le cas particulier des cercles, plusieurs de ces propriétés sous une forme réelle et géométrique.

lieu de nous en occuper en nous fondant sur les lemmes de géométrie analytique précédemment démontrés (*).

Exposé de la question et des conditions que doivent remplir le centre et le plan auxiliaires de projection, relativement au système des deux sections coniques.

Soient (A) et (A′), *fig.* 128, les deux sections coniques de forme et de position arbitraires, données sur un plan; nommons γ le centre de projection ou sommet commun des deux cônes

Fig. 128.

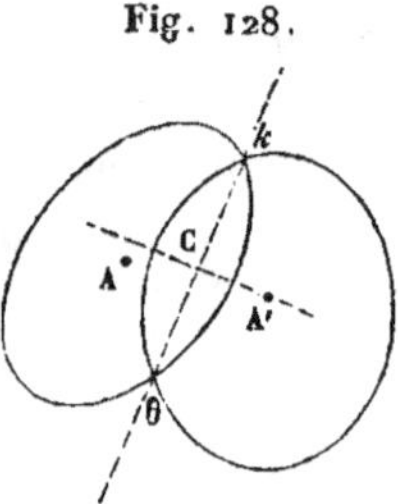

qui doivent jouir de la propriété de pouvoir être coupés suivant deux cercles par un même plan de projection. Supposons le problème résolu, et qu'on connaisse par conséquent, la position de ce sommet et la direction de ce plan; imaginons enfin que l'on mène à ce dernier, par le sommet γ, un plan qui lui soit parallèle; ce plan viendra couper celui des courbes (A) et (A′), suivant une certaine droite, et je dis :

1° *Qu'elle se confondra avec la corde k*θ (ici purement figurative) *commune aux deux coniques;*

2° *Que le sommet commun* γ *ou point projetant se trouvera situé sur une circonférence de cercle dont le carré du diamètre sera égal au carré de la corde k*θ, *pris avec un signe contraire;*

3° *Que cette circonférence, tout entière, sera située dans un plan vertical perpendiculaire sur la corde k*θ, *en son mi-*

(*) Ces lemmes ont été renvoyés à la fin du IIe Cahier sous les n°s III et IV.

lieu C, toujours constructible géométriquement, et aura pour centre ce même point milieu C.

En effet, d'après le n° IV du IIe Cahier, la trace sur le plan commun des coniques (A) et (A′), du plan mené par le sommet γ parallèlement à celui qui coupe le cône de base (A) suivant un cercle, est telle que, si on la considère comme une corde de cette base (A), et que, par son milieu, on lui élève un plan perpendiculaire, ce plan passera par le sommet dont il s'agit. Pareille chose a lieu à l'égard de cette trace considérée comme corde de la conique (A′); et, comme par le sommet γ, on ne peut abaisser qu'un seul plan perpendiculaire à la droite ou trace dont il s'agit, il s'ensuit que le milieu de cette droite considérée comme corde de la courbe (A), et son milieu en la considérant comme corde de la conique (A′), se confondent en un seul et même point.

D'autre part, il a été démontré que, si l'on joint le point milieu C, avec le sommet γ par une droite, rayon du cercle vertical, le carré du double de ce rayon pris avec le signe — est égal au carré de la partie de la trace interceptée dans la conique (A), et, par la même raison, égal au carré de la partie de cette même trace comprise dans la conique (A′), prise avec un signe contraire. Donc ces deux dernières parties sont égales entre elles; ce qui ne peut avoir lieu évidemment à moins que la trace dont il s'agit ne soit une corde commune à la fois aux deux courbes (A) et (A′). *Premier point qu'il s'agissait de démontrer.*

En second lieu, il résulte aussi des lemmes déjà cités du IIe Cahier (n°s III et IV), que, en tant que le sommet γ des cônes projetants doit appartenir à la conique (A) et à la corde $k\theta$, 1° il doit se trouver en un point quelconque de la circonférence du cercle dont le plan est perpendiculaire sur le milieu de la corde $k\theta$, et dont le carré du diamètre est égal à celui de cette corde pris avec un signe contraire; 2° aussi que, dans chacune de ses positions, le plan parallèle à celui qui passe par γ et par la corde $k\theta$, coupe nécessairement et toujours le cône de projection dont γ est le sommet, suivant une circonférence de cercle.

Pareille chose encore devant avoir lieu à l'égard de ce même

I.19

point γ, en tant qu'il appartient comme sommet au cône de base (A'), il s'ensuit que, le cercle vertical relatif à la conique (A) et celui relatif à la conique (A') ayant même centre et même rayon, le sommet γ doit, dans le cas où l'on considère les deux courbes de base à la fois, être situé en un point quelconque de ce cercle commun, et que le plan, parallèle à celui qu'on mènerait par cette position de γ et par la corde commune $k\theta$, devra nécessairement rencontrer l'une et l'autre des surfaces coniques de bases (A) et (A') suivant le système de deux cercles. *Second point qu'il s'agissait également de démontrer.*

On remarquera que deux sections coniques quelconques se coupant en général suivant quatre points, ces courbes peuvent avoir, dans le même cas, six cordes communes. Donc la quantité angulaire qui déterminerait l'inclinaison de ces cordes par rapport aux axes coordonnés, doit avoir, en général aussi, six valeurs différentes ; ce qui offre une analogie remarquable avec les indications de l'équation (7), art. IV du IIᵉ Cahier.

Interprétation géométrique de ces conditions et exemple d'application. — Puisque, d'après ce qui précède, le carré du diamètre du cercle vertical sur lequel le sommet γ des cônes projetants doit être placé est égal à celui de la corde correspondante, *pris avec un signe contraire*, il s'ensuit qu'afin que ce cercle soit possible, la direction de la corde commune aux sections coniques données ne doit rencontrer ni l'une ni l'autre de ces courbes ; mais qu'il faut néanmoins que cette direction ne cesse pas d'exister, quoique la corde elle-même soit de l'espèce de celles que nous avons nommées *imaginaires*, les distinguant ainsi des sécantes communes entièrement illusoires au point de vue géométrique.

Toutes ces notions, propositions ou définitions s'accordent, comme on voit, avec celles des nᵒˢ IV et suivants du IVᵉ Cahier, et l'on pourra s'en servir dans bien des circonstances, conjointement avec les précédentes, pour résoudre le problème de projection centrale dont il s'agit. En voici un exemple très-simple :

Nous avons vu aux nᵒˢ II et III ci-dessus, que, quand deux coniques (A) et (A') *fig.* 129, décrites dans un plan commun, se coupent en deux points, on peut déterminer graphiquement : la direction ML de la corde réelle θk, commune aux courbes; le point O de concours de leurs tangentes extérieures communes, ainsi que la direction de la magistrale IF ou corde imaginaire conjuguée à ML. Il ne s'agit donc plus que de trouver le

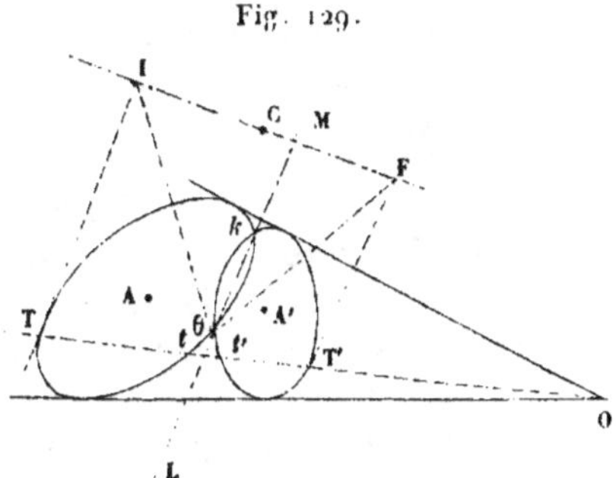

Fig. 129.

rayon et le centre C, du cercle vertical qui renferme le sommet γ. Or, tout étant alors connu relativement à IF et cela d'une manière graphique, on connaîtra aussi les valeurs de T ou ω définies au n° IV du IIe Cahier, et l'on pourra, par suite, calculer les valeurs de K par la formule trouvée à la fin de ce numéro (*). Quant au centre C, il est facile à déterminer.

En effet, menez à la courbe (A) une tangente parallèle à IF; par le point de contact et par le centre A de cette courbe, tracez une ligne droite; elle coupera la corde répondant à IF au point C demandé. Si l'on exécutait une semblable construction à l'égard de la conique (A′), on obtiendrait évidemment le même point milieu ou centre C.

Quand les coniques (A) et (A′) ne se couperont nulle part, mais seront extérieures l'une à l'autre, on pourra résoudre encore le problème ci-dessus, puisqu'il sera possible de construire, à vue, les tangentes communes aux deux courbes, qui donneront le point de concours O, et de là les cordes relatives à ML et IF. Dans ce cas, l'une ou l'autre de ces deux cordes résoudront le problème.

(*) On trouvera, dans la première partie du VIIe Cahier. une construction purement géométrique du rayon dont il s'agit.

19.

La seule circonstance où ce même problème, quoiqu'il soit de sa nature susceptible de solution, ne saurait être construit graphiquement selon nos méthodes, est, comme on l'a déjà fait observer, celui où les courbes (A) et (A′) seraient complétement renfermées l'une dans l'autre.

Démonstration analytique des mêmes conditions de projectibilité des courbes du second degré suivant des circonférences de cercles.

Toutes les propositions qui viennent d'être démontrées sur le système de deux courbes quelconques du second degré, en se servant, afin d'y parvenir, de celles déjà établies pour une seule conique et pour le cône correspondant, auraient pu l'être d'une manière bien plus directe et plus générale en n'employant que la seule analyse algébrique. Nous nous proposons d'exposer ici cette démonstration, non afin de donner à la première une plus grande certitude dont elle n'a pas besoin, mais pour indiquer la marche qu'on aurait pu suivre; cela nous fournira en même temps, l'occasion de démontrer une propriété nouvelle et assez intéressante dont jouissent en général les courbes du second degré. Cependant, au lieu de considérer en général, le système de deux courbes de ce degré, nous admettons, afin de simplifier le calcul, que l'une de ces courbes soit une circonférence de cercle.

Équations de condition fondamentales.—Supposons en continuant nos précédentes conventions (IIᵉ Cahier, n° IV), que

$$(11) \qquad ay^2 + cx^2 + 1 = 0,$$

représente toujours l'équation de la section conique, et

$$(12) \qquad a'y^2 + a'x^2 + d'y + e'x + 1 = 0$$

celle du cercle dont il s'agit; soient encore α, β et γ les coordonnées du sommet commun aux deux cônes qui ont pour bases les courbes (11) et (12). Supposons enfin que θ et φ représentent les angles qui déterminent la position du nouveau plan des $x'y'$, comme dans la question de l'endroit cité, et qu'il s'agisse de déterminer les quantités angulaires φ et θ, de façon que ce plan coupe l'une et l'autre des deux surfaces coniques suivant un cercle.

Le plan des $x'y'$ devant, en particulier, couper la surface conique qui a pour base la courbe (11) suivant un cercle, on doit avoir aussi les équations de condition (5) et (6) qui s'y rapportent. Quant aux deux équations relatives à la seconde des surfaces coniques, il faut, pour les obtenir, faire $a = a'$, $b = o$, $c = a'$, $d = d'$ et $e = e'$ dans celles qui expriment les conditions relatives, en général, à la courbe du second degré

$$ay^2 + bxy + cx^2 + dy + ex + 1 = o;$$

ce qui donne les deux nouvelles relations qu'il faudra joindre aux équations de condition (5) et (6) : d'une part,

$$\sin^2\varphi(a'\beta^2 + a'\alpha^2 + d'\beta + e'\alpha + 1) + a'\gamma^2\cos^2\varphi$$
$$+ \sin\theta\sin\varphi\cos\varphi(2a'\beta + d')\gamma - \cos\theta\sin\varphi\cos\varphi(2a'\alpha + e')\gamma = a'\gamma^2,$$

et, de l'autre,

$$- \cos\theta\sin\varphi(2a'\beta + d')\gamma - \sin\theta\sin\varphi(2a'\alpha + e')\gamma = o.$$

Supprimant les facteurs inutiles de ces deux équations, savoir $\sin^2\varphi$ dans la première, γ et $\sin\varphi$ dans la seconde, remplaçant ensuite $\cot\varphi$ par χ et $\tang\theta$ par ω, comme nous l'avons déjà fait à l'endroit précité, elles deviendront : la première,

$$(13) \quad \begin{cases} a'(\beta^2 + \alpha^2 - \gamma^2) + d'\beta + e'\alpha + 1 \\ + \gamma(2a'\beta + d')\chi\sin\theta - \gamma(2a'\alpha + e')\chi\cos\theta = o; \end{cases}$$

la deuxième,

$$(14) \qquad 2a'\beta + d' + (2a'\alpha + e')\omega = o.$$

On a ainsi quatre équations de condition (5), (6), (13), (14) seulement, pour déterminer les cinq inconnues α, β, γ, χ et ω. Il semblerait, d'après cela, que les valeurs de chacune de ces inconnues pussent être arbitraires; mais cela n'est pas, comme nous allons le voir en cherchant à éliminer des quatre équations précédentes, les inconnues β, γ et χ.

Élimination des inconnues principales de ces équations.— On peut d'abord éliminer l'indéterminée χ entre les équations (5) et (6), cette opération a déjà été exécutée et a donné pour équation finale (p. 103)

$$(7)\begin{cases} c^2\alpha^2\omega^6 + [c - a + ac(\beta^2 - \alpha^2 + \gamma^2) - c^2(\alpha^2 + \gamma^2)]\omega^4 \\ - [c - a + ac(\beta^2 - \alpha^2 - \gamma^2) + a^2(\beta^2 + \gamma^2)]\omega^2 - a^2\beta^2 = 0. \end{cases}$$

On peut ensuite éliminer la même quantité χ entre l'équation (6) et l'équation (12); ce qui donnera, en supprimant le facteur commun γ,

$$\frac{a'(\beta^2 + \alpha^2 - \gamma^2) + d'\beta + e'\alpha + 1}{2a'\alpha + e' - \omega(2a'\beta + d')} = \frac{a\beta + c\alpha\omega}{(c - a)\omega}.$$

Chassant les dénominateurs de cette équation, et ayant égard à l'équation (14), elle deviendra

$$(15)\begin{cases} a'(a - c)\omega\gamma^2 = (2a'\alpha + e')(1 + \omega)(a\beta + c\alpha\omega) \\ - (c - a)[a'(\beta^2 + \gamma^2) + d'\beta + e'\alpha + 1]\omega. \end{cases}$$

On a, d'après cela, les trois équations (14), (7) et (15) qui ne renferment plus χ et remplacent les quatre premières trouvées d'abord.

Maintenant on peut facilement éliminer l'inconnue γ entre ces nouvelles équations, puisque l'équation (14) en est indépendante : on mettra dans l'équation (7) pour $(a - c)\gamma^2$ sa valeur tirée de l'équation (15); ce qui donnera, réductions faites et sans ordonner,

$$-c^2\alpha^2 a'\omega^6 + \begin{bmatrix} (a' - c)(c - a)\omega + 2aa'c\beta^2\omega - 2a'c^2\alpha^2\omega - c^2 a'\beta^2\omega \\ + c(2aa'\beta\alpha + 2ca'\alpha^2\omega + ae'\beta + ce'\alpha\omega)(1 + \omega^2) \\ - c(c - a)(d'\beta + e'\alpha)\omega \end{bmatrix}\omega^3$$
$$+ \begin{bmatrix} (a' - a)(c - a)\omega - 2aa'c\alpha^2\omega + 2a'a^2\beta^2\omega + a^2 a'\alpha^2\omega \\ + a(2aa'\alpha\beta + 2ca'\alpha^2\omega + ae'\beta + ce'\alpha\omega)(1 + \omega^2) \\ - a(c - a)(d'\beta + e'\alpha)\omega \end{bmatrix}\omega + a^2 a'\beta^2 = 0$$

Il ne reste plus désormais pour déterminer, sur le plan des deux coniques proposées, la direction commune aux plans de sections circulaires ou à leurs traces parallèles, qu'à éliminer β entre la précédente équation et l'équation (14) ou

$$\beta = - \frac{(2a'\alpha + e')\omega - d'}{2a'};$$

on obtiendra ainsi une équation finale qui, généralement en ω et α, servira à déterminer cette direction.

Substituant donc, dans l'équation écrite ci-dessus, pour β sa valeur, il viendra, après avoir ordonné et simplifié autant qu'il est possible,

$$(16) \quad \left\{ \begin{array}{l} \dfrac{c^2 e'^2}{4\,a'}\,\omega^6 - \left[(a'-c)(c-a) + \dfrac{c^2 d'^2}{4\,a'} - \dfrac{cae'^2}{2\,a'} \right]\omega^4 \\[2ex] \quad - \left[(a'-a)(c-a) + \dfrac{acd'^2}{2\,a'} - \dfrac{a^2 e'^2}{4\,a'} \right]\omega^2 - \dfrac{a^2 d'^2}{4\,a'} = 0. \end{array} \right.$$

L'inconnue α ayant disparu d'elle-même de cette équation, il s'ensuit que la valeur de ω est entièrement déterminée ; donc aussi il n'y a généralement que six positions de la trace du plan des $x'y'$ qui puissent résoudre la question.

Recherche du lieu géométrique des centres auxiliaires de projection, en nombre infini. — Supposons qu'on ait tiré l'une quelconque des valeurs de ω de l'équation (16), et qu'on l'ait substituée dans les équations (14) et (7) exprimant la relation qui doit exister entre ω et les coordonnées inconnues α, β du centre ou sommet de cône projetant, on aura évidemment (ω étant considérée comme constante), les équations de deux surfaces sur lesquelles ce sommet doit être situé.

En les ordonnant après y avoir remplacé les indéterminées α, β et γ dont il s'agit, par les variables ou coordonnées générales x, y et z, elles deviendront respectivement,

$$(17) \quad \left\{ \begin{array}{l} (a-c)(a+c\omega^2)\omega^2 z^2 + a(1+\omega^2)(a+c\omega^2)y^2 \\[1ex] \quad - c(1+\omega^2)(a+c\omega^2)\omega^2 x^2 + (c-a)(1+\omega^2)\omega^2 = 0, \end{array} \right.$$

$$(18) \qquad\qquad x = -\frac{1}{\omega}\,y - \frac{d' + e'\omega}{2\,a'\omega}.$$

La première de ces équations fait voir que *le sommet γ appartient à une surface du deuxième degré*, et la seconde qu'*il est en même temps, situé dans un plan vertical dont la trace, sur le plan des xy, est perpendiculaire à celle du plan des $x'y'$ qui contient les coniques à projeter.*

Résultats et conséquences. — On voit déjà les conséquences générales que nous avons découvertes pour ainsi dire géométriquement, se reproduire ici avec les mêmes circonstances ; car l'équation (17) de la surface du deuxième degré trouvée en dernier lieu, est la même que celle numérotée (9), tandis que l'équation (18) représente un plan parallèle à celui qui correspond à l'équation (8).

De là aussi on peut conclure en général, d'après ce qui a été prouvé alors et qu'il est fort inutile de démontrer à nouveau ici, que *le sommet du cône doit se trouver sur une circonférence de cercle dont le plan est perpendiculaire à la trace horizontale du plan des $x'y'$ sur celui de xy.*

Recherche du plan parallèle aux sections circulaires communes, passant par le sommet des cônes projetants. — Le plan des $x'y'$ ayant en général pour équation

$$z = \tang\varphi \sin\theta + \tang\varphi \cos\theta,$$

celle du plan qui lui serait mené parallèlement par le sommet γ des deux cônes de projections circulaires, sera

$$z - \gamma = -\tang\varphi \sin\theta\,(y - \beta) + \tang\varphi \cos\theta\,(x - \alpha),$$

et par conséquent, l'équation de la trace de ce plan sur celui des xy ou des coniques données, sera elle-même,

$$x - \alpha = \omega\,(y - \beta) - \frac{\gamma}{\tang\varphi \cos\theta}.$$

Mettant dans cette équation, pour $\dfrac{1}{\tang\varphi} = \chi$, sa valeur tirée de l'équation de condition (6), qui donne

$$\chi = \frac{a\beta \cos\theta + c\alpha \sin\theta}{\gamma(c - a)\sin\theta\cos\theta},$$

et remplaçant comme ci-dessus, tang θ par ω, elle deviendra

$$x = \omega y + z - \omega\beta - \frac{a\beta + c\omega\alpha}{(c - a)\sin\theta\cos\theta} = \omega y$$

$$+ \frac{\alpha\,[(c - a)\sin\theta\cos\theta - c\omega] - \beta\,[(c - a)\sin\theta\cos\theta.\omega + a]}{(c - a)\sin\theta\cos\theta}.$$

Or nous avons déjà trouvé que

$$(c - a) \sin\theta \cos\theta - c\omega = -\omega (a + c\omega^2) \cos^2\omega$$

et que

$$(c - a) \sin\theta \cos\theta . \omega + a = (a + c\omega^2) \cos^2\theta.$$

Donc, en substituant, on aura pour l'équation de la trace en question

$$x = \omega y - \frac{(a + c\omega^2)(\beta + \omega\alpha)}{(c - a)\,\omega};$$

mettant encore dans cette équation pour β sa valeur

$$\beta = -\omega\alpha - \frac{d' + e'\omega}{2\,a'}$$

tirée de l'équation (14), elle deviendra finalement

$$(19) \qquad x = \omega y + \frac{(a + c\omega^2)(d' + e'\omega)}{2\,a'(c - a)\,\omega}.$$

Telle est l'équation de la trace sur le plan des xy du plan mené, par le sommet des cônes projetants, parallèlement à celui des $x'y'$.

Comparaison du résultat précédent avec ceux obtenus au n° IV du Cahier II. — Si, pour comparer cette équation à celle $x = \omega y + k$, qui concerne la question relative à une seule conique, nous posons

$$k = \frac{(a + c\omega^2)(d' + e'\omega)}{2\,a'\omega(c - a)},$$

on en tirera

$$\frac{d' + e'\omega}{2\,a'\omega} = \frac{(c - a)k}{a + c\omega^2},$$

et par conséquent, l'équation (18) du plan qui renferme le sommet γ prend la forme particulière

$$x = -\frac{1}{\omega} y - \frac{(c - a)k}{a + c\omega^2}.$$

Cette équation, ainsi que $x = \omega y + k$, étant absolument de la même forme que les équations (8) et $x = \omega y + k$ de l'endroit précité, on en tirerait exactement les mêmes conséquences.

Mais, au lieu de suivre cette marche, faisons voir directement que l'équation (19) représente l'une quelconque des six cordes communes au cercle et à la courbe à projeter, et que si l'on met pour ω les six valeurs fournies par l'équation (16), elle se changera dans l'équation même de chacune de ces cordes.

V.

RECHERCHES ANALYTIQUES RELATIVES A LA DIRECTION DES CORDES COMMUNES AU SYSTÈME DE DEUX SECTIONS CONIQUES QUELCONQUES DONNÉES SUR UN PLAN.

Équations préliminaires. — Soient x' et y' les coordonnés de l'un des quatre points communs aux deux courbes à projeter suivant des cercles ; x'' et y'' celles d'un autre quelconque de ces points ; ces coordonnées devant satisfaire séparément aux équations de ces courbes, on aura

$$(a)\quad ay'^2 + cx'^2 + 1 = 0, \qquad (b)\quad a'y'^2 + a'x'^2 + d'y' + c'x' + 1 = 0,$$

$$(c)\quad ay''^2 + cx''^2 + 1 = 0, \qquad (d)\quad a'y''^2 + a'x''^2 + d'y'' + e'x'' + 1 = 0.$$

Appelons ω_1 la tangente de l'angle que forme, avec l'axe des y, la corde qui joint entre eux les points x' et x'', on aura évidemment

$$\omega_1 = \frac{x'' - x'}{y'' - y'}, \quad \text{ou} \quad x'' - x' = \omega_1(y'' - y').$$

Il s'agit maintenant, afin d'obtenir la valeur de ω_1, d'éliminer x', y', x'' et y'' entre les cinq équations précédentes. Pour cela, retranchant d'abord l'équation (b) de (d), il viendra

$$a'(y'' - y')(y'' + y') + a'(x'' - x')(x'' + x')$$
$$+ d'(y'' - y') + e'(x'' - x') = 0;$$

mettant ensuite pour $x'' - x'$ sa valeur $\omega_1(y'' - y')$ et divisant par $y'' - y'$, il viendra en second lieu,

$$a'(y'' + y') + a'\omega_1(x'' + x') + d' + e'\omega_1 = 0,$$

équation qu'on peut mettre sous cette autre forme

$$a'(y'' - y') + a'\omega_1(x'' - x') + 2a'y' + 2a'\omega_1 x' + d' + e'\omega = 0;$$

substituant de nouveau dans cette dernière équation, pour $x'' - x'$ sa valeur ci-dessus, on en tirera

$$y'' - y' = -\frac{2a'y' + 2a'\omega_1 x' + d + e'\omega_1}{a'(1 + \omega_1^2)}.$$

Traitant de même les équations (a) et (c), on en déduirait cette autre valeur

$$y'' - y' = -\frac{2ay' + 2c\omega_1 x'}{a + c\omega_1^2},$$

qui, égalée à la première, donnera l'équation suivante

$$\frac{2ay' + 2c\omega_1 x'}{a + c\omega_1^2} = \frac{2a'y' + 2a'\omega_1 x' + d' + e'\omega_1}{a'(1 + \omega_1^2)}.$$

Effectuant les calculs, il viendra finalement

$$(20) \quad 2a'(c - a)(\omega_1 x' - \omega_1^2 y') - (d' + e'\omega_1)(a + c\omega_1^2) = 0;$$

de là on tire

$$y' = \frac{2a'(c - a)\omega_1 x' - (d' + e'\omega_1)(a + c\omega_1^2)}{2a'(c - a)\omega_1^2},$$

valeur qui, substituée d'abord dans l'équation (a), donnera

$$4a'^2(c - a)^2\omega_1^2(a + c\omega_1^2)x'^2$$
$$- 4aa'(c - a)(d' + e'\omega_1)(a + c\omega_1^2)\omega_1 x'$$
$$+ a(d' + e'\omega_1)^2(a + c\omega_1^2)^2 + 4a'^2(c - a)^2\omega_1^4 = 0,$$

puis, substituée également dans l'équation (b)

$$4a'^3(c - a)^2\omega_1^2(1 + \omega_1^2)x'^2$$
$$- x'[-4a'^2(c - a)(d' + e'\omega_1)(a + c\omega_1^2)\omega_1 + 4d'a'^2(c - a)^2\omega_1^3 + 4a'^2c'(c - a)^2\omega_1^4]$$
$$+ a'(d' + e'\omega_1)^2(a + c\omega_1^2)^2 - 2a'd'(c - a)(d' + e'\omega_1)(a + c\omega_1^2)\omega_1^2 + 4a'^2(c - a)^2\omega_1^4 = 0.$$

les quantités x' et ω_1 restant seules indéterminées.

Équation qui donne l'inclinaison des cordes communes sur les axes coordonnés. — Il ne s'agit plus maintenant que d'éliminer x' entre ces dernières équations, afin d'obtenir l'équation finale en ω_1.

Pour cela faire, je multiplie la première par $a'(1+\omega_1^2)$ et la seconde par $x+c\omega_1^2$, puis retranchant la deuxième de la première, le terme en x'^2 disparaîtra du résultat aussi bien que celui en x'. On arrive ainsi sans autres calculs, à l'équation qu'il s'agissait d'obtenir :

$$aa'(d'+e'\omega_1)^2(a+c\omega_1^2)^2(1+\omega_1^2)$$
$$+4a'^3(c-a)^2\omega_1^4(1+\omega_1^2)-a'(d'+e'\omega_1)^2(a+c\omega_1^2)^2(a+c\omega_1^2)$$
$$+2a'd'(c-a)(d'+e'\omega_1)(a+c\omega_1^2)^2\omega_1^2-4a'^2(c-a)^2(a+c\omega_1^2)\omega_1^4=0.$$

En simplifiant, elle devient

$$(d'^2-{}'^2\omega_1^2)(a+c\omega_1^2)^3-4a'(a-a')(c-a)\omega_1^2-4a'(c-a')(c-a)\omega_1^4=0.$$

Développant et ordonnant par rapport à ω_1, on obtient définitivement l'équation

$$c^2e'^2\omega_1^6-[(a'-c)(c-a)4a'+c^2d'^2-2ace'^2]\omega_1^4$$
$$-[4a'(a'-a)(c-a)+2acd'^2-a^2e'^2]\omega_1^2-a^2d'^2=0,$$

pour calculer la valeur de cette tangente trigonométrique qui sert à déterminer l'inclinaison, sur l'axe des y, de la corde qui joint entre eux les points x' et x'' communs aux deux courbes.

Identité de cette équation avec celle numérotée (7) *: équation des cordes communes.* — Si l'on compare cette équation avec l'équation (7) de l'art. IV du Cahier II, qui donne la valeur de l'inconnue ω, on voit qu'elle lui devient identique quand on en divise tous les termes par le facteur $4a'$; donc ces équations donnent les mêmes valeurs pour ω_1 et pour ω; on a donc $\omega_1=\omega$, et l'équation d'une corde réelle ou imaginaire, à la fois commune aux deux courbes dont il s'agit, est bien de la forme $x=\omega y+\mathrm{L}$.

Mais, puisque cette corde est supposée passer par le point $x'y'$, on doit avoir aussi la relation $x'=\omega_1 y'+\mathrm{L}$. En la combinant donc avec l'équation de condition (20), trouvée dans le cours du calcul, y' disparaîtra, et l'on aura pour déterminer l'expression algébrique de L, la relation

$$2\,a'\,(c - a)\,\omega_1\,\mathrm{L} - (d' + e'\,\omega_1)(a + c\,\omega_1^2) = 0,$$

qui donne très-simplement

$$\mathrm{L} = \frac{(d' + e'\,\omega_1)(a + c\,\omega_1^2)}{2\,a'\,(c - a)\,\omega_1},$$

où remplaçant ω_1 par la quantité ω qui lui est égale, on aura

$$\mathrm{L} = \frac{(d' + e'\,\omega)(a + c\,\omega^2)}{2\,a'\,(c - a)\,\omega}.$$

On voit par cette valeur que l'indéterminée L est égale à l'expression même de k trouvée ci-dessus. Donc l'équation de l'une quelconque des six cordes communes à nos deux courbes est précisément

$$x = \omega y + k.$$

Donc enfin, *si du sommet γ, commun aux deux cônes de projection qui ont pour bases respectives les courbes représentées par les équations* (11) *et* (12) *des endroits cités, on mène un plan parallèle à celui des $x'\,y'$ contenant les sections circulaires communes aux deux cônes, la trace de ce plan sur celui des courbes de base sera nécessairement une corde appartenant à la fois à ces courbes* (*).

Ainsi l'analyse algébrique nous a conduits, quoique par

(*) Le principe de projection centrale qui vient d'être doublement démontré, est le cinquième et dernier de ceux que contiennent les cahiers manuscrits de Saratoff. J'en avais, dès 1814, pressenti la portée comme germe fécond d'une vaste théorie relative à la transformation et à la démonstration des propriétés des figures dans l'espace ou dans un plan; théorie qui a été, de ma part, l'objet d'un *Mémoire* spécial sur les *Propriétés projectives,* présenté en mai 1820 à l'Institut de France, et qu'on trouvera reproduit textuellement dans le t. II de ces *Applications d'Analyse et de Géométrie.* Je crois pouvoir le déclarer ici sans crainte d'être taxé d'orgueil ou de présomption, la démonstration que j'avais trouvée, en 1813, de ce même principe, après les essais infructueux mentionnés dans une précédente Note, a été pour moi un adoucissement véritable, sinon une

un chemin fort différent, aux mêmes conséquences auxquelles nous étions parvenus dans l'article précédent. On voit aussi combien il est souvent utile d'éviter les longueurs de calcul, du moins si l'on en juge d'après ceux qui ont été développés en dernier lieu, et que nous avions évités d'abord. C'eût été bien pis encore, si nous eussions traité la question dans toute la généralité qu'elle comporte.

Quoi qu'il en soit, voici une conséquence assez remarquable de ces mêmes calculs, qui se déduit sur-le-champ, des résultats analytiques précédemment obtenus.

Corollaire spécial relatif à l'intersection mutuelle d'une section conique et d'un cercle tracés sur un plan.

Puisque l'équation (16) donne pour racines les valeurs de la tangente numérique ω des angles d'inclinaison, formés par les cordes communes au cercle et à la section conique donnée, avec l'axe y des coordonnées dont la direction est la même que celle des axes principaux de cette dernière courbe; comme, d'autre part, cette équation ne renferme ω qu'à des puissances paires, il s'ensuit évidemment que si une certaine de ces cordes fait un angle θ avec l'axe des y, il en existe une autre qui lui est conjuguée et qui, faisant un angle de 200° — θ, est nécessairement située d'une manière symétrique à l'égard de ce même axe et de la première corde. D'après cela (C) et (A), *fig.* 13o, étant, par exemple, un cercle et une courbe quelconques du second degré, s'entrecoupant aux

---

compensation entière, aux peines physiques et morales de la captivité. Car je croyais, par là, avoir ouvert une nouvelle carrière de progrès à la géométrie pure ou rationnelle, jusque-là restreinte aux simples questions du second degré.

On me permettra encore de rappeler que ces principes de projection centrale constituent autant de théorèmes généraux sur les systèmes de cônes de même sommet, à sections circulaires communes; que ces théorèmes ont été, depuis 1827, l'occasion de recherches géométriques intéressantes sur les *cônes homocycliques;* qu'enfin ces mêmes principes révèlent, sans discussion, sur les systèmes de lignes du second degré, une infinité de conséquences générales ou particulières, aujourd'hui bien connues des géomètres, quoique sous des noms et des aspects divers.

quatre points distincts *a*, *b*, *c*, *d*, il est clair que les deux cordes *ac* et *bd* notamment, qui se rencontrent au point O, intérieurement et ailleurs que sur les courbes, sont, l'une à l'égard de l'autre, dans les conditions dont il s'agit. Par conséquent, si

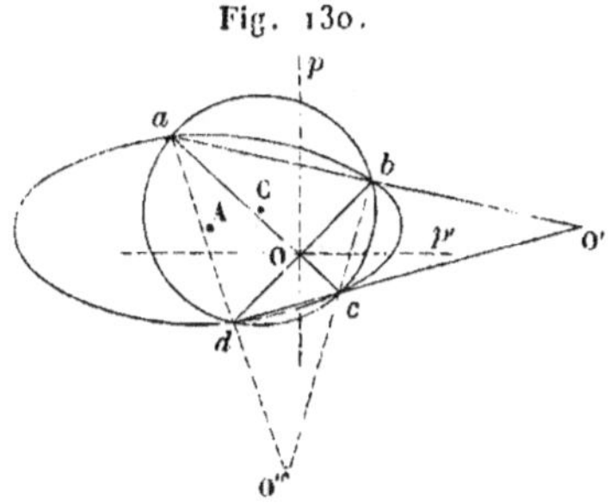

Fig. 130.

l'on divise l'angle *a*O*b* qu'elles forment en deux parties égales par la droite O*p*, cette droite sera parallèle à l'un des axes principaux de la conique (A), et de même, si l'on divise le supplément *b*O*c* de cet angle, en deux parties égales, par la ligne droite indéfinie O*p'*, cette droite sera parallèle à l'autre de ces deux axes rectangulaires.

On voit, par là, qu'une courbe du second degré (A) étant tracée, il est très-facile de déterminer graphiquement et d'une infinité de manières différentes, des directions ou droites parallèles à ses axes principaux.

Si d'ailleurs, au lieu des cordes *ac* et *bd*, on eût considéré les couples de cordes conjuguées *ab* et *cd* ou *ad* et *bc* prolongées jusqu'à leurs points de concours respectifs O' et O″, on eût précisément obtenu le même résultat quant à la direction indéfinie des deux axes principaux, etc.

Remarques à ce sujet. — La propriété précédente est l'extension de celle qu'on démontre dans les éléments de géométrie analytique. Soit C (*fig.* 131), le centre d'une courbe du second degré, **AB** un diamètre quelconque de cette courbe; si l'on décrit sur sa longueur comme diamètre, une circonférence de cercle qui la coupe aux points **X** et **Y**, les cordes **AX** et **BX** seront respectivement parallèles aux deux axes rectangulaires de la courbe. Il est visible, en effet, que ces axes

divisent en parties égales les angles formés par les diagonales
AB et XY du rectangle AX BY, etc.

On peut se demander ce qui arrive dans le cas général où
l'on considère deux sections coniques quelconques s'entrecou-

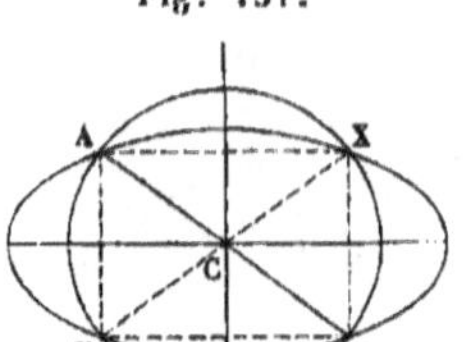
Fig. 131.

pant aux quatre points réels. En suivant la marche analytique
précédente, on obtiendrait, en ω, une équation générale, toujours possible, du sixième degré; ainsi on n'en saurait conclure que le théorème ci-dessus subsiste d'une manière identique. Cependant le système de deux sections coniques jouit
d'une propriété analogue, non à l'égard des axes rectangulaires
de ces courbes, mais relativement à un système particulier de
diamètres conjugués (*voir* une Note à la fin du volume).

*Recherche analytique relative aux inclinaisons mutuelles des
cordes communes et des diamètres conjugués parallèles
de deux coniques quelconques.*

Équations et données préliminaires. — Soient deux courbes
quelconques du second degré; il n'est pas difficile de démontrer qu'il existe dans l'une et dans l'autre, un système de diamètres conjugués dont les directions sont respectivement
parallèles. Ce système est même susceptible d'être construit
d'une manière entièrement géométrique (*).

Nommons (C) et (C′) les deux sections coniques dont il s'a-
git (**); CA et CE le système des demi-diamètres conjugués de

---

(*) C'est-à-dire par le cercle et la ligne droite seuls.
(**) Pour simplifier, on a supprimé à l'impression, deux figures très-
simples et très-faciles à suppléer.

la courbe (C), censés parallèles et avoir pour direction celle
des demi-diamètres conjugués $C'A'$ et $C'E'$ de la courbe (C').
Supposons que l'on rapporte l'une et l'autre de ces coniques,
aux directions CA et CE comme axes obliques des y et des x,
leurs équations seront respectivement de cette forme

$$ay^2 + cx^2 + 1 = 0, \quad a'y^2 + c'x^2 + d'y + e'x + 1 = 0.$$

Nommons ω le rapport des sinus des angles que forme l'une
des cordes communes aux deux courbes (C) et (C'), avec les
axes de coordonnées respectifs Cy et Cx; appelons en outre,
x' et y' les coordonnées de l'un des points d'intersection de ces
courbes, par lequel passe la corde en question, et x'', y'' celles
de l'autre point par lequel passe cette même corde, on aura la
relation bien connue

$$x'' - x' = \omega(y'' - y'),$$

et de plus, les équations de condition

$$ay'^2 + cx'^2 + 1 = 0, \quad a'y'^2 + c'x'^2 + d'y' + e'x' + 1 = 0,$$
$$ay''^2 + cx''^2 + 1 = 0, \quad a'y''^2 + c'x''^2 + d'y'' + e'x'' + 1 = 0.$$

Ces cinq équations en donneront une dernière, mais seule de
son espèce, pour déterminer ω, si l'on élimine x', y', x'', etc.
entre elles.

*Équation finale donnant le système des inclinaisons cher-
chées.* — En s'y prenant, pour effectuer cette élimination,
comme nous l'avons fait dans les recherches analytiques
précédentes à l'égard des équations (a), (b), etc., qui sont
absolument de la même forme, on arrivera sans difficulté à
l'équation finale du sixième degré

$$(a + c\omega^2)^2(d'^2 - e'^2\omega^2) - 4(a - a')(a'c - ac')\omega^2$$
$$- 4(c - c')(a'c - ac')\omega^4 = 0,$$

mais réductible encore à une du troisième.

La quantité angulaire ω n'entrant qu'à la seconde puissance
dans cette équation, on en conclut que, si l'on considère deux
cordes communes aux courbes en question, accouplées ou

qui soient conjuguées entre elles, le rapport des sinus des angles que l'une de ces cordes forme avec les axes obliques des x et des y, sera égal au rapport semblable qui correspond à l'autre de ces mêmes cordes.

Solution graphique. — Nous avons déjà fait observer précédemment que des cordes indépendantes, communes au système de deux coniques sur un plan (*fig.* 132), comme *mo* et *ln*, *lp* et *op*, par exemple, sont conjuguées entre elles. Quand les courbes (C) et (C′) sont décrites et s'entrecoupent en quatre points distincts, ces cordes peuvent être tracées effectivement, et il y a lieu de rechercher géométriquement la direction commune aux axes conjugués parallèles dans ces courbes.

Par un point fixe quelconque i (*fig.* 133), qu'on mène des parallèles aux quatre cordes en question, à savoir : i1 à *pl*,

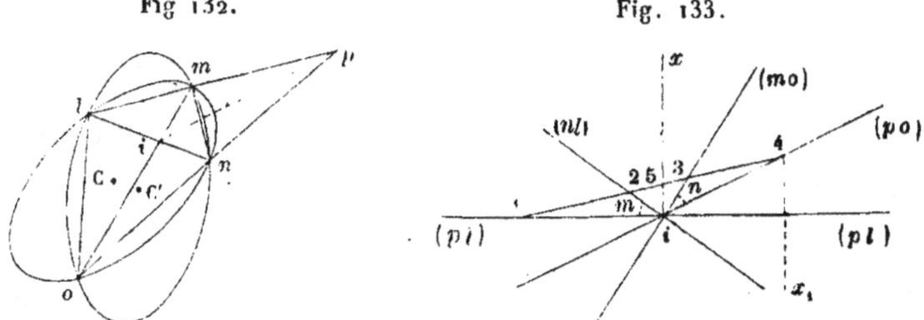

i2 à *nl*, i3 à *mo*, i4 à *po*. Soit ix la parallèle à l'axe des x cherchée, et (1.4) une parallèle quelconque à l'axe oblique des y, coupant les précédentes en 1, 2, 3, 4 respectivement, il est aisé de voir que la distance marquée (1.2) doit être égale à celle de (3.4). La question revient donc à mener par un point arbitraire (4), une droite telle que (3.4) = (1.2).

Soient ici i l'origine des coordonnées, i4 l'axe des x; posons $(i4) = x'$, et admettons de plus, que $y = ax$ soit l'équation de (i3), $y = bx$ celle de (i 2), $y = cx$ de (i 1) et $y = \alpha (x - x')$ celle de la doite cherchée (4.1). En mettant pour (i.1), (i.2), (i.3) et (i.4), leurs valeurs en α dans l'équation évidente

$$\sin m \,.\,(i.1)\,.\,(i.2) = \sin n \,.\,(i.3)\,(i.4),$$

qui exprime que le triangle $i.1.2 = i.3.4$, on aura, toutes réductions et simplifications faites, l'équation remarquable

$$(a + b - c)\,z^2 - 2\,ab\,z + abc = o,$$

qui donnera pour z la double valeur

$$z = \frac{ab \pm \sqrt{ab\,(a - c)\,(b - c)}}{a + b - c}.$$

l'angle d'inclinaison α étant ainsi connu, celui de $(i\,x')$ le sera aussi, et l'on peut voir que la double valeur de z correspondra à l'une et à l'autre des directions cherchées de (1.4), etc $(^*)$.

$(^*)$ Dans mes papiers rapportés de Russie en septembre 1814, je n'ai rien trouvé qui complète la solution géométrique de cette question relative à la détermination des diamètres conjugués parallèles du système de deux coniques sur un plan, quoique je m'en sois occupé dès lors très-certainement. Mais, peu de temps après mon retour en France, j'en ai fait l'objet d'une *Note de géométrie analytique,* que je renvoie à la fin de ce volume, à cause de son étendue et de sa connexion intime avec les matières traitées dans le cours de ce Ve Cahier.

Pour comprendre l'intérêt que, dès 1813 ou 1814, j'attachais à de semblables questions, il suffit de considérer le cas particulier où les coniques proposées ont un centre commun où viennent nécessairement se couper deux cordes communes diamétrales; centre qui est pour chaque conique, le pôle de la droite à l'infini de leur plan, renfermant les points de concours respectifs des deux autres couples de cordes communes parallèles, et des diamètres conjugués alors coïncidents chacun à chacun. Or les points de concours triples dont il s'agit sont, à leur tour, les pôles respectifs de ces mêmes diamètres confondus en direction avec les diagonales du parallélogramme circonscrit à la fois aux deux courbes, etc.; par quoi on reconnaît les propositions générales des n°s II et suivants du présent Cahier, pour le cas particulier où la droite des points de concours K, K', O^{IV}, O^V, C^{IV}, C^V (*fig.* 125), passe entièrement à l'infini sur le plan des deux coniques considérées dans une situation quelconque.

⟶◦⟵

SIXIÈME CAHIER.

PROPRIÉTÉS DESCRIPTIVES DES SYSTÈMES DE CONIQUES, DE CERCLES, ANGLES ET FIGURES POLYGONALES, SITUÉS SUR UN MÊME PLAN.

I.

DES POLYGONES VARIABLES OU MOBILES, A LA FOIS INSCRITS ET CIRCONSCRITS A DES POLYGONES FIXES OU DONNÉS.

Recherche analytique concernant le lieu du sommet libre ou indépendant de toute directrice rectiligne.

Soit $\alpha x' x'', \ldots, x_2 x_1 \alpha$ (*fig.* 134) un polygone dont les sommets x', x'', etc., à l'exception de α, sont situés respectivement sur autant de droites données $mn, np, \ldots, qr, rs$, constituant elles-mêmes un certain polygone circonscrit.

Fig. 134.

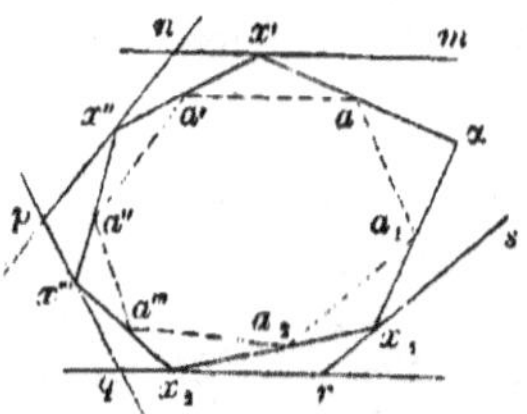

Soit pris sur chacun des côtés respectifs du premier de ces polygones rectilignes un pôle ou point fixe, qui pourra être considéré, si l'on veut, comme sommet d'un troisième polygone, tel par exemple, que le point a sur le côté $\alpha x'$, le point a' sur le côté $x' x''$, a'' sur $x'' x'''$, $\ldots$, a_2 sur $x_2 x_1$, a_1 sur αx_1; je dis que, si le polygone $\alpha x' x'' \ldots x_2 x_1 \alpha$ vient à être déformé de manière que chaque côté tourne autour de son pôle respectif, et que chaque sommet parcoure la droite ou directrice correspondante $mn, np, \ldots, rs$ sur laquelle il est situé, à l'exception

du sommet α qui restera libre; « ce dernier sommet parcourra
» dans son mouvement une section conique, quel que soit le
» nombre des côtés du polygone mobile en question, et quelle
» que soit la position des pôles fixes donnés a, a', etc., et
» des directrices également fixes mn, np, etc. »

En effet, si nous conservons aux différents points du système les dénominations indiquées par la figure, et que, par
analogie, nous appelions a et b les coordonnées du pôle a, x'
et y' celles du sommet x', et ainsi des autres, l'équation du
côté $\alpha x'$ qui passe par le pôle a, considéré en particulier, sera
en général, de la forme

$$y - b = \frac{b - \beta}{a - \alpha}(x - a);$$

et devra être satisfaite par les coordonnées x' et y' du point
x' commun à ce côté et à la directrice mn; on aura donc
l'équation de condition

$$y' - b = \frac{b - \beta}{a - \alpha}(x' - a).$$

Cette équation doit avoir lieu en même temps que celle de
la droite donnée mn, qu'on peut supposer de la forme

$$y' = ma' + n,$$

où m et n sont des constantes. Par conséquent, elle servira
conjointement avec cette dernière, à déterminer les valeurs de
x' et de y' en fonction des coordonnées variables α et β du
sommet libre.

Pareillement, le côté $x' x''$ donnera lieu aux deux équations

$$y'' - b' = \frac{b' - y'}{a' - x'}(x'' - a') \quad \text{et} \quad y'' = m' x'' + n';$$

la première exprime que le côté $x' x''$ passe par le point a', et
la seconde que le point x'' est situé sur la directrice suivante
np, dont les constantes m' et n' fixent la position relative.

Ces deux équations serviront, conjointement encore, à donner la valeur des coordonnées x'' et y'' en fonction de x' et y',
et, par suite, en fonction de α et de β.

En continuant ainsi jusqu'au dernier côté $x_{\iota}\alpha$, on aura la double série des équations de condition :

$$(1) \qquad y' - b = \frac{b - \beta}{a - \alpha}(x' - a) \qquad y' = m\,x' + n,$$

$$(2) \qquad y'' - b' = \frac{b' - y'}{a' - x'}(x'' - a') \qquad y'' = m'\,x'' + n',$$

$$(3) \qquad y''' - b'' = \frac{b'' - y''}{a'' - x''}(x''' - a'') \qquad y''' = m''\,x''' + n'',$$

$$\dots\dots\dots\dots\dots\dots\dots\dots\dots\dots\dots\dots\dots\dots$$

$$(\textsc{n}) \qquad y_1 - b_2 = \frac{b_2 - y_2}{a_2 - x_2}(x_1 - a_2) \qquad y_1 = m_1 x_1 + n_1.$$

$$y_1 - b_2 = \frac{b_1 - \beta}{a_1 - \alpha}(x_1 - a_2).$$

Soit $\textsc{n}$ le nombre des sommets α, x', etc., du polygone variable, il est clair que les équations précédentes seront au nombre de $2\textsc{n} + 1$. Or le nombre des inconnues α et β, x' et y', etc., est double de celui des sommets, ou égal à $2\textsc{n}$; donc il y a une-équation de plus que d'inconnues ; et par conséquent, si l'on élimine entre toutes ces équations, les indéterminées x' et y', x'' et y'', etc., à l'exception des deux inconnues α et β, on aura entre celles-ci une équation finale qui sera celle de la courbe parcourue par le sommet libre α, dans toutes ses positions.

Pour faire cette élimination avec ordre, on pourra tirer les valeurs de x' et y' des deux équations (1) ; ces valeurs seront évidemment du premier degré en α et β ; on tirera de même les valeurs de x'' et y'' des équations (2), et ces valeurs seront encore du premier degré en x' et y' : en continuant ainsi jusqu'aux deux équations ($\textsc{n}$), on aura la double suite de valeurs

$$x' = \frac{A\alpha + B\beta + C}{D\alpha + E\beta + F}, \qquad y' = \frac{G\alpha + H\beta + K}{D\alpha + E\beta + F},$$

$$x'' = \frac{A'x' + B'y' + C'}{D'x' + E'y' + F'}, \qquad y'' = \frac{G'x' + H'y' + K'}{D'x' + E'y' + F'},$$

$$\dots\dots\dots\dots\dots\dots\dots\dots\dots\dots\dots\dots\dots\dots$$

$$x_1 = \frac{A_2 x_2 + B_2 y_2 + C_2}{D_2 x_2 + E_2 y_2 + F_2}, \qquad y_1 = \frac{G_2 x_2 + H_2 y_2 + K_2}{D_2 x_2 + E_2 y_2 + F_2}.$$

Maintenant, si l'on substitue les valeurs de x' et y' dans celles de x'' et y'', on obtiendra évidemment deux expressions de même dénominateur et du premier degré en α et β. En les substituant à leur tour dans les valeurs de x''' et y''', on en déduira deux nouvelles expressions de la même forme, et en continuant ainsi de proche en proche, on obtiendra finalement pour x_1 et y_1 des expressions de la forme générale

$$x_1 = \frac{M\alpha + N\beta + P}{R\alpha + S\beta + T}, \quad y_1 = \frac{X\alpha + Y\beta + Z}{R\alpha + S\beta + T},$$

où M, N, P, R, S, T, X, Y, Z, etc., sont des constantes fonctions de a, b, m, n, a', b', etc.

Donc, si l'on substitue ces valeurs dans la dernière des équations ci-dessus

$$y_1 - b = \frac{b_1 - \beta}{a_1 - \alpha}(x_1 - a_1),$$

on obtiendra entre α et β, une équation finale évidemment du deuxième degré en α et β.

Donc enfin le lieu du sommet libre α ou indépendant, du polygone $\alpha x' x'', \ldots, x_1 \alpha$, est lui-même de ce degré; c'est l'une des trois sections coniques, comme on l'a d'abord avancé.

Cette proposition est due, je crois, à **M. Brianchon**, qui l'a démontrée par des considérations de pure géométrie (*).

Sur le degré de l'enveloppe du côté libre d'un polygone mobile dans les conditions déjà indiquées ci-dessus.

Soit $\alpha x' x'', \ldots, x_2 x_1 \alpha$ (*fig.* 135), un polygone dont les sommets sont astreints à demeurer respectivement sur les droites données, pq, pn, nm, \ldots, rs, rq; a, a', \ldots, a_2, a_1, des points fixes ou pôles pris sur la direction des côtés respectifs du même polygone, le côté $x'' x_2$ excepté, je dis que, « si l'on » déforme ce polygone en assujettissant tous ses sommets à » parcourir les droites ou directrices respectives mn, pn, \ldots, rs, » et chacun de ses côtés, sauf le dernier $x'' x_2$, à tourner dans

---

(*) Il y a là encore une erreur ou confusion de souvenirs qu'il importe de ne pas laisser subsister. Le théorème en question est dû à l'illustre Maclaurin, comme M. Brianchon, lui-même, l'a remarqué dans le Mémoire souvent cité du IX° cahier du *Journal de l'École Polytechnique* (1810).

» toutes ses positions, autour de son pôle qui peut aussi être
» considéré comme sommet d'un deuxième polygone donné,

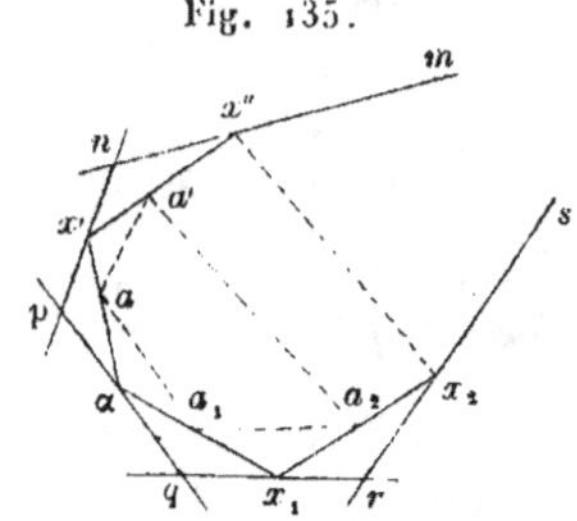

Fig. 135.

» il arrivera que le côté libre $x'' x_2$ roulera en l'enveloppant
» dans ses diverses positions, sur une conique ou courbe du
» deuxième degré. »

En effet, si l'on désigne les coordonnées des différents
points du système, d'après les notations correspondantes à
celles de la figure, l'équation de la directrice pq notamment,
pouvant être supposée de la forme $y = mx + n$, devra être
satisfaite en y substituant les coordonnées α et β du point a;
ce qui donne pour première condition

$$\beta = m\alpha + n.$$

Au moyen de cette équation on pourra déterminer β quand α
sera connu, et par suite aussi, on pourra trouver l'équation de
la droite $x'' x_2$, côté libre ou générateur par enveloppement,
en fonction de la seule variable α.

Les équations des côtés successifs $\alpha x'$, $x' x''$, ..., $x_2 x_1$, et
celles des directrices correspondantes étant de la forme

$$(1) \quad \begin{cases} y' - b = \dfrac{b - \beta}{a - \alpha}(x' - a), & y' = m' x' + n' \\[2ex] y'' - b' = \dfrac{b' - y'}{a' - x'}(x'' - a'), & y'' = m'' x'' + n'' \\[1ex] \dotfill & \dotfill \end{cases}$$

$$(2) \quad \begin{cases} y_1 - b_1 = \dfrac{b_1 - \beta}{a_1 - \alpha}(x_1 - a_1), & y_1 = m_1 x_1 + n_1 \\[2ex] y_2 - b_2 = \dfrac{b_2 - y_1}{a_2 - x_1}(x_2 - a_2), & y_2 = m_2 x_2 + n_2 \\[1ex] \dotfill & \dotfill \end{cases}$$

on déterminera, de proche en proche, par ce double système d'équations, les valeurs des coordonnées des sommets successifs x', x'', x''', ..., x_1, x_2, etc., en fonction de α et β.

D'après l'article précédent, ces valeurs seront toutes du premier degré en α et β, et, pour chaque sommet, l'abscisse et l'ordonnée auront même dénominateur. Les valeurs des coordonnées des deux derniers points x'' et x_2, ou plus généralement des points x_M et x_N, seront donc de la forme

$$x_M = \frac{A\alpha + B\beta + C}{D\alpha + E\beta + F}, \qquad y_M = \frac{G\alpha + H\beta + K}{D\alpha + E\beta + F},$$

$$x_N = \frac{A'\alpha + B'\beta + C'}{D'\alpha + E'\beta + F'}, \qquad y_N = \frac{G'\alpha + H'\beta + K'}{D'\alpha + E'\beta + F'}.$$

Si l'on y substitue pour β, sa valeur ci-dessus $m\alpha + n$, ces expressions resteront toujours du premier degré, et seront par conséquent de cette autre forme plus simple,

$$x_M = \frac{L\alpha + M}{P\alpha + Q}, \qquad y_M = \frac{R\alpha + S}{P\alpha + Q},$$

$$x_N = \frac{L'\alpha + M'}{P'\alpha + Q'}, \qquad y_N = \frac{R'\alpha + S'}{P'\alpha + Q'}.$$

En les substituant, à leur tour, dans l'équation du côté libre ou générateur de l'enveloppe

$$y - y_M = \frac{y_M - y_N}{x_M - x_N}(x - x_M)$$

ou, ce qui revient au même,

$$y(x_M - x_N) - (y_M - y_N)x + x_N y_M - y_N x_M = 0,$$

elle prendra évidemment cette autre forme générale

$$(3)\quad \alpha^2(Ay + Bx + C) + 2\alpha(A'y + B'x + C') + A''y + B''x + C'' = 0.$$

Dans cette équation de la génératrice d'enveloppe, dont il s'agit, les coefficients A, B, etc., sont des fonctions des constantes a, b, etc., différentes de celles que nous avons désignées par les mêmes lettres dans les expressions ci-dessus.

On voit d'après cela, que la génératrice par contact varie en même temps que α, comme on devait s'y attendre. Si donc on différentie le résultat obtenu (3) par rapport à l'inconnue α, on en tirera une nouvelle équation appartenant au point où cette génératrice rencontre celle qui lui est infiniment voisine; ce point correspondra par conséquent à l'un de ceux de la courbe cherchée, enveloppe de l'espace parcouru par le côté libre du polygone mobile. En effectuant cette différentiation on trouve

$$\alpha \left(Ay + Bx + C \right) + A'y + B'x + C' = 0.$$

Quand α sera connu, cette équation donnera, conjointement avec l'équation (3), les coordonnées x et y du point correspondant au contact de la génératrice et de l'enveloppe. Si donc on élimine α entre elles, on obtiendra pour représenter cette même courbe l'équation suivante

$$(A'y + B'x + C')^2 - 2\,(A'y + B'x + C')^2$$
$$+ (Ay + Bx + C)(A''y + B''x + C'') = 0,$$

ou, en réduisant et changeant les signes,

$$(A'y + B'x + C')^2 - (Ay + Bx + C)(A''y + B''x + C'') = 0.$$

Cette équation étant du second degré en x et y, il s'ensuit que l'enveloppe de l'espace parcouru par la génératrice $x'' x_1$, ou plus généralement $x^{\text{м}} x_{\text{N}}$, est une section conique, ainsi que nous l'avons avancé.

II.

SUR L'ENVELOPPE DES CORDES SOUSTENDANTES DES ANGLES INSCRITS
A UN CERCLE ET CIRCONSCRITS A D'AUTRES SUR UN PLAN.

Cas d'un seul angle et d'un seul cercle inscrit.

Exposé préliminaire, *données fondamentales*. — C, C' (*fig.* 136) sont les centres de deux cercles quelconques; d'un point α de la circonférence (C'), on mène à la circonférence (C) deux tangentes $\alpha x''$, αx_2, dont l'une coupe la première (C') au point x'' et l'autre au point x_2, on mène enfin par ces deux

points, la corde $x''x_2$; je dis que, « si l'on vient à faire par-
» courir la circonférence (C'), au sommet de l'angle α du
» triangle inscrit $\alpha\,x''\,x_2$, en assujettissant les côtés $\alpha x''$ et
» αx_2 de cet angle à rester constamment tangents au cercle

Fig. 136.

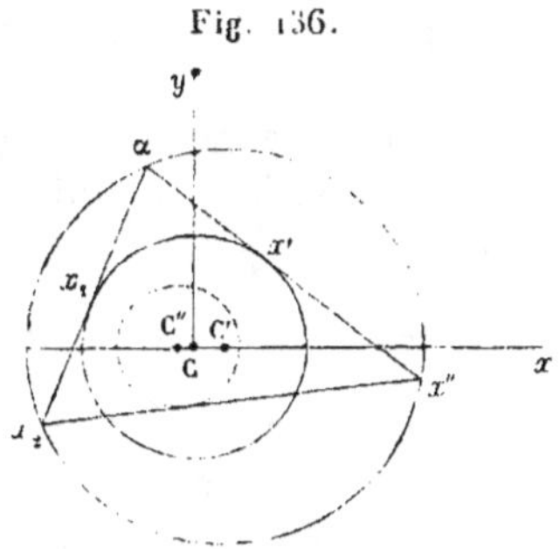

» (C), le troisième côté $x''x_2$ roulera dans toutes ses positions,
» sur une autre circonférence de cercle (C''), qui jouira de
» la propriété d'avoir une même corde commune, réelle ou
» imaginaire, avec les deux premiers cercles (C) et (C'). »

Nommons r le rayon du cercle (C), R celui du cercle (C'); supposons de plus, l'origine des coordonnées x et y au centre C, du
premier cercle, et que l'axe des x ait la direction de la droite
des centres C et C'; alors les équations des cercles (C) et (C') seront, a représentant l'intervalle CC' de ces centres,

$$(c) \qquad x^2 + y^2 = r^2, \qquad (c') \quad y^2 + (x-a)^2 = R^2.$$

Le point α appartenant à ce dernier cercle, on aura en outre
l'équation de condition

$$(\alpha) \qquad \beta^2 + (\alpha - a)^2 = R^2.$$

Pareillement, les équations des tangentes $\alpha x'$ et αx_1 menées
du point α au cercle (C) seront respectivement (Cah. III, p. 147)

$$(1) \quad x - \alpha = -\frac{r\beta - \alpha\sqrt{\alpha^2 + \beta^2 - r^2}}{r\alpha + \beta\sqrt{\alpha^2 + \beta^2 - r^2}}(y - \beta) = -k(y - \beta),$$

$$(2) \quad x - \alpha = -\frac{r\beta + \alpha\sqrt{\alpha^2 + \beta^2 - r^2}}{r\alpha - \beta\sqrt{\alpha^2 + \beta^2 - r^2}}(y - \beta) = -l(y - \beta),$$

k et l représentant des tangentes trigonométriques, fonctions connues des variables α et β.

Il s'agit de combiner ces deux équations avec celle du cercle (C′) pour obtenir les valeurs des coordonnées x'' et y'', x_2 et y_2, des extrémités du côté libre qui, dans le triangle mobile $\alpha x_2 x''$ de la *fig.* 136, représente le côté générateur de l'enveloppe cherchée.

Pour y parvenir, on commencera par retrancher l'équation de condition (α) de l'équation (c'), ce qui donnera une nouvelle relation de forme très-simple,

$$(y + \beta)(y - \beta) + (x + \alpha)(x - \alpha) - 2a(x - \alpha) = 0.$$

Combinant cette dernière avec l'équation (1) de la tangente $\alpha x'$, on obtiendra, en opérant comme nous l'avons déjà fait à l'endroit cité, les valeurs des coordonnées x'' et y''; d'où l'on tirera par un simple changement de lettres, celles du point x_2; on trouve ainsi les quatre valeurs suivantes

$$y'' = \beta + \frac{2\alpha k - 2ak - 2\beta}{1 + k^2} = \frac{\beta k^2 - \beta + 2\alpha k - 2ak}{1 + k^2},$$

$$x'' = \alpha - \frac{k(2\alpha k - 2ak - 2\beta)}{1 + k^2} = \frac{\alpha - \alpha k^2 + 2ak^2 + 2\beta k}{1 + k^2},$$

$$y_2 = \beta + \frac{2\alpha l - 2al - 2\beta}{1 + l^2} = \frac{\beta l^2 - \beta + 2\alpha l - 2al}{1 + l^2},$$

$$x_2 = \alpha - \frac{l(2\alpha l - 2al - 2\beta)}{1 + l^2} = \frac{\alpha - \alpha l^2 + 2al^2 + 2\beta l}{1 + l^2}.$$

Recherche de l'équation de la corde génératrice. — Pour obtenir au moyen de ces valeurs, l'équation de la corde $x'' x_2$ tangente à l'enveloppe cherchée, on remarquera qu'elle est en général, de la forme

$$y - y'' = \frac{y'' - y_2}{x'' - x_2}(x - x''),$$

ou bien, ce qui revient au même,

$$(3) \qquad y = \frac{y'' - y_2}{x'' - x_2} x + \frac{x'' y_2 - y'' x_2}{x'' - x_2}.$$

(Voy. la suite des opérations au tableau ci-après.)

Poncelet, *Applications d'Analyse et de Géométrie*, t. 1; tableau des calculs de la page 346.

En effectuant dans chacun de ces coefficients, les substitutions indiquées, on aura la suite des opérations contenues dans le tableau ci-après, en commençant par l'expression de $x' = y_1$:

$$[\text{illisible}]$$

$$[\text{illisible}]$$

On aura pareillement en remplaçant x', y', z, y, par leurs valeurs obtenues plus haut,

$$[\text{illisible}]$$

$$[\text{illisible}]$$

ce qui donne pour l'expression de la différence de ces dernières quantités, en développant et réduisant,

$$[\text{illisible}]$$

ou, en vertu de l'équation [..] mise sous la forme particulière $x' = y' = xx \cdot \cdot R^2 = x^2 + x_1$,

$$[\text{illisible}]$$

De là ensuite, et des expressions déjà obtenues pour les différences $x' - y' = y_1$, on déduit immédiatement les valeurs suivantes, d'une simplicité et d'une forme finitive en x et y très-remarquables,

$$[\text{illisible}]$$

D'autre part, les expressions des variables X et de Y introduites transitoirement, comme fictives ou serapl montrées des équations [·] et [x], afin d'obtenir le progrès explicite des tableaux dans le détail, ces expressions de X et de Y, disons, donnent

$$[\text{illisible}]$$

il vient, par des réductions ou transformations analogues très-simples, et en effectuant ordonnées,

$$[\text{illisible}]$$

on obtient de même, en ayant égard à l'équation de condition [x], ou $x' + Y = xx \cdots R^2 = x^2 = x_1$,

$$[\text{illisible}]$$

Mettant enfin pour $x' + Y = x$ et pour $x = \cdots$ leurs parts droite $R^2 = x^2$ et $R^2 = x^2 = xx$ dans cette dernière expression, on les décorts ou x et y à la forme plus générale linéaire,

$$[\text{illisible}]$$

Équations du point générateur de l'enveloppe. — Substituant dans l'équation (3) de la corde $x'' x_2$ les diverses valeurs trouvées ci-dessus, on aura en ordonnant

$$-y(\mathrm{R}^2 - a^2)\beta = \left[a(\mathrm{R}^2 - a^2) + \alpha(\mathrm{R}^2 + a^2)\right]x$$
$$+(\mathrm{R}^2 - a^2)^2 - 2\,\mathrm{R}^2 r^2 + a(\mathrm{R}^2 - a^2)\alpha,$$

ou bien, ce qui est la même chose,

$$\beta(\mathrm{R}^2 - a^2)y + \left[a(\mathrm{R}^2 - a^2) + \alpha(\mathrm{R}^2 + a^2)\right]x$$
$$+(\mathrm{R}^2 - a^2)^2 - 2\,\mathrm{R}^2 r^2 + a(\mathrm{R}^2 - a^2)\alpha = 0.$$

Telle est finalement l'équation de la corde génératrice $x'' x_2$.

En la différentiant par rapport à α, et y mettant pour $\dfrac{d\beta}{d\alpha}$ sa valeur tirée de l'équation de condition (α), on obtiendra une nouvelle relation qui donnera, conjointement avec la précédente, les coordonnées variables x et y de l'un quelconque des points de la courbe ou enveloppe cherchée.

A cet effet, ordonnons d'abord l'équation ci-dessus de la corde $x'' x_2$ par rapport à α et β; ce qui lui fait prendre la nouvelle forme

$$y(\mathrm{R}^2 - a^2)\beta + \left[(\mathrm{R}^2 + a^2)x + a(\mathrm{R}^2 - a^2)\right]\alpha$$
$$+ a(\mathrm{R}^2 - a^2)x + (\mathrm{R}^2 - a^2)^2 - 2\,\mathrm{R}^2 r^2 = 0.$$

Différentiant ensuite l'équation (α) par rapport à α, ce qui donne

$$\frac{d\beta}{d\alpha} = -\frac{\alpha - a}{\beta},$$

et substituant, comme on l'a expliqué, dans l'équation précédente également différentiée par rapport à α, on aura

$$-y(\mathrm{R}^2 - a^2)(\alpha - a) + \left[(\mathrm{R}^2 + a^2)x + a(\mathrm{R}^2 - a^2)\right]\beta = 0.$$

Multipliant la première de ces équations en x et y par β, la seconde par $(\alpha - a)$ et retranchant celle-ci de l'autre, il vient

$$y(\mathrm{R}^2 - a^2)\left[\beta^2 + (\alpha - a)^2\right]$$
$$+ \beta\left[a(\mathrm{R}^2 - a^2)x + (\mathrm{R}^2 - a^2)^2 - 2\,\mathrm{R}^2 r^2\right]$$
$$+ a\left[(\mathrm{R}^2 + a^2)x + a(\mathrm{R}^2 - a^2)\right]\beta = 0,$$

ou, en observant toujours que $\beta^2 + (\alpha - a)^2 = \mathrm{R}^2$ et réduisant,

$$(4)\qquad y\,\mathrm{R}^2(\mathrm{R}^2 - a^2) + \beta(2\,a\,\mathrm{R}^2 x - a^2\mathrm{R}^2 + \mathrm{R}^4 - 2\,\mathrm{R}^2 r^2) = 0.$$

Multipliant de nouveau la première des précédentes équations par $\alpha - a$ et la seconde par β, puis ajoutant au lieu de retrancher, il vient également

$$[(R^2 + a^2)\, x + a\, (R^2 - a^2)]\, [\beta^2 + \alpha^2 - a\alpha]$$
$$+ (\alpha - a)\, [a(R^2 - a^2)x + (R^2 - a^2)^2 - 2\, R^2 r^2] = 0,$$

ou bien, en réduisant,

$$[(R^2 + a^2)\, x + a(R^2 - a^2)]\, [R^2 - a^2 + a\alpha]$$
$$+ (\alpha - a)\, [a(R^2 - a^2)\, x + (R^2 - a^2)^2 - 2\, R^2 r^2] = 0,$$

ou enfin en ordonnant et simplifiant

$$(5) \quad \alpha(2\, a\, R^2 x - a^2 R^2 + R^4 - 2\, R^2 r^2) + R^2(R^2 - a^2)\, x + 2\, R^2 r^2 a = 0.$$

Équation de l'enveloppe. — Les équations (4) et (5) trouvées en dernier lieu remplacent parfaitement celles dont elles dérivent immédiatement; de sorte que si l'on se donnait arbitrairement une valeur de α, d'où résulterait, d'après l'équation de condition (α), une valeur correspondante pour β, ces deux équations (4) et (5) fourniraient conjointement, les valeurs des coordonnées du point correspondant à α de l'enveloppe cherchée. Éliminant donc α et β entre ces mêmes équations et l'équation (α), on aura entre x et y une relation qui sera l'équation même de la courbe enveloppe.

Pour effectuer cette élimination, on commencera par tirer les valeurs de α et de β des équations (4) et (5), ce qui donnera, d'une part,

$$\beta = \frac{- R^2(R^2 - a^2)\, y}{2\, a\, R^2 x - a^2 R^2 + R^4 - 2\, R^2 r^2} = \frac{- R^2(R^2 - a^2)\, y}{D}.$$

en remplaçant momentanément le dénominateur par la lettre D, et, d'autre part,

$$\alpha = \frac{- R^2(R^2 - a^2)\, x - 2\, R^2 r^2 a}{D}.$$

Substituant donc ces valeurs dans (α) ou $\beta^2 + (\alpha - a)^2 = R^2$, on obtient l'équation

$$y^2 (R^2 - a^2)^2 + [x(R^2 + a^2) + a(R^2 - a^2)]^2$$
$$= (2\, a\, R\, x - a^2 R + R^3 - 2\, R r^2)^2;$$

développant et ordonnant par rapport à x et y, cela donne

$$y^2(R^2 - a^2)^2 + x^2(R^2 - a^2)^2 + 2a[R^4 - a^4 + 2a^2R^2 - 2R^4 + 4R^2r^2]x$$
$$= [R(R^2 - a^2) - 2Rr^2]^2 - a^2(R^2 - a^2)^2.$$

ou finalement, ce qui revient au même,

$$(6) \quad \begin{cases} y^2(R^2 - a^2)^2 + x^2(R^2 - a^2)^2 - 2a[(R^2 - a^2)^2 - 4R^2r^2]x \\ \quad = R^2[R^2 - a^2 - 2r^2]^2 - a^2(R^2 - a^2)^2. \end{cases}$$

Telle est l'équation de la courbe enveloppe, sur laquelle roule la corde mobile ou génératrice $x''x_2$.

Cette enveloppe est un cercle ayant même corde commune avec les proposées. — D'abord l'équation précédente est visiblement celle d'un cercle dont le centre C'', est situé sur l'axe Cx, ainsi que nous l'avions avancé; il ne s'agit donc plus, pour rendre la démonstration complète, que de prouver que ce cercle a même corde commune avec les proposés (C) et (C').

Pour obtenir l'équation de la corde qui lui est commune avec le cercle (C), dont l'équation est $y^2 + x^2 = r^2$, il n'y a qu'à multiplier cette dernière équation par $(R^2 - a^2)^2$ et en retrancher l'équation (6), ce qui donne immédiatement

$$2ax[(R^2 - a^2)^2 - 4R^2r^2]$$
$$= r^2(R^2 - a^2) - R^2[(R^2 - a^2) - 2r^2]^2 + a^2(R^2 - a^2)^2$$
$$= (r^2 - R^2)(R^2 - a^2)^2 - 4R^2r^4 + 4R^2r^2(R^2 - a^2) + a^2(R^2 - a^2)^2,$$

ou, en simplifiant et rassemblant les facteurs de $r^2 - R^2$,

$$2ax[(R^2 - a^2)^2 - 4R^2r^2]$$
$$= (r^2 - R^2)[(R^2 - a^2)^2 - 4R^2r^2] + a^2[(R^2 - a^2)^2 - 4R^2r^2];$$

divisant enfin par le facteur commun constant

$$(R^2 - a^2)^2 - 4R^2r^2,$$

on obtient l'équation très-simple

$$2ax = r^2 - R^2 + a^2.$$

Cette équation est la même que celle de la corde commune aux cercles (C) et (C'). Car, en retranchant l'équation $y^2 + (x - a)^2 = R^2$ du cercle (C') de l'équation $x^2 + y^2 = r^2$ du cercle (C), on obtiendra précisément pour cette dernière corde,

$$2\,ax - a^2 = r^2 - R^2,$$

équation identique à celle ci-dessus.

Corollaires et remarques relatives à des cas spéciaux.

Le cercle enveloppé par la corde mobile $x''\,x_1$ (*fig.* 136) peut dégénérer dans certains cas, en une ligne droite ou un point.

Cas où l'enveloppe dégénère en une droite. — La première de ces circonstances aura lieu évidemment quand la circonférence (C') passera par le centre du cercle (C). Il est aisé en effet de voir qu'alors (*fig.* 137) la corde LM commune aux cercles donnés (C) et (C') est l'une des cordes $x''\,x_2$, qui doivent toucher le cercle enveloppe (C'') indiqué sur la *fig.* 136.

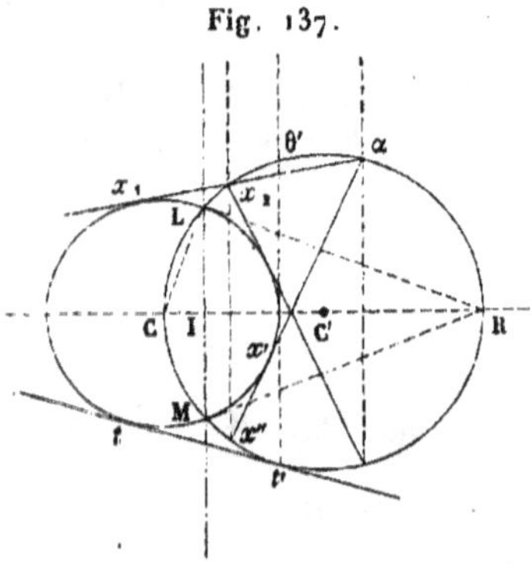

Fig. 137.

Or nous avons prouvé que ce dernier cercle ayant même corde commune avec (C) et (C'), passe par leurs intersections L et M ; donc aussi le cercle enveloppe (C'') doit avoir les points I, L et M en commun avec la corde LM, et par conséquent, il doit se confondre tout entier avec elle.

Il suit de là que, dans les mêmes circonstances, si d'un point α du cercle (C'), on mène au cercle (C) deux tangentes

$\alpha x'$ et αx_1, lesquelles viendront couper le cercle (C') aux points respectifs x'' et x_2, qu'on joigne ensuite ces deux points par la ligne droite $x'' x_2$, cette corde sera, dans toutes ses positions, parallèle à **LM**.

On peut aussi conclure de ce qui précède, que si l'on trace la tangente tt' commune aux cercles (C) et (C'), et que, du point de contact t' sur (C'), on mène au cercle (C) une autre tangente $t'\theta'$, elle sera parallèle à la même droite ou corde commune **LM**.

Toutes ces circonstances sont fidèlement retracées par l'analyse algébrique.

En effet, on a, dans le cas particulier où le cercle (C') passe par le centre C,

$$a = \pm R, \quad \text{d'où} \quad R^2 - a^2 = 0 ;$$

faisant cette hypothèse dans l'équation (6) du cercle (C''), elle devient

$$2\,ax = r^2 ;$$

ce qui est l'équation même de la corde commune aux cercles (C) et (C'); comme on peut s'en assurer directement en écrivant $R^2 - a^2 = 0$ dans l'équation

$$2\,ax = r^2 - R^2 + a^2,$$

trouvée ci-dessus pour cette corde. En faisant la même substitution dans l'équation générale de la corde $x'' x_2$ d'abord obtenue, elle devient

$$\alpha x = r^2 ;$$

ce qui est l'équation d'une droite variable de position avec α, et perpendiculaire à l'axe CR des x, mais toujours parallèle à la corde LM, commune aux cercles (C) et (C') $(*)$.

$(*)$ Toute cette partie du manuscrit, d'un extrême laconisme, aurait besoin d'explication, de commentaire même, à cause du paradoxe qui consiste à regarder, conformément aux résultats de l'analyse, la corde LM commune aux deux cercles proposés, comme la véritable enveloppe des cordes gé-

Cas où l'enveloppe dégénère en un point. — Soient (C) et (C') (*fig.* 138) deux cercles tels que les tangentes ax' et ax'_1 menées à (C) par l'extrémité a du diamètre aa' de (C'), coupent ce dernier cercle aux points x'' et x_2, les mêmes que ceux où les tangentes menées au cercle (C) de l'autre extrémité a' de ce diamètre, rencontreraient (C'), je dis que les cercles (C) et (C') jouissent de la propriété suivante :

Fig. 138.

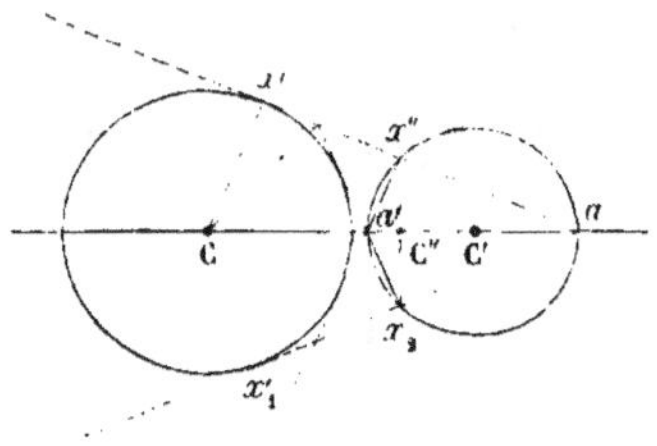

« Si, d'un point quelconque de la circonférence (C'), on
» mène au cercle (C) deux tangentes et que par les points où
» elles rencontrent le cercle (C'), on trace la corde corres-
» pondante, cette dernière passera dans toutes ses positions
» par un même point C'', situé à la rencontre du diamètre aa'
» et de la corde $x''x_2$. »

Il est visible, en effet, que, dans le cas général, le cercle (C'') a pour limites, d'une part la corde $x''x_2$ qui correspond à l'extrémité a du diamètre de (C'), et de l'autre, une corde pareille correspondant à l'extrémité a'.

Donc, puisque, dans le cas actuel, ces deux cordes se confondent, le cercle (C'') se réduit effectivement à un point unique situé à la rencontre de cette double corde $x''x_2$ et du diamètre aa' confondu en direction avec la ligne des centres CC'.

---

nératrices, alors devenues parallèles, c'est-à-dire convergentes à l'infini. Il y a là évidemment quelque chose d'analogue aux faits ou remarques dont on s'est occupé dans les Notes des p. 165, 224, 252, ainsi que dans différents passages du texte; mais je ne crois pas nécessaire d'insister ici sur des particularités qui, dans la théorie de l'élimination, tiennent aux *solutions singulières*.

On voit, d'après la *fig.* 138, comment, étant donnés le cercle (C′) et le point (C″), on peut en conclure le cercle (C).

Il serait facile de tirer les mêmes conséquences de l'analyse ; mais comme cela entraînerait dans des longueurs, nous ne nous en occuperons pas.

Cas de plusieurs angles à sommet commun, inscrits à un même cercle et circonscrits à d'autres.

Données et équations.— C, C′, C″ (*fig.* 139), sont les centres en ligne droite, de trois cercles ayant même corde commune, réelle ou imaginaire. D'un point z du cercle (C), pris d'une manière arbitraire, soient menées aux deux autres cercles (C′) et (C″), quatre tangentes $zx′$, zx_1, $\alpha_1 x′$ et $\alpha_1 x_1$ lesquelles rencontreront respectivement le premier cercle (C) aux points $x″$, x_2, $_1x″$ et $_1x_2$; je dis que l'enveloppe de l'espace parcouru par les cordes $x″x_2$ et $_1x″\,_1x_2$ sera une circonférence de cercle unique qui aura même corde commune avec les trois cercles proposés, et pareillement, que l'enveloppe de l'espace décrit par les deux cordes $x″\,_1x_2$ et $x_2\,_1x″$ sera aussi une circonférence de cercle unique, distincte de la première et ayant même corde commune avec les cercles donnés (C), (C′) et (C″).

Soit R le rayon du cercle (C), r le rayon du cercle (C′) et $r′$ celui du cercle (C″). Supposons que l'origine des coordonnées

Fig. 139.

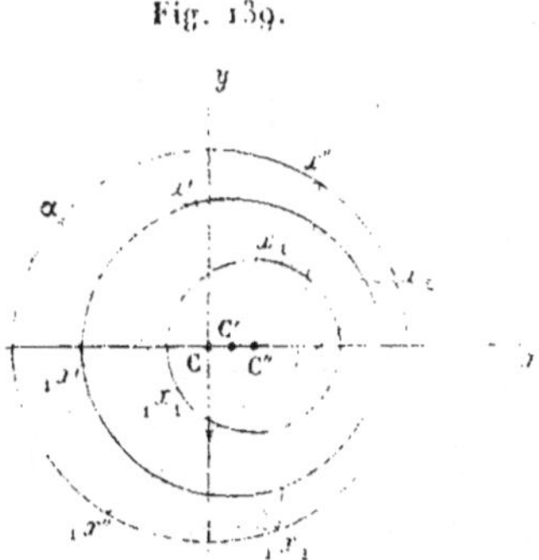

soit placée au centre du cercle (C), et que l'axe des x ait pour direction celle des trois centres C, C′ et C″ ; les équations des cercles (C), (C') et (C'') seront respectivement de la forme

$$(c)\ x^2+y^2=R^2,\quad (c')\ y^2+(x-a)^2=r^2,\quad (c'')\ y^2+(x-a')^2=r'^2.$$

Le point mobile α restant constamment sur la circonférence de (C), il en résulte l'équation de condition

$$(a)\qquad\qquad\qquad \alpha^2+\beta^2=R^2.$$

L'équation générale d'une tangente au cercle (C'), menée par l'un quelconque x' des points de sa circonférence, étant de la forme

$$(1)\qquad\qquad yy'+(x-a)(x'-a)=r^2,$$

et cette tangente devant, par hypothèse, passer par le point α, on aura aussi la relation suivante entre α et β :

$$(2)\qquad\qquad \beta y'+(\alpha-a)(x'-a)=r^2.$$

Pour obtenir les coordonnées x' et y' du point de contact x', il faut éliminer successivement chacune de ces quantités entre les équations de condition

$$\beta y'+(\alpha-a)(x'-a)=r^2,\quad y'^2+(x'-a)^2=r^2,$$

dont la première exprime que la tangente $\alpha x'$ passe par le point α, et l'autre que cette tangente appartient au cercle (C'). On tirera de là, sans aucune difficulté,

$$x'-a=\frac{r^2(\alpha-a)\pm\beta r\sqrt{(\alpha-a)^2+\beta^2-r^2}}{\beta^2+(\alpha-a)^2},$$

$$y'=\frac{r^2\beta\mp(\alpha-a)r\sqrt{\beta^2+(\alpha-a)^2-r^2}}{\beta^2+(\alpha-a)^2}.$$

Équations des cordes tangentes. — Ce sont ces expressions qu'il faut substituer dans l'équation de la tangente $\alpha x'$; pour cela, il suffira de retrancher l'équation de condition (2) de l'équation générale (1) d'une tangente au cercle (C') ; ce qui donnera immédiatement

$$y'(y-\beta)+(x'-a)(x-\alpha)=0,\quad \text{ou}\quad x-\alpha=-\frac{y'}{x'-a}(y-\beta).$$

En y substituant pour y' et $x' - a$ les valeurs trouvées ci-dessus, on aura donc pour l'équation de la tangente $\alpha x'$ ou de sa conjuguée $\alpha \,_{|}x'$,

$$(\alpha x' \text{ et } \alpha \,_{|}x'), \quad x - \alpha = -\frac{r\beta \mp (\alpha - a)\sqrt{\beta^2 + (\alpha - a)^2 - r^2}}{r(\alpha - a) \pm \beta\sqrt{\beta^2 + (\alpha - a)^2 - r^2}}(y - \beta) = -k(y - \beta).$$

En changeant r en r', a en a' dans cette équation, on aura celle de αx ou $\alpha \,_{|}x_{|}$, qui sera par conséquent

$$(\alpha x_{|} \text{ et } \alpha \,_{|}x_{|}), \quad x - \alpha = -\frac{r'\beta \mp (\alpha - a')\sqrt{\beta^2 + (\alpha - a')^2 - r'^2}}{r'(\alpha - a') \pm \beta\sqrt{\beta^2 + (\alpha - a')^2 - r'^2}}(y - \beta) = -k'(y - \beta).$$

Dans ces deux équations les signes du radical se correspondent au numérateur et au dénominateur: ainsi chacune d'elles représente deux tangentes passant par le point α. Les signes supérieurs appartiennent aux tangentes $\alpha x'$ et $\alpha x_{|}$ et les signes inférieurs aux tangentes $\alpha x'_{|}$ et $\alpha \,_{|}x_{|}$.

Considérant d'abord les deux tangentes $\alpha x'$ et $\alpha x_{|}$, on aura

$$k = \frac{r\beta - (\alpha - a)\sqrt{\beta^2 + (\alpha - a)^2 - r^2}}{r(\alpha - a) + \beta\sqrt{\beta^2 + (\alpha - a)^2 - r^2}},$$

$$k' = \frac{r'\beta - (\alpha - a')\sqrt{\beta^2 + (\alpha - a')^2 - r'^2}}{r'(\alpha - a') + \beta\sqrt{\beta^2 + (\alpha - a')^2 - r'^2}}.$$

On peut remarquer avant d'aller plus loin, qu'en changeant à la fois les deux radicaux de signes, on obtiendra les valeurs de k et k' relatives aux deux tangentes $\alpha \,_{|}x'$ et $\alpha \,_{|}x_{|}$. Pareillement en changeant dans k' le signe de r', les valeurs de k et k' qui s'ensuivront, correspondront aux deux tangentes $\alpha x'$ et $\alpha \,_{|}x_{|}$. Enfin quand on changera à la fois les signes de deux radicaux de k et k' et celui de r', les valeurs de k et k' qui en résulteront correspondront aux deux tangentes $\alpha x_{|}$ et $\alpha \,_{|}x'$. Il suit de là que, quand on aura obtenu l'équation de la corde $x''x_2$ qui répond aux tangentes $\alpha x'$ et $\alpha x_{|}$, on pourra, par de simples changements de signes, obtenir celles des cordes $x''\,_{|}x_2$, $\,_{|}x''\,_{|}x_2$, etc.

Revenons maintenant aux équations indéfinies des deux tangentes $\alpha x'$ et $\alpha x_{|}$ que nous avons vues être de la forme suivante :

$$(\alpha x') \qquad x - \alpha = - \frac{r\beta - (\alpha - a)\sqrt{\beta^2 + (\alpha - a)^2 - r^2}}{r(\alpha - a) + \beta\sqrt{\beta^2 + (\alpha - a)^2 - r^2}}(y - \beta)$$
$$= - h\,(y - \beta),$$

$$(\alpha x_1) \qquad x - \alpha = - \frac{r'\beta - (\alpha - a')\sqrt{\beta^2 + (\alpha - a')^2 - r'^2}}{r'(\alpha - a') + \beta\sqrt{\beta^2 + (\alpha - a')^2 - r^2}}(y - \beta)$$
$$= - h'\,(y - \beta).$$

Pour avoir les coordonnées x'' et y'' du point où la première $\alpha x'$ de ces tangentes rencontre le cercle (C), il faut combiner entre elles les trois équations

$$x''^2 + y''^2 = R^2, \quad \alpha^2 + \beta^2 = R^2, \quad x'' - \alpha = - h\,(y'' - \beta),$$

et l'on obtiendra

$$y'' = \beta + \frac{2h\alpha - 2\beta}{1 + h^2} = \frac{\beta h^2 - \beta + 2h\alpha}{1 + h^2},$$
$$x'' = \alpha - \frac{h(2h\alpha - 2\beta)}{1 + h^2} = \frac{\alpha - h^2\alpha + 2h\beta}{1 + h^2}.$$

En changeant ensuite h en h' dans ces expressions, elles donneront les valeurs des coordonnées x_2 et y_2 relatives à la deuxième tangente αx_1, qui seront ainsi

$$y_2 = \beta + \frac{2h'\alpha - 2\beta}{1 + h'^2} = \frac{\beta h'^2 - \beta + 2h'\alpha}{1 + h'^2},$$
$$x_2 = \alpha - \frac{h'(2h'\alpha - 2\beta)}{1 + h'^2} = \frac{\alpha - h'^2\alpha + 2h'\beta}{1 + h'^2}.$$

Recherche de l'équation de la corde génératrice de l'enveloppe. — L'équation générale de cette corde $x''x_2$ étant de la forme

$$(3) \qquad y = \frac{y'' - y_2}{x'' - x_2}\,x + \frac{x''y_2 - y''x_2}{x'' - x_2},$$

il s'agit d'y substituer les valeurs de x'', y'', etc., trouvées ci-dessus, ce qui consiste à calculer celles de $y'' - y_2$, de $x'' - x_2$ et de $x''y_2 - y''x_2$.

Commençant d'abord par calculer $y'' - y_2$, on aura

$$y'' - y_2 = 2\left[\frac{k\alpha - \beta}{1+k^2} - \frac{k'\alpha - \beta}{1+k'^2}\right] = 2\left[\frac{\alpha(k-k') + kk'\alpha(k'-k) + \beta(k^2-k'^2)}{(1+k^2)(1+k'^2)}\right] = 2(k-k')\frac{[\alpha - kk'\alpha + \beta(k+k')]}{(1+k^2)(1+k'^2)}.$$

On trouvera de même

$$x'' - x_2 = 2\left[\frac{k'(k'\alpha - \beta)}{1+k'^2} - \frac{k(k\alpha - \beta)}{1+k^2}\right] = 2\left[\frac{(k'^2-k^2)\alpha + (k-k')\beta - kk'\beta(k-k')}{(1+k^2)(1+k'^2)}\right] = 2(k-k')\frac{[\beta - kk'\beta - \alpha(k+k')]}{(1+k^2)(1+k'^2)}.$$

On obtiendra ensuite, d'une part,

$$y''x_2 = \frac{(\alpha - k^2\alpha + 2k\beta)(\beta k'^2 - \beta + 2k'\alpha)}{(1+k^2)(1+k'^2)} = \frac{\alpha\beta k'^2 - \alpha\beta + 2k'\alpha^2 - \alpha\beta k^2 k'^2 + \alpha\beta k^2 - 2k'k^2\alpha^2 + 2kk'^2\beta^2 - 2k\beta^2 + 4kk'\alpha\beta}{(1+k^2)(1+k'^2)};$$

d'une autre,

$$x''y_2 = \frac{(\alpha - k'^2\alpha + 2k'\beta)(\beta k^2 - \beta + 2k\alpha)}{(1+k^2)(1+k'^2)} = \frac{\alpha\beta k^2 - \alpha\beta + 2k\alpha^2 - \alpha\beta k^2 k'^2 + \alpha\beta k'^2 - 2kk'^2\alpha^2 + 2k'k^2\beta^2 - 2k'\beta^2 + 4kk'\alpha\beta}{(1+k^2)(1+k'^2)};$$

ce qui donne, par soustraction,

$$x''y_2 - y''x_2 = -\frac{2\alpha^2(k-k') + 2kk'\alpha^2(k-k') + 2kk'\beta^2(k-k') + 2\beta^2(k-k')}{(1+k^2)(1+k'^2)} = -\frac{2(k-k')(1+kk')(\alpha^2+\beta^2)}{(1+k^2)(1+k'^2)}.$$

On conclura enfin de ces diverses expressions, les valeurs suivantes réduites à la forme la plus simple :

$$\frac{y'' - y_2}{x'' - x_2} = \frac{\alpha(1 - kk') + \beta(k + k')}{\beta(1 - kk') - \alpha(k + k')}; \qquad \frac{x''y_2 - y''x_2}{x'' - x_2} = \frac{-(1 + kk')(\alpha^2 + \beta^2)}{\beta(1 - kk') - \alpha(k + k')}.$$

Je remarque en passant, que l'on aurait pu obtenir ces valeurs directement au moyen des expressions semblables déjà calculées dans le n° III, ci-dessus; il eût suffi, pour cela, de faire dans ces expressions, $a = 0$ et $L = k'$.

Calcul des éléments qui entrent dans l'équation de la corde génératrice. — Il s'agit de substituer explicitement dans ces diverses expressions les valeurs ci-dessus des fractions k et k', en fonction de α et β. Mais auparavant, nous donnerons au radical qui entre dans k' une autre forme, en nous servant pour cela, de la condition que les trois cercles (C), (C') et (C'') sont supposés remplir, à savoir : qu'ils ont une *même sécante ou corde commune.*

La corde commune aux cercles (C) et (C') a pour équation

$$x = \frac{R^2 + a^2 - r^2}{2a} :$$

celle de la corde commune aux cercles (C) et (C'') étant

$$x = \frac{R^2 + a'^2 - r'^2}{2a'},$$

et ces deux cordes devant se confondre, il faut qu'on ait

$$(b) \qquad \frac{R^2 + a^2 - r^2}{a} = \frac{R^2 + a'^2 - r'^2}{a'}.$$

D'ailleurs, le radical $\sqrt{\beta^2 + (\alpha - a')^2 - r'^2}$ qui entre dans k' se réduisant à $\sqrt{R^2 + a'^2 - r'^2 - 2a'\alpha}$, quand on y fait ou suppose $\alpha^2 + \beta^2 = R^2$, et l'équation de condition (b) donnant

$$R^2 + a'^2 - r'^2 = \frac{a'}{a}(R^2 + a^2 - r^2),$$

on aura

$$\sqrt{\beta^2 + (\alpha - a')^2 - r'^2} = \sqrt{R^2 + a'^2 - r'^2 - 2a'\alpha}$$

$$= \sqrt{\frac{a'}{a}(R^2 + a^2 - r^2) - 2a'\alpha} = \sqrt{\frac{a'}{a}}\sqrt{R^2 + a^2 - r^2 - 2a\alpha}.$$

Pareillement, si l'on simplifie le radical de k $\sqrt{\beta^2 + (\alpha - a)^2 - r^2}$, au moyen de l'équation de condition $\alpha^2 + \beta^2 = R^2$, ce qui donne

$$\sqrt{\beta^2 + (z - a)^2 - r^2} = \sqrt{R^2 + a^2 - r^2 - 2az},$$

il viendra, en mettant ces deux nouveaux radicaux à la place des premiers dans les valeurs ci-dessus de k et k',

$$k = \frac{r\beta - (z - a)\sqrt{R^2 + a^2 - r^2 - 2az}}{r(z - a) + \beta\sqrt{R^2 + a^2 - r^2 - 2az}},$$

$$k' = \frac{r'\beta - (z - a')\sqrt{\dfrac{a'}{a}}\sqrt{R^2 + a^2 - r^2 - 2az}}{r'(z - a') + \beta\sqrt{\dfrac{a'}{a}}\sqrt{R^2 + a^2 - r^2 - 2az}},$$

ou, ce qui est plus simple et revient absolument au même,

$$k = \frac{r\beta - (z - a)\psi}{r(z - a) + \beta\psi}, \qquad k' = \frac{r'\beta - (z - a')\sqrt{\dfrac{a'}{a}}\psi}{r'(z - a') + \beta\sqrt{\dfrac{a'}{a}}\psi},$$

en posant, pour abréger l'écriture,

$$\sqrt{R^2 + a^2 - r^2 - 2az} = \psi.$$

(*Voy. la suite au tableau ci-après*, p. 330.)

Remarque sur le rôle des fonctions radicales. — D'après les observations déjà faites plus haut, en changeant le signe du radical ψ dans l'équation (4), on aura celle de la corde inférieure $x''_1 x_2$; en y changeant de même le signe du rayon r', on aura celle de la corde $x''_1 x_2$, et enfin en y changeant à la fois le signe du radical ψ et du rayon r', on obtiendra l'équation de la corde $_1x'' x_2$. Nous continuerons à nous occuper de la corde $x'' x_2$; mais avant de poursuivre le calcul, il est nécessaire de faire sur la forme de l'équation (4) quelques observations qui nous faciliteront les moyens de parvenir à l'équation finale de la courbe enveloppe.

Je remarque d'abord qu'une fonction quelconque de α de la forme $T\sqrt{X} + Y\sqrt{Z}$ ou $-T\sqrt{X} + Y\sqrt{Z}$, (X, T, Y et Z étant

elles-mêmes des fonctions rationnelles de α), renferme toujours un ou plusieurs facteurs en α dont on peut déterminer
l'expression particulière dans bien des cas, et dont, tout au
moins, on peut prouver l'existence en général.

En effet, si l'on représente cette expression par l'inconnue
φ, ou qu'on pose

$$\pm \, T\sqrt{\overline{X}} + Y\sqrt{\overline{Z}} = \varphi, \quad \text{d'où} \quad \varphi - Y\sqrt{\overline{Z}} = \pm \, T\sqrt{\overline{X}},$$

on aura, en élevant au carré,

$$\varphi^2 - 2\varphi \, Y\sqrt{\overline{Z}} = T^2 X - Y^2 Z,$$

et l'on voit par cette équation du deuxième degré en φ, que
toute valeur de α qui rendra nul son second membre, rendra
en même temps nulle l'une de ses deux racines; car cette
équation deviendrait alors

$$\varphi^2 - 2\varphi \, Y\sqrt{\overline{Z}} = 0, \quad \text{d'où} \quad \varphi = 0 \text{ et } \varphi = 2Y\sqrt{\overline{Z}}.$$

Or, cette même équation ayant évidemment pour racines les
deux fonctions d'abord considérées, on doit en conclure que
l'une ou l'autre de ces expressions

$$T\sqrt{\overline{X}} + Y\sqrt{\overline{Z}}, \qquad -T\sqrt{\overline{X}} + Y\sqrt{\overline{Z}},$$

peut en effet, toujours être satisfaite par une certaine valeur
de α déterminée par l'équation de condition

$$T^2 X - Y^2 Z = 0;$$

et qu'ainsi l'une ou l'autre de ces expressions est le produit
de deux ou de plusieurs facteurs fonctions de α; ce nombre
croissant évidemment avec le degré des fonctions rationnelles
X, Y, Z et T.

Il ne faut pas cependant en induire que cette même expression de φ pourra se décomposer explicitement en ses deux ou
multiples facteurs : il ne sera souvent possible de le faire
qu'au moyen du développement explicite des fonctions qui y
entrent.

Application de ces remarques à la question. — Elles nous

De là on conclut les valeurs suivantes des quantités qui entrent dans l'équation de la rente génératrice de l'enveloppe,

$$[\text{illegible}]$$

Je représente de nouveau, pour abréger, par Δ le dénominateur de cette dernière expression et continuant les substitutions, j'obtiens successivement

$$[\text{illegible}]$$

ou, toutes réductions faites,

$$[\text{illegible}]$$

Substituant, à leur tour, ces valeurs dans les expressions de $\dfrac{y'-z_i}{x'-x_i}$ et $\dfrac{x'y_i-x'_iy}{x'-x_i}$ trouvées ci-dessus, il viendra

$$[\text{illegible}]$$

Rassemblant les quantités affectées de ψ et celles qui le sont de $\sqrt{\tfrac{n}{a}}\psi - rr'$, il viendra plus simplement

$$[\text{illegible}]$$

se rappelant que $x'+y' = R'$. Δ viendra finalement

$$[\text{illegible}]$$

On trouvera de même, en ayant égard à l'équation $x'-y' = R'$,

$$[\text{illegible}]$$

Donc enfin l'équation (3) de la rente génératrice a r, sera, toutes substitutions et réductions faites,

$$(4)\qquad [\text{illegible}]$$

Telle est l'équation de l'une des quatre rentes inférieures dont les enveloppes sont à trouver.

conduisent naturellement à rechercher si le numérateur et le dénominateur de la fraction

$$k = \frac{r\beta - (\alpha - a)\sqrt{R^2 + a^2 - r^2 - 2\,a\alpha}}{r(\alpha - a) + \beta\sqrt{R^2 + a^2 - r^2 - 2\,a\alpha}},$$

ou

$$k = \frac{r\sqrt{R^2 - \alpha^2} - (\alpha - a)\sqrt{R^2 + a^2 - r^2 - 2\,a\alpha}}{r(\alpha - a) + \sqrt{(R^2 - \alpha^2)(R^2 + a^2 - r^2 - 2\,a\alpha)}},$$

obtenue d'abord, n'auraient pas un facteur commun, puisque l'un et l'autre sont compris dans la forme générale

$$Y\sqrt{Z} \pm T\sqrt{X}.$$

Considérons en premier lieu le numérateur. En l'assimilant à l'expression $Y\sqrt{Z} - T\sqrt{X}$, on aura

$$Y = r, \quad T = \alpha - a, \quad Z = R^2 - \alpha^2, \quad X = R^2 + a^2 - r^2 - 2\,a\alpha,$$

et l'équation de condition $T^2 X - Y^2 Z = 0$ deviendra

$$(\alpha - a)^2(R^2 + a^2 - r^2 - 2\,a\alpha) - r^2(R^2 - \alpha^2) = 0,$$

ou $\quad (R^2 + a^2 - 2\,a\alpha)(\alpha - a)^2 - r^2\left[(\alpha - a)^2 + R^2 - \alpha^2\right] = 0,$

ou encore

$$(R^2 + a^2 - 2\,a\alpha)\left[(\alpha - a)^2 - r^2\right] = 0.$$

Cette équation étant du troisième degré, elle donnera naturellement trois valeurs de α, qui rendront nulle l'une ou l'autre des expressions

$$r\sqrt{R^2 - \alpha^2} \mp (\alpha - a)\sqrt{R^2 + a^2 - r^2 - 2\,a\alpha}.$$

En essayant la valeur fournie par l'équation

$$R^2 + a^2 - 2\,a\alpha = 0,$$

qui représente l'une des trois racines en question, on trouve qu'elle annule en effet, la fonction où le second radical est affecté du signe —, c'est-à-dire le numérateur de k.

En agissant de même à l'égard du dénominateur de cette

fraction, on trouve que la même quantité $R^2 + a^2 - 2a\alpha$ est facteur de l'équation de condition

$$T^2 X - Y^2 Z = 0,$$

et, en essayant la valeur de α qui en résulte, le dénominateur de k devient nul à son tour.

Donc le numérateur et le dénominateur de k ont un facteur commun qui, égalé à zéro, donne

$$\alpha = \frac{R^2 + a^2}{2a}.$$

Il est évident que, par la même raison, le numérateur et le dénominateur de l'autre fraction k ont un second facteur commun, lequel égalé à zéro donnera

$$\alpha = \frac{R^2 + a'^2}{2a'}.$$

En examinant la forme des expressions de $\dfrac{y'' - y_2}{x'' - x_2}$ etc., en k et k', on voit de suite que l'un et l'autre de ces facteurs devront y exister. Donc l'équation (3) de la corde $x'' x_2$ contiendra, du moins implicitement, ces mêmes facteurs, et l'on peut s'assurer en effet que cette équation est satisfaite quand on y fait

$$\alpha = \frac{R^2 + a^2}{2a} \quad \text{ou} \quad \alpha = \frac{R^2 + a'^2}{2a'}.$$

Je dis de plus, que les facteurs qui répondent à ces valeurs ne peuvent être que de la forme

$$R^2 + a^2 - 2a\alpha \quad \text{et} \quad R^2 + a'^2 - 2a'\alpha.$$

En effet, remontons au numérateur ci-dessus de k en α, qui renferme le facteur correspondant à la valeur $\alpha = \dfrac{R^2 + a^2}{2a}$, c'est-à-dire à la fonction

$$r \sqrt{R^2 - \alpha^2} - (\alpha - a) \sqrt{R^2 + a^2 - r^2 - 2a\alpha}.$$

D'après ce que nous avons fait voir plus haut, la valeur de α

qui annule cette expression et peut être regardée comme l'une des racines de l'équation

$$\varphi^2 - 2\varphi\, Y\sqrt{Z} = T^2 X - Y^2 Z,$$

ne saurait annuler simultanément l'expression

$$r\sqrt{R^2 - \alpha^2} + (\alpha - a)\sqrt{R^2 + a^2 - r^2 - 2a\alpha},$$

seconde racine de cette même équation, à moins qu'il n'en arrive autant de la quantité Y ou $\sqrt{Z}$. Or cela n'a pas lieu dans le cas présent.

Donc, si l'on multiplie entre elles ces deux expressions, ou racines de l'équation ci-dessus, le produit devra renfermer le facteur dont il s'agit sans nulle altération. Mais ce produit est évidemment égal à $Y^2 Z - T^2 X$, fonction, comme nous l'avons trouvé, qui a pour facteur $R^2 + a^2 - 2a\alpha$; donc aussi le numérateur et le dénominateur de la fraction k renferment le facteur $R^2 + a^2 - 2a\alpha$, et, par conséquent, l'équation (4) elle-même contient ce facteur.

Par une raison semblable, cette équation renferme le facteur $R^2 + a'^2 - 2a'\alpha$, ou au moins son équivalent; je dis son *équivalent*, car, ainsi que nous l'avons vu, la forme explicite de la fraction k' a été changée dans le cours du calcul, au moyen de l'équation de condition

$$\frac{R^2 + a^2 - r^2}{a} = \frac{R^2 + a'^2 - r'^2}{a'}.$$

Complication nécessaire du résultat final des éliminations; moyen d'y échapper. — D'après ces remarques il n'est pas surprenant que l'équation (4) soit du deuxième degré entre les inconnus α et β. Je puis affirmer même, d'après un examen approfondi, qu'il est impossible, au moins en général, de supprimer d'une manière explicite les deux facteurs variables qui l'embarrassent. Dans des cas particuliers, cela pourrait avoir lieu néanmoins; par exemple, si l'on avait la relation $R^2 - aa' = 0$, etc. Puis donc que l'équation de la corde $x'' x_2$ est compliquée de facteurs inutiles ou singuliers, dont il est impossible de la débarrasser à priori, on ne saurait suivre la même marche que dans la démonstration précédente du n° IV : la différentiation qu'on serait obligé d'exécuter ne ferait en effet, que rendre la complication encore plus grande. La marche indirecte que je vais suivre ne présente aucune difficulté, et n'exigera pas le secours du calcul différentiel.

Pour que la corde $x''x_2$ soit, dans toutes ses positions, tangente à un même cercle dont le centre soit sur l'axe des x, il faut et suffit qu'il existe sur cet axe un point inconnu, mais fixe, tel que la longueur de la perpendiculaire abaissée de ce point sur la corde $x''x_2$, n'importe la position particulière de cette corde, soit une quantité invariable, par conséquent indépendante de l'indéterminée ou abscisse α.

Recherche de la distance d'un point quelconque de la ligne des centres à la corde génératrice de l'enveloppe. — Soit χ l'abscisse d'un tel point,

$$M y = N x + P,$$

l'équation de la corde $x''x_2$, l'équation de la perpendiculaire abaissée de ce point sur $x''x_2$ sera évidemment

$$y = -\frac{M}{N}(x - \chi);$$

d'où l'on tirera pour les coordonnées inconnues du pied de cette perpendiculaire,

$$x - \chi = -\frac{N(P + N\chi)}{M^2 + N^2}, \quad y = -\frac{M}{N}(x - \chi).$$

On aura donc, en appelant δ la perpendiculaire dont il s'agit,

$$\delta^2 = \sqrt{[y^2 + (x - \chi)^2]} = \frac{(x - \chi)^2}{N^2}(M^2 + N^2) = \frac{(P + N\chi)^2}{M^2 + N^2}.$$

Si, pour simplifier l'équation (4), nous faisons

$$R^2 + aa' - (a + a')\varkappa = A, \quad \sqrt{\frac{a'}{a}}\psi^2 - rr' = B,$$

$$\sqrt{\frac{a'}{a}}\psi^2 + rr' = B', \quad \beta(a - a')\left(r' - r\sqrt{\frac{a'}{a}}\right) = C,$$

$$\beta(R^2 - aa') = D, \quad R^2(a + a') - \varkappa(R^2 + aa') = E, \quad r' + r\sqrt{\frac{a'}{a}} = F,$$

elle prendra la forme suivante :

$$y(\mathrm{BD} - \mathrm{EF}\psi) = x(\mathrm{BE} + \mathrm{DF}\psi) - \mathrm{R}^2(\mathrm{AB'} + \mathrm{C}\psi);$$

ce qui donne

$$\mathrm{M} = \mathrm{BD} - \mathrm{EF}\psi, \quad \mathrm{N} = \mathrm{BE} + \mathrm{DF}\psi, \quad \mathrm{P} = -\mathrm{R}^2(\mathrm{AB'} + \mathrm{C}\psi).$$

(Voy. la suite au tableau ci-après, p. 336.)

Donc enfin la valeur de δ^2 deviendra, en y mettant celles de $\mathrm{M}^2 + \mathrm{N}^2$ et de $\mathrm{P} + \mathrm{N}\chi$ que nous venons de trouver

$$\delta^2 = \frac{\mathrm{R}^2\left[r(\mathrm{R}^2 - a'^2) + r'\sqrt{\dfrac{a'}{a}}(\mathrm{R}^2 - a^2)\right]}{\mathrm{R}^2 - aa'^{2}\left(r' + r\sqrt{\dfrac{a'}{a}}\right)^2},$$

et la longueur de la perpendiculaire abaissée du point correspondant à l'abscisse χ sera par conséquent

$$\delta = \frac{\mathrm{P} + \mathrm{N}\chi}{\mathrm{M}^2 + \mathrm{N}^2} = -\frac{\mathrm{R}^2\left[r(\mathrm{R}^2 - a'^2) + r'\sqrt{\dfrac{a'}{a}}(\mathrm{R}^2 - a^2)\right]}{(\mathrm{R}^2 - aa')\left(r' + r\sqrt{\dfrac{a'}{a}}\right)^2}.$$

Équation finale des cercles enveloppes. — Cette distance étant indépendante des variables α et β, nous pouvons en conclure qu'il existe, en effet, sur l'axe des x ou ligne des centres des cercles proposés, un point dont l'abscisse

$$\chi = \frac{\mathrm{R}^2 a - a'\left(r - r'\sqrt{\dfrac{a'}{a}}\right)}{(\mathrm{R}^2 - aa')\left(r' + r\sqrt{\dfrac{a'}{a}}\right)},$$

est telle que la perpendiculaire abaissée de ce point sur la corde variable $x''x_{,,}$ a une longueur constante δ, quelle que soit la position de la corde génératrice.

Donc cette corde, ainsi que nous l'avons annoncé, roule dans toutes ses positions sur une quatrième circonférence de cercle dont l'équation est par conséquent de la forme relativement simple,

$$(5) \quad \begin{cases} y'^2 + \left\{ x - \dfrac{R^2(a-a')\left(r'-r\sqrt{\dfrac{a'}{a}}\right)}{(R^2-aa')\left(r'+r\sqrt{\dfrac{a'}{a}}\right)} \right\}^2 \\[2em] = \dfrac{R^2\left[r(R^2-a'^2) + r'\sqrt{\dfrac{a'}{a}}(R^2-a^2) \right]^2}{(R^2-aa')^2\left(r'+r\sqrt{\dfrac{a'}{a}}\right)^2}. \end{cases}$$

Maintenant si, au lieu de l'équation (4) de la corde $x''x_2$, on eût considéré celle de la corde conjuguée ou inférieure $_1x''_1x_2$, qui se déduit de la première en y changeant le signe du radical ψ ou $\sqrt{R^2+a^2-r^2-2a\alpha}$, il est évident que l'on serait parvenu à la même équation finale du cercle engendré. Car la valeur précédente de χ faisant disparaître ce radical dans l'expression de $P+N\chi$, la valeur de δ en est parfaitement indépendante, et par conséquent elle reste la même quel que soit son signe. Donc les cercles engendrés par la corde $x''x_2$ et sa conjuguée $_1x''_1x_2$ ayant même centre et même rayon, ces deux cordes engendrent la même circonférence de cercle, ainsi que nous l'avions d'abord annoncé.

En second lieu, les équations des cordes $_1x''x_2$ et x''_1x_2 ne différant, ainsi que j'en ai fait la remarque, de celles des deux cordes $x''x_2$ et $_1x''_1x_2$, qu'en ce que le rayon r' y a simplement un signe contraire, il est évident que l'équation finale à laquelle nous fussions parvenu pour ces derniers cas, eût été la même encore que l'équation (5), sauf le signe de r'. Donc, ainsi qu'il a été énoncé encore, les deux cordes $_1x''x_2$ et x''_1x_2 engendrent dans leurs mouvements, une même circonférence de cercle distincte de la première et dont l'équation

$$(6) \quad y'^2 + \left\{ x - \dfrac{R^2(a-a')\left(r'+r\sqrt{\dfrac{a'}{a}}\right)}{(R^2-aa')\left(r'-r\sqrt{\dfrac{a'}{a}}\right)} \right\}^2 = \dfrac{R^2\left[r(R^2-a'^2) - r'\sqrt{\dfrac{a'}{a}}(R^2-a^2) \right]^2}{(R^2-aa')^2\left(r'-r\sqrt{\dfrac{a'}{a}}\right)^2}$$

ne diffère de la précédente (5) que par de simples changements de signes en r et r'.

Il s'agit maintenant de substituer ces valeurs dans l'expression du d^2. En commençant par le dénominateur $M' + N'$, on aura

$$[\text{illegible}]$$

D'ailleurs, selon les remarques faites plus haut, l'équation (4) de la courbe $x^2 z$, renferme les facteurs $R^2 + a^2 = \dots$, $R^2 + a'^2 = \dots$, et par conséquent les coefficients M et N contiennent séparément le produit $(R^2 + a^2 = \dots)(R^2 + a'^2 = \dots)$ de ces mêmes facteurs. Dans le dénominateur $M' + N'$ de d^2 doit aussi avoir pour facteur le carré de ce produit. On s'est ... on peut se convaincre en mettant pour P, P^2, etc., leurs valeurs ...

On a d'abord

$$[\text{illegible}]$$

ce qui revient au même,

$$[\text{illegible}]$$

On obtiendra pareillement

$$[\text{illegible}]$$

ce qui revient au même ...

$$[\text{illegible}]$$

Or, nous avons vu plus haut que

$$[\text{illegible}]$$

Donc

$$[\text{illegible}]$$

et par conséquent, en outre, d'après ces expressions réduites à une forme très-simple,

$$[\text{illegible}]$$

substituant pareillement les valeurs de P et de N dans le numérateur de d^2, il viendra

$$[\text{illegible}]$$

Si l'on élève cette quantité au carré, elle renfermera encore le radical ψ ou $\sqrt{R^2 \dots}$, car il est bien évident que la quantité

$$[\text{illegible}]$$

ne pourra se réduire à une ... tant que le radical dont il s'agit existera dans son numérateur, puisque son dénominateur en est tout à fait indépendant; il faut donc déterminer l'inconnue χ de manière à faire disparaître ce même radical ψ dans l'expression de $P + N\chi$; ce qui revient, pour déterminer χ, l'équation de condition ... , en substituant pour ... leurs valeurs, et divisant par b,

$$[\text{illegible}]$$

Dès lors $P + N\chi$ devient

$$[\text{illegible}]$$

Mettant dans cette expression ... χ se réduire aisément, et remplaçant les facteurs de ... par ... elle prend la forme

$$[\text{illegible}]$$

és, ce qui revient absolument au même,

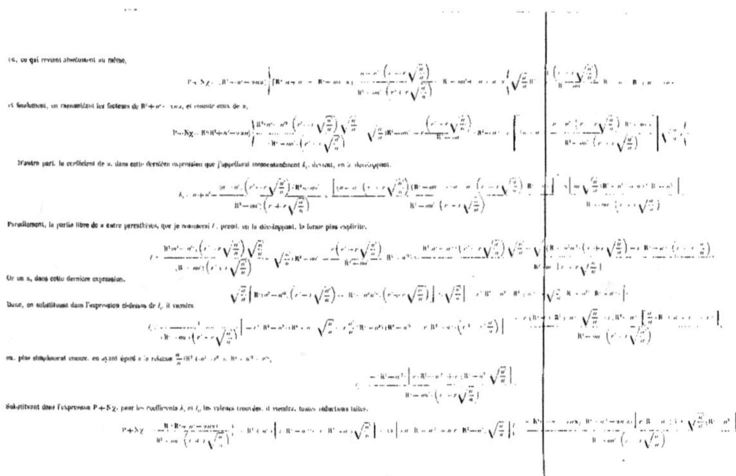

et finalement, en rassemblant les facteurs de $R^2 + a'^2 - \ldots$, et réunir ceux de x,

D'autre part, le coefficient de x, dans cette dernière expression que j'appellerai momentanément k_1, devient, en le développant,

Pareillement, la partie libre de x entre parenthèses, que je nommerai l, prend, en le développant, la forme plus explicite.

Or on a, dans cette dernière expression,

Donc, en substituant dans l'expression ci-dessus de l, il viendra

ou, plus simplement encore, en ayant égard à la relation $\frac{a}{n}(R^2 + a^2) \ldots = R' \ldots a^2 \ldots r^2$,

Substituant dans l'expression $P + N\chi$, pour les coefficients k, et l, les valeurs trouvées, il viendra, toutes réductions faites.

Relation de position des cercles enveloppes à l'égard des proposés. — Reste maintenant à prouver que les cercles dont on vient de trouver les équations, ont tous deux même corde commune avec les proposés (C), (C') et (C'').

Considérons, par exemple, le cercle qui est représenté par l'équation (5); l'équation de la corde qui lui est commune avec le cercle (C), s'obtiendra en retranchant (5) de l'équation $x^2 + y^2 = R^2$ de ce cercle, ce qui donne ainsi pour l'équation réduite de cette corde commune

$$x = \frac{(R^2 - aa')^2 \left(r' + r\sqrt{\frac{a'}{a}}\right)^2 - \left[r(R^2 - a'^2) + r'\sqrt{\frac{a'}{a}}(R^2 - a^2)\right]^2 + R^2(a - a')^2 \left(r' - r\sqrt{\frac{a'}{a}}\right)^2}{2(a - a')(R^2 - aa')\left(r' + r\sqrt{\frac{a'}{a}}\right)\left(r' - r\sqrt{\frac{a'}{a}}\right)}.$$

Or on a, par de nouvelles réductions,

$$(R^2 - aa')^2 \left(r' + r\sqrt{\frac{a'}{a}}\right)^2 - \left[r(R^2 - a'^2) + r'\sqrt{\frac{a'}{a}}(R^2 - a^2)\right]^2$$

$$= r'^2 \left[(R^2 - aa')^2 - \frac{a'}{a}(R^2 - a^2)^2\right] + r^2 \left[\frac{a'}{a}(R^2 - aa')^2 - (R^2 - a'^2)^2\right] + 2rr'\sqrt{\frac{a'}{a}}[(R^2 - aa')^2 - (R^2 - a^2)(R^2 - a'^2)]$$

$$= \left[r'^2(R^4 - a^3 a') - r^2(R^4 - aa'^3) + 2rr'a\sqrt{\frac{a'}{a}}R^2(a - a')\right]\frac{(a - a')}{a};$$

de sorte que l'équation de la corde deviendra successivement

$$x = \frac{r'^2(R^4 - a^3 a') - r^2(R^4 - a'^3 a) + R^2(a^2 - aa')r'^2 + R^2(aa' - a^2)r^2}{2(R^2 - aa')\left(r'^2 - r^2\frac{a'}{a}\right)a} = \frac{r'^2(R^2 - aa')(R^2 + a^2) - r^2(R^2 - aa')(R^2 + a'^2)}{2(R^2 - aa')\left(r'^2 - r^2\frac{a'}{a}\right)a},$$

22

ou, en supprimant le facteur $R^2 - aa'$ commun au numérateur et au dénominateur,

$$x = \frac{r'^2(R^2 + a^2) - r^2(R^2 + a'^2)}{2a\left(r'^2 - r^2\dfrac{a'}{a}\right)};$$

et, comme on a

$$\frac{R^2 + a^2 - r^2}{a} = \frac{R^2 + a'^2 - r'^2}{a'},$$

ou

$$R^2 + a'^2 = \frac{a'}{a}(R^2 + a^2) + r'^2 - r^2\frac{a'}{a},$$

cela donne finalement

$$x = \frac{r'^2(R^2 + a^2) - r^2\dfrac{a'}{a}(R^2 + a^2) - r^2\left(r'^2 - r^2\dfrac{a'}{a}\right)}{2a\left(r'^2 - r^2\dfrac{a'}{a}\right)}$$

$$= \frac{(R^2 + a^2 - r^2)\left(r'^2 - r^2\dfrac{a'}{a}\right)}{2a\left(r'^2 - r^2\dfrac{a'}{a}\right)} = \frac{R^2 + a^2 - r^2}{2a}.$$

Telle est l'équation de la corde commune au cercle (5 ou 6, p. 336), et au cercle (C); or cette équation est précisément celle de la corde commune à (C), (C') et (C'').

Cette équation ne renfermant pas le rayon r', la corde commune au même cercle (C) et à celui que représente l'équation (6) sera la même qui a été obtenue en dernier lieu; car elle doit s'en déduire en y changeant le signe seul de r'.

Donc enfin le cercle enveloppe des cordes $x''x_2$ et x''_1x_2, a bien la même corde en commun avec les trois proposés.

La proposition énoncée en tête de cet art., p. 323, se trouve ainsi complétement démontrée; et, quoique le raisonnement mis en usage soit appuyé sur une suite de calculs assez laborieux, il me semble cependant que la marche ici adoptée est à la fois simple et rigoureuse, et qu'il serait peut-être difficile d'en suivre une plus directe et plus générale sans se jeter dans des complications de calcul plus grandes encore. La raison en est assez évidente; car l'état de la question implique en lui-même une complication très-grande, puisque, à un même point α du cercle (C) correspondent quatre cordes génératrices $x'' x_2$, $_{|}x''_{|}x_2$, $_{|}x'' x_2$, $x''_{|}x_2$ distinctes les unes des autres, et dont il serait impossible de séparer les équations sans y introduire des facteurs étrangers à la question, indépendamment des facteurs naturels du deuxième degré qu'elles comportent.

Corollaires et remarques concernant des cas spéciaux.

Rapprochement entre les solutions des p. 319 et 336. — On doit considérer le théorème énoncé à la p. 315, comme une conséquence très-particulière des propositions générales que nous venons de démontrer en dernier lieu, d'une manière purement algébrique.

En effet, si l'on suppose dans les équations (5) et (6), $a' = a$, il est évident que, dans ce cas, les cercles (C') et (C'') se confondront en un seul, et qu'ainsi les deux cordes $x'' x_2$ et $_{|}x''_{|}x_2$ se réduiront, chacune, à une tangente au cercle (C), et par conséquent engendreront l'une et l'autre, dans leur mouvement, ce même cercle, solution particulière du problème.

Pareillement les deux cordes $x''_{|}x_2$ et $_{|}x'' x_2$ se seront confondues en une seule alors, représentée dans la *fig.* 140 ci-

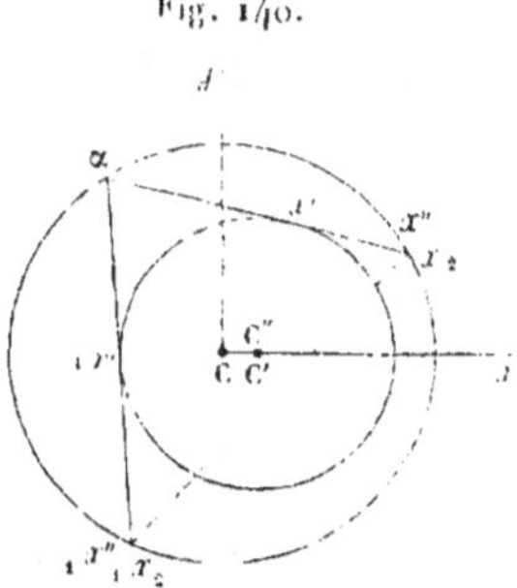

dessus, par $x''_{|}x_2$ ou $_{|}x'' x_2$; d'ailleurs le cercle représenté par l'équation (6) sera dans ce cas, engendré par cette corde de la même manière que le cercle (C'') l'était dans la *fig.* 139, p. 323, par la corde $x'' x_2$. Bien mieux, comme on va le voir, on peut trouver son équation en faisant $a' = a$ dans l'équation (6). Mais auparavant nous allons introduire cette hypothèse dans l'équation (5) qui doit représenter alors le cercle (C) lui-même, ainsi que nous l'avons déjà remarqué.

En supposant, en effet, $a - a' = 0$ dans cette équation (5), elle devient simplement

$$y^2 + x^2 = R^2 \frac{(r + r')^2}{(r + r')^2} = R^2,$$

qui représente bien celle du cercle (C) donné à priori ; mais, si l'on fait la même hypothèse $a - a' = 0$ dans l'équation (6), ses coefficients prennent la forme $\frac{o}{o}$; ce qui provient évidemment de ce qu'ils renferment, au moins implicitement, le facteur $a - a'$ à leur numérateur et à leur dénominateur : on le fera disparaître facilement dans le terme

$$\frac{R^2(a - a')\left(r' + r\sqrt{\dfrac{a'}{a}}\right)}{(R^2 - aa')\left(r' - r\sqrt{\dfrac{a'}{a}}\right)},$$

qui représente en général l'abscisse du centre du cercle enveloppe ou sa distance au centre du cercle (C), en ayant recours à l'équation de condition souvent employée ci-dessus,

$$\frac{R^2 + a^2 - r^2}{a} = \frac{R^2 + a'^2 - r'^2}{a'};$$

de laquelle, si l'on chasse les deux dénominateurs et qu'on réunisse dans un ordre convenable, ses différents termes, on tire, en effet,

$$(R^2 - aa')(a - a') = r'^2 a - r^2 a' = a\left(r' - r\sqrt{\dfrac{a'}{a}}\right)\left(r' + r\sqrt{\dfrac{a'}{a}}\right),$$

ce qui donne, par conséquent, l'égalité ou identité

$$\frac{R^2(a - a')\left(r' + r\sqrt{\dfrac{a'}{a}}\right)}{(R^2 - aa')\left(r' - r\sqrt{\dfrac{a'}{a}}\right)} = \frac{aR^2\left(r' + r\sqrt{\dfrac{a'}{a}}\right)^2}{(R^2 - aa')^2}.$$

Or, sous cette dernière forme, l'abscisse du centre de l'enveloppe circulaire des cordes génératrices, ne devient plus $\frac{0}{0}$; car en faisant $a = a'$, et par suite $r' = r$, elle acquiert la valeur déterminée $\dfrac{4\,R^2 r^2 a}{(R^2 - a^2)^2}$.

Quant au terme du second membre de l'équation (6), il est impossible d'y supprimer explicitement le facteur commun qui en complique le numérateur et le dénominateur ; mais on peut mettre ce facteur en complète évidence dans l'un et dans l'autre des deux termes de la fraction dont il se compose et qui représente le cercle enveloppe, en s'y prenant de la manière suivante, fondée sur les observations, déjà faites plus haut, et qui concernent les expressions radicales de la forme générale $Y\sqrt{Z} \pm T\sqrt{X}$.

L'on a identiquement pour le numérateur,

$$\left[r(R^2 - a'^2) - r'\sqrt{\frac{a'}{a}}(R^2 - a^2) \right]\left[r(R^2 - a'^2) + r'\sqrt{\frac{a'}{a}}(R^2 - a^2) \right]$$
$$= r^2(R^2 - a'^2)^2 - r'^2\frac{a'}{a}(R^2 - a^2)^2.$$

Mettant dans le second membre ainsi transformé, pour r'^2 sa valeur tirée de l'équation de condition

$$\frac{R^2 + a^2 - r}{a} = \frac{R^2 + a'^2 - r'^2}{a'} \quad \text{ou} \quad (R^2 - aa')(a - a') = r'^2 a - r^2 a',$$

c'est-à-dire, faisant

$$r'^2 = \frac{r^2 a' + (R^2 - aa')(a - a')}{a},$$

ce second membre, que j'appelle I pour plus de commodité, deviendra successivement

$$I \quad \text{ou} \quad r^2(R^2 - a'^2)^2 - r'^2\frac{a'}{a}(R^2 - a^2)^2$$
$$= r^2(R^2 - a'^2)^2 - \frac{r^2 a'^2}{a}(R^2 - a^2)^2 - \frac{a'}{a^2}(R^2 - aa')(a - a')(R^2 - a^2)^2$$
$$= \frac{a^2 r^2(R^2 - a'^2)^2 - r^2 a'^2(R^2 - a^2)^2 - a'(R^2 - aa')(a - a')(R^2 - a^2)^2}{a^2},$$

c'est-à-dire, par simple transformation algébrique,

$$\mathrm{I}\ \ \frac{r^2(a^2-a'^2)(\mathrm{R}^4-a^2a'^2)-a'(a-a')(\mathrm{R}^2-aa')(\mathrm{R}^2-a^2)^2}{a^2} = \frac{(a-a')(\mathrm{R}^2-aa')}{a^2}\left[r^2(a+a')(\mathrm{R}^2+aa')-a'(\mathrm{R}^2-a^2)^2\right];$$

donc on a pour le premier des deux facteurs dans lesquels se décompose la quantité I,

$$r(\mathrm{R}^2-a'^2)-r'\sqrt{\frac{a'}{a}}(\mathrm{R}^2-a^2) = \frac{(a-a')(\mathrm{R}^2-aa')}{a^2}\ \frac{\left[r^2(a+a')(\mathrm{R}^2+aa')-a'(\mathrm{R}^2-a^2)^2\right]}{r(\mathrm{R}^2-a'^2)+r'\sqrt{\frac{a'}{a}}(\mathrm{R}^2-a^2)};$$

et par conséquent

$$(8)\ \ \frac{\mathrm{R}^2\left[r(\mathrm{R}^2-a'^2)-r'\sqrt{\frac{a'}{a}}(\mathrm{R}^2-a^2)\right]^2}{(\mathrm{R}^2-aa')^2\left(r'-r\sqrt{\frac{a'}{a}}\right)^2} = \frac{\mathrm{R}^2\times\left(r'+r\sqrt{\frac{a'}{a}}\right)^2\left[r^2(a+a')(\mathrm{R}^2+aa')-a'(\mathrm{R}^2-a^2)^2\right]^2}{(\mathrm{R}^2-aa')^2 a^2\left[r(\mathrm{R}^2-a'^2)+r'\sqrt{\frac{a'}{a}}(\mathrm{R}^2-a^2)\right]^2}$$

à cause de l'identité

$$(a-a')(\mathrm{R}^2-aa') = a\left(r'-r\sqrt{\frac{a'}{a}}\right)\left(r'+r\sqrt{\frac{a'}{a}}\right).$$

Telle est l'expression du second membre de l'équation (6), quand on y supprime le facteur commun $(a-a')^2$ qui embarrasse son numérateur et son dénominateur.

Sous cette nouvelle forme, il ne deviendra plus $\frac{o}{o}$ quand on y fera $a'=a$, mais bien, en le représentant par le carré d'une nouvelle constante r',

$$r'^2 = \frac{R^2\left[2\,r^2(R^2 + a^2) - (R^2 - a^2)^2\right]^2}{(R^2 - a^2)^4}.$$

Cette expression est le carré même du rayon du cercle engendré dans l'hypothèse où les proposés (C') et (C'') se confondraient entre eux.

Nous avons déjà trouvé que, dans ce cas particulier, l'abscisse φ du centre de ce cercle est égale à $\dfrac{4R^2 r^2 a}{(R^2 - a^2)^2}$. Donc l'équation de ce dernier est simplement

$$(9) \qquad y^2 + \left(x - \frac{4R^2 r^2 a}{(R^2 - a^2)^2}\right)^2 = \frac{R^2\left[2\,r^2(R^2 + a^2) - (R^2 - a^2)^2\right]^2}{(R^2 - a^2)^4}.$$

On voit, par tout ce qui précède, qu'on aurait pu se passer de démontrer à part le théorème de la p. 315; mais j'ai cru devoir en agir autrement, afin de le distinguer mieux de la proposition beaucoup plus générale, énoncée à la p. 323, et avoir ainsi occasion de faire connaître un mode de démonstration différent de celui employé en dernier lieu.

Examen d'un cas particulier digne d'attention. — Avant d'abandonner ces considérations analytiques, je m'occuperai d'un cas assez intéressant du théorème général, pour lequel la position des deux cercles (C') et (C'') (*fig.* 139), satisfait à la condition $R^2 - aa' = 0$ déjà mentionnée en passant, comme entraînant de notables modifications.

Le cercle engendré par les cordes $_1x''x_2$ et x''_1x_2 est alors une ligne droite perpendiculaire à l'axe des x, ce dont on peut s'assurer par l'équation (6) de ce cercle. En effet, si l'on appelle φ' l'abscisse du centre de ce cercle et R' son rayon, qu'on la développe ensuite, elle deviendra

$$y^2 + x^2 - 2\varphi' x = R'^2 - \varphi'^2.$$

Mettant cette équation sous la forme

$$-\,y^2 - x^2 + R + 2\varphi' x - R^2 + \varphi'^2 - R$$

ou, ce qui est mieux encore, sous la forme

$$\frac{R^2 - y^2 - x^2}{2\varphi'} + x = \frac{R^2 + \varphi'^2 - R'^2}{2\varphi'},$$

il devient facile de voir que la quantité $\dfrac{R^2 + \varphi'^2 - R'^2}{2\varphi'}$ est précisément égale à $\dfrac{R^2 + a^2 - r^2}{2a}$.

En effet, si l'on retranche l'équation $y^2 + (x - \varphi')^2 = R'^2$ du cercle dont il s'agit, de l'équation $x^2 + y^2 = R^2$ du cercle (C), on aura pour celle de leur corde commune

$$2\varphi'x = R^2 + \varphi'^2 - R'^2 \quad \text{ou} \quad x = \frac{R^2 + \varphi'^2 - R'^2}{2\varphi'}.$$

Donc, puisqu'il a été prouvé que cette dernière corde se confond avec la corde déjà commune aux trois cercles proposés (C), (C′) et (C″) (*fig.* 139, p. 323), corde dont l'équation est $x = \dfrac{R^2 + a^2 - r^2}{2a}$, d'après ce qui se trouve établi à la p. 328, on a, en réalité,

$$\frac{R^2 + \varphi'^2 - R'^2}{2\varphi'} = \frac{R^2 + a^2 - r^2}{2a};$$

et par conséquent l'équation (6) ou celle qui la remplace devient bien, comme on l'a avancé ci-dessus,

$$\frac{R^2 - y^2 - x^2}{2\varphi'} + x = \frac{R^2 + a^2 - r^2}{2a}.$$

Maintenant si dans cette dernière équation, on veut avoir égard à l'hypothèse particulière $R^2 - aa' = 0$, mentionnée au commencement de cet article, la quantité φ' devenant infinie, elle se réduira, ainsi que l'équation (6) à la forme très-simple

$$x = \frac{R^2 + a^2 - r^2}{2a},$$

comme on l'a également avancé.

Donc enfin, le cercle engendré par les cordes $x''x_2$ et $x''x_2$, se confond avec la corde même, commune aux trois cercles proposés (C), (C′) et (C″).

En préparant l'équation (5) de cette dernière manière, elle prend la forme nouvelle et non moins simple,

$$\frac{R^2 - x^2 - y^2}{2\varphi} + x = \frac{R^2 + a^2 - r^2}{2a},$$

dans laquelle on a posé, pour simplifier l'écriture,

$$\varphi = \frac{R^2(a - a')\left(r' - r\sqrt{\frac{a'}{a}}\right)}{\left(r' + r\sqrt{\frac{a'}{a}}\right)(R^2 - aa')}.$$

Cette expression peut être mise sous une autre forme au moyen de l'équation de condition

$$\frac{R^2 + a^2 - r^2}{a} = \frac{R^2 + a'^2 - r'^2}{a'}$$

ou, comme on l'a précédemment remarqué,

$$(R^2 - aa')(a - a') = a\left(r' - r\sqrt{\frac{a'}{a}}\right)\left(r' + r\sqrt{\frac{a'}{a}}\right);$$

car on en tire immédiatement l'équation transformée

$$\frac{r' - r\sqrt{\frac{a'}{a}}}{R^2 - aa'} = \frac{a - a'}{a\left(r' + r\sqrt{\frac{a'}{a}}\right)},$$

ce qui donne finalement l'expression réduite

$$\varphi = \frac{R^2(a - a')^2}{a\left(r' + r\sqrt{\frac{a'}{a}}\right)^2}.$$

Maintenant, si l'on suppose $R^2 - aa' = 0$, l'équation de condition ci-dessus, donnera $r' = r\sqrt{\frac{a'}{a}}$, et par conséquent, il viendra, à cause de $a' = \frac{R^2}{a}$,

$$\varphi = \frac{R^2(R^2 - a^2)^2}{4r^2a'} = \frac{(R^2 - a^2)^2}{4ar^2}.$$

Donc aussi l'équation (5) ou celle qui la remplace, deviendra

$$\frac{4\,ar^2(R^2 - x^2 - y^2)}{2(R^2 - a^2)^2} + x = \frac{R^2 + a^2 - r^2}{2\,a},$$

c'est-à-dire, en définitive et plus explicitement,

$$x^2 + y^2 - \frac{2\,a\,(R^2 - a^2)^2\,x}{4\,a'\,r^2} = 4\,R^2 a^2 r^2 - (R^2 + a^2 - r^2)(R^2 - a')^2$$
$$= r^2\,(R^2 + a^2)^2 - (R^2 + a^2)(R^2 - a^2)^2,$$

qui continue à représenter un cercle distinct.

Position relative des cercles dans ce cas. — La relation $R^2 - aa' = 0$ ci-dessus, sera satisfaite dans la circonstance indiquée par la *fig.* 141 ci-après.

Supposons que les deux cercles (C) et (C') soient donnés, et qu'il faille déterminer le troisième cercle (C''), de manière que l'on ait la relation $R^2 - aa' = 0$.

On mènera aux cercles (C) et (C') les tangentes extérieures Tt, T't' et les tangentes intérieures $\Theta\theta$, $\Theta'\theta'$, coupant respecti-

Fig. 141

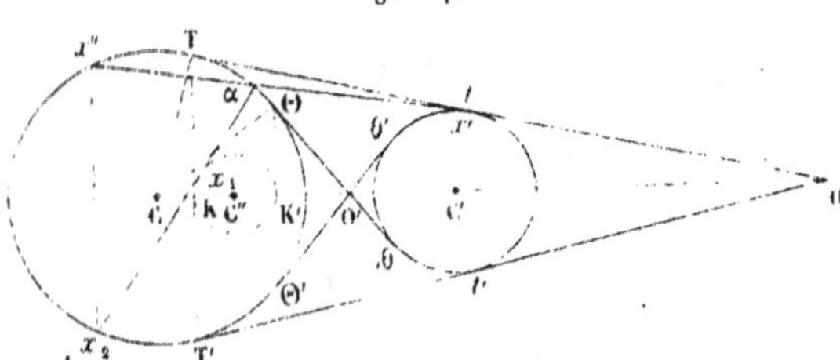

vement la ligne des centres en O et O'; on tracera ensuite les deux cordes TT' et $\Theta\Theta'$: ces deux cordes seront tangentes au cercle (C'') cherché; comme elles sont perpendiculaires à la droite CC', et que le centre C'' du cercle cherché doit être sur cette droite, ce cercle se trouvera entièrement déterminé.

On peut démontrer facilement et directement que la relation $R^2 - aa' = 0$ existe effectivement entre les trois cercles (C), (C') et (C''). Pour cela, soient menés les rayons CT et CΘ, on aura évidemment, dans les triangles rectangles CTO et CΘO', Tk, $\Theta k'$ étant des perpendiculaires à la ligne des centres CC',

$$\overline{CT}^2 = Ck \times CO, \quad \overline{C\Theta}^2 = Ck' \times CO'.$$

Or on sait, d'autre part, que

$$CO = \frac{Ra}{R-r}, \quad CO' = \frac{Ra}{R+r};$$

de plus, on a

$$CO'^2 = CT^2 = R^2.$$

Donc, substituant ces valeurs dans les équations précédentes, on en conclura immédiatement,

$$CK = \frac{R(R-r)}{a}, \quad CK' = \frac{R(R+r)}{a};$$

de là on tire, par une simple addition,

$$\frac{CK + CK'}{2} = CC'' = a' = \frac{R^2}{a} \quad \text{ou} \quad R^2 - aa' = 0.$$

On tire encore des expressions géométriques de CK et CK'

$$\frac{CK' - CK}{2} = C''K = r' = \frac{Rr}{a} \quad \text{ou} \quad r'^2 = \frac{a'^2 r^2}{a^2}.$$

On s'assure, de la même manière, que ces valeurs de a' et r' satisfont à l'équation de condition

$$\frac{R^2 + a^2 - r^2}{a} = \frac{R^2 + a'^2 - r'^2}{a'}.$$

Donc enfin, les trois courbes (C), (C') et (C'') ont une même corde commune, et satisfont à la condition $R^2 - aa' = 0$. Par conséquent si, d'un point quelconque α du cercle (C), on mène des tangentes $\alpha x'$ et αx_1 aux cercles (C') et (C'') dans le sens indiqué par la figure, et qui, prolongées, rencontrent ce cercle aux deux nouveaux points x'' $_1x_2$, la corde x'' $_1x_2$ qui joint ces deux points, sera perpendiculaire à la direction indéfinie de la droite des centres C et C'.

Voici maintenant les principales conséquences des propositions énoncées aux pages 315, 323 et précédemment démontrées par la voie analytique.

III.

*1. — Cas particulier des cercles, où l'enveloppe du côté libre
du polygone mobile se réduit à un autre cercle.*

Exposé et démonstration. — « Soient (C), (C'), (C″) (*fig.* 142),
» un nombre quelconque de circonférences de cercle ayant
» une même corde commune, réelle ou imaginaire, sur un
» plan; soit $\alpha x' x''\ldots \alpha'$ un polygone dont les divers côtés de-

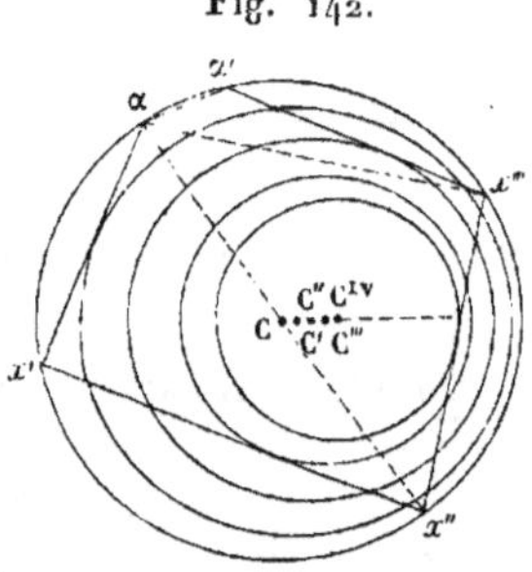

Fig. 142.

» meurent perpétuellement tangents aux cercles respectifs
» dont il s'agit, à l'exception du dernier côté $\alpha\alpha'$ que je suppose
» rester libre, tandis que tous les sommets α, x', x'', etc., sont
» astreints à demeurer sur la circonférence du cercle (C); ima-
» ginons que l'on vienne à déformer le polygone d'après ces
» conditions, c'est-à-dire en assujettissant ses sommets à rester
» sur (C), et ses côtés à rouler sur les cercles respectifs aux-
» quels ils sont tangents; je dis que le côté libre $\alpha\alpha'$ roulera
» dans ce mouvement, sur une dernière circonférence, qui
» aura même corde commune avec les proposés. »

En effet, les deux premiers côtés $\alpha x'$ et $x' x''$, par exemple,
étant assujettis à demeurer constamment tangents à deux des
cercles donnés (C'), (C″), la corde qui joint les sommets ex-
trèmes α et x'', roulera dans toutes ses positions, sur une cir-

conférence de cercle spéciale, ayant même corde commune avec les proposés (Proposit. de la p. 315).

Pareillement, puisque la corde auxiliaire ou diagonale $\alpha x''$ et le côté $x'' x'''$ du polygone roulent sur deux circonférences de cercles qui ont même corde commune avec le cercle (C), la corde joignant les sommets, α et x''' roule sur une autre circonférence de cercle ayant aussi cette corde en commun avec les proposés (même Proposition).

Enfin on prouverait, par un raisonnement semblable, que la corde $\alpha \alpha'$ ou côté libre du polygone $\alpha x' x'', \ldots \alpha'$, roule également sur une circonférence de cercle ayant même corde commune avec les cercles (C), (C'), etc. Si les cercles donnés ainsi que les côtés du polygone étaient en plus grand nombre, on démontrerait, de même et de proche en proche, que le dernier côté $\alpha \alpha'$ roulerait constamment sur un cercle ayant même corde commune avec les proposés : la démonstration précédente est donc générale.

On peut remarquer d'ailleurs que cette démonstration ne suppose aucun ordre ni disposition particulière des cercles donnés et des côtés du polygone inscrit au cercle (C); elle serait vraie, quand bien même l'un quelconque des cercles proposés serait touché simultanément par plusieurs des côtés de ce polygone; par exemple, dans le cas où les côtés $\alpha x'$, $x' x''$, etc., devraient toucher une circonférence de cercle unique, comme nous l'exposerons plus loin d'une manière spéciale.

Cas des cercles concentriques. — Toutes ces propriétés des cercles ayant une corde commune, sont analogues à celles dont jouit en particulier un système de cercles concentriques quelconques, et l'on ne doit pas en être étonné, si l'on réfléchit que, dans un tel système, les cercles possèdent, analytiquement parlant, la propriété d'avoir une même corde commune située à l'infini sur leur plan.

En effet, si nous considérons sur un plan deux cercles quelconques de rayons R et r, nous avons vu que la corde qui leur était commune dans les hypothèses précédemment adoptées, avait pour équation

$$x = \frac{R^2 + a^2 - r^2}{2a}$$

Or cette valeur de la distance au centre de C, devient infinie quand l'intervalle a des centres est nul, c'est-à-dire quand les cercles R et r sont concentriques. D'ailleurs cette corde n'est située à l'infini qu'autant que les rayons R et r diffèrent essentiellement l'un de l'autre ; car lorsqu'ils sont égaux, l'équation ci-dessus devient

$$x = \frac{a}{2};$$

ce qui montre que quand a est nul, la corde commune passe par le centre commun aux deux cercles.

II. — *Cas des courbes du second degré où l'enveloppe du côté libre et des diagonales du polygone, sont d'autres coniques ayant mêmes cordes communes avec les proposées.*

Exposé et démonstration. — Soient (C) et (C') (*fig.* 143) deux lignes quelconques du second degré ; $\alpha x' x'' \ldots \alpha'$, un polygone quelconque, inscrit dans la conique (C) et dont tous les côtés sont tangents ou circonscrits à la deuxième coni-

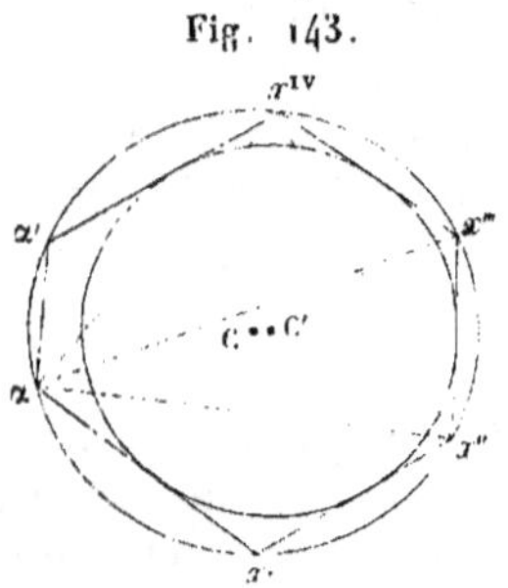

Fig. 143.

que donnée (C'). à l'exception du côté $\alpha x'$, je dis que si l'on vient à déformer ce polygone en assujettissant ses sommets à parcourir la courbe (C) et ses côtés à rouler sur la courbe (C'), à l'exception du côté $\alpha x'$ que je suppose rester *libre*, ce côté $\alpha x'$, roulera dans toutes ses positions, sur une troisième section conique qui passera par les mêmes intersections ou points communs aux deux premières.

En effet, d'après les principes établis au commencement

de ces notes (*), deux courbes quelconques (C) et (C') du
deuxième degré peuvent être considérées, en général, comme
la projection centrale de deux circonférences de cercles, et
toute propriété descriptive dont jouit ce dernier système est
également vraie pour le premier. Il ne s'agit donc plus que de
prouver que cette propriété est vraie pour le cas particulier de
deux cercles d'ailleurs quelconques; or cela est extrêmement
facile d'après ce qui précède.

Puisque les cordes $x'z$ et $x'.x''$ roulent sur le même cercle
(C'), la corde auxiliaire ou diagonale $z.x''$ roule pareillement
(n° II, p. 314) sur une autre circonférence de cercle qui a même
corde commune réelle ou imaginaire avec les deux premières. D'autre part, puisque la diagonale $z.x''$ et la corde $x''x'''$
roulent, l'une et l'autre, sur des circonférences ayant même
corde commune avec celle du cercle (C) parcourue par le
sommet x'', la corde $z.x'''$, qui joint les points z et x''' où les
diagonales $z.x''$, $z.x'''$ coupent ce dernier cercle, roule aussi
sur une circonférence ayant même corde commune avec les
premières. Par cette raison encore, la diagonale suivante $z.x^{iv}$
et toutes leurs semblables, quel qu'en soit le nombre, roulent
sur des circonférences de cercles qui ont une corde commune
avec le système des proposés.

Donc enfin, puisque la dernière diagonale ou corde $z.x^{iv}$
et le côté correspondant $z'.x^{iv}$ du polygone, roulent chacun,
sur une circonférence de cercle ayant même corde commune
avec les cercles proposés (C), (C'), etc., le côté $z z'$ qui joint les
sommets extrêmes du polygone $z x' x'' \ldots z'$ inscrit au premier
de ces cercles, roule sur une dernière circonférence ayant,
comme celles qui touchent ou enveloppent les diagonales $z.x''$,
$z.x'''$, etc., la même corde commune avec les proposées, et, par
conséquent, passant par les intersections géométriques de ces
deux cercles quand ils se coupent réellement. Ce qu'il s'agissait de démontrer.

On peut en outre conclure des démonstrations précédentes,
que les diverses diagonales du polygone dont il s'agit, telles

---

que $x'' x^{\text{iv}}$, par exemple, jouissent de la propriété de rouler dans toutes leurs positions sur autant de circonférences de cercles ou, en général, de coniques ayant mêmes cordes communes avec les proposées (C) et (C'), c'est-à-dire passant par les intersections, réelles ou imaginaires, de ces courbes.

De là aussi on déduit immédiatement et sans nouvelles discussions, les propositions suivantes.

III. — Dans le même cas (II), les sommets d'angles circonscrits ou conjugués aux côtés et diagonales du polygone inscrit sont autant de coniques distinctes ou confondues.

Exposé et démonstration. — Soient (C) et $C')$ (*fig.* 144) deux courbes quelconques du second degré, situées sur un même plan ; $\alpha x' x'' \ldots \alpha' \alpha$, un polygone quelconque inscrit à la conique (C) et dont tous les côtés, à l'exception de $\alpha\alpha'$, soient

Fig. 144.

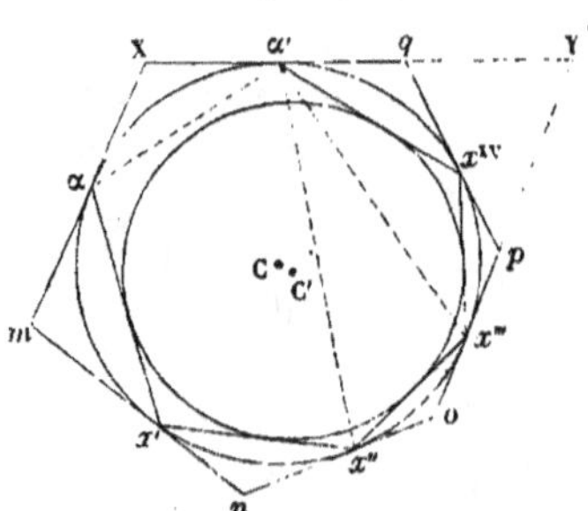

circonscrits à l'autre courbe (C'). Soit, en outre, $mnop\ldots X$ un polygone circonscrit à la première (C) et dont les points de contact des côtés respectifs soient situés aux sommets du premier polygone $\alpha x' x'' \ldots$, inscrit à cette même courbe C ; je dis que si l'on vient à déformer ces deux polygones en les assujettissant toujours aux conditions indiquées, le sommet X conjugué au côté libre $\alpha\alpha'$, parcourra une section conique particulière, tandis que les autres sommets $m, n, p, q, \ldots$, de ce polygone parcourront une seule et unique courbe du second degré, distincte de la première.

En effet, nous avons vu (V⁰ Cahier, n° 1, p. 253) que deux

sections coniques étant données sur son plan, si l'on mène à l'une d'elles (C), une tangente telle que $x'x''$, rencontrant l'autre (C'), aux deux points x' et x'', puis qu'on mène, en ces points à la courbe (C'), des tangentes $x'n$ et $x''n$ qui se coupent au sommet n, la courbe engendrée par ce sommet quand on fait varier la corde ou tangente $x'x''$, est en général, du *second degré*. Donc les sommets $m, n, o, p,\ldots, q$ du polygone circonscrit à la conique (C') sont tous situés sur une même section conique, et ces divers sommets, le sommet X étant toujours excepté, parcourront isolément cette courbe quand on viendra à déformer, d'une manière quelconque, le polygone inscrit $\alpha x' x''\ldots \alpha'$ et, par suite, le polygone circonscrit $mnop,\ldots$, dont ils font partie.

A l'égard du point X, il résulte de la *Prop. II* ci-dessus, que le côté libre $\alpha\alpha'$, non tangent au cercle (C'), roule sur une courbe du second degré distincte ; donc aussi le sommet libre X décrit dans son mouvement, une section conique différente de celle que parcourent les autres sommets m, n, etc.

Remarques diverses. — On peut remarquer en passant que, si l'on prolongeait deux côtés quelconques du polygone circonscrit $mno,\ldots$, tels que qX et po par exemple, jusqu'à leur rencontre en Y, ce point Y décrirait aussi dans le mouvement général, une section conique distincte des premières. En effet, nous avons vu (*ibid.*) qu'une diagonale quelconque, telle que $\alpha' x'''$ du polygone inscrit $\alpha x' x''\ldots \alpha'$, enveloppe dans toutes ses positions une courbe du second degré. Donc le point Y, concours des deux tangentes menées aux extrémités de cette diagonale ou corde $\alpha' x'''$, parcourra aussi dans son mouvement une courbe du deuxième degré.

On remarquera encore que, dans le cas particulier où (C) et (C') sont des cercles, la ligne décrite par les sommets $m, n, o,\ldots$, conjugués aux côtés respectifs du polygone $\alpha x' x''\ldots$, sauf $\alpha\alpha'$, est également une section conique, dont *l'un des foyers se trouve au centre même du cercle* (C'). Ajoutons enfin, que la conique distincte décrite par le sommet X, a pareillement pour l'un de ses *foyers*, le centre du cercle engendré par le côté libre $\alpha\alpha'$ dont il vient d'être parlé.

IV. — *Les intersections mutuelles des côtés et des diagonales
du polygone décrivent d'autres lignes du second degré.*

Exposé et démonstration. — Soient (C), (C′), (*fig.* 145) deux
courbes quelconques du deuxième degré, X*mnop* un polygone
d'ordre quelconque circonscrit à la seconde $\alpha x' x'' \alpha'$ que j'appelle (C′), et dont les sommets soient tous situés sur la pre-

Fig. 145.

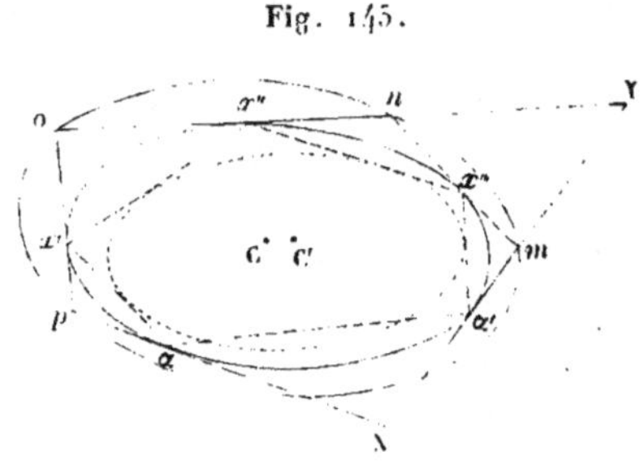

mière *mop*, que j'appelle (C), à l'exception du dernier sommet
X supposé libre; je dis que, si l'on vient à déformer ce polygone en assujettissant ses côtés et ses sommets à remplir les
mêmes conditions, ce sommet X parcourra dans son mouvement, une courbe qui sera, ainsi que les données (C) et (C′),
une section conique.

En effet, puisque les sommets *m*, *n*,…, *p* du polygone dont
il s'agit, sont assujettis à se mouvoir sur une courbe du second
degré (C), les cordes de contact $x' x'''$, $x''' x''$,…, $x' \alpha$ qui correspondent respectivement à ces sommets, envelopperont dans
toutes leurs positions, une certaine courbe (C″), qui sera
ainsi que les directrices (C) et (C′), du second degré (n° II,
IVe Cahier). Or, si l'on considère ces différentes cordes dans
une position quelconque, et qu'on leur adjoigne la corde $\alpha x'$
conjuguée au sommet libre X, elles formeront un nouveau
polygone $\alpha x' x'' \ldots \alpha'$, inscrit dans (C′), et dont les côtés respectifs toucheront la courbe inconnue (C″), à l'exception toujours, du côté $\alpha x'$ correspondant au sommet X demeuré libre
ainsi que ce côté. Donc, si l'on vient à déformer le polygone
mn…*p*X, comme cela a été dit, le polygone $\alpha x' x'' \ldots \alpha'$,
inscrit aux points de contact du précédent, variera pareillement,

et, d'après les propriétés *II* et *III*, le côté zz' roulera sur une quatrième courbe du second degré, tandis que le sommet X décrira, par le même mouvement, une section conique distincte des précédentes. Ce qu'il fallait prouver.

D'après l'observation déjà faite à la fin de l'article précédent, si l'on prolongeait deux quelconques des côtés du polygone *mno*... X, tels que *on* et *m*X par exemple, jusqu'à leur rencontre en Y, ce point, dans le mouvement commun, décrirait, ainsi que le point X, une courbe du second degré.

IV.

PRINCIPALES CONSÉQUENCES ET REMARQUES RELATIVES A L'INSCRIPTION ET A LA CIRCONSCRIPTION SIMULTANÉES DES POLYGONES AU SYSTÈME DE DEUX CONIQUES QUELCONQUES SUR UN PLAN.

On conclut, de ce qui précède et des principes exposés au commencement du IIIe Cahier, une proposition assez singulière, analogue à celle que nous avons démontrée analytiquement et géométriquement (Sect. II et III, Cah. IV, p. 208), pour les polygones de rang pair inscrits ou circonscrits, sous certaines conditions, à une simple conique.

Théorème relatif à l'inscription et à la circonscription indéfinies des polygones de rang pair, au système de deux coniques.

Énoncé et démonstration. — Il est impossible, généralement parlant, d'inscrire à une courbe donnée du deuxième degré un polygone qui soit en même temps circonscrit à une autre courbe de ce degré, et quand la disposition particulière de ces courbes sera telle que l'inscription et la circonscription simultanées soient possibles pour un seul polygone essayé à volonté, il y en aura, par là même, une infinité jouissant de cette propriété à l'égard des coniques données.

Pour démontrer ce théorème directement, soient deux lignes quelconques du second degré; d'après nos principes, ces lignes pourront, en général, être projetées suivant deux circonférences de cercle, bien que, dans des cas particuliers, cela puisse devenir illusoire.

23.

Soient (C) et (C'), (*fig.* 146) les deux circonférences dont il s'agit; concevons un polygone quelconque $\alpha x' x'' \ldots \alpha'$ inscrit dans le cercle (C) et dont tous les côtés $\alpha x'$, $x' x''$, etc., soient tangents au cercle (C'), à l'exception d'un dernier côté

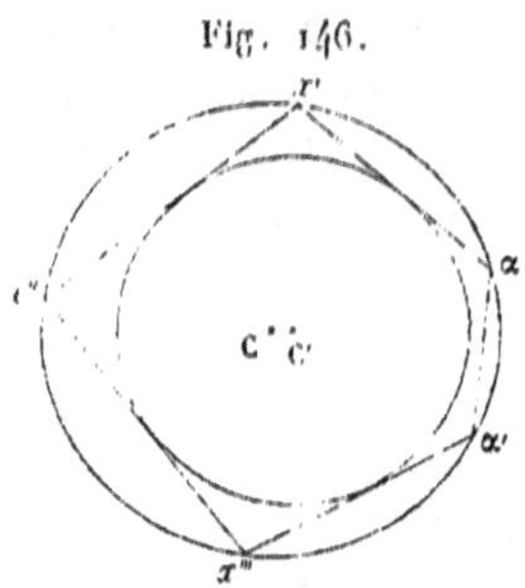

Fig. 146.

$\alpha\alpha'$, qui évidemment ne saurait, en général, devenir tangent à ce dernier cercle que pour des positions particulières du polygone dont il fait partie. Supposons qu'on déforme ce polygone de la manière indiquée au n° *II*, il est évident qu'il pourra prendre toutes les positions imaginables autour du cercle (C'), et que, s'il est possible d'inscrire à la circonférence (C) un certain polygone d'un égal nombre de côtés, qui soit en même temps circonscrit à l'autre (C'), il y aura nécessairement une position du polygone ci-dessus $\alpha x' \ldots \alpha'$, telle que le côté $\alpha x'$ soit tangent au cercle (C); or je dis que c'est impossible si, pour cette position ou une position quelconque du polygone, la corde $\alpha\alpha'$ n'est pas tangente à ce cercle.

En effet, nous avons vu au n° *II* ci-dessus, que le côté $\alpha\alpha'$ engendre, en général, par enveloppement une circonférence de cercle distincte de (C) et (C'), et ayant avec celles-ci une corde commune réelle ou imaginaire. Donc, quand les cercles (C) et (C') ont la position indiquée par la *fig.* 146, celui qu'engendre généralement le côté $\alpha\alpha'$ ne saurait visiblement avoir une tangente qui lui soit commune avec le cercle (C'), et ainsi dans l'hypothèse où la corde $\alpha\alpha'$ se trouverait toucher ce cercle pour la position actuelle de la figure, cette corde envelopperait dans son mouvement, le cercle (C') lui-même, et partant tous les polygones $\alpha x' x'' \ldots \alpha'$ seraient à la fois inscrits dans le cercle (C) et circonscrits au cercle (C').

Maintenant, de ce qu'il est prouvé que la proposition précédente est vraie pour une situation de la figure, indépendante de toute condition explicite et déterminée de grandeur, on peut conclure des principes posés au commencement du IIIe Cahier, que la double proposition d'abord énoncée est vraie quelle que soit la situation relative des deux cercles donnés (C) et (C'), et la raison en est qu'elle ne concerne, en effet, que la direction indéfinie des parties de la figure et non la grandeur de ces parties.

Autre démonstration du précédent théorème.

Pour rendre la conséquence ci-dessus encore plus claire, je vais employer un genre de raisonnement analytique dont je me suis déjà servi dans plusieurs occasions.

Supposons que l'on cherche analytiquement l'équation du cercle engendré par la corde $\alpha z'$, en partant de celles des deux cercles (C) et (C'); l'équation cherchée dépendra évidemment des constantes qui entrent dans les équations données et du nombre même des côtés du polygone $\alpha x' x''$.... Un simple changement de signe de la distance a qui sépare les deux centres C, C', constituera la seule modification que puisse subir l'équation du cercle enveloppé par $\alpha \alpha'$, quand on viendra à faire varier la position respective des cercles donnés, puisque, par hypothèse, les autres constantes ne changent de valeurs que d'une manière implicite.

Or, pour la position indiquée dans la précédente *fig.* 146, un polygone d'un nombre de côtés donné ne peut être à la fois inscrit et circonscrit aux cercles (C) et (C'), à moins qu'il n'existe une certaine relation de condition entre les constantes qui entrent dans les équations de ces deux cercles. Quoique nous ne puissions à priori, découvrir cette relation, il est permis de la représenter par l'équation

$$f(\mathrm{R}, r, a, n) = 0,$$

où a désigne la distance CC', n le nombre des côtés du polygone, etc.; il n'en est pas moins évident que si l'on en tirait la valeur de a notamment, et qu'on la substituât dans l'équation générale, supposée trouvée, de la circonférence qu'enveloppe, dans ses diverses positions, le côté $\alpha\alpha'$ du polygone variable $\alpha x' x'' \ldots \alpha'$, cette équation, pour le cas de la figure ci-dessus, qui, par hypothèse, n'assigne aucune valeur particulière ou déterminée aux constantes R, r, a et n qui y entrent, cette équation, dis-je, devrait se confondre avec celle de la circonférence intérieure (C'), ainsi que cela a été démontré précédemment.

D'ailleurs, il est bien évident que quelles que soient les positions relatives des cercles (C) et (C'), soit qu'ils se coupent ou ne se coupent pas, qu'ils soient ou ne soient pas renfermés l'un dans l'autre, l'équation $f(\text{R}, r, a, n) = 0$ et celle du cercle inconnu décrit par $\alpha\alpha'$, resteront de forme analytique parfaitement invariable.

Donc enfin, pour tous les cas possibles, cette dernière équation d'enveloppe deviendra, par la relation

$$f(\text{R}, r, a, n) = 0,$$

rigoureusement identifiable avec celle du cercle (C'), et par conséquent dans les mêmes circonstances, la corde $\alpha\alpha'$ roulera sur la circonférence de ce cercle-enveloppe.

Ainsi, ce qui n'avait été démontré que pour le cas particulier de la figure précédente où le cercle (C') est entièrement intérieur à (C), se trouve l'être pour tous les cas possibles, et par conséquent, on peut conclure généralement et rigoureusement, que, quand un polygone quelconque à la fois inscrit dans un cercle donné et circonscrit à un autre cercle donné vient à être déformé dans les conditions prescrites, ce polygone restera, dans toutes les positions possibles, inscrit et circonscrit exactement aux deux mêmes cercles.

Discussion relative aux positions pour lesquelles le polygone à la fois inscrit et circonscrit aux deux cercles change de forme ou de nature.

Cas des polygones d'ordre impair. — On ne doit pas inférer de ce qui précède, que réciproquement, si deux circonférences de cercle quelconques étaient données, et qu'en inscrivant dans l'une d'elles un polygone dont tous les côtés, à l'exception d'un seul $\alpha\alpha'$, touchassent l'autre, ce dernier côté $\alpha\alpha'$ ne pourrait, dans aucune de ses positions, devenir tangent à ce même cercle, quand on viendrait à déformer, dans les mêmes conditions, le polygone dont il fait partie.

En effet, soient (C) et (C'), *fig.* 147, deux cercles qui, sans se rencontrer, ne soient pas néanmoins renfermés l'un dans l'autre. Soit $\alpha\,x'\,x''\,x'''\,\alpha'$ un pentagone non convexe, inscrit dans le cercle (C), et dont tous les côtés, à l'exception du côté $\alpha x'$,

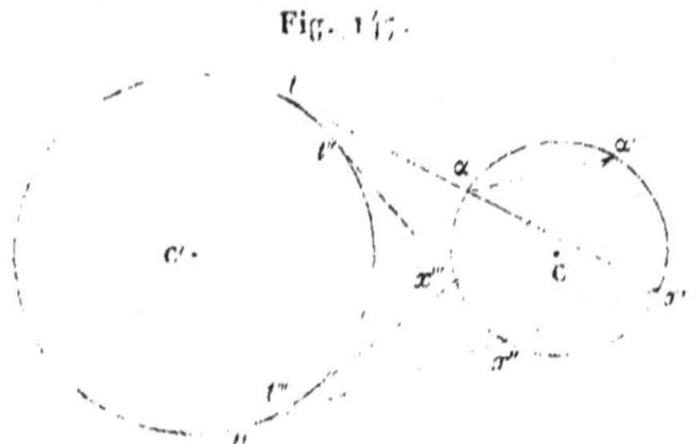

Fig. 147.

touchent l'autre cercle (C'), polygone qu'on peut obtenir en menant d'un point quelconque α de (C) une tangente $t\alpha x'$ au cercle (C'), puis du point x' où cette tangente rencontre de nouveau (C) une seconde tangente $x'x''t'$ à (C'), et ainsi de suite ; ce qui donnera un dernier point ou sommet α' qui différera, en général, du premier ou point de départ α, lequel joint à α' par une droite, formera le dernier côté $\alpha\alpha'$ du polygone, et ne sera pas généralement tangent au cercle (C').

Cela posé, il s'agit de montrer que ce dernier côté $\alpha\alpha'$ pourra néanmoins devenir tangent au cercle (C'), dans certaines positions du polygone auquel il appartient.

Pour s'en convaincre, soit menée (*fig.* 148) une tangente $t'x''x'$ commune aux cercles (C) et (C'), et dont l'élément de

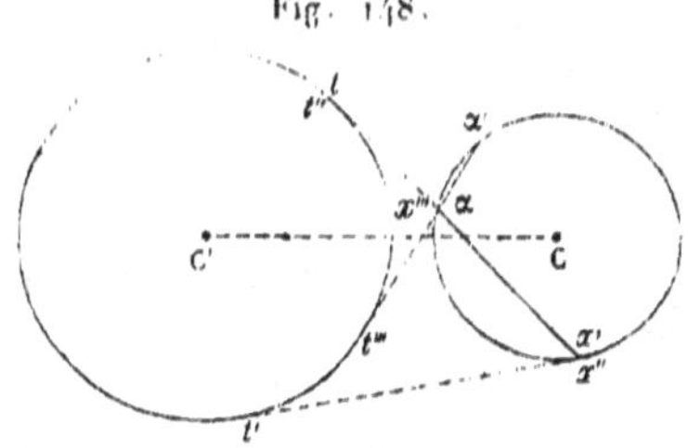

Fig. 148.

contact $x''x'$ représente le côté homologue du polygone de la *fig.* 147, mais évanoui; par le point de contact double $x'' x'$, soit menée une autre tangente $x'' t t''$ au cercle (C'); enfin du deuxième point x''' où cette tangente, confondue avec celle $x' \alpha$ (*fig.* 147), rencontre le cercle (C), soit menée de nouveau une tangente $t''' x''' \alpha'$ à (C'), la corde $\alpha \alpha'$ sera une des positions du côté homologue de la même *fig.* 147, de sorte que le pentagone $\alpha x' x'' x''' \alpha'$ se trouvera, dans la nouvelle position, réduit aux deux côtés $\alpha \alpha'$ et $\alpha x'$ (*fig.* 148), du moins au point de vue purement géométrique; le côté $x' x''$ étant alors nul, le côté $\alpha x'$ confondu avec le côté $x'' x'''$ et $x''' \alpha'$ avec $\alpha \alpha'$.

Il y a plus, le côté $x' x''$ (*fig.* 147) pouvant devenir nul à son tour quand il touchera à la fois en dedans ou intérieurement les cercles (C) et (C'), ce cas fournira une deuxième position de la corde $\alpha \alpha'$ tangente au cercle (C') et dont le point de contact sur ce cercle sera, comme le point t''' (*fig.* 148), au-dessous de la ligne des centres C'C. Enfin on peut s'assurer pareillement que, pour deux positions distinctes, le côté $x'' x'''$ pouvant se réduire encore à zéro dans chacun des deux cas, le côté $\alpha \alpha'$, indépendant de (C') en général, lui deviendra néanmoins tangent; les points de contact du côté $x'' x'''$ avec ce cercle, étant tous les deux situés alors au-dessus de la ligne des centres CC'.

Il suit de cette discussion que la corde ci-dessus $\alpha \alpha'$, pourra prendre les quatre positions indiquées par la figure suivante;

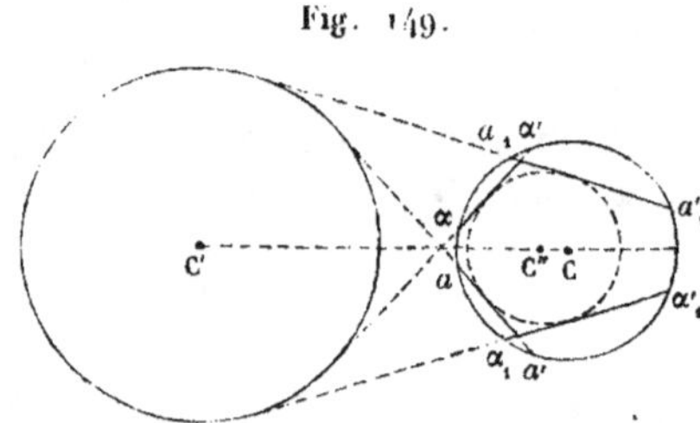

Fig. 149.

positions dans lesquelles le pentagone correspondant se réduisant à deux côtés, comme l'indique la *fig.* 148, cessera par conséquent d'être, à proprement parler, un véritable polygone au point de vue restreint de la géométrie ordinaire.

Maintenant, si l'on se rappelle que, d'après nos théorèmes, le côté $\alpha\alpha'$ doit, dans l'hypothèse générale du pentagone (*fig.* 147), parcourir une troisième circonférence de cercle, on en conclura qu'il prend les positions tangentielles $\alpha\alpha'$, $\alpha_1\alpha'_1$, aa', $a_1a'_1$ indiquées par la *fig.* 149 ; et, comme cette dernière circonférence ne peut avoir que quatre tangentes en commun avec le cercle (C'), il est impossible également que le côté mobile $\alpha\alpha'$ (*fig.* 149), de ce pentagone, devienne tangent au cercle (C'), pour toute autre position que celles, au nombre de quatre, tracées sur la *fig.* 149.

Ce que nous venons de faire remarquer a lieu évidemment d'une manière analogue, pour tout polygone disposé comme le pentagone en question, et qui aurait un nombre impair de côtés ; on peut s'en assurer en supposant alternativement nuls les deux côtés de ce polygone qui, ainsi que $x'x''$ et $x''x'''$, sont situés à un égal intervalle des extrêmes $\alpha x'$ et $\alpha'x'''$ ou $\alpha'x^{2N-1}$, $2N+1$ étant le nombre impair des côtés.

Dans les quatre positions correspondantes du polygone ainsi dénaturé, ce polygone se réduit, comme dans le cas précédent, à plusieurs lignes droites contiguës, qui forment une portion de polygone non fermé à l'extrémité, et dont le nombre N des côtés est moindre que celui $2N+1$ des côtés du polygone considéré dans sa position générale.

Cas des polygones d'ordre pair. — L'examen que nous venons de faire du cas (*fig.* 147) où le polygone $\alpha x'\ldots$, est d'ordre impair ou d'un nombre impair de côtés, nous porte naturellement à examiner aussi celui où l'ordre est pair.

Soit donc $\alpha x'\ldots x^{IV}\alpha'$ (*fig.* 150) le polygone dont il s'agit, que nous supposerons, pour la clarté des démonstrations, un

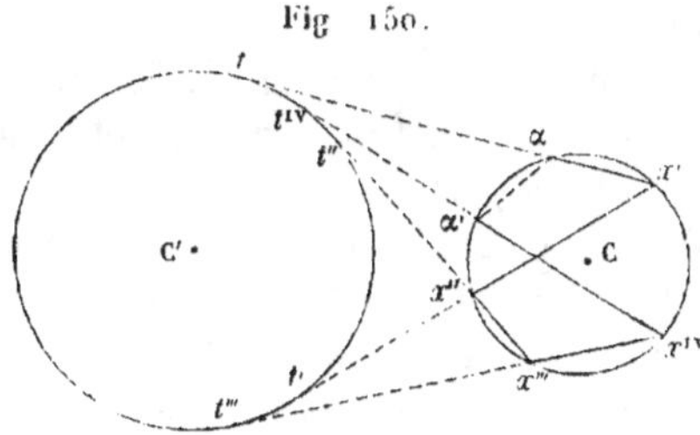

Fig. 150.

hexagone. Dans cette hypothèse particulière, le côté indépen-

dant ou libre $\alpha\alpha'$ ne saurait, comme précédemment, devenir
tangent au cercle (C'); mais il peut le devenir au cercle (C),
c'est-à-dire qu'il peut devenir nul ou s'évanouir en grandeur,
sinon en direction.

A cet effet, menons la tangente commune $t''x''$ (*fig.* 151)
aux cercles (C') et (C); par les points x'' et x''' confondus, où
elle coupe le cercle (C), soit menée pareillement au cercle (C'),
la tangente $x''t'$ coupant encore (C) en x', puis $x'\alpha$ touchant

Fig. 151.

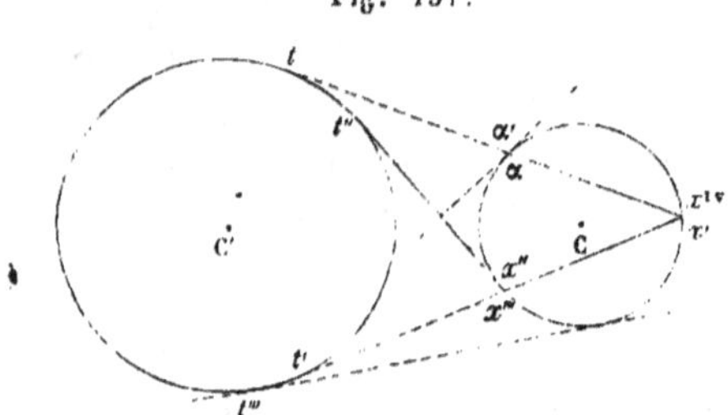

(C') en t et rencontrant (C) au second point α; le polygone
dont α serait le sommet de départ, aura pour côté libre $\alpha\alpha'$,
c'est-à-dire l'élément tangentiel en ce point.

Ceci posé, il est clair que si, du point α, on mène une tangente $t\alpha x'$ au cercle (C'), ce qui donnera le côté $\alpha x'$, et, par
son intersection, le second sommet x' de l'hexagone; que si
de ce sommet x', on mène la tangente $x'x''t'$ au cercle (C'), on
aura le troisième côté $x'x''$ évanoui ou nul pour la *fig.* 151;
que si l'on mène pareillement du troisième sommet x'', la tangente $x''t''$ au même cercle (C'), on aura le quatrième sommet x''' confondu avec le sommet x'', et, en continuant ainsi
jusqu'au dernier côté de la *fig.* 150, il est visible que le dernier sommet α' tombera sur le premier α, ou, ce qui revient
au même, que le côté $\alpha\alpha'$ réduit à zéro, sera tangent au cercle (C) au point de départ α.

L'hexagone de la *fig.* 150, se trouve donc ainsi réduit aux
côtés d'angle inscrit $\alpha x'$ et $x'x''$; les autres côtés, $\alpha\alpha'$, $x''x'''$,
s'étant évanouis tangentiellement à (C) ou confondus par deux
($x'x''$, $x'''x^{\text{iv}}$). Les cercles (C) et (C'), dans la position supposée, ayant d'ailleurs quatre tangentes communes, il exis-
tera quatre positions particulières de l'hexagone dont il s'agit

$\alpha x' x'' \ldots \alpha'$ pour lesquelles les cordes $\alpha \alpha'$ et $x'' x'''$, deviendront nulles, et auront par conséquent les positions indiquées sur la *fig.* 152 ci-dessous, où cet hexagone se trouve en effet réduit à deux seuls côtés.

Fig. 152.

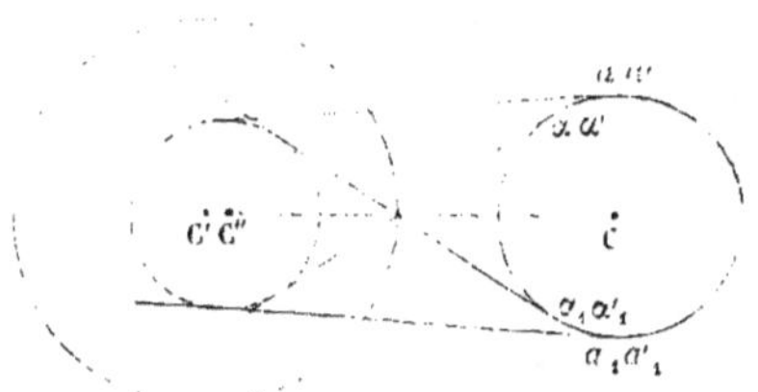

Le côté $\alpha x'$ devant envelopper dans son mouvement, une même circonférence de cercle (C''), ce dernier cercle aura évidemment la position indiquée par la *fig.* 152, où αx, $\alpha_1 \alpha'_1$, $a a'$, $a_1 a'_1$ représentent les côtés évanouis du polygone, abstraction faite des groupes de côtés superposés entre eux et formant un égal nombre d'angles restés ouverts.

Si, au lieu d'un hexagone, on eût considéré un polygone d'un nombre quelconque pair de côtés $2n$, on eût conclu également que le côté libre $\alpha \alpha'$ ne saurait généralement toucher le cercle (C') en aucune position, mais que, pour quatre positions distinctes, ce même côté s'évanouissant devient tangent au cercle (C), comme le représente aussi la *fig.* 152.

Hypothèses particulières et conclusion. — Si les deux cercles (C) et (C') se coupaient effectivement, il n'y aurait plus que deux tangentes qui leur fussent communes, et comme on peut s'en assurer directement, il n'y aurait plus aussi que deux positions différentes du polygone ci-dessus, pour lesquelles le côté $\alpha x'$ deviendrait tangent au cercle (C) ou au cercle (C'). Dans tous les cas d'ailleurs, le nombre de côtés du polygone se réduirait nécessairement, et même en général, ce polygone resterait ouvert.

Enfin, si les cercles (C) et (C'), sans se couper étaient renfermés l'un dans l'autre, le côté $\alpha x'$ ne pourrait plus dans aucune position, toucher ni l'un ni l'autre des cercles (C) ou (C'), à moins de toucher ce dernier dans toutes ses positions.

Ces diverses remarques confirment parfaitement ce que

nous avions conclu des théorèmes généraux (*III* et suivants),
au commencement de ce paragraphe, savoir que « deux cer-
» cles étant donnés sur un plan, il est impossible, en général,
» d'inscrire dans l'un d'eux un polygone qui soit en même
» temps circonscrit à l'autre, et quand, pour une situation
» particulière de ces cercles, un tel polygone est possible, il
» y en a une infinité d'autres de même ordre qui jouissent de
» cette singulière propriété (*). »

*Extension des résultats et des considérations précédentes
aux sections coniques en général, situées sur plan.*

Revenons maintenant à la conséquence générale, relative
aux coniques, qui fait l'objet principal de ce paragraphe et
dont nous nous sommes écartés un instant.

D'après la remarque faite tout d'abord, les deux cercles (C)
et (C′) peuvent être considérés comme la projection de deux
courbes quelconques du second degré, au moins en général ;
car, pour des positions particulières de ces courbes, la projection peut devenir imaginaire, impossible géométriquement.
Donc, d'après ce qui vient d'être établi sur le système parti-

---

(*) Cette facile conséquence d'une analyse en elle-même délicate et
pénible par les développements qu'elle comporte, offre une analogie frap-
pante avec celles qui, pour les polygones d'ordre pair, ont été l'objet
déjà de diverses réflexions dans le III⁰ Cahier (note de la p. 212). Ce n'est
que bien tardivement encore que cette singulière proposition et ses an-
nexes ont attiré l'attention des géomètres, malgré l'annonce que j'en avais
faite, dès 1817, dans les *Annales de Mathématiques de Nîmes,* et leur démonstration, en 1822, dans le *Traité des Propriétés projectives des figures,*
où elles sont exposées par une voie improprement nommée *synthétique,* très-
rapide et rigoureuse, mais qui laisse peu entrevoir les difficultés inhérentes
à leur démonstration algébrique par les procédés ordinaires de l'élimination. Ce n'est qu'en 1828 seulement, qu'un illustre et fécond géomètre,
M. Jacobi, a fait, des théorèmes sur l'inscription et la circonscription simultanées d'un polygone au système de deux cercles, l'objet d'une étude
approfondie où ces théorèmes sont rattachés à la doctrine des fonctions
elliptiques, comme je le ferai mieux voir dans une Note spéciale, à la
suite de ce volume, où on en lira avec intérêt, d'autres de M. Moutard et
de M. Mannheim connu par de belles études de géométrie pure. La Note

culier de deux cercles, on est autorisé à conclure aussi d'une manière générale, que :

« Si deux courbes du second degré sont telles, qu'on puisse
» inscrire dans l'une, un polygone d'un certain nombre de
» côtés, qui soit en même temps circonscrit à l'autre, il y
» aura une infinité de polygones de ce nombre de côtés, qui
» jouiront de la même propriété. »

De là encore on peut conclure, comme nous l'avons aussi annoncé, que, « deux courbes quelconques du second degré
» étant données sur un plan, il est impossible, en général,
» d'inscrire dans l'une quelconque d'entre elles, un polygone
» qui soit en même temps circonscrit à l'autre. »

Au reste, on doit remarquer qu'il eût été possible de démontrer ces propriétés relatives aux coniques considérées au point de vue le plus général, absolument de la même manière que nous l'avons fait en dernier lieu, à l'égard du système simple de deux cercles, puisque deux lignes quelconques du deuxième degré n'ont, ainsi que deux cercles, pas plus de quatre tangentes communes. Cette démonstration eût été plus directe et plus générale à la fois : si je ne lui ai pas donné la préférence, c'est qu'elle ne s'est pas présentée

---

de ce dernier se rattache, par son caractère propre, plus particulièrement aux spéculations du IIIᵉ volume de cet ouvrage consacré aux *Propriétés projectives des figures,* à l'égard duquel elle constitue une véritable anticipation dans l'ordre historique et didactique des idées. J'ai cru cependant utile de la publier ici comme un nouvel exemple de l'extrème simplicité avec laquelle certaines propositions qui ont tant coûté d'efforts aux premiers inventeurs, peuvent être établies, démontrées, en mettant à profit la connaissance des doctrines et des notions mêmes dont ces efforts ont été, tout au moins, une cause de développements ultérieurs; je veux dire les doctrines, les notions relatives à la continuité, si mal accueillies à l'origine, et dont l'influence se laisse apercevoir jusque dans les écrits algébriques de notre époque, surtout dans ceux qui appartiennent au domaine de la géométrie des formes et du mouvement. Là, en effet, on n'échappe aux difficultés inhérentes à la continuité qu'à l'aide de sous-entendus, de paralogismes, de cercles vicieux, de subterfuges même, dont les écrits de nos plus grands géomètres algébristes ne sont pas toujours exempts. — En présence des Sophistes et des Sceptiques, Euclide n'a pas tenté la démonstration de son célèbre *Postulatum* sur les lignes parallèles.

d'abord à mon esprit, à cause de la difficulté des tracés géométriques.

La propriété ci-après, peut être regardée encore comme une conséquence immédiate de celles que je viens de démontrer.

Théorème relatif à l'inscription et à la circonscription simultanées d'un polygone variable d'ordre quelconque, au système de deux coniques sur un plan.

Soient $mn \ldots p$ et $ax \ldots \alpha'$ (*fig.* 153) deux courbes quelconques du second degré, $mno \ldots p\,X$ un polygone également quelconque, circonscrit à la première que je nomme (C'), et dont tous les sommets soient situés sur l'autre courbe

Fig. 153.

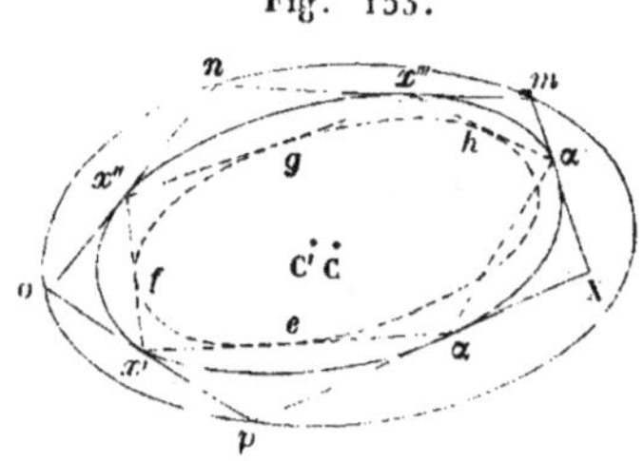

$mn \ldots p$, ou (C), à l'exception du sommet X, qui ne saurait, en général, y être situé en même temps que les précédents; ce sommet X, demeuré libre, décrira, comme nous l'avons vu (art. *IV*), une section conique; or je dis que cette courbe se confondra avec la conique $mn \ldots p$ ou (C'), quand, pour une certaine position assignée, le polygone $mno \ldots$ X aura tous ses sommets situés sur cette courbe.

Cette proposition est assez évidente d'après tout ce qui précède, pour qu'il devienne inutile de la démontrer directement. On peut cependant observer encore que si, pour une position donnée analogue à celle de la figure ci-dessus, le polygone $mn \ldots p\,X$ n'avait pas tous ses sommets placés sur la courbe (C), on ne devrait pas généralement en conclure que la courbe décrite par ce sommet, ne pût avoir aucun point en commun avec la conique (C).

En effet, nous avons vu précédemment, par le cas des cercles, que le côté $\alpha x'$ du polygone $x x' x'' \ldots \alpha'$ inscrit à (C'), et conjugué à celui $mn \ldots X$ en question, pouvait, en général, devenir tangent à la conique $efgh$, enveloppe de ses divers autres côtés, pour quatre positions distinctes et tout à fait singulières, le polygone $x x' x'' \ldots \alpha'$, circonscrit en ses divers sommets, se réduisant alors lui-même à un nombre moindre de côtés, et restant entièrement ouvert.

Donc, dans ces mêmes circonstances, le polygone mobile $mno \ldots X$ (*fig.* 153), complétement circonscrit à (C'), mais non généralement inscrit à (C), aura son sommet libre X placé, à son tour, sur la conique extérieure (C). Or comme, par suite, ce polygone se sera entièrement déformé et réduit à deux de ses côtés, il aura réellement cessé d'exister au point de vue de la géométrie ordinaire.

APPENDICE. — DÉTERMINATION GÉOMÉTRIQUE DES ÉLÉMENTS PRINCIPAUX ET DES INTERSECTIONS, PAR UNE DROITE, D'UNE COURBE DU SECOND DEGRÉ DONNÉE PAR CINQ POINTS QUELCONQUES SUR UN PLAN.

Exposé. — Nous avons annoncé la solution de ce problème dans le IIIe Cahier; il s'agissait alors, en effet, de trouver les intersections d'une droite et d'une section conique dont on a seulement cinq points, mais sans recourir au tracé de la courbe, toujours long et pénible; question résolue (*) par M. Brianchon à l'aide de considérations fondées sur la théorie des transversales. Je me propose ici de discuter, de déterminer explicitement la courbe par son centre et ses axes rectangulaires ou obli-

---

(*) *Voy.* t. I de la *Correspondance sur l'École polytechnique* (1804 à 1808), p. 434, où le problème est ramené, à celui de *construire avec la règle et le compas, l'intersection d'une droite donnée et d'une surface gauche du deuxième degré*. Ici au contraire, il s'agissait, en général, de discuter la courbe et d'en déterminer, de la manière la plus simple possible, les principaux éléments pour en appliquer les résultats au problème de *l'inscription des polygones aux courbes du deuxième degré, etc.*, comme j'en ai déjà fait la remarque dans une note de la page 150. Or le but de semblables recherches n'est point aussi élémentaire qu'il paraît l'être, quand on se propose d'en réduire les solutions au plus petit nombre possible de tracés ou de calculs: but non encore atteint à mon sens, d'une manière satisfaisante aujourd'hui (1862), ni par la géométrie, ni par l'analyse algébrique, à cause du trop grand nombre d'opérations auxquelles, pratiquement, il entraîne.

ques, ce qui permettra ensuite de résoudre, par les moyens ordinaires, les divers problèmes relatifs à cette courbe.

Soient A, B, C, D et E (*fig.* 154) les cinq points par lesquels on veut faire passer une section conique. On commencera par examiner si ces points appartiennent à une seule branche ou à deux branches distinctes de courbe, comme cela pourrait arriver si cette courbe devait être une hyperbole. A cet effet, on imaginera une droite passant par l'un des points donnés et laissant en dehors tous les autres. Supposons que A soit le point choisi en particulier; on imaginera que cette droite, laissant tous les autres points d'un même côté de sa direction, vienne à tourner autour de A comme pôle et dans un même sens, jusqu'à ce qu'elle atteigne un second, B, des points donnés, en laissant toujours les derniers au-dessus de sa direction.

Fig. 154.

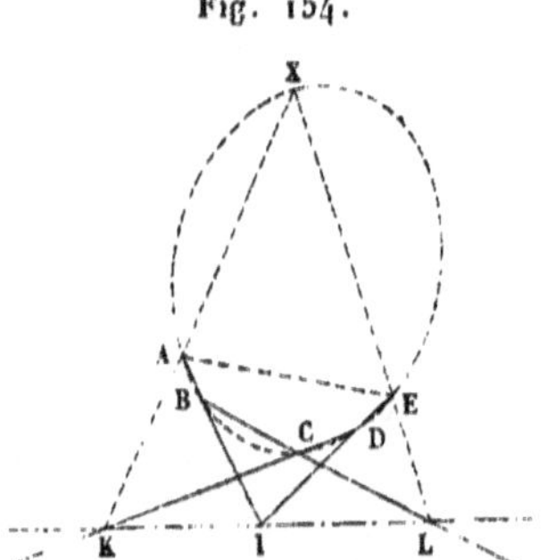

On imaginera pareillement qu'une droite passant par le point B et laissant tous les autres en dessus de sa direction, vienne à pivoter, toujours dans le même sens et de la même manière, autour de ce point comme pôle jusqu'à rencontrer un nouveau point C; en continuant ainsi, on finira par former un pentagone ABCDE, dont les cinq points donnés seront les sommets respectifs.

Cela posé, si le pentagone ainsi obtenu est *convexe*, les points donnés appartiendront à une même branche de courbe; dans le cas contraire, ces points seront situés sur deux branches distinctes, et la conique cherchée sera par conséquent une hyperbole (*). Dans le cas actuel de la *fig.* 154, le pentagone est convexe: ainsi il est impossible de reconnaître à priori, l'espèce de la conique qui lui est circonscrite.

Recherche d'un sixième point quelconque de la conique. — Maintenant si l'on se rappelle (Art. *I* et *VII* du IIIe Cah.) que, dans un hexagone quelconque inscrit à une courbe du second degré, les trois points où se ren-

---

(*) *Voy.*, à la suite de ce volume, une Note analytique relative à ce sujet.

contrent les côtés respectivement opposés sont situés sur la même ligne droite, il sera facile de déterminer un sixième point d'une telle courbe au moyen des cinq autres. Les cinq points de la *fig.* 154 étant donnés à priori, on considérera les quatre côtés AB, BC, CD, DE du pentagone déjà défini ci-dessus, comme les quatre premiers côtés de l'hexagone inscrit à la courbe cherchée; pour trouver les deux derniers, l'un adjacent à AB et l'autre à ED, on prolongera les côtés opposés AB et DE jusqu'à leur rencontre en I, et indéfiniment les deux autres côtés BC et CD; ensuite par le point I, on mènera une droite arbitraire KL, coupant les côtés BC et CD prolongés, aux points K et L; enfin, on joindra le point K au point A par la droite KAX aussi prolongée, et joignant de même, L et E par la droite LEX qui rencontre la première au point X, on formera avec ces deux nouvelles droites, l'hexagone ABCDEX, dont les côtés opposés se couperont respectivement aux trois points K, I et L situés en ligne droite, et qui par conséquent sera inscrit à la courbe cherchée. Donc le point X obtenu de cette manière, est un sixième point de cette courbe.

La construction précédente donnerait successivement autant de points qu'on voudrait de la conique qui contient les cinq points A, B, C, D et E; si donc on ne se proposait que de décrire cette courbe par points et d'en trouver les intersections par une droite donnée, le problème serait parfaitement résolu; mais s'il fallait préalablement en déterminer le centre et les axes, sans la décrire, voici comment on pourrait s'y prendre.

Recherche du centre de la conique. — Observant que toute droite passant par le milieu de deux cordes parallèles de la courbe cherchée, est nécessairement un de ses diamètres et contient son centre, il suffira de déterminer deux semblables droites pour obtenir ce centre par leur mutuelle intersection; or cela est très-facile.

En effet, si, au lieu de prendre la génératrice LEX arbitrairement, ainsi que nous l'avons fait ci-dessus, on la mène parallèlement à la corde BC l'un des côtés du pentagone ABCDE, la corde EX terminée aux points E et X de la conique étant parallèle à BC, la droite indéfinie qui passe par les milieux respectifs de ces deux cordes sera l'un des diamètres cherchés. En considérant pareillement l'autre génératrice AX, dans la position où elle est parallèle à la corde CD, il en résultera une nouvelle corde AX de la conique, parallèle à cette dernière, et par conséquent la direction indéfinie d'un nouveau diamètre de la conique.

L'intersection des deux diamètres ainsi obtenus donnant le centre de cette courbe, sa position permettra de juger quelle en est l'espèce particulière: les cinq points donnés A, B, C, D et E suffisant en effet, pour faire connaître de quel côté est tournée la convexité ou la concavité de la conique qui y passe, on pourra affirmer à priori, que cette courbe est une ellipse si le centre obtenu est situé dans sa concavité, ou une hyperbole dans le cas contraire. Quant au cas de la parabole, il se reconnaîtra de suite, en ce que ce centre se trouvera situé à l'infini, c'est-à-dire que les diamètres déterminés ci-dessus, seront alors parallèles, etc. Cet examen d'ailleurs n'est indispensable que pour le cas où les cinq points donnés se trouvent sur une même branche de courbe; car, dans le cas contraire, ainsi que je l'ai déjà fait remarquer, l'espèce de la courbe est complétement déterminée à priori.

Recherche d'un système de diamètres conjugués. — Connaissant ainsi l'espèce de la courbe et la position de son centre dans les cas de l'ellipse ou de l'hyperbole, on pourra aisément obtenir un de ses systèmes de diamètres conjugués. On commencera par déterminer le diamètre qui passe par le point E ou A, en direction et en grandeur, en considérant la génératrice LEX dans la position où elle passe par le centre déjà trouvé; car le point T, ainsi obtenu sur la courbe, sera l'une des extrémités du diamètre correspondant, dont le point E est naturellement l'extrémité opposée. Le diamètre conjugué au précédent étant parallèle à la tangente relative à l'extrémité E, on construira cette dernière tangente par le procédé du n° *VII*, p. 138 (IIIᵉ Cahier); ce qui déterminera la direction de ce diamètre, et suffira pour en trouver la longueur.

A cet effet, on imaginera que la courbe soit rapportée aux diamètres conjugués ainsi obtenus, son équation étant

$$a^2 y^2 + b^2 x^2 = a^2 b^2$$

si c'est une ellipse, et

$$a^2 y^2 - b^2 x^2 = a^2 b^2$$

si c'est une hyperbole, les coordonnées x et y étant obliques et parallèles aux diamètres conjugués en question.

Cela posé, si l'on imagine que a représente le demi-diamètre connu, qui passe par E, et que x' et y' représentent les coordonnées également connues de l'un des quatre points donnés A, B, C et D, on aura respectivement, pour déterminer la grandeur b du demi-diamètre conjugué au premier, d'après les équations ci-dessus,

$$b = \frac{ay'}{\sqrt{a^2 - x'^2}} \quad \text{ou} \quad b = \frac{ay'}{\sqrt{a^2 + x'^2}}.$$

Ces expressions peuvent se construire facilement au moyen d'une quatrième proportionnelle, telle que, par exemple,

$$\sqrt{a^2 - x'^2} : y' :: a : b.$$

Les diamètres conjugués de la courbe inconnue étant ainsi déterminés en grandeur et en direction, ses axes rectangulaires le seront eux-mêmes d'après la construction donnée dans les Éléments. Ainsi la première partie du problème proposé pourrait être censée résolue pour les cas de l'ellipse et de l'hyperbole; de plus, je ferai remarquer en passant que, dans ce dernier cas, la connaissance des diamètres conjugués de la conique cherchée entraîne, par une construction très-simple, celle de ses asymptotes, de ses axes principaux, etc.

Cas de la parabole. — Quand la courbe qui passe par les cinq points donnés A, B, C, D et E, est une parabole, il n'existe plus de centre ni de diamètres conjugués, mais il n'en résulte aucune difficulté.

On mènera, comme précédemment, par le point E de la courbe, une droite qui lui soit tangente, puis une autre droite diamétrale EO (*fig.* 155), parallèle à celles construites d'abord. On considérera, de plus, la génératrice LEX (*fig.* 154) dans la position (*fig.* 155) où elle se trouve perpendiculaire à la direction de ces diamétrales; ce qui donnera un point X d'intersection de cette perpendiculaire avec la parabole.

Cela posé, soient MET la tangente dont il vient d'être parlé, EO la droite diamétrale correspondante; EX la corde perpendiculaire à EO, dont l'extrémité X est également censée déjà construite; cette corde EX étant, par hypothèse, perpendiculaire à l'axe de symétrie MN de la parabole, se

Fig. 155.

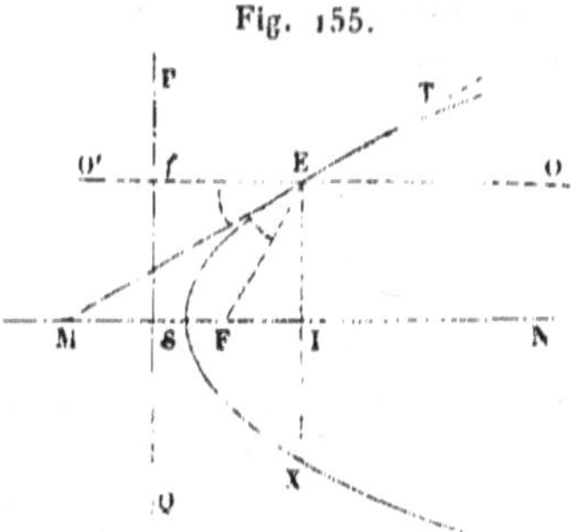

trouve divisée en parties égales au point I par cet axe; donc si l'on mène par I une parallèle à EO, ce sera l'axe même dont il s'agit. Pour trouver le foyer F de la parabole sur la direction de l'axe MN, on mènera par le point E, la droite EF faisant avec la tangente MET un angle aigu MEF égal à l'angle OET ou O'EM, et cette droite viendra couper l'axe MN au foyer F, demandé. Pour obtenir la directrice PQ de la parabole, on portera le rayon vecteur EF de E en *f* sur EO' prolongement de OE, et, du point *f*, on abaissera la perpendiculaire indéfinie P*f*Q sur l'axe MN : ce qui donnera la directrice cherchée; la parabole se trouvera donc aussi parfaitement déterminée dans ses éléments principaux.

Recherche en général, des intersections de la conique, non décrite, avec une droite déjà tracée, etc. — Si, étant donnés cinq points d'une courbe

24.

du second degré, on se proposait soit d'en trouver les intersections avec une droite donnée, soit de lui mener une tangente par un point pris arbitrairement, il ne serait pas nécessaire, dans les cas de l'ellipse et de l'hyperbole, d'en construire les axes rectangulaires; il suffirait, en vertu des considérations suivantes, très-simples, d'en déterminer, comme nous l'avons fait ci-dessus, deux diamètres conjugués.

Puisque l'équation d'une courbe du second degré, rapportée à son centre et à ses diamètres conjugués obliques, est absolument de même forme que celle de cette courbe rapportée à son centre et à ses axes rectangulaires, il s'ensuit que si, laissant fixe l'un des deux diamètres conjugués auxquels elle est rapportée dans le premier cas, on redresse, perpendiculairement à ce diamètre, celui qui lui est conjugué ainsi que toutes les ordonnées qui lui sont parallèles, en leur conservant leurs grandeurs respectives, la courbe formée par les extrémités des ordonnées ainsi redressées, sera de même espèce que la première, aura pour l'un de ses axes rectangulaires le diamètre même resté fixe, et pour l'autre, celui qui lui est conjugué, redressé comme je l'ai dit. De plus, s'il se trouve sur le plan de la courbe primitive à ordonnées obliques, une droite tangente ou non à cette courbe, et si l'on en redresse de même les ordonnées obliques, parallèles aux précédentes comptées du diamètre fixe, leurs extrémités supérieures appartiendront à une autre droite tangente ou sécante de la nouvelle courbe, en des points correspondants aux points communs à la conique et à la droite primitives, mais redressés toujours suivant la même loi.

D'après ce système de transformation, il sera donc facile, une courbe du second degré étant donnée par ses diamètres conjugués, si l'on veut en trouver l'intersection avec une droite donnée, ou lui mener une tangente par un point donné, de ramener la question aux questions plus simples déjà résolues (Prob. XIV, Cah. I, *Lemmes de géométrie*), où les axes rectangulaires de la conique sont donnés en grandeur et de position. Pour y parvenir, il suffira, en effet, de redresser suivant le procédé ci-dessus, la droite ou le point donné ainsi que le diamètre oblique de la conique appartenant aux cinq points primitivement donnés, de manière que la nouvelle courbe étant rapportée à son centre et à ses axes, on en puisse facilement déterminer l'un des foyers, la directrice, etc.

Tout ceci me paraît assez évident au premier aperçu, pour qu'il soit inutile d'en donner une plus ample explication en recourant au tracé tout élémentaire d'une troisième figure.

SEPTIÈME ET DERNIER CAHIER.

EXTRAIT RÉSUMÉ DES PRÉCÉDENTS CAHIERS,

OU MÉMOIRE SUR UNE CLASSE INTÉRESSANTE DE PROPRIÉTÉS DESCRIPTIVES DES FIGURES (*).

Nous nous proposons d'étudier, de démontrer dans ce Mémoire, cette classe de propriétés des figures dont les parties sont liées entre elles par des conditions générales de position, indépendantes de toute grandeur ou mesure déterminée. Telle serait, par exemple, une propriété relative aux points de concours de certaines lignes droites passant par des points de position assignée ou touchant des lignes données du second degré. Telle serait encore la propriété dont jouirait un certain point mobile relativement à la nature de la courbe qu'il engendre dans son mouvement, lorsqu'il ne varie pas d'après une condition dépendante d'une grandeur constante ou déterminée. Ainsi les propriétés qui tiendraient à l'ouverture d'un certain angle, à la longueur d'un paramètre ou à la direction des normales d'une courbe, seront entièrement exclues de la classe de propriétés dont il s'agit. Il est indispensable de se rappeler cette remarque dans tout le cours de ce Mémoire, sans quoi il serait souvent inintelligible.

Nous nous dispenserons de la rappeler; mais, quand il sera question de propriétés d'une autre nature, nous aurons tou-

---

(*) Ce Mémoire, en quelque sorte récapitulatif, doit être considéré comme une première tentative de rédaction du *Traité des Propriétés projectives des figures* : l'auteur se proposait de l'adresser à l'Académie des Sciences de Saint-Pétersbourg, dans l'espoir qu'accueilli par elle, il lui ferait obtenir du gouvernement impérial, la faveur d'être appelé et de résider dans la capitale jusqu'à l'époque de la paix, qui pouvait se faire attendre bien des années encore et prolonger les angoisses d'une pénible captivité. Les événements de 1814 vinrent interrompre brusquement l'exécution de ce projet.

jours soin d'en prévenir. Les propriétés descriptives dont il s'agit seront appelées du nom générique de *propriétés de position*, afin d'abréger.

Nous diviserons ce Mémoire en trois Parties. La première renfermera les principes à l'aide desquels on peut parvenir à simplifier la démonstration des propriétés de position dont jouissent certaines figures. La seconde concernera l'application de ces principes à la démonstration de plusieurs propriétés descriptives déjà connues, et préparera ainsi à en découvrir de nouvelles. La troisième, enfin, comprendra toutes les propriétés de cette espèce, que nous avons pu découvrir.

PREMIÈRE PARTIE.

PRINCIPES FONDAMENTAUX.

1.

J'adopterai en principe, dans ce Mémoire de géométrie, que si une figure quelconque jouit d'une de ces propriétés que nous avons appelées *de position*, quand les parties dont elle se compose ont une disposition particulière, cette figure jouit encore de la même propriété quelle que soit la manière générale dont on ait interverti l'ordre ou la disposition respective de ces parties.

Cette généralisation ou extension n'est autre que celle que l'analyse algébrique porte avec elle dans toutes les questions où il ne s'agit que de propriétés de position. En effet, quand on met un problème (ou théorème) de cette nature en équation, on part d'une situation particulière de la figure, et les résultats auxquels on arrive sont vrais pour toutes les dispositions possibles qui remplissent la même condition, parce que les résultats auxquels on est parvenu ne laissent aucune trace de la situation particulière d'où l'on est parti ; les signes et les lettres s'étant disposés d'une manière générale et invariable. C'est cette grande extension de l'analyse, extension qu'on doit pouvoir donner dans les mêmes circonstances aux démonstrations géométriques, qui a justifié l'expression de *puissance de l'analyse....* Il semble qu'on n'a pas assez prouvé cette puissance ; on y croit : mais cela suffit-il ? Peut-être cette propriété qui lui vient de la convention même établie sur les signes algébriques, est-elle très-difficile à démontrer en toute rigueur; aussi les premiers géomètres qui s'en sont servis et Newton lui-même, ont-ils toujours eu soin de faire suivre chaque démonstration analytique d'une démonstration synthétique. Cette preuve répétée souvent donne toute la confiance imaginable: mais est-elle d'une certitude mathématique? Dans le cours d'un calcul, il arrive souvent, que certaines expressions qui y entrent implicitement sont nulles, imaginaires ou prennent toute autre forme : on continue le calcul sans s'en douter, et l'on arrive à une équation finale qui n'en laisse aucune trace; la suite des opérations, qui n'est qu'un raisonnement tacite, est donc appuyée sur des considérations d'infinis, d'imaginaires, etc., et cependant les conséquences sont vraies. Il n'en est pas de même de la géométrie, telle qu'on la considère ordinairement : comme tous les raisonnements, toutes les conséquences ne peuvent être appréciés par l'esprit qu'autant qu'ils se peignent à l'imagination par des objets sensibles, dès que ces objets manquent, le raisonnement s'arrête.

Ces réflexions sont naturellement nées du sujet qui nous occupe, et n'ont pas dû être passées sous silence, puisque toutes les conséquences que nous allons développer sont fondées sur la vérité des résultats de l'analyse; mais qu'il soit ou qu'il ne soit pas démontré, en toute rigueur, que ces résultats de l'analyse sont toujours vrais, peu nous importe, puisque cette vérité est tellement reconnue des géomètres qu'elle est mise au rang des axiomes. Il est donc prouvé d'après le raisonnement que nous avons fait plus haut, que toutes les fois qu'on aura démontré qu'une propriété existe pour une disposition générale des parties d'une figure, cette propriété existera toujours quelle que soit la manière dont on intervertisse l'ordre ou la disposition de ces parties, pourvu toutefois que les éléments de la première figure ne soient pas liés par des conditions de grandeur déterminée.

Voici, à l'appui de ce qui précède, un exemple très-connu et qui fera voir et apprécier l'avantage de pouvoir étendre les démonstrations de la géométrie. Soit une droite et une surface du second degré qui ne se coupent pas: par la droite imagi-

nons deux plans tangents à la surface, ils toucheront chacun,
la surface en un point ; imaginons en outre, un cône qui soit
tangent à cette surface et dont le sommet soit situé sur la
droite en question, il déterminera, comme on sait, sur la surface une courbe de contact plane et cette courbe passera évidemment par les deux points déterminés d'abord ; donc le
plan de cette courbe passe par la corde qui joint ces deux
points, et il en est de même du plan de contact de toute autre
surface conique pareille.

Cela posé, imaginons que, par la droite donnée, non sécante,
on mène un plan sécant dans la surface ; ce plan coupera : cette
surface suivant une section conique (C), *fig.* 156 ; la corde des
points de contact au point O ; chaque surface conique suivant un
couple de tangentes pt ou $p't'$, qui se couperont sur la droite
donnée ML, et enfin les plans de contact de ces surfaces coni-

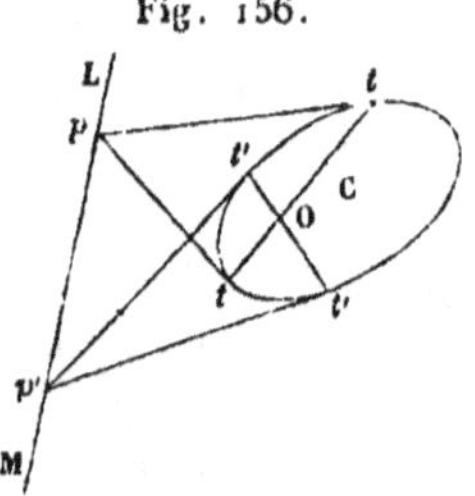

Fig. 156.

ques suivant des cordes de contact tt, $t't'$. De là donc cette propriété bien connue : Si des points d'une droite **ML** située au
dehors d'une section conique C, on mène deux à deux, des tangentes telles que pt et $p't'$, les cordes de contact tt_1, $t't'_1$, etc.,
passeront toutes par un même point O.

Tant que la droite **ML** est située au dehors de la courbe (C),
cette proposition est une conséquence du raisonnement précédent ; mais cela n'aura plus lieu quand elle traversera la
courbe, car alors il sera impossible de mener par cette droite
deux plans tangents à la surface en question. Devrait-on conclure de là que la propriété n'a plus lieu dans ce cas? Non sans
doute, et l'analyse dont les résultats sont indépendants de la
position relative de la courbe et de la droite, fournit la même
conséquence dans un cas que dans l'autre.

Qu'on se donne, en effet, les équations de la droite et de la conique, il est clair que, quelle que soit leur position relative, les coefficients, quoique ayant implicitement des valeurs différentes selon la position particulière que l'on choisit, y entrent malgré cela, de la même manière et sous la même forme; en sorte que la question pour le cas où la droite rencontre la courbe, et celle pour le cas où elle ne la rencontre pas, ne peuvent pas être distinguées l'une de l'autre. Cela n'aurait plus lieu si la position de la droite était liée à celle de la courbe par une condition de grandeur : la forme des coefficients pourrait changer alors, et la conséquence que l'on en tirerait serait bien un cas particulier de la conséquence générale, mais ne la renfermerait pas. Ainsi, ayant trouvé dans ce cas, que les cordes tt, $t't'$ se rencontrent en un même point, on n'en pourrait pas conclure, avec certitude, que cela soit vrai en général.

Par la suite, des exemples réitérés éclairciront encore plus ce qui précède. Quant à présent, nous allons en déduire un moyen général de simplifier les démonstrations des propriétés de *position* dont jouissent les figures.

II.

Considérons une figure quelconque composée de points, de lignes droites et de sections coniques, et supposons toujours que ces différentes parties soient liées entre elles par une condition générale de position, indépendante d'aucune grandeur déterminée ; il est évident que, si on la projette sur un plan arbitraire, par de nouvelles lignes droites, des plans et des cônes partant tous d'un même point également arbitraire (qu'on peut nommer *point de vue* ou *point projetant*), il est évident, dis-je, que, sur ce nouveau plan de projection, une droite sera projetée suivant une autre droite, une section conique suivant une autre section conique, etc., et que toute ligne droite ou section conique qui touchera une ou plusieurs autres courbes de cette espèce dans la première figure, étant mise en projection, touchera également la projection de ces courbes aux points qui correspondent, respectivement à ceux où elle les touchait d'abord.

Cela posé, il est permis de conclure, en général, que, si la figure donnée jouit d'une certaine propriété de *position*, la projection de cette figure doit jouir de la même propriété ; et réciproquement, s'il est démontré que cette projection jouit d'une propriété de cette espèce, on en peut conclure aussi que la figure d'où elle provient jouit de la même propriété.

Voici maintenant la conséquence que l'on peut tirer de cette remarque très-facile à faire :

« Une figure étant donnée, si l'on veut rechercher quelles » sont les propriétés de position dont elle jouit, on examinera » si elle peut être projetée suivant une figure plus simple ; » si cela a lieu, on cessera de s'occuper de la première figure » et on recherchera seulement, sur sa projection plus simple, » les propriétés que l'on avait particulièrement en vue ; car, » d'après ce qui précède, ces propriétés appartiendront aussi » à la figure considérée d'abord. »

Ceci cependant présente une difficulté ; car les propriétés de la projection ne seront généralement applicables à la figure primitive qu'autant que cette projection sera elle-même toujours possible, quel que soit l'arrangement général des parties dont elle se compose. Mais on peut résoudre facilement cette difficulté au moyen du principe invoqué à l'art. 1.

En effet, supposons qu'une figure étant donnée, il soit démontré qu'elle puisse être projetée suivant une figure plus simple pour une certaine disposition générale des parties qui la composent, et que, pour une autre disposition générale de ces mêmes parties, cette projection devienne impossible ou imaginaire : il est évident que, si la projection en question jouit d'une certaine propriété de *position*, la figure d'où elle provient en jouira aussi, pour toutes les dispositions des parties où cette projection sera possible et réelle (cela est une conséquence de la remarque précédente). Or nous avons démontré art. I, que s'il était prouvé qu'une figure jouit d'une propriété de *position* pour une certaine disposition générale de ses parties, elle jouira toujours de la même propriété quelle que soit la manière générale dont on ait interverti l'ordre ou la disposition de ces mêmes parties.

Donc, quoique la projection d'une figure donnée puisse devenir imaginaire pour certaines dispositions de cette figure, il n'en est pas moins vrai de dire que, *toute propriété de position dont jouit sa projection quand elle est possible, est toujours une propriété de cette figure, même quand la projection devient imaginaire.*

D'après ces différentes remarques, on sent combien, il sera souvent possible de simplifier les recherches qui auront pour objet les propriétés générales de position. Voici, en résumant, comment il faudra s'y prendre :

« Quand on se proposera de découvrir quelque propriété
» générale de position d'une figure, on pourra imaginer que
» cette figure soit projetée sur un nouveau plan (d'après la
» manière indiquée ci-après), de telle sorte qu'une ou plu-
» sieurs parties de cette figure soient réduites à des circon-
» stances plus simples ; on aura ainsi une nouvelle figure qui
» pourra remplacer la première, sinon pour toutes les disposi-
» tions possibles au moins en général ; on raisonnera sur cette
» figure comme tenant lieu de la première d'où l'on est parti,
» et les propriétés, les conséquences générales qu'on en dé-
» duira seront également applicables à cette figure, quoiqu'il
» arrive des cas où la projection soit imaginaire. »

On voit aussi, d'après cela, combien il serait avantageux de connaître à l'avance les différentes figures et propositions que l'on pourrait simplifier au moyen de la projection ; c'est ce que nous nous proposons maintenant de rechercher.

Pour y parvenir, commençons par remarquer : 1° que l'équation du plan inconnu de projection renfermant trois indéterminées ainsi que celles du point projetant, on pourra, en général, satisfaire à six conditions distinctes ; mais qu'il faudra avoir soin de les choisir parmi celles qui sont compatibles entre elles ; 2° que certaines conditions peuvent en renfermer deux ou plusieurs autres explicitement ou implicitement, ce qu'il faudra bien examiner ; 3° que si le système se trouvait déjà soit par sa nature, soit par une réduction partielle, remplir une ou plusieurs conditions, ce serait autant d'indéterminées de moins dont on pourrait disposer.

III.

Nous commencerons ces recherches sur la réduction des figures, en faisant connaître d'abord celles de ces réductions qui peuvent être établies par le secours seul de la géométrie, et dont la plupart même sont déjà tellement connues, que nous nous dispenserons d'en donner la démonstration ici. Nous ferons connaître ensuite les réductions qui, étant moins simples que les premières et n'étant point encore connues, exigent, par là, que l'on en donne une démonstration complète.

Comme les réductions dont il s'agit seront souvent employées et doivent former la base de ce Mémoire, nous leur donnerons le nom de *Principes*. Il faudra se rappeler que ce que nous appelons projection d'une figure ou système de figures, n'est autre chose que la perspective de cette figure prise d'un point nommé *central* ou *point projetant*.

1er Principe. — Un système de droites concourant au même point peut être considéré comme la projection d'un système de droites parallèles, et réciproquement un système de droites parallèles peut être considéré comme la projection d'un égal nombre de droites concourant en un même point.

IIe Principe. — Deux ou plusieurs systèmes de droites concourant dans chaque système en un même point, peuvent être considérés, quand tous ces points de concours sont situés sur une même ligne droite, comme la projection d'un égal nombre de systèmes de droites parallèles, mais ayant une inclinaison distincte selon le système auquel elles appartiennent. Réciproquement, deux ou un plus grand nombre de systèmes de droites parallèles peuvent être regardés comme la projection d'un égal nombre de systèmes différents de droites concourant, dans chacun en particulier, en un même point et tous les points de concours ainsi obtenus, sont situés sur une seule ligne droite.

IIIe Principe. — Une courbe quelconque du second degré peut toujours être considérée comme ayant pour projection centrale ou perspective, etc., une circonférence de cercle, et *vice versâ*. Cependant le système de deux lignes droites quelconques qui se coupent sur un plan, quoique représentant une véritable section conique, ne devra pas être regardé généralement comme pouvant être projeté suivant une circonférence de cercle, du moins quant à l'objet que nous nous proposons. La réciproque est également vraie et la raison en est très-évidente; car toutes les parties de la figure, à l'exception des deux droites en question, se trouveraient être projetées suivant un point unique ou des lignes droites passant par ce point, puisque le plan de projection passerait nécessairement aussi par le centre projetant.

Néanmoins, le système de deux droites n'étant qu'un cas particulier de la section conique, toute propriété de position de celle-ci sera applicable à l'autre, modifiée d'une manière convenable : ainsi des propriétés générales de la courbe du deuxième degré on pourra bien déduire celles du système de deux lignes droites, mais l'inverse ne sera pas vrai.

IVᵉ Principe. — Toute figure composée d'un cercle et d'une droite peut, en général, être regardée comme la projection d'une autre figure composée aussi d'un cercle et d'une droite située à l'infini; de sorte que (IIᵉ Princ.), si la première figure renferme, entre autres, un système de lignes droites concourant en un même point situé sur la droite en question, ce système dans la projection, sera un système de lignes droites parallèles.

Ce principe a besoin d'être démontré, et c'est ce que nous allons faire en reprenant la chose d'un peu plus haut.

IV.

Un cône oblique dont la base est une section conique peut être coupé par un plan suivant un cercle, et il existe deux positions du plan, non parallèles, pour lesquelles cela a lieu : c'est ce qu'on appelle *sections sous-contraires* (*); cette propriété est générale pour les surfaces du second degré et se

---

(*) Autrement dites *sections anti-parallèles*. D'après l'antique définition des *coniques* par Apollonius, l'existence des sections circulaires obliques au cercle de base du cône, se démontre élémentairement par la géométrie, comme on l'a vu déjà aux p. 118 et suiv. du texte; cette démonstration est reproduite ici, à quelques différences près dues à la substitution des figures de cet endroit à celles du texte ci-dessus.

trouve démontrée dans la plupart des Éléments d'Analyse appliquée à la Géométrie.

Soit (c), *fig*. 157, la base circulaire d'un cône oblique, *s* le
sommet du cône, *sp* la perpendiculaire abaissée de ce sommet
sur le plan de base. Par le centre du cercle (c) et par le pied *p*
de la perpendiculaire *sp*, soit menée une diamétrale *ab* ou

Fig. 157.

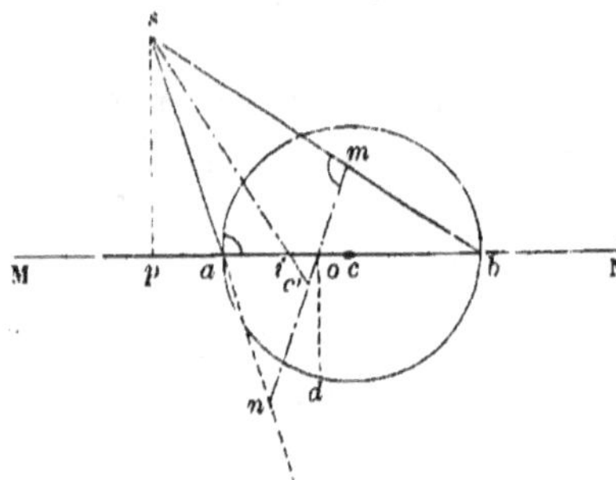

droite indéfinie MN regardée ici comme ligne de terre; la base
du cône étant prise pour plan horizontal de projection, le
plan élevé perpendiculairement sur cette base par la trace MN
sera le plan vertical de projection qui passera évidemment par
le sommet *s*; ce plan coupera la surface conique suivant les
deux arêtes extrêmes *sa* et *sb*. Cela posé, je dis que la section
sous-contraire à la section (c) est un plan perpendiculaire au
plan vertical *sab* de projection, dont la trace *mn* sur ce plan
fait, avec l'arête *sb*, l'angle *smn* égal à l'angle *sab*.

En effet, pour qu'un plan tel que celui qui a *mn* et *od* pour
traces sur les deux plans de projection, coupe la surface conique suivant une circonférence de cercle, il faut que l'ordonnée *od*, qui appartient à la fois à cette section et à la
base (c), soit une moyenne proportionnelle entre les segments *no* et *mo* du diamètre *mn* de cette même section, en
sorte qu'on doit avoir

$$\overline{do}^2 = no \times om;$$

mais l'ordonnée *od* appartenant aussi au cercle (c), on a en
même temps,

$$\overline{do}^2 = ao \times ob;$$

donc, pour que la section mn soit circulaire, il faut que

$$no \times om = ao \times ob,$$

ou bien

$$mo : ob :: ao : no;$$

donc enfin, les deux triangles aon et bmo, ayant un angle égal compris entre des côtés proportionnels, sont semblables, et par conséquent l'angle smn, supplément de omb, doit être égal à l'angle sab, supplément de oan.

Toutes les sections parallèles à mn étant des cercles, les centres de ces cercles seront situés sur une ligne droite passant par le sommet s, ceux des sections parallèles au cercle (c) seront également situés sur une droite passant par le sommet s : ces deux droites ne sont pas les mêmes, elles ne se confondent que quand le cône est droit.

Tout ce que nous venons de dire est indispensable pour bien entendre la démonstration suivante.

Soit toujours mn (*fig.* 158), une section sous-contraire au cercle (c) dans la surface conique sab; par le sommet s soit mené un plan parallèle à cette section, il aura évidemment pour trace sur le plan vertical sab de projection, la droite sk parallèle

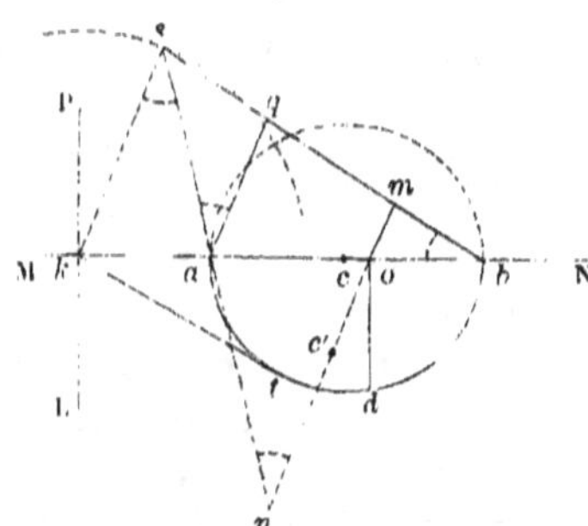

Fig. 158.

à mn, et sur le plan horizontal une droite kL parallèle à od et par conséquent perpendiculaire à MN ; soit, de plus menée, par l'extrémité a du diamètre ab, la parallèle aq à mn. Cela posé, les triangles abq et kbs étant semblables, on aura la proportion

$$aq : sk :: ab : kb :$$

pareillement, *aq* étant parallèle à *mn*, le triangle *saq* se trouve
être semblable au triangle *sab*, et par conséquent on aura encore la proportion suivante

$$sa : aq :: sb : ab.$$

Maintenant, si l'on observe que l'angle *ask* est égal à l'angle
snm comme alternes-internes, et par conséquent égal aussi à
l'angle *abs*, on en conclura que les triangles *sak* et *sab* qui ont
un angle égal sont entre eux comme les rectangles $sk \times as$
et $ab \times bs$ des côtés qui comprennent ces angles. Mais ces
triangles ayant même hauteur au-dessus de leurs bases *ak*
et *ab*, on en conclura aussi qu'ils sont entre eux comme ces
bases ; donc, à cause du rapport commun, il en résultera cette
nouvelle proportion,

$$ab \times bs : sk \times as :: ab : ak,$$

ou bien

$$bs : sk \times as :: 1 : ak.$$

En multipliant par ordre les trois proportions que nous venons de trouver, et supprimant ensuite les facteurs qui se
détruisent, il viendra le résultat suivant,

$$1 : \overline{ks}^2 :: 1 : ka \times kb, \quad \text{d'où} \quad \overline{ks}^2 = ka \times kb;$$

c'est-à-dire que *ks* est une moyenne proportionnelle entre
les segments *ka* et *kb*. Donc si par le point *k* on mène une
tangente *kt* au cercle C, cette tangente sera égale à KS. Voici
la conséquence qu'on peut tirer de là.

Supposons que la droite *kl* et le cercle (*c*) soient donnés,
et qu'il s'agisse de trouver un plan de projection tel, que (C)
soit projeté suivant un nouveau cercle, tandis que la droite *kl*
soit projetée à l'infini ; on abaissera du centre (*c*) une perpendiculaire *ck* sur cette droite, du point *k* où elle la rencontre
on mènera une tangente *kt* au cercle (*c*), puis on portera la
distance *kt* de *k* en *s* sur une droite *ks* de direction arbitraire.
Cela posé, si l'on considère le point *s* comme le sommet de
la surface conique projetante du cercle (*c*) et qu'on prenne
pour plan de projection un plan quelconque *mod* parallèle au

plan skl, ce plan sera le plan demandé, c'est-à-dire que la droite kl sera projetée à l'infini sur ce plan et que le cercle (c), y sera projeté suivant un autre cercle : cela est évident d'après ce qui précède.

On peut conclure de là, qu'il y a une infinité de points projetants qui jouissent de la même propriété que le point s, puisque la direction de ks est arbitraire; et puisqu'il est démontré d'ailleurs, que ce point projetant doit être à une distance constante $ks = kt$ du point k, il s'ensuit que si du point k comme centre avec kt pour rayon, on décrit, dans le plan vertical mené par kc ou MN, perpendiculairement au plan donné de la section circulaire (c), une circonférence de cercle, les points de cette circonférence jouiront tous et seront les seuls qui jouiront de la propriété en question.

Avant de quitter ce sujet, nous ferons connaître une propriété qui mérite d'être remarquée en passant.

Soit s (*fig.* 159), un point projetant qui remplisse les conditions précédentes, mn une section sous-contraire, parallèle au plan skL. Le centre c' de cette section, sera situé au milieu de la droite mn, et, si l'on mène la droite sc', elle cou-

Fig. 159.

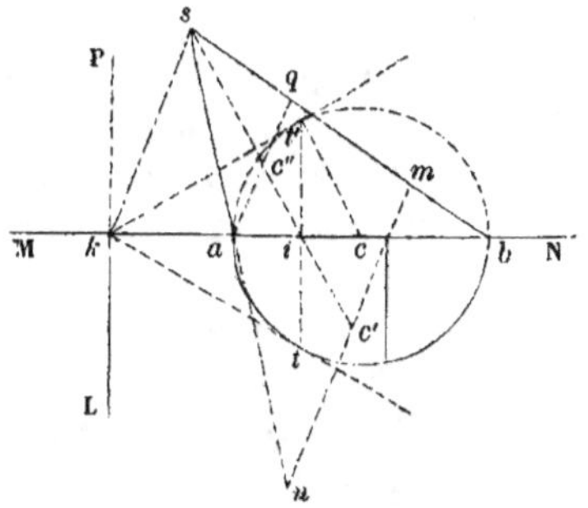

pera le plan horizontal au point i qui sera la projection du centre c', aussi bien que celle du centre c'' de toute autre section parallèle, aq. Cela posé, je dis que le point i ne changera pas quand on prendra un autre sommet que s, remplissant la même condition, et que ce point sera précisément celui qu'on obtiendrait en cherchant l'intersection du diamètre ab

du cercle de base avec la corde de contact tt' des tangentes issues du point k.

En effet, les triangles semblables $ac''i$ et ksi donnent la proportion

$$sk : \tfrac{1}{2} aq :: ki : ai \quad \text{ou} \quad :: ki : ki - ka.$$

Multipliant cette proportion par ordre avec la suivante déjà trouvée ci-dessus,

$$aq : sk :: ab : kb,$$

il viendra

$$1 : \tfrac{1}{2} :: ab \times ki : kb(ki - ka),$$

ou, ce qui revient au même,

$$\tfrac{1}{2} ab \times ki = kb \times ki - kb \times ka.$$

Mettant dans cette équation pour kb sa valeur $kc + \tfrac{1}{2} ab$, on en tirera $kc \times ki = ka \times kb$; d'où l'on peut conclure d'abord, que la distance ki est constante; ensuite, si l'on observe que, d'après la figure, $kb \times ka = \overline{kt}^2$, ce qui donne $\overline{kt}^2 = kc \times ki$, on conclura, en second lieu, que le point i se confond avec le pied de l'ordonnée abaissée du point de contact t de la tangente kt, sur le diamètre ab; car, en appelant ce dernier point i', le triangle rectangle ktc donnerait précisément

$$\overline{kt}^2 = kc \times ki' = kb \times ka.$$

Revenons à l'objet de cet article, dont je me suis écarté un instant.

Puisqu'il existe une infinité de points projetants s et, par suite, une infinité de plans mn de projection, qui remplissent la condition exigée, il s'ensuit qu'on pourrait assujettir ce point ou ce plan à une nouvelle condition, pourvu qu'elle fût compatible avec les premières.

D'autre part, la vérité du Principe qui vient d'être démontré n'étant relative qu'à une certaine disposition générale de la droite donnée PL et du cercle de base (c), il en résulte qu'elle n'a pas une existence absolue. En effet, il est visible que la détermination précédente du point projetant s et du plan de projection mn, ne sera possible que quand la droite PL ne rencontrera pas le cercle (c); car, dans le cas contraire, le point k se trouvant dans l'intérieur de ce cercle, il serait impossible de mener à celui-ci une tangente par ce point même.

Cependant la projection i du centre du cercle cherché n'a pas cessé d'exister, quoique ce cercle ou son rayon soit devenu imaginaire. La raison en est que le point i est lié au point k par une propriété générale de *position*, comme nous l'avons prouvé ci-dessus; or cette propriété ayant été démontrée pour le cas où la droite PL ne rencontre pas le cercle, elle doit être vraie aussi (n° II) quand cette droite rencontre le même cercle.

Le Principe IVe que je viens de démontrer élémentairement peut être considéré comme un cas particulier du suivant; j'ai préféré l'énoncer séparément, parce qu'il est, comme on le voit, susceptible d'être établi d'une manière assez simple par le secours seul de la géométrie, et qu'il peut d'ailleurs le remplacer dans tous les cas, à l'aide de ce raisonnement.

Soient sur un plan, une section conique et une ligne droite; il est évident, d'après le IIIe Principe, que ce système peut être considéré comme la projection d'un autre formé d'une ligne droite et d'un cercle dont les propriétés de position seront applicables au premier. Lors donc qu'on voudra rechercher les propriétés de ce premier système, on pourra ne s'occuper que du dernier; ce que l'on fera en le simplifiant encore au moyen du IVe Principe. Ainsi la première figure peut être immédiatement remplacée par un cercle et une droite située à l'infini, de sorte que tout système de lignes droites concourant en un point de la droite en question sur la première figure, devra être considéré comme un système de droites parallèles dans la nouvelle.

Ve Principe. — Une conique et une droite étant données sur un plan, on peut généralement les considérer, la première comme la projection d'un cercle et la seconde comme celle

25.

d'une droite située à l'infini, de sorte que tout système de lignes droites ayant un même point de concours sur la droite de la première figure, peut être considéré comme un système de parallèles dans la projection de cette figure.

Ce principe sera entièrement démontré par l'analyse, et comme nous aurons lieu de nous servir des formules générales de la transformation des coordonnées rectangles dans l'espace, il est à propos de commencer par faire la recherche de ces formules, par une voie que nous rendrons aussi courte que possible.

V.

Soient Ax, Ay et Az (*fig.* 160) les axes primitifs des coordonnées; Ax', Ay' et Az' les nouveaux axes rectangulaires; enfin AB la trace du plan des $x'y'$ sur le plan des xy; il est évident que la position de ces derniers axes sera déterminée

Fig. 160.

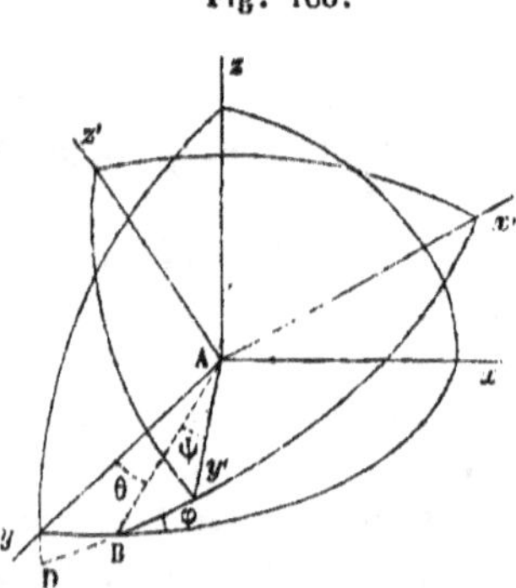

si l'on connaît : 1° l'angle $BAy = \theta$ que forme la trace AB avec l'axe Ay; 2° l'angle φ que forment entre eux les plans $x'y'$ et xy; 3° enfin l'angle $BAy' = \psi$ que forme la même trace AB avec l'axe Ay'. Les trois données θ, φ et ψ étant nécessaires et suffisantes pour déterminer la position relative des axes x', y' et z', il s'agit de déterminer, par leur moyen, les valeurs des coordonnées anciennes x, y et z d'un point quelconque m de l'espace, fixe avec Ax, Ay, Az, en fonction des nouvelles coordonnées x', y' et z'.

Voici comment on peut s'y prendre pour y parvenir avec quelque simplicité.

Supposons d'abord qu'on laisse l'axe des z fixe, et qu'on fasse tourner seulement autour de cet axe, les plans des coordonnées yz et xz, de manière que l'axe des y fasse un angle θ avec Ay et se confonde par conséquent avec AB; il est évident que les nouvelles ordonnées z conserveront leur ancienne longueur, et que les ordonnées x et y auront seules changé de valeurs. Soient donc x'', y'' et z'' ces nouvelles coordonnées, il résultera, des théorèmes connus, ces trois formules

$$y = \cos\theta\, y'' - \sin\theta\, x'', \quad x = \sin\theta\, y'' + \cos\theta\, x'', \quad z = z'',$$

qui donneront les valeurs des coordonnées x, y, z du point quelconque m au moyen des coordonnées x'', y'' et z'' de ce même point rapporté aux nouveaux axes.

Les axes x, y et z étant changés en ceux des x'', y'' et z'', supposons de nouveau que, laissant l'axe Ay'' ou AB fixe dans le second système, on fasse tourner les plans des $x''y''$ et des $y''z''$ autour de cet axe ou, si l'on veut, les axes x'' et y'', de façon que le nouveau plan $x'''y'''$ se confonde avec le plan des $x'y'$ déterminé précédemment, et par conséquent que ce plan fasse un angle φ avec le plan $x''y''$. Alors il est évident que le nouvel axe des x''' formera le même angle φ avec l'axe des x'', de sorte que l'ordonnée y''' du point m rapporté aux nouveaux axes, restant égale à l'ancienne ordonnée y'', on aura pour déterminer les valeurs des coordonnées x'', y'' et z'' de ce point m resté immobile, les formules suivantes

$$x'' = \cos\varphi\, x''' - \sin\varphi\, z''', \quad y'' = y''', \quad z'' = \sin\varphi\, x''' + \cos\varphi\, z'''.$$

Il est très-clair, d'après ce qui précède, que les axes Ax''', Ay''' et Az''' ont une position telle, que l'axe Az''' se confond avec l'axe Az' dont il a été question d'abord, que l'axe Ay''' se trouve confondu avec la trace AB, et qu'enfin l'axe Ax''' a une position perpendiculaire à cette trace dans le plan des $x'y'$.

En conséquence, il sera bien facile de passer des axes x''', y''' et z''' aux axes x', y' et z' du système que nous avions d'abord en vue ; il suffira pour cela, de laisser l'axe $A\,z'''$ ou $A\,z'$ fixe, et de faire tourner les axes $A\,x'''$ et $A\,y'''$ autour de l'origine A dans le plan $x'y'$, de façon que l'axe $A\,y'''$ ou AB se confonde avec $A\,y'$, c'est-à-dire qu'il fasse un angle ψ avec son ancienne position. L'on aura donc pour déterminer les valeurs des coordonnées x''', y''' et z''' du point m au moyen des longueurs x', y' et z' des coordonnées de ce même point, les trois formules suivantes,

$$y''' = \cos\psi\,y' - \sin\psi\,x', \quad x''' = \sin\psi\,y' + \cos\psi\,x', \quad z''' = z'.$$

Maintenant supposons que les longueurs des coordonnées x', y' et z' du point m soient données, il est évident qu'en les substituant dans les trois dernières formules trouvées, on obtiendra les longueurs des coordonnées x''', y''' et z''' de ce point, prises relativement aux axes $A\,x'''$, $A\,y'''$ et $A\,z'''$. Pareillement, si l'on connaît, à priori, les valeurs de x''', y''' et z''', et qu'on les substitue dans les trois avant dernières formules trouvées, on obtiendra la longueur des coordonnées x'', y'', z'' du point m, prises par rapport aux axes $A\,x''$,... Enfin, si l'on substitue ces valeurs de x'', y'' et z'' dans les premières formules, on obtiendra celles des coordonnées x, y, z du point m par rapport au système $A\,x$, $A\,y$, $A\,z$.

Ainsi les neuf formules qui ont été précédemment obtenues, peuvent servir à déterminer les valeurs des coordonnées x, y, z de l'ancien système, au moyen des coordonnées x', y', z' du nouveau ; donc si l'on exécute successivement les substitutions indiquées, sans supposer aucune valeur particulière à x', y' et z', on obtiendra, pour la transformation des coordonnées, les formules

$$(1)\ \begin{cases} x = \quad (\cos\theta\cos\varphi\cos\psi - \sin\theta\sin\psi)\,x' \\ \qquad + (\cos\theta\cos\varphi\sin\psi + \sin\theta\cos\psi)\,y' - \cos\theta\sin\varphi\,z', \\ y = -(\sin\theta\cos\varphi\cos\psi + \cos\theta\sin\psi)\,x' \\ \qquad - (\sin\theta\cos\varphi\sin\psi - \cos\theta\cos\psi)\,y' + \sin\theta\sin\varphi\,z', \\ z = \quad \sin\varphi\cos\psi\,x' + \sin\varphi\sin\psi\,y' + \cos\varphi\,z'. \end{cases}$$

S'il s'agissait de repasser du système $x'y'z'$ au système xyz, on pourrait le faire en tirant, par l'élimination, les valeurs de x', y' et z' des équations (1) que nous venons de trouver.

Par exemple, s'il s'agit d'avoir la valeur de z', on multipliera la première de ces trois équations et successivement chacune des deux suivantes, par le coefficient de z' qui y entre, après quoi on ajoutera ces trois nouvelles équations entre elles, par ordre, c'est-à-dire terme à terme, membre à membre, et l'on en déduira une dernière dans laquelle les coefficients de x' et de y' seront nuls et celui de z' égal à l'unité; équation à laquelle on pourra donner cette forme

$$z' = -\cos\theta\sin\varphi\, x + \sin\theta\sin\varphi\, y + \cos\varphi\, z.$$

On obtiendrait d'une manière tout à fait semblable, les valeurs de x' et de y'.

Si l'on se proposait de trouver l'équation du plan des $x'y'$ rapportée aux axes x, y, z, cela serait très-facile. En effet, z' étant nul pour tous les points du plan $x'y'$, si l'on fait $z' = 0$ dans l'équation qui vient d'être obtenue en dernier lieu, celle qui en résultera exprimera la relation existant entre les coordonnées x, y et z de tous les points pour lesquels z' est nul, c'est-à-dire de tous les points situés sur le plan des $x'y'$; par conséquent cette équation sera celle de ce plan même, qui devient ainsi, en la divisant par $\cos\varphi$,

$$z = \operatorname{tang}\varphi\cos\theta\, x - \operatorname{tang}\varphi\sin\theta\, y.$$

Venons-en maintenant à la recherche qui fait l'objet de cet article, et commençons d'abord, afin de procéder avec ordre, par résoudre cette question générale : « un cône quelconque » étant donné par sa base et son sommet, déterminer la direc- » tion du plan qui donne, dans ce cône, une section circu- » laire. »

Soit $ay^2 + bxy + cx^2 + dy + ex + 1 = 0$ l'équation de la base du cône dont il s'agit, située sur le plan des xy, et soient α, β et γ les coordonnées arbitraires du sommet; l'équation de sa surface sera évidemment de la forme

$$a(\beta z - \gamma y)^2 + b(\alpha z - \gamma x)(\beta z - \gamma y) + c(\alpha z - \gamma x)^2$$
$$+ d(\beta z - \gamma y)(z - \gamma) + e(\alpha z - \gamma x)(z - \gamma) + (z - \gamma)^2 = 0.$$

ou, en ordonnant par rapport aux variables z, y et x,

$$(2)\quad\begin{cases}(a\beta^2+b\alpha\beta+c\alpha^2+d\beta+e\alpha+1)z^2+a\gamma^2y^2+c\gamma^2x^2\\-(2a\beta+b\alpha+d)\gamma\gamma'z-(2c\alpha+b\beta+e)\gamma xz+b\gamma^2xy+\ldots=0.\end{cases}$$

Imaginons maintenant une section circulaire dans la surface conique, il est évident que tout plan qui lui sera parallèle coupera aussi la surface suivant un cercle; donc on peut assujettir le plan de la section circulaire cherchée à passer par l'origine des coordonnées, sans que la généralité de la solution en soit diminuée. Imaginons, en outre, que l'on prenne ce plan inconnu pour nouveau plan des $x'y'$, et qu'on rapporte la surface conique aux nouvelles coordonnées x', y' et z', en conservant toutefois la même origine. Si l'on se sert dans ce but, des formules (1) trouvées ci-dessus, on aura pour la surface du cône une nouvelle équation en x', y' et z', de sorte que pour avoir celle de son intersection avec le plan des $x'y'$, il suffira d'y faire $z'=0$.

D'après cela, il est évident que l'on obtiendra immédiatement cette dernière équation, en substituant dans l'équation (2) les valeurs (1) des coordonnées x, y et z où l'on aura supposé $z'=0$; mais rien n'empêche d'y supposer en même temps $\psi=0$, et les formules (1) deviennent alors

$$x=\cos\theta\cos\varphi\,x'+\sin\theta\,y',$$
$$y=-\sin\theta\cos\varphi\,x'+\cos\theta\,y',\quad z=\sin\varphi\,x'.$$

Substituant ces valeurs dans l'équation (2), il viendra, après avoir ordonné par rapport à x' et y',

$$x'^2\begin{bmatrix}\sin^2\varphi(a\beta^2+b\alpha\beta+c\alpha^2+d\beta+e\alpha+1)+a\gamma^2\sin^2\theta\cos^2\varphi\\+c\gamma^2\cos^2\theta\cos^2\varphi+\sin\theta\sin\varphi\cos\varphi(2a\beta+b\alpha+d)\gamma\\-\cos\theta\sin\varphi\cos\varphi(2c\alpha+b\beta+e)\gamma-b\gamma^2\cos\theta\sin\theta\cos^2\varphi\end{bmatrix}$$
$$+y'^2(a\gamma^2\cos^2\theta+c\gamma^2\sin^2\theta+b\gamma^2\sin\theta\cos\theta)$$
$$+x'y'\begin{bmatrix}2(c-a)\gamma^2\sin\theta\cos\theta\cos\varphi-\cos\theta\sin\varphi(2a\beta+b\alpha+d)\gamma\\-\sin\theta\sin\varphi(2c\alpha+b\beta+e)\gamma+b\gamma^2\cos\varphi(\cos^2\theta-\sin^2\theta)\end{bmatrix}+\ldots=0.$$

Telle est l'équation de la section du cône par le plan arbitraire des $x'y'$. Maintenant si l'on veut déterminer les deux arbitraires φ et θ qui fixent la position de ce plan, de manière que l'équation précédente représente un cercle, il faut évidemment qu'elles satisfassent aux deux équations suivantes :

$$\sin^2\varphi(a\beta^2 + b\alpha\beta + c\alpha^2 + d\beta + e\alpha + 1) + a\gamma^2\sin^2\theta\cos^2\varphi$$
$$+ c\gamma^2\cos^2\theta\cos^2\varphi + \sin\theta\sin\varphi\cos\varphi(2a\beta + b\alpha + d)\gamma$$
$$- \cos\theta\sin\varphi\cos\varphi(2c\alpha + b\beta + e)\gamma - b\gamma^2\cos\theta\sin\theta\cos^2\varphi$$
$$= a\gamma^2\cos^2\theta + c\gamma^2\sin^2\theta + b\gamma^2\sin\theta\cos\theta,$$

$$2(c-a)\gamma\sin\theta\cos\theta\cos\varphi - \cos\theta\sin\varphi(2a\beta + b\alpha + d)$$
$$- \sin\theta\sin\varphi(2c\alpha + b\beta + e) + b\gamma\cos\varphi(\cos^2\theta - \sin^2\theta) = 0.$$

Ces équations étant en même nombre que les inconnues φ et θ, elles pourront servir à en déterminer les valeurs par l'élimination.

Supposons, pour simplifier, que la base du cône située dans le plan des xy, soit rapportée à son centre et à ses axes; alors son équation deviendra de la forme $ay^2 + cx^2 + 1 = 0$, et par conséquent les coefficients b, d et e devront être nuls dans les deux équations de condition précédentes, qui prendront ainsi la forme plus simple,

$$(3) \quad \left\{ \begin{array}{l} \sin^2\varphi(a\beta^2 + c\alpha^2 + 1) + a\gamma^2\sin^2\theta\cos^2\varphi + c\gamma^2\cos^2\theta\cos^2\varphi \\ + 2a\beta\gamma\sin\theta\sin\varphi\cos\varphi - 2c\alpha\gamma\cos\theta\sin\varphi\cos\varphi \\ = a\gamma^2\cos^2\theta + c\gamma^2\sin^2\theta, \end{array} \right.$$

$$(4) \quad \gamma(c-a)\sin\theta\cos\theta\cos\varphi - a\beta\sin\varphi\cos\theta - c\alpha\sin\theta\sin\varphi = 0.$$

Représentant $\tang\theta$ par ω et $\cot\varphi$ par χ, on aura évidemment

$$\sin\varphi = \frac{1}{\sqrt{1+\chi^2}}, \quad \cos\varphi = \frac{\chi}{\sqrt{1+\chi^2}},$$
$$\sin\theta = \frac{\omega}{\sqrt{1+\omega^2}}, \quad \cos\theta = \frac{1}{\sqrt{1+\omega^2}};$$

et substituant les valeurs de $\sin\varphi$ et $\cos\varphi$ dans les équations précédentes (3) et (4), elles deviennent

$$a\beta^2 + c\alpha^2 + 1 - \gamma^2(a\cos^2\theta + c\sin^2\theta)$$
$$+ \gamma^2(c-a)(\cos^2\theta - \sin^2\theta)\chi^2 + 2\gamma(a\beta\sin\theta - c\alpha\cos\theta)\chi = 0,$$

$$\gamma(c-a)\sin\theta\cos\theta\chi - a\beta\cos\theta - c\alpha\sin\theta = 0.$$

On tire de la dernière de ces équations

$$\chi = \frac{a\beta\cos\theta + c\alpha\sin\theta}{\gamma(c-a)\sin\theta\cos\theta}.$$

Substituant cette valeur de χ dans la première et remplaçant ensuite $\sin\theta$ et $\cos\theta$ par leurs valeurs ci-dessus, elle prend cette autre forme

$$a\beta^2 + c\alpha^2 + 1 - c\gamma^2 - \gamma^2(a-c)\,\frac{1}{1+\omega^2}$$
$$+ \frac{(1-\omega^2)(a\beta + c\alpha\omega)^2}{(c-a)\omega^2} + \frac{2(a\beta\omega - c\alpha)(a\beta + c\alpha\omega)}{(c-a)\omega} = 0;$$

chassant enfin les dénominateurs de cette dernière équation

$$(a\beta^2 + c\alpha^2 - c\gamma^2 + 1)(c-a)(\omega^2 + \omega^4) + \gamma^2(c-a)^2\omega^2$$
$$+ (1-\omega^4)(a\beta + c\alpha\omega)^2 + 2(a\beta\omega - c\alpha)(a\beta + c\alpha\omega)(\omega + \omega^3) = 0,$$

effectuant les calculs, il viendra, toutes réductions faites,

$$(5)\quad \left\{ \begin{array}{l} c^2\alpha^2\omega^6 - \left[c - a + ac(\beta^2 - \alpha^2 + \gamma^2) - c^2(\alpha^2 + \gamma^2)\right]\omega^4 \\ - \left[c - a + ac(\beta^2 - \alpha^2 - \gamma^2) + a^2(\beta^2 + \gamma^2)\right]\omega^2 - a^2\beta^2 = 0. \end{array} \right.$$

Cette équation étant du 6e degré en ω, il semblerait qu'il y eût en général six positions du plan $x'y'$ pour lesquelles la surface conique serait coupée suivant une circonférence de cercle; on voit, en outre, que trois de ces positions sont symétriques aux trois autres; mais si l'on observe que les ordonnées α, β et γ du sommet du cône n'entrent qu'au carré dans l'équation précédente, on verra facilement qu'il n'y a que trois des valeurs de θ données par cette équation qui correspondent à la position actuelle du sommet du cône.

En effet, supposons ce sommet placé symétriquement par rapport au plan des yz, c'est-à-dire que α soit négatif; il est clair qu'alors le plan des $x'y'$ qui donnait une section circulaire dans le premier cône, aura pris une position symétrique par rapport au plan des yz comme l'a fait le cône lui-même, en sorte que sa trace sur le plan xy, qui faisait un angle θ dans la première position avec l'axe des y, fait maintenant un angle $-\theta$ avec ce même axe. Or l'équation (5) restant la même, que α soit positif ou négatif, il est évident qu'elle doit donner en même temps, les valeurs de $\tan\theta$ et $-\tan\theta$, ou $+\omega$ et

—ω; ce qui arrive en effet, puisque tang θ ou ω n'entre qu'à des puissances paires dans cette équation.

Maintenant si l'on observe que le sommet du cône peut avoir huit positions symétriques par rapport aux trois plans coordonnés, et correspondantes à chacune des huit régions formées par les axes, ainsi qu'aux huit combinaisons de signes dont peuvent être affectées les ordonnées α, β, ω, γ. Observant, de plus, que, pour ces huit positions, la trace du plan des $x'y'$ ne prend absolument que des positions parallèles aux deux premières θ et —θ précédemment considérées, (ce dont on se rendrait raison par des figures), on pourra en conclure que, s'il n'existait qu'une position possible de la trace du plan des $x'y'$ pour le cas où α, β et γ sont positifs, il n'y en aurait que deux pour les huit positions symétriques du cône en question. Par conséquent, l'équation (5) qui doit donner à la fois les valeurs de θ correspondantes à ces huit positions (puisqu'elle reste la même quels que soient les signes de α, β et γ), ne devrait être nécessairement (dans la supposition actuelle) que du second degré et symétrique en θ. Donc, puisque cette équation est au contraire du sixième degré et qu'elle est symétrique, il faut qu'il y ait nécessairement, pour une position donnée du sommet α, trois systèmes de plans des $x'y'$, différents entre eux et qui coupent la surface conique correspondante suivant une circonférence de cercle.

Concluons enfin de ce raisonnement, qu'il n'y a que trois racines de l'équation (5) qui résolvent la question dont il s'agit, ou plutôt qu'il n'y a que trois positions distinctes du plan des $x'y'$ qui puissent donner pour intersection, une courbe dont l'équation soit de la forme

$$A y'^2 + A x'^2 + B y' + C x' + D = 0.$$

Sur quoi il faut remarquer que cette équation n'est pas nécessairement celle d'un cercle; car elle pourrait prendre cette forme plus particulière encore,

$$(m y' + n)^2 + (m x' + p)^2 = 0,$$

auquel cas elle ne représenterait qu'un point.

Pour en offrir un exemple particulier, supposons que α et β

soient nuls, l'équation (5) donnera, pour déterminer ω, les relations suivantes très-simples,

$$\omega^2 = 0, \quad \omega^2 = \frac{1}{0} \quad \text{et} \quad \omega^2 = \frac{a\gamma^2 - 1}{c\gamma^2 - 1}.$$

Or on peut s'assurer que les deux premières de ces équations correspondent à des sections circulaires; quant à la dernière, qui donne, en la substituant dans les équations (3) et (4) ci-dessus, $\cos\varphi = 0$ et par suite $\varphi = 100°$, elle correspond à la position du plan des $x'y'$ dont l'intersection avec la surface du cône, a pour équation $y'^2 + (x' - \gamma)^2 = 0$; c'est-à-dire qu'il coupe ce cône suivant un point en son sommet. Quoique cette troisième valeur de ω semble appartenir à une solution singulière du problème dont il s'agit, elle ne peut cependant en être séparée généralement, en sorte que ce problème est réellement du sixième degré (*).

Cette conséquence nécessaire, peut paraître étonnante et même contradictoire au premier abord; car on sait et nous l'avons même déjà démontré, qu'il n'existe, dans une surface conique, que deux sections qui puissent donner des circonférences de cercle : mais si l'on observe que trois des racines de l'équation (5) appartiennent à d'autres surfaces coniques qui sont nécessairement liées à celle que l'on considère à cause de la grande généralité de l'analyse algébrique, et que, parmi les trois autres, il peut y en avoir une imaginaire ou qui corresponde à une solution distincte, comme nous venons d'en offrir un exemple, on verra que ce qui nous paraissait d'abord contradictoire considéré géométriquement, ne l'est réellement pas considéré d'une manière algébrique.

Au reste, c'est cette généralité qui constitue l'essence de l'analyse et fait que ses résultats ne sont jamais contradictoires; car, si elle ne répondait qu'aux seules questions qu'on lui pose, il en résulterait souvent les plus grandes absurdités.

Supposons, en effet que, dans la recherche précédente, on fût tombé sur une équation du second degré, au lieu de l'équation (5), il en serait résulté qu'on eût pu construire géométri-

---

(*) *Voy.*, au sujet de ces divers passages, les observations contenues dans la note de la p. 105.

quement les deux sections sous-contraires du cône en question; or ces deux sections une fois connues, on en eût conclu aussitôt, par une seconde construction géométrique, la position des trois plans principaux de ce cône, c'est-à-dire des trois plans qui, passant par son sommet, le divisent chacun en deux parties symétriques: ce qui est évidemment absurde; car la recherche de ces trois plans est une question qui dépend généralement d'une équation du troisième degré, et par conséquent insoluble d'une manière géométrique.

Tous les résultats de l'analyse algébrique sont ainsi susceptibles d'interprétation.

Nous avons supposé jusqu'à présent, que le cône fût connu par sa base et son sommet, et il s'agissait alors de déterminer la direction du plan qui couperait ce cône suivant un cercle; nous allons nous proposer maintenant de trouver la position du sommet d'un cône du second degré, dont la base serait donnée, ainsi que la trace du plan qui, passant par ce sommet (centre ou point projetant), serait parallèle à l'une quelconque de ses sections circulaires; cela procurera, comme on le voit, en même temps, la démonstration du cinquième des principes de projection qui font l'objet de cette 1re partie du Mémoire.

VI.

Soient donc, ainsi que ci-dessus, α, β et γ les coordonnées inconnues du sommet du cône;

$$ay^2 + cx^2 + 1 = 0$$

l'équation de la base donnée de ce cône, rapportée à son centre et à ses axes; enfin soit

$$x = Ty + K$$

l'équation de la trace du plan qui, passant par le sommet α, doit être parallèle à l'une des sections circulaires du cône. D'après ce qui a été démontré au commencement de cet article, l'équation

$$z = \tan g\, \varphi \cos \theta\, x - \tan g\, \varphi \sin \theta\, y$$

est celle du plan des $x'y'$, et si nous supposons aux angles θ et φ les valeurs trouvées précédemment, cette équation représentera une section circulaire du cône dont le sommet inconnu est α; donc l'équation du plan qui, passant par le sommet x, est parallèle à cette section, sera de la forme

$$z - \gamma = \operatorname{tang} \varphi \cos \theta (x - \alpha) - \operatorname{tang} \varphi \sin \theta (y - \beta)$$

et, par conséquent, l'équation de sa trace sur le plan même des xy, sera

$$- \gamma = \operatorname{tang} \varphi \cos \theta (x - \alpha) - \operatorname{tang} \varphi \sin \theta (y - \beta),$$

ou bien, remplaçant $\operatorname{tang} \theta$ par sa valeur ω,

$$x = \omega y + \alpha - \omega \beta - \frac{\gamma}{\operatorname{tang} \varphi \cos \theta}.$$

Cette trace devant se confondre avec la droite donnée $x = Ty + K$, on a nécessairement les deux équations

$$\omega = T, \quad \alpha - \omega \beta - \frac{\gamma}{\operatorname{tang} \varphi \cos \theta} = K,$$

lesquelles pourront servir à déterminer les valeurs de θ, φ, α, etc.

La valeur de ω étant, d'autre part, immédiatement donnée par celle de T, on pourrait la substituer directement dans les équations (4) et (5), ainsi que dans les dernières de celles que nous venons de trouver; mais, comme cela ferait changer la forme de ces équations, nous n'effectuons pas cette substitution. On ne devra pas oublier, d'ailleurs, dans la suite des calculs ci-après, que cette même quantité ω est constante et égale à T.

On peut d'abord éliminer $\operatorname{tang} \varphi$ entre la dernière équation de condition et l'équation (4) qui donne

$$\operatorname{tang} \varphi = \frac{\gamma (c - a) \sin \theta}{a \beta + c \alpha \omega};$$

on obtiendra ainsi

$$\alpha - \omega \beta - \frac{a \beta + c \alpha \omega}{(c - a) \sin \theta \cos \theta} = K.$$

Telle est la relation qui doit exister entre les ordonnées inconnues α et β du sommet du cône. On voit, par là, que ce sommet est nécessairement situé dans un plan vertical perpendiculaire au plan des xy.

Remplaçons dans cette équation, les indéterminées α et β

par les variables générales x et y, puis chassons le dénominateur, elle deviendra

$$\frac{x\left[(c-a)\sin\theta\cos\theta - c\omega\right] - y\left[(c-a)\sin\theta\cos\theta.\omega + a\right]}{(c-a)\sin\theta\cos\theta} = K.$$

Or nous avons, d'une part,

$$(c-a)\sin\theta\cos\theta - c\omega = \omega\left[(c-a)\cos^2\theta - c\right]$$
$$= \omega\left[(c-a)\cos^2\theta - c(\cos^2\theta + \sin^2\theta)\right] = -\omega(a + c\omega^2)\cos^2\theta$$

et, d'une autre, par de simples réductions,

$$(c-a)\sin\theta\cos\theta.\omega + a = (c-a)\sin^2\theta + a(\cos^2\theta + \sin^2\theta)$$
$$= (a + c\omega^2)\cos^2\theta;$$

donc, substituant, il viendra

$$-\frac{(a + c\omega^2)(y + \omega x)}{(c-a)\omega} = K,$$

d'où l'on tire immédiatement,

$$(6) \qquad x = -\frac{1}{\omega}y - \frac{K(c-a)}{a + c\omega^2}.$$

Cette équation prouve que le plan dans lequel est situé le sommet du cône α, est perpendiculaire à la droite donnée $x = Ty + K$ ou $x = \omega y + K$.

Supposons maintenant que ω ait la valeur constante T, dans l'équation (5) trouvée ci-dessus, on aura alors une équation de condition à laquelle devront naturellement satisfaire les coordonnées inconnues α, β et γ du sommet du cône, et qui sera par conséquent, en α, β et γ l'équation d'une surface sur laquelle ce sommet est nécessairement situé d'après les conditions du problème. En l'ordonnant par rapport aux indéterminées α, β et γ, elle devient

$$(a-c)(a + c\omega^2)\omega^2\gamma^2 + a(1+\omega^2)(a + c\omega^2)\beta^2$$
$$- c(1+\omega^2)(a + c\omega^2)\omega^2\alpha^2 + (c-a)(1+\omega^2)\omega^2 = 0,$$

ou, remplaçant les indéterminées particulières α, β et γ du sommet du cône par les variables générales x, y et z,

$$(7) \qquad \begin{cases} (a-c)(a + c\omega^2)\omega^2 z^2 + a(1+\omega^2)(a + c\omega^2)y^2 \\ - c(1+\omega^2)(a + c\omega^2)\omega^2 x^2 + (c-a)(1+\omega^2)\omega^2 = 0. \end{cases}$$

Cette équation fait voir que le sommet du cône doit être sur une surface du second degré; et, comme nous avons déjà prouvé qu'il doit aussi être situé dans un plan (6) perpendiculaire à la droite donnée $x = \omega y + K$, il s'ensuit que ce sommet doit se trouver sur la courbe, du second degré, intersection de ce plan et de cette surface. Mais, il y a plus encore, je dis que cette courbe du second degré est un cercle, ayant pour centre le point même d'intersection de la trace (6) et de la droite donnée $x = T y + K$.

Il est d'abord évident que la surface (7) étant symétrique par rapport au plan des xy, tout plan qui sera perpendiculaire à ce dernier, la coupera suivant une courbe symétrique aussi par rapport au plan des xy, courbe dont le centre sera par conséquent situé dans ce plan. De plus, on sait que toutes les sections parallèles à celle-là donneront, dans la même surface, des courbes semblables à la première, dont les centres seront distribués sur une même ligne droite située dans le plan des xy et passant par le centre de la surface ou par l'origine des coordonnées, puisque ce centre est en ce dernier point d'après l'équation (7). Donc, pour reconnaître la nature de la courbe déterminée par le plan (6) dans la surface, il suffira de chercher l'intersection de cette surface par un autre plan qui, passant par l'origine des coordonnées, serait parallèle à celui-là et dont l'équation par conséquent serait $x = -\dfrac{1}{\omega} y$.

Cela posé, puisque la trace $x = -\dfrac{1}{\omega} y$ de ce dernier plan fait avec l'axe des y, un angle dont la tangente trigonométrique est égale $-\dfrac{1}{\omega}$, le sinus à $\cos \theta$ et le cosinus à $-\sin \theta$, c'est-à-dire un angle de $100^\circ + \theta$, il est évident que si l'on veut rapporter la surface (7) à ce plan pour nouveau plan des yz, le plan xy restant le même, il faudra mettre pour x et y dans l'équation (7) de cette surface, les valeurs fournies par les formules suivantes :

$$y = -\cos\theta\, x' - \sin\theta\, y', \quad x = \cos\theta\, y' - \sin\theta\, x', \quad z = z'.$$

On peut vérifier à postériori, l'exactitude de ces trois équations en supposant dans les formules générales (1), φ et ψ nuls et remplaçant θ par $100°+\theta$.

Il s'agit donc de substituer pour x, y et z les valeurs ci-dessus dans l'équation (7). Pour simplifier les calculs, je fais

$$(a-c)(a+c\omega^2)\omega^2 = A, \quad a(1+\omega^2)(a+c\omega^2) = B,$$
$$-c(1+\omega^2)(a+c\omega^2)\omega^2 = C, \quad (c-a)(1+\omega^2)\omega^2 = D,$$

et alors cette équation prendra la forme

$$A z^2 + B y^2 + C x^2 + D = 0.$$

Faisant la substitution ci-dessus indiquée, elle devient

$$A z'^2 + (B\sin^2\theta + C\cos^2\theta)y'^2 + (B\cos^2\theta + C\sin^2\theta)x'^2$$
$$+ 2\sin\theta\cos\theta(B - C)x'y' + D = 0.$$

En posant $x' = 0$ dans cette équation qui représente la surface (7), rapportée au plan $x = -\dfrac{1}{\omega}y$ comme plan des $y'z'$, on aura évidemment l'équation de son intersection avec ce plan ; ce qui donne ainsi

$$A z'^2 + (B\sin^2\theta + C\cos^2\theta)y'^2 + D = 0,$$

ou, remettant pour A, B, C et D leurs valeurs et divisant par le produit $(a-c)\omega^2$,

$$(a+c\omega^2)z'^2 + (a+c\omega^2)y'^2 = 1+\omega^2.$$

Donc, ainsi que nous l'avions annoncé, le plan $x' = -\dfrac{1}{\omega}y$ et, par suite, le plan (6) qui lui est parallèle, coupe la surface (7) suivant une circonférence de cercle.

En second lieu, nous avons vu que les centres des sections circulaires parallèles à celle dont il s'agit, sont situés sur un diamètre de la surface (7), qui passe par l'origine des coordonnées, et se trouve situé dans le plan des xy ; donc le centre de la section dont il s'agit doit se trouver à la rencontre du même diamètre et de la trace du plan de cette section, trace représentée par l'équation (6) ou

$$x = -\frac{1}{\omega}y - \frac{K(c-a)}{a+c\theta^2}.$$

I. 26

Soient (A), *fig.* 161, la trace de la surface (7) sur le plan des
xy, NM celle du plan (6) qui coupe cette surface suivant un

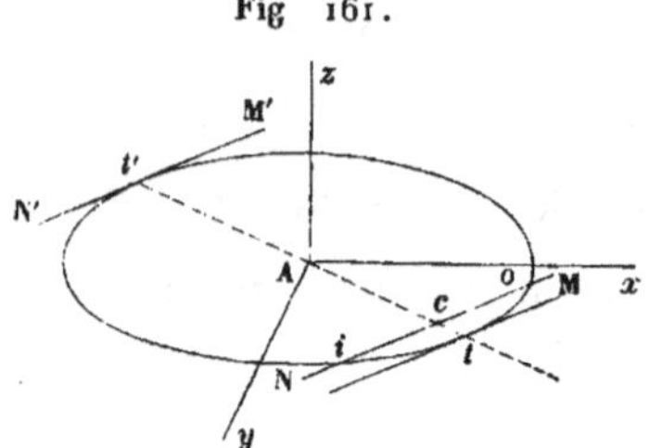

Fig 161.

cercle dont le centre est évidemment au milieu c de la corde
io, interceptée sur NM par la conique, point situé à l'intersection de la trace NM avec le diamètre At, conjugué à la direction de cette trace et qui contient les centres de toutes les
sections circulaires parallèles à celle en question.

Ce diamètre, lieu des centres c des cordes parallèles à *io*
passe par le point t de la courbe (A) dont la tangente est parallèle à la trace NM. La question revient donc finalement à déterminer le point de contact t.

Si l'on fait $z = 0$ dans l'équation (7), on aura pour l'équation
de la trace (A) sur le plan des xy

$$(8) \qquad a(a + c\omega^2)y^2 - c(a + c\omega^2)\omega^2 x^2 + (c - a)\omega^2 = 0.$$

Or on sait que la tangente trigonométrique de l'angle qu'une
tangente à une courbe fait avec l'axe des y est, en général,
$dx : dy$; donc, dans le cas actuel, cette tangente sera exprimée
par $\dfrac{ay}{c\omega^2 x}$; mais, par hypothèse, elle doit être égale à celle que
fait, avec ce même axe, la trace MN qui a pour équation

$$x = -\frac{1}{\omega}y + \frac{\mathrm{K}(c - a)}{a + c\omega^2};$$

donc on doit avoir entre les coordonnées x et y du point de
contact t, l'équation de condition

$$\frac{ay}{c\omega^2 x} = -\frac{1}{\omega} \quad \text{ou bien} \quad ay + c\omega x = 0.$$

Si l'on combinait cette équation avec l'équation (8), de la courbe (A), on obtiendrait les valeurs des coordonnées du point t; or cette équation $ay + c\omega x = 0$, quand on y suppose x et y variables, représente une droite qui passe par le centre A de la courbe; donc c'est l'équation même du diamètre Act : en la combinant avec l'équation $x = -\dfrac{1}{\omega} y - \dfrac{(c - a)\mathrm{K}}{a + c\omega^2}$ de la trace MN, on obtiendra pour les coordonnées du centre cherché c,

$$x = \frac{a\mathrm{K}}{a + c\omega^2}, \quad y = -\frac{c\omega\mathrm{K}}{a + c\omega^2}.$$

Il est aisé de démontrer à postériori, que ces valeurs satisfont aussi à l'équation $x = \omega y + \mathrm{K}$ de la droite donnée en premier lieu. Donc enfin le centre du cercle sur lequel est situé le sommet α du cône projetant, se trouve être précisément au point d'intersection de la droite donnée et du plan de ce cercle; comme il s'agissait de le démontrer.

Maintenant soit (B), *fig.* 162, la base du cône en question dont α est le sommet, et qui a pour équation $ay^2 + cx^2 + 1 = 0$; soit de plus KT, la droite donnée dont l'équation est $x = \omega y + \mathrm{K}$ et qui renferme, comme nous venons de le voir, le centre c du cercle sur lequel est situé le sommet α; soient k et θ les deux points où cette droite rencontre la courbe (B), je dis que le centre c divise la corde $k\theta$ en deux parties égales.

En effet, cela revient évidemment à prouver que le diamètre Bt', qui divise les cordes parallèles à $k\theta$ en deux parties

Fig. 162.

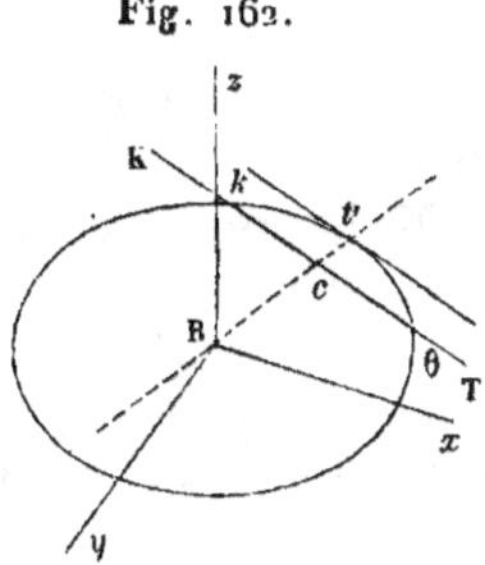

égales, se confond avec celui qui, dans la *fig.* 161, contenait

26.

le centre du cercle vertical en question et dont l'équation a été trouvée de la forme

$$ay + c\omega x = 0.$$

Pour déterminer ici le diamètre Bt', menons une tangente à la courbe de base (B), parallèlement à la droite KT, il est évident que la tangente trigonométrique $\dfrac{dx}{dy} = -\dfrac{ax}{cy}$ de l'angle formé par cette première tangente avec la direction de l'axe des y, devant être égale à celle ω, qui correspond à la droite KT, on aura l'équation de condition

$$-\frac{ay}{cx} = \omega \quad \text{ou bien} \quad ay + c\omega x = 0$$

entre les coordonnées x et y du point t'; équation qui est celle même du diamètre Bt, divisant la corde $k\theta$ en deux parties égales. Donc ce diamètre se confond avec celui qui passe par le centre c du cercle qui contient le sommet du cône auxiliaire de projection, puisqu'il a la même équation; par conséquent ce centre se confond, en réalité, avec le point milieu de la corde $k\theta$ dont la direction est donnée à priori.

D'après ces considérations, la position du plan et du centre du cercle sur lequel doit être situé le sommet α du cône, se trouve entièrement déterminée, et l'on voit qu'elle pourra toujours l'être géométriquement; car, si la droite KT ou $k\theta$ est donnée ainsi que la courbe (B) qui sert de base à la surface conique, il faudra, résumant ce qui précède, commencer par déterminer la direction de Bt' qui divise en parties égales toutes les cordes parallèles à $k\theta$; le point c où ce diamètre rencontrera la droite $k\theta$ sera le centre du cercle en question : élevant ensuite, en c, une perpendiculaire à $k\theta$, elle sera la trace du plan vertical qui doit renfermer ce cercle.

Voici enfin une dernière propriété qui servira à en déterminer la grandeur ou le rayon.

« Le carré du diamètre du cercle sur lequel est situé dans » l'espace, le sommet α du cône de projection est égal au carré » de la corde $k\theta$ donnée (*fig.* 162), mais pris avec un signe » contraire. »

Il est visible d'abord que le diamètre de ce cercle est égal à la corde oi (*fig.* 161), formée dans la conique (A), dont (8) est

l'équation, par la trace MN du plan du cercle, laquelle a elle-
même pour équation

$$x = -\frac{1}{\omega}y - \frac{(c-a)K}{a+c\omega^2};$$

il s'agit donc de calculer la longueur de cette corde et celle
(*fig.* 162) de la corde $k\theta$ ou $x = \omega y + K$, formée dans la base
du cône, que représente cette autre équation

$$ay^2 + cx^2 + 1 = 0.$$

Nous ferons, pour ne pas répéter deux fois le même calcul, l'o-
pération dans l'hypothèse d'une droite et d'une section conique quelconques.

Soient $x = my + n$ et $Ay^2 + Cx^2 + D = 0$ les équations de
ces lignes; en les combinant entre elles, on obtiendra pour
les coordonnées de leurs intersections

$$y = \frac{-mnC \pm \sqrt{m^2n^2C^2 - (D+Cn^2)(A+Cm^2)}}{A+Cm^2},$$

$$x = \frac{nA \pm \sqrt{n^2A^2 - (Dm^2 + An^2)(A+Cm^2)}}{A+Cm^2}.$$

Donc le carré $(x'-x_1)^2 + (y'-y_1)^2$ de la distance entre ces
deux points $x'y'$ et x_1y_1 d'intersection sera, en l'appelant Δ^2,

$$\Delta^2 = -4\frac{[D(A+Cm^2)+ACn^2]}{(A+Cm^2)^2}(1+m^2).$$

Considérons d'abord la corde $k\theta$ (*fig.* 162), son équation et
celle de la base (B) du cône étant respectivement $x = \omega y + K$,
$ay^2 + cx^2 + 1 = 0$, on aura, dans ce cas,

$$m = \omega, \quad n = K, \quad A = a, \quad C = c, \quad D = 1,$$

et, par conséquent,

$$\overline{k\theta}^2 = -4\frac{[a+c\omega^2+acK^2]}{(a+c\omega^2)^2}(1+\omega^2).$$

Maintenant, si l'on considère la conique (A) et la corde MN

($fig.$ 161) qui ont (8) et (7) pour équations respectives

$$a(a + c\omega^2)y^2 - c(a + c\omega^2)\omega^2 x^2 + (c - a)\omega^2 = 0,$$

$$x = -\frac{1}{\omega}y - \frac{K(c - a)}{a + c\omega^2},$$

on aura, en comparant ces équations avec les précédentes,

$$A = a(a + c\omega^2), \quad C = -c(a + c\omega^2)\omega^2, \quad D = (c - a)\omega^2,$$

$$m = -\frac{1}{\omega}, \quad n = -\frac{K(c - a)}{a + c\omega^2};$$

substituant ces valeurs dans l'expression de Δ^2, il viendra, en nommant R le rayon du cercle, lieu des centres auxiliaires de projection,

$$\overline{oi}^2 \quad \text{ou} \quad 4R^2 = 4\frac{[a + c\omega^2 + ac K^2]}{(a + c\omega^2)^2}(1 + \omega^2).$$

Donc, enfin, $\overline{oi}^2 = 4R^2 = -\overline{k\theta}^2$; c'est-à-dire que le carré du diamètre du cercle dont il s'agit est égal au carré de la corde donnée $k\theta$, pris avec un signe contraire.

D'après cela, si la direction de $k\theta$ rencontre la courbe (B), $fig.$ 162, le rayon R sera imaginaire; car alors le carré de la corde $k\theta$ étant positif, celui de 2R, égal et de signe contraire d'après ce qui précède, sera négatif. Au contraire, si la direction de $k\theta$ ne rencontre pas la courbe, la corde $k\theta$ étant imaginaire, le rayon R du cercle en question sera réel, et par conséquent, dans ce cas, le problème qui nous occupe sera susceptible de solution; c'est-à-dire qu'alors la conique (B) et la direction $k\theta$ étant données, il sera possible de trouver un sommet α, tel que le plan mené par ce sommet et par la droite $k\theta$ soit parallèle à une section circulaire du cône qui aurait la courbe (B) pour base; de sorte que si l'on projetait cette droite et cette courbe du point α, comme centre, sur un plan quelconque parallèle au précédent, la projection de la droite aurait tous ses points situés à l'infini et celle de la section conique (B) serait une circonférence de cercle.

Donc il est démontré d'une manière rigoureuse que le

Princ. V est vrai en général, quoiqu'il puisse cesser de l'être dans certaines positions de la droite et de la courbe données en particulier.

Pour compléter la solution géométrique du problème, il est nécessaire d'indiquer comment on pourra déterminer la longueur du rayon de la circonférence de cercle, lieu des centres de projection α.

Soient (A), *fig.* 163, la courbe, et KT la droite données non sécantes, on commencera par déterminer le centre c, du cercle

Fig. 163.

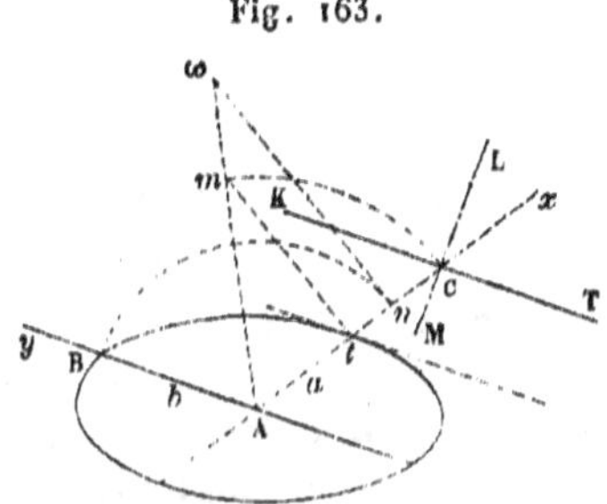

cherché, comme il a été dit ci-dessus, au moyen du diamètre At conjugué à la direction de KT; puis élevant au point c de leur rencontre mutuelle, la perpendiculaire ML sur KT, on aura la trace du plan vertical qui contient le cercle cherché; il ne s'agit donc plus que d'en déterminer le diamètre.

On a vu que le carré de ce diamètre est égal au carré de la corde interceptée sur la droite KT par la courbe (A), pris avec un signe contraire : la question revient donc définitivement à déterminer ce dernier carré.

Imaginons par le centre A un second diamètre AB parallèle à KT; c'est-à-dire conjugué à la direction de At. Soit A$t = a$ et AB $= b$, l'équation de la conique (A), rapportée à ces directions sera, comme on sait, de la forme

$$a^2 y^2 \pm b^2 x^2 = \pm a^2 b^2.$$

Appelons x' l'abscisse connue Ac du point c, le carré de la corde interceptée sur KT sera le carré du double de l'ordonnée y' correspondante à A$c = x'$. Or, en mettant x' pour x dans l'équation ci-dessus, on en tire pour le carré de l'ordonnée en question

$$y'^2 = \pm \frac{b^2}{a^2}(b^2 - x'^2);$$

donc on conclura, de ce qui précède, en faisant abstraction du signe inférieur pour simplifier,

$$4\,\mathrm{R}^2 = -\,4\,\frac{b^2}{a^2}(a^2 - x'^2);$$

d'où l'on tire

$$\mathrm{R} = \frac{b}{a}\sqrt{x'^2 - a^2} \quad \text{ou} \quad a : \sqrt{x'^2 - a^2} :: b : \mathrm{R}.$$

Pour obtenir cette quatrième proportionnelle, il faudra d'abord construire $\sqrt{x'^2 - a^2}$, au moyen du triangle rectangle $A\,mt$, dans lequel l'hypoténuse $A\,m$ est égale à x' ou Ac; on portera ensuite AB ou b de A en n, et par ce point on mènera la parallèle ωn à mt, qui coupera $A\,m$ en ω, et la distance $A\,\omega$ ainsi trouvée sera évidemment la longueur du rayon R cherché; de sorte que si, du point c comme centre, avec $A\,\omega = \mathrm{R}$ pour rayon, on décrit une circonférence de cercle dans le plan vertical de ML, tous les points de cette circonférence satisferont à la condition du problème.

Cette solution est beaucoup plus simple que je n'avais osé l'espérer d'abord.

VII.

VIe PRINCIPE. — Le système de deux sections coniques quelconques, situées dans un même plan, peut être généralement considéré comme la projection du système de deux circonférences de cercles ayant une corde commune à l'infini.

Soient (A) et (B), *fig.* 164, les deux courbes données; nommons toujours α le point projetant ou sommet commun des deux cônes qui ont ces courbes pour bases, et supposons qu'il s'agisse de déterminer ce sommet de façon que les deux surfaces coniques correspondantes soient susceptibles d'être coupées par un même plan, chacune suivant une circonférence de cercle. Imaginons pour un moment, que le problème soit ré-

solu, si en effet il peut l'être, et qu'on connaisse par conséquent, la position du sommet α et celle du plan qui doit couper

Fig. 164.

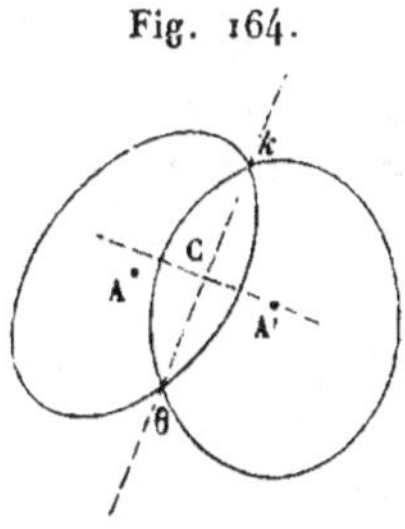

les deux cônes correspondants suivant des cercles. Imaginons,
de plus, qu'on mène par le sommet en question, un plan parallèle au précédent : ce plan viendra couper celui des deux
courbes (A) et (A′) suivant une certaine droite, que j'appelle
en général, P.

Cela posé, je dis : 1° que cette droite se confondra avec l'une
des cordes $k\theta$ communes aux deux courbes A et B; 2° que le
sommet commun α ou le point projetant, se trouvera situé dans
un plan perpendiculaire sur le milieu de cette corde et sur
une circonférence de cercle qui aurait ce milieu C pour centre,
mais dont le carré du diamètre serait égal à celui de la corde $k\theta$
pris avec un signe contraire.

En effet, d'après ce qui a été démontré dans l'article précédent, la trace P du plan mené par le sommet α parallèlement
à la section circulaire du cône de base (A), est telle, qu'en la
considérant comme corde de (A), et que si, par son milieu C on
lui élève un plan perpendiculaire, ce plan passera par le sommet α; même chose a lieu à l'égard de cette trace P, considérée comme corde de la courbe (A′). Or, comme par le sommet α, on ne peut abaisser qu'un seul plan perpendiculaire à
une droite, il s'ensuit que le milieu de la trace P, considérée
comme corde de la courbe (A), et son milieu en la considérant
comme corde de la courbe (A′), se confondent tous les deux en
un seul et même point.

De plus, il a été démontré dans le même article, que si l'on
joint ce point milieu avec le sommet α par une ligne droite, le
quadruple du carré de cette droite que nous nommions rayon

était égal au carré de la partie de la trace P comprise dans la conique (A), pris avec un signe contraire, et par la même raison égal au carré de la partie de cette même droite comprise dans la courbe (A′), pris aussi avec un signe contraire; donc ces deux dernières parties sont égales entre elles; ce qui ne peut avoir évidemment lieu, puisque ces deux parties sont divisées au même point en deux parties égales, à moins que la trace P dont il s'agit, ne soit une corde commune aux courbes (A) et (A′); premier point qu'il s'agissait de démontrer.

Il résulte aussi, de ce que nous venons de dire, que le sommet α doit se trouver dans un plan élevé perpendiculairement au mileu de la corde $k\theta$ ou P, sur une circonférence de cercle qui a pour centre le milieu C de cette corde et dont le carré du diamètre doit être égal à celui de $k\theta$, pris avec un signe contraire. Second point qu'il s'agissait de démontrer.

Donc, puisque le sommet α et la trace P du plan qui passe par ce sommet parallèlement à la direction commune des sections circulaires de l'un et l'autre cône A et A′, doivent, d'après ce qui vient d'être démontré, satisfaire aux deux conditions énoncées ci-dessus, on pourra en conclure, relativement au problème qu'il s'agissait de résoudre, que :

Deux sections coniques étant données dans un plan, si l'on se propose de les projeter sur un autre plan, de manière qu'elles y deviennent des cercles et qu'il s'agisse de trouver le centre projetant et la direction du plan de projection, on commencera par déterminer l'une des cordes imaginaires communes à ces sections coniques, et alors la question sera ramenée à celle qui a été résolue tout au long dans l'article précédent.

On peut remarquer que deux sections coniques quelconques se coupant en général en quatre points, ces courbes peuvent avoir dans le même cas, six cordes communes; donc la quantité ω, qui détermine l'inclinaison de ces cordes, peut avoir aussi, en général, six valeurs différentes.

Nous donnerons par la suite, un moyen de construire graphiquement, dans de certains cas, les cordes communes à deux sections coniques lorsqu'on les suppose décrites. Quant à présent, nous nous bornerons à faire observer, d'après ce qui a été dit précédemment, que le problème en question ne sera soluble géométriquement, qu'autant que parmi les cordes communes aux deux sections coniques données, il y en ait qui ne rencontrent ni l'une ni l'autre de ces courbes ; mais qu'il faut cependant qu'elles ne cessent pas d'exister, c'est-à-dire qu'elles soient de l'espèce de celles que nous avons appelées dans des Notes sur la Géométrie, du nom de cordes, de sécantes *idéales;* les distinguant ainsi de celles qui sont entièrement illusoires et impossibles à construire, même en direction.

Quoi qu'il en soit, il résulte de ce que nous venons de démontrer, qu'il est généralement possible de projeter deux sections coniques suivant le système de deux cercles, quoiqu'il y ait certaines positions relatives de ces courbes pour lesquelles la projection soit impossible, comme cela arriverait, par exemple, si ces courbes s'entrecoupaient en quatre points distincts ou confondus.

VIII.

· Nous venons de démontrer par des considérations de géométrie, le sixième principe de ce Mémoire, en nous appuyant pour cela, sur la démonstration algébrique du cinquième principe. On pourrait désirer en connaître une démonstration directe et fondée sur la seule analyse algébrique. C'est ce que je me propose de faire actuellement, non afin de donner à la première démonstration une plus grande certitude dont elle n'a pas besoin, mais pour avoir occasion de démontrer une propriété nouvelle et assez intéressante des courbes du second degré. Cependant, au lieu de considérer en général, le système de deux sections coniques quelconques, nous supposerons, afin d'abréger les calculs, que l'une de ces courbes soit une circonférence de cercle, ce qui, évidemment, ne diminuera en rien la généralité de la solution.

Supposons donc pour simplifier, que

$$(9) \qquad ay^2 + cx^2 + 1 = 0$$

soit l'équation de la section conique, et

$$(10) \qquad a'y^2 + a'x^2 + d'y + e'x + 1 = 0$$

celle du cercle dont il s'agit. Soient toujours α, β et γ les coordonnées inconnues du sommet commun aux deux cônes qui ont pour bases les deux courbes données (9) et (10); supposons, de plus, que φ et θ représentent les angles qui déterminent la position du nouveau plan des $x'y'$, lequel doit couper ces surfaces coniques suivant des circonférences de cercles, comme dans la question précédente. Il s'agit donc de trouver les valeurs des cinq inconnues α, β, γ, θ et φ, de façon que les cônes et le plan des $x'y'$ remplissent la condition précédemment indiquée.

Puisque le plan des $x'y'$ doit couper le cône qui a pour base la courbe (9), suivant une circonférence de cercle, on doit avoir évidemment les équations de condition (3) et (4) trouvées (p. 393, n° IV). Pour obtenir les équations de condition relatives à la seconde surface conique, il faut supposer

$$a = a', \quad b = 0, \quad c = a', \quad d = d' \quad \text{et} \quad e = e',$$

dans les équations générales de condition trouvées au même endroit, et relatives à la courbe du second degré qui a pour équation

$$ay^2 + bxy + cx^2 + dy + ex + 1 = 0;$$

cela donnera ainsi les deux équations suivantes, qu'il faudra joindre aux équations (3) et (4) :

$$\sin^2\varphi\,(a'\beta^2 + a'\alpha^2 + d'\beta + e'\alpha + 1) + a'\gamma^2\cos^2\varphi$$
$$+ \sin\theta\sin\varphi\cos\varphi\,(2a'\beta + d')\gamma - \cos\theta\sin\varphi\cos\varphi\,(2a'\alpha + e')\gamma = a'\gamma^2,$$
$$- \cos\theta\sin\varphi\,(2a'\beta + d')\gamma - \sin\theta\sin\varphi\,(2a'\alpha + e')\gamma = 0.$$

Supprimant les facteurs inutiles dans ces dernières équations comme répondant à des solutions particulières, savoir $\sin\varphi$ dans la première, γ et $\sin\varphi$ dans la seconde; divisant la première par $\sin\varphi$, la seconde par $\cos\theta$, remplaçant ensuite $\cot\varphi$ par χ et $\tan\theta$ par ω, comme on l'a fait (p. 393), elles deviendront

$$(11) \quad \begin{cases} a'(\beta^2 + \alpha^2 - \gamma^2) + d'\beta + e'\alpha + 1 \\ + \gamma\sin\theta\,(2a'\beta + d')\chi - \gamma\cos\theta\,(2a'\alpha + e')\chi = 0, \end{cases}$$
$$(12) \quad 2a'\beta + d' + (2a'\alpha + e')\omega = 0.$$

On a ainsi quatre équations de condition (3), (4), (11), (12), pour déterminer les cinq inconnues α, β, γ, χ et ω. Il semblerait d'après cela qu'aucune de ces inconnues ne doit être constante ; mais cela n'est pas en réalité, comme nous allons le voir en cherchant à éliminer des quatre équations précédentes les inconnues β, γ et χ.

On peut d'abord commencer par éliminer χ entre les équations (3) et (4) ; cette opération a déjà été exécutée (p. 394), et a donné pour résultat final l'équation

$$(5) \quad \left\{ \begin{aligned} &- c^2\alpha^2\omega^6 + [c - a + ac(\beta^2 - \alpha^2) - c^2\alpha^2 + e(a - c)\gamma^2]\omega^4 \\ &+ [c - a + ac(\beta^2 - \alpha^2) + a^2\beta^2 + a(a - c)\gamma^2]\omega^2 + a^2\beta^2 = 0. \end{aligned} \right.$$

On peut ensuite éliminer la même quantité χ entre l'équation (4) et l'équation (11), ce qui donnera, en supprimant le facteur commun γ,

$$\frac{a'(\beta^2 + \alpha^2 - \gamma^2) + d'\beta + e'\alpha + 1}{2a'\alpha + e' - \omega(2a'\beta + d')} = \frac{a\beta + c\alpha\omega}{(c - a)\omega} \, ;$$

chassant les dénominateurs de cette équation et observant que, d'après l'équation (12), on a

$$2a'\beta + d' = - (2a'\alpha + e')\omega,$$

il viendra, toutes réductions faites,

$$(13) \quad \left\{ \begin{aligned} &a'(a - c)\omega\gamma^2 = (2a'\alpha + e')(1 + \omega^2)(a\beta + c\alpha\omega) \\ &- (c - a)[a'(\beta^2 + \alpha^2) + d'\beta + e'\alpha + 1]\omega. \end{aligned} \right.$$

On a maintenant les trois équations (12), (5) et (13), qui ne renferment plus χ, et qui remplacent les quatre trouvées d'abord. On peut immédiatement éliminer l'inconnue γ entre ces nouvelles équations puisque l'équation (12) en est indépendante ; il suffit de mettre dans l'équation (5) pour $(a - c)\gamma^2$ sa valeur tirée de l'équation (13) : elle devient ainsi, réductions faites et sans ordonner,

$$-c^2\alpha^2 a'\omega^6 + \left[\begin{aligned} &(a' - c)(c - a)\omega + 2aa'c\beta^2\omega - 2a'c^2\alpha^2\omega - c^2 a'\beta^2\omega \\ &+ c(2aa'\alpha\beta + 2ca'\alpha^2\omega + ae'\beta + cc'\alpha\omega)(1 + \omega^2) \\ &- c(c - a)(d'\beta + e'\alpha)\omega \end{aligned} \right] \omega^4$$

$$+ \left[\begin{aligned} &(a' - a)(c - a)\omega - 2aa'c\alpha^2\omega + 2a'a^2\beta^2\omega + a^2 a'\alpha^2\omega \\ &+ a(2aa'\alpha\beta + 2ca'\alpha^2\omega + ae'\beta + cc'\alpha\omega)(1 + \omega^2) \\ &- a(c - a)(d'\beta + e'\alpha)\omega \end{aligned} \right] \omega + a^2 a'\beta^2 = 0.$$

Il ne reste plus maintenant qu'à éliminer β entre cette équation et l'équation (12), qui donne

$$\beta = -\frac{(2\,a'\alpha + e')\,\omega - d'}{2\,a'}\,;$$

on obtiendra ainsi une équation finale qui devra être généralement en ω et α. En substituant donc dans l'équation ci-dessus, pour β sa valeur, il viendra, après avoir ordonné et simplifié autant que possible, l'équation suivante

$$(14)\quad
\begin{cases}
\dfrac{c^2 e'^2}{4\,a'}\,\omega^6 - \left[(c-a)(a'-c) + \dfrac{c^2 d'^2}{4\,a'} - \dfrac{c\,a\,e'^2}{2\,a'}\right]\omega^4 \\[2ex]
- \left[(c-a)(a'-a) + \dfrac{a c d'^2}{2\,a'} - \dfrac{a^2 e'^2}{4\,a'}\right]\omega^2 + \dfrac{a^2 d'^2}{4\,a'} = 0.
\end{cases}$$

L'inconnue α ayant disparu d'elle-même de cette équation, il s'ensuit que la valeur de ω est entièrement déterminée; donc il n'y a en général que six positions du plan $x'y'$ qui puissent résoudre la question.

Supposons maintenant que l'on ait tiré l'une quelconque des six valeurs de ω fournies par l'équation (14), et qu'on l'ait substituée dans les trois équations (12), (5) et (13), où n'entre plus χ et qui sont telles que, en éliminant entre elles les inconnues β et γ, on trouve pour résultat l'équation (14), il est évident que la substitution de ω faite, on obtiendra trois équations dont une sera la conséquence des deux autres. Or ω étant considéré comme une constante déterminée, ces trois équations seront celles de trois surfaces sur lesquelles le sommet α est nécessairement situé; d'où l'on peut conclure d'après ce qui précède, que les deux surfaces (5) et (13) du second degré se coupent suivant une courbe aussi du second degré et qui est située dans un plan vertical représenté par l'équation (12).

En remplaçant dans cette même équation, les indéterminées α et β par les variables générales x et y, on pourra lui donner cette nouvelle forme

$$(15)\qquad x = -\frac{1}{\omega}\,y - \frac{d' + a'\omega}{2\,a'\omega}.$$

Donc le plan vertical sur lequel le sommet du cône est situé d'après les conditions du problème, est perpendiculaire à la trace du plan $x'y'$ sur le plan des xy. De plus, l'équation (5) de la surface sur laquelle ce sommet doit être aussi situé, étant absolument de même forme que l'équation (7) trouvée précédemment, quand on y remplace α, β et γ par les variables x, y et z, et qu'on l'ordonne par rapport à ces variables, on pourra en conclure, d'après ce qui a été prouvé alors (ce qu'il est inutile de démontrer de nouveau ici), que la surface dont il s'agit est coupée suivant une circonférence de cercle par le plan (15), et par conséquent que le sommet α est situé sur une pareille courbe.

On voit déjà les conséquences découvertes dans l'article précédent, se reproduire ici avec les mêmes circonstances; mais poursuivons.

L'équation du plan des $x'y'$ étant, en général (p. 391), de la forme $z = -\tang \varphi \sin \theta\, y + \tang \varphi \cos \theta\, x$, celle du plan qui lui serait mené parallèlement par le sommet α du cône sera

$$z - \gamma = -\tang \varphi \sin \theta (y - \beta) + \tang \varphi \cos \theta (x - \alpha),$$

et par conséquent, l'équation de la trace de ce plan sur celui des xy, sera

$$x = \omega y + \alpha - \omega \beta - \frac{\gamma}{\tang \varphi \cos \theta}.$$

Mettant dans cette équation pour $\cot \varphi$ ou χ, sa valeur tirée de l'équation (4, p. 393), qui donne $\chi = \dfrac{\alpha \beta \cos \theta + c\alpha \sin \theta}{\gamma (c - a) \sin \theta \cos \theta}$, et et remplaçant $\tang \theta$ par la constante déterminée ω, elle devient

$$x = \omega y + \alpha - \omega \beta - \frac{\alpha \beta + c\omega\alpha}{(c - a)\sin \theta \cos \theta}$$

$$= \omega y + \frac{\alpha[(c - a)\sin \theta \cos \theta - c\omega] - \beta[(c - a)\sin \theta \cos \theta . \omega + a]}{(c - a)\sin \theta \cos \theta}.$$

Or nous avons déjà trouvé que

$$(c - a)\sin \theta \cos \theta - c\omega = -\omega(a + c\omega^2)\cos^2 \theta,$$

$$(c - a)\sin \theta \cos \theta . \omega + a = (a + c\omega^2)\cos^2 \theta;$$

donc il viendra pour l'équation de la trace en question

$$x = \omega y - \frac{(a + c\omega^2)(\beta + \omega\alpha)}{(c-a)\omega}.$$

En mettant dans cette équation, pour β, sa valeur

$$\beta = -\omega\alpha - \frac{d' + a'\omega}{2\,a'}$$

tirée de l'équation (12), il viendra

$$(16) \qquad x = \omega y + \frac{(a + c\omega^2)(d' + a'\omega)}{2\,a'(c-a)\omega}.$$

Si nous posons, pour comparer cette équation avec l'équation $x = \omega y + \mathrm{K}$ de la question précédente (p. 397),

$$\frac{(a + c\omega^2)(d' + e'\omega)}{2\,a'(c-a)\omega} = \mathrm{K}, \quad \text{d'où} \quad \frac{d' + a'\omega}{2\,a'\omega} = \frac{(c-a)\mathrm{K}}{a + c\omega^2},$$

l'équation (15) du plan qui renferme le lieu des sommets α, prendra la forme

$$x = -\frac{1}{\omega}\,y - \frac{(c-a)\mathrm{K}}{a + c\omega^2}.$$

Cette équation ainsi que l'équation (16) étant absolument de la même forme que les équations (6) et $x = \omega y + \mathrm{K}$ de la première démonstration (V, p. 399), on en tirerait absolument les mêmes conséquences.

Mais, au lieu de suivre cette marche, montrons directement que l'équation (16) ou $x = \omega y + \mathrm{K}$, représente l'une des six cordes communes au cercle et à la courbe donnés, et que si on y met successivement pour ω les six valeurs fournies par l'équation (14), elle donnera les équations mêmes des six cordes correspondantes.

Appelons x' et y' les coordonnées de l'un des quatre points communs aux deux courbes (9) et (10) en question, x'' et y'' les coordonnées d'un autre quelconque de ces points ; ces coordonnées devant satisfaire aux équations de ces courbes, on aura évidemment les quatre équations de condition,

$(a)\ \ ay'^2 + cx'^2 + 1 = 0, \quad (c)\ \ a'y'^2 + a'x'^2 + d'y' + e'x' + 1 = 0,$

$(b)\ \ ay''^2 + cx''^2 + 1 = 0, \quad (d)\ \ a'y''^2 + a'x''^2 + d'y'' + e'x'' + 1 = 0.$

Appelons ω_1 la tangente de l'angle que forme, avec l'axe des y, la corde qui joint les deux points x' et x'', on aura

$$\omega_1 = \frac{x'' - x'}{y'' - y'}, \quad \text{d'où} \quad x'' - x' = \omega_1(y'' - y').$$

Il s'agit maintenant, pour obtenir la valeur de ω_1, d'éliminer x', y', x'' et y'' entre les cinq équations précédentes.

Pour cela, retranchant d'abord l'équation (c) de (d), il vient

$$a'(y'' - y')(y'' + y') + a'(x'' - x')(x'' + x') + d'(y'' - y') + e'(x'' - x') = 0.$$

Mettant pour $x'' - x'$ sa valeur $\omega_1(y'' - y')$ et divisant par $y'' - y'$, on aura l'équation

$$a'(y'' + y') + a'\omega_1(x'' + x') + d' + e'\omega_1 = 0,$$

qu'on peut mettre sous cette forme

$$a'(y'' - y') + a'\omega_1(x'' - x') + 2a'y' + 2a'\omega_1 x' + d' + e'\omega_1 = 0.$$

Mettant de nouveau, pour $x'' - x'$, sa valeur $\omega_1(y'' - y')$ dans cette équation, on en tirera

$$y'' - y' = -\frac{2a'y' + 2a'\omega x' + d' + e'\omega_1}{a'(1 + \omega_1^2)}.$$

Traitant de même les équations (a) et (b), on en déduira cette autre expression

$$y'' - y' = -\frac{2ay' + 2c\omega_1 x'}{a + c\omega_1^2}.$$

Égalant ces deux valeurs entre elles, on obtient

$$\frac{2ay' + 2c\omega_1 x'}{a + c\omega_1^2} = \frac{2a'y' + 2a'\omega_1 x' + d' + e'\omega_1}{a'(1 + \omega_1^2)};$$

chassant les dénominateurs et réduisant, il vient enfin

$$(17)\quad 2a'(c - a)(x' - \omega_1 y')\omega_1 - (a + c\omega_1^2)(d' + e'\omega_1) = 0.$$

On tire de là immédiatement

$$y' = \frac{2a'(c-a)\omega_1 x' - (d'+e'\omega_1)(a+c\omega_1^2)}{2a'(c-a)\omega_1^2}.$$

Substituant cette valeur de y' dans les équations (a) et (c), on aura

$$4a'^2(c-a)^2(a+c\omega_1^2)\omega_1^2 x'^2 - 4aa'(c-a)(d'+e'\omega_1)(a+c\omega_1^2)\omega_1 x'$$
$$+a(d'+e'\omega_1)^2(a+c\omega_1^2)^2 + 4a'^2(c-a)^2\omega_1^4 = 0,$$

$$4a'^3(c-a)^2(1+\omega_1^2)\omega_1^2 x'^2$$
$$+[-4a'^2(c-a)(d'+e'\omega_1)(a+c\omega_1^2)\omega_1 + 4d'a'^2(c-a)^2\omega_1^3 + 4a'^2c'(c-a)^2\omega_1^4]$$
$$+a'(d'+e'\omega_1)^2(a+c\omega_1^2)^2 - 2a'd'(c-a)(d'+e'\omega_1)(a+c\omega_1^2)\omega_1^2 + 4a'^2(c-a)^2\omega_1^4 =$$

Il ne s'agit plus maintenant que d'éliminer x' entre ces deux équations pour avoir l'équation finale en ω_1. Pour cela, je multiplie la première par $a'(1+\omega_1^2)$, la deuxième par $a+c\omega_1^2$, et je retranche la deuxième de la première, le terme x'^2 disparaît du résultat aussi bien que le terme en x'; on aura donc tout de suite l'équation finale

$$aa'(d'+e'\omega_1)^2(a+c\omega_1^2)^2(1+\omega_1^2) + 4a'^3(c-a)^2(1+\omega_1^2)\omega_1^4$$
$$-a'(d'+e'\omega_1)^2(a+c\omega_1^2)^2(a+c\omega_1^2) + 2a'd'(c-a)(d'+e'\omega_1)(a+c\omega_1^2)$$
$$-4a'^2(c-a)^2(a+c\omega_1^2)\omega_1^4 = 0.$$

En simplifiant cette équation, elle devient

$$(d'^2 - e'^2\omega_1^2)(a+c\omega_1^2)^2 - 4a'(a-a')(c-a)\omega_1^2 - 4a'(c-a')(c-a)\omega_1^4 = 0;$$

développant et ordonnant, on obtient enfin

$$-c^2e'^2\omega_1^6 + [4a'(a'-c)(c-a)+c^2d'^2-2ace'^2]\omega_1^4$$
$$+[4a'(a'-a)(c-a)+2acd'^2-a^2e'^2]\omega_1^2 + a^2d'^2 = 0.$$

En comparant cette équation à l'équation (14) qui donne la valeur de ω, on s'assure qu'elle lui devient identique quand on la divise par $4a'$; donc 1° $\omega_1 = \omega$, et par conséquent, l'équation d'une corde commune aux deux courbes en question est de la forme $x = \omega y + L$; mais, puisque cette corde doit passer par le point $(x'y')$, on doit avoir la relation $x' = \omega y' + L$, qui servira à déterminer la valeur de L: en combinant cette équation avec l'équation (17) trouvée dans le cours du calcul, et observant que $\omega_1 = \omega$ dans cette équation, y' disparaîtra, et l'on aura pour déterminer L, l'équation

$$2 a'(c - a)\omega \, \mathrm{L} - (d' + e'\omega)(a + c\omega^2) = 0,$$

d'où l'on tire immédiatement

$$\mathrm{L} = \frac{(a + c\omega^2)(d' + e'\omega)}{2 a'(c - a)\omega}.$$

Donc l'équation de l'une quelconque des cordes communes aux courbes données (9) et (10), est de la forme

$$x = \omega y + \frac{(a + c\omega^2)(d' + e'\omega)}{2 a'(c - a)\omega}.$$

En la comparant avec l'équation (16) trouvée ci-dessus, et observant que ω a la même valeur dans ces équations, on en conclura qu'elles représentent la même droite. Donc, si du sommet α commun aux deux cônes qui ont pour bases les courbes données (9) et (10), on mène un plan parallèle à celui des $x'y'$ (qui est supposé donner à la fois une section circulaire dans l'un et l'autre cône), la trace de ce plan sur celui des deux courbes sera nécessairement l'une des cordes qui leur sont communes.

Ainsi l'analyse nous a conduits, quoique par un chemin plus long, aux mêmes conséquences auxquelles nous étions parvenus dans l'article précédent. On voit combien il est avantageux en certains cas de faire venir la géométrie au secours de l'analyse, et combien par ce mélange de démonstrations, il devient facile d'éviter la longueur des calculs algébriques, trop souvent nécessitée par les éliminations. Je ne me ferai désormais, aucun scrupule d'employer ce genre mixte de raisonnement, qui a évidemment la même rigueur que les démonstrations purement géométriques ou exclusivement analytiques, d'autant qu'il existe telles propriétés, que nous ferons connaître dans le cours de ce Mémoire, qu'il serait, sinon impossible, du moins extrêmement long et difficile, de démontrer de cette dernière manière.

D'après cette observation, on ne doit regarder que comme

un objet de pure curiosité la démonstration analytique que
nous venons de donner, en dernier lieu, du VIe Principe
de ce Mémoire. Quoi qu'il en soit, voici une propriété assez
remarquable que l'on peut déduire immédiatement des calculs
précédemment établis.

IX.

Puisque l'équation (14) a pour racines les valeurs des tangentes trigonométriques ω des angles θ formés par les cordes
communes au cercle et à la conique donnés, avec l'axe y des
coordonnées qui est l'un des axes rectangulaires de cette section conique, et, puisque cette équation ne renferme la quantité ω qu'à la deuxième puissance, on en peut conclure évidemment que, si une certaine corde fait un angle θ avec l'axe
des y, il en existe une autre qui lui est conjuguée et fait
nécessairement un angle de 200° — θ avec cet axe; de sorte
que la direction de ce dernier divise en deux parties égales,
l'angle formé par ces deux cordes.

Soient donc (C) et (A) un cercle et une courbe du second
degré qui se coupent en quatre points a, b, c et d; il est aisé
de reconnaître, en examinant le cas particulier où les centres C
et A se confondent, que deux cordes telles que ac et bd qui se
coupent ailleurs que sur les courbes données, en un point O,

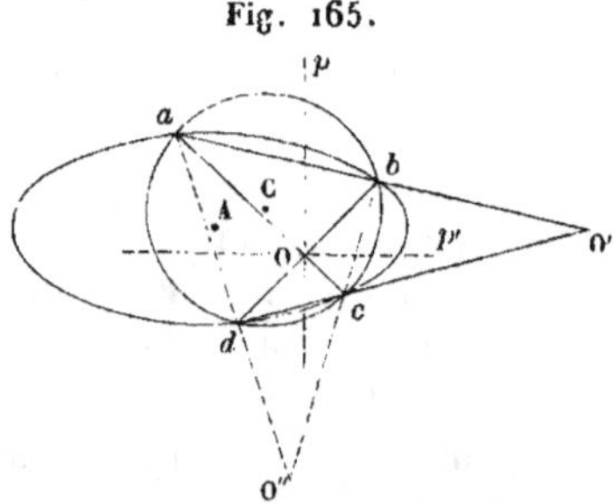

Fig. 165.

sont l'une à l'égard de l'autre dans le cas dont il s'agit. Donc,
d'après ce qui précède, si l'on divise l'angle aob qu'elles forment en deux parties égales par la droite op, cette droite sera
parallèle à l'un des axes de la courbe (A), et par suite, si l'on
divise aussi le supplément boc de cet angle en deux parties

égales par la droite op', cette droite sera parallèle à l'autre axe de la conique. On voit, d'après cela, qu'une courbe (A) du second degré étant tracée, il est très-facile de déterminer la direction de ses axes rectangulaires.

On peut remarquer que les deux autres cordes ab et cd, aussi bien que les cordes ad et bc, sont dans le même cas que les deux premières, et qu'ainsi elles jouissent de la même propriété à l'égard des axes principaux.

Quand, au lieu d'un cercle et d'une section conique, on considère en général le système de deux courbes du second degré qui se coupent, la propriété que nous venons de démontrer n'a plus lieu alors; mais il existe pour ce système une propriété analogue dont la démonstration, qui ne serait pas à sa place ici, sera donnée dans la IIIe Partie de ce Mémoire (*).

VIIe Principe. — Le système de plusieurs coniques ayant une corde commune sur un plan, peut être considéré, en général, comme la projection plane du système d'un même nombre de cercles dans lequel la projection de la corde commune est passée à l'infini; de sorte que tout faisceau de droites qui concourent en un même point de la corde commune du premier système, a pour projection (Princ. III) un faisceau de droites parallèles dans le second.

Ce Principe est une conséquence immédiate de celui qui porte le n° VI. En effet, imaginons que, du milieu de la corde commune aux sections coniques dont il s'agit, on élève un plan perpendiculaire à cette corde; que l'on décrive ensuite, de ce milieu comme centre, une circonférence de cercle située dans ce plan et satisfaisant à la condition que le carré de son diamètre soit égal au carré de la longueur de la corde pris avec un signe contraire (p. 405, *fig.* 162), il est évident que chacun des points de cette circonférence sera tel, que si on le considère comme le point projetant de deux des sections coniques considérées, les surfaces coniques correspondantes seront

---

(*) Cette IIIe Partie n'existe pas, mais on prendra, dans les Notes qui suivent ce volume, une idée des recherches analytiques que j'avais entreprises à ce sujet, et que mon brusque départ de Saratoff, en juin 1817, ne me permit pas de terminer et de rédiger complétement.

susceptibles d'être coupées suivant des cercles par un plan quelconque mené parallèlement à celui qui passe par ce point et par la corde commune. Or, toutes les sections coniques données ayant, par hypothèse, une même corde commune, il est clair, quel que soit le couple de celles que l'on considère, que le cercle sur lequel le point projetant arbitraire doit se trouver situé, aura même position et même grandeur que le cercle d'abord mentionné. Donc, le point choisi précédemment sur ce cercle, a la propriété de projeter à la fois toutes les coniques, suivant des circonférences de cercles sur un plan quelconque, parallèle à celui qui passe par ce point et par la corde commune aux courbes données; par où l'on aperçoit, en même temps, que cette corde aura pour projection une droite située à l'infini.

D'après ce qui a été démontré (p. 405, *fig.* 162), la construction précédente ne cessera d'avoir lieu que quand les courbes données auront en effet quatre points en commun. Dans tous les cas où une corde commune aux coniques sera de l'espèce de celles que nous avons nommées *idéales*, cette construction sera toujours possible, et l'on voit même qu'elle le sera d'une infinité de manières.

On ne doit pas conclure de ce que les cercles de projection ont une même corde commune située à l'infini, que ces cercles aient, pour cela, des positions particulières; car nous prouverons tout à l'heure, qu'un système de cercles situés d'une manière quelconque sur un même plan, a toujours une ligne droite située à l'infini qui peut être considérée comme la corde commune à ces cercles.

Il est nécessaire aussi de remarquer, à l'égard des trois derniers principes, qu'ils ne cessent pas d'être vrais même quand les sections coniques dont il est question, sont, en tout ou en partie, des circonférences de cercles.

VIIIe Principe. — Un système de cercles quelconque sur un plan, peut toujours être projeté suivant un système de sections coniques qui ont une même corde commune, et ces cercles peuvent toujours être considérés comme ayant une autre corde commune située à l'infini.

Imaginez que, d'un point quelconque z, on projette le système de cercles en question sur un plan arbitraire P, il est clair par définition que ce système aura pour projection un système de sections coniques situées dans le plan P.

Considérez maintenant deux quelconques de ces coniques. Puisque le point α a la propriété de les projeter suivant deux cercles sur l'ancien plan, il est clair encore que, si par le point α on mène un plan parallèle à ce dernier, il coupera le plan P, des deux coniques, suivant une droite qui sera l'une des cordes communes à ces deux courbes (VIe Princ.). Même chose aurait lieu si l'on considérait deux autres sections coniques; donc la droite dont il s'agit est une corde commune à toutes les courbes de projection, et par conséquent (VIIe Princ.), le système des cercles proposés peut être considéré comme ayant une même corde commune, mais entièrement située à l'infini.

IXe Principe. — Le système de plusieurs sections coniques assujetties à avoir quatre points en commun (géométriquement ou analytiquement parlant), peut être considéré dès lors comme ayant pour projection le système d'un pareil nombre de cercles, qui ont, outre leur corde commune idéale, située à l'infini, une autre corde commune à distance donnée, identique à celle que l'on considère ordinairement.

En effet, puisque les courbes dont il s'agit ont quatre points communs analytiquement parlant, elles peuvent être considérées comme ayant aussi, en général, six cordes communes; donc si l'on ne fait d'abord attention qu'à l'une de ces cordes, on conclura (Princ. VIIe) que les sections coniques données peuvent être projetées suivant le système d'un même nombre de cercles, dans lequel la corde en question aura pour projection une droite située à l'infini. De plus, si l'on considère la corde commune aux coniques données *conjuguée* à la première (art. V), en ce qu'elle ne la rencontre sur aucune de ces courbes, et, si l'on fait attention que ces cordes sont tellement liées l'une à l'autre (n° IV) que, si l'une a une existence géométrique, l'autre en a nécessairement une aussi, on en pourra conclure que la corde conjuguée aura pour projection sur le plan des cercles, une droite située à une distance finie, qui sera une corde commune à tous ces cercles.

D'après les remarques déjà faites, on voit que pour que la projection soit possible, il faut que la première des deux cordes ci-dessus soit de l'espèce de celles que j'ai appelées *sécantes idéales;* c'est-à-dire qu'elle ne rencontre pas les courbes données quoiqu'elle ait une existence géométrique; quant à la seconde qui lui est conjuguée, elle pourra être indistinctement réelle ou idéale. Il est évident, d'après cela, que les quatre autres cordes seront, dans cette même circonstance, tout à fait impossibles à construire, et par conséquent illusoires; car autrement, comme elles couperaient nécessairement la première, il s'ensuivrait que celle-ci aurait un ou deux points en commun avec les courbes en question, ce qui est contraire à l'hypothèse.

Tout ceci deviendra très-clair par la suite, quand nous aurons fait connaître les propriétés dont jouissent les cordes communes à deux sections coniques; ce qui nous fournira le moyen de construire, dans certains cas, la corde ou sécante idéale commune à deux sections coniques données et la conjuguée à cette corde.

Remarque. — Un système quelconque de cercles sur un plan, devant toujours être censé avoir une corde commune à l'infini, si l'on suppose, de plus, que ces cercles en aient une commune à distance finie, il est évident que ces deux cordes seront conjuguées entre elles, et que les autres cordes que ces cercles ont en commun, analytiquement parlant, sont toutes quatre illusoires ou imaginaires. Donc, d'après ce qui précède, le système de ces cercles peut être projeté suivant un autre système composé d'un égal nombre de cercles ayant une corde commune à une distance donnée, projection de celle qui est située à l'infini dans le premier système pour lequel la projection de la corde commune ordinaire est réciproquement située à une distance infinie.

X.

Avant de clore la première Partie de ce Mémoire, il est nécessaire de faire quelques remarques sur les Principes établis dans les art. I, II et suivants. La démonstration de ces **Principes** étant entièrement fondée sur la nature propre de l'analyse algébrique, toutes les conséquences qu'on en pourra tirer relativement aux propriétés de *position* des figures, seront vraies, considérées d'une manière purement analytique; mais, considérées d'une manière géométrique, elles pourront n'être que d'une vérité conditionnelle (dépendante de la disposition des parties de la figure), lorsqu'elles porteront sur quelque grandeur déterminée susceptible de devenir imaginaire; car une grandeur qui peut devenir imaginaire a toujours une existence algébrique, mais elle cesse d'exister au point de vue purement géométrique.

Dans tous les autre cas, les conséquences géométriques qu'il sera possible de tirer de ces mêmes principes relativement aux propriétés de position des figures, seront toujours vraies d'une manière géométrique et d'une manière analytique, et cela aurait lieu même quand elles porteraient sur quelque grandeur indéterminée; pourvu que cette grandeur ne dépende d'aucun radical qui puisse la rendre imaginaire.

Ces remarques nous conduisent à distinguer deux espèces de propositions, savoir : celles qui sont d'une vérité absolue ou géométrique, et celles qui sont d'une vérité conditionnelle, c'est-à-dire, vraies pour une certaine disposition des parties de la figure et cessant de l'être pour d'autres, quoique, dans tous les cas, ces propositions soient vraies d'une manière relative et analytique. Les **Principes** posés au commencement de ce Mémoire, seront toujours applicables aux propriétés de la première espèce, mais ils pourront ne l'être qu'avec restriction à celles de la seconde.

La première espèce comprend toutes les propriétés de position qui ne tiennent explicitement à aucune grandeur déterminée ou indéterminée et celles qui, tenant à des grandeurs indéterminées, ne renfermant implicitement aucun radical dans leur expression algébrique, ne peuvent devenir imaginaires. Telles sont toutes les propriétés relatives aux points de concours des lignes droites, et celles dont jouissent les points ou droites mobiles relativement au degré de la courbe qu'elles engendrent dans leur mouvement, etc.

Pour en donner un exemple, supposons qu'il soit prouvé que, pour une certaine disposition générale d'une figure, trois

lignes droites ou plus, concourent en un même point; il est
évident que cette propriété sera toujours vraie géométriquement; car l'expression de l'ordonnée du point d'intersection
de deux ou plusieurs droites est indépendante de tout radical, et par conséquent, ne pouvant jamais devenir imaginaire,
elle correspondra toujours à un point réel et constructible
géométriquement. Il est de toute nécessité cependant que
deux de ces droites soient elles-mêmes constructibles; car si
elles étaient toutes imaginaires, l'ordonnée du point en question pourrait l'être aussi; mais ce cas ne fait nullement exception, si l'on admet qu'en géométrie, il n'y a pas lieu d'examiner les propriétés des figures qui ne peuvent être tracées
effectivement. En voici un exemple :

Soient (A) et (B), *fig.* 166, deux coniques données; imaginez
que, d'un point m de la première, on mène des tangentes à la
seconde et qu'on joigne les points de contact par une droite
tt'; supposez, de plus, que l'on fasse mouvoir le point m sur

Fig. 166.

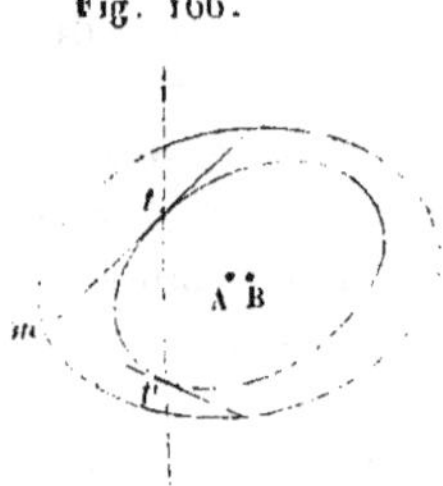

sa courbe, la droite tt' roulera, comme nous le verrons plus
tard, sur une troisième ligne du second degré. Or il semble
évident que cette ligne cessera d'exister géométriquement,
quand la corde tt' ne sera susceptible d'être construite pour
aucune des positions du point m : c'est ce qui arrivera quand
la conique (A) sera entièrement enveloppée par la conique
(B); car il n'y a plus lieu alors d'examiner quel est le degré
de la conique engendrée, etc. Mais, si la conique (A) n'était
qu'en partie comprise dans la courbe (B), c'est-à-dire si elle
la coupait, la courbe décrite par la corde tt' aurait évidemment alors une existence géométrique, puisqu'une partie de
ces cordes seraient susceptibles d'être construites, et qu'une

section conique est déterminée de position quand on connait cinq droites auxquelles elle doit être tangente.

La seconde espèce de propriétés de position comprend toutes celles qui tiennent à des grandeurs indéterminées pouvant devenir imaginaires pour des dispositions générales de la figure mais qui sont réelles pour d'autres : Telles sont généralement les propriétés relatives à la position (et non au degré) de la ligne engendrée par le mouvement d'un point ou d'une droite mobile par rapport à certaines lignes fixes de la figure; telles sont encore, en général, les propriétés relatives à la manière dont la courbe décrite est liée aux parties fixes de la figure; par exemple, si elle touche une courbe ou droite fixe, si elle passe par les points communs à deux courbes, etc. (*).

Toutes ces propriétés ne sont évidemment que d'une vérité conditionnelle; car l'expression de l'ordonnée des points de contact ou d'intersection de deux courbes renfermant des fonctions radicales, cette ordonnée et par conséquent le point correspondant pourront devenir imaginaires pour certaines dispositions générales de la figure, et partant cesser d'exister d'une manière géométrique.

(*) Les lecteurs s'apercevront avec moi, sans doute, qu'il règne dans tout ce passage, à force de généralité, un vague et une obscurité qu'on s'explique difficilement après les études géométriques et algébriques approfondies des V⁰ et VI⁰ Cahiers de cet ouvrage; notamment si l'on se reporte aux propositions réciproques des p. 253 à 260, où l'existence des courbes enveloppes et de leurs cordes génératrices est entièrement indépendante de la position même du sommet conjugué de l'angle circonscrit. Cela prouve qu'à l'époque de 1810, où je quittai l'Ecole polytechnique, on était loin d'avoir des notions bien arrêtées sur la dépendance mutuelle de ce que l'on a nommé depuis, le *pôle* et la *polaire* dans les courbes du deuxième degré; car l'expression même de *polaire*, aujourd'hui si universellement adoptée, ne l'a été qu'à partir de 1813 et 1814 où MM. Gergonne et Servois s'en servirent dans le t. III des *Annales de Mathématiques* de Montpellier, M. Brianchon lui-même, dans ses Mémoires de 1806 à 1810, n'avait point insisté sur la réalité de l'existence simultanée du pôle et de la polaire, et, si je ne me trompe, ce ne fut pas avant l'époque de 1817, où j'établis la réciprocité complète de ces éléments, pour deux sections coniques quelconques, que l'on acquit des notions un peu générales à cet égard.

Néanmoins je m'étais déjà occupé, lors de mon séjour à l'Ecole polytech-

Si donc, on avait trouvé, pour une position générale d'une figure susceptible d'une projection plus simple, qu'un certain point mobile dans cette projection, décrit une ligne concentrique à une courbe fixe, ou plus généralement, qui n'a aucun point en commun avec cette dernière, on pourrait bien en conclure que, pour la disposition actuelle où la projection est censée possible, le point mobile de la figure donnée décrit aussi une ligne qui n'a aucun point en commun avec la proposée; mais on ne saurait affirmer que cela eût lieu pour d'autres dispositions des parties de la figure; car les courbes considérées pourraient, dans certains cas, posséder des points communs et même être tangentes en ces points.

Dans des cas semblables, il serait absolument impossible de prononcer sur la manière dont les deux coniques sont en général liées entre elles, et il faut alors recourir à un examen tout particulier de la figure. Supposons donc que, au moyen de cet examen, on ait trouvé que ces coniques ont entre elles deux points de contact communs effectifs : on en pourra conclure qu'elles sont toujours liées l'une à l'autre (analytiquement parlant) de la même manière, que le contact soit imaginaire ou réel comme dans le premier cas. Ainsi toute propriété de position (n° I) dont le système de ces courbes jouit quand elles

---

nique à propos de l'épure relative à l'intersection des ellipsoïdes de révolution et des élégants théorèmes de Monge sur les points, les droites et plans d'intersections des cercles ou des sphères, des cas de possibilité ou d'impossibilité de ces intersections diverses, ainsi que des singulières difficultés d'interprétation géométrique qui résultent de la discontinuité dans le tracé par points du lieu des mêmes intersections. En particulier, je m'expliquais très-bien comment le lieu du centre des cordes interceptées dans un cercle par les sécantes issues d'un point ou pôle fixe donné, était réellement continu dans toutes ses parties, comme le montre l'analyse algébrique, quoique ce point milieu lui-même ne semble pas exister géométriquement pour les sécantes extérieures au cercle donné. Il suffisait pour cela, de remarquer que ce point se confondait avec le pied de la perpendiculaire abaissée du centre du cercle sur les sécantes.

Ceci prouve, une fois de plus, la lenteur avec laquelle l'esprit parvient à s'ouvrir une route dans un champ d'idées nouvelles qui souvent contrarient des notions antérieurement admises. Mais il restait à interpréter le fait d'une manière générale, par la théorie géométrique des cordes et des sécantes idéales.

se touchent géométriquement, aura lieu même quand ces courbes viendront à ne plus se toucher réellement, pourvu que cette propriété soit de celles de la première espèce; dans la supposition contraire, elle cessera d'être vraie si ce n'est d'une manière analytique.

Il ne serait pas difficile de multiplier les exemples propres à éclaircir ce que je viens de dire en dernier lieu, si je ne craignais d'anticiper par trop sur ce que je me propose de faire connaître dans la troisième partie de ce Mémoire, d'autant que cette troisième partie étant une application presque continuelle des principes ci-dessus, pourra servir elle-même, d'éclaircissement à ces principes.

Remarque générale. — Les neuf principes que nous venons de poser relativement à la projection des figures, ne sont pas les seuls que nous eussions pu démontrer. Il en existe encore quelques autres on ne peut plus faciles à démontrer, et qui sont des conséquences immédiates des précédents. C'est pourquoi nous n'en donnerons la démonstration que quand l'occasion s'en présentera, afin de ne pas trop allonger cette première partie du Mémoire.

Au moyen de ces principes, d'ailleurs, et des observations déjà faites dans tout ce qui précède, on pourra très-souvent rendre la démonstration d'une propriété de position extrêmement simple et facile; mais il faudra avoir l'attention, quand la figure donnée sera susceptible d'être simplifiée de plusieurs manières différentes, de choisir celle de ces simplifications qui conviendra le mieux à la propriété qu'on se propose de démontrer en particulier.

Au reste, la méthode mixte que nous venons d'exposer pour simplifier la démonstration des figures sur un plan, pourrait être beaucoup étendue au moyen de la géométrie des figures dans l'espace, c'est-à-dire de la géométrie descriptive; nous en avons eu déjà un exemple à l'art. II. Cela consisterait, comme on voit, à regarder une figure plane comme la projection (perspective) ou comme l'intersection d'une figure dans l'espace, et à conclure des propriétés de cette dernière celles de la figure primitive, en se servant pour cela, des principes généraux de la géométrie de Monge.

Je ne me servirai pas de ce dernier moyen, parce qu'il ne s'applique, en général, qu'à très-peu de propositions ; ce qui provient de ce qu'il est encore plus difficile de découvrir les propriétés des figures de l'espace que celles des figures planes. Les principes précédents suffiront seuls, pour démontrer les propositions que nous avons en vue.

DEUXIÈME PARTIE.

PROPRIÉTÉS DESCRIPTIVES ET LINÉAIRES LES PLUS SIMPLES DES FIGURES SITUÉES SUR UN PLAN.

Nous avons déjà dit que l'objet de cette seconde partie est d'appliquer les principes précédents à la démonstration des propriétés de position déjà connues. Nous aurions pu nous borner à quelques exemples choisis parmi les plus marquants ; mais comme la plupart de ces propriétés sont dispersées dans plusieurs ouvrages différents, et que, par la suite, nous serons obligés d'y avoir recours, nous avons cru n'en devoir omettre aucune. On pourra s'apercevoir que ces propriétés sont, en grande partie, des conséquences les unes des autres, et c'est aussi la manière dont elles ont été démontrées d'abord ; mais, à l'aide des principes de projection, elles seront démontrées chacune isolément et immédiatement ; ce qui est l'un des grands avantages offerts par ces principes.

I.

Si deux triangles ABC et *abc* (*fig.* 167) sont tels, que les côtés respectifs AB et *ab*, BC et *bc*, AC et *ac* se coupent en

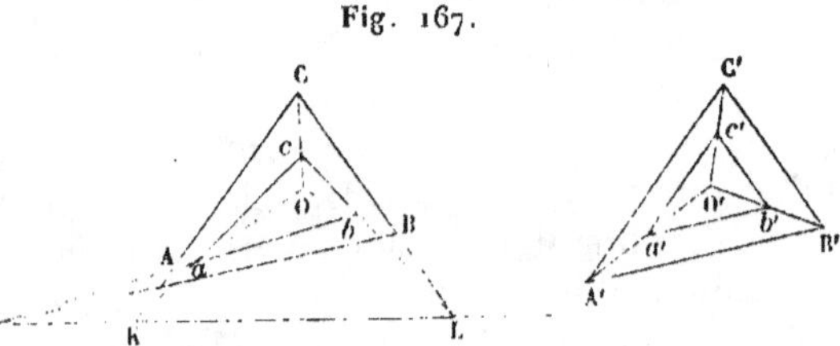

Fig. 167.

trois points I, L, K situés en ligne droite, les droites C*c*, A*a* et B*b*, joignant deux à deux les sommets opposés à ces côtés,

passent par un même point O, quelle que soit d'ailleurs la disposition relative des deux triangles.

En effet, d'après le IIe Principe, la figure peut être considérée comme la projection de deux autres triangles dont les
côtés, pris deux à deux, concourraient à l'infini ou seraient
parallèles, tels que les triangles A′B′C′, $a'b'c'$. Or il est visible,
et il n'est pas nécessaire ici de démontrer, que ces derniers
triangles sont tels, que les trois droites A′a', B′b' et C′c' viennent se couper en un même point O′, quelle que soit la situation de ces triangles ; donc (Art II, Ire Partie) les deux triangles
ABC et abc d'abord considérés jouissent de la même propriété.

La proposition réciproque est également vraie et pourrait se
démontrer d'une manière analogue, ce qu'il est inutile de
faire puisqu'elle est une conséquence immédiate de la première. Ainsi donc, quand deux triangles ABC et abc seront tels
que les trois droites Cc, Bb, Aa, qui joignent deux à deux
leurs sommets respectifs, se couperont en un même point
O, on pourra en conclure que les trois points I, K et L, où se
coupent les côtés respectivement opposés à ces sommets, sont
situés sur une seule et même ligne droite IL.

II.

Soit KCIc (*fig.* 168) un quadrilatère quelconque ; si, d'un
point L de l'une de ses diagonales KI, on mène, dans ce qua-

Fig. 168.

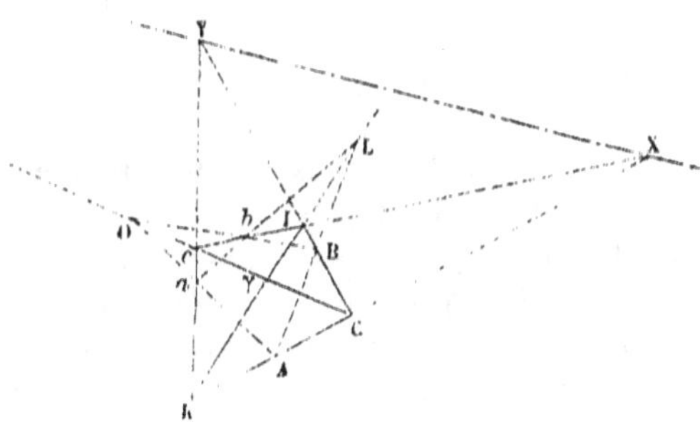

drilatère, deux sécantes arbitraires, La et LA, qui coupent ses
côtés, non prolongés, aux points respectifs A, B, b et a ; que

l'on joigne ensuite les points B, *b* et A, *a* par deux lignes droites B*b* et A*a* ; ces deux droites, en quelque sorte réciproques
des précédentes et conjuguées entre elles, se couperont en un
point O situé sur la diagonale C*c*, *réciproque* et *conjuguée* à
l'égard de la première KI, puisqu'elles s'engendrent l'une par
l'autre, et qu'il existe une troisième droite YX, nommée aussi
diagonale.

Cette propriété est une suite nécessaire de celle du n° I,
fig. 167, et n'en diffère que parce qu'elle est énoncée d'une
autre manière. En effet, si l'on considère les deux triangles
ABC et *abc* qui font partie de la *fig.* 168, il est clair, d'après
l'énoncé (I), que leurs côtés respectifs se coupent deux à
deux en trois points L, I, K situés en ligne droite ; or, suivant
ce qui précède, les trois droites C*c*, A*a* et B*b*, joignant les
sommets opposés à ces côtés, se coupent bien en un seul et
même point O.

Si l'on réunissait les quatre intersections *a*, B, A, *b* par les
droites *a*B et A*b*, leur point de rencontre ne se trouverait ni
sur l'une ni sur l'autre des diagonales C*c* ou KI. Mais si, au
lieu de prendre le point L sur la diagonale KI, on l'eût pris
sur la troisième diagonale YX, ce point d'intersection se serait
trouvé sur la diagonale C*c*, comme il est facile de s'en assurer.
Ainsi ces trois diagonales jouissent des mêmes propriétés réciproques à l'égard les unes des autres.

Enfin on peut remarquer que si l'on prend les points L et O
sur la troisième diagonale YX, les deux droites A*b* et B*a* se
couperont au centre même γ, du quadrilatère proposé.

III.

Soient AO et BO (*fig.* 169) deux droites quelconques qui
se coupent au point O ; I, K et L trois points donnés sur une
autre ligne droite ; par le point I soit menée, dans l'angle AOB,
la sécante arbitraire I*b*, qui coupe les côtés de cet angle en
deux points *a* et *b* ; soient menées ensuite les deux droites K*a*
et L*b* se coupant en un dernier point *c* ; je dis que, si l'on vient
à faire varier la sécante I*ab* autour du point I, comme pôle, et
qu'on fasse pivoter en même temps, les droites K*a* et L*b*,
comme on l'a dit précédemment, autour des deux autres points

K et L, le point c décrira dans son mouvement, une droite CO qui passera par le sommet O de l'angle donné AOB.

Cette propriété est une conséquence très-simple de la première. En effet, si l'on considère le point mobile c dans deux quelconques de ses positions c et C, il sera facile de voir, d'après la Propos. II, que les triangles abc et ABC étant tels,

Fig. 169.

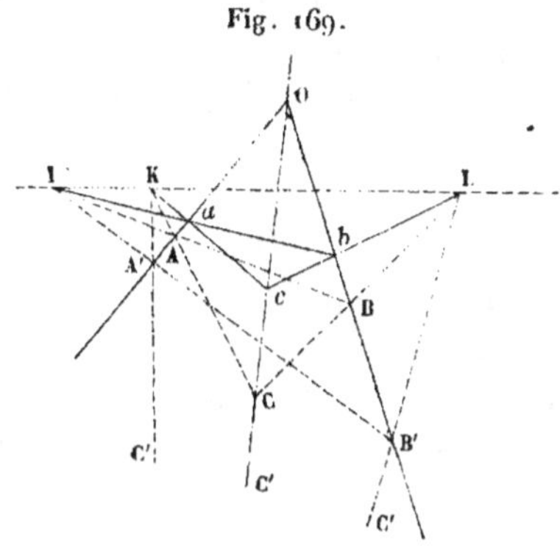

que leurs côtés homologues, pris deux à deux, se coupent en trois points I, K et L situés en ligne droite, les droites Aa, Cc, Bb qui joignent aussi, deux à deux, les sommets opposés à ces côtés, vont toutes passer par un même point O, et que par conséquent, comme il en serait ainsi également du triangle abc avec un autre triangle quelconque A'B'C' construit d'une pareille manière, tous les sommets C, C', etc., seront situés sur la même droite Oc.

Au reste, on aurait pu démontrer cette propriété directement ainsi que la première, à l'aide du IIe Principe, ce qui eût été tout aussi simple.

Réciproquement, si l'on assujettissait toujours les côtés ab et ac du triangle mobile abc à passer par les pôles I et K, et que l'on fît, de plus, parcourir une droite donnée Oc contenant le point O, au sommet c, qui était libre précédemment, le troisième côté bc de ce triangle passerait dans toutes ses positions par le point L, situé sur la même ligne droite que les pôles donnés I et K.

Cette dernière remarque peut servir à mener d'un point donné a, par exemple, une ligne droite aO qui aille concourir

I.   28

avec deux droites données CO et BO dont le point de rencontre O, serait très-éloigné, et en ne se servant que du secours seul de la règle. Pour cela faire, on prendra arbitrairement deux points ou pôles I et K qu'on joindra chacun, avec
le point *a*, ce qui donnera deux droites K*a* et I*a*, dont l'une
coupera *c*O au point *c*, et l'autre *b*O au point *b*; on tracera
ensuite *bc*, qui donnera par sa rencontre avec la droite IK prolongée, le troisième pôle L. Ce pôle une fois trouvé, on construira un second triangle BCA, dont le sommet A appartiendra
à la droite demandée *a*O.

<h3 style="text-align:center">IV.</h3>

Soient *ao*, *eo* (*fig.* 170) deux droites quelconques se coupant au point *o*; si, d'un point *s* arbitraire on mène autant de
sécantes *sa*, *sb*, etc., que l'on voudra et qu'on joigne, deux à
deux, leurs intersections avec les droites données *ao* et *eo*,

Fig. 170.

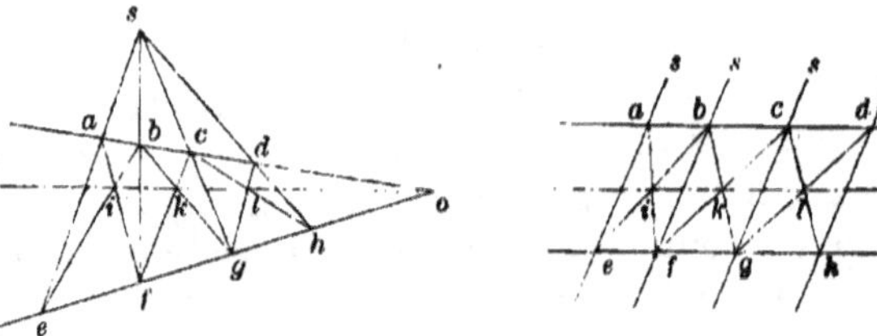

comme cela est indiqué sur la figure, c'est-à-dire le point *a*
avec le point *f*, le point *b* avec le point *e*, et ainsi de suite
en prenant quatre à quatre les points donnés par chaque couple de sécantes, les points *i*, *k*, *l*, etc., où se coupent respectivement les droites ou diagonales ainsi obtenues, seront tous
situés sur une même ligne droite passant par le point de concours *o* des droites *ao*, *eo*.

En effet, on peut projeter la figure sur un nouveau plan, de
façon que les points *o* et *s* y soient situés à l'infini, et sur
lequel par conséquent, les deux droites données *ao* et *eo* seront parallèles aussi bien que le système des sécantes qui passent par le point *s*; donc dans cette nouvelle figure, les quadrilatères *abfe*, *bcgf*, etc., seront des parallélogrammes. Or il

est visible que, dans cette nouvelle figure, la droite qui divise à la fois tous les côtés parallèles *ae*, *bf*, etc., en deux parties égales, passe aussi par tous les points *i*, *k*, *l*, etc., de rencontre des diagonales, en même temps qu'elle est parallèle aux droites *ao* et *eo*, c'est-à-dire qu'elle concourt à l'infini avec ces droites; donc aussi (nº II, Iʳᵉ Partie) les points *i*, *k*, *l*, etc., de la figure primitive, sont tous situés sur une même ligne droite passant par le point O.

Cette propriété peut être considérée comme une conséquence de la première; car on voit, d'après celle-ci (*fig.* 170), que les deux triangles *aei*, *ckg* étant tels que leurs côtés opposés pris deux à deux, se coupent en trois points *s*, *b*, *f* situés en ligne droite, les droites *ac*, *eg* et *ik* qui en joignent les sommets opposés, concourent toutes trois en un même point *o*.

La propriété en question peut aussi servir à résoudre le problème dont nous avons parlé ci-dessus : Étant donnés un point *i* et deux droites *ao* et *eo*, mener par ce point, en ne se servant que de la règle seule, une autre droite qui aille concourir en *o* avec les premières.

V.

Soient LM et PQ (*fig.* 171) deux droites données, soient pris sur la direction de chacune de ces droites, trois points arbi-

Fig. 171.

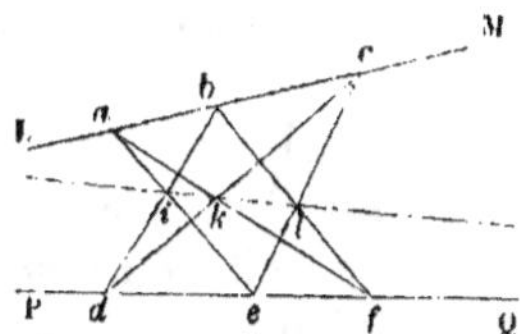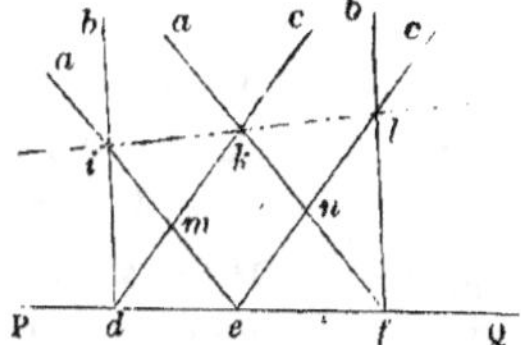

traires tels que *a*, *b*, *c* et *d*, *e*, *f*; je dis que, si l'on joint ces points deux à deux dans l'ordre indiqué par la figure, les trois points d'intersection *i*, *k* et *l* seront situés sur une seule et même ligne droite.

En effet, on peut projeter la figure de manière que la droite LM passe à l'infini, de sorte que, dans cette nouvelle figure,

28.

les droites qui avaient leur point de concours sur **LM**, seront des droites parallèles dans la projection ; ainsi *db* devient parallèle à *fb*, *ea* à *fa*, *dc* à *ec*. Cela posé, je dis que les trois nouveaux points *i*, *k*, *l* sont en ligne droite, ou, ce qui revient évidemment au même, les deux triangles *imk* et *knl* sont semblables. Or ces deux triangles ayant déjà en *m* et *n* (*fig.* de droite) un angle égal, il reste à démontrer que cet angle est compris entre côtés proportionnels dans chacun des deux triangles.

Pour cela faire, je remarque que les deux autres triangles *imd*, *nfl*, ayant leurs côtés respectivement parallèles, sont semblables, et que l'on a immédiatement,

$$im : dm :: nf : nl;$$

que pareillement, les triangles semblables *dme* et *enf*, donnent tout de suite,

$$dm : em = nk :: en = mk : nf.$$

Multipliant ces proportions par ordre, effaçant les facteurs qui se détruisent, il viendra

$$im : nk :: mk : nl.$$

Donc les deux triangles *imk* et *knl* ayant un angle égal compris entre côtés proportionnels sont semblables, et par conséquent les trois points *i*, *k*, *l* sont situés en ligne droite. Donc enfin les points correspondants de la première figure sont également situés en ligne droite.

D'après l'observation du n° 1 (Ire Partie), la propriété dont il s'agit restera vraie quel que soit l'ordre que l'on établisse entre les six points donnés *a*, *b*, *c*, *d*, *e*, *f*; on doit seulement remarquer que de ces six points, trois quelconques étant situés sur l'une des droites **LM** ou **PQ**, les trois autres doivent l'être sur l'autre de ces droites.

Nous verrons, par la suite, que la propriété dont il s'agit n'est, comme la précédente, qu'un cas très-particulier d'une propriété générale des courbes du second degré.

VI.

Étant donné un parallélogramme **ABCD** (*fig.* 172) et une droite indéfinie **LMI** située sur son plan, mener d'un point quelconque *o* de ce plan, une droite parallèle à **LM**, en ne se servant que de la règle seule.

Ire Solution. — Ce problème peut se résoudre d'une manière très-simple en le ramenant à mener, par un point, une droite qui aille concourir avec deux droites données ; problème déjà résolu de deux manières différentes, dans les n°s III et IV.

Fig. 172.

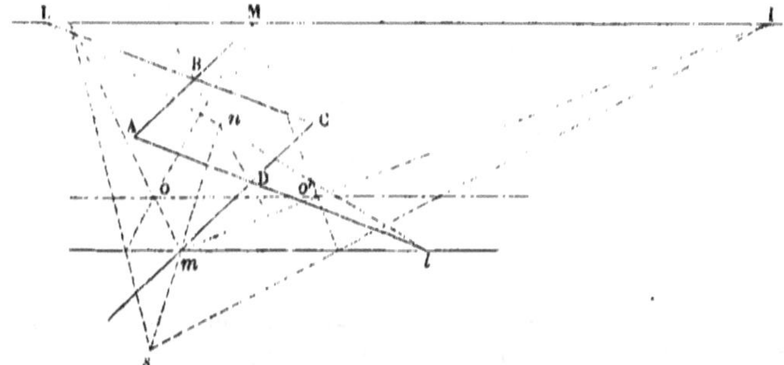

Pour y parvenir, il ne s'agit que de trouver une droite qui soit parallèle à **LM**, et dont le point de concours avec cette droite soit par conséquent situé à l'infini ; or cela est très-facile. En effet, prolongez les côtés **AB** et **BC** du parallélogramme jusqu'à leur rencontre en **M** et **L** avec la droite donnée ; tracez la diagonale **BD** ; joignez un point quelconque *n* de cette ligne avec les points **M** et **L**, par les droites *n***M**, *n***L**, qui viendront couper les deux autres côtés prolongés, du parallélogramme, aux points respectifs *m* et *l*, lesquels étant joints par une droite *ml* donneront la parallèle demandée. On peut le démontrer en observant que les trois droites **BD**, *m***M**, *l***L** qui joignent deux à deux les sommets respectifs des triangles *m***D***l*, **MBL**, passant, d'après la construction précédente, par un même point *n*, les côtés opposés à ces sommets dans

l'un et l'autre triangle, se coupent nécessairement (n° I) en
trois points situés sur une même ligne droite. Or les deux
côtés opposés **MB** et *m*D se coupent à l'infini, ainsi que les
côtés **BL** et D*l*; donc tous les points de la droite en question
sont situés à l'infini, et par conséquent les deux autres côtés
LM et *lm*, qui doivent concourir sur cette ligne droite, sont
parallèles entre eux.

IIe Solution. — Prolongez AB, BC et DC (*fig.* 173) jusqu'à
leurs rencontres en M, L et M′ avec la droite donnée **LM**; tracez la diagonale BD jusqu'à **LM** en **K**; menez les droites *o***M**
et *o***M′**; joignez le point E où la dernière rencontre le côté

Fig. 173.

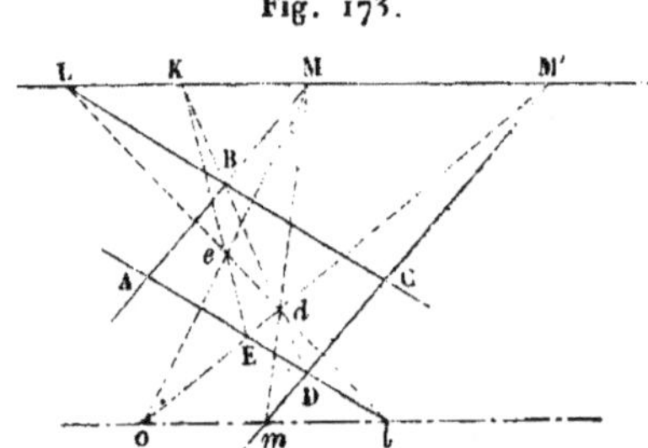

AD, avec le point K par la droite EK qui coupera la première
droite *o***M** au point *e*; menez par ce point et par le point L la
droite L*e* qui rencontrera le côté AD prolongé en *l*; enfin par
ce point et par le point donné *o*, faites passer la droite *ol* qui,
étant parallèle à **LM**, sera la droite demandée.

Pour prouver que la droite obtenue est effectivement parallèle à **LM**, il suffit, comme plus haut, de démontrer que les
droites *l***L** et *m***M** se coupent en *d* sur la diagonale BD. Or, si
l'on considère les deux triangles M*ed* et M′ED, on verra,
d'après la construction précédente, que les trois droites E*e*,
D*d* et MM′ qui joignent deux à deux les sommets de ces
triangles, se coupent en un même point K. Donc (n° I) les
points *o*, *l* et le point *m* où la droite menée par M et par *d*,
rencontre CD prolongé, sont tous trois situés sur une même
ligne droite, et, par suite, la droite qui passe par les points *o*
et *l*, passant aussi par *m*, est parallèle à **LM**.

Cette construction est plus simple que la précédente, en ce

qu'elle exige moins de lignes à tracer; mais elle est moins facile à saisir et à retenir.

Fig. 174.

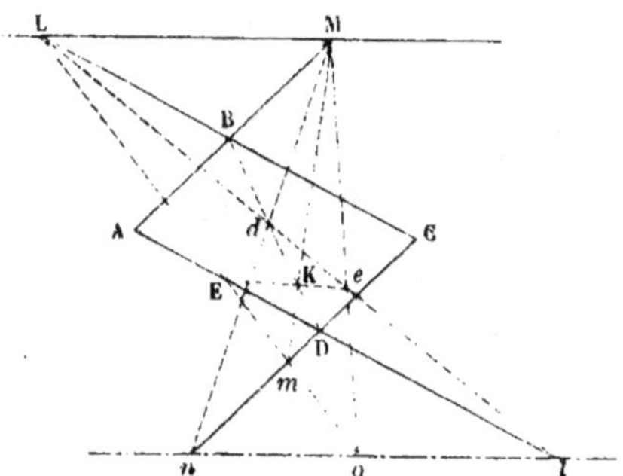

IIIe Solution. — Ayant tracé la diagonale **BD** (*fig.* 174),
comme dans l'exemple précédent, menez *o* L, *o*M; par le
point *m* où la première rencontre **CD** prolongée, et par le
point **M**, menez la droite **M** *m* qui coupera la diagonale **BD** au
point **K**; joignez ce point avec le point **E** où *o* L rencontre **AD**,
cela donnera la droite **EK** qui, étant prolongée, coupera la
droite **M** *o* au point *e*; par le point *e* et le point L menez *e* L qui
donnera par sa rencontre avec **BD** le point *d*; tracez **M** *d* et pro-
longez-la, ainsi que L*d*, jusqu'à leurs rencontres respectives
en *n* et *l* avec les côtés **CD** et **AD**; joignez enfin *n* et *l* par la
droite *nl*, ce sera la droite demandée.

En effet, d'après ce qui a été dit ci-dessus, cette droite est
parallèle à **LM**; je dis de plus, qu'elle passe par le point donné *o*.
Car, en examinant les deux triangles **E** *m* **D** et **M** *ed*, on voit,
par la construction précédente, que les trois droites **E** *e*, **M** *m*
et **D** *d* ou **BD**, qui en joignent deux à deux les sommets respectifs, passent par un même point **K**. Donc les points *n*, *l*
et *o* (n° I), où se rencontrent les côtés opposés à ces sommets,
sont tous trois situés sur une même ligne droite.

VII.

Soient **LM** et (**A**), *fig.* 175, une droite et une conique données; d'un point quelconque *m* de **LM**, soient menées deux
tangentes *m* θ et *m* θ' à la courbe (**A**), ce qui déterminera une

corde $\theta\theta'$ passant par les points de contact, et que j'appellerai
en général, corde de contact. Cela posé, imaginez que l'on fasse

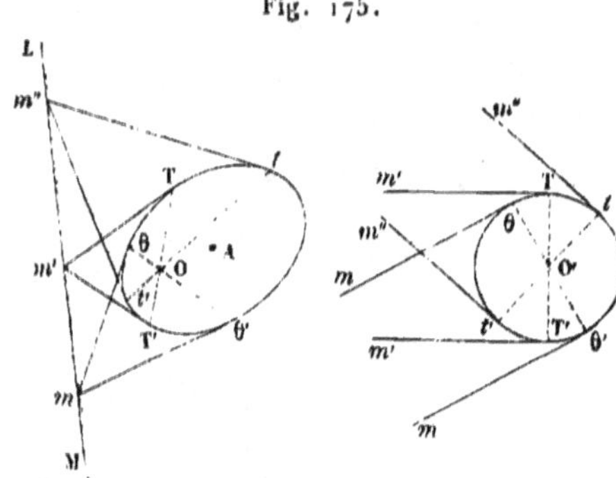

varier le point m sur la droite LM, les cordes de contact varieront aussi, et je dis qu'elles passeront dans toutes leurs positions, par un même point O. Réciproquement, si d'un point
quelconque O on mène des sécantes $O\theta$, OT, Ot, etc., dans
la conique (A), et que l'on mène, deux à deux, des tangentes
à cette courbe aux points d'intersection avec ces sécantes,
les points m, m', etc., de leurs mutuelles intersections, seront
situés sur une même ligne droite LM.

En effet, la courbe (A) et la droite LM peuvent être projetées (V⁰ Princ.) suivant une nouvelle figure dans laquelle (A)
sera un cercle (O′) et LM une ligne droite dont tous les points
m, m', etc., seront passés à l'infini. Donc les tangentes $m\theta$ et
$m\theta'$, m' T et m' T′, etc., qui concouraient sur la droite LM dans
la figure primitive, sont des parallèles sur la seconde, et par
conséquent les nouvelles cordes de contact $\theta\theta'$, TT′, tt', etc.,
passent toutes, par le centre O′ du cercle de projection. Donc
(nᵒ II), ces diverses cordes dans la figure primitive, passent
aussi toutes par un même point O, qui est, comme on le voit,
la représentation du centre O′.

La réciproque est évidemment une suite nécessaire de la
propriété elle-même, et il n'est nullement besoin d'en développer ici les raisons.

On peut remarquer que, quand le point O est au dedans de
la conique (A), la droite correspondante LM, est naturellement

située au dehors, en sorte qu'elle ne la rencontre pas, et réciproquement, que quand ce point (*fig.* 176) est situé au dehors

Fig. 176.

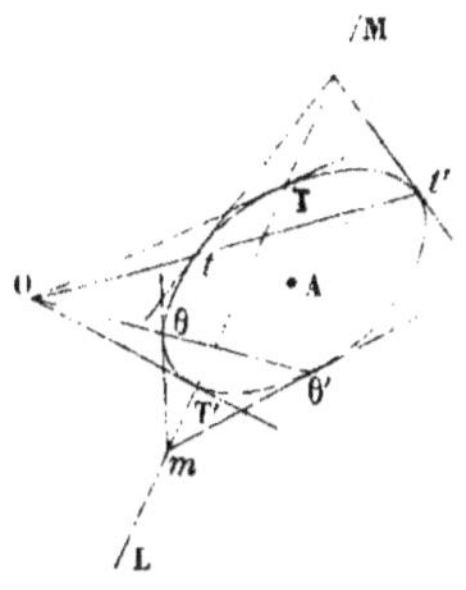

de la courbe, la droite **LM** la pénètre alors et la rencontre en deux points T, T'. Il n'est pas difficile de voir que, dans ce dernier cas, les deux tangentes menées aux points T et T' à la conique (A), passent l'une et l'autre par le point donné O ; de sorte que la droite **LM** peut alors se déduire du point O par une construction géométrique directe. Donc, que le point donné O, soit en dehors de la courbe (A) ou en dedans, auquel cas on ne saurait lui mener de tangentes par ce point, il sera toujours possible de déterminer graphiquement, la droite indéfinie **LM** qui appartient aux points de contact des tangentes en question, quoique ces points soient devenus impossibles ou imaginaires.

Nous verrons, plus loin, une manière très-simple de construire la droite **LM** quand le point O étant donné, la courbe (A) est décrite; ce qui fournira la solution du problème de mener par un point, deux tangentes à une conique.

La Proposition suivante, qui a rapport à la projection des figures, est une conséquence immédiate de celle qui vient d'être démontrée; elle pourra être considérée comme le Xe Principe de ce Mémoire. On aurait pu en donner la démonstration dans la Ire Partie; mais, comme elle suppose nécessairement la connaissance de la Propriété VIIe, on eût été obligé d'anticiper et de déranger l'ordre d'abord établi.

Interrompu brusquement à Saratoff, en juin 1814, lors de la notification de la paix générale.

SOUVENIRS, NOTES ET ADDITIONS.

Je réunis ici, sous un même titre, les écrits et fragments divers qui, par la date autant que par la contexture ou l'étendue, ne pouvaient entrer dans le corps de l'ouvrage; je les fais suivre de plusieurs *Additions* par MM. Moutard et Mannheim, savants professeurs ou répétiteurs des sciences mathématiques, qui ont bien voulu me prêter leur constant et obligeant concours pour la révision des figures et des épreuves d'imprimerie du manuscrit de Saratoff. Ces additions contenant des observations, des démonstrations, des solutions même, qui ont les relations les plus intimes avec les matières traitées dans le texte et les notes qui l'accompagnent, m'ont paru susceptibles d'intéresser les amateurs de la Géométrie pure et des applications de l'Analyse algébrique.

SOUVENIRS DE L'ÉCOLE POLYTECHNIQUE
(1809 ET 1810).

1.

PROBLÈMES RELATIFS AU CERCLE TANGENT A TROIS AUTRES SUR UN PLAN ET A LA SPHÈRE TANGENTE A QUATRE SPHÈRES DANS L'ESPACE (*).

« Le premier problème peut se ramener à celui-ci : *Mener par un point un cercle tangent à deux cercles donnés,* en diminuant ou en augmentant le rayon du cercle cherché du rayon du plus petit des trois cercles,

---

(*) Ces solutions d'un célèbre problème de géométrie ancienne, qui, pendant longtemps, a résisté aux efforts de l'analyse algébrique, sont extraites du t. II, p. 271, de la *Correspondance sur l'École polytechnique*. L'auteur en avait remis, dès 1809, le manuscrit à M. Hachette, rédacteur de cette *Correspondance,* qui, lui-même, s'était exercé sur ce genre de problèmes, et avait exigé le retranchement de divers passages, jugés par lui inutiles ou étrangers à la question.

suivant qu'il doit toucher ce dernier cercle extérieurement ou intérieurement, ce qui revient à augmenter ou à diminuer également les rayons des
deux autres cercles d'après la nature de leur point de contact. »

« Je vais d'abord démontrer la proposition suivante, sur laquelle se fonde
la solution du problème dont il est question : Si par le point O (*fig* 1), où se

Fig. 1.

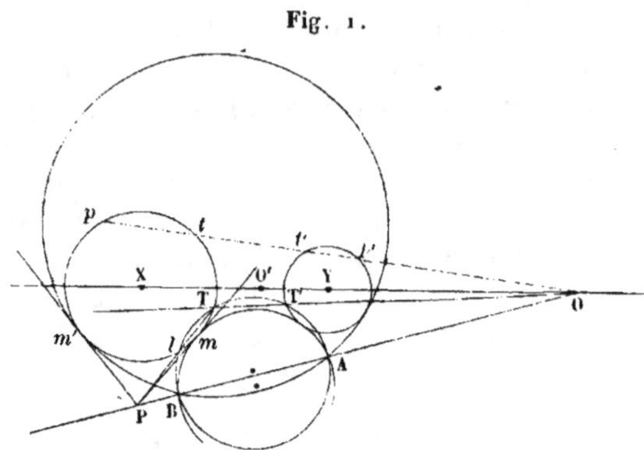

coupent les tangentes extérieures communes aux cercles X et Y, et par le
point A où doit passer le cercle tangent à ces deux cercles, on mène une
droite AO ; que l'on fasse passer ensuite, par le point O, une sécante quelconque OT, qui vient couper les cercles X et Y intérieurement en T et T' ;
qu'enfin par ces deux points T et T ' et par le point A on fasse passer un
cercle, cette circonférence de cercle coupera AO en un point B, qui sera
le même quelle que soit la sécante OT. »

« En effet, OB et OT étant les sécantes d'un même cercle ABT, on a

$$\mathrm{AO} \times \mathrm{OB} = \mathrm{OT} \times \mathrm{OT'}.$$

» Mais, si l'on mène une nouvelle sécante Ot, on a aussi (*voyez* la p. 20
du Ier vol. de la *Correspondance*)

$$\mathrm{OT} \times \mathrm{OT'} = \mathrm{O}t \times \mathrm{O}t';$$

donc

(1) $$\mathrm{AO} \times \mathrm{OB} = \mathrm{O}t \times \mathrm{O}t'.$$

» Il est évident, d'après cette dernière équation (1), que les quatre
points t, t', A et B sont placés sur une même circonférence de cercle. »

« Il est démontré aussi, dans l'article cité, que tout cercle tangent aux
cercles X et Y, a ses deux points de contact placés sur une droite qui passe
par le point O, dans les deux cas où il laisse entièrement hors de sa circon-

férence, et où il renferme à la fois les deux cercles X et Y. Il suit de là et de ce que j'ai démontré plus haut, que le cercle tangent aux cercles X et Y, qui passe par le point A, passe aussi par le point B. Ainsi le problème dont il s'agit se trouve ramené à celui-ci : Par deux points A et B, mener un cercle qui touche le cercle X ou Y. »

« Comme ce dernier problème est susceptible de deux solutions, il est bon de faire voir que celle qui correspond au cas où le cercle est touché extérieurement, appartient aussi au cercle qui, passant par le point A, toucherait en les enveloppant les cercles X et Y. »

« Pour le démontrer, il suffit de faire voir que tout cercle passant par le point A et par deux points p et p', où une sécante quelconque Ot vient couper extérieurement les cercles X et Y, passera aussi par le même point B ; car alors le cercle qui passe par le point A, et qui touche extérieurement les cercles X et Y, ayant ses points de contact dans la direction du point O, passera évidemment par les points A et B. Or on voit sans peine (*) que $OT \times OT' = Op \times Op'$; donc, d'après l'équation

$$(1) \qquad Op \times Op' = AO \times OB.$$

» Cette équation prouve que les points A, B, p, p', sont placés sur la même circonférence de cercle. »

« Voici maintenant comment on achèvera la solution du problème : Ayant tracé le cercle ATT', ainsi que je l'ai dit, on mènera la corde lT qui coupera AO en un point P. Par ce point on mènera les tangentes Pm, Pm', au cercle X ; et les points m et m' de contact seront les points de tangence des cercles cherchés, dont l'un touche intérieurement et l'autre extérieurement le cercle X. En effet, on a

$$\overline{Pm}^2 = Pl \times PT,$$

or

$$Pl \times PT = PB \times PA ;$$

donc

$$\overline{Pm}^2 = PB \times PA.$$

» Cette dernière équation prouve évidemment que le cercle qui passerait par les trois points A, B et m, serait touché par la droite Pm en m. On conclut aussi de la même équation, Pm' étant égal à Pm, que le cercle ABm', touche le cercle X en m'. »

« En considérant le point O'; où se croisent les tangentes intérieures, communes aux cercles X et Y, on obtiendrait, par une construction sem-

---

(*) « Il suffit de comparer chacun des produits $OT \times OT'$, $Op \times Op'$, au produit qu'on obtiendrait pour la tangente commune aux cercles X et Y. »

blable, deux autres solutions du problème de mener par un point un cercle tangent à deux cercles donnés. On peut voir facilement, en examinant les différentes circonstances du contact, que ce dernier problème est susceptible de quatre solutions, et que, par conséquent, il se trouve entièrement résolu par ce que j'ai dit. »

« Voici une proposition analogue à celle que j'ai démontrée précédemment, et qui donne une solution simple du problème de mener une sphère tangente à quatre sphères données. »

« Si par la droite qui joint les sommets des trois cônes circonscrits deux à deux à trois sphères, et par un point donné, on mène un plan P; qu'ensuite par la même droite, on mène un plan qui coupe les sphères; que par le cercle tangent aux cercles d'intersection et par le point donné on fasse passer la surface d'une sphère, cette surface coupera le plan P suivant un cercle qui restera le même, quelle que soit la section qu'on ait faite dans les sphères. On voit aisément que la sphère qui passe par le point donné, et qui est tangente aux trois sphères dont il s'agit, devra passer aussi par ce cercle; car cette sphère doit avoir ses points de contact placés sur un plan passant par la droite qui joint les trois sommets des cônes. »

Nota. — Ces solutions, relatives au cercle tangent à trois autres sur un plan et à la sphère tangente à quatre autres dans l'espace, étaient suivies, dans le tome IIe de la *Correspondance sur l'École polytechnique*, de celle d'un dernier problème : « Par un point donné dans le plan d'un parallélogramme, mener avec la règle une parallèle à une droite située dans ce plan. Ce problème, proposé par M. Brianchon à la page 310 du tome Ier de la même *Correspondance*, se ramène directement par le tracé de quatre lignes droites, à la solution d'un autre problème aussi proposé puis résolu par M. Poinsot (*Ibid.*, p. 305), en se fondant sur un théorème de géométrie linéaire qui revient à l'un de ceux exposés à la p. 134 du IIIe *Cahier*. Mais S' Gravesande, dans ses *OEuvres philosophiques* (1774), Lambert, (*Perspective affranchie*, 1774), ayant donné antérieurement, du même problème, des solutions très-élégantes et plus directes, qui ressemblent beaucoup à celle des *fig.* 172 à 174, p. 437 et suiv. du VIIe Cahier, j'ai cru inutile de rapporter ici celle que j'avais indiquée, en 1809, pendant mon séjour à l'École polytechnique.

II.

APPLICATION DE LA MÉTHODE DE ROBERVAL AU TRACÉ DES TANGENTES AUX COURBES DE CONTOUR APPARENT ET DE SÉPARATION D'OMBRE ET DE LUMIÈRE DANS L'ÉPURE DE LA VIS A FILETS TRIANGULAIRES.

Ier Cas relatif à la courbe de contour apparent. — Je ne m'occuperai ici que de déterminer la tangente pour la projection horizontale de la courbe dont il s'agit, parce que la tangente à la projection verticale s'en déduit très-facilement, au moyen du plan tangent au point correspondant de la surface du filet de la vis. Commençons par rappeler la construction graphique de cette projection.

Soient AB et AP (*fig.* 2) deux droites indéfinies perpendiculaires entre elles ; P un point fixe situé sur AP, ou pôle autour duquel tourne la droite

Fig. 2.

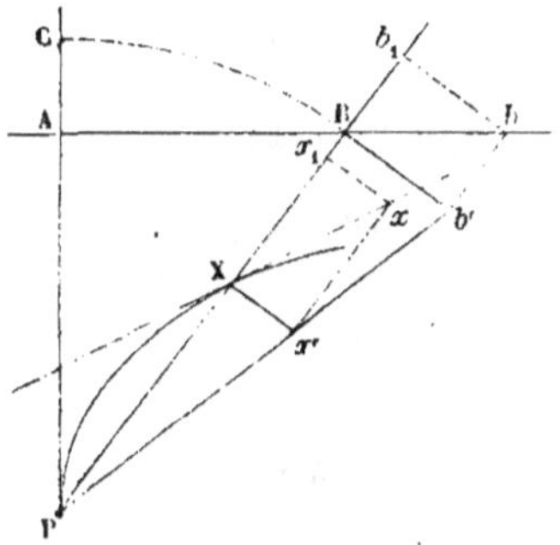

ou rayon vecteur PB, rencontrant l'axe AB en B ; si l'on porte la distance variable AB, de P en X sur PB, le point X sera un point de la courbe à considérer.

On voit d'abord que le point générateur X de la courbe peut être censé simultanément animé de deux mouvements : l'un angulaire, autour du pôle P, et se mesurant sur la perpendiculaire en X, au rayon vecteur PB ; l'autre de translation, en vertu duquel il s'avance, sur le rayon vecteur, vers le point extérieur B. D'après les principes exposés par Roberval, la résultante de ces deux mouvements aura précisément pour direction celle de la tangente à la courbe au même point X ; c'est donc à la détermination des vitesses composantes des mouvements ci-dessus que se réduit la solution du problème.

On aperçoit sans peine, en comparant le mouvement du point X à celui du point B qui chemine le long de la directrice AB :

1° Que la vitesse de translation du premier X, le long du rayon vecteur PX, est précisément la même que celle du point B le long de AB; car leurs accroissements sont sans cesse égaux entre eux; or ce que l'on appelle ici *vitesse* (ou *fluxion*), n'est autre chose que le rapport des accroissements infiniment petits et simultanés de deux quantités variables, c'est-à-dire le rapport de leurs différentielles. Prenant donc Bb pour représenter sur le prolongement de PB la vitesse de B, celle de X sera représentée sur celui de PX, par $Xx_1 = Bb$.

2° Que la vitesse angulaire du point X est aussi la même que celle du point B, car ces deux points se trouvent sur le même rayon vecteur PB; les arcs de cercle infiniment petits que ces points parcourent seront donc proportionnels à leurs distances PX et PB au centre de rotation P. Donc il suffira de trouver la vitesse de rotation du point B pour en conclure de suite celle de X.

Or, concevant la vitesse de translation totale Bb de B, suivant AB, décomposée en deux autres, l'une Bb_1 dirigée suivant le prolongement de PB, l'autre suivant la perpendiculaire Bb' élevée à l'extrémité du rayon vecteur PB, cette dernière sera évidemment la vitesse de rotation du point B autour de P. Formant donc le parallélogramme $Bb'bb_1$ sur la diagonale Bb, Bb' sera la vitesse en question, c'est-à-dire représentera l'espace élémentaire ou tangentiel décrit par B sur Bb'.

On concevra ceci plus facilement peut-être, en considérant que, b étant censé infiniment voisin de B, bb' peut aussi être censé la direction parallèle au rayon vecteur PB, et Bb' un arc de cercle infiniment petit décrit du centre P. Or évidemment, Bb représentant l'accroissement même AB, $bb' = Bb_1$ représente celui du rayon vecteur correspondant, et Bb' l'arc de cercle infiniment petit décrit par le point B, à une distance invariable de P, ou l'accroissement élémentaire de l'arc de cercle total BC, qui mesure l'angle APB. D'autre part, l'arc circulaire décrit dans le même mouvement par X, devant être proportionnel à celui qui correspond à Bb', il suffira, pour en obtenir la mesure dans les mêmes hypothèses géométriques, de tracer la droite Pb' qui coupera la perpendiculaire Xx' élevée en X sur PB au point x', et Xx' représentera cet arc ou, si l'on veut, la vitesse de rotation du point X, autour du pôle fixe P.

Ayant actuellement la vitesse de translation $Xx_1 = Bb$ et celle de rotation Xx' du point X, on aura la vitesse de son mouvement résultant ou effectif, en achevant le parallélogramme Xx_1xx', dont la diagonale Xx représentera l'élément de la courbe qu'il décrit, et par conséquent la direction de la tangente à cette courbe en X.

On peut objecter contre ce qui précède, que les vitesses ou accroissements de chemin que l'on considère sont censés infiniment petits, tandis que la construction ne peut s'effectuer que sur des longueurs finies; on lève facilement cette difficulté en observant que, en réalité et au fond, on ne considère ici que les *rapports* des accroissements des diverses variables, et qu'alors on reste libre de représenter l'un quelconque d'entre

eux par telle longueur que l'on veut. Il est visible, en effet, que la longueur de Bb, par exemple, qui représente l'accroissement de AB, peut
être choisie d'une façon entièrement arbitraire; car la direction de Xx ne
dépendant que du rapport de Xx' à Xx_1, restera toujours la même; l'accroissement représentatif, élémentaire ou tangentiel de l'arc de la courbe
suivant Xx, aura changé, il est vrai, de longueur, mais son rapport avec
l'accroissement simultané Bb, sera demeuré invariable.

Je me suis arrêté quelque temps à la solution du problème qui précède,
afin de faire mieux sentir la nature et l'exactitude du principe proposé
par Roberval, et de faire voir son analogie avec ceux du calcul différentiel
ou des infiniment petits. On voit que la considération du mouvement et
des vitesses qui en résultent n'est pas à la rigueur indispensable, le parallélogramme des vitesses ne sert ici, en effet, qu'à faire trouver en direction et grandeur proportionnelle l'accroissement infiniment petit de l'arc
de la courbe, au moyen des accroissements pareils des coordonnées qui
lui correspondent.

La construction géométrique ci-dessus suffit, à coup sûr, pour déterminer la tangente au point quelconque X de la courbe; mais elle peut se
simplifier en remplaçant les auxiliaires Bb, etc., par des longueurs dépendantes de la figure elle-même. Ainsi, par exemple, au lieu de prendre
Bb arbitraire et dans le sens opposé à BA, on peut le supposer précisément égal à AB et dirigé de B vers A; puis tracer le parallélogramme
rectangle $AB'BB_1$ (*fig.* 3), dont la diagonale, BA = XP, représentera la vi-

Fig. 3.

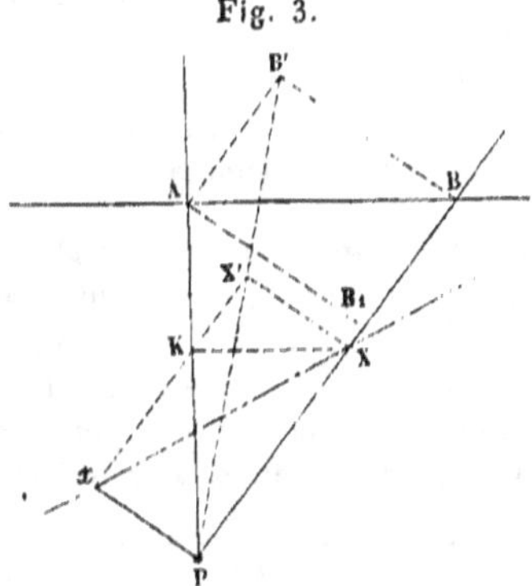

tesse de l'extrémité B de PB, comme XP représente la vitesse même de X
le long de son rayon vecteur, rétrogradant de PB vers PA. Quant à la vitesse de rotation XX', on l'obtiendra en tirant $B'X'P$ et, achevant le parallélogramme rectangle $PXX'x$, Xx sera en direction la tangente demandée.

La construction se simplifie encore en remarquant qu'on peut obtenir
immédiatement le point K où le côté $X'x$ de ce parallélogramme rencontre

la perpendiculaire PA à AB : qu'on trace, en effet, la parallèle XK à AB par le point X, elle viendra couper AP en K, car les triangles ABB′ et KXX′ sont semblables, ayant leurs côtés homologues parallèles. Voici donc, en dernière analyse, à quoi se réduit la construction de la tangente cherchée au point générateur X.

Par le point donné X (*fig.* 4) de la courbe, auquel on veut mener une tangente, conduisez la parallèle XK à AB qui coupera PA en K ; par ce

Fig. 4.

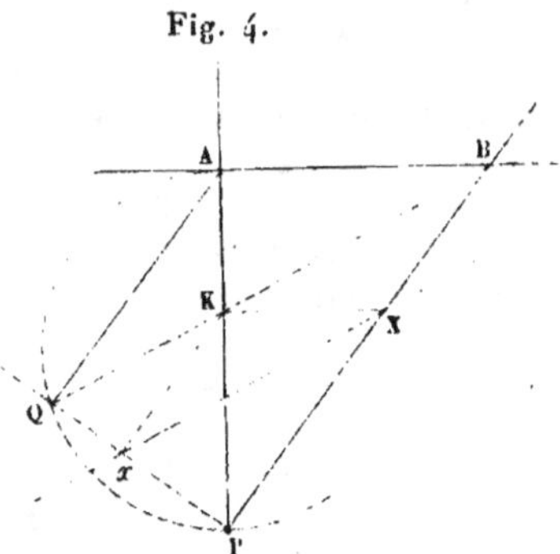

point tracez l'autre parallèle K*x* à PX, elle viendra couper la perpendiculaire élevée en P sur le rayon vecteur PX, en un point *x* qui appartiendra à la tangente demandée ; joignant donc *x* et X par une ligne droite, X*x* sera cette tangente (*).

Cette construction fait voir tout de suite que la droite AB est une asymptote de la courbe, c'est-à-dire une tangente en un point situé à l'infini ; elle apprend encore que la courbe touche la droite AP en P.

II° Cas, relatif à la courbe de séparation d'ombre et de lumière. — Commençons par rappeler la génération de la courbe dont il s'agit.

Autour du centre C (*fig.* 5) d'un cercle BDE, on fait tourner un angle droit BCD, dont le sommet est à ce centre ; l'un des côtés CX de cet angle est prolongé indéfiniment, l'autre BC au contraire, terminé à la circonférence du cercle, est égal à son rayon ; une troisième droite PX indé-

---

(*) Cette dernière construction conduit à la suivante, encore plus rapide sinon plus simple : Sur AP (*fig.* 4) comme diamètre, décrivez une fois pour toutes la circonférence de cercle AQP ; par le point A menez la corde AQ, parallèle au rayon vecteur PX prolongé jusqu'à sa rencontre B avec la directrice indéfinie AB ; menez BQ vers l'extrémité Q de la corde ci-dessus, et BQ sera une parallèle à la tangente X*x* en X. Cela paraîtra évident si l'on observe que, d'après la construction, la figure PQAB est semblable à celle P*x*KX, et qu'ainsi leurs diagonales BQ, X*x* sont respectivement parallèles.

finie est assujettie, pendant le mouvement de l'angle C, à pivoter autour
d'un point donné P comme pôle, et à passer constamment par l'extrémité

Fig. 5.

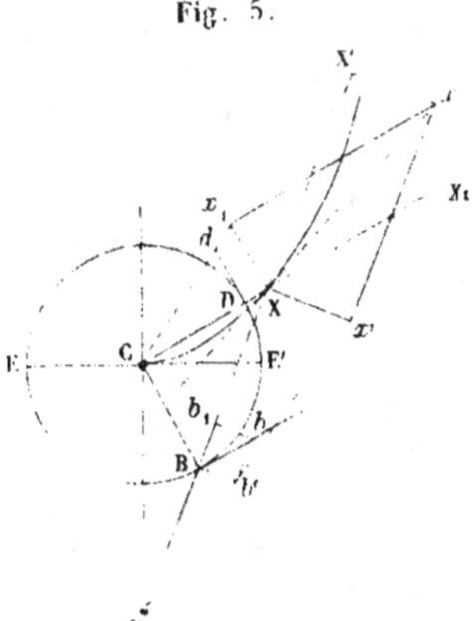

B du rayon mobile CB; le point X, où cette dernière droite rencontre le
côté CD de l'angle droit, indéfiniment prolongé, engendre la courbe cherchée.

On aperçoit, à l'instant, que le point générateur X est animé de deux
mouvements relatifs, l'un de rotation autour du centre C, et l'autre de
même nature autour du pôle P : il s'agit d'obtenir séparément les vitesses
de ces deux mouvements.

Comparons d'abord la vitesse circulaire ou de rotation du point X, autour
de P, à celle de B autour du même point; ces deux vitesses sont respectivement proportionnelles aux rayons vecteurs PX et PB; mais le point B
est animé, suivant la tangente Bb au cercle C, d'une vitesse absolue qui
peut se décomposer en deux, l'une de translation suivant Bb_1, et l'autre
circulaire ou de rotation autour de P, suivant la perpendiculaire Bb' au
rayon vecteur PB. Prenant donc arbitrairement Bb pour la vitesse effective
ou résultante de B, et formant le parallélogramme $Bb'bb_1$, le côté Bb' représentera la vitesse de rotation du point B relativement au pôle P. On obtiendra la vitesse correspondante Xx' de rotation du point générateur X, en élevant Xx' perpendiculaire à PX et traçant Pb' rencontrant Xx' en x'.

Reste à trouver la vitesse de rotation de X autour du centre C : on
pourra la déduire facilement de celle du point D, par la même méthode
qu'il est inutile de rappeler. Or la vitesse circulaire ou de rotation du
point D autour de C est précisément égale à celle de B autour du même
point; cette dernière vitesse est représentée par Bb : portant donc sur la
perpendiculaire à l'extrémité de CD la distance $Dd = Bb$, ce sera la vitesse
rotatoire de D; traçant ensuite la droite indéfinie Cd, on en déduira,
comme ci-dessus. la vitesse de rotation Xx_1 du point générateur X, autour
du centre C.

Avant d'aller plus loin, il est nécessaire de remarquer que les vitesses de rotation $X.x'$ et $X.x_i$ que nous venons de construire *ne sont pas réellement les vitesses composantes de la vitesse absolue du point générateur* X. En effet, si l'on considère la vitesse de rotation $X.x'$, par exemple, il paraîtra évident que, en la combinant avec la vitesse de translation du point X suivant le rayon vecteur PX, on obtiendrait la vitesse absolue de ce point sur la courbe ; cette vitesse $X.x'$ n'est donc autre chose qu'une des composantes de celle $X.x$ par rapport aux directions particulières PX et $X.x'$. La même remarque est applicable évidemment à la vitesse de rotation $X.x_i$; donc la résultante totale de ces vitesses partielles ne donnera pas la vitesse effective du point X, et par conséquent le principe du parallélo-gramme n'est pas applicable au cas présent.

Cependant, comme la résultante $X.x$ cherchée, si elle était connue, donnerait, par décomposition, l'une et l'autre des vitesses $X.x'$ et $X.x_i$, réciproquement, ces dernières pourront servir à la retrouver. Il est visible en effet, d'après ce qui précède, que, $X.x$ étant connue, on obtiendrait $X.x'$ et $X.x_i$ en abaissant de son extrémité x les perpendiculaires xx_i, xx' sur $X.x'$ et $X.x_i$. Donc enfin, et réciproquement, si l'on élève en x' et x_i les perpendiculaires $x'x$ et x_ix sur $X.x'$ et $X.x_i$, elles viendront se couper au point x de la résultante cherchée $X.x$; la droite $X.x$ sera donc la tangente elle-même au point X de la courbe (*).

On se rendra facilement raison encore de ce qui précède, en considérant, comme nous l'avons déjà fait ci-dessus, que les vitesses $X.x'$ et $X.x_i$ sont simplement des longueurs proportionnelles aux arcs circulaires infiniment petits que le point X tend à décrire simultanément autour des pôles respectifs P et C ; de sorte que les positions nouvelles et correspondantes des rayons vecteurs sont précisément représentées par les

---

(*) Ceci prouve que les graves reproches adressés, en 1829 et 1830, par de savants professeurs, à la manière erronée dont on avait interprété et appliqué la célèbre méthode de Roberval pour le tracé des tangentes aux courbes continues, reproches en quelque sorte autorisés par un passage des leçons orales de Monge à l'ancienne École Normale sur la Géométrie descriptive, ne sont point applicables à tous les disciples de cet illustre professeur, et que, en 1810 déjà, on savait parfaitement à quoi s'en tenir à cet égard, bien qu'on eût jugé inutile de rectifier publiquement une faute échappée, sans aucun doute, à la rapidité de la diction.

J'insiste, parce que cette inadvertance, cette faute déjà anciennement commise par Montucla et d'autres, dans le tracé des coniques par rayons vecteurs émanant des foyers, se retrouve dans la lithographie de mes *Leçons de Mécanique industrielle* (1827 à 1830) aux ouvriers de la ville de Metz ; leçons en quelque sorte improvisées et recueillies par les soins de M. Gosselin, dans l'intervalle fort court d'une séance à la suivante, mais dont les imperfections s'expliquent encore par la nécessité d'éviter de longues et délicates explications devant un auditoire mal préparé.

droites $x'x$ et $x_{,}x$ censées elles-mêmes infiniment voisines et parallèles aux premiers PX et CX, leur intersection commune au point x représentant aussi la nouvelle position du point X. Si les quantités $X.x'$ et $X.x_{,}$ étaient réellement infiniment petites, $X.x$ serait un véritable élément de la courbe commun à la tangente en X ; mais ayant augmenté ces quantités proportionnellement, $X.x$ ne représente plus l'élément même de la courbe, mais son prolongement, c'est-à-dire la tangente cherchée.

Comme la longueur de Bb est entièrement arbitraire, on peut, pour simplifier la construction, la prendre égale à la tangente même Dd (*fig.* 6), terminée à l'axe fixe des pôles PC, prolongé convenablement. Alors, si l'on prolonge pareillement $b'b$, parallèle à PB, jusqu'à sa ren-

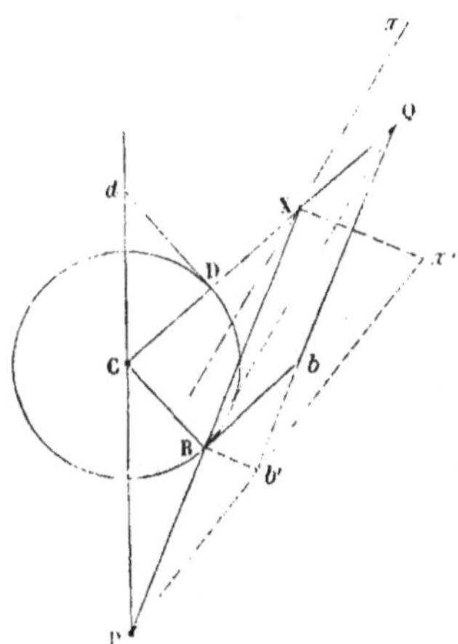

Fig. 6.

contre en Q avec l'autre rayon vecteur CX, il arrivera que le quadrilatère $CBb'Q$ aura ses côtés parallèles et proportionnels à ceux du quadrilatère ci-dessus $x_{,}Xx'x$ (*fig.* 5) dont la diagonale $X.x$ représente en direction la tangente cherchée ; de sorte que sa diagonale BQ sera aussi parallèle à cette tangente. La construction se réduira donc à cette autre beaucoup plus simple :

« Tracez les deux tangentes Dd, Bb aux extrémités des rayons CD et
» CB, portez Dd terminée au prolongement de PC, de B en b sur Bb ; par
» le point b ainsi obtenu, menez la parallèle bQ au rayon vecteur PBX,
» elle viendra couper l'autre rayon vecteur en Q, BQ sera une parallèle
» à la tangente au point X de la courbe ; en menant donc par ce point
» $X.x$ parallèle à BQ, on aura la tangente demandée. »

Comme d'autre part, Bb est parallèle à la direction de CDX, il s'ensuit que $BbQX$ est un parallélogramme, et par conséquent que $QX = Bb = Dd$.

               SOUVENIRS,

On pourra donc, si l'on veut, se contenter de porter D*d* sur CX prolongée de X en Q, ce qui est plus simple encore.

Enfin, on peut également se dispenser de construire la diagonale BQ parallèle à la tangente cherchée, *en traçant (fig. 7) la tangente au*

Fig. 7.

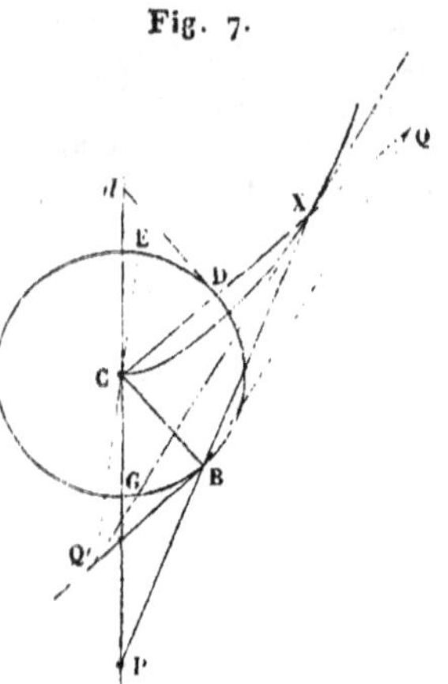

cercle directeur en B, *puis portant sur cette tangente, dans une direction contraire à* CX, BQ′ = QX = D*d*; *car le point* Q′ *ainsi trouvé sera nécessairement un point de la tangente à la courbe en* X.

La discussion de cette courbe nous apprend d'ailleurs qu'elle a deux

Fig. 8.

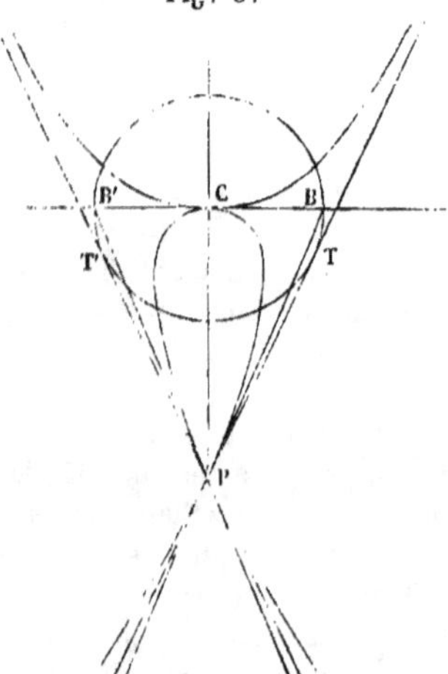

branches infinies; en cherchant à déterminer les tangentes pour les points de ces branches situés à l'infini, on trouvera par la méthode précédente, que ces tangentes ou asymptotes sont au nombre de deux seulement (*fig.* 8); qu'elles passent par le pôle fixe P des rayons vecteurs et touchent le cercle directeur C en des points T et T'. Cette méthode apprend aussi que la tangente au centre C, qui appartient à la courbe, est perpendiculaire à CP, axe fixe des pôles (ce qui est évident à cause de la symétrie) et que les tangentes au point double P de la courbe passent par les extrémités respectives B et B' du diamètre BB' du cercle directeur perpendiculaire à CP, etc.

Remarque. — Quand le point P est situé sur la circonférence du cercle directeur (C), *fig.* 9, la courbe dès lors ne conserve plus que la branche

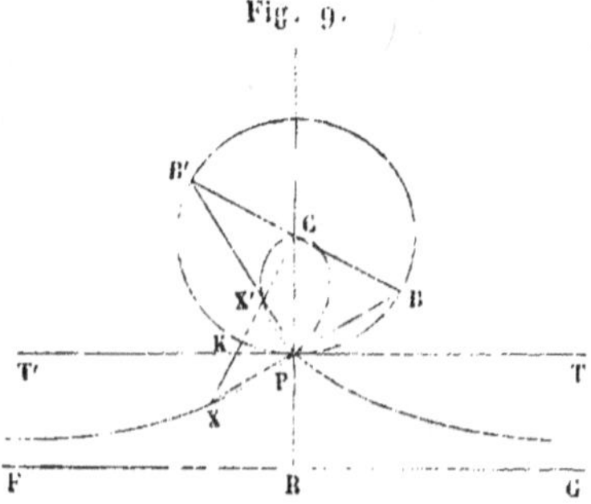

Fig. 9.

à point multiple P, l'autre s'étant confondue avec leur tangente commune relative au point C : cette branche a une seule asymptote FG, perpendiculaire à PC, parallèle à la tangente PT' au cercle directeur en P, et

Fig. 10.

située à la distance PR = PC de cette tangente. La branche bouclée dont il s'agit jouit de cette autre propriété fort curieuse : si l'on mène CK quelconque, coupant la tangente **TT'** en **K**, et la courbe en **X** et **X'**, on a

$$KX = KX' = KP;$$

ce qu'il est facile de démontrer.

Quand le point **P** passe à l'infini (*fig.* 10), la courbe a deux branches opposées comprises entre des asymptotes parallèles; cette courbe se confond avec celle de la projection horizontale du contour apparent de la surface hélicoïde de la vis, dont je me suis déjà précédemment occupé.

Dans ces divers cas, la construction de la tangente reste toujours la même, et l'on peut s'assurer aisément que cette méthode, appliquée au contour apparent, donne en effet, pour tangente en chaque point, la droite à laquelle on est conduit en appliquant la méthode exposée plus haut pour ce cas particulier.

Enfin, quand le point **P** est dans l'intérieur du cercle (C), la courbe est fermée et affecte la forme indiquée (*fig.* 11). Ce cas a lieu toutes les

Fig. 11.

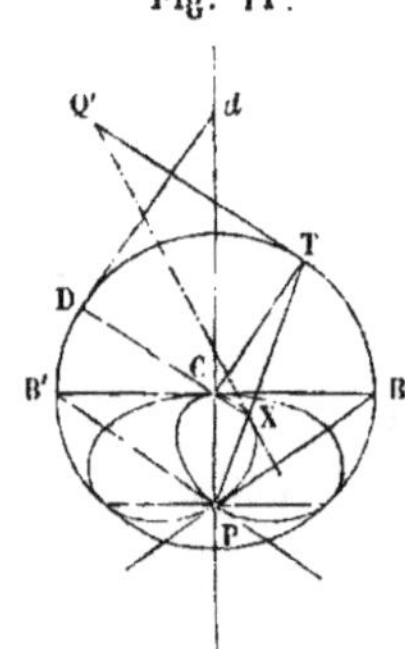

fois que le rayon de lumière fait, avec l'axe de la vis, un angle moindre que celui de la génératrice avec ce même axe.

III.

SUR LE TRACÉ ET LE MODE DE GÉNÉRATION DES COURBES DE SÉPARATION D'OMBRE ET DE LUMIÈRE, ETC., DANS L'ÉPURE DE LA VIS A FILETS TRIANGULAIRES.

L'article qui précède est conforme à des feuilles manuscrites annexées au cahier d'épures de seconde année d'études à l'École polytechnique (1809-1810), laissées en France et conservées parmi mes autres livres ou papiers; les solutions qu'elles concernent sont relatives à des questions de géométrie descriptive dont on se préoccupait beaucoup à cette époque;

j'en ai donné connaissance, dès 1819 ou 1820, à mon ami M. Bardin, alors
professeur à l'École régimentaire d'Artillerie de Metz, et nommé depuis chef
des travaux graphiques à l'École polytechnique. Ce sont les mêmes feuilles
qui ont été, de la part de feu Théodore Olivier, l'objet de citations et de
remarques critiques ou historiques qu'il a consignées dans ses *Applications de Géométrie descriptive*, publiées en 1847 à Paris (*Voy*. les notes
du bas des p. 95 et 99) (*). Quant à la détermination, au tracé même des
courbes de contour apparent et de séparation d'ombre et de lumière sur
la surface hélicoïde de la vis, il ne m'est resté, de mon séjour à l'École
polytechnique, qu'une Note fort écourtée, des indications sans texte pour
ainsi dire, sur les éléments principaux de leur démonstration, dont je me
propose ici de donner un aperçu rapide.

On peut voir, par la Note insérée p. 13 et suivantes du t. II (1813) de la
Correspondance sur l'École polytechnique, combien les méthodes suivies
par MM. Hachette et Girard, dans le Cours de Géométrie descriptive, étaient
longues, compliquées et pénibles. Cela suffit pour expliquer comment les
élèves de la petite salle n° 6, dite des *sous-officiers*, parmi lesquels on re-
marquait MM. Belanger, Coriolis et M. Guillebon, excellent ami, esprit droit
et naïf sous une chétive enveloppe, avec lequel je *piochais*, pendant les
heures de récréation, le *Calcul des fonctions* et la *Mécanique analytique*
de Lagrange, etc., cela explique, dis-je, comment ces élèves furent conduits,
avant même l'apparition de la Note de M. Hachette et, à fortiori, avant celle
du professeur Français, imprimée un an après (1810, p. 69, t. II de la
Correspondance), à refaire leurs épures de la vis d'après des procédés où
M. Guillebon et moi avions cherché à proscrire la méthode des parabo-
loïdes tangentiels ou des paraboles multiples, indiquée par nos professeurs,
pour leur en substituer d'autres qui, permettant d'exécuter l'épure de la
vis en quelques heures, présentaient à cet égard, un très-grand avantage
sur celle de Français.

La tardive apparition de cette dernière méthode, réduite à de vagues
indications, ne m'aurait pas détourné du soin de rédiger sur cet intéressant sujet, un article pour le Recueil de M. Hachette, si le manque de loisirs à cette époque des études et la lente succession des Cahiers de la
Correspondance ne m'en avaient tout à fait ôté la pensée, et réduit le
résultat de cette étude à de simples communications verbales entre cama-

---

(*) Postérieurement à la publication de l'ouvrage de Th. Olivier, M. de la
Gournerie, professeur de Géométrie descriptive à l'École polytechnique, a inséré dans le XXXIVe Cahier du *Journal* de cette École (1851), un *Mémoire sur les
lignes d'ombre et de perspective des hélicoïdes gauches*, d'une étendue fort consi-
dérable et principalement fondé, selon l'usage actuel, sur les données de l'analyse algébrique transcendante. Il est regrettable que cet habile professeur n'ait
pas mis à profit sa position à notre mère École, pour élucider la partie historique
de cette intéressante question.

rades d'une même promotion : communications qui servirent à refaire expéditivement les épures de la vis à filets triangulaires, et dont il n'est resté, je pense, d'autres Notes manuscrites que celles dès lors rédigées ou ébauchées par moi à l'École polytechnique.

En ce qui concerne, en particulier, la construction par points de la courbe de séparation d'ombre et de lumière sur les filets héliçoïdaux triangulaires de la vis, je ferai remarquer que, au point de vue général et purement géométrique, la question reste la même pour les nappes inférieures ou supérieures, lorsqu'on en suppose les génératrices indéfiniment pro·longées de part et d'autre de l'axe vertical, aussi bien que les lignes de séparation d'ombre et de lumière : la différence des solutions graphiques ne pouvant provenir que de la différence même d'inclinaison des génératrices sur cet axe, quelle que soit d'ailleurs la direction attribuée aux rayons de lumière.

Soient (*fig.* 12), en projection horizontale sur un plan perpendiculaire à l'axe vertical de la vis au point C; Cr une génératrice rectiligne quelconque de sa surface supérieure; μ l'un des points de cette génératrice, décrivant à la distance horizontale Cμ de cet axe, une hélice dont la projection est un cercle concentrique à C, et μt, perpendiculaire à l'extrémité du rayon Cμ, la projection horizontale de la tangente géométrique à l'hélice; la tangente d'inclinaison sur le plan de ce cercle est, comme on sait, mesurée par l'expression numérique,

$$\frac{H}{2\pi.C\mu};$$

H désignant le *pas* commun à toutes les hélices ainsi engendrées.

Soient, de plus, t et r les points respectifs où la tangente au point μ et la génératrice rencontrent le plan horizontal de projection, supposé

Fig. 12.

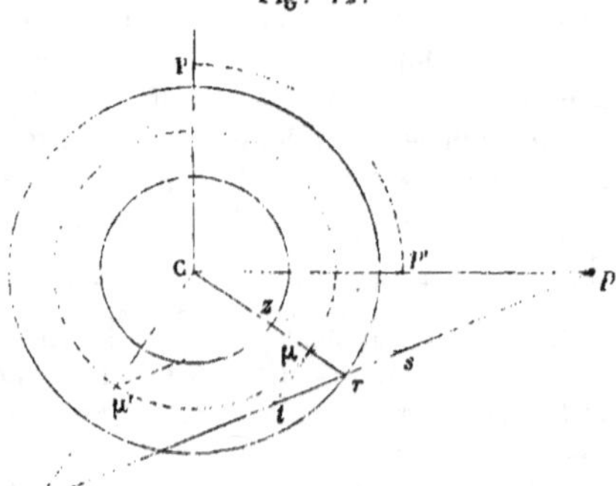

abaissé de toute la hauteur H du pas, au-dessous du point de rencontre de la génératrice avec l'axe de la vis; rt sera, sur ce plan, la trace du plan tangent en μ, à la surface hélicoïdale ; de sorte que, si l'on imagine en ce point de l'espace, un rayon de lumière représenté par μs en projection sur le même plan horizontal, ce rayon, tout entier, devra être compris dans le plan tangent représenté en μst, si μ représente, sur la génératrice Cr, le point qui appartient à la ligne de séparation d'ombre et de lumière : chose toujours facile à vérifier géométriquement quand μ sera donné à priori. Mais il s'agit ici de trouver la position même de ce point sur la direction de Cr.

A cet effet, continuant à substituer aux dénominations de l'espace celles de la projection horizontale, et supposant le plan tangent en μ prolongé jusqu'à l'axe de la vis en C, concevons que par ce point d'intersection, l'on mène la droite Ck parallèle à μt et perpendiculaire à Cr, puis la parallèle Cp au rayon de lumière μs, il faudra encore que celle-ci tout entière, soit dans le plan tangent en μ, et que la trace rt de ce plan, qui coupe en k la perpendiculaire Ck à Cr, comprenne aussi le point fixe p où le rayon de lumière Cp rencontre le plan horizontal choisi pour plan de projection, comme on l'a expliqué. Or, d'après nos conventions, et si l'on nomme de plus a l'angle aigu d'inclinaison du rayon lumineux sur la verticale, on a évidemment

$$(1) \qquad \frac{H}{Ck} = \frac{H}{2\pi C\mu}, \qquad Cp = H \tan a = \text{const.} ;$$

ce qui donne entre autres, pour déterminer la position inconnue de μ sur la direction indéfinie du rayon Cr, constant ainsi que Cp, la relation

$$(2) \qquad Ck = 2\pi C\mu, \qquad C\mu = \frac{Ck}{2\pi},$$

où Ck est donné graphiquement par la position fixe de p et la position variable du point r sur le cercle, concentrique à C. dont le rayon est déterminé par cette autre relation

$$Cr = H \tan b = \text{const..}$$

b étant l'angle aigu d'inclinaison, sur l'axe de la vis, de la génératrice considérée.

Rien donc ne serait plus facile que de construire, graphiquement ou numériquement, la valeur inconnue de $C\mu$. Mais, comme la variable Ck et l'inconnue $C\mu$ appartiennent à des directions rectangulaires distinctes, cela entraînerait à des opérations multiples qu'il faut éviter autant que faire se peut dans la construction des épures. C'est pourquoi, après diverses tentatives infructueuses que je me dispense de rapporter ici, nous nous sommes arrêtés au procédé qui suit : Imaginant qu'on porte $C\mu$ sur Ck, de C en μ', par un arc de cercle, d'ailleurs inutile à construire, et qu'on mène par μ' une parallèle $\mu'p'$ à kp coupant Cr en z, on aura, par la théorie des lignes proportionnelles, d'une part

$$C p' : C \mu' = C \mu :: C p : C k;$$

ce qui donne, d'après la relation (1) ou (2),

$$C p' = C \mu \cdot \frac{C p}{C k} = \frac{H}{2 \pi} = \text{const.},$$

et prouve que p' est un pôle ou point fixe pour les rayons vecteurs $p'r$, comme p lui-même l'est pour les sécantes pr.

D'autre part,

$$C z : C \mu' = C \mu :: C r : C k;$$

d'où l'on tire, toujours d'après les relations (1) et (2),

$$C z = C \mu \frac{C r}{C k} = \frac{C r}{2 \pi} = \tan g\, b\, \frac{H}{2 \pi};$$

ce qui montre que tous les points z sont sur une circonférence de cercle concentrique à C, de rayon constant ; de sorte que $C p'$ et Cz étant calculés ou construits une fois pour toutes, pour une épure donnée, il ne s'agirait, afin d'obtenir le point μ de la courbe de séparation d'ombre et de lumière, relatif à une direction donnée du rayon Cz ou Cr, que de prolonger la droite $p'z$ jusqu'à sa rencontre en μ', avec la perpendiculaire indéfinie Ck en C, puis de ramener par l'arc de cercle auxiliaire dont il a été parlé, μ' en μ sur la direction de Cr.

Mais, comme j'en ai prévenu à l'avance, cet arc de cercle devient à son tour parfaitement inutile, si l'on suppose qu'on fasse tourner d'un quadrant, autour de C, la droite du pôle fixe, Cp', en entraînant avec elle la sécante $p'z\mu'$, et l'équerre ou angle droit $\mu'Cz$, sans que z quitte le cercle de rayon $\tan g\, b\, \dfrac{H}{2 \pi}$, auquel il appartient ; car, par cette rotation, le point μ', venu en μ et obtenu par le même procédé, appliqué au pôle P remplaçant p', ne sera autre que le point même de la courbe à tracer appartenant à la direction indéfinie de Cz, censée choisie arbitrairement.

Cette construction si simple et si rapide de la projection horizontale de la courbe de séparation d'ombre et de lumière dans la vis à filets triangulaires est, comme on voit, générale, rigoureuse et conforme à la définition qui sert de point de départ au second article de la Note précédente, sur le tracé des tangentes à cette courbe du quatrième degré, que nous avions baptisée, dans la salle n° 6, du nom de *capricorne* ; courbe remarquable à plus d'un titre, par sa forme symétrique, élégante même, et douée de nombreuses propriétés géométriques jusqu'ici encore peu étudiées; mais qui, si je ne me trompe, mériteraient tout autant de l'être que celles qui appartiennent aux courbes *méchaniques* des anciens et à diverses autres plus modernes, cultivées avec une particulière ferveur par nos jeunes géomètres, parce que leurs propriétés se rattachent plus ou moins intimement, à certaines questions de physique mathématique ou d'analyse infinitésimale.

Cette même construction et celle de la courbe de contour apparent qui en est un cas particulier, mais dont je crois inutile de rapporter ici la démonstration directe fort simple, ont été, dans ces derniers temps, vérifiées par des procédés divers d'analyse ou de géométrie, qui n'ont que fort peu de rapport avec les précédents, dont, comme je l'ai dit, la date remonte à la fin de l'année 1809.

A l'égard de l'épure de la vis en elle-même, on sait qu'elle se rattachait alors au cours de machines, et servait d'exercices ou d'applications pour les leçons de géométrie descriptive, de dessin linéaire et de lavis. Cette épure fut continuée jusqu'en 1816, probablement avec la tradition de 1809 ou 1810; mais les troubles politiques de cette époque de licenciement, de destitution même des élèves, professeurs ou examinateurs; la tendance exagérée à l'application de l'analyse algébrique et des notions métaphysiques ou abstraites qui s'y rattachent, prédomina de plus en plus à l'École polytechnique, à dater de cette époque, contre l'opinion même de Laplace, de Poisson, d'Arago, etc., qui semblaient en pressentir les fâcheuses conséquences; toutes ces circonstances, dis-je, firent négliger les applications de la géométrie proprement dite, et l'épure de la vis à filets triangulaires fut supprimée avec beaucoup d'autres, malgré toute son importance et son utilité dans les arts mécaniques, dont elle est un principal et pour ainsi dire universel élément.

NOTES DIVERSES DE L'AUTEUR, MENTIONNÉES
DANS LE CORPS DE L'OUVRAGE.

I.

DÉMONSTRATION GÉOMÉTRIQUE ÉLÉMENTAIRE, DES PRINCIPALES PROPRIÉTÉS DE LA PARABOLE (*voy.* p. 53 et suiv. du texte) (*).

On nomme *parabole* une courbe plane MBD (*fig.* 13), dont les différents points M sont à des distances égales MF et MP, d'un point F nommé

Fig. 13.

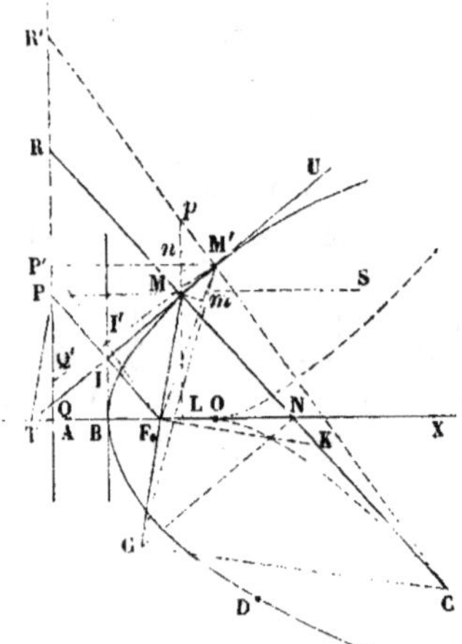

foyer et d'une droite AR appelée *directrice*. Cette courbe est évidemment
divisée en deux parties symétriques par la perpendiculaire indéfinie AFNX,

---

(*) J'aurais pu ranger au nombre de mes souvenirs de l'École polytechnique
cette courte Note, communiquée, il y a bien des années déjà, à mon ancien ami
le brave et excellent colonel du génie Servier : extraite d'un écrit plus considé-
rable sur la *géométrie infinitésimale*, elle devait, dans mes intentions, servir
de point d'appui et de commentaire à l'explication géométrique des principales circonstances de la chute des graves et du mouvement des projectiles,
que j'ai été appelé à donner dans des leçons de mécanique élémentaire, profes-
sées à l'hôtel de ville de Metz en 1827, et à la Sorbonne en 1838.

Cette démonstration, fondée sur les propriétés essentielles de la parabole et

abaissée du foyer F, sur la directrice AR, et qui la rencontre en un seul point B nommé *sommet*; cette perpendiculaire elle-même, s'appelle l'*axe* de la parabole; enfin, les droites FM relatives aux différents points M de la courbe se nomment les *rayons vecteurs*.

Considérant, sur cette courbe, un point M' infiniment près de M, ses distances M'F et M'P' au foyer F et à la directrice, seront aussi égales entre elles d'après ce qui précède, et par conséquent, si du point M on abaisse respectivement sur les directions FM' et M'P', les perpendiculaires Mm, Mn; l'une prolongement de l'*ordonnée* ML, elle-même perpendiculaire à l'axe ANX, l'autre considérée comme un arc de cercle infiniment petit concentrique à F, ces perpendiculaires retrancheront de FM' et de M'P' les distances respectives mM', nM', nécessairement égales et formant entre elles le quadrilatère MmM'n divisé en deux triangles rectangles égaux par la diagonale MM'. Or cette diagonale peut être considérée comme un élément rectiligne de la courbe. dont la direction indéfinie divisera ainsi en parties égales, l'angle FM'P' formé par les distances FM' et M'P' qui, à la limite de petitesse de MM', doivent être censées confondues, en grandeur et en direction, avec les droites FM et MP relatives au point M de la parabole.

De là on conclut, en premier lieu, que « la tangente MT en un point » quelconque M de la parabole divise en parties égales l'angle formé par » le rayon vecteur MF et la perpendiculaire MP à la directrice PQ, qui » correspondent à ce point, de sorte que cette tangente est perpendicu- » laire en I sur le milieu de la distance FP. »

Et comme, d'un autre côté, la série des points milieux I des droites

---

débarrassée de tout appareil algébrique, devait aussi servir de complément rationnel à la description d'un appareil à cylindre tournant, destiné à l'observation directe et expérimentale de la chute verticale des corps dans l'air. J'en avais conçu l'idée dès mes premières leçons sur la mécanique, et je l'ai décrit en 1840, avec quelques détails, ainsi que beaucoup d'autres appareils à *indications continues*, dans celles de la Faculté des Sciences de Paris, auxquelles assistait M. Morin, mon ancien adjoint à l'École de Metz en 1829, qui avait bien voulu alors se charger de la publication de ces mêmes leçons; projet que, à mon grand regret, il a abandonné au second semestre de l'exercice scolaire de 1840, pour se livrer entièrement à ses propres leçons et publications.

A l'égard de l'instrument à rotation uniforme dont il vient d'être parlé, cet habile professeur en a tiré depuis un excellent parti quant à l'exécution matérielle, réalisée par l'ingénieux artiste M. Clair, de Paris.

Enfin, je crois utile de rappeler que, parmi les auditeurs des premières leçons de 1840, se trouvait aussi M. Saigey, savant écrivain et artiste en instruments de physique, qui s'était proposé dès lors, de réaliser ce même appareil pour les élèves des Cours de Physique expérimentale; ce à quoi sans doute, il aura renoncé faute des encouragements indispensables à l'accomplissement d'un tel projet.

analogues à FP issues du foyer F sont rangés sur une droite BI parallèle à la directrice PQ, c'est-à-dire sur une perpendiculaire à l'axe AX qui contient le sommet B de la courbe, lui-même évidemment situé au milieu de la distance AF du foyer à la directrice, il en résulte en second lieu :

1° Que « les pieds I des perpendiculaires abaissées du foyer F de la » parabole sur ses différentes tangentes MT sont situés sur une ligne » droite, tangente elle-même au sommet B de la courbe. »

2° Que « la parabole est aussi l'enveloppe commune des positions que » peut prendre l'un IM des côtés d'un angle droit MIF, dont l'autre côté » passe constamment par le foyer de la courbe, tandis que son sommet I » est assujetti à parcourir successivement tous les points de la tangente » au sommet de cette courbe. »

De là encore on conclurait sans peine et en troisième lieu, que « tout » cercle circonscrit à un triangle formé par les intersections mutuelles » de trois tangentes quelconques à une parabole, passe nécessairement » par le foyer de la courbe, etc., etc. »

Mais je ne m'arrêterai pas à la démonstration facile de ces corollaires qu'on trouvera, ainsi que beaucoup d'autres, dans la sect. IV du Traité des *Propriétés projectives des figures.*

Prolongeons la perpendiculaire PM indéfiniment du côté de la courbe, suivant MS, qui prend le nom de *diamètre* de la courbe d'après des considérations qu'il est inutile d'exposer ici ; cette droite formera, avec le prolongement MU de la tangente en M, un angle SMU égal à son opposé au sommet PMT, lequel, d'après ce qui précède, sera aussi égal à l'angle TMF ; proposition que l'on énonce ordinairement en disant que « la tan- » gente en un point donné M de la parabole, est également inclinée sur » le diamètre MS et le rayon vecteur MF correspondants à ce point. »

L'angle SMU étant d'ailleurs égal à MTN, à cause que MS est parallèle à l'axe TNX, il en résulte que le triangle TFM est isocèle, et que, par conséquent, « TF, qu'on peut nommer la *sous-tangente* du point M relative » au foyer F de la parabole, est égale au rayon vecteur FM de ce point. »

D'un autre côté, il est clair aussi que la normale ou perpendiculaire MN au point M de la courbe, divise en deux parties égales l'angle SMF du diamètre et du rayon vecteur dont il vient d'être parlé, de sorte que le triangle FNM, dans lequel l'angle MNF = SMN = NMF, est pareillement isocèle ; donc « le côté FN, qu'on pourrait aussi nommer la *sous-normale* » de la parabole relative au foyer, est, comme la sous-tangente TL, égale » au rayon vecteur FM. »

Donc enfin, *dans la parabole, la sous-tangente et la sous-normale, comptées sur l'axe à partir du foyer, sont égales au rayon vecteur correspondant du point de la courbe, et si, du foyer comme centre avec le rayon vecteur d'un point donné comme rayon, on décrit une circonférence de cercle, elle coupera l'axe de la courbe aux pieds respectifs de la tangente et de la normale relatives à ce point.*

Ces propriétés, qui n'avaient point, je crois, été jusqu'ici suffisamment remarquées, peuvent être très-utiles pour le tracé des tangentes et des normales à la parabole (*).

On remarquera que TF, étant égal à FM, est aussi égal à MP, de sorte que la figure TEMPT est un *losange* dans lequel IT = IM, comme IF = IP. Et, puisque BI est parallèle à LM, le sommet B de la parabole divise en deux parties égales BT et BL, la distance TL comprise entre le pied de l'ordonnée ML et celui de la tangente MT, sur l'axe diamétral BX de la courbe.

Par le même motif, l'ordonnée LM est double de BI, et, à cause des triangles semblables MLN, IBF, LN = 2BF = FA, puisque, d'après ce qui précède, BF = BA. La distance LN, comprise sur l'axe entre le pied de l'ordonnée MN et la normale, étant nommée communément la *sous-normale* relative au point M de la courbe, il en résulte que, *dans la parabole, cette sous-normale, constante pour tous les points, est égale à la distance du foyer à la directrice, nommée paramètre,* autre propriété bien connue.

Enfin on a encore, dans le triangle TMN rectangle en M,

$$\overline{ML}^2 = LN \cdot LT = AF \cdot 2BL = 2AF \cdot BL,$$

puisque nous venons de prouver que

$$LN = AF, \quad LT = 2BL.$$

Ce théorème, vrai pour tous les points M de la courbe, s'énonce ordinairement en disant que *l'ordonnée de la parabole est moyenne proportionnelle entre le double du paramètre AF et l'abscisse BL relative au sommet.*

Posant, comme on le fait ordinairement, $ML = y$, $FA = p$, $BL = x$, on a pour tous les points de la courbe, la relation

$$y^2 = 2px,$$

que l'on considère plus particulièrement comme *l'équation* algébrique de la parabole rapportée à son sommet B et à son axe BX, pris pour axe des abscisses. Cette équation, en effet, permet à elle seule, de construire la courbe par points et la définit ainsi d'une manière complète.

(*) On ne doit pas perdre de vue que cette Note, fort ancienne, est ici reproduite textuellement.

Propriétés des diamètres et ordonnées obliques de la parabole.

Soient F (*fig.* 14) le foyer, AX l'axe de symétrie, AP la directrice d'une parabole, enfin MM' l'une quelconque de ses cordes, MP et M'P' les

Fig. 14.

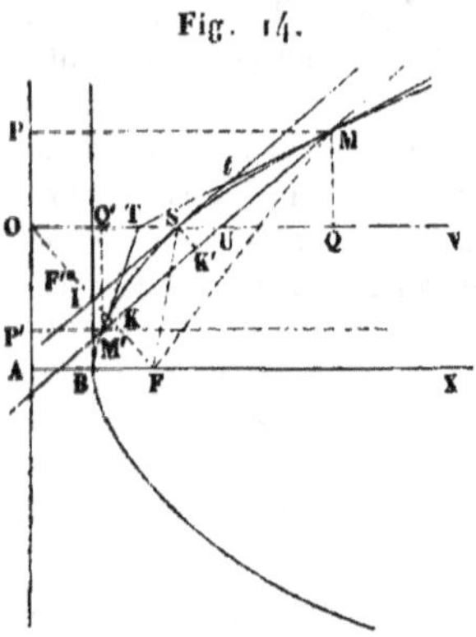

perpendiculaires abaissées des extrémités de cette corde sur la directrice ; par la définition même de la courbe, M et M' seront situés à des distances égales du foyer F et de la directrice, de sorte qu'on aura

$$\mathrm{MF} = \mathrm{MP}, \quad \mathrm{M'F} = \mathrm{M'P'},$$

les points M et M' pouvant ainsi être considérés respectivement comme les centres de deux cercles tangents en P et P' à la directrice, passant par le foyer F, et contenant en outre le point F' symétrique à F par rapport à MM', c'est-à-dire situé sur la perpendiculaire indéfinie FO à MM' à une distance F'K de celle-ci, égale à KF.

D'après cela, si O représente l'intersection de cette perpendiculaire et de la directrice AP, on aura, en vertu des propriétés du cercle,

$$\overline{\mathrm{OP}}^2 = \mathrm{OF} \cdot \mathrm{OF'}; \quad \overline{\mathrm{OP'}}^2 = \mathrm{OF} \cdot \mathrm{OF'}; \quad \mathrm{OP'} = \mathrm{OP};$$

le point O sera donc le milieu de PP', et comme tel il appartient à une droite OV parallèle à l'axe AX et divisant en deux parties égales la corde MM' en U. Mais le point O reste invariable pour toutes les cordes parallèles de la courbe ; donc les milieux U de celles-ci sont situés sur une même droite OV parallèle à l'axe AX et nommée pour ce motif *diamètre de la parabole,* diamètre oblique à la courbe, qui contient évidemment aussi le point de contact S de la tangente IS parallèle à MM', attendu que cette tangente doit être elle-même considérée comme une corde infiniment petite de la courbe.

Nous avons vu précédemment que la tangente SI en S est perpendiculaire à la droite FO en son milieu I, comme la corde MM' est perpendiculaire au point milieu K de la distance FF'; or, de là et de ce qui précède, résultent de nouvelles propriétés non moins utiles et bien connues des diamètres de la parabole.

En effet, on a (*fig.* 14), a cause de $OF = 2IF$, $FF' = 2KF$,

$$OF' = OF - FF' = 2IF - 2KF = 2IK,$$

et, par conséquent,

$$\overline{OP}^2 = OF'.OF = 2IK.OF = 4IK.OI.$$

Mais, si de M on abaisse la perpendiculaire MQ sur la direction indéfinie du diamètre SV, et de S la perpendiculaire SK' sur MM', ce qui donne respectivement $QM = OP$ et $SK' = IK$, on aura, par les triangles rectangles et semblables MQU, S'KU, OIS,

$$\frac{MQ}{SK'} = \frac{MU}{SU}, \quad \frac{MQ}{OI} = \frac{MU}{OS},$$

ce qui donne, en multipliant membre à membre,

$$\frac{\overline{MQ}^2}{SK'.OI} = \frac{\overline{MU}^2}{OS.SU}, \quad \text{ou} \quad \frac{\overline{OP}^2}{IK.OI} = \frac{\overline{MU}^2}{OS.SU},$$

et finalement, à cause de $\overline{OP}^2 = 4IK.OI$,

$$\overline{MU}^2 = 4.OS.SU.$$

La demi-corde MU parallèle à la tangente au point S qu'on peut nommer *sommet* de la courbe relatif au diamètre SV, cette demi-corde étant considérée comme une ordonnée parallèle à la tangente IS, abaissée du point quelconque M de la courbe sur SV, tandis que SU est de son côté, considérée comme l'abscisse relative au sommet S choisi pour origine, l'équation obtenue en dernier lieu pourra s'énoncer en disant que, *pour un diamètre quelconque de la parabole, l'ordonnée d'un point M est moyenne proportionnelle entre l'abscisse SU et le quadruple du rayon vecteur SF relatif au sommet S de ce diamètre*, puisque effectivement $SO = SF$. Or ce théorème renferme comme cas particulier, celui déjà démontré pour l'axe même de la courbe.

D'après la propriété de la tangente en un point quelconque S de la

3o.

parabole, chacun de ses points se trouve à égale distance du foyer F et de l'intersection O de la directrice avec le diamètre SV, correspondant au point et parallèle à l'axe de la courbe; donc les tangentes MT, M'T aux extrémités de la corde MM' viennent se couper en un point T dont les distances à P et à P' sont séparément égales à celle de ce même point au foyer F, de sorte qu'elles sont égales entre elles, ce qui exige que le point T soit sur le diamètre OSV qui divise en parties égales la corde MM' ou l'intervalle des parallèles MP, M'P' à l'axe.

Par un motif tout à fait semblable, le point de rencontre t des tangentes en S et M, est situé à égales distances des parallèles SU et MP à l'axe; donc on a

$$t\,\mathrm{T} = t\,\mathrm{M},$$

et par suite, à cause des parallèles tS et MU, on a aussi

$$\mathrm{TS} = \mathrm{SU},$$

propriété analogue à celle qui a lieu pour le grand axe et qui peut s'énoncer en disant que : *pour un diamètre quelconque de la parabole, le sommet S divise en parties égales l'intervalle TU intercepté sur le diamètre entre la tangente MT et l'ordonnée MU relatives à un point quelconque M de la courbe, cette ordonnée étant prise parallèlement à la tangente au sommet S.*

Ces conséquences faciles de la définition de la parabole sont très-importantes pour la démonstration des lois abstraites du mouvement parabolique des points pesants dans le vide; elles conduiraient à un grand nombre d'autres propriétés de la courbe, mais, au lieu de m'y arrêter, je terminerai par un dernier théorème relatif au rayon de courbure de cette courbe, théorème auquel j'étais parvenu il y a déjà bien des années (*), par une voie purement analytique et qui n'avait point encore été remarqué, quoiqu'il offre la plus grande analogie avec la propriété correspon-

---

(*) Pendant mon séjour à l'École polytechnique dans les années 1808, 1809 et 1810, sous nos vénérables professeurs philosophes, Lacroix, Ampère et Poinsot, j'eus l'idée de rechercher, comme exercice d'analyse, l'intégrale de l'équation différentielle exprimant la condition que le rayon de courbure, relatif à chacun des points d'une courbe plane, soit, comme dans la cycloïde, le double de la normale correspondante prise par rapport à un axe des abscisses quelconque; je fus fort surpris d'obtenir l'équation de la parabole ordinaire, au lieu de celle de la cycloïde, à laquelle naturellement je devais m'attendre; circonstance, on le comprend, qui tenait à ce que j'avais attribué le signe $+$ à l'expression radicale du rayon de courbure. Ce résultat de l'influence du signe, dont j'eus alors assez de peine à me rendre compte, devint pour moi, par la suite, l'occasion de rechercher la démonstration purement géométrique des remarquables propriétés de la parabole relatées ci-dessus.

dante de la cycloïde, autre courbe d'un usage fréquent en mécanique. Sa démonstration pourra fournir un nouvel exemple de la manière dont on doit se servir des notions de la géométrie infinitésimale.

Du rayon de courbure, du centre de courbure et de la développée de la parabole.

La propriété mentionnée en dernier lieu consiste en ce que « le rayon » de courbure MC (*fig.* 13) de la parabole, déterminé par la rencontre C » de la normale en un point quelconque M de la courbe, avec la normale » relative au point infiniment voisin M′, est le double de la portion MR » du prolongement de cette normale comprise entre la courbe et la di- » rectrice AR, de sorte qu'on a MC = 2 MR. »

Pour démontrer ce théorème, nous reprendrons nos considérations premières relatives à la *fig.* 13, et nous supposerons qu'indépendamment des perpendiculaires MP et M′P′ à la directrice AR de la parabole, de la tangente MQ relative au point M, et de la perpendiculaire FIP abaissée du foyer F sur cette tangente qu'elle coupe en I, on trace la droite FP′ et la tangente M′Q′ relative à M′ coupant FP′ perpendiculairement en I′. Nommant, en outre, Q et Q′, R et R′, les intersections respectives des tangentes et des normales en M et M′ avec la directrice, on se rappellera que les points I et I′ situés sur la tangente au sommet B de la courbe,

sont les milieux des droites FP et FP′, de sorte que, $II' = \dfrac{1}{2} PP' = \dfrac{1}{2} M n$;

Mn étant l'intervalle du point M à M′P′, mesuré sur le prolongement de l'ordonnée perpendiculaire à l'axe BX de la courbe. Prolongeant de même, cette ordonnée jusqu'à sa rencontre en p avec la normale M′R′, il en résultera le triangle pMC qui, ayant ses côtés respectivement parallèles à ceux du triangle I′IF, lui sera semblable, de sorte qu'on aura

$$\frac{p\,C}{I'F \text{ ou } P'I'} = \frac{M\,p}{II' \text{ ou } \frac{1}{2} M\,n} = 2\,\frac{M\,p}{M\,n}.$$

Mais pM et P′I′, étant dans le triangle M′Q′R′, des lignes respectivement parallèles aux côtés Q′R′ et M′R′, on aura aussi, par la théorie des lignes proportionnelles,

$$\frac{M\,p}{M\,n} = \frac{Q'R'}{Q'P'} = \frac{M'R'}{P'I'};$$

donc

$$\frac{p\,C}{P'I'} = 2\,\frac{M'R'}{P'I'} \quad \text{et} \quad p\,C = 2\,M'R',$$

relation d'autant plus remarquable qu'elle a lieu pour un intervalle quelconque des points M et M'; mais, à la limite de rapprochement de ces points, pM devenant négligeable vis-à-vis de M'C et M'R' qui doivent alors être censées respectivement égales à MC et MR, il en résulte la démonstration du théorème énoncé, à savoir que MC = 2 MR.

Ce théorème d'ailleurs conduit à un tracé fort simple de la *développée* de la parabole, courbe très-remarquable, pointillée sur la *fig.* 13 et qui présente un *point de rebroussement* en O, situé sur l'axe AX, à une distance BO du sommet de la parabole, double des distances BF et BA de ce sommet au foyer et à la directrice, c'est-à-dire précisément égale au *paramètre*, lequel représente ainsi le rayon de courbure de la parabole en ce même sommet.

On peut affranchir le tracé de la développée dont il s'agit et la détermination du centre de courbure C sur la normale quelconque MC de la parabole, de toute considération relative à la directrice AR, en remarquant que, si l'on élève au foyer F de cette courbe, sur le rayon vecteur FM du point donné M, une perpendiculaire FK, elle rencontrera la normale correspondante en un point K tel, que le triangle rectangle MFK sera superposable au triangle MPR à cause de

$$MF = MP \quad \text{et} \quad \text{angle FMK} = \text{angle PMR};$$

on aura donc l'hypoténuse

$$MK = MR = \frac{1}{2} MC,$$

et par conséquent, si l'on prolonge le rayon vecteur FM d'une quantité FG égale à sa propre longueur, puis qu'on lui élève en G la perpendiculaire GC, elle ira rencontrer la normale MC au centre de courbure C de la courbe, résultat auquel d'ailleurs on arrive directement en observant que, d'après les propriétés ci-dessus relatives au foyer et aux tangentes de la parabole, l'angle MFM' sous lequel on voit de F l'élément MM' de la courbe, est précisément le double de l'angle de contingence ou de l'angle MCM' formé par les normales aux extrémités de cet élément; de sorte que, si l'on porte le rayon vecteur FM' sensiblement égal au rayon FM, de F en G sur le prolongement de celui-ci; que l'on achève le triangle isocèle GFM' en traçant GM', l'angle MGM' de ce triangle sera précisément égal à l'angle MCM', et le quadrilatère GMM'C, inscriptible à un cercle tangent suivant MM' à la parabole, et dont par conséquent MC sera un diamètre, GC une corde perpendiculaire à MG, etc.

Ces considérations conduisent à une autre conséquence non moins remarquable. En effet, nous avons vu que, dans la parabole, la distance FN du foyer au pied N de la normale MC, sur l'axe AX de la courbe, était égale au rayon vecteur correspondant FM; on a donc, par construction,

$$FG = FM = FN.$$

et par conséquent le triangle GMN inscriptible à une demi-circonférence dont F est le centre, est rectangle en N, ce qui indique que, *pour obtenir le centre de courbure relatif au point quelconque* M *de la parabole, il suffit d'élever du pied* N *de la normale* MC *relatif à l'axe* AX *de la courbe, la perpendiculaire* NG *à cette normale, puis, du point de rencontre* G *de celle-ci avec le prolongement du rayon vecteur correspondant* MF, *la nouvelle perpendiculaire* GC *à la direction de ce rayon, laquelle viendra rencontrer la normale au centre de courbure demandé* (*).

Cette construction serait applicable identiquement aux deux autres sections coniques, l'ellipse et l'hyperbole, pourvu qu'on prît pour l'axe de symétrie AX, le grand axe, celui qui contient les deux foyers *réels* de ces courbes; mais je n'entamerai pas ici la démonstration de ce théorème, et si j'ai autant insisté sur la parabole, c'est, je le répète, parce que ses propriétés sont très-utiles pour la démonstration générale de certaines lois du mouvement.

II.

RECHERCHES ANALYTIQUES RELATIVES AU SYSTÈME DES DIAMÈTRES CONJUGUÉS PARALLÈLES DE DEUX LIGNES QUELCONQUES DU SECOND DEGRÉ SUR UN PLAN (*voy.* la note au bas de la page 3o). (**)

Représentons, en coordonnées rectangulaires, par

$$(1) \qquad ay^2 + 2bxy + cx^2 + 2dy + 2ex + f = 0,$$

$$(2) \qquad a'y^2 + 2b'xy + c'x^2 + 2d'y + 2e'x + f' = 0,$$

les équations données de ces deux courbes.

Soit k la tangente trigonométrique de l'angle inconnu que l'un des diamètres conjugués dont il s'agit fait avec l'axe arbitraire des abscisses x, on trouve

$$\frac{by + cx + e}{ay + bx + d} = -k, \text{ pour la première courbe,}$$

$$\frac{b'y + c'x + e'}{a'y + b'x + d'} = -k, \text{ pour la deuxième.}$$

Ces relations donneraient, conjointement avec les équations respec-

---

(*) Cette solution a été indiquée sans démonstration, par un auteur anglais dont, jusqu'ici, il m'a été impossible de retrouver le nom et l'ouvrage.

(*Note ancienne*).

(**) Cette Note et les deux suivantes ont précédé ou suivi de très-près mon retour de Russie en 1814.

tives ci-dessus, les coordonnées x et y des couples de points de l'une
et l'autre courbe, pour lesquels les tangentes géométriques sont parallèles; donc ce sont les équations mêmes des diamètres respectivement
conjugués à la direction des tangentes parallèles. Pour que ces diamètres
soient parallèles entre eux, il faut, en observant que leurs équations peuvent être écrites ainsi

$$y(ak+b) + x(bk+c) + kd + e = 0,$$
$$y(a'k+b') + x(b'k+c') + kd' + e' = 0,$$

que l'on ait la relation de condition très-simple

$$\frac{bk+c}{ak+b} = \frac{b'k+c'}{a'k+b'};$$

d'où l'on tire pour k la double valeur

$$k = -\frac{a'c-ac'}{2(ba'-ab')} \pm \sqrt{\frac{(a'c-ac')^2}{4(ba'-ab')^2} + \frac{bc'-cb'}{ba'-ab'}},$$

valeurs qui ne seront réelles qu'autant que la quantité sous le radical sera
positive.

Afin de simplifier la question, on peut supposer que la seconde des
deux courbes données soit rapportée à son sommet et à ses axes, et, de
plus, qu'on ait divisé son équation par la constante a', de sorte qu'on
puisse y faire $a'=1$, $b'=0$, $d'=0$, $f'=0$. On pourra également, dans
l'équation (1), supposer $a=1$ sans diminuer la généralité de la question,
ce qui donne simplement

$$k = -\frac{c-c'}{2b} \pm \sqrt{\frac{(c-c')^2}{4b^2} + c'},$$

expression dont le radical sera réel toutes les fois que c' sera positif, et
démontre que toutes les fois que l'une des coniques proposées sera une
ellipse ou une parabole, la solution du problème sera possible géométriquement.

En effet, si l'on place l'origine des coordonnées au sommet de cette
courbe et leurs axes parallèlement aux siens, l'équation (2), en y supposant $b'=0$, $a'=1$, etc., pourra être censée la représenter. Or cette
courbe étant alors une *ellipse* quand c' est *positif*, et une *parabole* quand
c' est nul, on voit que dans ces deux cas la valeur de k est réelle; donc
le problème proposé est résoluble géométriquement.

Quand les deux courbes seront des hyperboles, c' sera nécessairement
négatif; pour qu'il existe alors un système de diamètres parallèles, il

faudra que $\dfrac{(c - c')^2}{4\,b^2}$ soit $> - c'$: on peut conclure de là et de ce que j'ai prouvé dans mes Cahiers de Russie (p. 3o6), que quand deux hyperboles s'entrecoupent en quatre points, sommets d'un quadrilatère convexe, auquel cas on peut faire passer par ces quatre points une infinité d'ellipses, les deux hyperboles auront un système de diamètres conjugués parallèles, et que tout système de deux coniques passant par ces points jouira de la même propriété.

Dans le cas où ces mêmes quatre points appartiennent à un quadrilatère non convexe, les hyperboles ne peuvent avoir de diamètres conjugués parallèles ; car, si elles en avaient, les cordes ou côtés conjugués du quadrilatère formeraient, avec l'un de ces diamètres, des angles dont les sinus seraient respectivement proportionnels, ce qui est impossible, comme on va le voir. Donc la condition $\dfrac{(c - c')^2}{4\,b^2} > - c'$ exprime réellement que le quadrilatère inscrit simultanément aux deux coniques est convexe.

Cas particulier où les coniques dégénèrent en des droites.

Soient $y_{,},\ y_{,,},\ x_{,},\ x_{,,}$ (*fig.* 15), quatre points situés arbitrairement sur un même plan ; en les joignant deux à deux de toutes les manières possi-

Fig. 15.

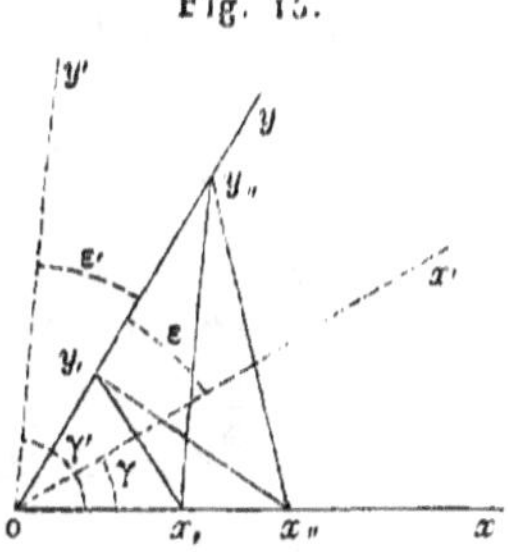

bles, vous formerez le quadrilatère simple $y_{,}y_{,,}\,x_{,}x_{,,}$ avec ses deux diagonales. Soit proposé de trouver le système de deux axes obliques pour lequel les équations des cotés opposés $y_{,}y_{,,}\,x_{,}x_{,,}$ soient de cette forme

$$y = ax + b, \quad y = -ax + b'.$$

c'est-à-dire tel que ces côtés fassent avec les axes respectifs des angles dont les sinus soient proportionnels, et qu'il en soit de même pour les deux autres côtés $y_{,}x_{,}$ et $y_{,,}x_{,,}$.

Prolongeons les côtés opposés $y_{,}y_{,,}\,x_{,}x_{,,}$ jusqu'à leur rencontre en o, prenons les droites ox et oy pour axes obliques primitifs des x et des y, et o pour l'origine ; faisons

$$ox_{,}=x_{,}, \quad ox_{,,}=x_{,,}, \quad oy_{,}=y_{,}, \quad \text{et} \quad oy_{,,}=y_{,,};$$

les équations des six lignes droites qui entrent dans la *fig.* 15 seront évidemment

pour ox, $\quad y=0$,	pour oy, $\quad x=0$,
pour $y_{,}\,x_{,}$, $\quad y=-\dfrac{y_{,}}{x_{,}}x+y_{,,}$,	pour $y_{,}\,x_{,,}$, $\quad y=-\dfrac{y_{,,}}{x_{,,}}x+x_{,,}$,
pour $y_{,}\,x_{,,}$, $\quad y=-\dfrac{y_{,}}{x_{,,}}x+y_{,,}$,	pour $y_{,,}\,x_{,}$, $\quad y=-\dfrac{y_{,,}}{x_{,}}x+y_{,,}$.

Soient ox' et oy' les axes inconnus, γ, ε les angles que l'axe des x' fait avec les anciens axes ox, oy, et γ', ε' les angles pareils relatifs à l'axe des y'. On a les formules suivantes, qui serviront à passer du premier système de coordonnées au deuxième,

$$x=\frac{x'\sin\varepsilon+y'\sin\varepsilon'}{\sin\theta}, \quad y=\frac{x'\sin\gamma+y'\sin\gamma'}{\sin\theta};$$

θ représentant l'angle des axes primitifs ox et oy, on a évidemment,

$$\gamma=\theta-\varepsilon \quad \text{et} \quad \gamma'=\theta-\varepsilon'.$$

Substituant ces valeurs de x et de y dans les équations ci-dessus, elles deviendront

pour ox, $\quad y'=-\dfrac{\sin\gamma}{\sin\gamma'}x'$, $\qquad$ pour oy, $\quad y'=-\dfrac{\sin\varepsilon}{\sin\varepsilon'}x'$;

pour $y_{,}\,x_{,}$, $\quad y'=-\dfrac{y_{,}\sin\varepsilon+x_{,}\sin\gamma}{x_{,}\sin\gamma'+y_{,}\sin\varepsilon'}x'+\dots$,

pour $y_{,,}\,x_{,,}$, $\quad y'=-\dfrac{y_{,,}\sin\varepsilon+x_{,,}\sin\gamma}{x_{,,}\sin\gamma'+y_{,,}\sin\varepsilon'}x'+\dots$;

enfin on aura,

pour $y_{,}\,x_{,,}$, $\quad y'=-\dfrac{y_{,}\sin\varepsilon+x_{,,}\sin\gamma}{x_{,,}\sin\gamma'+y_{,}\sin\varepsilon'}x'+\dots$,

pour $y_{,,}\,x_{,}$, $\quad y'=-\dfrac{y_{,,}\sin\varepsilon+x_{,}\sin\gamma}{x_{,,}\sin\gamma'+y_{,,}\sin\varepsilon'}x'+\dots$.

Les trois dernières équations s'obtiennent de celle de $(y_{,}\,x_{,})$, en y mettant respectivement, savoir : $x_{,,}$ et $y_{,,}$ à la place de $x_{,}$ et $y_{,,}$, $x_{,,}$ à la place de $x_{,}$, et enfin $y_{,,}$ à la place de $y_{,}$.

Maintenant, par les conditions du problème, il faut que dans les équations de $y_{,}\,x_{,}$ et $y_{,,}\,x_{,,}$ les coefficients de x' soient égaux et de signes contraires, et pareille chose devant avoir lieu pour les droites $y_{,}\,x_{,,}$ et $y_{,,}\,x_{,}$, il en résulte les deux nouvelles équations

$$\frac{y_{,}\sin\varepsilon + x_{,}\sin\gamma}{y_{,}\sin\varepsilon' + x_{,}\sin\gamma'} + \frac{y_{,,}\sin\varepsilon + x_{,,}\sin\gamma}{y_{,,}\sin\varepsilon' + x_{,,}\sin\gamma'} = 0,$$

$$\frac{y_{,}\sin\varepsilon + x_{,,}\sin\gamma}{y_{,}\sin\varepsilon' + x_{,,}\sin\gamma'} + \frac{y_{,,}\sin\varepsilon + x_{,}\sin\gamma}{y_{,,}\sin\varepsilon' + x_{,}\sin\gamma'} = 0,$$

qui se déduisent l'une de l'autre, en y échangeant entre elles respectivement, $x_{,}$ et $x_{,,}$ en $x_{,,}$ et $x_{,}$.

Développant la première d'entre elles et opérant ensuite cette permutation, il viendra

$$(1)\quad \begin{cases} 2\,y_{,}\,y_{,,}\sin\varepsilon\sin\varepsilon' + 2\,x_{,}\,x_{,,}\sin\gamma\sin\gamma' \\ + (x_{,}y_{,,} + y_{,}x_{,,})[\sin\gamma\sin\varepsilon' + \sin\varepsilon\sin\gamma'] = 0, \end{cases}$$

$$(2)\quad \begin{cases} 2\,y_{,}\,y_{,,}\sin\varepsilon\sin\varepsilon' + 2\,x_{,}\,x_{,,}\sin\gamma\sin\gamma' \\ + (x_{,}y_{,} + x_{,,}y_{,,})[\sin\gamma\sin\varepsilon' + \sin\varepsilon\sin\gamma'] = 0. \end{cases}$$

Retranchant ces équations l'une de l'autre, on obtient, après la suppression du facteur $x_{,}y_{,,} + y_{,}x_{,,} - x_{,}y_{,} - y_{,,}x_{,,}$ qui, par hypothèse, n'est pas nul,

$$\sin\gamma\sin\varepsilon' + \sin\varepsilon\sin\gamma' = 0 \quad \text{ou} \quad \frac{\sin\gamma}{\sin\gamma'} = -\frac{\sin\varepsilon}{\sin\varepsilon'}.$$

Donc les axes cherchés jouissent, en même temps, de la propriété dont il s'agit, par rapport aux côtés opposés ox et oy, puisque cette derniere égalité exprime que les coefficients de x' dans les équations de ces deux droites sont égaux et de signes contraires. En supposant

$$\sin\gamma\sin\varepsilon' + \sin\varepsilon\sin\gamma' = 0$$

dans l'équation (1), elle devient

$$y_{,}y_{,,}\sin\varepsilon\sin\varepsilon' + x_{,}x_{,,}\sin\gamma\sin\gamma' = 0,$$

et l'équation (2) donnerait absolument le même résultat; on aura donc, pour déterminer γ, γ', etc., les seules équations

$$(3)\qquad y_{,}y_{,,}\sin\varepsilon\sin\varepsilon' + x_{,}x_{,,}\sin\gamma\sin\gamma' = 0,$$

$$(4)\qquad \sin\gamma\sin\varepsilon' + \sin\gamma'\sin\varepsilon = 0,$$

auxquelles il faudra joindre celles-ci

$$(5)\quad \theta = \gamma + \varepsilon, \qquad\qquad (6)\quad \theta = \gamma' + \varepsilon'.$$

Substituant dans l'équation (3) la valeur de γ' tirée de l'équation (4), il viendra

$$(7)\qquad y_{,}y_{,,}\sin^2\varepsilon - x_{,}x_{,,}\sin^2\gamma = 0.$$

Posant, en outre, $\tang \gamma = t$, $\tang \varepsilon = u$, d'où

$$\sin^2 \varepsilon = \frac{u^2}{1 + u^2}, \qquad \sin^2 \gamma = \frac{t^2}{1 + t^2},$$

cela donne

$$y_{,}y_{,,}\frac{u^2}{1 + u^2} - x_{,}x_{,,}\frac{t^2}{1 + t^2} = 0.$$

Or, en posant de nouveau $\tang \theta = \omega$, ce qui donne également

$$u = \tang \varepsilon = \tang(\theta - \gamma) = \frac{\tang \theta - \tang \gamma}{1 + \tang \theta \tang \gamma} = \frac{\omega - t}{1 + \omega t},$$

cette dernière équation se changera dans la suivante,

$$y_{,}y_{,,}\frac{(\omega - t)^2}{(1 + \omega^2)(1 + t^2)} - x_{,}x_{,,}\frac{t^2}{1 + t^2} = 0,$$

ou, en supprimant le facteur $1 + t^2$ qui ne saurait être nul, et ordonnant

$$t^2\left[y_{,}y_{,,} - (1 + \omega^2)x_{,}x_{,,}\right] - 2\omega y_{,}y_{,,}t + \omega^2 y_{,}y_{,,} = 0,$$

équation de laquelle on tire finalement

$$t = \frac{\omega y_{,}y_{,,} \pm \omega \sqrt{1 + \omega^2}\sqrt{x_{,}x_{,,}y_{,}y_{,,}}}{y_{,}y_{,,} - (1 + \omega^2)x_{,}x_{,,}}.$$

On voit, par cette valeur de t, qu'il sera possible de trouver deux axes obliques qui jouissent de la propriété en question, toutes les fois que le

Fig. 16.

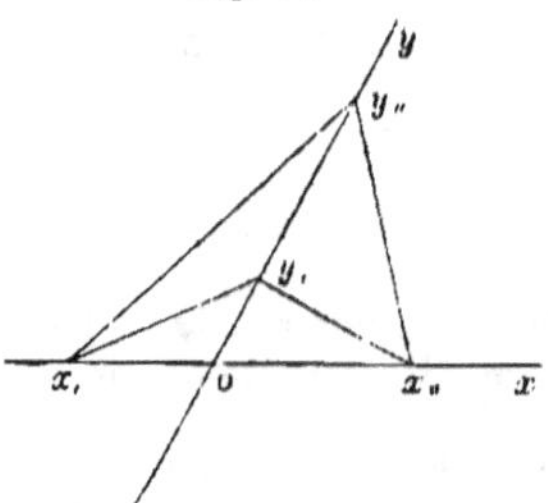

produit $x_{,}x_{,,}y_{,}y_{,,}$ sera positif : le contraire aura lieu quand ce produit sera négatif. Or il est facile de s'assurer que cela arrivera si les quatre points donnés $x_{,}$, $x_{,,}$, $y_{,}$ et $y_{,,}$ (*fig.* 15) correspondent à un quadrilatère non convexe $x_{,}y_{,}y_{,,}x_{,,}$ (*fig.* 16), et que, au contraire, le produit ci-dessus sera positif quand ces mêmes points formeront un quadrilatère convexe, $y_{,}x_{,,}$ et $x_{,}y_{,,}$ étant d'ailleurs les diagonales de ce quadrilatère.   C. Q. F. D.

Nota. — On aurait pu s'arrêter à l'équation (7) qui démontre la même propriété; mais nous avons jugé convenable de calculer explicitement l'expression de t.

Remarques diverses. — Si l'on eût cherché la valeur de γ' en éliminant γ des équations (3) et (4), on eût obtenu à la place de l'équation (7), celle-ci :

$$y_{,}\,y_{,\!,}\sin\varepsilon'^{2} - x_{,}\,x_{,\!,}\sin\gamma'^{2} = \mathrm{o},$$

d'où l'on aurait tiré les mêmes valeurs pour $\tang\gamma'$ que pour $\tang\gamma$; or cela provient évidemment de ce que les équations (3) et (4), (5) et (6) sont symétriques. Donc la double valeur de t correspond bien à l'un et l'autre des axes ou diamètres conjugués qui remplissent les conditions du problème. Donc enfin il n'existe qu'un seul système de pareils axes ou diamètres.

Ainsi, toutes les fois que deux hyperboles se pénètrent en quatre points $x_{,}$, $y_{,}$, $x_{,\!,}$ et $y_{,\!,}$, appartenant exclusivement, comme sommets, à des quadrilatères non convexes $x_{,}\,y_{,}\,x_{,\!,}\,y_{,\!,}$, ces hyperboles n'auront aucun système de diamètres conjugués parallèles, et réciproquement.

En particulier, si les intersections $y_{,}$ et $y_{,\!,}$ se confondaient, c'est-à-dire si les deux courbes se touchaient suivant la direction de $y_{,}\,y_{,\!,}$, on aurait,

Fig. 17.

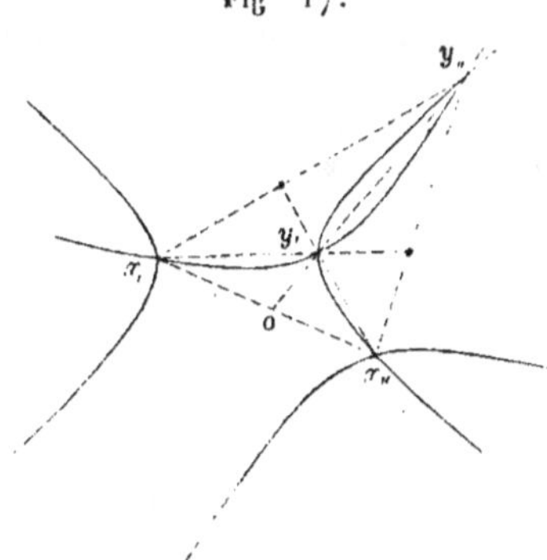

d'après les équations ci-dessus $y_{,} = y_{,\!,}$, etc., il faudrait que $x_{,}$ et $x_{,\!,}$ fussent de mêmes signes, c'est-à-dire que la tangente $y_{,}\,y_{,\!,}$, étant prolongée jusqu'à sa rencontre en o avec la droite $x_{,}\,x_{,\!,}$ qui joint les deux autres points d'intersection $x_{,}$ et $x_{,\!,}$, il faudrait que o ne se trouvât pas entre $x_{,}$ et $x_{,\!,}$.

Si, en outre, on avait $x_{,} = x_{,\!,}$, c'est-à-dire si les deux courbes se touchaient en deux points x' et y' (*fig.* 18), t devenant

$$t = \frac{\omega\,y_{,}^{2} \pm \omega\sqrt{1+\omega^{2}}\,y_{,}\,x_{,}}{y_{,}^{2}\,(1+\omega^{2})\,.\,r_{,}^{2}};$$

sa valeur serait nécessairement réelle, et par conséquent deux semblables hyperboles auraient nécessairement aussi un système de diamètres con-

Fig. 18.

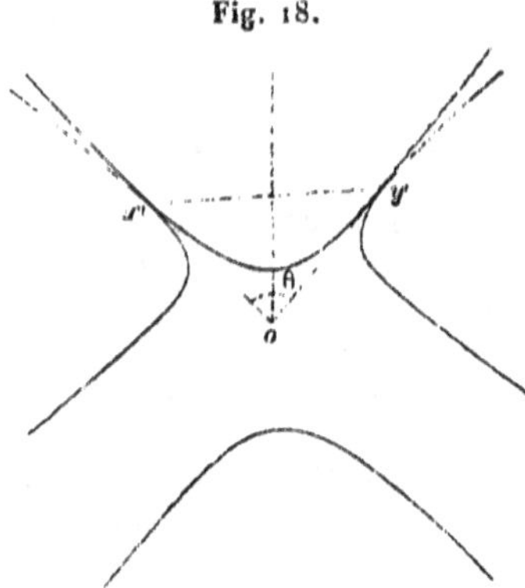

jugués parallèles, dont les directions seraient données par les formules précédentes, etc., etc.

Autre manière de procéder. — On peut trouver les deux axes conjugués dont il a été précédemment question, d'une manière très-simple, ainsi qu'il suit :

Désignons les angles comme dans la *fig.* 19, et supposons que par un point quelconque O, on ait mené des parallèles respectives aux côtés

Fig. 19.

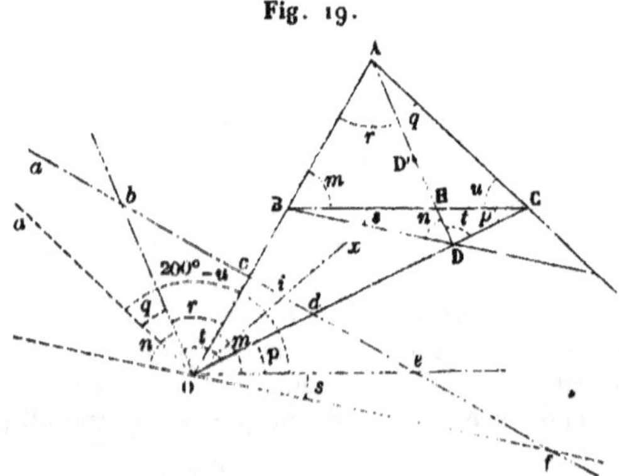

et aux diagonales du quadrilatère donné ABDC. Soit *af* une transversale parallèle à l'axe cherché et qui les coupe aux points marqués sur la figure, la droite O*x* passant par O et par le milieu *i* de *cd*, sera la conjuguée de cette transversale ou de cet axe, et il faut évidemment que

$ab = ef$, $bc = de$, etc. Cela posé, désignons par a, b, c, etc., les longueurs Oa, Ob, etc., et observons que les triangles Oab, Oef, etc., de même hauteur et de bases égales, sont équivalents, on en déduira les quatre équations

$$(1) \quad ab \sin q = ef \sin s, \qquad (2) \quad ce \sin m = bd \sin t,$$

$$(3) \quad bf \sin n = ae \sin u, \qquad (4) \quad de \sin p = bc \sin r,$$

auxquelles il convient d'ajouter les deux suivantes :

A) $$be \sin(r + m) = bc \sin r + ce \sin m = de \sin p + db \sin t,$$

B) $$af \sin(q + t + p + s) = ab \sin q + bf \sin(t + p + s) = ef \sin s + ae \sin(q + t + p).$$

Ces équations ont lieu simultanément, puisque, d'après ce qui précède, la droite ef est possible. Multipliant d'abord les quatre premières par ordre entre elles, on aura

(C) $$\sin m \sin n \sin p \sin q = \sin r \sin s \sin t \sin u;$$

on trouvera de même, en les multipliant membre à membre et deux par deux, à savoir :

(1) par (3) dans l'ordre direct,	(5) $\quad b^2 \sin n \sin q = e^2 \sin u \sin s,$
(1) par (3) dans l'ordre inverse,	(6) $\quad a^2 \sin q \sin u = f^2 \sin n \sin s,$
(2) par (4) dans l'ordre direct,	(7) $\quad e^2 \sin m \sin p = b^2 \sin t \sin r,$
(2) par (4) dans l'ordre inverse,	(8) $\quad c^2 \sin m \sin r = d^2 \sin p \sin t.$

La première (C) des équations ci-dessus, a lieu pour tous les quadrilatères et peut se démontrer directement. En effet, les quatre triangles BHD, DHC, CHA et AHB donnent

$$\frac{\sin n}{\sin s} = \frac{HB}{HD}, \quad \frac{\sin p}{\sin t} = \frac{HD}{HC}, \quad \frac{\sin q}{\sin u} = \frac{HC}{HA}, \quad \frac{\sin m}{\sin r} = \frac{HA}{HB};$$

d'où l'on tire, en multipliant ces équations membre à membre,

$$\sin n \sin p \sin q \sin m = \sin s \sin t \sin u \sin r.$$

Pour passer de la considération du quadrilatère convexe ABDC au quadrilatère non convexe ABD'C, il faut changer les signes de $\sin p$ et $\sin s$ qui ont changé de sens. La dernière de ces équations reste invariable; mais il en est autrement des équations (5) et (6), (7) et (8). L'équation (6) en particulier, donnant immédiatement f quand on connaît a, la direction de af sera connue ainsi que celle de Ox.

Si l'on voulait prouver que cette droite existe réellement, la démonstration précédente ne suffirait pas; car les points a, b, c, d, e et f pourraient n'être pas sur une même droite et remplir cependant les conditions (1), (2), (3), (4); il faudrait encore y joindre les systèmes des équations (A) et (B). Les équations (5), (6), (7), (8) donneraient f, e et d en fonction de a, b, c respectivement, et substituant dans les équations (A) et (B), on obtiendrait, entre les angles, une équation de condition qui doit être remplie pour que la droite af soit possible géométriquement.

III.

NOTE HISTORIQUE, CRITIQUE ET PHILOSOPHIQUE A PROPOS DES THÉORÈMES SUR L'INSCRIPTION ET LA CIRCONSCRIPTION SIMULTANÉE DES POLYGONES AUX CONIQUES, ETC.

Dans un remarquable Mémoire publié en 1828, au t. III du *Journal mathématique de Crelle*, p. 376, M. Jacobi, de Kœnigsberg, a bien voulu citer avec éloge mon ouvrage de 1822, à propos des propriétés projectives des polygones dont il s'agit; propriétés qui s'y trouvent établies, je dois le redire, par une voie en apparence exclusivement géométrique, quoique simple et rapide, et d'où ce grand géomètre, qui n'était pas seulement algébriste comme tant d'autres, a déduit une élégante construction pour l'addition et la multiplication des intégrales elliptiques de première espèce. Cette construction a reçu, de M. Legendre, de justes éloges qui n'ont pas peu contribué à établir la réputation de son jeune auteur; mais, en l'exposant à sa manière dans le Supplément au t. III de la *Théorie des fonctions elliptiques*, l'illustre et vénérable fondateur de cette nouvelle branche du calcul intégral, soucieux, avant tout, des progrès de la science qu'il cultivait avec une prédilection toute particulière, ne jugea pas à propos de mentionner la faible part de mérite qui pouvait revenir aux théories géométriques du *Traité des Propriétés projectives des figures*, ce qu'avait fait si loyalement, dans le Mémoire précité, M. Jacobi, qui ignorait d'ailleurs l'origine analytique de ces mêmes théories exposées dans le VIe Cahier de ce volume. Or, si d'autres savants moins autorisés, ont imité le silence de M. Legendre, ils n'auraient pas dû dédaigner autant qu'ils l'ont fait, les précieuses ressources, l'utile enseignement dont, à dater de 1822 et même de 1817, ont été pour eux les spéculations de la géométrie pure.

En examinant d'un peu près et d'un œil non prévenu la cause de cet apparent dédain, de cet oubli plus ou moins volontaire, on reconnaît sans peine, qu'elle provient originairement de la façon obscure et détournée dont Jacobi, dans le Mémoire précité, a prétendu faire dériver à postériori, de la théorie purement algébrique des fonctions elliptiques, les théorèmes relatifs aux polygones simultanément inscrits et circonscrits au système de circonférences de cercles tracés sur un plan d'après des conditions données ; car il semblait en résulter que l'intervention des lumières de cette géométrie, nommée si mal à propos, *géométrie élémentaire*, méritait assez peu l'attention des mathématiciens qui s'intitulent par excellence *géomètres*; mathématiciens que le Rév. Georges Salmon a mieux caractérisés, ce me semble, par l'épithète de *géomètres algébristes* dans son récent ouvrage intitulé : *Lessons introductory to the modern higher algebra.*

D'autre part, au lieu d'aborder directement et franchement le cas général, si simple, de la question qui nous occupe, l'auteur du Mémoire inséré au t. III du *Journal de Mathématiques de Crelle* (p. 376 à 385) se préoccupa d'abord exclusivement, d'un problème de géométrie, soi-disant encore élémentaire, qui, déjà anciennement et après Euler, avait attiré l'attention de Nicolas Fuss, le célèbre secrétaire perpétuel de l'Académie des Sciences de Saint-Pétersbourg. Ce problème concerne la relation algébrique qui lie entre eux les rayons et la distance des centres de deux circonférences de cercle données, l'une inscrite, l'autre circonscrite à un polygone d'un nombre quelconque de côtés, de forme irrégulière il est vrai, mais considéré dans des conditions de symétrie tout à fait particulières par rapport à la ligne des centres. Or Fuss avait vainement recherché pour le quadrilatère, la relation algébrique relative aux polygones considérés dans une disposition plus générale, et ne s'était même pas douté qu'elle fût indépendante des conditions restrictives dont il vient d'être question, ni de la position attribuée à l'origine ou premier sommet du polygone; toutes choses, selon le très-loyal Jacobi, devenues évidentes d'après les théories géométriques de mon ouvrage, et qui sont prises pour point d'appui et pour base de la savante application que cet éminent géomètre fait de la théorie des fonctions elliptiques, à la recherche de la relation dont il s'agit; relation variable dans son expression algébrique, avec le nombre des côtés du polygone, mais dont M. Steiner, devenu depuis notre ami commun, avait, dans le *Journal de Crelle* (t. II, 1827, p. 289), énoncé pour les polygones de trois, quatre, cinq, six et huit côtés, les équations rationnelles, en admettant à priori, la possibilité de tels polygones et de leur couple de cercles.

D'après ce qu'a bien voulu me faire savoir plus tard M. Steiner, esprit original et inventif, s'il en fut, dans le domaine de la géométrie pure, et dont on connaît l'immense collection de théorèmes, de problèmes, de corollaires, il est vrai sans lien apparent et dont malheureusement il a trop souvent laissé à d'habiles disciples le soin de prouver la réalité ou la non-existence, ce serait par ses encouragements propres, ses avis éclairés que Jacobi, ayant pris connaissance du *Traité des Propriétés projectives,* aurait été conduit à appliquer la théorie des fonctions elliptiques à la démonstration des théorèmes (p. 322 et suiv. de cet ouvrage) sur les polygones simultanément inscrits et circonscrits à plusieurs cercles. Or, je tiens particulièrement à faire remarquer que cette application, si elle conduit à la construction géométrique de la somme des fonctions dont il s'agit, ne peut que difficilement servir à trouver la relation purement algébrique qui, pour le polygone d'ordre quelconque, lie entre eux les rayons de ces cercles et la distance de leurs centres respectifs; les fonctions elliptiques n'ayant qu'une valeur de forme purement implicite ou algorithmique, qui fait dépendre, contrairement à l'ordre logique et rationnel, le simple du composé ou du transcendant. A cet égard donc, le problème envisagé dans ses conditions générales, quoiqu'il appartienne, selon Jacobi même, à la géométrie élémentaire, reste tout entier à résoudre pour les polygones d'ordre supérieur ou d'un rang indéterminé.

En effet, M. Richelot, jeune étudiant à Kœnigsberg en Prusse, élève et naturellement continuateur de Jacobi, n'a fait qu'étendre au système de deux petits cercles de la sphère les démonstrations de ce professeur, en s'appuyant également sur les propriétés connues des fonctions elliptiques, qui lui permettent d'établir pour ce cas, par des considérations plus explicites et plus simples, le théorème sur la simultanéité de l'inscription et de la circonscription des polygones sphériques; conséquence d'ailleurs immédiate du théorème analogue relatif à deux coniques sur un plan, d'après les doctrines mêmes du *Traité des Propriétés projectives*. Par des transformations trigonométriques élégantes, M. Richelot établit ensuite les relations qui, pour les petits cercles de la sphère, sont les correspondantes de celles que MM. Steiner, Fuss et Jacobi avaient partiellement énoncées ou démontrées pour les cercles sur un plan; relations dont les plus simples encore, relatives au triangle et au quadrilatère sphériques, avaient aussi été indiquées par M. Steiner dans le t. II (1826) du *Journal mathématique de Crelle*.

Ces relations algébriques, d'autant plus remarquables qu'elles n'offrent entre elles aucun lien de continuité apparent, laissent en dehors le cas de l'*heptagone,* et ne dépassent pas le polygone de huit côtés; mais il est juste d'ajouter que M. Richelot, en s'appuyant sur un primitif et célèbre théorème de Legendre, pour la duplication des arcs elliptiques (p. 25 des *Exercices*), présente dès le début de son Mémoire et relativement au cas du plan, des formules algébriques rationnelles on ne peut plus élégantes et symétriques, pour passer d'un polygone de n côtés à un polygone d'un nombre de côtés double $2n$; ce qui lui permet d'arriver directement à la relation algébrique, aussi rationnelle, qui lie entre eux les rayons et la distance des centres de deux cercles, l'un inscrit, l'autre circonscrit à un polygone de seize côtés, en laissant toujours en dehors ceux de sept, de neuf et de quatorze côtés.

Quel que soit le mérite d'un pareil rapprochement et quoiqu'on sache par les plus anciens travaux d'Euler, de Legendre, de Jacobi et d'Abel que les intégrales nommées elliptiques ont entre elles des relations purement algébriques ou géométriques, il n'en paraît pas moins peu naturel

et encore moins philosophique, de tirer directement de la connaissance de
ces travaux, bien qu'ils soient devenus dans ces derniers temps familiers
à beaucoup de lecteurs, la démonstration, à postériori, de théorèmes généraux aussi simples de la géométrie.

Sous ce rapport, on doit savoir beaucoup de gré à M. Mention d'avoir
abordé directement et géométriquement, la question dans l'un des *Bulle-
tins de l'Académie impériale des Sciences de Saint-Pétersbourg* (t. I,
1859, p. 15, 33 et 507), sous le titre modeste d'*Essais sur le problème
de N. Fuss*, quoique ses recherches, fort remarquables d'ailleurs et qui
concernent la relation algébrique relative à deux cercles mentionnée ci-
dessus, n'aient point complétement abouti pour le cas général, et se soient
arrêtées, du moins explicitement, aux polygones de neuf, dix et onze
côtés; car si ces recherches ont mis en évidence l'échelle de relation qui
lie entre eux les polygones de n, $n-1$ et $n-2$ côtés, par une double
équation, cependant MM. Mention et Tchébychef ont vainement tenté de
la résoudre par les procédés de l'analyse algébrique.

C'est d'ailleurs une question de savoir si le problème, si mal résolu par
Fuss en 1792, l'a été mieux depuis par d'autres, notamment en Angleterre
par M. Cayley, qui, ignorant sans doute mes publications de 1817 et 1822
citées plus haut, a attribué gratuitement à cet ancien et estimable géomètre, sous le nom de *porisme*, le théorème de la p. 364 sur les cercles.
Parmi les nombreux Mémoires de M. Cayley, écrits dans une langue mathématique pour moi doublement étrangère, j'entrevois bien, en effet, de
belles méthodes algébriques pour passer d'un terme à un autre de la série
des polygones, mais non pour franchir, sans calculs intermédiaires, l'intervalle qui sépare entre eux deux termes de rang quelconque. Ainsi, par
exemple, dans son dernier Mémoire résumé, de mars 1861, il n'arrive à la
formule de l'ennéagone, obtenue par M. Mention et relative au cas simple
de deux cercles, qu'après avoir laborieusement calculé toutes celles qui
appartiennent aux polygones d'ordre inférieur.

A cet égard, il me semble que les équations et les résultats des n°s II,
III, IV et VI du VIe Cahier, qu'il eût été très-facile de tirer des énoncés
géométriques de la sect. IV, chap. II du *Traité des Propriétés projectives*,
il me semble que ces équations, ces résultats, joints aux divers théorèmes
sur l'enveloppe du côté libre et des diagonales des polygones indéfiniment
inscrits et circonscrits aux cercles ou aux sections coniques, auraient facilement conduit à des conséquences, relations ou porismes algébriques analogues à ceux qu'ont cherché avec tant de persévérance sinon de succès,
MM. Fuss, Steiner, Jacobi, Richelot, Mention et Cayley.

Ainsi par exemple, si l'on imagine qu'un polygone de $2n$ côtés étant
à la fois et indéfiniment circonscriptible au cercle (C) de rayon r et
inscriptible au cercle (C') de rayon R (p. 315, *fig.* 136), on en trace un
deuxième d'un nombre n de côtés joignant deux à deux consécutivement
les sommets de rang pair du premier polygone, qui sera, par conséquent

31.

indéfiniment inscriptible au cercle (C′) de rayon R et circonscriptible à un troisième cercle (C″) de rayon inconnu ρ, on aura, en nommant a, α les distances respectives des centres C′ et C″ au centre C, conformément aux résultats des p. 319 et 343 (équations 6 et 9),

$$\rho^2 = \frac{R^2[2r^2(R^2+a^2) - (R^2-a^2)^2]^2}{(R^2-a^2)^4}, \qquad \alpha = \frac{4R^2r^2a}{(R^2-a^2)^2},$$

pour calculer directement le rayon du nouveau cercle (C″) et la distance de son centre à celui du cercle de rayon R, circonscrit à la fois aux deux polygones d'un nombre n et $2n$ de côtés.

Je n'essayerai pas de comparer ces dernières formules très-simples à celles que M. Richelot a lui-même tirées (p. 250 à 252 du t. V de Crelle) du théorème de Legendre, pour passer immédiatement de la relation algébrique relative au polygone de n côtés à celle du polygone d'un nombre de côtés double $2n$; je me bornerai à faire observer que l'on arriverait à des résultats analogues pour les polygones de $3n$, $4n$, $5n$,... côtés, par une réduction convenable du rang de ces polygones au moyen de diagonales joignant de 3 en 3, de 4 en 4,... leurs sommets dans l'ordre progressif, et en s'appuyant sur les propositions des p. 336, 352 et suiv. (VIe Cah.); ce qui correspond à la multiplication des fonctions elliptiques.

Quant aux polygones d'un nombre premier n' de côtés, c'est-à-dire indécomposable autrement que par addition ou soustraction, en allant par exemple, de $n'-1$ à n', ou de n' à $n'+1$, etc., il doit arriver à peu près ce qui s'observe dans la théorie des nombres entiers, où, tout en découvrant de fort belles propriétés des nombres premiers de cette espèce, on n'a pas su néanmoins, jusqu'ici, les exprimer par des formules algébriques explicites, limitées ou nettement définies.

Je n'ai point l'intention d'insister davantage ici sur les rapprochements possibles entre la théorie des polygones indéfiniment inscriptibles et circonscriptibles au système de deux cercles et celle des fonctions elliptiques de première espèce, dont mon savant confrère à l'Académie des Sciences, M. Chasles, dans son classique, synthétique et dogmatique *Traité de Géométrie supérieure*, écrit à la manière des anciens et publié en 1852 (p. 580, chap. XXXV), a offert d'intéressants exemples relatifs à l'addition, à la multiplication de deux arcs d'ellipse dont il fonde la démonstration, à postériori, sur la considération du cas singulier d'une corde mobile à la fois inscrite et circonscrite à deux circonférences de cercle sur un plan. Mais, sans prétendre insister dans cette rapide Note, je crois pourtant devoir ajouter quelques mots historiques touchant la liaison intime qui existe entre les propriétés des fonctions elliptiques et celles des polygones mobiles démontrées géométriquement à l'endroit déjà cité (Sect. IV, Chap. II) de mon *Traité* de 1822, sur les *Propriétés projectives des figures*.

Pendant l'un des trop courts séjours de Jacobi à Paris, en 1829, le premier si je ne me trompe, celui qui a suivi d'assez près la publication du Mémoire sur l'*Application des transcendantes elliptiques à un problème connu de la géométrie élémentaire*, ce géomètre, dont je m'honorerai toujours d'avoir possédé l'estime et l'amitié, a bien voulu, dans une conversation familière en partie échappée à mes souvenirs, m'initier à la manière simple et toute naturelle dont il avait primitivement entrevu la relation si intime, si remarquable, existant entre les théories algébriques et géométriques qui nous préoccupent ici. Je ne connaissais alors que les *Exercices* de Legendre sur les *intégrales elliptiques*, dont, en 1825, j'avais eu occasion de faire l'application à des recherches sur le frottement de la vis à filets triangulaires, dans mon Cours de Mécanique à l'École d'application de Metz. Je savais encore qu'Abel et Jacobi s'étaient déjà illustrés dans ce genre de spéculations inauguré par Euler et Lagrange; qu'Abel, venu en 1826, de Christiania à Paris, ce rendez-vous des réputations bien ou mal acquises, était mort à la peine, en 1829, âgé de vingt-sept ans, après avoir vainement attendu, pendant un séjour de dix mois en France, un acte d'intérêt et de justice de la part des Commissaires chargés, par notre Académie des Sciences, de l'examen de son premier Mémoire *sur une propriété générale des fonctions transcendantes;* Mémoire qui n'a été imprimé que quinze ans plus tard, dans le t. VII des *Savants étrangers* (1841); c'est-à-dire douze ans après la mort de ce célèbre et infortuné géomètre, auquel la même Académie accorda un prix posthume; tardive réparation des amères déceptions qu'il avait éprouvées pendant une aussi courte vie.

M. Jacobi donc, dans les entretiens dont j'ai précédemment parlé, reportant mes idées sur la théorie des polygones indéfiniment inscriptibles et circonscriptibles au système des cercles et des coniques, m'apprit qu'au début de ses études sur ce sujet, il avait aussi imaginé de faire varier un tel polygone, d'une quantité infiniment petite, de manière que les arcs élémentaires décrits respectivement par les extrémités de l'un quelconque de ses côtés, divisés par la longueur des segments correspondants formés sur sa direction, à partir du point de contact avec le cercle auquel il est tangent, représentaient autant de différentielles elliptiques de la première espèce, et fournissaient ainsi, par leur comparaison relative à chacun des côtés, autant d'équations distinctes, les mêmes qu'Euler, Lagrange et Legendre avaient primitivement intégrées sous une forme rationnelle, dans leurs admirables recherches sur la matière.

Soient (C) et (c), *fig.* 20, les centres de deux cercles de rayons quelconques R et r, situés sur un même plan; $a = Cc$ la distance de ces centres, P le point où Cc prolongé, coupe le cercle (C); nommons s, en général, l'arc PA du cercle (C), compté vers la droite à partir du point P pris pour l'origine des arcs; enfin φ l'angle au centre, correspondant à AP : de sorte que $AB = R \sin \varphi$ et $BC = R \cos \varphi$, sont le sinus et le cosinus naturels de $AP = Rs$. Soit, de plus, AA' une corde de (C). touchant (c) en t, dont l'une des extrémités A est un point quelconque du cercle extérieur,

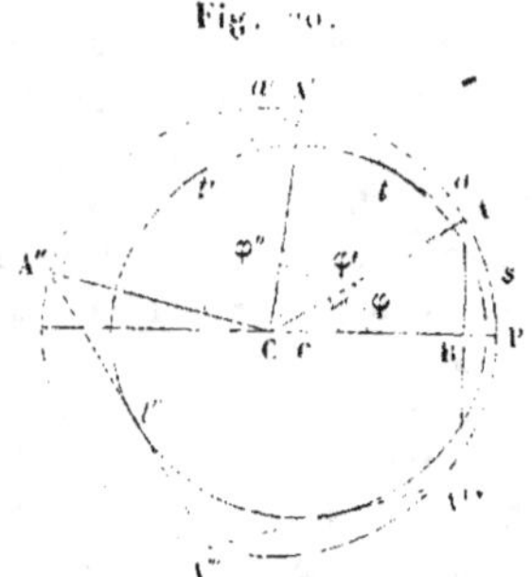

Fig. 10.

et l'autre A' un second point de ce cercle, auquel correspond l'angle au centre $PCA' = \varphi'$ ou l'arc $PAA' = s' = R\varphi'$ relatif au même cercle.

Cela posé, admettons que la corde AA' subisse un déplacement infiniment petit aa' autour du cercle intérieur (c) ou du point de contact primitif t, sur ce cercle, de sorte que

$$Aa = ds = Rd\varphi, \quad A'a' = ds' = Rd\varphi',$$

on aura évidemment, par les triangles Aat, $A'a't$, dont les angles opposés au sommet en t sont égaux entre eux, et en posant d'ailleurs les segments $At = \delta$, $A't = \delta'$,

$$\frac{ds}{\delta} = \frac{ds'}{\delta'} \quad \text{ou} \quad \frac{Rd\varphi}{\delta} = \frac{Rd\varphi'}{\delta'};$$

équations dans lesquelles R est constant, δ et δ' sont des fonctions inconnues des sinus et cosinus de s et s' ou de φ et φ'.

Par conséquent on aura, selon les notations du calcul intégral,

$$\int_0^s \frac{ds}{\delta} = \int_0^{s'} \frac{ds'}{\delta'} \quad \text{ou. en divisant par } R, \quad \int_0^\varphi \frac{d\varphi}{\delta} = \int_0^{\varphi'} \frac{d\varphi'}{\delta'}.$$

Or il est bon de remarquer, avant d'aller plus loin, que la première de ces équations, en y substituant aux éléments d'arcs ds et ds', leurs produits par les sinus des angles qu'ils forment de part et d'autre avec la corde tangente à (c), appartient tout aussi bien à deux sections coniques quelconques qu'aux cercles considérés en particulier, et que, de plus, elle exprime l'une des propriétés fondamentales des fonctions elliptiques, puisque δ ou δ' ne sauraient être ici que des expressions radicales du second degré entre les abscisses et ordonnées des extrémités A ou A', c'est-à-dire entre les sinus et cosinus mêmes des arcs ou des angles qui leur appartiennent respectivement.

Toutefois je ne saurais affirmer que, lors de notre entretien à Paris, M. Jacobi ait eu déjà en vue le cas général de sections coniques quelconques simplement mentionné à la fin du Mémoire précité de ce géomètre, cas dont M. Moutard s'est occupé dans l'une des *Additions* ci-après; mais, ce qu'il y a de bien certain d'après mes souvenirs, c'est que les considérations ci-dessus pouvant être immédiatement étendues à une portion de polygone AA'A"..., d'un nombre quelconque de cordes ou côtés, à la fois inscrits à la circonférence de (C) et circonscrits à celle de (c), conduisent forcément à des rapprochements très-remarquables entre les théorèmes de mon Traité de 1822 et l'addition des fonctions elliptiques, sans recourir à aucune des transformations analytiques mises en usage postérieurement, par Jacobi et Legendre.

D'une part, l'intégrale relative à chaque sommet, est la même pour les deux côtés qui y aboutissent; de l'autre, on a directement par la figure, en prenant pour exemple le côté tangent AA', et observant que le segment At est moyen proportionnel entre ceux qui sont formés par le point A sur la sécante diamétrale du cercle (c), qui aboutit à l'extrémité A,

$$\overline{A t}^2 \quad \text{ou} \quad \delta^2 = (Ac + r)(Ac - r) = \overline{Ac}^2 - r^2;$$

et, comme par le triangle ACc, dont le côté AC = R, le côté Cc = a, l'angle ACc = φ, d'après nos notations qui sont aussi celles de Jacobi, à cela près qu'il ne prend pour φ que la moitié de l'angle ACc par un motif qu'on devinera ci-après, on a aussi

$$\overline{Ac}^2 = R^2 + a^2 - 2 R a \cos\varphi,$$

et, par conséquent,

$$\delta^2 = R^2 + a^2 - 2 R a \cos\varphi - r^2 = (R - a)^2 - r^2 - 4 R a \sin^2 \tfrac{1}{2}\varphi.$$

il en résulte nécessairement

$$\int \frac{ds}{\delta} = \int \frac{R\, d\varphi}{\sqrt{(R - a)^2 - r^2 - 4 R a \sin^2 \tfrac{1}{2}\varphi}}$$

$$= \frac{R}{\sqrt{(R - a)^2 - r^2}} \int \frac{d\varphi}{\sqrt{1 - k^2 \sin^2 \tfrac{1}{2}\varphi}},$$

en posant comme module de la fonction elliptique représentée par l'intégrale, la constante

$$\sqrt{\frac{4 R a}{(R - a)^2 - r^2}} = k.$$

ce qui montre, tout au moins, comment Jacobi a pu être conduit à l'application de la théorie des fonctions elliptiques aux diverses questions traitées dans son Mémoire de 1828. Or, ces mêmes questions auraient été abordées plus franchement, plus nettement encore, par les considérations tout à fait géométriques et élémentaires, que je viens d'exposer, c'est-à-dire sans recourir aux données de l'analyse transcendante ; mais je me dispenserai de le montrer dans cette Note, de peur de m'écarter par trop du but très-simple, que je me proposais d'y remplir.

Au surplus, c'est sur des considérations à peu près semblables que **M. Richelot**, élève de Jacobi, s'appuie dans le Mémoire déjà cité, et que Jacobi lui-même, dans une lettre du 6 août 1845 (*Crelle*, t. **XXXII**, p. 176), adressée à notre honorable confrère **M. Hermite**, fonde l'application de la méthode géométrique ci-dessus, à la démonstration du théorème de Landen et de quelques-uns de ceux qu'Abel avait trouvés pour la transformation, l'addition des intégrales elliptiques ou *abéliennes*.

Qu'il me suffise de faire remarquer, en terminant, que, au lieu de recourir à la considération du triangle ACc pour obtenir l'expression radicale de δ, on aurait pu faire usage du triangle rectangle même ABC, déterminé par l'ordonnée AB ou sinus de l'arc $AP = s$, considérée comme sécante indéfinie du cercle (c), en rattachant, au besoin, l'expression algébrique des segments de tangente At, $A't$ aux sécantes communes à ce cercle et à (C). Cela suggère aussi naturellement l'idée d'étendre cette considération au cas des sections coniques quelconques, et même aux courbes géométriques planes en général, en essayant d'exprimer les éléments du polygone inscrit à l'une et circonscrit à l'autre, par les relations, les théorèmes connus qui les lient à l'ensemble ou faisceau de lignes ayant les mêmes intersections communes.

Ces théorèmes, ces relations géométriques d'une simplicité et d'une élégance remarquables, se rattachent, comme on sait, à la théorie algébrique des constantes numériques arbitraires, par lesquelles multipliant les équations de deux courbes ou surfaces de même degré et les ajoutant par ordre, on obtient l'équation d'une nouvelle courbe ou surface de ce degré, représentant le faisceau de toutes celles qui renferment les intersections communes au système des deux premières. Ce serait bien à tort d'ailleurs, que l'on confondrait cette méthode avec le procédé purement algébrique des multiplicateurs indéterminés, employé par Bezout, Lagrange et d'autres anciens géomètres, pour opérer l'élimination entre des équations de degrés quelconques ; élimination dont les résultats constituent en réalité, le but primitif et principal de ce qu'on nomme aujourd'hui, mal à propos si je ne me trompe, la théorie algébrique des *déterminants*.

La doctrine *des multiplicateurs arbitraires ou des faisceaux de courbes et de surfaces* dont j'ai parlé en terminant le précédent article, cette doctrine, car c'en est une véritable. a son point de départ, je crois, dans une heureuse inspiration de M. Ch. Dupin, l'un des plus fervents disciples de Monge, qui, dans un Mémoire daté d'Anvers 1804, l'applique à la recherche de l'équation unique d'une infinité de surfaces du second degré passant par les intersections communes au système de deux surfaces particulières de ce degré (XIIIᵉ Cahier du *Journal de l'École Polytechnique*, p. 81). L'auteur, il est vrai, n'a point indiqué l'étendue ou la portée du principe, mieux saisie par un autre illustre disciple de Monge, M. G. Lamé, qui, sorti fraîchement de l'École polytechnique, en a fait des applications multiples et élégantes à la recherche de l'*expression analytique de la communauté d'intersection des lieux géométriques,* dans un ouvrage publié en 1818 (*Examen des différentes méthodes,* etc.), et rédigé dans un style dogmatique, qui malheureusement, ne laisse pas assez apercevoir l'origine géométrique de la méthode et sa différence essentielle avec les procédés ordinaires de l'élimination.

Cet écrit original, dont M. Lamé avait publié, dès décembre 1817, un extrait dans les *Annales Mathématiques* de Montpellier, a été mis à profit sans citations, en 1826 et les années suivantes, d'abord par le rédacteur même de ce Recueil, puis par ses habiles collaborateurs.

Qu'on lise attentivement le petit livre de M. Lamé, si oublié en apparence dans ces *Annales* comme aussi dans tous les Traités sur la matière où domine la science algébrique dont l'auteur a fait depuis un si bel usage, on y reconnaîtra la trace patente des idées qui ont servi postérieurement de base à l'emploi de l'analyse pour la démonstration des théories nouvelles de la géométrie pure. Mais, ce qui paraîtra bien difficile à expliquer, c'est qu'il se soit écoulé près de dix ans (1817 à 1826 ou 1827) avant que MM. Gergonne, Bobillier, Sturm, Plucker, etc., aient songé à faire cette application en apparence si naturelle, si simple et que, sans aucun doute, M. Lamé n'eût point négligée, dans ce long intervalle, s'il avait été mieux accueilli, plus encouragé dans son goût inné pour les spéculations d'une science depuis si singulièrement appréciée, combattue même par lui, dans ses savantes *Leçons* de 1859, *sur les coordonnées curvilignes* (*).

(*) Je suis peu surpris de la préférence ou prééminence que l'auteur de cet ouvrage accorde (p. 14 et 15) à l'analyse algébrique sur la géométrie pure ; mais je ne saurais admettre sans protester, qu'il dépouille cette dernière science (*voy.* p. 152, 176, etc.) de toute initiative, en dehors de son domaine propre, dans la découverte de certains principes, dans l'emploi même de certaines définitions ou notions fondamentales de la dynamique des mouvements absolus ou relatifs, notamment dans l'introduction en mécanique pratique, des notions de *travail résultant ou composant, d'accélération totale ou résultante, d'accélération tangentielle et normale ou centrifuge ;* notions qui ont répandu tant de

D'une part, il fallait que la considération de l'*infini*, des *imaginaires*, du *principe de continuité*, envisagés géométriquement dans les théories de la *projection centrale* et de l'*homologie des figures*, de la *communauté d'intersections* des systèmes de lignes et de surfaces du second degré, confocales ou non; dans la théorie des *polygones mobiles suivant certaines*

---

jour, de simplicité, sur les théories et les applications de la science aux machines et à la cinématique, sur la notion usuelle même des forces vives et d'inertie. Toutes ces dénominations qu'on ne s'attendrait guère d'ailleurs à rencontrer dans un livre consacré aux *coordonnées curvilignes*, ne peuvent être considérées, ce me semble, comme étrangères aux utiles et saines doctrines de la géométrie rationnelle, pas plus que ne l'a été la découverte par Kepler, Galilée, etc., des lois constitutives du mouvement et des forces naturelles; découverte dont on est aujourd'hui trop enclin à faire bon marché. Mais je m'arrête ici, car il conviendrait peu d'entrer, avec l'auteur, dans des détails et des explications qui m'éloigneraient du but que j'ai cherché à atteindre dans ces Notes.

Que les doctrines géométriques relatives à la *continuité*, à la théorie des *projections centrales*, à celles des *polaires réciproques*, des *moyennes harmoniques*, etc., inspirent peu d'intérêt aux admirateurs passionnés des méthodes algébriques, cela se conçoit de reste; mais qu'en faisant un éloge mérité de la *transformation par rayons vecteurs réciproques*, M. Lamé qui l'emploie en lui attribuant (p. 248) dans les applications, beaucoup plus de portée et de puissance qu'elle n'en comporte réellement, semble ignorer l'origine tout à fait géométrique, de cette très-ancienne méthode *anamorphique*, réalisée pour le plan par le miroir en cône des cabinets de physique, voilà ce qui ne se conçoit guère. En effet, l'intime liaison de cette méthode avec les admirables propriétés de la *proportion harmonique* (*medietas harmonica* du divin Platon, comme le dit Pappus), ou avec la théorie des pôles et polaires réciproques, considérée spécialement pour le cercle et la sphère, mais qu'au point de vue géométrique, il est facile d'étendre au cas général des courbes et des surfaces du second degré (*Traité des Propriétés projectives*), cette liaison si remarquable, disons-nous, est parfaitement manifeste. De plus, elle explique à priori les belles propriétés analytiques ou géométriques de la transformation par rayons vecteurs réciproques, d'abord signalée par MM. Stubbs et William Thomson, puis étendue et notablement développée dans ses conséquences, par M. Liouville (*Journal de Mathématiques*, t. X, XI et XII, 1845 à 1847), qui, en donnant à cette même transformation le nom qu'elle porte actuellement, en a fait aussi l'objet de très-remarquables réflexions ou applications.

Ces applications, dont on a depuis considérablement étendu encore le cercle, démontrent toute la fécondité de la méthode, qui par son heureuse simplicité même, offre les avantages inhérents, en général, aux meilleurs procédés de transformation (et non, comme cela s'est dit quelquefois improprement, *principes de déformation*). La recherche, la découverte de ces procédés, dans l'analyse algébrique comme dans la géométrie pure, ne doivent pas être attribuées au simple hasard, puisqu'ils supposent une prévision intuitive et un choix motivé parmi la multitude des transformations arbitraires qu'il est possible de faire subir en général, aux relations, aux formes algébriques ou géométriques.

lois, inscrits et circonscrits à d'autres polygones, à des coniques, à des courbes géométriques d'ordre quelconque; dans celle des *polaires réciproques* et du *principe de réciprocité* géométrique qui en découle, abusivement déguisé sous le nom ambitieux de *dualité*; dans celle encore des *centres de moyennes harmoniques*, etc.; il fallait, dis-je, que ces divers points de doctrine fussent, au préalable, établis, rigoureusement démontrés comme ils l'ont été par moi, à partir de 1817, dans des Mémoires insérés aux *Annales de Mathématiques* déjà citées, ou présentés, en 1820 et 1824, à l'Académie des Sciences de l'Institut de France, etc.

D'autre part, il fallait encore que ces mêmes doctrines, ces propositions diverses fussent traduites et élucidées dans la langue familière aux différents esprits, aux aptitudes diverses de ceux qui écrivent ou s'exercent sur la matière; en un mot il fallait qu'on se créât des méthodes d'exposition, de démonstration en quelque sorte personnelles, fondées sur de nouvelles notations, conventions ou dénominations, sur de nouveaux artifices même de calcul algébrique ou de langage géométrique, mais plus particulièrement sur des systèmes de coordonnées linéaires, distinctes de celles de Descartes, et qu'on a vu apparaître successivement, à partir de 1827, dans les *Annales* ci-dessus indiquées, dans le *Journal de Crelle* ou dans des ouvrages postérieurs.

A ce dernier point de vue, on doit partager en deux classes, souvent étrangères par le langage et dès lors rivales, hostiles l'une à l'autre, les savants qui s'y sont livrés avec le plus d'ardeur et de succès, soit en imaginant de nouveaux principes généraux de démonstration, soit en ayant directement recours à de nouveaux modes de transformation des figures, mais conduisant en définitive, il faut bien le remarquer, aux résultats déjà fournis par ceux que je viens d'énumérer.

Dans la première classe, qui se rattache plus spécialement à la géométrie pure, se placent à un rang très-élevé, M. Chasles en France, M. Steiner en Allemagne; tous deux célèbres, à justes titres, non pas seulement par la multiplicité des théorèmes qu'ils ont découverts ou développés dans leurs conséquences diverses, mais aussi par la marche, en quelque sorte exclusivement géométrique, qu'ils ont suivie dans leurs ouvrages didactiques : l'un, en Allemagne (1832), dans un livre dédié à l'illustre Alexandre de Humboldt (*), et dont malheureusement la Ire Partie seule a paru; l'autre

---

(*) *Développement systématique de la dépendance des formes géométriques*; ouvrage écrit en allemand, où, en conservant religieusement les noms français des théories et des méthodes nouvelles de la géométrie, on hésite, on craint de se prononcer sur les droits respectifs des vrais auteurs, injustement attribués à d'autres; ce qui explique, en partie, sans les justifier explicitement ni complétement, les graves reproches que M. Plucker a adressés, vers la même époque, à M. Steiner. (*Voy.* plus particulièrement le *Journal de Crelle*, t. I, p. 96 et 161; t. III, p. 410.)

en France (1837), dans son *Aperçu historique*, etc. (*). Rédigés en vue
d'initier les élèves aux nouvelles doctrines, ces ouvrages, à mon sens,
ne laissent pas assez apercevoir les sources originales où ont été puisés
les principaux éléments des démonstrations, des points de théorie qui y
entrent et offrent entre eux, il faut bien le dire, une concordance qu'explique, à la rigueur, la similitude même du but.

Dans l'ouvrage allemand de 1832, en effet, M. Steiner fonde tout son
enseignement sur la considération des systèmes simples ou doubles des
faisceaux de droites qu'il nomme *faisceaux projectifs,* parce que le point
de départ s'en trouve dans l'emploi du *rapport composé* entre les segments
formés par chacun de ces faisceaux sur une transversale arbitraire, ou
entre les sinus mêmes des angles formés autour du point de convergence
des droites de chaque faisceau; ces rapports étant tous deux susceptibles d'être projetés perspectivement, sans subir aucune altération, sur
un autre plan également arbitraire, et même sur une surface sphérique
ayant pour centre le sommet commun des faisceaux; conformément au
principe général établi à la p. 6, n° 8 et suiv. du *Traité des Propriétés*

(*) Ce savant et volumineux ouvrage, sur l'*Origine et le Développement des
Méthodes en géométrie,* imprimé sous format grand in-4°, de 851 pages, est extrait des *Mémoires de l'Académie royale des Sciences de Bruxelles,* laquelle, après
en avoir provoqué la production, lui a accordé ses encouragements. Devenu,
en 1839, l'objet d'un article de critique historique publié dans le *Journal des
Savants,* par un autre érudit géomètre, ce grand ouvrage se compose de deux
parties très-distinctes, dont l'une contient l'histoire de la *Géométrie ancienne
ou moderne,* et l'autre un *Mémoire* fort étendu sur les *Principes de dualité* et
d'*homographie,* dont je ne veux dire que peu de mots ici.

Je me contenterai de faire remarquer que l'ouvrage en général, est l'un des
livres de géométrie qui m'a le plus coûté à lire, à cause des appréciations qu'il
renferme et des fausses interprétations auxquelles il a pu donner lieu sur mes
propres et très-antérieurs travaux, cités, il est vrai, autant de fois que ceux de
Pascal et de Desargues, dans des passages que j'aurais désirés moins nombreux
et plus exacts. Malheureusement quelques-unes de ces erreurs, que je ne puis
relever à propos de ce premier volume écrit en 1813 et 1814, se trouvent en partie
reproduites dans le *Traité de Géométrie supérieure* de M. Chasles (1852), notamment dans la préface et le discours d'inauguration du Cours de la Sorbonne, où,
malgré de flatteurs éloges, on lit des appréciations aussi étranges que celle-ci :
« La *théorie des transversales* est le principal fondement du grand *Traité des Pro-
» priétés projectives des figures,* etc. »

Je ne saisis pas davantage pourquoi M. Chasles, confondant le principe de
continuité, tel que je l'ai défini dans mon Mémoire de 1820 à l'Académie des
Sciences, tantôt avec la continuité *infinitésimale* de Leibnitz, tantôt avec la corrélation des figures de Carnot, préfère y substituer ce qu'il nomme vaguement le
Principe des relations contingentes des figures. Il faut que M. Chasles ne m'ait pas
bien compris, surtout quand on le voit renoncer complétement dans son dernier ouvrage, à tout principe ou méthode de transformation, et se borner à des

projectives des figures, qui s'étend d'ailleurs à toutes les relations de la théorie des transversales et à une infinité d'autres.

Dans les ouvrages de M. Chasles, on part des mêmes faisceaux, des mêmes rapports composés désignés sous le nom peu harmonieux, bien qu'aujourd'hui en faveur, de *rapports anharmoniques,* quand ils diffèrent de l'unité abstraite. L'utilité de ces rapports pour démontrer élémentairement et sans recourir aux principes de projection, les propriétés projectives des figures qui comprennent celles des *faisceaux* de coniques et de surfaces du second degré, est en elle-même incontestable, et avait déjà été entrevue par M. Brianchon, dans un Mémoire imprimé en 1817, mais non entièrement terminé, au grand regret des amateurs de la belle et sévère géométrie des anciens.

Dans la seconde classe de mathématiciens dont je prétends parler, se placent, au premier rang, MM. Gergonne et Bobillier en France, MM. Möbius et Plucker en Allemagne, tous algébristes distingués, qui se sont particulièrement complus à appliquer le calcul à la démonstration et à la recherche des propriétés générales des figures de géométrie, mais dont je ne citerai les travaux datant de 1827, que pour faire observer : 1° que M. Bobillier, esprit véritablement original et fécond, à qui l'on doit une

---

démonstrations synthétiques à postériori, tout en empruntant au *calcul barycentrique* du professeur allemand Möbius, et cela en vue de généraliser les énoncés et les résultats, une règle empirique toute conventionnelle des signes, dont je démontrerai dans le t. II de cet ouvrage, sinon la fausseté absolue, du moins le désaccord flagrant avec les principes mêmes de l'algèbre et de la continuité, tels que je les ai toujours entendus.

A l'égard des *Principes de dualité et d'homographie,* dont mon savant confrère s'interdit l'usage dans son *Traité* de 1852, je crois devoir rappeler, dès à présent, que le premier est une douteuse émanation de la théorie des polaires réciproques appliqué, dans l'*Aperçu historique,* même à des objets naturels ou d'arts étrangers à la pure géométrie, et que le second (*Principe de collinéation* de Möhius, etc.), n'est autre que l'*homologie* (projection) des figures avec déplacement du centre et du plan d'homologie; ce qui n'ajoute rien d'essentiel à la corrélation linéaire (*collinéation,* etc.), ni aux propriétés de la transformation homologique, à cela près du déplacement relatif même des deux figures, plus ou moins analogue à celui de deux systèmes égaux ou semblables considérés dans des positions distinctes, et dont les propriétés communes soigneusement étudiées par M. Chasles, constituent l'un des plus solides titres de l'auteur à l'estime du monde savant. D'ailleurs, il est bon d'observer, à cette occasion, que, dans ses derniers écrits (*Comptes rendus de l'Académie,* t. LII, 1861), M. Chasles semble confondre à tort, l'objet de cette généralisation avec ce que, précédemment, on a, par une extension permise des idées de Carnot et d'Ampère, nommé *Cinématique;* puisque la considération explicite et ici essentielle du temps, n'entre point dans les conceptions anciennes de ce géomètre, et constitue un élément dont l'absence rompt, sinon toute idée de continuité, du moins toute notion dynamique de mouvement : en un mot, c'est là une conception de pure géométrie.

riche mine de théorèmes et d'aperçus ingénieux sur lesquels je reviendrai dans un autre volume, a imaginé de représenter symboliquement les coniques circonscrites à un triangle et les surfaces du second degré circonscrites à un tétraèdre quelconque, par des équations composées de sommes de produits de fonctions linéaires multipliées respectivement par des constantes arbitraires; 2° que cette méthode est en réalité distincte du système de notations dont M. Möbius se sert dans son *Calcul barycentrique* (1827), où elle est nommée *Collineations verwandschaft* et appliquée aux relations de la théorie des transversales, etc.; 3° enfin que M. Plucker a ajouté à cette méthode le système de représentation algébrique appelé depuis, *trilinéaire* (*), attendu qu'elle a lieu entre les expressions des perpendiculaires abaissées de chaque point d'une figure sur les côtés d'un triangle ou de trois droites fixes.

Or c'est surtout à l'aide de ce dernier système de coordonnées et d'équations rendues homogènes et symétriques par l'introduction d'une nouvelle variable, joint à la méthode des multiplicateurs arbitraires, telle qu'elle a été entendue et mise en usage par MM. Dupin et Lamé, que M. Plucker a pu traduire en langage algébrique et justifier en quelque sorte à postériori, les doctrines du *Traité des Propriétés projectives*, notamment celle des polaires réciproques, dont des illustrations mathéma-

---

(*) L'ingénieux et fécond système de coordonnées imaginé par M. Plucker, comme celui de Bobillier, a été largement et utilement mis à profit par les géomètres algébristes de notre époque : exposé pour la première fois, dans le t. V (1830) du *Journal de Crelle*, (p. 1) il s'y trouve accompagné de réflexions préliminaires philosophiques, qui méritent d'autant plus d'être remarquées, qu'elles portent sur l'histoire comparée des méthodes de l'analyse algébrique et de la géométrie intuitive.

On y lit (p. 2) : « La méthode analytique et celle de M. Poncelet reposent, » au fond, sur des idées (lisez : méthodes de démonstration) entièrement dis- » tinctes et s'accordent néanmoins, dans les résultats, à tel point que la première » pourrait vraiment être considérée comme une *périphrase*, un *plagiat* de la se- » conde, etc. »

J'apprécie, comme elle doit l'être, la franchise de cette tardive réflexion de la part d'un savant qui, par prosélytisme, avait consenti à laisser revêtir ses premiers travaux (1827), de la forme à double colonne, jadis admise par les partisans de la *dualité* ; ce à quoi un autre savant de la trempe de M. Sturm, n'a point consenti, au risque de voir ses belles études sur les *polaires réciproques, etc.*, tronquées dans le Journal Mathématique, de Montpellier. Mais je dois ici faire observer que M. Plucker exagère en employant les mots *périphrase* et *plagiat* ; il aurait pu dire, avec plus de justesse, *reproduction, translation* d'une langue dans une autre, des mêmes idées géométriques. Or, *traduire, démontrer, commenter* même, ne donnent qu'un droit relatif d'auteur ou de possession, et à cet égard j'éprouve quelque peine, je l'avoue, à voir un écrivain aussi judicieux que le Dr Salmon, trop souvent mal renseigné, oublier en faveur de l'analyse algébrique, les droits de priorité de la géométrie pure ou intuitive.

tiques incrédules, datant du siècle dernier, avaient dit plaisamment, dans l'une des séances de l'Institut (12 avril 1824), qu'elles constituaient une *géométrie romantique, à quatre dimensions :* ces paroles prises à la lettre et dans leur mauvais sens, par quelques auditeurs qui aimaient mieux critiquer, à priori, que d'examiner et de comprendre, ont pu contribuer à encourager d'autres personnes mieux avisées, à s'approprier le fond même de la doctrine en la traduisant dans un autre langage.

Je pourrais terminer ici cette Note historique et critique en apparence fort longue, bien qu'en réalité beaucoup trop courte pour ce qu'il y aurait à dire, mais ce serait laisser échapper l'à-propos de quelques réflexions qui intéressent au plus haut point la philosophie des sciences mathématiques.

En effet, si aux divers procédés algébriques de démonstration des modernes acquisitions géométriques dont il vient d'être parlé, on réunit les méthodes d'élimination abréviatives et symboliques, fournies par la théorie des *déterminants,* grandement étendue et perfectionnée depuis le commencement de notre siècle, et qui constitue le moyen de démonstration et d'exposition spécialement employé par quelques savants étrangers, on formera une troisième classe de mathématiciens dans laquelle nous rencontrons les Otto Hesse, les Sylvester, les Cayley, les Salmon, les Brioschi, etc.. qui, trop peu soucieux de la simplicité rigoureuse et de la clarté des anciens, se sont exclusivement livrés aux inspirations abstraites de l'analyse algébrique, en laquelle ils témoignent une confiance qui rappelle un peu celle de feu Hoëné Wronski, le trop célèbre disciple de Kant, auteur connu d'un livre sur la *Technie de l'Algorithmie.* Grâce aux spirituelles critiques de feu Servois, ce livre est aujourd'hui dédaigné des mathématiciens rationalistes ou positivistes, dont les doctrines sont assez répandues parmi les savants et les professeurs les plus distingués de nos Écoles; mais, malheureusement pour l'enseignement pratique, quelques-uns de ces derniers se livrent à des exercices de calcul ou de raisonnement épineux, parfois sophistiques, aussi étrangers au génie de la langue géométrique et analytique fondée par Descartes, Pascal, Monge, etc., que les doctrines algébrico-synthétiques anglaises ou allemandes ci-dessus, le sont elles-mêmes à la patrie des Newton et des Maclaurin ou à celle des Leibnitz, des Euler, etc.

Cela prouve, une fois de plus, qu'ici encore comme en tant d'autres choses, il arrive presque toujours, par une pente naturelle aux meilleurs esprits, que « les extrêmes se touchent, et que le mieux est très-souvent l'ennemi du bien » : sages proverbes ou préceptes que je n'oserais me permettre de rappeler si j'avais à craindre de blesser l'amour-propre des

honorables savants que j'ai précédemment mentionnés, parce qu'ils m'ont
paru un peu trop oublier que l'algèbre en elle-même, n'est qu'un admirable outil, subordonné comme le raisonnement géométrique, à l'intelli-
gence et au génie de celui qui prétend s'en servir.

Pour en revenir maintenant aux théorèmes relatifs à l'inscription et
circonscription indéfinies des polygones aux cercles ou coniques sur un
plan, qui font le principal objet de cette longue Note, je terminerai par une
remarque sur l'insuffisance, au point de vue de la géométrie ancienne et
rigoureuse, des démonstrations récentes qui ont été données de ces théorèmes et du porisme qui s'y rattache, par les admirateurs passionnés de
la méthode des déterminants; démonstrations où le néologisme le plus
étrange, les nébulosités de langage, la dissimulation des sources originales, et jusqu'à l'altération des énoncés géométriques, ont pris des proportions qui répugnent à tous les esprits sérieux, même en Allemagne (*);
pays où cependant la métaphysique et le néologisme ne sont point, à
beaucoup près, aussi universellement repoussés qu'en France, grâce à la
timidité et à la logique naturelles à notre langue, si pauvre, prétend-on,
parce qu'on oublie que les mots n'ont de valeur qu'autant qu'ils sont
compris et adoptés par le grand nombre.

Que penser, en effet, de ces rapides et séduisantes démonstrations des
théorèmes sur les polygones dont il vient d'être parlé, et qu'on rencontre
dans quelques ouvrages anglais et italiens (**), où l'on saute, comme à
pieds joints, par-dessus les difficultés de la question, en admettant à
priori, du moins implicitement, ce qu'il s'agirait de prouver analytiquement et logiquement; à savoir : que la courbe enveloppe du côté libre
d'un polygone mobile, à la fois inscrit et circonscrit à deux coniques sur
un plan, dont par exemple. $V = o$ et $U = o$ sont les équations, appartient
véritablement au système ou faisceau des coniques, en nombre infini, qui
contiennent les intersections des deux premières; système représenté par

---

(*) *Voy.* la préface du consciencieux ouvrage du Dr Richard Baltzer, intitulé : *Théorie et applications des déterminants;* traduit de l'allemand par M. Hoüel,
docteur ès sciences (Paris, 1861, chez Mallet-Bachelier).

(**) Cette remarque a trait particulièrement à celles de ces démonstrations
dont le succès pourrait être exclusivement attribué, par des esprits inattentifs, à
la *méthode des déterminants*, qui, par le fait, n'y entre que *pour une très-petite
part*, comme on peut s'en assurer en lisant un article publié à la p. 421 des
Nouvelles Annales des Mathématiques, t. XVI (1857) et traduit des *Annales* de
Tortolini (même année).

Le spirituel et très-érudit rédacteur des *Nouvelles Annales*, dont j'aurai à
entretenir mes lecteurs plus au long dans le t. II de cet ouvrage, M. Terquem,
dans une note des p. 31 et 32 du t. Ier de la *nouvelle série* (janvier 1862),
me reproche, ainsi qu'à mon savant ami et confrère à l'Académie des Sciences,
M. Liouville, de repousser *l'algorithme des déterminants.* C'est là, du moins
pour ma part, et sans doute aussi pour celle du célèbre rédacteur du *Journal*

l'équation unique $V - \delta U = o$, d'après l'ingénieuse idée de MM. Dupin et Lamé. On se sert, en outre, des systèmes de coordonnées et d'expressions symboliques dérivés des notations de MM. Bobillier et Plucker, comme d'une patente et exclusive acquisition des théories de l'*Algèbre moderne*, à en juger du moins par le singulier mutisme des textes que j'ai pu consulter, et où, en fin de compte, je n'aperçois qu'un emploi plus ou moins justifié de ce qu'on nomme un *discriminant,* résultat mnémonique de l'élimination entre les dérivées par rapport aux trois coordonnées variables de l'équation ci-dessus $V - \delta U = o$, ramenée préalablement à la forme homogène et symétrique, lesquelles dérivées se rattachent à des théorèmes bien connus sur les pôles et polaires conjugués des systèmes de coniques.

Or cette manière de raisonner n'est pas seulement une erreur de fait et un déni de justice, comme je l'ai établi plus haut, elle constitue encore par elle-même, non la solution réelle et directe du problème à résoudre, mais une sorte de synthèse algébrique, une divination telle, qu'il n'est guère permis d'en admettre dans cette branche des mathématiques à laquelle dès lors on ne saurait appliquer le nom d'*analyse.*

C'est, au surplus, ce dont les auteurs de semblables démonstrations pourraient s'apercevoir immédiatement s'ils recherchaient, par exemple, à priori, la nature de la courbe enveloppée par le côté libre, d'un triangle mobile qui, inscrit à une conique donnée, aurait ses premiers côtés tangents à deux autres coniques quelconques, également données sur le plan des proposées. Ils s'en apercevraient plus facilement et plus directement encore, en réfléchissant au peu de jour que, dans le cas très-simple d'abord considéré, la théorie des déterminants jette sur la nature des relations algébriques, qui lient, en général, les constantes ou paramètres de la courbe cherchée à ceux des sections coniques données. C'est enfin ce dont on a pu se convaincre précédemment par les tentatives diverses de géomètres algébristes aussi distingués que MM. Jacobi et Cayley;

---

de Mathématiques pures et appliquées, un reproche peu mérité. Car, si je n'approuve pas complétement les applications qui ont été faites, dans ces dernières années, de cette savante théorie aux questions de la géométrie pure, je suis au contraire, très-admirateur des beaux théorèmes d'algèbre synthétique et combinatoire qui datent des travaux de Cramer, de Bezout, de Vandermonde, de Lagrange, etc., couronnés par ceux de MM. Jacobi, Hermite, Otto Hesse, Borchardt, Sylvester, Cayley et autres géomètres algébristes distingués. Longtemps avant l'apparition de ces derniers travaux, comme on le verra dans le second volume de cet ouvrage, je croyais, d'après mes laborieuses tentatives de 1813 et de 1814 en Russie, et celles de beaucoup d'autres, postérieures, le calcul algébrique peu susceptible d'aborder directement et facilement les questions de géométrie générale, du genre de celles que je cherchais à faire prévaloir dès 1817, dans les anciennes *Annales de Mathématiques,* t. VII. Or je l'avoue, à quelques exceptions près, mes convictions sont restées les mêmes à cet égard.

tentatives dont j'ai assez entretenu le lecteur dans la présente Note, pour n'être plus obligé d'y revenir.

Sous ces divers rapports et plusieurs autres qu'il serait inutile d'énumérer ici, on regrettera que le docte professeur Salmon, si clair, si désireux d'être juste comme le prouve la dernière édition de son *Traité des coniques* (1855), à laquelle j'ai déjà accordé des éloges (note de la p. 212 du texte), on regrettera, dis-je, que l'honorable M. Salmon, dans ses *Leçons introductives à l'Algèbre supérieure moderne* (1859), ait attribué, au point de vue géométrique, une aussi grande importance à la partie moderne de cette Algèbre, précisément celle qui, dans ses méthodes d'investigation ou de démonstration, s'étaye sur le singulier, mais peu philosophique néologisme, dont j'ai déjà parlé et que je repousse quand bien même on le réduirait aux modestes proportions que l'auteur lui accorde dans ce nouvel ouvrage. Pour tout dire enfin, je ne saurais admettre, avec quelques auteurs anglais enthousiastes (*), que le système des coordonnées trilinéaires ou autres puisse remplacer, en tout et partout, les notations de l'admirable *Géométrie* de Descartes, fondée sur l'idée si simple, si puissante dans sa simplicité même, de la projection linéaire des points sur des droites fixes dans un plan ou dans l'espace, bien moins encore anéantir le fruit de deux siècles d'efforts persévérants, tentés par les plus grands génies mathématiques de la savante Europe.

(*) *Voy.* le *Traité élémentaire sur les coordonnées trilinéaires, la méthode des polaires réciproques et la théorie des projections;* par le Rév. Ferrers, de l'Université de Cambrige.

ADDITIONS DIVERSES
PAR MM. MANNHEIM ET MOUTARD.

I.

SUR LES POLYGONES PLANS INSCRITS ET CIRCONSCRITS AUX COURBES
ET REMARQUES CONCERNANT LE TRACÉ DES TANGENTES;

Par M. Mannheim.

Un polygone dont la forme est susceptible de varier d'un mouvement continu, peut remplir des conditions très-diverses. Nous définirons géométriquement la loi de la déformation d'un tel polygone en supposant connues les différentes courbes que touchent ses côtés et les trajectoires de ses sommets. Nous supposons toutes ces courbes continues liées entre elles de telle façon, que l'une est nécessairement déterminée lorsqu'on connaît toutes les autres.

Nous admettons que pour un mouvement infiniment petit des côtés du polygone toutes les enveloppes se réduisent à des points et les trajectoires à des éléments rectilignes. Si l'un de ces points, ou si la direction de l'un de ces éléments est supposée inconnue, le problème ayant pour but la détermination de ce point ou de cet élément n'admet qu'une solution. On est alors certain à l'avance que cette solution n'exigera qu'une construction linéaire ou, si l'on veut, ne dépendra que d'une relation du premier degré.

Nous nous proposons tout d'abord d'établir cette relation.

Pour y arriver, empruntons à Newton (*) la solution du problème suivant :

Recta (*fig.* 21) PB circa datum polum P revolvens secet alias duas positione datas rectas AB et AE, in B et E : quæritur proportio fluxionum rectarum illarum AB et AE.

Newton trouve

$$(1) \qquad \frac{Bb}{Ee} = \frac{BP \times BA}{EP \times EA}.$$

Supposons les droites AE et AB tangentes en E et B à des courbes (E), (B), et PB tangente en P à une courbe (P); Ee, Bb peuvent être consi-

---

(*) Introduction au *Tractatus de quadraturâ curvarum* (Opusculum III, p. 206).

32.

dérés comme des arcs infiniment petits de (E) et de (B) déterminés par deux positions infiniment voisines de PB : le problème de Newton

Fig. 21.

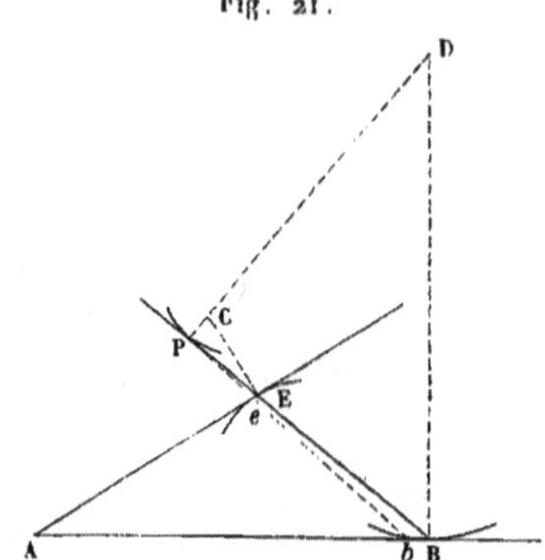

conduit donc à l'expression du rapport des arcs infiniment petits déterminés sur deux courbes données par une droite que l'on déplace infiniment peu.

La relation (1) s'obtient très-simplement. Considérons le triangle ABE (*fig.* 21) et la transversale Pb; on a

$$A b \times PB \times E e = A e \times EP \times B b,$$

d'où

$$\frac{B b}{E e} = \frac{BP \times A b}{EP \times A e};$$

lorsque Pb se confond avec PB, Ab et Ae deviennent alors AB et AE, et l'on a la relation de Newton

$$\frac{B b}{E e} = \frac{BP \times BA}{EP \times EA}.$$

Considérons actuellement un polygone AA$'$A$''$A$'''$ (*fig.* 22) dont les sommets parcourent les courbes (A), (A$'$), (A$''$), (A$'''$), et dont les côtés enveloppent les courbes (C), (C$'$), (C$''$), (C$'''$); menons par tous les sommets les tangentes à (A), (A$'$), (A$''$), (A$'''$), et désignons par ds, ds', ds'', ds''', les arcs infiniment petits déterminés sur ces courbes par les côtés du polygone donné, après une déformation infiniment petite de cette figure. En appliquant la relation (1), on a

$$\frac{ds}{ds'} = \frac{AC \times AB}{A'C \times A'B}, \quad \frac{ds'}{ds''} = \frac{A'C' \times A'B'}{A''C' \times A''B'}, \quad \frac{ds''}{ds'''} = \frac{A''C'' \times A''B''}{A'''C'' \times A'''B''},$$

$$\frac{ds'''}{ds} = \frac{A'''C''' \times A'''B'''}{AC''' \times AB'''};$$

multipliant membre à membre toutes ces égalités, il vient

$$(a) \quad \left(\frac{AC \times A'C' \times A''C'' \times A'''C'''}{AC''' \times A'''C'' \times A''C' \times A'C} \right) \times \left(\frac{AB \times A'B' \times A''B'' \times A'''B'''}{AB''' \times A'''B'' \times A''B' \times A'B} \right) = 1.$$

Telle est la relation cherchée.

On peut remarquer que les tangentes aux trajectoires (A), (A'), (A''),... des sommets du polygone donné forment un deuxième polygone.

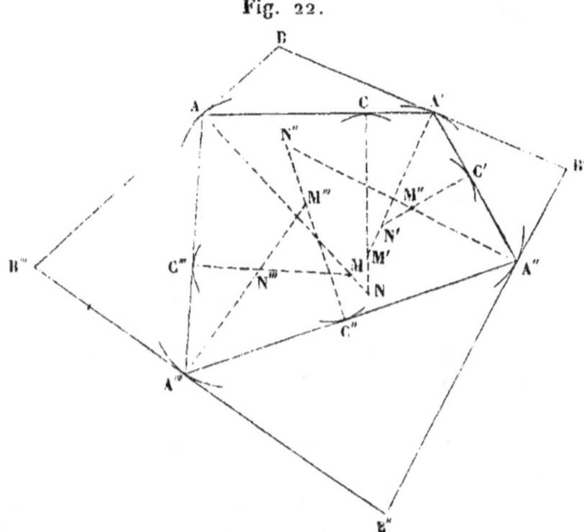

Fig. 22.

Ces deux polygones donnent lieu au théorème suivant, qui est la traduction de la relation (a) :

Ier THÉORÈME GÉNÉRAL. — *Le produit des segments non consécutifs* AB, A'B',..., *divisé par le produit des autres segments* BA', B'A'',..., *est l'inverse du rapport analogue pris dans l'autre polygone.*

On doit avoir soin de parcourir dans le même sens les périmètres des deux polygones pour déterminer l'ordre de tous ces segments.

Les points de contact des côtés des deux polygones avec leurs enveloppes respectives peuvent se trouver sur les côtés mêmes ou sur leurs prolongements. Les nombres qui indiquent combien il y a de ces points appartenant à l'une ou à l'autre de ces catégories sont de même parité pour le polygone donné et pour le polygone circonscrit.

On peut donner à la relation (1) une forme très-simple. Élevons (*fig.* 21) aux points E et B les perpendiculaires EC, BD aux droites AE, AB; ces lignes coupent en C et D la perpendiculaire PC, élevée en P perpendiculairement à PB. On a

$$\frac{B b}{E e} = \frac{BP \times BA}{EP \times EA} = \frac{BP \times \sin.AEB}{EP \times \sin.EBA} = \frac{BP}{\cos.PBD} \times \frac{\cos.PEC}{EP},$$

d'où

$$(2) \qquad \frac{B b}{E e} = \frac{BD}{EC}.$$

Opérant avec cette relation, comme nous l'avons fait avec la relation (1), on trouve (*fig.* 22)

$$(b) \qquad AN \times A'N' \times A''N'' \times A'''N''' = AM \times A'M' \times A''M'' \times A'''M'''.$$

On peut, d'après cela, énoncer le théorème suivant :

IIe Théorème général. — *Le produit des normales* AN, A′N′, A″N″, A‴N‴ *limitées aux normales* CN, C′N′, C″N″, C‴N‴ *rencontrées successivement en parcourant le périmètre du polygone donné dans un sens, est égal au produit analogue des normales* AM, A‴M‴, A″M″, A′M′, *obtenues en parcourant le périmètre du polygone donné en sens inverse.*

Au moyen de la relation (b), on arrive très-facilement à la construction de la normale à la courbe décrite par le sommet libre d'un polygone que l'on déforme d'un mouvement continu; on est ramené, pour résoudre ce problème, à chercher une droite, issue du sommet libre, telle, que les segments, comptés sur cette ligne à partir de ce point et limités à deux droites connues, soient dans un rapport déterminé. Une construction inverse permet de déterminer le point où l'un des côtés du polygone touche son enveloppe. Enfin, si l'on remarque que la construction linéaire, qui sert à déterminer la normale à la courbe décrite par un sommet libre, nous donne cette normale comme le côté d'un certain polygone qui lui-même se déforme pendant le mouvement continu de la figure donnée, on peut chercher, toujours par des constructions linéaires, le point où cette normale touche son enveloppe, c'est-à-dire le centre de courbure de la courbe décrite par le sommet libre du premier polygone. Ce que nous venons de dire doit suffire pour faire comprendre les nombreuses applications que l'on peut faire des relations (2) et (b).

Reprenons la relation (a) dont les conséquences font l'objet principal de cette Note. Elle se compose de deux parties que nous avons séparées par des parenthèses; examinons d'abord ce qui résulte de l'hypothèse

$$\frac{AB \times A'B' \times A''B'' \times A'''B'''}{AB''' \times A'''B'' \times A''B' \times A'B} = 1.$$

Cette circonstance se présente évidemment, si l'on suppose que les sommets du polygone variable parcourent des droites convergentes en un point *quelconque*.

Considérons un polygone remplissant ces conditions; soient A, A′, A″, A‴, A^{IV} (*fig.* 23). les sommets; C, C′, C″, C‴, les pôles respectifs de quatre de ses côtés, c'est-à-dire les points autour desquels tournent ces côtés; proposons-nous de construire le point où le côté AA^{IV}, demeuré libre, touche son enveloppe.

Désignons par C^{IV} le point cherché. La relation (*a*) réduite en ayant égard à notre hypothèse devient

Fig. 23.

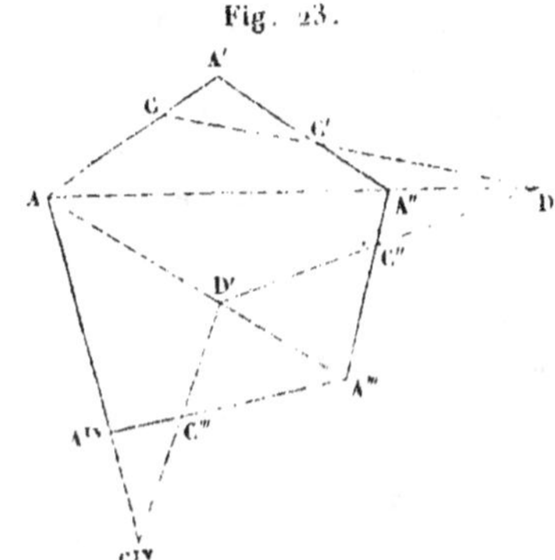

$$\frac{\mathrm{AC} \times \mathrm{A'C'} \times \mathrm{A''C''} \times \mathrm{A'''C'''} \times \mathrm{A^{IV}C^{IV}}}{\mathrm{AC^{IV}} \times \mathrm{A^{IV}C'''} \times \mathrm{A'''C''} \times \mathrm{A''C'} \times \mathrm{A'C}} = 1.$$

que l'on peut écrire :

$$\left(\frac{\mathrm{AC} \times \mathrm{A'C'}}{\mathrm{A''C'} \times \mathrm{A'C}}\right) \times \frac{\mathrm{A''C''} \times \mathrm{A'''C'''} \times \mathrm{A^{IV}C^{IV}}}{\mathrm{AC^{IV}} \times \mathrm{A^{IV}C'''} \times \mathrm{A'''C''}} = 1;$$

mais

$$\frac{\mathrm{AC} \times \mathrm{A'C'}}{\mathrm{A''C'} \times \mathrm{A'C}} = \frac{\mathrm{AD}}{\mathrm{A''D}},$$

en désignant par D le point où CC′ rencontre AA″; on a donc

$$\left(\frac{\mathrm{AD} \times \mathrm{A''C''}}{\mathrm{A'''C''} \times \mathrm{A''D}}\right) \times \frac{\mathrm{A'''C'''} \times \mathrm{A^{IV}C^{IV}}}{\mathrm{AC^{IV}} \times \mathrm{A^{IV}C'''}} = 1.$$

Remplaçant dans cette relation la quantité entre parenthèses par $\dfrac{\mathrm{AD'}}{\mathrm{A'''D'}}$, D′ désignant le point de rencontre de DC″ avec AA‴, on aura une nouvelle relation dont on pourra encore grouper les termes, comme nous venons de le faire. On arrive ainsi à la relation qui sert à déterminer le point C^{IV}.

La diagonale AA″ touche son enveloppe au point D; ce point de contact devant toujours être sur la droite CC′, il suit de là que l'enveloppe de cette diagonale se réduit au point D. Ainsi D est fixe, il en est de même de D′ et de C^{iv}.

On peut donc énoncer le théorème suivant :

Si tous les sommets d'un polygone, mobile sur un plan, sont assujettis à parcourir autant de droites fixes concourant en un seul et même point ; que, de plus, tous ses côtés, à l'exception d'un seul, se meuvent constamment autour de points fixes, le côté libre et les diverses diagonales du polygone pivoteront également sur d'autres points fixes (*).

Le point de convergence des droites parcourues par les sommets du polygone variable est absolument quelconque, il peut être sur le plan de ce polygone ou en dehors; il n'en résulte pas moins que le côté demeuré libre pivote toujours autour d'un même point fixe. Nous mettrons bientôt à profit cette circonstance très-remarquable.

Continuons à nous occuper de la relation (*a*) réduite à la première parenthèse. La deuxième parenthèse est encore égale à l'unité, en vertu du théorème de Carnot, lorsque tous les sommets du polygone donné parcourent une même section conique.

Dans ce cas, en distinguant les polygones d'un nombre pair ou impair de côtés, et tenant compte de la remarque faite à la suite de notre premier théorème général, on arrive aux deux énoncés suivants :

Lorsqu'un polygone d'un nombre pair de côtés est inscrit à une conique, et que tous ses côtés, moins un, pivotent autour de points fixes, le côté demeuré libre touche son enveloppe au point autour duquel pivoterait ce dernier côté, si les sommets du polygone parcouraient des droites convergentes en un point quelconque.

Lorsqu'un polygone d'un nombre impair de côtés est inscrit à une conique, et que tous ses côtés, moins un, pivotent autour de points fixes, le côté demeuré libre touche son enveloppe au point conjugué harmonique, par rapport à ses extrémités, du point autour duquel il pivoterait si les sommets du polygone parcouraient des droites convergentes en un point quelconque.

Considérons encore un polygone inscrit à une conique, mais supposons de plus que tous ses côtés, moins un, soient tangents à une autre conique. On peut dire que, pour un mouvement infiniment petit, tous les côtés tangents à cette conique tournent autour de leurs points de contact, et appliquer alors ce qui précède pour la détermination du point où le côté libre touche son enveloppe. Nous allons faire voir que dans ce cas on arrive à une construction extrêmement simple.

Soit AA′A″A‴ (*fig.* 24) un quadrilatère inscrit à une conique, dont trois

---

(*) Voy. *Traité des Propriétés projectives des figures,* p. 3o1.

côtés sont tangents à une autre conique; on demande le point C''' où le quatrième côté touche son enveloppe.

D'après ce qui précède, on a, pour déterminer le point C''', la relation

$$AC \times A'C' \times A''C'' \times A'''C''' = AC''' \times A'''C'' \times A''C' \times A'C.$$

Menons, du point A''', la tangente $A'''P$ à la conique inscrite aux trois côtés du quadrilatère, et prolongeons cette tangente jusqu'au point Q

Fig. 24.

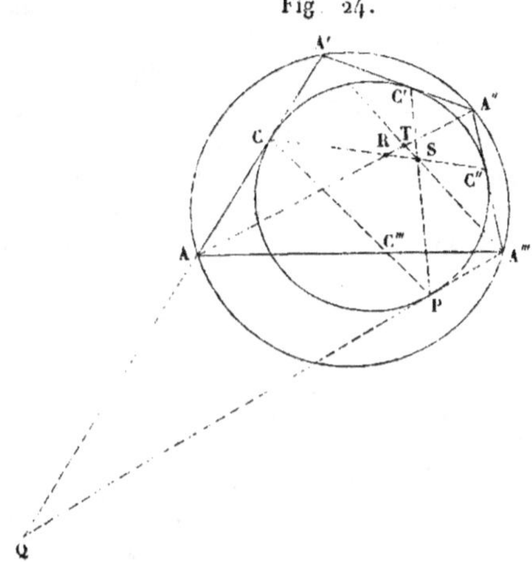

où elle rencontre le côté AA'; nous formons ainsi le quadrilatère circonscrit $QA'A''A'''$: en appliquant le théorème de Carnot, on a

$$QC \times A'C' \times A''C'' \times A'''P = QP \times A'''C'' \times A''C' \times A'C;$$

divisant membre à membre ces deux égalités, il vient

$$\frac{AC \times A'''C'''}{QC \times A'''P} = \frac{AC'''}{QP};$$

d'où l'on voit que les points C, C''', P sont en ligne droite.

Ainsi il suffit de mener la tangente $A'''P$ et de joindre son point de contact au point C, cette droite coupe le côté AA''' au point cherché.

Cette construction est vraie quel que soit le nombre des côtés du polygone. Pour le triangle $A'A''A'''$, par exemple, le point S, où $A'A'''$ touche son enveloppe, est sur CC''; ce point est aussi sur $C'P$: les droites CC'' et $C'P$ se coupent donc sur $A'A'''$.

Dans le quadrilatère circonscrit $QA'A''A'''$, les droites CC'' et $C'P$ sont les lignes qui joignent les points de contact des côtés opposés et $A'A''$ est une diagonale. Ce qui est vrai pour une diagonale est vrai pour l'autre; on retrouve donc ainsi ce théorème :

Lorsqu'un quadrilatère est circonscrit à une conique, les lignes qui joignent les points de contact des côtés opposés et les diagonales se coupent en un même point.

Nous allons montrer comment la construction du point où A'A''' touche son enveloppe conduit à la connaissance de cette enveloppe. Il est facile de voir que cette courbe est une conique; je dis de plus que cette conique est une circonférence, si les deux courbes données sont elles-mêmes des circonférences.

En effet, les droites A'A''' et AA'' enveloppent une même courbe et touchent cette courbe aux points S et R obtenus en menant la droite CC''. Dans les deux triangles ACR, A'''C''S les angles en A et A''' sont égaux, ainsi que les angles en C et C''; donc il en est de même des angles en R et S. Nous voyons donc que les tangentes TR et TS à la courbe enveloppe sont également inclinées sur la corde de contact RS. Ce que nous trouvons ici est vrai pour une infinité de positions de RS; cette droite peut du reste avoir une direction quelconque, la courbe enveloppe est donc une circonférence.

Cette circonférence passe toujours par les points d'intersection des deux circonférences données, car cela a évidemment lieu lorsque ces deux points sont réels.

Nous retrouvons ainsi le théorème suivant :

Un angle étant à la fois inscrit à un cercle et circonscrit à un autre, si on vient à le faire mouvoir en l'assujettissant toujours aux mêmes conditions, la corde, qui le sous-tend dans le premier de ces cercles, en enveloppera un troisième passant par les points d'intersection de ceux-là, ou ayant mêmes sécantes, soit réelles, soit idéales, communes avec eux (*).

Nous n'avons étudié encore que le cas où l'on suppose la deuxième parenthèse de la relation (*a*) égale à l'unité; on peut faire une hypothèse analogue sur la première.

En opérant ainsi, on trouve directement des constructions et des théorèmes qui ne sont autres que le résultat de la transformation par la théorie des polaires réciproques de toutes les constructions ou théorèmes trouvés jusqu'à présent.

Parmi tous ces résultats, nous n'en énoncerons qu'un seul.

Considérons un polygone A A' A'' A''' (*fig.* 25) circonscrit à une conique, et supposons que tous ses sommets moins un soient sur une autre conique. Le sommet demeuré libre décrit une courbe dont la tangente s'obtient très-simplement de la manière suivante :

On prolonge le côté A''A''' jusqu'en E, où il rencontre la conique par-

____

(*) *Voy*. p. 326 du *Traité des Propriétés projectives des figures*, et p. 314 et 339 du présent ouvrage.

courue par les sommets du polygone donné; en ce point, on mène une tangente à cette conique; cette droite coupe la tangente AP en un point P qui appartient à la tangente cherchée.

Dans le cas particulier où le polygone est à la fois inscrit et circonscrit, la tangente, au sommet supposé libre, se confond avec la tangente

Fig. 25.

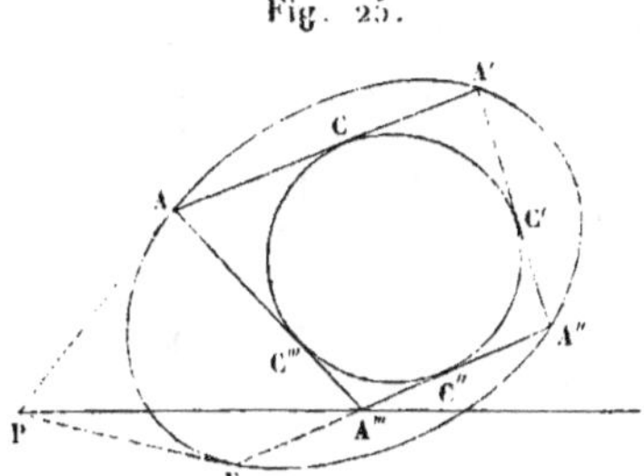

à la conique sur laquelle il se trouve. Ceci revient à dire que si un polygone est à la fois inscrit et circonscrit à deux coniques, il ne cessera pas de jouir de la même propriété après un mouvement infiniment petit. Ce premier mouvement effectué, on peut donner au polygone un autre mouvement infiniment petit, et ainsi de suite; on formera ainsi une infinité de polygones ne cessant pas de jouir de la propriété d'être à la fois inscrits et circonscrits aux deux coniques données. Nous retrouvons ainsi ce beau théorème :

Quand un polygone quelconque est à la fois inscrit à une section conique et circonscrit à une autre, il en existe une infinité de semblables qui jouissent de la même propriété à l'égard des deux courbes (*).

Nous pouvons démontrer ce théorème sans chercher une construction de la tangente à la courbe décrite par le sommet supposé libre. En effet, la relation (*a*), dans les conditions actuelles, se vérifie d'elle-même en vertu du théorème de Carnot; donc si un sommet est supposé libre, il décrira un élément de la courbe sur laquelle il se trouve. La démonstration s'achève comme précédemment.

Nous ne développerons pas davantage ici les conséquences de la relation (*a*), qui conduit aussi très-simplement à des propriétés des polygones inscrits à des courbes du troisième ordre et du quatrième ordre.

(*) *Voy*. p. 36i du *Traité des Propriétés projectives des figures*, et p. 365 du présent ouvrage.

*Construction des tangentes à la courbe d'ombre de la surface
de la vis à filets triangulaires.*

La construction extrêmement simple de la tangente en un point de
la projection de la courbe d'ombre de la surface de vis à filets triangulaires n'a été obtenue, comme on l'a vu à la page 454, que par une suite
de transformations de la construction résultant de l'application pure et
simple de la méthode de Roberval. Des considérations élémentaires vont
nous permettre d'arriver directement à cette même construction.

Un point lié à des éléments variables d'une figure décrit une courbe
dont on demande la tangente ; il est bien évident que le résultat restera
le même, si, modifiant convenablement les données, on assujettit le point
à décrire, à partir de l'une quelconque de ses positions, non plus cette
courbe, mais une courbe qui est tangente à celle-ci. Lorsque les modifications introduites dans les données font tracer au point décrivant une
simple droite, cette ligne est la tangente cherchée.

Appliquons cette remarque. Substituons (*fig.* 7, p. 454) à la circonférence donnée la tangente BQ' ; supposons la droite PX tangente en P à
une section conique ayant pour foyer le point C et pour tangente la
droite BQ' : le point X décrit alors une droite, en vertu d'un théorème
connu des sections coniques (*Propriétés projectives des figures,* p. 267),
et il suffit de construire cette droite. Pour cela, du point D comme centre,
avec la corde BG pour rayon, on décrit un arc de cercle qui détermine le
point E ; la ligne qui joint le point E au centre C coupe la tangente BQ'
au point Q', et Q'X est la tangente demandée.

Au lieu de construire l'angle DCE égal à l'angle GCB, comme cela résulte
immédiatement du théorème des sections coniques, on peut construire
l'angle Q'CB égal au complément de GCB, et pour cela il suffit de porter
B'Q égal à D*d* ; on retrouve ainsi la construction très-simple à laquelle
M. Poncelet est arrivé.

II.

RAPPROCHEMENTS DIVERS ENTRE LES PRINCIPALES MÉTHODES DE LA GÉOMÉTRIE
PURE ET CELLES DE L'ANALYSE ALGÉBRIQUE;

Par M. Moutard.

---

1. — *Réflexions préliminaires sur les principes de projection centrale.*

La découverte des *principes de projection centrale* marque incontestablement une époque importante dans l'histoire de la géométrie moderne. Les méthodes fondées sur ces principes, et dont les *Applications d'Analyse et de Géométrie* renferment une première ébauche, possèdent un caractère à la fois intuitif et systématique, qui les rend également propres à découvrir de nouvelles propriétés des figures, et à rattacher tout un ensemble de propositions à une même vérité générale. Par là, elles n'ont pas seulement agrandi et simplifié la science de l'étendue, mais en donnant l'impulsion à l'étude des procédés généraux de transformation des figures, elles ont pour ainsi dire doté la géométrie d'une puissance nouvelle.

L'influence de la perspective sur le développement des autres méthodes de transformation n'a pas toujours été indirecte; les *principes de l'homologie* tels qu'ils sont établis dans le *Traité des Propriétés projectives des figures,* sont les principes mêmes de la perspective dégagés de considérations de géométrie dans l'espace, et devenus par là même susceptibles de s'appliquer indifféremment aux figures à deux et à trois dimensions; et certaines méthodes en apparence plus générales, dans lesquelles la transformation homologique semble d'abord rentrer comme cas particulier, reviennent au fond à l'application répétée de cette dernière, combinée avec un déplacement arbitraire de la figure transformée.

La Théorie des polaires réciproques s'est, de son côté, développée parallèlement à la théorie des *propriétés projectives,* dans les mêmes écrits et sous l'impulsion des mêmes idées. Enfin l'une et l'autre, en éclairant le rôle géométrique de l'infini et des imaginaires, ont mis en pleine lumière le *principe de continuité*, et permis de débarrasser les méthodes plus complexes, telles que la transformation par *rayons vecteurs réciproques*, des restrictions auxquelles elles paraissent d'abord sujettes, lorsqu'on les fonde sur de pures constructions géométriques.

Mais là ne s'est point bornée l'efficacité des principes de projection centrale, et les notes qui vont suivre ont pour objet de faire ressortir les progrès que leur doivent l'analyse des coordonnées, et même certaines branches de l'analyse pure. D'une part, en effet, la géométrie analytique, profitant surtout de la conception en vertu de laquelle *tous les points d'un plan situés à l'infini peuvent être considérés comme en ligne droite,* est parvenue, sous l'influence de ces principes, à rendre ses formules plus symétriques et plus générales, et par un perfectionnement graduel à créer un nouveau système de coordonnées, éminemment propre à l'étude des propriétés projectives des figures. D'autre part, toute transformation géométrique, consistant à déduire, par une construction uniforme de chaque point d'une figure donnée, un point d'une figure nouvelle, correspond nécessairement à une transformation analytique, par laquelle on substitue aux variables qui représentent les coordonnées du premier point, certaines fonctions de variables nouvelles. On comprend, d'après cela, combien des recherches de pure géométrie peuvent faciliter l'étude des questions d'analyse qui se rattachent à l'emploi de certaines substitutions. Cette remarque acquiert surtout de l'importance, lorsque les deux transformations qui se correspondent ont déjà manifesté leur utilité, chacune dans son domaine propre. Tel est précisément le cas qui se présente pour la perspective et la transformation correspondante par substitutions linéaires, laquelle, introduite dans l'étude des fonctions par Lagrange, est devenue aujourd'hui d'un si grand usage dans l'algèbre, le calcul intégral et la théorie des nombres.

L'idée que l'on vient d'indiquer a été formulée d'une manière très-précise par Jacobi, dans un Mémoire publié en 1832, *Journal de Crelle,* t. VIII. Dans ce travail, qui a pour objet la réduction d'une certaine intégrale double, l'illustre géomètre arrive à faire dépendre la question, de la réduction d'une intégrale simple, à savoir :

$$\int \frac{d\varphi}{\sqrt{l + m\cos^2\varphi + n\sin^2\varphi + 2\,l'\cos\varphi\sin\varphi + 2\,m'\sin\varphi + 2\,n'\cos\varphi}},$$

à la forme

$$\int \frac{d\eta}{\sqrt{L - M\cos^2\eta - N\sin^2\eta}}.$$

Après avoir traité le problème par des considérations de pure analyse, il en indique dans les termes suivants l'identité avec l'une des questions de projection centrale résolues par M. Poncelet : « Exstat problema geome- » tricum, quod, analyticè tractatum, cum illo ità convenit, ut, nullà » omninò mutatione factà, eadem analysis, eædem formulæ utrumque » absolvant, iidem incognitarum valores prodeant. Quod problema à per- » spectivà petitum, hoc est : *Datis in eodem plano duabus sectionibus co- » nicis, determinare situm oculi (centri projectionis) et tabulæ (plani in » quod projicitur), ut sectiones conicæ projectæ fiant concentricæ atque » insuper altera circulus.* » Puis il ajoute, parlant d'un autre problème :

« Simili modo, alteri problemati de transformando integrali proposito in
» formam $\int \dfrac{d\eta}{\sqrt{L - M \cos \eta}}$, respondet problema geometricum hoc : *Datis*
« *in eodem plano duabus sectionibus conicis, determinare situm oculi et*
» *tabulæ, ut utraque projecta fiat circulus.* Quorum problematum solu-
» tionem geometricam apud Cl. Poncelet, virum mirificè in quæstionibus
» geometricis versatum, videre licet. »

Après avoir justifié rapidement ces remarques, Jacobi ajoute les réflexions
suivantes :

« Neque consensus ille quæstionis geometricæ et analyticæ tam sin-
» gularis videri debetur. Nam cùm certis quibusdam configurationibus
» certæ expressiones analyticæ respondeant, ubi per projectionem sive
» aliud quod libet instrumentum geometricum configurationem datam ad
» simpliciorem vel magis regularem revocas, simul expressiones analyticas,
» quibus configuratio continetur, per substitutiones idoneas, quæ instru-
» menti geometrici locum tenent, in simpliciores transformatas habere de-
» bes. E quâ observatione haud raró ab elementis geometricis ad gra-
» viores quæstiones analyticas transitum petere licet. Ità universas de
» projectione centrali quæstiones, quales Cl. Poncelet in opere laudato
» instituit, adhibere poteris ad transformationem fonctionum duarum va-
» riabilium. »

Bien que les réflexions qui précèdent, conduisent aussi bien à chercher
dans la géométrie la solution de certaines questions d'analyse, qu'à déduire de transformations faites dans un but analytique la solution de problèmes de géométrie, Jacobi n'a, en général, suivi explicitement que la
dernière voie. En conséquence, il ne sera peut-être pas sans intérêt de
reprendre, pour ainsi dire en sens inverse, l'interprétation analytique de
la transformation par voie de projection conique, et de quelques-unes des
principales propositions qui s'y rattachent. Néanmoins, comme cette interprétation devient en général plus simple, à l'aide d'une conception auxiliaire dérivée elle-même de la perspective, nous nous bornerons à rattacher directement à la projection centrale l'un des problèmes énoncés
ci-dessus, celui dont Jacobi s'est contenté d'indiquer la solution sans la
développer, en réservant une autre question analogue pour les applications analytiques de la méthode des coordonnées *symétriques.*

II. — *Théorie analytique de la projection centrale.*

Le problème de la transformation d'une figure plane par voie de projection centrale, envisagé analytiquement, consiste à établir les relations
qui lient entre eux les éléments géométriques propres à définir la position
d'un point de la figure sur son plan, et la position de la perspective de
ce point sur le plan du tableau.

Soient RS le plan de la figure, R'S' le plan du tableau, O le centre de
projection, M et M' les points où une transversale issue du point O perce

Fig. 26.

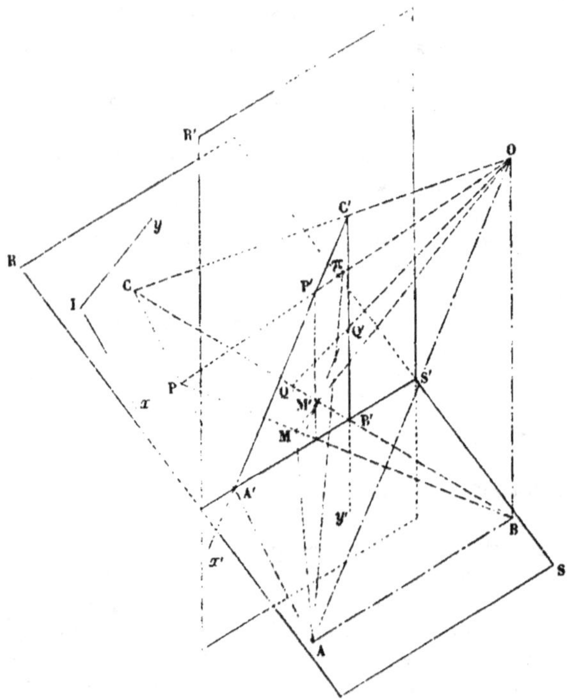

respectivement les plans RS et R'S'; la question revient à exprimer les
coordonnées x et y du point M, prises par rapport à deux axes Ix et Iy
tracés dans le plan RS, en fonction des coordonnées x' et y' du point M',
prises par rapport à deux autres axes C'x', C'y' tracés dans le plan R'S'.

Pour définir les situations respectives des divers éléments de la question, concevons qu'on mène par le centre de projection O, d'une part,
la droite OCC', qui perce le plan de la figure en C, et le tableau au
point C', origine des coordonnées C'x', C'y'; d'autre part, les droites OA
et OB respectivement parallèles aux axes C'x', C'y'; soient A et B les
points où ces deux droites rencontrent le plan RS; soient de même A' et B'
les points où les axes C'x', C'y', rencontrent le même plan: les droites
AB, A'B' seront évidemment parallèles, et l'on aura l'égalité de rapports

$$\frac{OC'}{OC} = \frac{AA'}{AC} = \frac{BB'}{BC}.$$

On peut remarquer d'ailleurs que la droite $A'B'$ est le lieu des points de la figure qui coïncident avec leurs perspectives, et que la droite AB est le lieu des points dont la perspective est à l'infini. Cela posé, il est aisé de voir qu'une fois la position des points C, A, B, par rapport aux axes Ix, Iy, connue, il suffit pour que l'on puisse retrouver le centre de projection, le plan du tableau et les axes de coordonnées $C'x'$, $C'y'$ tracés dans ce plan, de se donner : 1° le rapport $\dfrac{OC'}{OC} = \dfrac{AA'}{AC} = \dfrac{BB'}{BC} = \lambda$, qui détermine la droite d'intersection du tableau et du plan de la figure; 2° l'angle de ces deux plans, lequel détermine la position du tableau, et celle du plan mené par le centre de projection parallèlement au tableau; 3° enfin les longueurs p et q des droites OA et OB, lesquelles suffisent dès lors pour déterminer le centre de projection O, les droites OA, OB et par suite aussi les axes $C'A'x'$, $C'B'y'$.

Soit donc M un point quelconque du plan de la figure; joignons BM. AM, et nommons P et Q les points où ces droites rencontrent respectivement AC et BC; joignons de même OP, OQ, et nommons P' et Q' les points de rencontre respectifs de ces droites et des axes $C'x'$, $C'y'$; les longueurs $C'P'$, $C'Q'$ seront les coordonnées x' et y' du point M' : en effet, les deux droites $M'P'$, $C'Q'$ sont parallèles, comme étant les intersections du plan $R'S'$ par les deux plans OPM, OCB conduits suivant la droite OB parallèle à $R'S'$; de même les droites $M'Q'$ et $C'P'$ sont parallèles, et par suite la figure $C'P'M'Q'$ est le parallélogramme des coordonnées du point M'.

Pour évaluer l'une de ces coordonnées, $C'P' = x'$ par exemple, traçons encore la droite AC' qui coupe OP en un point π. Les deux triangles semblables $C'\pi P'$, $A\pi O$ nous fournissent la proportion

$$\frac{C'P'}{AO} = \frac{x'}{p} = \frac{C'\pi}{A\pi};$$

d'autre part, le triangle AC'C coupé par la transversale $O\pi P$ donne, en vertu d'un théorème connu, la relation

$$\frac{C'\pi}{A\pi} \times \frac{AP}{CP} \times \frac{CO}{C'O} = 1.$$

ou encore

$$\frac{C'\pi}{A\pi} = \frac{C'O}{CO} \times \frac{CP}{AP} = \lambda \cdot \frac{CP}{AP},$$

et par suite

$$x' = \lambda p \times \frac{CP}{AP};$$

on trouverait de même

$$y' = \lambda q \times \frac{CQ}{BQ}.$$

Pour achever la solution du problème proposé, il ne reste plus qu'à remplacer dans ces expressions, les rapports $\dfrac{CP}{AP}$ et $\dfrac{CQ}{BQ}$ par leurs valeurs en fonction des coordonnées du point M, puis à résoudre, par rapport à x et y, les équations ainsi obtenues. Soient donc respectivement α et α', β et β', γ et γ' les abscisses et les ordonnées des points A, B, C. Le point P étant situé sur la droite AC, et la partageant dans le rapport $\dfrac{CP}{AP}$, son abscisse et son ordonnée sont respectivement

$$\frac{\gamma + \alpha \cdot \dfrac{CP}{AP}}{1 + \dfrac{CP}{AP}}, \qquad \frac{\gamma' + \alpha' \cdot \dfrac{CP}{AP}}{1 + \dfrac{CP}{AP}};$$

d'autre part, le point P étant sur la droite BM, on a aussi la relation

$$\left(1 + \frac{CP}{AP}\right)(\beta' x - \beta y) + \left(\gamma + \alpha \frac{CP}{AP}\right)(y - \beta') + \left(\gamma' + \alpha' \frac{CP}{AP}\right)(\beta - x) = 0,$$

d'où l'on tire

$$\frac{CP}{AP} = \frac{(\beta' - \gamma')\,x + (\gamma - \beta)\,y + \beta\gamma' - \beta'\gamma}{(\alpha' - \beta')\,x + (\beta - \alpha)\,y + \alpha\beta' - \beta\alpha'} = \frac{x'}{\lambda p};$$

on trouvera de même

$$\frac{CQ}{BQ} = \frac{(\gamma' - \alpha')\,x + (\alpha - \gamma)\,y + \gamma\alpha' - \alpha\gamma'}{(\alpha' - \beta')\,x + (\beta - \alpha)\,y + \alpha\beta' - \beta\alpha'} = \frac{y'}{\lambda q}.$$

Ces relations peuvent s'écrire sous la forme suivante :

$$\frac{\left(\dfrac{x'}{\lambda p}\right)}{(\beta' - \gamma')\,x + (\gamma - \beta)\,y + \beta\gamma' - \gamma\beta'} = \frac{\left(\dfrac{y'}{\lambda q}\right)}{(\gamma' - \alpha')\,x + (\alpha - \gamma)\,y + \gamma\alpha' - \alpha\gamma'}$$

$$= \frac{1}{(\alpha' - \beta')\,x + (\beta - \alpha)\,y + \alpha\beta' - \beta\alpha'}.$$

On tire enfin de là

$$(1) \qquad x = \frac{\alpha \dfrac{x'}{\lambda p} + \beta \dfrac{y'}{\lambda q} + \gamma}{\dfrac{x'}{\lambda p} + \dfrac{y'}{\lambda q} + 1}, \qquad y = \frac{\alpha' \cdot \dfrac{x'}{\lambda p} + \beta' \cdot \dfrac{y'}{\lambda q} + \gamma'}{\dfrac{x'}{\lambda p} + \dfrac{y'}{\lambda q} + 1}.$$

On reconnaît ainsi que, pour passer de l'équation en coordonnées de

Descartes d'une courbe plane, à l'équation de l'une quelconque de ses projections centrales, rapportée à des axes situés arbitrairement dans son plan, il suffit de substituer aux coordonnées x et y certaines expressions formées par les rapports de deux fonctions linéaires des nouvelles coordonnées x' et y' à une même troisième fonction linéaire de x' et y'.

Réciproquement, toute transformation analytique consistant à effectuer dans une fonction de deux variables x et y une substitution telle que

$$(2) \qquad x = \frac{ax' + by' + c}{a''x' + b''y' + c''}, \qquad y = \frac{a'x' + b'y' + c'}{a''x' + b''y' + c''},$$

correspond à la transformation géométrique d'une courbe en l'une de ses projections centrales, pourvu toutefois que l'expression

$$ab'c'' - ac'b'' + bc'a'' - ba'c'' + ca'b'' - cb'a''$$

ne soit pas nulle.

Cette réciproque est une conséquence immédiate de ce fait facile à constater, que la substitution (1) offre la même généralité que la substitution (2); mais il importe, en vue des applications, de fixer nettement la signification géométrique des coefficients de celle-ci, et pour cela nous poserons la question de la manière suivante :

Étant donnés dans un plan RS deux axes de coordonnées Ix, Iy, déterminer la position d'un centre de projection O, d'un plan de projection ou tableau R′S′, et de deux axes de coordonnées C′x', C′y' dans ce plan, de telle façon que x et y désignant les coordonnées d'un point du plan RS, x' et y' celles de sa projection centrale sur le plan R′S′, on ait entre ces quantités les relations

$$x = \frac{ax' + by' + c}{a''x' + b''y' + c''}, \qquad y = \frac{a'x' + b'y' + c'}{a''x' + b''y' + c''},$$

où

$$ab'c'' - ac'b'' + bc'a'' - ba'c'' + ca'b'' - cb'a'' \gtrless 0.$$

Il suffit, pour résoudre le problème, d'identifier les substitutions (1) et (2); on trouve ainsi

$$\alpha = \frac{a}{a''}, \quad \alpha' = \frac{a'}{a''}; \qquad \beta = \frac{b}{b''}, \quad \beta' = \frac{b'}{b''}; \qquad \gamma = \frac{c}{c''}, \quad \gamma' = \frac{c'}{c''};$$

$$\lambda p = \frac{c''}{a''}, \quad \lambda q = \frac{c''}{b''}, \qquad \frac{p}{q} = \frac{b''}{a''}, \qquad \lambda = \frac{c''}{a''p} = \frac{c''}{b''q}.$$

En remarquant que ces formules ne dépendent pas de l'angle du tableau et du plan de la figure, on conclut de là la construction suivante :

Sur le plan de la figure RS, on détermine les points A, B, C qui ont respectivement pour coordonnées $\left(\dfrac{a}{a''},\ \dfrac{a'}{a''}\right)$, $\left(\dfrac{b}{b''},\ \dfrac{b'}{b''}\right)$, $\left(\dfrac{c}{c''},\ \dfrac{c'}{c''}\right)$, et l'on choisit pour centre de projection O, l'un quelconque des points de l'espace, dont le rapport des distances aux deux points A et B est égal à $\dfrac{b''}{a''}$, c'est-à-dire un point quelconque de la surface sphérique dont un diamètre aurait pour extrémités les deux points qui partagent la droite AB dans le rapport $\dfrac{b''}{a''}$; une fois le centre de projection choisi, on obtiendra la trace du tableau sur le plan RS, en menant une droite A'B' parallèle à AB de telle manière que l'on ait

$$\frac{AA'}{AC} = \frac{BB'}{BC} = \lambda = \frac{c''}{a''p} = \frac{c''}{b''q};$$

enfin le plan du tableau devant être parallèle au plan OAB, et les axes $C'x'$, $C'y'$ n'étant autre chose que les perspectives des droites CA et CB, tous les éléments de la transformation se trouvent définis.

Cette construction ne peut plus s'appliquer immédiatement lorsque l'un ou plusieurs des coefficients a'', b'', c'' sont nuls, mais il est aisé de la modifier alors par des considérations de continuité. Elle ne tombe réellement en défaut que lorsque les trois points A, B, C sont en ligne droite ; ce qui ne peut avoir lieu que si l'on a

$$ab'c'' - ac'b'' + bc'a'' - ba'c'' + ca'b'' - cb'a'' = 0,$$

et cette hypothèse a été écartée.

Il convient de remarquer que, d'après la manière dont la question a été posée, toutes les projections centrales d'une figure qui correspondent à une même substitution analytique (2), ne sont pas elles-mêmes des figures superposables; car la forme précise de la courbe représentée en coordonnées de Descartes, par une équation telle que $f(x', y')$, dépend de l'angle des axes coordonnés. La déformation que subit une figure lorsque, laissant aux coordonnées de chacun de ses points les mêmes grandeurs, on les rapporte à des axes formant un angle différent de celui des premiers, est géométriquement fort simple ; elle consiste uniquement à *balancer* les ordonnées, c'est-à-dire à les incliner toutes d'un même angle et dans le même sens, et il n'est pas difficile de reconnaître qu'elle peut être regardée comme un cas particulier de la transformation par projection centrale, pour un centre de projection situé à l'infini.

Quand on voudra assujettir les axes relatifs au plan du tableau à former entre eux un angle donné, le lieu de tous les points que l'on pourra prendre pour centre d'une projection conique équivalente à une substitution donnée, se réduira à un cercle ayant son centre sur la droite AB, et son plan perpendiculaire à cette droite. Comme pour tous les points d'un pareil cercle, les longueurs que nous avons désignées par p et q restent les mêmes, la valeur de λ ne change pas non plus, et l'on conclut de là le théorème suivant, énoncé dans le *Traité des Propriétés projectives*, et qui joue un rôle important dans la théorie de l'*homologie* :

« Lorsqu'une figure plane est la projection centrale d'une autre figure » plane, ces figures restent en perspective quand on fait tourner le plan » de la première autour de son intersection avec le plan de la seconde, » et le centre de projection décrit un cercle dont le plan est perpendi- » culaire à cette intersection. »

Considérons, en particulier, le cas où les axes de coordonnées sont rectangulaires, tant sur le tableau que sur le plan de la figure; il est alors facile de calculer les coordonnées du centre et le rayon du cercle, lieu des centres de projection relatifs à une substitution donnée.

Concevons, en effet, que du point O l'on abaisse sur la droite AB la perpendiculaire OH; le point H sera le centre et la longueur OH le rayon cherché. Or, puisque le triangle AOB est rectangle, on a les relations

$$\frac{AI}{BI} = \left(\frac{AO}{BO}\right)^{2} \quad \text{et} \quad OH = \frac{AO \times BO}{AB} = \frac{AB \times \dfrac{AO}{BO}}{1 + \left(\dfrac{AO}{BO}\right)^{2}}.$$

En conservant les notations ci-dessus, on déduit aisément de là, pour les coordonnées du point H, les valeurs respectives

$$\frac{aa'' + bb''}{a''^{2} + b''^{2}}, \qquad \frac{a'a'' + b'b''}{a''^{2} + b''^{2}}.$$

et pour la longueur du rayon OH l'expression

$$\frac{\sqrt{(a'b'' - b'a'')^{2} + (a''b - b''a)^{2}}}{a''^{2} + b''^{2}}.$$

III. — Application analytique des formules de projection centrale.

Les résultats exposés à l'article précédent permettent de déduire de certaines propositions relatives à la perspective, des conséquences analytiques auxquelles il serait quelquefois pénible de parvenir directement. Nous choisirons comme exemple la solution géométrique de ce problème : *Projeter le système de deux sections coniques situées dans le même plan suivant le système de deux cercles.*

Désignons par (G) et (H) les deux coniques données, par (G') et (H') leurs projections respectives, qui doivent se réduire à des cercles; supposons d'ailleurs que la conique (G) soit elle-même un cercle de rayon 1, et prenons pour axes de coordonnées : 1° dans le plan de la figure, deux diamètres rectangulaires quelconques de (G); 2° dans le plan du tableau, deux diamètres rectangulaires de (G'), dont l'un, l'axe des y', passe aussi par le centre de (H'); concevons enfin que, parmi toutes les positions du tableau parallèles à une même direction et satisfaisant aux conditions de l'énoncé, on choisisse celle pour laquelle le cercle (G') a même rayon que le cercle (G) dont il est la projection.

Soient respectivement les équations de (G), (H), (G'), (H') :

$$(G) \quad x^2 + y^2 - 1 = 0, \qquad (H) \quad A x^2 + A' y^2 + A'' + 2 B y + 2 B' x + 2 B'' xy = 0,$$

$$(G') \quad x'^2 + y'^2 - 1 = 0, \qquad (H') \quad K(x'^2 + y'^2) + 2 I y' + J = 0.$$

Le problème, envisagé analytiquement, consiste à déterminer les coefficients de la substitution

$$x = \frac{a x' + b y' + c}{a'' x' + b'' y' + c''}, \qquad y = \frac{a' x' + b' y' + c'}{a'' x' + b'' y' + c''},$$

et les trois coefficients K, I, J, de telle manière que l'on ait identiquement

$$x^2 + y^2 - 1 = \frac{x'^2 + y'^2 - 1}{(a'' x' + b'' y' + c'')^2},$$

$$A x^2 + A' y^2 + A'' + 2 B y + 2 B' x + 2 B'' xy = \frac{K(x'^2 + y'^2) + 2 I y' + J}{(a'' x' + b'' y' + c'')^2}.$$

D'autre part, au point de vue géométrique, la question revient à déterminer les situations des points désignés à l'article II par A, B, C; les longueurs OA et OB ou p et q et la position de la droite A'B', de telle manière que la droite C'A' soit la ligne des centres des deux cercles (G') et (H'), que C'B' soit le diamètre de (G') perpendiculaire à C'A', et qu'enfin le rayon de (G') soit égal au rayon de (G).

Or, sous cette dernière forme, le problème peut se résoudre entièrement, comme on l'a vu (V° cahier, p. 288), à l'aide de propositions de géométrie pure, lesquelles fournissent donc, par cela même, la solution complète du problème d'analyse correspondant. Néanmoins, les calculs se présentant sous une forme plus simple, lorsque l'on emploie simultanément les transformations analytiques et les considérations géométriques, nous ne nous servirons de celles-ci que pour ce qui est relatif à la détermination des points A, B, C.

En premier lieu, le point A ayant pour projection sur le plan du tableau le point situé à l'infini sur l'axe C'A'x', c'est-à-dire dans une direction perpendiculaire au diamètre commun de (G') et (H'), il résulte immédiatement des principes de projection, que la corde de contact des tangentes menées de ce point à la courbe (H), c'est-à-dire la *polaire* de A par rapport à (H), se confond avec la polaire du même point par rapport à (G). Or on sait que le point qui a pour coordonnées (ξ, η) a respectivement pour polaires, par rapport aux deux courbes (G) et (H), les droites dont les équations sont

$$\xi x + \eta y - 1 = 0,$$

$$(A\xi + B''\eta + B')x + (B''\xi + A'\eta + B)y + B'\xi + B\eta + A'' = 0;$$

pour que ces deux droites se confondent, il faut que ξ et η satisfassent aux relations

$$\frac{A\xi + B''\eta + B'}{\xi} = \frac{B''\xi + A'\eta + B}{\eta} = \frac{B'\xi + B\eta + A''}{-1},$$

lesquelles deviennent, en posant $\xi = \dfrac{a}{a''}$, $\eta = \dfrac{a'}{a''}$ conformément aux notations de l'article II,

$$\frac{Aa + B''a' + B'a''}{a} = \frac{B''a + A'a' + Ba''}{a'} = \frac{B'a + Ba' + A''a''}{-a''}.$$

Pour résoudre le système de ces deux équations homogènes, nous prendrons une inconnue auxiliaire k égale à la valeur commune des trois rapports dont elles expriment l'égalité; elles prennent alors la forme

$$(1) \qquad \begin{cases} (A - k)a + B''a' + B'a'' = 0. \\ B''a + (A' - k)a' + Ba'' = 0, \\ B'a + Ba' + (A'' + k)a'' = 0; \end{cases}$$

l'élimination de a, a', a'', donne pour déterminer k l'équation du troisième degré

$$(2) \qquad \begin{cases} (A - k)(A' - k)(A'' + k) + 2BB'B'' \\ - (A - k)B^2 - (A' - k)B'^2 - (A'' + k)B''^2 = 0. \end{cases}$$

Prenant donc k égal à l'une des racines de cette équation, on déduira des relations (1) les valeurs proportionnelles de a, a', a'' :

$$(3) \qquad \frac{a}{(A - k)B - B'B''} = \frac{a'}{(A' - k)B' - B''B} = \frac{a''}{(A'' + k)B'' - BB'}.$$

Nous remarquerons, en outre, que les relations (1) peuvent être regardées comme exprimant que le lieu géométrique représenté par l'équation

$$(A - k)x^2 + (A' - k)y^2 + (A'' + k) + 2By + 2B'x + 2B''xy = 0.$$

consiste en un système de deux droites passant toutes deux par le point A ; et comme cette équation peut aussi s'écrire

$$(4) \quad A x^2 + A' y^2 + A'' + 2 B y + 2 B' x + 2 B'' xy - k (x^2 + y^2 - 1) = 0,$$

ces deux droites passent par les points communs à (G) et (H) et forment ainsi un de leurs systèmes de sécantes communes.

En second lieu, la droite AB doit, en vertu de ce qui a été dit page 290, être l'une des sécantes communes à (G) et (H), et par suite les coordonnées $\frac{b}{b''}$, $\frac{b'}{b''}$ du point B satisfont à l'équation (4); on a donc

$$(5) \quad A b^2 + A' b'^2 + A'' b''^2 + 2 B b' b'' + 2 B' b'' b + 2 B'' bb' = k (b^2 + b'^2 - b''^2) ;$$

comme d'autre part le point B appartient à la droite qui a pour perspective $C'B'y'$, polaire commune par rapport à (G') et (H') du point situé à l'infini sur l'axe des y', ses coordonnées doivent aussi satisfaire à l'équation

$$\frac{a}{a''} x + \frac{a'}{a''} y - 1 = 0,$$

qui représente la polaire de A par rapport à (G); et l'on a donc aussi

$$(6) \qquad ab + a'b' - a''b'' = 0.$$

Enfin le point C', centre du cercle (G'), étant situé à l'intersection des polaires par rapport à (G') des deux points où la droite de l'infini est rencontrée par les axes $C'x'$, $C'y'$, le point C doit se trouver à la fois sur les polaires de A et B par rapport à (G), ce qui donne

$$(7) \qquad ac + a'c' - a''c'' = 0,$$

$$(8) \qquad bc + b'c' - b''c'' = 0.$$

Par ce qui précède, les valeurs des rapports $\frac{a}{a''}$, $\frac{a'}{a''}$, $\frac{b}{b''}$, $\frac{b'}{b''}$, $\frac{c}{c''}$, $\frac{c'}{c''}$, se trouvent seules définies. Trois équations sont donc encore nécessaires ; nous les déduirons de l'identification directe de

$$x^2 + y^2 - 1 \quad \text{et} \quad \frac{x'^2 + y'^2 - 1}{(a'' x' + b'' y' + c'')^2},$$

ou, ce qui revient au même, de l'identification de

$$(a x' + b y' + c)^2 + (a' x' + b' y' + c')^2 - (a'' x' + b'' y' + c'')^2 \quad \text{et} \quad x'^2 + y'^2 - 1.$$

On trouve ainsi, outre les trois relations (6), (7) et (8),

$$(9) \quad a^2 + a'^2 - a''^2 = 1, \quad b^2 + b'^2 - b''^2 = 1, \quad c^2 + c'^2 - c''^2 = -1 ;$$

ce qui fournit, en résumé, un système de dix équations distinctes renfermant dix inconnues, savoir les neuf coefficients a, b,..., c'' et l'inconnue auxiliaire k.

Pour reconnaître combien le système de ces équations renferme de solutions du problème, nous remarquerons : 1° que l'inconnue k peut, en vertu de l'équation (2), recevoir en général trois valeurs distinctes ; 2° qu'à chacune de ces valeurs correspondent, en vertu des équations (3) et de la première des équations (9), deux systèmes de valeurs respectivement égales et de signes contraires de a, a' et a'' ; 3° qu'à chaque système de valeurs de a, a' et a'' correspondent, en vertu des équations (5) et (6) et de la deuxième des équations (9), quatre systèmes, deux à deux égaux et de signes contraires, de valeurs de b, b', b'', et 4° enfin, qu'en vertu des équations (7), (8) et de la dernière des équations (9), à chaque système de valeurs de a, a', a'', b, b', b'' correspondent deux systèmes égaux et de signes contraires de valeurs de c, c' et c''. Le nombre total des solutions est donc $3 \times 2 \times 4 \times 2 = 48$. Mais d'autre part il est évident, à priori, que lorsqu'un système de valeurs des neuf coefficients de la substitution satisfait aux conditions de l'énoncé, on obtient encore un système satisfaisant aux mêmes conditions, en changeant de toutes les manières possibles les signes des trois groupes (a, a', a''), (b, b', b'') et (c, c', c''), ce qui permet de regarder chacune des substitutions comme tenant la place de huit d'entre elles, et réduit par suite le nombre des solutions effectivement distinctes à $\frac{48}{8} = 6$. Au point de vue géométrique, de pareils changements de signe répondent à de simples changements dans le sens, non la direction, de l'un ou de l'autre des deux axes coordonnés ou de tous deux à la fois.

Conformément à une importante prescription, fréquemment répétée dans le cours de cet ouvrage, et qui renferme en germe le principe de continuité, nous n'avons jusqu'ici tenu aucun compte des circonstances sous lesquelles les constructions indiquées sont ou ne sont pas possibles ; aussi la solution exposée est-elle, malgré l'emploi de considérations de géométrie, entièrement algébrique. Nous nous proposons maintenant de discuter cette solution, en recherchant dans quels cas la transformation analytique proposée est possible en quantités réelles ; et c'est particulièrement pour cette discussion que les théorèmes du V° cahier sont d'un grand usage.

Toute solution réelle du problème d'analyse qui nous occupe, correspond nécessairement à une solution géométriquement possible de cette question : *Projeter le système des deux coniques* (G) *et* (H) *suivant le système de deux cercles ;* une pareille solution ne saurait donc exister qu'autant que les deux coniques auront une sécante commune *idéale* (*voir* p. 290). Réciproquement, à chaque sécante idéale commune à (G) et (H) il correspond nécessairement un système de valeurs réelles des neuf coefficients; en effet les trois points A, B, C sont alors réels, et de plus les deux premiers sont à l'extérieur et le second à l'intérieur du cercle (G); de ce que les points sont réels, il résulte que leurs coordonnées respectives $\left(\dfrac{a}{a''}, \dfrac{a'}{a''}\right)$, $\left(\dfrac{b}{b''}, \dfrac{b'}{b''}\right)$, $\left(\dfrac{c}{c''}, \dfrac{c'}{c''}\right)$, le sont également; de ce que A et B sont hors du cercle et C dans le cercle, on conclut que

$$\frac{a^2}{a''^2}+\frac{a'^2}{a''^2}-1 \quad \text{ou} \quad \frac{1}{a''^2}; \qquad \frac{b^2}{b''^2}+\frac{b'^2}{b''^2}-1 \quad \text{ou} \quad \frac{1}{b''^2},$$

$$-\frac{c^2}{c''^2}-\frac{c'^2}{c''^2}+1 \quad \text{ou} \quad \frac{1}{c''^2}$$

sont positifs, et par suite que a'', b'', c'' sont réels.

Cela posé, nous avons à distinguer trois cas généraux :

1° Les quatre systèmes de solutions des équations

$$(\text{G}) \qquad\qquad x^2+y^2-1=0,$$

$$(\text{H}) \qquad A x^2+A'y^2+A''+2By+2B'x+2B''xy=0.$$

sont tous les quatre réels.

Il n'existe alors aucune sécante idéale commune aux deux courbes (G) et (H), et par suite la transformation proposée est impossible en quantités réelles.

2° Des quatre systèmes de solutions de (G) et (H), deux sont réels, deux imaginaires.

Les deux courbes ont alors deux sécantes communes dont l'une seulement est idéale; le problème admet donc une seule solution distincte (abstraction faite des signes). Pour l'obtenir, il faut remarquer que l'équation (2) n'a dans ce cas qu'une racine réelle, car il existe un seul point réel dont les polaires par rapport à (G) et (H) se confondent; c'est cette racine qui fournit la valeur de k dont dépendent tous les coefficients. L'ambiguïté relative aux deux systèmes distincts de valeurs de b, b', b'', fournies par les équations (5), (6) et la seconde des équations (9), n'est d'ailleurs qu'apparente, car on sait à priori que l'un seulement d'entre eux est réel.

3° Les quatre systèmes de solutions de (G) et (H) sont tous les quatre imaginaires.

Les deux courbes (G) et (H) ont alors deux sécantes idéales communes, et le problème admet deux solutions distinctes. Dans ce cas l'équation (2) a ses trois racines réelles, car il existe trois points dont les polaires par rapport à (G) et (A) se confondent, mais parmi ces trois racines, il n'y en a qu'une seule qui rende $(A-k)(A'-k)-B''^2$ négatif, et pour laquelle l'équation (4) représente un système de deux droites réelles. A cette valeur unique de k, il correspond d'ailleurs effectivement deux systèmes distincts de valeurs de b, b' et b''.

En résumé, parmi les six substitutions distinctes de la forme

$$x = \frac{ax' + by' + c}{a''x' + b''y' + c''}; \quad y = \frac{a'x' + b'y' + c'}{a''x' + b''y' + c''};$$

qui transforment simultanément

$$x^2 + y^2 - 1 \quad \text{en} \quad \frac{x'^2 + y'^2 - 1}{(a''x' + b''y' + c'')^2},$$

$$Ax^2 + A'y^2 + A'' + 2By + 2B'x + 2B''xy \quad \text{en} \quad \frac{K(x'^2 + y'^2) + 2Iy' + J}{(a''x' + b''y' + c'')^2},$$

il en existe deux qui sont réelles, lorsque les deux fonctions proposées ne s'annulent pour aucun système de valeurs réelles de x et de y; il en existe une seule, lorsque ces fonctions ne s'annulent que pour deux systèmes de valeurs réelles de x et y; il n'en existe aucune, lorsque les deux fonctions s'annulent pour quatre systèmes de valeurs réelles de x et y.

Il nous reste, pour compléter la solution de la question proposée, à calculer les valeurs de K, I et J. Pour cela, remarquons d'abord que le coefficient K est égal à k, car en développant

$$A(ax' + by' + c)^2 + A'(a'x' + b'y' + c')^2 + A''(a''x' + b''y' + c'')^2,$$

on trouve pour les coefficients de x'^2 et de y'^2 les expressions

$$Aa^2 + A'a'^2 + A''a''^2 + 2Ba'a'' + 2B'a''a + 2B''aa',$$
$$Ab^2 + A'b'^2 + A''b''^2 + 2Bb'b'' + 2B'b''b + 2B''bb',$$

toutes deux égales à k, en vertu des relations (1), (5) et (9). On vérifierait aussi aisément que les coefficients de $x'y'$ et de x' sont nuls. Pour calculer les deux autres coefficients $2I$ et J, nous nous appuierons sur cette remarque évidente que toute valeur de k, qui rend

$$Ax^2 + A'y^2 + A'' + 2By + 2B'x + 2B''xy - k(x^2 + y^2 - 1)$$

décomposable en deux facteurs du premier degré, rend aussi décomposable en facteurs l'expression transformée

$$Kx'^2 + Ky'^2 + 2Iy' + J - k(x'^2 + y'^2 - 1);$$

il résulte de là que l'équation (2) et l'équation

$$k^3 - (2K - J)k^2 - (2KJ - K^2 - I^2)k + K^2J - KI^2 = 0$$

ont les mêmes racines, et par suite

$$2\,\mathrm{K} - \mathrm{J} = \mathrm{A} + \mathrm{A}' - \mathrm{A}'', \quad 2\,\mathrm{KJ} - \mathrm{K}^2 - \mathrm{I}^2 = \mathrm{A}'\mathrm{A}'' - \mathrm{B}^2 + \mathrm{A}''\mathrm{A} - \mathrm{B}'^2 - (\mathrm{A}\mathrm{A}' - \mathrm{B}''^2);$$

on tire de là

$$\mathrm{J} = 2\,\mathrm{K} - (\mathrm{A} + \mathrm{A}' - \mathrm{A}''),$$

$$\mathrm{I}^2 = -\,[(\mathrm{A}' - \mathrm{K})(\mathrm{A}'' + \mathrm{K}) + (\mathrm{A}'' + \mathrm{K})(\mathrm{A} - \mathrm{K}) - (\mathrm{A} - \mathrm{K})(\mathrm{A}' - \mathrm{K}) - \mathrm{B}^2 - \mathrm{B}'^2 + \mathrm{B}''^2].$$

En désignant par L et M, les deux racines autres que K de l'équation (2), on peut encore mettre les valeurs de I et J sous la forme

$$\mathrm{J} = \mathrm{K} - \mathrm{L} - \mathrm{M}, \quad \mathrm{I}^2 = (\mathrm{K} - \mathrm{L})(\mathrm{K} - \mathrm{M}).$$

Nous nous bornerons à indiquer succinctement comment les résultats précédents permettent de réduire l'intégrale

$$\int \frac{d\varphi}{\sqrt{\mathrm{A}\cos^2\varphi + \mathrm{A}'\sin^2\varphi + \mathrm{A}'' + 2\,\mathrm{B}\sin\varphi + 2\,\mathrm{B}'\cos\varphi + 2\,\mathrm{B}''\sin\varphi\cos\varphi}}$$

à la forme

$$\int \frac{d\eta}{\sqrt{\mathrm{P} + \mathrm{Q}\sin\eta}}$$

par un substitution telle que

$$\tang\frac{1}{2}\varphi = \frac{m + n\,\tang\frac{1}{2}\eta}{p + q\,\tang\frac{1}{2}\eta}.$$

Concevons que l'on choisisse pour a, b, c, a', b', c', a'', b'', c'', les valeurs calculées comme il a été dit ci-dessus; il sera, comme il est aisé de voir, possible de trouver pour toute valeur de φ une valeur de η telle, que l'on ait à la fois

$$\cos\varphi = \frac{a\cos\eta + b\sin\eta + c}{a''\cos\eta + b''\sin\eta + c''}, \quad \sin\varphi = \frac{a'\cos\eta + b'\sin\eta + c'}{a''\cos\eta + b''\sin\eta + c''};$$

ces deux relations équivalent à une relation unique entre $\tang\frac{1}{2}\varphi$ et $\tang\frac{1}{2}\eta$, de la forme

$$\tang\frac{1}{2}\varphi = \frac{m + n\,\tang\frac{1}{2}\eta}{p + q\,\tang\frac{1}{2}\eta},$$

où l'on peut, par exemple, prendre

$$m = c'' + a'' - c - a, \quad n = b'' - b, \quad p = c' + a', \quad q = b' + 1.$$

On vérifie, sans difficulté, que par cette substitution l'intégrale proposée se transforme en

$$\int \frac{d\eta}{\sqrt{K + J + 2 I \sin \eta}},$$

ou bien, remplaçant I et J par leurs valeurs, en

$$\int \frac{d\eta}{\sqrt{2 K - L - M + 2\sqrt{(K - L)(K - M)} . \sin \eta}}.$$

En rapprochant ce résultat de la discussion relative à la nature réelle ou imaginaire des coefficients $a, b, \ldots$, on arrive à cette conclusion.

La réduction proposée n'est jamais possible en quantités réelles, lorsque l'expression

$$A \cos^2 \varphi + A' \sin^2 \varphi + A'' + 2 B \sin \varphi + 2 B' \cos \varphi + 2 B'' \sin \varphi \cos \varphi$$

s'annule pour quatre valeurs distinctes de φ, comprises entre o et 2π. Elle est possible d'une seule manière distincte, lorsque l'expression ne s'annule que pour deux valeurs réelles de φ; l'équation (2) n'a alors qu'une seule racine réelle, et c'est elle qui donne la valeur de K. Enfin, lorsque l'expression ne s'annule pour aucune valeur réelle de φ, la réduction est possible pour deux substitutions distinctes; l'équation (2) a dans ce cas ses trois racines réelles; mais l'une d'elles seulement rend $(A - K)(A' - K) - B''^2$ négatif; et c'est elle qui fournit la valeur de K.

On peut remarquer que les deux coefficients $2K - L - M$ et $\sqrt{(K - L)(K - M)}$ de l'intégrale réduite ne sont pas altérés lorsque l'on remplace A par $A - \lambda$, A' par $A' - \lambda$, et A'' par $A'' - \lambda$, ce qui ne change pas

$$A \cos^2 \varphi + A' \sin^2 \varphi + A'' + 2 B \sin \varphi + 2 B' \cos \varphi + 2 B'' \sin \varphi \cos \varphi.$$

En effet, un pareil changement revient simplement à augmenter de λ toutes les racines de l'équation (2), et n'influe par conséquent pas sur les valeurs des fonctions ci-dessus de ces racines. Les coefficients de la substitution ne subissent non plus aucune modification dans leurs valeurs; ce qui résulte d'ailleurs à priori, de ce fait évident que toute substitution satisfaisant aux conditions énoncées au commencement de cet article transforme nécessairement

$$(A - \lambda) x^2 + (A' - \lambda) y^2 + A'' + \lambda + 2 B y + 2 B' x + 2 B'' x y$$

en

$$\frac{(K - \lambda)(x'^2 + y'^2) + 2 I y' + J + \lambda}{(a'' x' + b'' y' + c'')^2}.$$

IV. — *Sur les coordonnées symétriques.*

Les formules qui servent à trouver l'équation générale, en coordonnées de Descartes, des projections centrales d'une courbe donnée, sont susceptibles d'interprétations directes, entièrement indépendantes des considérations à l'aide desquelles on les a d'abord établies. On est ainsi conduit à les regarder comme exprimant en langage algébrique la définition d'un mode de transformation, que l'analogie permet d'étendre immédiatement aux figures à trois dimensions. Concevons en effet que x, y, z, étant les coordonnées d'un point quelconque de l'espace, on détermine, par une construction d'ailleurs susceptible d'énoncés géométriques divers, un nouveau point $(x'$, y', $z')$ lié au premier par les relations

$$x = \frac{ax' + by' + cz' + d}{a'''x' + b'''y' + c'''z' + d'''}, \qquad y = \frac{a'x' + b'y' + c'z' + d'}{a'''x' + b'''y' + c'''z' + d'''},$$

$$z = \frac{a''x' + b''y' + c''z' + d''}{a'''x' + b'''y' + c'''z' + d'''};$$

la figure formée par les points $(x'$, y', $z')$ pourra être considérée comme la transformée de la figure formée par les points $(x$, y, $z)$.

Bornée au cas des figures planes, l'étude directe d'un pareil mode de transformation ne saurait évidemment fournir aucune proposition qu'il ne soit possible d'établir d'une manière plus intuitive, par les principes de la projection centrale, et l'auteur de la *Théorie des Propriétés projectives* a montré lui-même, en créant la notion de l'*homologie*, qu'une analyse purement géométrique des méthodes de perspective suffit pour en dégager les résultats généraux, sous une forme qui n'exige plus que les constructions et les raisonnements de la géométrie plane. Mais les principes de l'homologie s'étendent à l'espace aussi bien que les formules (*voir* le *Supplément du Traité des Propriétés projectives*), et bien que la transformation que celles-ci servent à définir, paraisse dans l'espace plus générale que la transformation homologique, elle lui est au fond réductible; il suffit pour cela de combiner la transformation homologique avec une opération spéciale, que l'on peut regarder comme l'un de ses cas particuliers, et qui consiste simplement à déduire d'une figure donnée, rapportée à un certain système de plans coordonnés, une figure nouvelle, où les coordonnées de chaque point ont, par rapport à un nouveau système de plans coordonnés formant un angle trièdre différent du premier, les mêmes valeurs que les coordonnées anciennes du point correspondant.

Quel que soit d'ailleurs l'intérêt qui s'attache, sous un point de vue philosophique, aux formes géométriques diverses que peut revêtir la méthode de transformation analytiquement définie ci-dessus, il est juste d'en rapporter les résultats essentiels à l'idée mère de la projection centrale, dont elles sont historiquement et logiquement dérivées. Sous cet aspect, il paraît permis de rattacher à la même origine, la conception de géométrie analytique, aujourd'hui bien répandue, qui constitue la méthode des coordonnées symétriques. C'est l'objet que nous nous proposons ici de développer.

La forme sous laquelle nous avons jusqu'ici considéré la substitution correspondante à la transformation d'une figure par voie de projection centrale, devient plus symétrique lorsque, pour désigner les deux coordonnées de chaque point de la figure ou de sa projection, on emploie deux rapports ayant même dénominateur, et que l'on remplace, par exemple, x par $\dfrac{x}{z}$, y par $\dfrac{y}{z}$, x' par $\dfrac{x'}{z'}$, y' par $\dfrac{y'}{z'}$. Par l'introduction de ces nouvelles lettres, les premiers membres des équations d'une courbe et de sa projection se présentent comme des fonctions homogènes à trois variables, $F(x, y, z)$, $f(x', y', z')$; et la substitution propre à transformer la première en la seconde, peut alors s'écrire sous une forme identique à celle que l'on emploie le plus communément dans l'algèbre et la théorie des nombres :

$$x = ax' + by' + cz', \quad y = a'x' + b'y' + c'z', \quad z = a''x' + b''y' + c''z'.$$

On conçoit aisément que dans ces notations les expressions algébriques qui répondent à des propriétés projectives, acquerront, en général, plus d'élégance et de symétrie; les travaux de Jacobi, de Plucker, d'Otto Hesse, sur la géométrie analytique, en offrent de beaux exemples; c'est ainsi encore que si, l'on désigne par $f(x, y, z) = 0$ l'équation rendue homogène d'une courbe d'ordre m, par $\dfrac{\xi}{\zeta}$, $\dfrac{\eta}{\zeta}$, les coordonnées d'un point de son plan, l'équation de la polaire d'ordre p du point par rapport à la courbe peut s'écrire sous l'une des deux formes symboliques

$$\left(x\frac{d}{d\xi} + y\frac{d}{d\eta} + z\frac{d}{d\zeta}\right)^p f = 0, \quad \text{ou} \quad \left(\xi\frac{d}{dx} + \eta\frac{d}{dy} + \zeta\frac{d}{dz}\right)^{m-p} f = 0.$$

Mais il convient de remarquer que la symétrie obtenue de cette manière est plutôt apparente que réelle, plutôt algébrique que géométrique, car toutes les variables ne jouent pas le même rôle dans l'interprétation concrète, à moins toutefois qu'on ne la regarde comme ayant pour objet de substituer l'étude des cônes à celle des courbes. Mais ce dernier point de vue ne s'étend pas aux figures à trois dimensions, et c'est à proprement parler dans la conception qui permet d'attribuer des significations géométriques similaires à toutes les variables d'une équation homogène à trois ou quatre lettres, que consiste le principe de la méthode des coordonnées symétriques. Cette conception dérive, d'une manière fort simple, de l'étude des formules de transformation par voie de projection centrale.

Considérons, en effet, la substitution

$$x = \frac{ax' + by' + c}{a''x' + b''y' + c''}; \qquad y = \frac{a'x' + b'y' + c'}{a''x' + b''y' + c''},$$

et imaginons que l'on trace dans le plan du tableau les trois droites (A), (A'), (A''), qui ont respectivement pour équations :

$$(A) \quad ax' + by' + c = 0, \qquad (A') \quad a'x' + b'y' + c' = 0,$$

$$(A'') \quad a''x' + b''y' + c'' = 0.$$

On sait que les premiers membres de ces équations sont les expressions des distances du point (x', y') aux trois droites correspondantes, à des facteurs constants près; de là résulte que, l'équation d'une courbe en coordonnées de Descartes étant donnée, il suffit, pour obtenir celle de l'une quelconque de ses projections centrales, de rendre d'abord l'équation homogène par l'introduction d'une nouvelle variable z, et de considérer ensuite les trois lettres x, y, z comme désignant, à des facteurs constants près, les distances d'un point de la projection à trois droites arbitraires fixes situées dans son plan.

On est ainsi conduit à définir en général la position d'un point dans un plan, en se donnant les produits respectifs des distances de ce point à trois droites arbitraires fixes, par trois nombres arbitraires fixes. Nous nommerons les trois droites fixes, *axes de référence*, les trois multiplicateurs fixes, *paramètres de référence*, et les trois produits *coordonnées symétriques* du point. Dans ce système de coordonnées, tout lieu géométrique peut être représenté par une relation homogène entre les trois coordonnées de chaque point; et pour passer d'une courbe donnée à l'une quelconque de ses projections centrales, on peut à volonté effectuer une substitution linéaire dans l'équation symétrique de la courbe, en regardant le résultat comme relatif au même système de référence, ou bien conserver l'équation proposée elle-même, en changeant simplement le système de référence. Ce dernier point de vue, qui permet de confondre dans une représentation unique, tout le groupe des courbes qui peuvent se déduire les unes des autres, par voie de projection centrale, fait ressortir la profonde analogie du problème algébrique de la réduction d'une fonction homogène, avec la méthode si efficacement employée dans cet ouvrage, pour ramener l'étude des propriétés d'une figure à celle d'une figure plus simple.

A côté de l'origine logique, attribuée dans ce qui précède à la méthode des coordonnées symétriques, on peut en signaler une autre dans certaines notations abrégées que Bobillier a le premier employées d'une manière systématique; mais il n'en est pas moins vrai que ce nouveau mode de représentation analytique des figures n'a le plus généralement un avantage marqué sur l'analyse de Descartes, que dans les questions relatives aux propriétés projectives, et qui n'impliquent aucune détermination métrique spéciale du système de référence. Ce n'est en effet qu'à la condition de laisser dans une complète indétermination, et la position des axes et les valeurs des paramètres de référence, qu'il sera permis de regarder l'équation d'une courbe, et tous les résultats qui s'y rapportent, comme s'appliquant sans modification à l'une quelconque de ses projections centrales.

Nous nous bornerons à exposer succinctement, parmi les formules relatives au calcul des coordonnées symétriques, celles dont l'emploi paraît le plus avantageux dans l'analyse des transversales.

La question fondamentale dans ce genre de recherches est la suivante : Étant données les coordonnées symétriques de deux points M_1, (x_1, y_1, z_1) et M_2, (x_2, y_2, z_2), calculer les coordonnées (x, y, z) du point M, situé sur la droite $M_1 M_2$ de manière que l'on ait

$$\frac{MM_1}{MM_2} = \frac{\lambda}{\mu}.$$

En supposant d'abord, pour fixer les idées, les points M_1 et M_2 dans l'intérieur du triangle de référence, et le point M entre les points M_1 et M_2, on trouve aisément pour x, y, z les expressions

$$x = \frac{\mu x_1 + \lambda x_2}{\mu + \lambda}, \quad y = \frac{\mu y_1 + \lambda y_2}{\mu + \lambda}, \quad z = \frac{\mu z_1 + \lambda z_2}{\mu + \lambda}.$$

La discussion de ces formules conduit par des considérations analogues à celles qui se présentent au début de l'analyse de Descartes, à préciser la notion des coordonnées symétriques en les affectant d'un signe, et à nommer, en général, coordonnées symétriques d'un point, les distances de ce point aux trois axes de référence, multipliées respectivement par trois nombres arbitraires fixes, et précédées du signe $+$ ou du signe $-$, suivant que le point est situé par rapport à l'axe correspondant, du même côté que le point de concours des deux autres axes ou d'un côté différent. On peut d'ailleurs remarquer que l'on arrive directement à la même définition du signe, en partant, comme nous l'avons fait ci-dessus, de l'interprétation des formules de projection centrale.

En supposant, en second lieu, le point M non situé entre M_1 et M_2, on trouve de même aisément les expressions

$$x = \frac{\mu x_1 - \lambda x_2}{\mu - \lambda}, \quad y = \frac{\mu y_1 - \lambda y_2}{\mu - \lambda}, \quad z = \frac{\mu z_1 - \lambda z_2}{\mu - \lambda},$$

qui se déduisent des précédentes par le changement du signe de $\dfrac{\lambda}{\mu}$.

Réciproquement, lorsque les coordonnées de trois points sont liées entre elles par les relations $\dfrac{x}{\mu x_1 + \lambda x_2} = \dfrac{y}{\mu y_1 + \lambda y_2} = \dfrac{z}{\mu z_1 + \lambda z_2}$, où μ et λ sont des nombres quelconques positifs ou négatifs, on voit par ce qui précède que le point M $(x,\ y,\ z)$ est situé sur la droite qui joint le point $M_1\ (x_1, y_1, z_1)$ au point $M_2\ (x_2, y_2, z_2)$, que le rapport des distances MM_1 et MM_2 est égal à la valeur absolue du rapport $\dfrac{\lambda}{\mu}$, et enfin que le point M est entre les points M_1 et M_2 ou sur le prolongement de $M_1 M_2$, suivant que λ et μ ont le même signe ou des signes différents. L'élimination de $\dfrac{\lambda}{\mu}$ entre ces deux équations donne celle de la droite $M_1 M_2$ sous la forme symétrique

$$(y_1 z_2 - z_1 y_2)\, x + (z_1 x_2 - x_1 z_2)\, y + (x_1 y_2 - y_1 x_2)\, z = 0.$$

Les formules qui précèdent permettent d'interpréter géométriquement plusieurs des éléments analytiques que l'on rencontre dans l'étude des fonctions homogènes. Concevons que dans une pareille fonction $f(x, y, z)$ on substitue à x, y, z les quantités $\mu x_1 + \lambda x_2,\ \mu y_1 + \lambda y_2,\ \mu z_1 + \lambda z_2$, et que l'on développe le résultat par rapport aux puissances de λ et de μ, les divers coefficients de cette expression représenteront certaines grandeurs géométriques faciles à définir, dépendant de la position relative des points (x_1, y_1, z_1), (x_2, y_2, z_2), et de la courbe dont l'équation est $f(x, y, z) = 0$. En combinant les divers coefficients, on retrouve ainsi, par une discussion fort simple, le théorème de Carnot, les propriétés des polaires des divers ordres, et la plupart des résultats généraux de l'analyse des transversales. Mais ce n'est point ici le lieu de développer les conséquences de cette interprétation; rappelons toutefois, 1° que l'équation $x\,\dfrac{df}{d\xi} + y\,\dfrac{df}{d\eta} + z\,\dfrac{df}{d\zeta} = 0$ représente l'*axe des moyennes harmoniques* (Poncelet) du point (ξ, η, ζ) par rapport à la courbe $f(x, y, z) = 0$, et que l'axe harmonique d'un point situé sur la courbe se confond avec la tangente en ce point; 2° que l'expression $ax + by + cz$ représente, à un facteur constant près, la distance du point (x, y, z) à la droite qui a pour équation $ax + by + cz = 0$.

Transformation des coordonnées. — Soient

$$ax + by + cz = 0,\quad a'x + b'y + c'z = 0,\quad a''x + b''y + c''z = 0,$$

les équations de trois droites qui ne concourent pas en un même point, ce qui exige que $ab'c'' - ac'b'' + bc'a'' - ba'c'' + ca'b'' - cb'a''$ ne soit pas nul. Il résulte de ce qui précède que l'équation

$$f(ax + by + cz,\quad a'x + b'y + c'z,\quad a''x + b''y + c''z) = 0$$

représente dans le système donné de référence la même courbe que celle qui serait représentée par $f(x, y, z) = 0$, dans un nouveau système où l'on choisirait pour axes les trois droites, et pour paramètres les trois facteurs numériques par lesquels les trois expressions $ax + by + cz$ doivent être multipliées, pour fournir les distances respectives du point (x, y, z) à ces droites.

Cette remarque contient la solution du problème de la transformation des coordonnées symétriques, lequel consiste, étant donnée l'équation d'une courbe dans un certain système de référence, à découvrir la substitution propre à fournir l'équation de la même courbe dans un nouveau système. Nous définirons ce nouveau système en nous donnant les coordonnées des sommets o, o', o'' du triangle formé par les nouveaux axes. Quant aux paramètres, nous les choisirons dans le courant du calcul, de manière à apporter la plus grande simplification possible dans les résultats.

Soient donc (ξ, η, ζ), (ξ', η', ζ'), (ξ'', η'', ζ''), les coodonnées des trois points o, o', o''; les équations des trois droites $o'o''$, $o''o$, oo' seront respectivement :

$$(o'o'') \qquad (\eta'\zeta'' - \zeta'\eta'')\, x + (\zeta'\xi'' - \xi'\zeta'')\, y + (\xi'\eta'' - \eta'\zeta'')\, z = 0,$$

$$(o''o) \qquad (\eta''\zeta - \zeta''\eta)\, x + (\zeta''\xi - \xi''\zeta)\, y + (\xi''\eta - \eta''\xi)\, z = 0,$$

$$(oo') \qquad (\eta\zeta' - \zeta\eta')\, x + (\zeta\xi' - \xi\zeta')\, y + (\xi\eta' - \eta\xi')\, z = 0.$$

Les premiers membres de ces équations représentent, à des facteurs numériques près, les distances du point x, y, z aux droites correspondantes; si donc on prend pour paramètres de référence ces trois facteurs, et que l'on désigne les coordonnées nouvelles par X, Y, Z, on aura

$$X = (\eta'\zeta'' - \zeta'\eta'')\, x + (\zeta'\xi'' - \xi'\zeta'')\, y + (\xi'\eta'' - \eta'\zeta'')\, z,$$

$$Y = (\eta''\zeta - \zeta''\eta)\, x + (\zeta''\xi - \xi''\zeta)\, y + (\xi''\eta - \eta''\xi)\, z,$$

$$Z = (\eta\zeta' - \zeta\eta')\, x + (\zeta\xi' - \xi\zeta')\, y + (\xi\eta' - \eta\xi')\, z,$$

d'où l'on déduit, en posant $\Delta = \xi\eta'\zeta'' - \xi\zeta'\eta'' + \eta\zeta'\xi'' - \eta\xi'\zeta'' + \zeta\xi'\eta'' - \zeta\eta'\xi''$,

$$\Delta x = \xi X + \xi' Y + \xi'' Z,$$
$$\Delta y = \eta X + \eta' Y + \eta'' Z,$$
$$\Delta z = \zeta X + \zeta' Y + \zeta'' Z.$$

En résumé donc, si $f(x, y, z) = 0$ est l'équation d'une courbe dans un certain système de référence, l'équation de la même courbe par rapport à un nouveau système, où les points de concours des axes ont respectivement pour coordonnées (ξ, η, ζ), (ξ', η', ζ'), (ξ'', η'', ζ''), pourra, en choisissant convenablement les paramètres, se mettre sous la forme

$$f(\xi X + \xi' Y + \xi'' Z,\ \eta X + \eta' Y + \eta'' Z,\ \zeta X + \zeta' Y + \zeta'' Z) = 0.$$

Du triangle polaire conjugué à deux coniques. — On a vu dans le Ve cahier (p. 270 et suiv.) que, lorsque deux coniques sont situées dans le même plan, il existe en général dans ce plan, un triangle unique dont chaque sommet a pour polaire commune, par rapport à chacune des coniques, le côté opposé. Ce théorème ne cesse d'avoir lieu que lorsque les deux coniques sont simplement tangentes; lorsque les coniques sont doublement tangentes, le triangle polaire conjugué comporte une certaine indétermination.

Lorsque l'on prend pour axes de référence les côtés du triangle polaire conjugué à deux coniques, les équations de celles-ci se présentent sous une forme particulièrement simple, et qui facilite notablement la solution de divers problèmes relatifs à leur système.

Soit, en effet, $f(x, y, z) = 0$ l'équation d'une conique; les polaires des points $(y = 0, z = 0)$, $(z = 0, x = 0)$, $(x = 0, y = 0)$ ont respectivement pour équations

$$\frac{df}{dx} = 0, \quad \frac{df}{dy} = 0, \quad \frac{df}{dz} = 0;$$

pour que ces trois droites se confondent respectivement avec les trois axes, il faut nécessairement que l'on ait

$$f(x, y, z) = ax^2 + by^2 + cz^2.$$

D'où il résulte que les équations des deux coniques données pourront s'écrire

$$ax^2 + by^2 + cz^2 = 0, \quad a'x^2 + b'y^2 + c'z^2 = 0,$$

ou enfin, en choisissant convenablement les paramètres de référence, que rien d'ailleurs n'empêche de supposer imaginaires,

$$x^2 + y^2 + z^2 = 0 \quad \text{et} \quad ax^2 + by^2 + cz^2 = 0.$$

Lorsque les deux coniques données sont doublement tangentes, deux des coefficients a, b, c de la dernière équation sont égaux entre eux. Nous nous bornerons à indiquer sans démonstration une remarque dont nous aurons besoin plus loin, à savoir que la polaire réciproque de la première conique par rapport à la seconde a pour équation

$$a^2 x^2 + b^2 y^2 + c^2 z^2 = 0.$$

V. — *Réduction simultanée de deux fonctions homogènes du second degré à des sommes de carrés.*

Le problème de la réduction simultanée de deux formes quadratiques s'énonce de la manière suivante : *Étant données deux fonctions homogènes du second degré à m variables, déterminer les coefficients d'une substitution linéaire homogène propre à transformer simultanément les deux fonctions, chacune dans la somme des carrés des nouvelles variables multipliés respectivement par des coefficients constants.*

Pour préciser la question, nous ajouterons la condition que dans l'une des deux transformées, les coefficients deviennent égaux à l'unité.

Lorsque les fonctions proposées ne renferment que trois variables, le problème se rattache géométriquement à la détermination du triangle polaire conjugué à deux coniques, expliquée dans le Ve Cahier; lorsqu'elles renferment quatre variables, il se rattache de même à la détermination du tétraèdre conjugué à deux surfaces du second ordre, expliquée dans le *Traité des Propriétés projectives*. La solution à laquelle on est conduit, dans l'un ou l'autre cas, par les considérations de géométrie fondées sur les théorèmes de M. Poncelet, peut d'ailleurs être aisément dégagée de ces considérations, et l'on reconnaît alors qu'elle s'applique à un nombre quelconque de variables.

Soient

$$F = A\,x^2 + A'\,y^2 + A''\,z^2 + 2B\,yz + 2B'\,zx + 2B''\,xy,$$
$$F_1 = A_1\,x^2 + A'_1\,y^2 + A''_1\,z^2 + 2B_1\,yz + 2B'_1\,zx + 2B''_1\,xy,$$

deux fonctions homogènes du second degré; proposons-nous de calculer les coefficients d'une substitution

$$(1) \quad \begin{cases} x = \xi X + \xi' Y + \xi'' Z, \\ y = \eta X + \eta' Y + \eta'' Z, \\ z = \zeta X + \zeta' Y + \zeta'' Z, \end{cases}$$

assujettie à la condition de transformer simultanément F en $X^2 + Y^2 + Z^2$, et F_1 en $a X^2 + b Y^2 + c Z^2$.

Il suffit de rapprocher la question ainsi posée, de ce qui a été dit ci-dessus, relativement à la transformation des coordonnées et au triangle polaire conjugué à deux coniques, pour reconnaître que les trois groupes de coefficients (ξ, η, ζ), (ξ', η', ζ'), (ξ'', η'', ζ'') sont respectivement proportionnels aux coordonnées des trois points qui ont la même polaire par rapport aux deux courbes $F = 0$, $F_1 = 0$. Le problème se trouve donc ramené à la détermination de ces points. Or, si l'on désigne par x, y, z les coordonnées de l'un quelconque d'entre eux, elles satisfont aux relations

$$\frac{dF}{dx} : \frac{dF_1}{dx} :: \frac{dF}{dy} : \frac{dF_1}{dy} :: \frac{dF}{dz} : \frac{dF_1}{dz};$$

posant chacun de ces trois rapports égal à λ, on obtient les équations

$$(2) \quad \begin{cases} (A\,\lambda - A_1)\,x + (B''\lambda - B''_1)\,y + (B'\lambda - B'_1)\,z = 0, \\ (B''\lambda - B''_1)\,x + (A'\lambda - A'_1)\,y + (B\,\lambda - B_1)\,z = 0, \\ (B'\lambda - B'_1)\,x + (B\,\lambda - B_1)\,y + (A''\lambda - A''_1)\,z = 0, \end{cases}$$

et l'élimination de x, y, z donne, pour déterminer λ, l'équation du troisième degré

$$\begin{vmatrix} A\,\lambda - A_1 & B''\lambda - B''_1 & B'\lambda - B'_1 \\ B''\lambda - B''_1 & A'\lambda - A'_1 & B\,\lambda - B_1 \\ B'\lambda - B'_1 & B\,\lambda - B_1 & A''\lambda - A''_1 \end{vmatrix} = 0.$$

Soient λ_0, λ_1, λ_2 les trois racines de cette équation; soient encore ξ, η, ζ les valeurs de x, y, z correspondantes à la valeur λ_0; ξ', η', ζ' celles qui répondent à λ_1; ξ'', η'', ζ'' celles qui répondent à λ_2. Il importe de remarquer que de cette manière les valeurs de ξ, etc., ne sont pas encore entièrement déterminées; ce qui est connu en réalité, ce sont les rapports mutuels des trois inconnues d'un même groupe, et il sera permis par conséquent de joindre une quatrième équation de condition aux équations (2). Quoi qu'il en soit, en prenant ces quantités pour les coefficients de la substitution (1), on sait à priori, par la géométrie, que les deux fonctions F et F_1 se transformeront chacune en une somme de carrés; la vérification analytique n'offre point de difficulté; les théorèmes d'analyse sur lesquels elle repose, bien que correspondant à autant de théorèmes de géométrie qui peuvent en faciliter la découverte, s'étendent d'ailleurs aux cas d'un nombre quelconque de variables.

Cette vérification, qu'il nous paraît inutile de développer, donne pour la transformée de F

$$F(\xi, \eta, \zeta) X^2 + F(\xi', \eta', \zeta') Y^2 + F(\xi'', \eta'', \zeta'') Z^2,$$

et pour celle de F_1

$$F_1(\xi, \eta, \zeta) X^2 + F_1(\xi', \eta', \zeta') Y^2 + F_1(\xi'', \eta'', \zeta'') Z^2.$$

Si donc, comme cela est permis, l'on joint aux équations (2) l'équation $F(x, y, z) = 1$, pour déterminer entièrement les trois groupes de coefficients (ξ, η, ζ), (ξ', η', ζ'), (ξ'', η'', ζ''), et si l'on remarque d'autre part que

$$\lambda_0 F(\xi, \eta, \zeta) - F_1(\xi, \eta, \zeta) = 0, \quad \lambda_1 F(\xi', \eta', \zeta') - F_1(\xi', \eta', \zeta') = 0,$$

et

$$\lambda_2 F(\xi'', \eta'', \zeta'') - F_1(\xi'', \eta'', \zeta'') = 0,$$

on obtiendra en définitive, pour les transformées de F et F_1,

$$X^2 + Y^2 + Z^2 \quad \text{et} \quad \lambda_0 X^2 + \lambda_1 Y^2 + \lambda_2 Z^2.$$

En généralisant les résultats obtenus, par l'extension à un nombre quelconque de variables, on retrouve donc ainsi la solution du problème de la réduction simultanée des fonctions quadratiques, telle qu'elle a été donnée par Jacobi. Cette solution échoue généralement lorsque l'équation en λ a des racines égales, mais elle peut au contraire devenir indéterminée, lorsqu'il existe, en outre, certaines autres relations entre les coefficients des fonctions proposées. Ces cas singuliers correspondent géométriquement à l'exception que comporte le théorème relatif au triangle polaire conjugué à deux coniques, lorsque celles-ci sont simplement tangentes entre elles, et à l'indétermination relative au double contact. Cette remarque, surtout en y joignant les considérations analogues auxquelles donnent lieu les surfaces du second ordre, faciliterait sans doute l'étude analytique des cas d'exception.

III.

RECHERCHES ANALYTIQUES SUR LES POLYGONES SIMULTANÉMENT INSCRITS ET CIRCONSCRITS A DEUX CONIQUES;

Par M. Moutard.

Les Notes qui précèdent ont pour objet de faire concevoir l'efficacité, en dehors de la géométrie même, des principes et des méthodes exposés dans les *Applications d'Analyse et de Géométrie*. Mais à côté des principes et des méthodes, à côté des réflexions lumineuses par lesquelles l'auteur éclaire l'emploi de l'analyse des coordonnées et assure la marche du calcul algébrique, en l'accompagnant d'une interprétation en quelque sorte continue, cet ouvrage renferme aussi certaines théories élémentaires très-fécondes, qui, restées ignorées jusqu'à la publication du *Traité des Propriétés projectives*, sont devenues depuis lors et peuvent devenir encore l'objet de nombreux travaux. Telle est particulièrement la théorie des polygones à la fois inscrits et circonscrits à des coniques, développée dans le VI⁰ cahier. Un des corollaires de cette théorie (*voir* p. 336) enseigne la manière de former algébriquement la relation qui lie entre eux les rayons et la distance des centres de deux circonférences, l'une inscrite et l'autre circonscrite à un même polygone. L'existence d'une pareille relation constitue à elle seule un fait géométrique remarquable, qui, avant la découverte du théorème de M. Poncelet, n'avait été reconnu par Euler que pour le cas du triangle, et n'avait pu être que soupçonné par Fuss pour le cas général d'un polygone quelconque. On sait en effet que Fuss n'avait considéré que le cas où les polygones simultanément inscrits et circonscrits aux deux cercles sont symétriques par rapport à la ligne des centres.

Quant au problème fondamental de la théorie (*voir* l'énoncé, p. 348), il a fait l'objet d'un Mémoire de Jacobi (*Journal de Crelle*, t. III, année 1828), dans lequel l'illustre géomètre, après avoir rappelé la solution exposée dans le *Traité des Propriétés projectives*, en rattache l'interprétation analytique à certaines propriétés des fonctions elliptiques, et déduit de la comparaison des deux méthodes une construction géométrique pour la multiplication et l'addition des sinus d'amplitude. Il convient d'ailleurs de remarquer que la forme donnée à la solution par Jacobi ne s'applique que dans l'hypothèse où les coniques données sont des cercles;

ce qui, grâce aux principes de projection centrale posés par M. Poncelet, ne nuit en rien à la généralité des conclusions géométriques, mais n'en laisse pas moins, lorsqu'on se place au point de vue de l'analyse des coordonnées, désirer une solution plus générale et plus complète.

En essayant d'aborder directement par la méthode des coordonnées symétriques, avant d'avoir eu connaissance du Mémoire précité, la solution de ce problème : *Trouver la courbe enveloppe du côté libre d'un polygone de n côtés, dont les autres côtés touchent une conique donnée, et dont les sommets décrivent une autre conique donnée*, j'ai rencontré une loi de récurrence assez simple pour la formation des équations successives relatives aux cas de 3, 4, …, n côtés. L'étude de cette loi de récurrence se ramène à celle de certaines équations fonctionnelles, dont la solution fait retrouver directement, non pas les fonctions elliptiques elles-mêmes, mais les transcendantes Θ et H qui en forment les numérateurs et les dénominateurs. Plusieurs des propriétés de ces fonctions se trouvent ainsi rattachées au théorème de M. Poncelet par une voie entièrement différente de celle qui a été suivie par Jacobi.

Énoncé du problème. — Pour faciliter la mise en équation du problème, nous en modifierons l'énoncé et le présenterons sous la forme suivante : « Étant données deux coniques $(\mathcal{A}_0)$ et $(\mathcal{B})$, soit pris sur $(\mathcal{A}_0)$
» un point quelconque M_0; soit (D_1) la polaire de M_0 par rapport à $(\mathcal{B})$,
» et M_1, M'_1 les points où (D_1) rencontre $(\mathcal{A}_0)$. La polaire de M_1 par
» rapport à $(\mathcal{B})$ rencontre $(\mathcal{A}_0)$ en M_0 et en un second point M_2, de
» même la polaire de M'_1 rencontre $(\mathcal{A}_0)$ en M_0 et en un second point M'_2;
» joignons $M_2 M'_2$ et désignons par (D_2) la droite ainsi obtenue. La polaire
» de M_2 rencontre $(\mathcal{A}_0)$ en M_1 et en un second point M_3; de même la
» polaire de M'_2 rencontre $(\mathcal{A}_0)$ en M'_1 et en un second point M'_3; joi-
» gnons $M_3 M'_3$, et désignons par (D_3) la droite obtenue. En continuant la
» même suite de constructions, on obtient une double série de points
» M_4, M_5, …, M_p, M'_4, M'_5, …, M'_p, et une série de droites (D_4),
» (D_5), …, (D_p) joignant respectivement ces points deux à deux. Nous
» nommerons les droites successives (D_1), (D_2), …, (D_p) les cordes déri-
» vées d'ordre 1, 2, …, p du point M_0. Cela posé, le problème que nous
» nous proposons de résoudre consiste à trouver la courbe enveloppée
» par la corde dérivée d'ordre p du point M_0 lorsque ce point décrit la
» conique donnée $(\mathcal{A}_0)$. Nous appellerons cette courbe l'enveloppe dérivée
» d'ordre p de $(\mathcal{A}_0)$ par rapport à $(\mathcal{B})$, et nous la désignerons par le
» symbole $(\mathcal{A}_p)$. »

La série de constructions que l'on vient d'énoncer donne lieu à plusieurs remarques.

1º L'enveloppe $(\mathcal{A}_1)$, dérivée du premier ordre de $(\mathcal{A}_0)$ par rapport à $(\mathcal{B})$, n'est autre chose que la polaire réciproque de $(\mathcal{A}_0)$ par rapport à $(\mathcal{B})$; c'est donc une conique, et, la conique $(\mathcal{A}_0)$ étant donnée, on peut généralement, choisir de quatre manières différentes la conique ($\mathfrak{V}$), en sorte que ($\mathcal{A}_1$) devienne telle autre conique que l'on voudra.

2° La corde dérivée d'ordre p du point M_0 est le côté libre d'un polygone de $p+1$ côtés inscrit dans ($\mathcal{A}_0$), et dont les autres côtés touchent ($\mathcal{A}_1$). Lorsque p est pair, le polygone est d'un nombre impair de côtés, M_0 est alors le sommet opposé au côté libre, et les autres sommets sont M_2, M_1, ..., M_p, M'_2, M'_4, ..., M'_p. Lorsque p est impair, le polygone a un nombre pair de côtés, le côté opposé au côté libre est la corde (D_1) dérivée du premier ordre de M_0, et les sommets du polygone sont aux points M_1, M_3, ..., M_p, M'_1, M'_3, ..., M'_p.

3° Le polygone de $p+1$ côtés est à la fois inscrit à la conique ($\mathcal{A}_0$) et circonscrit à la conique ($\mathcal{A}_1$), soit lorsque la corde dérivée d'ordre p du point M_0 est tangente à ($\mathcal{A}_1$), soit lorsque la corde dérivée d'ordre $p+1$ de ce même point est tangente à ($\mathcal{A}_0$).

4° Les cordes dérivées d'ordre q des deux points M_p et M'_p rencontrent respectivement la conique aux points M_{p+q}, M_{p-q} et M'_{p+q}, M'_{p-q}; par suite les cordes dérivées du point M_0 d'ordre $p-q$ et d'ordre $p+q$, à savoir (D_{p-q}) ou M_{p-q} M'_{p-q} et (D_{p+q}) ou M_{p+q} M'_{p+q} forment un système de sécantes communes à la conique ($\mathcal{A}_0$) et au système des deux cordes dérivées d'ordre q des points M_p et M'_p. Ceci est vrai, lors même que $q \gtrless p$, pourvu que l'on regarde M_{-n} comme désignant le même point que M'_n, M'_{-n} le même point que M_n, (D_{-n}) la même droite que (D_n), et (D_0) la tangente à ($\mathcal{A}_0$) en M_0. Ainsi pour toutes les valeurs entières de p et de q, les trois systèmes de deux droites, qu'on peut mener par les quatre points M_{p+q}, M_{p-q}, M'_{p+q}, M'_{p-q}, sont : 1° le système des deux cordes dérivées d'ordre q des points M_p et M'_p; 2° le système des deux cordes dérivées d'ordre p des points M_q et M'_q et 3° enfin le système formé par les deux cordes dérivées du point M_0, l'une d'ordre $p-q$ et l'autre d'ordre $p+q$.

5° Les constructions qui servent à définir la corde dérivée d'ordre n de M_0, ne peuvent plus s'exécuter géométriquement lorsque le point M_0 est dans l'intérieur de ($\mathfrak{V}$), mais la corde elle-même n'en conserve pas moins une existence géométrique. En appliquant certaines considérations fondées sur *le principe de continuité*, on peut modifier l'énoncé de ces constructions de telle manière qu'elles restent possibles pour toutes les dispositions de la figure. En premier lieu, concevons que du point M_0 on mène deux droites quelconques *conjuguées* par rapport à ($\mathcal{A}_1$), c'est-à-dire telles que chacune d'elles contienne le pôle de l'autre; chacune de ces droites rencontre encore ($\mathcal{A}_0$) en un point, et le point de concours des tangentes menées à ($\mathcal{A}_0$) aux deux points ainsi obtenus décrit la corde nommée (D_2), c'est-à-dire le côté libre du triangle inscrit dans ($\mathcal{A}_0$), dont l'un des sommets est en M_0 et dont les côtés adjacents à M_0

touchent $(\mathcal{A}_1)$. En second lieu, une fois deux cordes consécutives (D_{p-1}) et (D_p) tracées, la corde suivante (D_{p+1}) peut s'obtenir aisément par une construction linéaire. Si l'on désigne en effet par I_p le pôle de D_p par rapport à $(\mathcal{B})$, et par (E_p) la polaire de I_p par rapport à $(\mathcal{A}_0)$, il n'est pas difficile de reconnaître que la corde inconnue (D_{p+1}) est conjuguée harmonique à (D_{p-1}) par rapport à (E_p), et à la droite qui joint le pôle I_p au point de concours de (D_{p-1}) et de (E_p).

Pour traduire algébriquement les constructions de l'énoncé et les remarques auxquelles elles donnent lieu, nous supposerons d'abord que l'on ait ramené les équations des deux coniques données à la forme réduite :

$$(\mathcal{A}_0) \qquad x^2+y^2+z^2 = 0, \qquad\qquad (\mathcal{B}) \qquad ax^2+by^2+cz^2 = 0.$$

Nous désignerons par ξ, η, ζ les coordonnées du point M_0 et généralement par (ξ_p, η_p, ζ_p), $(\xi'_p, \eta'_p, \zeta'_p)$, les coordonnées respectives des points M_p et M'_p dérivés de M_0.

Les droites que nous avons nommées (D_0) et (D_1) ont respectivement pour équations

$$(D_0) \qquad \xi x + \eta y + \zeta z = 0, \qquad (D_1) \qquad a\xi x + b\eta y + c\zeta z = 0,$$

et je dis tout d'abord que l'équation de la droite dérivée d'un ordre quelconque n peut se mettre sous la forme

$$(D_n) \qquad a_n \xi x + b_n \eta y + c_n \zeta z = 0,$$

en désignant par a_n, b_n, c_n des fonctions de a, b, c indépendantes de la position du point M_0 sur la conique $(\mathcal{A}_0)$. Il est clair que, ceci étant vrai pour $n = 0$ et $n = 1$, il suffit de faire voir qu'une fois la proposition admise pour $n = p$, pour $n = q$ et $n = p - q$, elle a nécessairement lieu pour $n = p + q$; car en faisant $q = 1$, et p successivement égal à $1, 2, 3, \ldots, n$, on trouve pour $p + q$ successivement les valeurs $2, 3, \ldots, n+1$.

Soient donc respectivement

$$(D_p) \quad a_p \xi x + b_p \eta y + c_p \zeta z = 0, \qquad\qquad (D_q) \quad a_q \xi x + b_q \eta y + c_q \zeta z = 0,$$
$$(D_{p-q}) \quad a_{p-q} \xi x + b_{p-q} \eta y + c_{p-q} \zeta z = 0,$$

les équations des trois cordes dérivées de M_0, d'ordre p, q et $p-q$; il nous est permis d'écrire également l'équation de la dérivée d'ordre $p+q$, sous la forme

$$(D_{p+q}) \quad a_{p+q} \xi x + b_{p+q} \eta y + c_{p+q} \zeta z = 0,$$

pourvu que nous ne spécifiions rien sur la nature des trois coefficients a_{p+q}, b_{p+q}, c_{p+q}, et notre objet est précisément de démontrer que ces coefficients ne dépendent que des 9 coefficients $a_p, b_p, \ldots, c_{p-q}$, et par suite seulement de a, b et c.

Considérons, dans ce but, les équations des trois systèmes de deux droites que l'on peut conduire par les quatre points M_{p-q}, M_{p+q}, M'_{p-q}, M'_{p+q}.

1° Le système des deux droites (D_{p-q}) et (D_{p+q}), c'est-à-dire $M_{p-q}M'_{p-q}$ et $M_{p+q}M'_{p+q}$, a pour équation

$$(1) \qquad (a_{p-q}\xi x + b_{p-q}\eta y + c_{p-q}\zeta z)(a_{p+q}\xi x + b_{p+q}\eta p + c_{p+q}\zeta z) = 0.$$

2° Les deux droites $M_{p+q}M_{p-q}$ et $M'_{p+q}M'_{p-q}$ étant les dérivées d'ordre q des deux points M_p et M'_p, on obtiendra l'équation de leur système en éliminant ξ_p, η_p, ζ_p, entre les trois équations :

$$a_q x \xi_p + b_q y \eta_p + c_q z \zeta_p = 0, \quad a_p \xi \xi_p + b_p \eta \eta_p + c_p \zeta \zeta_p = 0, \quad \xi_p^2 + \eta_p^2 + \zeta_p^2 = 0,$$

dont les deux dernières servent à définir les points M_p et M'_p.

Le résultat de l'élimination s'obtient immédiatement sous la forme

$$(2) \quad (b_p c_q \eta z - b_q c_p \zeta y)^2 + (c_p a_q \zeta x - c_q a_p \xi z)^2 + (a_p b_q \xi y - a_q b_p \eta x) = 0,$$

ce que nous écrirons encore, en vue de conséquences ultérieures,

$$(2\ bis) \quad \left\{ \begin{aligned} &(a_p^2 \xi^2 + b_p^2 \eta^2 + c_p^2 \zeta^2)(a_q^2 x^2 + b_q^2 y^2 + c_q^2 z^2) \\ &\quad - (a_p a_q \xi x + b_p b_q \eta y + c_p c_q \zeta z)^2 = 0. \end{aligned} \right.$$

3° Les deux droites $M_{p+q}M'_{p-q}$ et $M_{p-q}M'_{p+q}$ étant les dérivées d'ordre p des deux points M_q et M'_q, l'équation de leur système peut s'écrire

$$(3) \quad (b_q c_p \eta z - b_p c_q \zeta y)^2 + (c_q a_p \zeta x - c_p a_q \xi^2 z)^2 + (a_q b_p \xi y - a_p b_q \eta x)^2 = 0,$$

òu bien

$$(3\ bis) \quad \left\{ \begin{aligned} &(a_q^2 \xi^2 + b_q^2 \eta^2 + c_q^2 \zeta^2)(a_p^2 x^2 + b_p^2 y^2 + c_p^2 z^2) \\ &\quad - (a_p a_q \xi x + b_p b_q \eta y + c_p c_q \zeta z)^2 = 0. \end{aligned} \right.$$

Cela posé, la conique $(\mathscr{C}_0)$ passant par les quatre points communs aux deux lieux du second degré représentés par les équations (1) et (2), on sait à priori que la somme de leurs premiers membres multipliés par des coefficients convenablement choisis, doit pouvoir être identifiée avec $x^2 + y^2 + z^2$. Cette dernière expression ne renfermant plus les rectangles des variables, il faut nécessairement que les coefficients de ces rectangles soient proportionnels dans les équations (1) et (2), ce qui donne les relations

$$(4) \quad \frac{b_{p-q}c_{p+q} + c_{p-q}b_{p+q}}{2 b_p c_p b_q c_q} = \frac{c_{p-q}a_{p+q} + a_{p-q}c_{p+q}}{2 c_p a_p c_q a_q} = \frac{a_{p-q}b_{p+q} + b_{p-q}a_{p+q}}{2 a_p b_p a_q b_q}.$$

On voit par là que si les neuf coefficients a_p, b_p, c_p, ..., c_{p-q} sont indépendants de ξ, η, ζ, a_{p+q}, b_{p+q}, c_{p+q}, peuvent être choisis de manière à l'être également; et par suite il est démontré que l'équation de la corde dérivée d'ordre n du point M_0 peut toujours s'écrire

$$(D_n^-) \qquad a_n \xi x + b_n \eta y + c_n \zeta z = 0,$$

a_n, b_n, c_n représentant des constantes indépendantes de ξ, η, ζ.

La forme de cette équation permet d'obtenir rapidement l'équation de la courbe enveloppée par la corde dérivée d'ordre n du point M_0, lorsque le point M_0 parcourt la conique $(\mathcal{A}_0)$. On a vu dans la Note relative aux coordonnées symétriques qu'en général l'équation de la polaire réciproque de la conique $x^2 + y^2 + z^2 = 0$, par rapport à la conique $ax^2 + by^2 + cz^2 = 0$, est donnée par $a^2 x^2 + b^2 y^2 + c^2 z^2 = 0$. Or, la corde (D_n) peut être, d'après la forme de son équation, considérée comme la polaire du point M_0 par rapport à une certaine conique

$$(\mathcal{B}_n) \qquad a_n x^2 + b_n y^2 + c_n z^2 = 0,$$

la courbe cherchée est donc la polaire réciproque de $(\mathcal{A}_0)$ par rapport à la directrice $(\mathcal{B}_n)$, ce qui donne enfin, pour son équation,

$$(\mathcal{A}_n) \qquad a_n^2 x^2 + b_n^2 y^2 + c_n^2 z^2 = 0,$$

et montre qu'elle consiste en une conique ayant même triangle polaire conjugué que les coniques données.

Considérons en outre les deux systèmes de droites $M_{p+q} M_{p-q}$, $M'_{p+q} M'_{p-q}$, et $M_{p+q} M'_{p-q}$, $M_{p-q} M'_{p+q}$; de ce que ces deux lieux du second degré ont leurs quatre points d'intersection situés sur $(\mathcal{A}_0)$, il résulte, comme ci-dessus, que la somme des premiers membres de leurs équations, multipliés par des facteurs convenables, doit pouvoir être identifiée à $x^2 + y^2 + z^2$. Or si l'on remarque que les équations (2 *bis*) et (3 *bis*) renferment les rectangles des variables avec les mêmes coefficients, on déduit de là, en posant

$$a_p^2 \xi^2 + b_p^2 \eta^2 + c_p^2 \zeta^2 = \mathcal{A}'_p, \quad a_q^2 \xi^2 + b_q^2 \eta^2 + c_q^2 \zeta^2 = \mathcal{A}'_q,$$

les relations

$$\mathcal{A}'_p a_q^2 - \mathcal{A}'_q a_p^2 = \mathcal{A}'_p b_q^2 - \mathcal{A}'_q b_p^2 = \mathcal{A}'_p c_q^2 - \mathcal{A}'_q c_p^2,$$

d'où l'on tire enfin,

$$(5) \qquad b_p^2 c_q^2 - c_p^2 b_q^2 + c_p^2 a_q^2 - a_p^2 c_q^2 + a_p^2 b_q^2 - b_p^2 a_q^2 = 0.$$

Cette dernière équation montre que les premiers membres des trois

équations $(\mathcal{A}_0)$, $(\mathcal{A}_p)$, $(\mathcal{A}_q)$ sont liés entre eux par une relation linéaire homogène, et par suite, que les courbes qu'elles représentent se coupent aux quatre mêmes points. Nous pouvons donc énoncer le théorème suivant :
Les enveloppes dérivées de tous les ordres de $(\mathcal{A}_0)$ *par rapport à* $(\mathcal{B})$ *sont des coniques circonscrites au même quadrilatère que les deux coniques données.* Ce qui n'est autre chose que le théorème de M. Poncelet, relatif à deux coniques, énoncé sous une forme différente.

Les formes (2 *bis*) et (3 *bis*) données aux équations des systèmes de droites $M_{p+q} M_{p-q}$, $M'_{p+q} M'_{p-q}$ et $M_{p+q} M'_{p-q}$, $M_{p-q} M'_{p+q}$, permettent d'apercevoir une autre conséquence géométrique; si l'on considère, en particulier, l'équation (2 *bis*), on voit qu'elle représente un lieu du second degré, tangent à la courbe $(\mathcal{A}_q)$, en ses points d'intersection avec la droite qui a pour équation

$$(D_{p,q}) \qquad a_p a_q \xi x + b_p b_q \eta y + c_p c_q \zeta z = 0.$$

La droite $(D_{p,q})$ est donc la corde qui joint les points de contact des cordes dérivées d'ordre q des points M_p et M'_p, avec l'enveloppe dérivée d'ordre q de $(\mathcal{A}_0)$ par rapport à $(\mathcal{B})$; mais l'équation (3 *bis*) montre de la même manière que cette droite est aussi la corde de contact des dérivées d'ordre p des points M_q et M'_q avec l'enveloppe $(\mathcal{A}_p)$. Lorsque l'on suppose p et q de même parité, on tire de là le théorème suivant :

Étant donné un polygone inscrit dans une conique $(\mathcal{A}_0)$ et ayant tous ses côtés, moins un, tangents à la conique $(\mathcal{A}_1)$, on sait que les diagonales de même espèce (c'est-à-dire joignant des sommets séparés par le même nombre de sommets intermédiaires, dans le sens opposé à celui où l'on rencontre le côté libre) enveloppent toutes une même conique. Si l'on considère deux sommets quelconques, et les sommets correspondants (c'est-à-dire séparés des extrémités du côté libre par le même nombre de sommets intermédiaires), les deux diagonales qui joignent, l'une les deux premiers sommets, l'autre les seconds, sont tangentes à une même conique; de même les deux droites qui joignent chacun des premiers sommets avec le second sommet non correspondant, sont tangentes à une même conique. Les quatre points de contact ainsi obtenus sont en ligne droite.

Les lignes telles que $(D_{p,q})$ jouissent de diverses propriétés, parmi lesquelles je me bornerai à énoncer la suivante, facile à vérifier : La ligne telle que $(D_{p,q})$, dérivée d'un point M_0, enveloppe, lorsque M_0 décrit la conique $(\mathcal{A}_0)$, une autre conique *inscrite* au même quadrilatère que les deux coniques $(\mathcal{A}_p)$ et $(\mathcal{A}_q)$.

Étude spéciale de la loi de formation des coefficients a_n, b_n, c_n. — En désignant, dans ce qui précède, par $a_n \xi x + b_n \eta y + c_n \zeta z = 0$ l'équation de la corde dérivée d'ordre n du point (ξ, η, ζ), nous n'avons en réalité défini géométriquement que les rapports mutuels des coefficients a_n, b_n, c_n; et nous nous sommes bornés, en ce qui les concerne, à établir les relations (4) et (5), lesquelles ne dépendent que de leurs valeurs proportionnelles. Bien que, d'après la nature de la question qui nous occupe, les rapports mutuels de a_n, b_n, c_n doivent seuls intervenir dans la solution, il est permis de préciser la signification de ces symboles, en leur attribuant des valeurs propres; c'est ce que nous ferons en spécifiant d'une certaine manière la loi de formation contenue dans les relations (4).

Concevons donc que l'on considère les trois suites illimitées

$$a_0, \quad a_1, \quad a_2, \ldots, a_n,$$
$$b_0, \quad b_1, \quad b_2, \ldots, b_n,$$
$$c_0, \quad c_1, \quad c_2, \ldots, c_n,$$

définies par les deux groupes d'égalités

$$(6) \begin{cases} b_{2p} + c_{2p} = 2\, b_p^2\, c_p^2, \\ c_{2p} + a_{2p} = 2\, c_p^2\, a_p^2, \\ a_{2p} + b_{2p} = 2\, a_p^2\, b_p^2, \end{cases} \qquad (7) \begin{cases} cb_{2p-1} + bc_{2p-1} = 2\, b_{p-1}\, c_{p-1}\, b_p\, c_p, \\ ac_{2p-1} + ca_{2p-1} = 2\, c_{p-1}\, a_{p-1}\, c_p\, a_p, \\ ba_{2p-1} + ab_{2p-1} = 2\, a_{p-1}\, b_{p-1}\, a_p\, b_p, \end{cases}$$

jointes aux conditions initiales

$$a_0 = b_0 = c_0 = 1, \quad a_1 = a, \quad b_1 = b, \quad c_1 = c.$$

La simple inspection des égalités (6) et (7) permet de reconnaître que pour toute valeur paire de n, a_n, b_n, c_n sont des fonctions entières de a^2, b^2, c^2, et que pour toute valeur impaire de n, a_n, b_n, c_n sont respectivement égaux à a, b, c, multipliés par des fonctions entières de a^2, b^2, c^2. Dans l'un et l'autre cas, les fonctions a_n, b_n, c_n sont, par rapport à a, b, c, de degré n^2. En outre, l'hypothèse $a = b$ entraîne nécessairement l'égalité $a_n = b_n = a^{n^2}$.

Les quantités a_n, b_n, c_n que nous venons de définir, satisferont évidemment aux conditions géométriques imposées aux coefficients de l'équation (D_n); on en conclut immédiatement qu'elles jouissent des propriétés exprimées par les relations (4) et (5). En outre, si l'on remarque que les trois rapports égaux qui entrent dans les relations (4), renferment au numérateur et au dénominateur des fonctions de a, b, c du même degré, à savoir du degré $2p^2 + 2q^2$, et qu'ils prennent tous deux la valeur numérique 1, lorsque l'on suppose $a = b = c$, il sera permis d'écrire ces relations sous la forme plus précise

$$(8) \begin{cases} c_{p-q}\, b_{p+q} + b_{p-q}\, c_{p+q} = 2\, b_p\, b_q\, c_p\, c_q, \\ a_{p-q}\, c_{p+q} + c_{p-q}\, a_{p+q} = 2\, c_p\, c_q\, a_p\, a_q, \\ b_{p-q}\, a_{p+q} + a_{p-q}\, b_{p+q} = 2\, a_p\, a_q\, b_p\, b_q. \end{cases}$$

D'autre part, les quatre équations désignées précédemment par (1), (2) et (3), et $(\mathcal{A}_0)$ ou $x^2 + y^2 + z^2 = 0$, représentant des lieux du second degré, qui passent par les quatre mêmes points, il existe nécessairement entre les premiers membres de trois quelconques d'entre elles une relation linéaire homogène, pourvu toutefois que ξ, η, ζ satisfassent à la condition $\xi^2 + \eta^2 + \zeta^2 = 0$. En développant les calculs, on trouve successivement les égalités suivantes :

$$(9)\quad\begin{cases} a_{p-q}\, a_{p+q} = -\, b_p^2\, c_q^2 + a_p^2\, c_q^2 + a_q^2\, b_p^2 = -\, b_q^2\, c_p^2 + a_q^2\, c_p^2 + a_p^2\, b_q^2, \\[4pt] b_{p-q}\, b_{p+q} = -\, c_p^2\, a_q^2 + b_p^2\, a_q^2 + b_q^2\, c_p^2 = -\, c_q^2\, a_p^2 + b_q^2\, a_p^2 + b_p^2\, c_q^2, \\[4pt] c_{p-q}\, c_{p+q} = -\, a_p^2\, b_q^2 + c_p^2\, b_q^2 + c_q^2\, a_p^2 = -\, a_q^2\, b_p^2 + c_q^2\, b_p^2 + c_p^2\, a_q^2, \end{cases}$$

d'où l'on déduit la formule

$$(10)\qquad b_{p-q}\, b_{p+q} + c_{p-q}\, c_{p+q} = b_p^2\, c_q^2 + b_q^2\, c_p^2$$

et ses analogues.

En combinant les formules (8) et (10), on trouve aussi

$$(11)\quad\begin{cases} (b_{p-q} + c_{p-q})\,(b_{p+q} + c_{p+q}) = (b_p\, c_q + c_p\, b_q)^2, \\[4pt] (b_{p-q} - c_{p-q})\,(b_{p+q} - c_{p+q}) = (b_p\, c_q - c_p\, b_q)^2, \end{cases}$$

et leurs analogues.

Ces formules expriment autant de propriétés des a_n, b_n, c_n, dont chacune pourrait être regardée comme définissant ces fonctions avec certaines conditions initiales, par une loi de formation de proche en proche; mais toutes les lois de formation que l'on obtient ainsi, exigent le calcul simultané des termes des trois séries; nous nous proposons maintenant de faire voir que le calcul, sinon de a_n, b_n, c_n, du moins de leurs carrés, peut être ramené à dépendre de celui des termes d'une série unique.

Considérons pour cela l'équation

$$b^2 c_n^2 - c^2 b_n^2 + c^2 a_n^2 - a^2 c_n^2 + a^2 b_n^2 - b^2 a_n^2 = 0,$$

laquelle n'est qu'un cas particulier de la relation (5), et exprime que l'enveloppe (A_n) passe par les points communs à $(\mathcal{A}_0)$ et $(\mathcal{A}_1)$. Cette équation peut aussi s'écrire sous les formes suivantes :

$$\frac{b_n^2 - c_n^2}{b^2 - c^2} = \frac{c_n^2 - a_n^2}{c^2 - a^2} = \frac{a_n^2 - b_n^2}{a^2 - b^2}$$

$$\frac{b^2 c_n^2 - c^2 b_n^2}{b^2 - c^2} = \frac{c^2 a_n^2 - a^2 c_n^2}{c^2 - a^2} = \frac{a^2 b_n^2 - b^2 a_n^2}{a^2 - b^2}.$$

Désignant par G_n chacun des trois premiers rapports et par H_n chacun des derniers, on tire de là

$$(12) \qquad a_n^2 = G_n a^2 + H_n, \qquad b_n^2 = G_n b^2 + H_n, \qquad c_n^2 = G_n c^2 + H_n.$$

Il est d'ailleurs évident que les deux numérateurs $a_n^2 - b_n^2$, et $a^2 b_n^2 - b^2 a_n^2$, fonctions entières de a^2, b^2, c^2, s'annulent dans l'hypothèse $a^2 = b^2$, puisque l'égalité $a = b$ entraîne $a_n = b_n$; par suite G_n et H_n sont des fonctions entières et *symétriques* de a^2, b^2, c^2, dont les degrés en a, b, c sont pour la première $2(n^2 - 1)$, et pour la seconde $2 n^2$. Remarquons en outre que l'on a

$$G_0 = o, \quad H_0 = 1, \quad G_1 = 1, \quad H_1 = o.$$

Cela posé, si l'on multiplie membre à membre les équations (11), et que dans le résultat

$$\left(b_{p-q}^2 - c_{p-q}^2\right)\left(b_{p+q}^2 - c_{p+q}^2\right) = \left(b_p^2 c_q^2 - b_q^2 c_p^2\right)^2$$

on remplace b_{p-q}^2, c_{p-q}^2, ..., par leurs valeurs (12), il vient l'égalité

$$(13) \qquad\qquad G_{p-q} G_{p+q} = (G_p H_q - G_q H_p)^2,$$

d'où l'on déduit

$$(14) \quad G_{p-1} G_{p+1} = H_p^2 \qquad \text{et} \qquad (15) \quad G_{2p+1} = (G_p H_{p+1} - G_{p+1} H_p)^2.$$

On trouve d'ailleurs directement

$$(16) \qquad G_{2p} = 4 a_p^2 b_p^2 c_p^2 G_p, \qquad\qquad \text{et en particulier} \qquad G_2 = 4 a^2 b^2 c^2.$$

On conclut aisément de ces dernières formules que la fonction G_n est le carré d'une fonction entière et symétrique de degré $n^2 - 1$ de a, b, c. Soit donc fait $G_n = \Lambda_n^2$, et pour mieux préciser la signification de la nouvelle fonction Λ_n ainsi introduite, convenons, ce qui est évidemment permis, que l'on prenne $\Lambda_2 = + 2 abc$, et que les signes se déterminent pour les valeurs suivantes de l'indice n par l'égalité

$$(14 \ bis) \qquad\qquad \Lambda_{p-1} \Lambda_{p+1} = - H_p.$$

Étude de la fonction Λ_n. — Si l'on remplace dans l'équation de l'enveloppe dérivée d'ordre n les coefficients a_n^2, b_n^2, c_n^2 par leurs expressions en Λ, elle prend la forme très-simple

$$\Lambda_n^2 (a^2 x^2 + b^2 y^2 + c^2 z^2) - \Lambda_{n-1} \Lambda_{n+1} (x^2 + y^2 + z^2) = o,$$

et le problème se trouve ainsi concentré dans l'étude de la fonction Λ_n.

Lorsque l'on se propose en particulier de trouver la condition à laquelle doivent satisfaire les paramètres des équations de deux coniques, pour qu'il soit possible de construire un polygone de n côtés simultanément inscrit à l'une d'elles et circonscrit à l'autre, il suffit de se rappeler les considérations développées dans le texte (p. 355 à 365) sur l'impossibilité absolue ou la possibilité indéfinie d'une pareille construction, et, d'autre part, la troisième des remarques dont nous avons fait suivre l'énoncé du problème. La condition cherchée équivaut à ce que l'enveloppe $(\mathcal{A}_{n-1})$ se confonde avec $(\mathcal{A}_1)$, et que l'enveloppe $(\mathcal{A}_n)$ se confonde avec $(\mathcal{A}_0)$, et par suite elle est exprimée par l'équation $\Lambda_n = 0$.

Comme corollaire spécial, nous indiquerons immédiatement le fait géométrique traduit par l'équation (16), lequel consiste en ce que « lorsqu'un » polygone d'un nombre pair de côtés est à la fois inscrit à une conique » et circonscrit à une autre conique, les diagonales qui joignent deux à » deux les sommets opposés concourent en un même point, confondu avec » l'un des sommets du triangle conjugué aux deux coniques. » Ce théorème est énoncé et démontré dans le *Traité des Propriétés projectives* (p. 364).

En se reportant à la définition de G_n et de H_n, on reconnaît facilement que dans l'hypothèse $a = b = c$, G_n devient égal à $n^2 a^{2(n^2-1)}$ et H_n à $(1 - n^2) a^{2n^2}$; d'autre part, dans les mêmes hypothèses, Λ_n, une fois son signe précisé comme ci-dessus, devient égal à $+ na^{n^2-1}$. Cette remarque permet de déterminer quel est le signe que l'on doit prendre en extrayant les racines des deux membres de l'équation (13), laquelle se présente alors sous la forme plus précise

$$(13 \ bis) \qquad \Lambda_{p-q} \Lambda_{p+q} = \Lambda_q^2 \Lambda_{p-1} \Lambda_{p+1} - \Lambda_p^2 \Lambda_{q-1} \Lambda_{q+1}.$$

Cette équation renferme la loi de formation successive des Λ_n. En y faisant tour à tour $p = q + 1$ et $p = q + 2$, on en tire les formules

$$\Lambda_{2q+1} = \Lambda_q^3 \Lambda_{q+2} - \Lambda_{q+1}^3 \Lambda_{q-1}$$

et

$$\Lambda_2 \Lambda_{2q} = \Lambda_{q-1}^2 \Lambda_q \Lambda_{q+2} - \Lambda_{q+1}^2 \Lambda_{q-2} \Lambda_q,$$

à l'aide desquelles on peut calculer de proche en proche tous les termes de la série des Λ, une fois Λ_2, Λ_3, Λ_4 déterminés directement.

On a déjà trouvé ci-dessus $\Lambda_2 = 2abc$. Le calcul direct de Λ_3 donne les formules suivantes :

$$\Lambda_3 = - b^4 c^4 - c^4 a^4 - a^4 b^4 + 2 a^4 b^2 c^2 + 2 b^4 c^2 a^2 + 2 c^4 a^2 b^2,$$
$$\Lambda_3 = (bc + ca + ab)(- bc + ca + ab)(bc - ca + ab)(bc + ca - ab),$$
$$\Lambda_3 = b_2 c_2 + c_2 a_2 + a_2 b_2,$$
$$\Lambda_4 = \frac{a_3}{a} + \frac{b_3}{b} + \frac{c_3}{c}.$$

Il faut se rappeler que les valeurs de a_2, b_2, c_2 et a_3, b_3, c_3 sont données par les équations

$$a_2 = -b^2 c^2 + c^2 a^2 + a^2 b^2, \qquad b_2 = +b^2 c^2 - c^2 a^2 + a^2 b^2, \qquad c_2 = b^2 c^2 + c^2 a^2 - a^2 b^2,$$

$$a_3 = a(-b_2 c_2 + c_2 a_2 + a_2 b_2), \qquad b_3 = b(b_2 c_2 - c_2 a_2 + a_2 b_2), \qquad c_3 = c(b_2 c_2 + c_2 a_2 - a_2 b_2).$$

Enfin la valeur de Λ_4 est

$$\Lambda_4 = 4\, abc\, a_2 b_2 c_2.$$

Cela posé, on obtient immédiatement pour Λ_5, Λ_6, ... les expressions suivantes :

$$\Lambda_5 = \Lambda_2^3 \Lambda_4 - \Lambda_3^3,$$
$$\Lambda_6 = \Lambda_2 \Lambda_3 (\Lambda_5 - 4 a_2^2 b_2^2 c_2^2),$$
$$\Lambda_7 = \Lambda_3^3 \Lambda_5 - \Lambda_2 \Lambda_4^3,$$
$$\Lambda_8 = 2 a_4 b_4 c_4 \Lambda_4 = \Lambda_4 [\Lambda_3^3 (\Lambda_5 - 4 a_2^2 b_2^2 c_2^2) - \Lambda_5^2],$$
$$\Lambda_9 = \Lambda_4^3 \Lambda_6 - \Lambda_3 \Lambda_5^2.$$

En examinant la loi de formation des Λ_n, on reconnaît sans peine que pour toute valeur impaire de n, Λ_n est susceptible d'être exprimé par une fonction entière et symétrique de a_2, b_2, c_2, et même de $b_2 c_2$, $c_2 a_2$, $a_2 b_2$; en sorte que l'on peut écrire

$$\Lambda_{2p+1} = F(b_2 c_2,\ c_2 a_2,\ a_2 b_2),$$

en désignant par le symbole $F(u, v, w)$ une fonction entière rationnelle et symétrique de degré $p(p+1)$ par rapport aux variables u, v, w. Des considérations géométriques permettent de découvrir une propriété singulière de cette fonction.

Soit en effet $f(a, b, c)$ l'expression de Λ_{2p+1} en fonction de a, b, c; on sait que l'équation $f(a, b, c) = 0$ exprime la condition pour qu'il soit possible de construire un polygone de $2p+1$ côtés, simultanément inscrit à $(\mathcal{M}_0)$ et circonscrit à $(\mathcal{M}_1)$; imaginons que l'on construise un pareil polygone et que l'on joigne les sommets de deux en deux, on obtiendra un nouveau polygone simultanément inscrit à $(\mathcal{M}_0)$ et circonscrit à $(\mathcal{M}_2)$, dont l'équation ne diffère de celle de $(\mathcal{M}_1)$ qu'en ce que a^2, b^2, c^2 sont remplacés par a_2^2, b_2^2, c_2^2. Il résulte de là que l'équation $f(a, b, c) = 0$ ou $F(b_2 c_2,\ c_2 a_2,\ a_2 b_2) = 0$ entraîne l'équation $f(a_2, b_2, c_2) = 0$.

En tenant compte de ce que les quantités a, b, c, a_2, b_2, c_2, n'entrent dans les équations des courbes $(\mathcal{M}_1)$ et $(\mathcal{M}_2)$ que par leurs carrés, on conclut de là

$$f(a_2, b_2, c_2)$$
$$= F(b_2 c_2,\ c_2 a_2,\ a_2 b_2)\, F(-b_2 c_2,\ c_2 a_2,\ a_2 b_2)\, F(-b_2 c_2,\ c_2 a_2,\ a_2 b_2)\, F(b_2 c_2,\ c_2 a_2 - a_2 b_2).$$

et par suite la fonction F jouit de la propriété caractérisée par la relation

$$F(b_2 c_2, c_2 a_2, a_2 b_2)$$
$$= F(bc, ca, ab)\, F(-bc, ca, ab)\, F(bc, -ca, ab)\, F(bc, ca, -ab).$$

La fonction Λ_3, formée ci-dessus, en fournit un exemple simple.

Applications. — Pour appliquer les résultats précédents, lorsque les équations des deux coniques $(\mathcal{A}_0)$ et $(\mathcal{A}_1)$ sont données en coordonnées de Descartes sous la forme générale,

$$\mathcal{A}_0 = lx^2 + l'y^2 + l'' + 2my + 2m'x + 2m''xy = 0,$$
$$\mathcal{A}_1 = l_1 x^2 + l'_1 y^2 + l''_1 + 2m_1 y + 2m'_1 x + 2m''_1 xy = 0,$$

il suffit de remarquer que les quantités nommées ci-dessus a^2, b^2, c^2 sont proportionnelles aux racines de l'équation

$$\begin{vmatrix} l\lambda - l_1 & m''\lambda - m''_1 & m'\lambda - m'_1 \\ m''\lambda - m''_1 & l'\lambda - l'_1 & m\lambda - m_1 \\ m'\lambda - m'_1 & m\lambda - m_1 & l''\lambda - l''_1 \end{vmatrix} = 0,$$

que nous écrirons ainsi :

$$\Delta \lambda^3 - \Gamma \lambda^2 + \Gamma_1 \lambda - \Delta_1 = 0,$$

en désignant par Δ, Γ, Δ_1, Γ_1, des *invariants* bien connus du système des fonctions $\mathcal{A}_0$ et $\mathcal{A}_1$. Nommant d'ailleurs respectivement P, Q, R la somme, la somme des produits deux à deux, et le produit de $b_2 c_2$, $c_2 a_2$, $a_2 b_2$, on aura

$$P = 4\Gamma\Delta_1 - \Gamma_1^2, \qquad Q = \Gamma_1 [-\Gamma_1^3 + 2\Delta_1 \Gamma\Gamma_1 - 2\Delta\Delta_1^2],$$
$$R = [-\Gamma_1^3 + 2\Delta_1 \Gamma\Gamma_1 - 2\Delta\Delta_1^2]^2,$$

et l'on sait que pour toute valeur impaire de n, Λ_n est exprimable rationnellement en P, Q, R. On trouve ainsi

$$\Lambda_3 = P, \quad \Lambda_5 = -P^3 + 4PQ - 4R, \quad \Lambda_7 = -P^6 + 4(PQ - R)(P^3 - 4R),$$
$$\Lambda_9 = P\left\{ P^9 - 4(PQ - R)[3P^6 - 4(3PQ - 4R)P^3 + 16(P^2 Q^2 - 3PQR + 3R^2)] \right\}.$$

D'autre part, une fois l'expression de Λ_n en P, Q, R connue, il suffira d'y remplacer P, Q, R par P_2, Q_2, R_2 pour obtenir celle de $\dfrac{\Lambda_{2n}}{\Lambda_2}$, par P_3, Q_3, R_3 pour avoir celle de $\dfrac{\Lambda_{3n}}{\Lambda_3}$, en posant

$$P_2 = P(-P^3 + 4PQ - 8R),$$
$$Q_2 = (P^2 - 2Q)[-P^6 + 2(3PQ - 4R)P^3 - 8(PQ - R)^2],$$
$$R_2 = [-P^6 + 2(3PQ - 4R)P^3 - 8(PQ - R)^2]^2,$$
$$P_3 = P^9 - 4(PQ - R)[3P^6 - 4(3PQ - 4R)P^3 + 16(P^2 Q^2 - 3PQR + 3R^2)].$$

35.

Lorsqu'on se propose seulement d'établir la relation à laquelle doivent satisfaire les coefficients des équations des deux coniques, pour qu'il soit possible de construire un polygone de n côtés, simultanément inscrit à la première et circonscrit à la seconde, il est permis, d'après la remarque finale du paragraphe précédent, au moins pour le cas de n impair, de substituer dans l'équation $\Lambda_n = 0$, aux lettres P, Q, R, les quantités P'. Q', R' respectivement égales à la somme, à la somme des produits deux à deux, et au produit de bc, ca et ab. Dans le cas général, P', Q', R' ne sont pas exprimables rationnellement en fonction des paramètres dont dépendent la forme et la position des deux courbes, mais dans certaines applications particulières, on peut déduire effectivement de cette remarque, une manière de décomposer l'équation en deux et même en quatre facteurs rationnels, dont chacun reproduit les autres par des changements de signes convenables. Dans tous les cas, pour des valeurs paires de n, l'équation peut se décomposer en trois facteurs rationnels, comme cela résulte immédiatement de la formule $\dfrac{\Lambda_{2p}}{\Lambda_p} = 2\,a_p\,b_p\,c_p$.

Examinons d'abord le cas particulier où les deux coniques étant concentriques, on connaît les longueurs A et B, A' et B' de leurs diamètres conjugués communs.

Pour appliquer les formules générales, il suffira d'y poser

$$a : \pm \frac{A}{A'} :: b : \pm \frac{B}{B'} :: c : 1,$$

ou, ce qui revient au même,

$$bc = \pm \frac{A'}{A}, \quad ca = \pm \frac{B'}{B}, \quad ab = 1.$$

On trouve ainsi les relations suivantes, dont chacune en représente quatre, si le nombre des côtés du polygone est impair :

Pour le triangle,

$$\frac{A'}{A} + \frac{B'}{B} + 1 = 0 ;$$

pour le pentagone,

$$\frac{4\,A'B'}{AB}\left(\frac{A'}{A} + \frac{B'}{B}\right) - \left(\frac{A'}{A} + \frac{B'}{B} + 1\right)\left(\frac{A'}{A} + \frac{B'}{B} - 1\right)^2 = 0 ;$$

pour l'heptagone,

$$\frac{4\,A'B'}{AB}\left(\frac{A'}{A} + \frac{B'}{B}\right)\left[\left(\frac{A'}{A} + \frac{B'}{B}\right)^2 - 1\right]\left(\frac{A'}{A} + \frac{B'}{B} + 3\right)$$
$$- 16\frac{A'^2 B'^2}{AB}\left(\frac{A'}{A} + \frac{B'}{B}\right) - \left(\frac{A'}{A} + \frac{B'}{B} + 1\right)^4\left(\frac{A'}{A} + \frac{B'}{B} - 1\right)^2 = 0.$$

De même, si le nombre des côtés est pair, on a :

pour le quadrilatère, $\frac{A'^2}{A^2}+\frac{B'^2}{B^2}=1$, ou $\frac{A'^2}{A^2}-\frac{B'^2}{B^2}=\pm 1$,

pour l'hexagone, $\left(\frac{A'^2}{A^2}+\frac{B'^2}{B^2}+1\right)^2 = \begin{cases} \text{ou } 4\left(\frac{A'^4}{A^4}+\frac{B'^2}{B^2}\right), \\ \text{ou } 4\left(\frac{B'^4}{B^4}+\frac{A'^2}{A^2}\right), \\ \text{ou } 4\left(1+\frac{A'^2B'^2}{A^2B^2}\right). \end{cases}$

Connaissant la relation pour un polygone de n côtés, il suffit, lorsque l'on veut obtenir la relation pour un polygone d'un nombre de côtés doubles, d'y remplacer

$$\frac{A'}{A} \text{ par } \frac{\frac{A'^2}{A^2}+\frac{B'^2}{B^2}-1}{-\frac{A'^2}{A^2}+\frac{B'^2}{B^2}+1}, \qquad \frac{B'}{B} \text{ par } \frac{\frac{A'^2}{A^2}+\frac{B'^2}{B^2}-1}{\frac{A'^2}{A^2}-\frac{B'^2}{B^2}+1};$$

mais on doit bien remarquer que si n est impair, l'application de ces formules à l'un des quatre facteurs de la relation $A_n = 0$ reproduit précisément cette relation elle-même, ce sont alors les trois autres facteurs qui fournissent les relations cherchées.

De même, pour passer à un polygone d'un nombre de côtés triple, il suffit de remplacer

$$\frac{A'}{A} \text{ par } \frac{A'}{A}\,\frac{\left(\frac{A'^2}{A^2}+\frac{B'^2}{B^2}+1\right)^2-4\left(1+\frac{A'^2B'^2}{A^2B^2}\right)}{\left(\frac{A'^2}{A^2}+\frac{B'^2}{B^2}+1\right)^2-4\left(\frac{A'^4}{A^4}+\frac{B'^2}{B^2}\right)},$$

$$\frac{B'}{B} \text{ par } \frac{B'}{B}\,\frac{\left(\frac{A'^2}{A^2}+\frac{B'^2}{B^2}+1\right)^2-4\left(1+\frac{A'^2B'^2}{A^2B^2}\right)}{\left(\frac{A'^2}{A^2}+\frac{B'^2}{B^2}+1\right)^2-4\left(\frac{B'^4}{B^4}+\frac{A'^2}{A^2}\right)}.$$

Soient maintenant R et r les rayons de deux cercles situés sur un même plan, d la distance de leurs centres; les équations de ces deux cercles pourront, en choisissant convenablement les axes de coordonnées, s'écrire ainsi :

$$(\mathcal{A}_0) \quad x^2+y^2-R^2=0, \qquad (\mathcal{A}_1) \quad x^2+y^2-2dx+d^2-r^2=0,$$

et les quantités désignées ci-dessus par a^2, b^2, c^2, seront proportionnelles aux racines de l'équation

$$(\lambda-1)[R^2\lambda^2-(R^2+r^2-d^2)\lambda+r^2]=0,$$

en sorte qu'il nous sera permis de poser

$$\frac{b^2 + c^2}{a^2} = \frac{R^2 + r^2 - d^2}{R^2}, \qquad \frac{b^2 c^2}{a^4} = \frac{R^2}{r^2},$$

d'où l'on tire

$$\frac{r}{R} = \frac{bc}{a^2}, \qquad \frac{d}{R} = \frac{\sqrt{(a^2 - b^2)(a^2 - c^2)}}{a^2}.$$

Nommant de même r_n et d_n le rayon et l'abscisse du centre du cercle enveloppé par le côté libre d'un polygone de $n + 1$ côtés inscrit dans $(\mathcal{A}_0)$ et dont les autres côtés touchent $(\mathcal{A}_1)$, on aura aussi

$$\frac{r_n}{R} = \frac{b_n c_n}{a_n^2}, \qquad \frac{d_n}{R} = \frac{\sqrt{(a_n^2 - b_n^2)(a_n^2 - c_n^2)}}{a_n^2};$$

et par suite

$$\frac{d_n}{d} = \frac{a^2}{a_n^2} \Lambda_n^2.$$

L'interprétation géométrique de $\frac{b}{a}$ et $\frac{c}{a}$, ou plus généralement de $\frac{b_n}{a_n}$ et $\frac{c_n}{a_n}$ est facile; concevons que l'on appelle respectivement I et I', K_n et K'_n les points où la ligne des centres rencontre le cercle $(\mathcal{A}_0)$ et le cercle $(\mathcal{A}_n)$ et que l'on construise deux longueurs moyennes proportionnelles, l'une entre IK_n et $I'K'_n$, l'autre entre IK'_n et $I'K_n$; $\frac{b_n}{a_n}$ et $\frac{c_n}{a_n}$ seront les rapports de la demi-somme et de la demi-différence de ces longueurs au rayon R. Avec l'aide des indications qui précèdent, il n'y a aucune difficulté à traduire les résultats relatifs au problème général dans les notations de Fuss et de M. Steiner.

Je me bornerai à signaler les formules suivantes : Posant

$$\frac{R + d}{r} = p, \qquad \frac{R - d}{r} = q, \qquad \frac{R + d_n}{r_n} = p_n, \qquad \frac{R - d_n}{r_n} q_n,$$

il vient

$$p_n + q_n = \frac{2 a_n^2}{b_n c_n}, \qquad p_n - q_n = \frac{2 \Lambda_n^2 \sqrt{(a^2 - b^2)(a^2 - c^2)}}{b_n c_n} = 2 \frac{p - q}{p + q} a^2 \Lambda_n^2.$$

On tire de là, en particulier,

$$p_2 + q_2 = \frac{2 p^2 q^2}{p^2 + q^2 - p^2 q^2}, \qquad p_2 - q_2 = \frac{2(p^2 - q^2)}{p^2 + q^2 - p^2 q^2},$$

$$p_3 + q_3 = \frac{(p + q)[p^2 q^2 - (p - q)^2]^2}{(p^2 + q^2 - p^2 q^2)^2 - 4 p^2 q^2 (p^2 - 1)(q^2 - 1)},$$

$$p_3 - q_3 = \frac{(p - q)[p^2 q^2 - (p + q)^2]^2}{(p^2 + q^2 - p^2 q^2)^2 - 4 p^2 q^2 (p^2 - 1)(q^2 - 1)}.$$

Ces formules permettent de passer de la relation pour le polygone de n côtés, à la relation pour un polygone de $2n$ ou de $3n$ côtés (*).

Au point de vue général où nous nous sommes placés, il n'existe pour ainsi dire aucune différence entre le cas où les deux cercles donnés sont sur un même plan, et celui où ils sont sur une même sphère. Soient en effet R, r, d les quantités angulaires qui, dans le cas de la sphère, répondent aux longueurs ci-dessus désignées par les mêmes lettres. En choisissant convenablement les plans coordonnés, on pourra écrire comme il suit, les équations des cônes de révolution concentriques à la sphère, qui ont respectivement pour directrices les cercles donnés :

$$(\mathcal{A}_0) \qquad x^2 + y^2 - \tan^2 R \cdot z^2 = 0.$$

$$(\mathcal{A}_1) \quad \begin{cases} (\cos^2 r - \sin^2 d)x^2 + \cos^2 r \cdot y^2 + (\sin^2 d - \sin^2 r)z^2 \\ - 2\sin d \cos d \cdot zx = 0, \end{cases}$$

et l'équation qui a pour racines a^2, b^2, c^2 est alors

$$(\lambda - 1)\left[\tan^2 R \cdot \lambda^2 - \left(\tan^2 R + \tan^2 r - \frac{\sin^2 d}{\cos^2 R \cdot \cos^2 r}\right)\lambda + \tan^2 r\right].$$

En la comparant à l'équation analogue obtenue ci-dessus, on reconnaît immédiatement que, pour passer du plan à la sphère, il suffit de remplacer dans les premiers résultats

$$R \text{ par } \tan R, \qquad r \text{ par } \tan r, \qquad d \text{ par } \frac{\sin d}{\cos R \cos r},$$

ou, ce qui revient au même,

$$R \text{ par } \sin R \cos r, \qquad r \text{ par } \sin r \cos R, \qquad d \text{ par } \sin d.$$

(*) Les formules pour la duplication ont été données par M. Richelot, dans son Mémoire inséré au *Journal de Crelle*, t. V ; 1829. Je ferai remarquer, à cette occasion, que la relation énoncée dans ce Memoire pour le pentagone, manque de précision, en ce qu'elle contient un facteur étranger $pq - p - q$.

MOUTARD.

A mon tour et à la même occasion, je crois devoir déclarer ici que les Additions de MM. Moutard et Mannheim ont été faites sans aucune participation de ma part, et sans que je sois intervenu dans la correction des épreuves d'imprimerie. Je crois, de plus, devoir faire observer que mon travail et celui de ces savants géomètres ont été conçus et rédigés d'une manière entièrement indépendante, avant toute communication réciproque de ces épreuves : les rapprochements que l'on voudrait établir entre la communauté d'origine des idées géométriques ou analytiques que ces diverses Notes et Additions renferment, risqueraient donc beaucoup de porter à faux.

PONCELET.

Nous terminerons ces applications par une remarque qu'il serait peut-être intéressant de développer.

Bien que l'analyse que nous avons employée suppose la possibilité de ramener simultanément les équations des deux coniques données aux formes $x^2+y^2+z^2 = 0$, $a^2x^2+b^2y^2+c^2z^2 = 0$, et que cette hypothèse tombe en défaut, lorsque les deux coniques sont tangentes en un seul point, il est clair, par des considérations de continuité, qu'une fois les résultats exprimés en fonction des coefficients des équations générales, ils subsistent dans tous les cas. D'autre part, ce cas exceptionnel, se caractérisant par l'égalité de deux racines de l'équation du troisième degré en λ, ne se distingue pas explicitement, dans la question qui nous occupe, de celui où les courbes sont doublement tangentes. Mais en vertu de l'un des principes de projection centrale, deux coniques doublement tangentes peuvent se projeter suivant le système de deux cercles concentriques, et par suite la solution algébrique complète du problème revient alors à la multiplication des fonctions trigonométriques. C'est ce qui a d'ailleurs été montré directement pour le cas de deux cercles tangents, par MM. Mention et Tchébychef dans le Mémoire cité ci-dessus. Il y a plus, la détermination de l'enveloppe du côté libre d'un polygone inscrit dans une conique, et dont les autres côtés roulent sur d'autres coniques données, ne dépend que de l'addition des fonctions trigonométriques lorsque les courbes directrices, s'entrecoupant en deux points, sont en outre tangentes en un troisième point. Dans le cas général, où les quatre points communs aux directrices sont distincts, le problème dépend au contraire de la considération de transcendantes plus élevées.

Réduction du problème à la résolution d'une équation fonctionnelle.

Les diverses propriétés que nous avons reconnues dans ce qui précède, aux trois séries a_n, b_n, c_n, peuvent être regardées comme autant de systèmes d'équations aux différences finies, propres à définir, moyennant certaines conditions initiales, leurs termes généraux respectifs. Sous un autre point de vue, on peut les considérer comme caractérisant certaines fonctions de l'indice n, susceptibles de conserver un sens précis pour toutes les valeurs réelles ou imaginaires de l'indice, et dont il reste, bien entendu, à démontrer l'existence. En prenant en particulier les relations (6), on est ainsi amené à se poser le problème suivant :

Construire trois fonctions bien déterminées $\mathfrak{A}(u)$, $\mathfrak{B}(u)$, $\mathfrak{C}(u)$, satisfaisant pour toutes les valeurs de u et de v aux équations

$$\mathfrak{B}(u+v)\,\mathfrak{C}(u-v) + \mathfrak{B}(u-v)\,\mathfrak{C}(u+v) = 2\,\mathfrak{B}u\,\mathfrak{C}u\,\mathfrak{B}v\,\mathfrak{C}v,$$

$$\mathfrak{C}(u+v)\,\mathfrak{A}(u-v) + \mathfrak{C}(u-v)\,\mathfrak{A}(u+v) = 2\,\mathfrak{C}u\,\mathfrak{A}u\,\mathfrak{C}v\,\mathfrak{A}v,$$

$$\mathfrak{A}(u+v)\,\mathfrak{B}(u-v) + \mathfrak{A}(u-v)\,\mathfrak{B}(u+v) = 2\,\mathfrak{A}u\,\mathfrak{B}u\,\mathfrak{A}v\,\mathfrak{B}v,$$

et aux conditions initiales

$$\mathcal{A}(0) = \mathcal{B}(0) = \mathcal{C}(0) = 1, \quad \mathcal{A}(u_0) = a, \quad \mathcal{B}(u_0) = b, \quad \mathcal{C}(u_0) = c.$$

Il est clair, en effet, que les valeurs de a_n, b_n et c_n coïncideront entièrement avec les fonctions $\mathcal{A}(u)$, $\mathcal{B}(u)$, $\mathcal{C}(u)$, pour la valeur nu_0 de la variable.

Soit donc proposé de rechercher tous les groupes de deux fonctions bien déterminées qui satisfassent à l'équation

$$f(u+v)\,\varphi(u-v) + f(u-v)\,\varphi(u+v) = 2\,fu\,\varphi uf v\,\varphi v.$$

Il est possible de reconnaître à priori que les fonctions f et φ sont nécessairement *paires*, qu'elles sont *entières*, *qu'elles ne peuvent avoir de racines finies communes*, *qu'elles ne peuvent avoir de racines finies multiples*. On reconnaît encore aisément que si f et φ appartiennent à cette classe singulière de fonctions qui ne peuvent ni s'annuler ni devenir infinies pour aucune valeur finie de la variable, la solution du problème est donnée par

$$f(u) = e^{ku^2 + l}, \quad \varphi(u) = e^{ku^2 - l},$$

et que lorsque l'une seulement des deux fonctions, φ, par exemple, appartient à cette classe, la solution est donnée par

$$f(u) = e^{ku^2 + l}\cos mu, \quad \varphi(u) = e^{ku^2 - l}.$$

Nous ajouterons d'ailleurs, que si $F(u)$ et $\Phi(u)$ fournissent une solution du problème, les fonctions

$$f(u) = F(u)\,e^{ku^2 + l}, \quad \varphi(u) = \Phi(u)\,e^{ku^2 - l},$$

en fournissent également. Mais aucun des deux types déjà trouvés ne permet de former trois fonctions distinctes satisfaisant deux à deux à l'équation fondamentale, en même temps qu'aux conditions initiales; il sera donc entendu, dans ce qui va suivre, que les fonctions f et φ doivent être susceptibles toutes deux de s'annuler pour des valeurs finies de la variable, et qu'elles sont paires, entières, premières entre elles et premières avec leurs dérivées respectives. Le problème ainsi précisé, nous nous appuierons, pour le résoudre, sur les considérations si lumineuses relatives aux zéros et aux infinis des *fonctions bien déterminées*, développées par M. Liouville dans son cours du Collège de France en 1851 et en 1859.

Soit z l'une quelconque des racines soit de $f(u)$, soit de $\varphi(u)$; en remplaçant v par z dans l'équation fondamentale, on obtient

$$f(u+z)\,\varphi(u-z) + f(u-z)\,\varphi(u+z) = 0,$$

d'où

$$\frac{f(u+z)}{\varphi(u+z)} = -\frac{f(u-z)}{\varphi(u-z)}.$$

ou, ce qui revient au même,

$$\frac{f(u+2\alpha)}{\varphi(u+2\alpha)} = -\frac{f(u)}{\varphi(u)} \quad \text{et} \quad \frac{f(u+4\alpha)}{\varphi(u+4\alpha)} = \frac{f(u)}{\varphi(u)};$$

c'est-à-dire que pour tout accroissement égal au double d'une racine, soit de f, soit de φ, donné à la variable, la fonction $\frac{f(u)}{\varphi(u)}$ ne fait que changer de signe, et que le quadruple de toute racine de f ou de φ est une période de $\frac{f(u)}{\varphi(u)}$. De là résulte, en particulier, que tout multiple impair d'une racine de $f(u)$ ou de $\varphi(u)$ augmenté de multiples pairs de racines, soit de l'une, soit de l'autre de ces deux fonctions, est aussi une racine de la première, et que les multiples impairs du double d'une racine de f ou de φ ne sont pas des périodes de $\frac{f}{\varphi}$, mais que la somme de deux pareils multiples est une telle période.

Cela posé, concevons que l'on figure sur un plan les *affixes* de toutes les racines de f et φ; nommons les points ainsi obtenus *points-racines,* et désignons-les par les mêmes notations que les valeurs algébriques auxquelles ils correspondent. Les fonctions f et φ étant paires, ils seront situés deux à deux symétriquement par rapport à l'origine des coordonnées. Joignons l'origine o à l'un de ces points, tellement choisi que la droite obtenue n'en renferme pas d'autre entre l'origine et lui; prolongée, cette droite contiendra une infinité d'autres points-racines équidistants compris dans la formule $(2n+1)\alpha$, α désignant le premier; et il est clair par ce qui a été dit ci-dessus, que si de tout autre point-racine on mène une parallèle à $o\alpha$, et qu'on y porte, dans l'un ou l'autre sens, une longueur égale à un multiple pair de $o\alpha$, le nouveau point obtenu correspondra lui-même à une racine. De là résulte d'ailleurs aisément, que la droite $o\alpha$ ne saurait contenir d'autres points-racines que ceux qui sont contenus dans la formule $(2n+1)\alpha$.

Imaginons maintenant que l'on transporte la droite $o\alpha$ parallèlement à elle-même, jusqu'à ce que l'on rencontre pour la première fois un nouveau point racine β. Dans cette nouvelle position, elle contiendra aussi tous les points compris dans la formule $\beta + 2n\alpha$, mais n'en contiendra pas d'autre; en effet, tout point de cette droite est évidemment l'affixe d'une quantité comprise dans la formule $\beta + \lambda\alpha$, en désignant par λ un nombre réel quelconque; or si $\beta + \lambda\alpha$ est racine de f ou φ, $\alpha + 2(\beta + \lambda\alpha) - 2\beta$, c'est-à-dire $\alpha + 2\lambda\alpha$, l'est également, ce qui exige que λ soit entier; mais d'autre part λ ne peut être impair, sans quoi $\beta + \lambda\alpha$ serait en même temps une racine et la somme de deux racines; ce qui est impossible, puisqu'alors $2(\beta + \lambda\alpha)$ devrait à la fois être et ne pas être une période de $\frac{f}{\varphi}$.

L'existence des racines α et β (dont le rapport est imaginaire) entraîne l'existence de toutes celles qui sont comprises dans les formules

$$(2m+1)\alpha+2n\beta, \quad 2m\alpha+(2n+1)\beta.$$

En outre, on peut affirmer qu'il ne saurait y en avoir d'autres; car, par hypothèse, il n'y a pas de points-racines entre la droite qui contient les $(2n+1)\alpha$ et celle qui contient les $\beta+2m\alpha$, ni par conséquent, puisque les fonctions f et φ sont paires, entre la droite $\beta+2m\alpha$ et la droite $-\beta+2m\alpha$, et tout point du plan peut toujours être ramené entre ces deux droites par l'addition d'un multiple pair convenablement choisi de 2β.

Il est donc certain que toutes les racines de f et φ sont comprises dans les deux formules $(2m+1)\alpha+2n\beta$ et $2m\alpha+(2n+1)\beta$. De plus, si α est une racine de f, $(2m+1)\alpha+2n\beta$ sera aussi une racine de f, car $2m\alpha+2n\beta$ est une période; dès lors β ne saurait être racine de f, sans quoi toutes les racines appartiendraient à f, et il n'en resterait point pour φ, hypothèse que nous avons exclue.

En conséquence, lorsque deux fonctions f et φ satisfont à l'équation fondamentale du problème, leurs racines respectives peuvent être représentées par les deux formules :

$$\text{Pour } f(u)\ldots\ldots \quad u=(2m+1)\alpha+2n\beta,$$
$$\text{Pour } \varphi(u)\ldots\ldots \quad u=2m\alpha+(2n+1)\beta,$$

où α et β désignent des constantes arbitraires dont le rapport est nécessairement imaginaire. Mais les quantités comprises dans la formule $(2m+1)\alpha+2n\beta$ peuvent aussi être représentées par la formule

$$(2m+1)\alpha+2n(\alpha+\beta);$$

en choisissant les premières pour racines de f, il sera donc permis de leur associer comme racines de φ toutes les quantités comprises dans la formule

$$2m\alpha+(2n+1)(\alpha+\beta),$$

ou, ce qui revient au même.

$$(2m+1)\alpha+(2n+1)\beta.$$

De là résulte que, si l'on forme séparément trois fonctions $\mathcal{A}(u)$, $\mathcal{B}(u)$, $\mathcal{C}(u)$, ayant respectivement pour racines $(2m+1)\alpha+(2n+1)\beta$, $2m\alpha+(2n+1)\beta$, $(2m+1)\alpha+2n\beta$, deux quelconques d'entre elles satisferont aux conditions que notre première discussion impose aux fonctions f et φ. Le type de trois fonctions auxquelles on parvient ainsi est nécessairement unique; pour s'en convaincre, il suffit de remarquer que si l'on distribue les points-racines de f, par exemple, suivant les points d'intersection de deux systèmes de parallèles équidistantes, de telle sorte que l'origine se trouve au centre de l'un des parallélogrammes formés, ce qui est possible d'une infinité de manières, nécessairement les points-racines de l'autre fonction formeront le système des points milieux de tous les côtés parallèles à une même direction de tous ces parallélogrammes; par suite, une fois les racines de l'une des fonctions choisies, celles de l'autre ne peuvent plus l'être que de deux manières différentes.

Pour définir complétement les fonctions $\mathcal{A}(u)$, $\mathcal{B}(u)$, $\mathcal{C}(u)$, qui ne se présentent encore que comme les valeurs de produits doublement illimités, dont le facteur général est

$$\text{Pour la première.....} \quad 1 - \frac{u}{(2m+1)\alpha + (2n+1)\beta},$$

$$\text{Pour la deuxième....} \quad 1 - \frac{u}{2m\alpha + (2n+1)\beta},$$

$$\text{Pour la troisième.....} \quad 1 - \frac{u}{(2m+1)\alpha + 2n\beta},$$

il est nécessaire de spécifier la loi suivant laquelle on fera croître indéfiniment les entiers m et n. Il convient d'ailleurs de remarquer que la généralité de la solution ne se trouve pas diminuée par le choix d'une loi particulière, car l'on sait qu'en changeant cette loi, on ne fait qu'introduire un de ces facteurs de la forme e^{ku^2}, dont il a été tenu compte au commencement de la discussion. Soit donc admis que l'on fasse augmenter indéfiniment d'abord m, puis n, ce qui revient à grouper les points-racines suivant des lignes parallèles à la droite $O\alpha$; on aura pour les expressions des trois fonctions

$$\mathcal{A}(u) = \lim \prod_{n=-n'-1}^{n=n'} \lim \prod_{m=-m'-1}^{m=m'} \cdot \left(1 - \frac{u}{(2m+1)\alpha + (2n+1)\beta}\right),$$

$$\mathcal{B}(u) = \lim \prod_{n=-n'-1}^{n=n'} \lim \prod_{m=-m'}^{m=m'} \left(1 - \frac{u}{2m\alpha + (2n+1)\beta}\right),$$

$$\mathcal{C}(u) = \lim \prod_{n=-n'}^{n=n'} \lim \prod_{m=-m'-1}^{m=m'} \left(1 - \frac{u}{(2m+1)\alpha + 2n\beta}\right).$$

On est naturellement conduit à leur en associer une quatrième $\mathcal{D}(u)$ que l'on peut définir comme il suit :

$$\mathcal{D}(u) = \lim \prod_{n=-n'}^{n=n'} \lim \prod_{m=-m'}^{m=m'} \left(1 - \frac{u}{2m\alpha + 2n\beta}\right),$$

en ayant soin de convenir que le facteur $1 - \dfrac{u}{2m\alpha + 2n\beta}$ soit remplacé par u pour les valeurs $m = 0$. $n = 0$.

En posant $q = e^{\frac{\pi i \beta}{2\alpha}}$, les quatre fonctions prennent les formes suivantes :

$$\mathcal{A}(u) = \prod_0^{\infty} \frac{1 + 2 q^{2n+1} \cos \dfrac{\pi u}{\alpha} + q^{2(2n+1)}}{(1 + q^{2n+1})},$$

$$\mathcal{B}(u) = \prod_0^{\infty} \frac{1 - 2 q^{2n+1} \cos \dfrac{\pi u}{\alpha} + q^{2(2n+1)}}{(1 - q^{2n+1})^2},$$

$$\mathcal{C}(u) = \cos \frac{\pi u}{2\alpha} \prod_1^{\infty} \frac{1 + 2 q^{2n} \cos \dfrac{\pi u}{\alpha} + q^{4n}}{(1 + q^{2n})^2},$$

$$\Theta(u) = \frac{2\alpha}{\pi} \sin \frac{\pi u}{2\alpha} \prod_1^{\infty} \frac{1 - 2 q^{2n} \cos \dfrac{\pi u}{\alpha} + q^{4n}}{(1 - q^{2n})^2};$$

et l'on reconnaît ainsi qu'elles sont respectivement à des constantes près les fonctions désignées dans les écrits de Jacobi, par $\Theta_1(u)$, $\Theta(u)$, $H_1(u)$ et $H(u)$. Comme il est d'ailleurs possible de choisir les constantes arbitraires u_0, α, β de manière à satisfaire aux conditions $\mathcal{A}(u_0) = a$, $\mathcal{B}(u_0) = b$, $\mathcal{C}(u_0) = c$, il reste seulement à reconnaître à postériori que $\mathcal{A}(u)$, $\mathcal{B}(u)$, $\mathcal{C}(u)$ satisfont bien deux à deux à l'équation de condition

$$f(u+v)\varphi(u-v) + f(u-v)\varphi(u+v) = 2 f u \varphi u f v \varphi v.$$

C'est à quoi l'on parvient sans peine en appliquant les méthodes de M. Liouville, et remarquant que l'expression

$$\frac{f(u+v)\varphi(u-v) + f(u-v)\varphi(u+v)}{f u \varphi u}$$

constitue alors une fonction doublement périodique de u, laquelle ne peut s'annuler ni devenir infinie pour aucune valeur de u.

Les mêmes principes permettent de vérifier, à postériori, les propriétés de ces fonctions exprimées par les formules suivantes, lesquelles correspondent respectivement aux relations (5), (9), (10) et (11):

$$(5\ bis)\quad\begin{cases} A^2 u\,(B^2 v\,C^2 w - C^2 v\,B^2 w) + B^2 u\,(C^2 v\,A^2 w - A^2 v\,C^2 w) \\ + C^2 u\,(A^2 v\,B^2 w - B^2 v\,A^2 w) = 0\,; \end{cases}$$

$$(9\ bis)\quad\begin{cases} A(u+v)\,A(u-v) = -B^2 u\,C^2 v + A^2 u\,C^2 v + A^2 v\,B^2 u \\ = -B^2 v\,C^2 u + A^2 v\,C^2 u + A^2 u\,B^2 v, \end{cases}$$

$$(10\ bis)\quad B(u+v)\,B(u-v) + C(u+v)\,C(u-v) = B^2 u\,C^2 v + B^2 v\,C^2 u,$$

$$(11\ bis)\quad\begin{cases} [\,B(u+v)+C(u+v)\,]\,[\,B(u-v)+C(u-v)\,] = (\,Bu\,Cv + Bv\,Cu\,) \\ [\,B(u+v)-C(u+v)\,]\,[\,B(u-v)-C(u-v)\,] = (\,Bu\,Cv - Bv\,Cu\,) \end{cases}$$

et toutes celles qui s'en déduisent par l'échange des lettres A, B, C,

En essayant d'établir les relations analogues aux précédentes, dans lesquelles l'une des fonctions $A(u)$, $B(u)$, $C(u)$ serait remplacé par $D(u)$, on trouve, parmi diverses formules, les suivantes :

$$D(u+v)\,D(u-v) = D^2 u\,A^2 v - D^2 v\,A^2 u,$$
$$D(u+v)\,D(u-v) = D^2 u\,B^2 v - D^2 v\,B^2 u,$$
$$D(u+v)\,D(u-v) = D^2 u\,C^2 v - D^2 v\,C^2 u,$$

lesquelles permettent de rattacher la fonction $D(u)$ aussi bien que les fonctions $A(u)$, $B(u)$, $C(u)$, au théorème de **M. Poncelet**.

Faisant, en effet, $u = nv$, on tire de là

$$A^2(nv) = A^2 v\left[\frac{D(nv)}{Dv}\right]^2 - \frac{D(\overline{n+1}\,v)}{Dv}\cdot\frac{D(\overline{n-1}\,v)}{Dv},$$

$$B^2(nv) = B^2 v\left[\frac{D(nv)}{Dv}\right]^2 - \frac{D(\overline{n+1}\,v)}{Dv}\cdot\frac{D(\overline{n-1}\,v)}{Dv},$$

$$C^2(nv) = C^2 v\left[\frac{D(nv)}{Dv}\right]^2 - \frac{D(\overline{n+1}\,v)}{Dv}\cdot\frac{D(\overline{n-1})\,v}{Dv},$$

ce qui, rapproché des relations (12), et de la définition du symbole ci-dessus désigné par Λ_n, nous apprend immédiatement que, de même que

$$A(nu_0) = a_n,\quad B(nu_0) = b_n,\quad C(nu_0) = c_n,$$

on a aussi

$$\Lambda_n = \frac{D(nu_0)}{Du_0}.$$

Si l'on porte cette expression de Λ_n dans les diverses formules ci-dessus, on obtient les relations suivantes :

$$\Theta(2u) = 2\,\mathcal{A}u\,\mathcal{B}u\,\mathcal{C}u\,\Theta u,$$

$$\frac{\Theta(3u)}{\Theta u} = \frac{\mathcal{A}(3u)}{\mathcal{A}(u)} + \frac{\mathcal{B}(3u)}{\mathcal{B}u} + \frac{\mathcal{C}(3u)}{\mathcal{C}u},$$

$$\frac{\Theta(3u)}{\Theta(u)} = \mathcal{B}(2u)\,\mathcal{C}(2u) + \mathcal{C}(2u)\,\mathcal{A}(2u) + \mathcal{A}(2u)\,\mathcal{B}(2u),$$

$$\Theta(\overline{2p+1.u})\,\Theta^3 u = \Theta^3(pu)\,\Theta(\overline{p+2.u}) - \Theta(\overline{p-1.u})\,\Theta^3(\overline{p+1.u}),$$

Enfin la dernière propriété relative aux $\mathcal{A}$, établie par une considération géométrique, peut s'énoncer ici :

$\dfrac{\Theta(\overline{2p+1.u})}{\Theta(u)}$ est exprimable par une fonction entière, rationnelle et

symétrique, de degré $\dfrac{p(p+1)}{2}$, des trois produits $\mathcal{B}(2u)\,\mathcal{C}(2u)$,
$\mathcal{C}(2u)\,\mathcal{A}(2u)$, $\mathcal{A}(2u)\,\mathcal{B}(2u)$, laquelle jouit de cette propriété, que, si
l'on y remplace $\mathcal{A}(2u)$, $\mathcal{B}(2u)$, $\mathcal{C}(2u)$, respectivement par leurs valeurs en $\mathcal{A}u$, $\mathcal{B}u$, $\mathcal{C}u$, à savoir :

$$\mathcal{A}(2u) \quad \text{par} \quad -\mathcal{B}^2u\,\mathcal{C}^2u + \mathcal{C}^2u\,\mathcal{A}^2u + \mathcal{A}^2u\,\mathcal{B}^2u,$$

$$\mathcal{B}(2u) \quad \text{par} \quad \mathcal{B}^2u\,\mathcal{C}^2u - \mathcal{C}^2u\,\mathcal{A}^2u + \mathcal{A}^2u\,\mathcal{B}^2u,$$

$$\mathcal{C}(2u) \quad \text{par} \quad \mathcal{B}^2u\,\mathcal{C}^2u + \mathcal{C}^2u\,\mathcal{A}^2u - \mathcal{A}^2u\,\mathcal{B}^2u,$$

le résultat de la substitution est un produit de quatre facteurs, dont l'un
est formé avec $\mathcal{A}u$, $\mathcal{B}u$, $\mathcal{C}u$, comme la fonction proposée l'est avec
$\mathcal{A}(2u)$, $\mathcal{B}(2u)$, $\mathcal{C}(2u)$, et dont les trois autres se déduisent du premier, par le changement successif du signe de $\mathcal{A}u$, de $\mathcal{B}u$ et de $\mathcal{C}u$.

*Remarque relative au cas où les côtés du polygone inscrit sont assujettis à
toucher des coniques différentes, coupant toutes la conique circonscrite
aux quatre mêmes points.*

Nous avons établi dans ce qui précède, que si l'on met les équations de
deux coniques sous la forme

$$x^2 + y^2 + z^2 = 0, \quad \mathcal{A}^2u.x^2 + \mathcal{B}^2u.y^2 + \mathcal{C}^2u.z^2 = 0,$$

l'équation de la courbe enveloppe du côté libre d'un polygone de n côtés
inscrit dans la première et circonscrit à la seconde, peut s'écrire

$$\mathcal{A}^2(nu).x^2 + \mathcal{B}^2(nu).y^2 + \mathcal{C}^2(nu)z^2 = 0,$$

ou, ce qui revient au même,

$$\mathcal{D}^2(nu)\left(\mathcal{A}^2 u . x^2 + \mathcal{B}^2 u . y^2 + \mathcal{C}^2 u . z^2\right) - \mathcal{D}\left(\overline{n-1}\,u\right)\mathcal{D}\left(\overline{n+1}\,u\right)(x^2 + y^2 + z^2).$$

Concevons maintenant que l'on n'assujettisse plus les côtés du polygone inscrit à rester tous tangents à la même conique, mais seulement à rouler sur des coniques qui coupent toutes la conique circonscrite aux quatre mêmes points. Le problème est évidemment réductible au cas du triangle, et peut alors s'énoncer ainsi : Étant données trois coniques $(\mathcal{A}_0)$, $(\mathcal{A}_u)$, $(\mathcal{A}_v)$, circonscrites au même quadrilatère, trouver l'enveloppe du côté libre d'un triangle inscrit dans $(\mathcal{A}_0)$ et ayant ses deux côtés tangents, l'un à $(\mathcal{A}_u)$, l'autre à $(\mathcal{A}_v)$.

Comme il est aisé de le voir, on pourra généralement, en choisissant convenablement u, v et les constantes α et β, mettre les équations des trois coniques sous les formes suivantes :

$$(A_0) \qquad\qquad x^2 + y^2 + z^2 = 0,$$

$$(A_u) \qquad\qquad \mathcal{A}^2 u . x^2 + \mathcal{B}^2 u . y^2 + \mathcal{C}^2 u . z^2 = 0,$$

$$(A_v) \qquad\qquad \mathcal{A}^2 v . x^2 + \mathcal{B}^2 v . y^2 + \mathcal{C}^2 v . z^2 = 0.$$

Par une méthode d'induction, qu'il est inutile de développer, on arrive à prévoir que l'enveloppe se compose des deux coniques

$$(\mathcal{A}_{u+v}) \quad \mathcal{A}^2(u+v).x^2 + \mathcal{B}^2(u+v).y^2 + \mathcal{C}^2(u+v).z^2 = 0,$$

et

$$(\mathcal{A}_{u-v}) \quad \mathcal{A}^2(u-v)x^2 + \mathcal{B}^2(u-v)y^2 + \mathcal{C}^2(u-v)z^2 = 0,$$

et cette prévision se justifie. Il suffit pour cela de considérer, comme ci-dessus, trois systèmes distincts de deux droites se coupant deux à deux en quatre points situés sur la conique $(\mathcal{A}_0)$. Le développement du calcul conduit précisément à rattacher cette proposition aux propriétés des fonctions $\mathcal{A}(u)$, $\mathcal{B}(u)$, $\mathcal{C}(u)$, qui nous ont servi de point de départ pour en établir la construction.

FIN DES NOTES ET ADDITIONS.

TABLE DES MATIÈRES.

i.

QUATRIÈME CAHIER.

CINQUIÈME CAHIER.

SIXIÈME CAHIER.

SEPTIÈME ET DERNIER CAHIER.

SOUVENIRS, NOTES ET ADDITIONS.

NOTES DIVERSES DE L'AUTEUR, MENTIONNÉES DANS LE CORPS DE L'OUVRAGE.

ADDITIONS DIVERSES; PAR MM. MANNHEIM ET MOUTARD.

Liste des principales publications de l'Auteur, sur la Mécanique, l'Hydraulique et les Constructions.

MÉCANIQUE APPLIQUÉE OU EXPÉRIMENTALE.

1. — *Leçons à l'Ecole d'Application de Metz* (Cahiers lithographiés de 1826, 1828, 1831, 1832, 1834).
2. — *Cours aux ouvriers messins* (Cahiers de 1827 à 1830).
    Ces diverses lithographies in-folio ont reçu de nombreuses éditions à Metz ou à Paris (Ecole centrale des Arts et Manufactures).
3. — *Introduction à la Mécanique industrielle*, 1re édit. (avril 1829); 2e avec nombreuses additions en 1840 et 1841 (Metz, in-8°).
    Ces ouvrages, comme les précédents, ont été réédités ou contrefaits en Belgique, sans aucune participation de l'auteur (format grand in-8°).
4. — *Extrait du Cours de Mécanique physique de la Sorbonne* (Voir les *Éléments de Mécanique* de M. Resal).

PHYSIQUE ET HYDRAULIQUE.

5. — *Expériences sur le mouvement de l'air à l'origine des tuyaux de conduite* (1819 à 1820, Société académique de Metz).
6. — *Expériences sur les lois de l'écoulement de l'eau par les orifices rectangulaires à grandes dimensions;* par MM. Poncelet et Lesbros (1827 et 1828, imprimé en 1832, in-4°).
7. — *Sur le phénomène des rides ou ondes permanentes à la surface des liquides en repos ou en mouvement* (1832).
8. — *Sur les expériences de* M. Pecqueur, *relatives à l'écoulement de l'air sous de grandes pressions* (1845).
9. — *Sur le Nouveau système d'écluse à flotteur* de M. Girard (Théorie, calcul et construction (1845).

MACHINES ET INSTRUMENTS DIVERS.

10. — *Nouveau pont-levis à contre-poids variable* (1820 à 1822).
11. — *Machines de l'arsenal du génie à Metz*, projetées par l'auteur (1815 à 1817); Notice imprimée en 1824.
12. — *Roues hydrauliques verticales à aubes courbes, mues par-dessous;* 1re édition multiple (1824 à 1826); 2e édit. avec notes et instruction pratique, in-4°, 1827.
13. — *Roue horizontale à aubes courbes* (turbine à injection extérieure, dite *roue tangentielle*); leçons de 1826 à l'École de Metz.
14. — *Perfectionnement de la théorie et de la construction des roues à augets* (École d'Application de Metz, (1831 et 1832).
15. — *Dynamomètres à lames parallèles; appareils à mesurer expérimentalement le travail continu des moteurs et des machines, à observer les lois variées du mouvement;* régulateur à action instantanée, etc., (1829 à 1833).
16. — *Théorie des effets mécaniques de la turbine Fourneyron* (1838).
17. — *Calcul des pressions dans le cylindre des machines à vapeur* (1843).

STABILITÉ DES CONSTRUCTIONS.

18. — *Solution graphique des questions sur l'équilibre des voûtes* (1835).
19. — *Sur la stabilité des revêtements et de leurs fondations* (1840).
20. — *Sur la construction des couvertures en zinc* (1840).
21. — *Examen historique et critique des principales théories concernant l'équilibre des voûtes* (1852).
22. — *Exposé historique des principales inventions concernant les machines et outils*, à l'occasion de l'Exposition universelle de Londres en 1851 (2 vol. in-8°, 1857).

Nota. — Le plus grand nombre de ces publications n'existe plus dans le commerce ou y est devenu très-rare. — Les n° 4, 6, 12 et 22, non épuisés, se trouvent à la librairie Mallet Bachelier.